Diskrete Mathematik für Algorithmen

Paolo Vanini

Diskrete Mathematik für Algorithmen

Eine Schritt-für-Schritt-Einführung mit Python

Paolo Vanini
University of Basel
Weiningen, Schweiz

ISBN 978-3-662-71094-4   ISBN 978-3-662-71095-1 (eBook)
https://doi.org/10.1007/978-3-662-71095-1

Die Deutsche Nationalbibliothek verzeichnet diese Publikation in der Deutschen Nationalbibliografie; detaillierte bibliografische Daten sind im Internet über https://portal.dnb.de abrufbar.

© Der/die Herausgeber bzw. der/die Autor(en), exklusiv lizenziert an Springer-Verlag GmbH, DE, ein Teil von Springer Nature 2025

Das Werk einschließlich aller seiner Teile ist urheberrechtlich geschützt. Jede Verwertung, die nicht ausdrücklich vom Urheberrechtsgesetz zugelassen ist, bedarf der vorherigen Zustimmung des Verlags. Das gilt insbesondere für Vervielfältigungen, Bearbeitungen, Übersetzungen, Mikroverfilmungen und die Einspeicherung und Verarbeitung in elektronischen Systemen.
Die Wiedergabe von allgemein beschreibenden Bezeichnungen, Marken, Unternehmensnamen etc. in diesem Werk bedeutet nicht, dass diese frei durch jede Person benutzt werden dürfen. Die Berechtigung zur Benutzung unterliegt, auch ohne gesonderten Hinweis hierzu, den Regeln des Markenrechts. Die Rechte des/der jeweiligen Zeicheninhaber*in sind zu beachten.
Der Verlag, die Autor*innen und die Herausgeber*innen gehen davon aus, dass die Angaben und Informationen in diesem Werk zum Zeitpunkt der Veröffentlichung vollständig und korrekt sind. Weder der Verlag noch die Autor*innen oder die Herausgeber*innen übernehmen, ausdrücklich oder implizit, Gewähr für den Inhalt des Werkes, etwaige Fehler oder Äußerungen. Der Verlag bleibt im Hinblick auf geografische Zuordnungen und Gebietsbezeichnungen in veröffentlichten Karten und Institutionsadressen neutral.

Planung/Lektorat: Leonardo Milla
Springer Vieweg ist ein Imprint der eingetragenen Gesellschaft Springer-Verlag GmbH, DE und ist ein Teil von Springer Nature.
Die Anschrift der Gesellschaft ist: Heidelberger Platz 3, 14197 Berlin, Germany

Wenn Sie dieses Produkt entsorgen, geben Sie das Papier bitte zum Recycling.

Vorwort

Willkommen zu diesem Buch über diskrete Mathematik, Algorithmen, Datenstrukturen und Python. Diese vier Themen werden bewusst gemeinsam behandelt, da sie miteinander verbunden sind. Resultate der diskreten Mathematik finden oft ihren Ausdruck in Algorithmen. Ohne mathematische Grundlagen können wir weder die Leistungsfähigkeit noch die Korrektheit von Algorithmen analysieren. Algorithmen wiederum entfalten ihren praktischen Nutzen erst in Kombination mit Datenstrukturen, die sie effizient und anwendbar machen. Und schließlich werden die abstrakten Algorithmen durch die Implementierung in Python konkret und greifbar.

Das Zusammenspiel dieser Themen stellt eine Herausforderung dar. Eine naheliegende Alternative wäre, die Inhalte getrennt oder nur paarweise zu behandeln. Doch wir haben uns bewusst dagegen entschieden. Wir wollen verstehen und sehen, wie aus Abstraktion angewandt auf konkrete Fragestellungen die praktischen Endresultate wie Zahlen, Tabellen oder Grafiken entstehen.

Damit Sie erfolgreich durch die drei abstrakten Themen und deren praktische Umsetzung navigieren können, folgt das Buch einem Plan:

- Abstrakte Konzepte zu Datenstrukturen werden erst später eingeführt. Zu Beginn nutzen wir einfache, intuitive Strukturen.
- Die Themen werden konsequent aus den Blickwinkeln Mathematik, Algorithmen und Python betrachtet. Diese Perspektivenwechsel fordern Sie heraus, sowohl theoretisch als auch praktisch zu arbeiten.
- Symbole und die Sprachen der Mathematik und Python-Konzepte werden behutsam eingeführt.
- Beweise werden ausgewählt geführt, wenn es sich um Hauptaussagen der Mathematik handelt oder wenn die Techniken für die Algorithmen wichtig sind oder oder wenn sie besonders elegant sind.
- Wir fokussieren auf das Wesentliche. Zum Beispiel werden die Analysis, Statistik in der Mathematik oder fortgeschrittene Datenstrukturen und Algorithmen weggelassen.

Ein übergreifendes Ziel ist, Sie in abstraktem Denken zu schulen. Abstraktion wird oft als schwierig, nutzlos oder unnötig wahrgenommen. In Wahrheit schafft Abstraktion Einfachheit, Übersicht, Ästhetik und Allgemeingültigkeit. Abstraktes Denken zu erlernen bedeutet, ein Handwerk zu beherrschen und analytische Fähigkeiten zu schärfen – essenzielle Kompetenzen für Erfolg in der Informatik. Damit das Lernziel für Sie keine leere Floskel bleibt, sollten Sie motiviert sein diese Welt kennen zu lernen, keine Angst vor Herausforderungen haben, selber machen und ausprobieren.

Das Zählen der Elemente in Mengen ist eine der wichtigsten Fähigkeiten in den diskreten Strukturen. Ich will die Studierenden schnell dazu hinführen. Gleichzeitig soll aber auch Wissen aufgebaut werden und die Denk- und Schreibweise von mathematischen Aussagen erlernt werden. Wir nutzen dazu die verschiedenen Zahlenmengen, um die Begriffe der Mengenlehre und die ersten Schritte in der Logik einzuführen. Dies erlaubt uns, die ersten Beweistechniken kennen zu lernen, die rationalen Zahlen zu konstruieren, die Abzählbarkeit von Mengen, das Euler'sche Graphenproblem und den Dijkstra-Algorithmus einzuführen und die magischen Quadrate mathematisch und algorithmisch zu besprechen. Die Kunst des Zählens ist eine Konstante im Buch. Die anderen Schwerpunkte im ersten Teil bilden die vollständige Induktion, die Zahlendarstellung in Computern und die Logik. Wir beschränken die formalen Aspekte und Inhalte bei der Logik, sodass wir die Schaltkreise und Maschinenzahlen verstehen können.

Einen Input zu verarbeiten, um einen Output zu erzeugen ist die Standardaufgabe in der Programmierung. Abbildungen, Funktionen und Relationen bilden das Modell dazu im zweiten Teil. Bei den Funktionen bildet das Zählen von Funktionen mit deren Anwendungen einen Schwerpunkt. Viele Berechnungen erfolgen heute mit großen Datenmengen und großen Zahlen. Die modulare Arithmetik ermöglicht effiziente, speicherschonende und mathematisch fundierte Berechnungen. Der dritte Teil beinhaltet die klassischen Anwendungen der modularen Arithmetik wie die Euklid'schen Algorithmen, den chinesischen Restsatz und die Kryptografie. Als neues mathematisches Element kommt die Gruppentheorie und die Zahlentheorie hinzu. Wir beschränken uns auf Gruppen. Wie effizient sind die Algorithmen und machen sie das, was sie machen sollten? Diese Fragen und die Hilfsmittel zur Beantwortung der Fragen stehen im vierten Teil im Vordergrund.

Inputs in Programme oder die Verteilung von Schlüsseln können unsicher oder zufällig sein. Die Wahrscheinlichkeitsrechnung im fünften Teil ist das formale Modell für „den Zufall". Von Beginn weg, wie bei der Darstellung von Graphen und relationalen Datenbanken, treten rechteckige Zahlenschemas oder Matrizen auf. Mit diesen Zahlenmengen kann man rechnen und sie stehen in einer Eins-zu-eins-Beziehung zu linearen Strukturen. Lineare Strukturen, bei denen zum Beispiel der Output einer Summe von Inputs gleich der Summe der einzelnen Outputs ist, sind zentral in der Datenerfassung der KI oder der Verschlüsselung in der Kryptografie. Die lineare Algebra stellt das mathematische Werkzeug zur Verfügung. Im sechsten Teil besprechen wir Datenstrukturen und fortgeschrittenere Algorithmen. Der Schwerpunkt liegt auf Bäumen und Graphen und den Operationen auf diesen Strukturen.

Merkmale des Buches:

- Zugänglichkeit: Der Text setzt keine Vorkenntnisse in Informatik oder Mathematik voraus. Er ist geschrieben für Informatik- oder Wirtschaftsinformatikstudierende an Universitäten oder Fachhochschulen.
- Schreibstil: Eine direkte, pragmatische Sprache mit einer ausgewogenen Mischung aus Notation und Text.
- Mathematische Strenge: Definitionen und Theoreme sind präzise formuliert, Beweise werden schrittweise und nachvollziehbar entwickelt.
- Beispiele und Anwendungen: Mehr als die Hälfte des Buches illustriert Konzepte durch Beispiele und praktische Anwendungen.
- Übungen: Über 300 Übungen – von einfachen Übungen zum Üben grundlegender Fähigkeiten bis hin zu anspruchsvolleren Aufgaben – bieten Ihnen die Möglichkeit, Ihr Wissen zu vertiefen.

Zusätzliche Materialien stehen den Studierenden zur Verfügung. Die Python Dateien und die PDFs mit den Lösungen zu den meisten Übungen stehen (nach Kapitel getrennt) unter https://link.springer.com/book/10.1007/978-3-662-71095-1 bereit.

Dieses Buch basiert auf Vorlesungen an der Fachhochschule Kalaidos in Zürich und der Universität Basel. Mein besonderer Dank gilt den Studierenden und Kolleginnen und Kollegen, deren Feedback dieses Werk geformt hat. Mein Dank gilt insbesondere Daniel Bossart, Luna De Feo, Jacqueline Henn, Remo Kessler, Chester Lütscher, Thomas Meikel, Simon Raisun und Lin Zhou, die entscheidend zur Klarheit und Qualität dieses Buches beigetragen haben.

Weiningen
Dezember 2024

Paolo Vanini

Python-Files

In der folgenden Tabelle sind die Python-Files aufgeführt. Die Files enthalten Beispiele oder Python-Einführungen (aufgeführt) und die Aufgaben zu den Kapiteln, welche in Python gelöst werden sollen (nicht aufgeführt).

Python-File Nr.	Themen	Python Beispiele
1	Zahlen und Mengen	Python Basics, Operatoren, String, Graphen, Chinese Postman Problem
2	Arithmetik	Tupel, Listen, Pascal'sches Dreieck
3	–	–
4	Zahlensysteme	Interpretation von Zahlen
5	Spezielle Mengen	Erzeugung Potenzmenge, Erzeugung kartesisches Produkt
6	Logik	Logische Gatter, SAT Solver, Halb- und Volladdierer
7	Abbildungen und Funktionen	Stirling-Zahlen
9	Modulare Arithmetik	Hamming-Theorie, Code-Fehleranalyse
11	Euklid'sche Algorithmen Diophant'sche Gleichungen	Iterative Berechnung ggT, ggT für Listen von Zahlen, Erweiterter Euklid'scher Algorithmus, Sudoku, Backtracking, X-Algorithmus, Lineare Optimierung
12	Chinesischer Restsatz	Pseudocode Chinesischer Restsatz
13	Gruppentheorie, Zahlentheorie	Kleiner Satz von Fermat, Euler'sche Phi-Funktion, Symmetriegruppen S_n
14	Kryptografie	Finden aller primitiven Wurzeln
16	Rekursionsgleichungen	Numerische Lösungen, Analytische Lösungen, Plots, Logistische Gleichung

Python-File Nr.	Themen	Python Beispiele
19	Wahrscheinlichkeitstheorie	Empirische Wahrscheinlichkeit, Zufallszahlen, Pseudozufallszahlen, Plot der Rekursionsgleichung in Gambler Ruin, Binomialverteilung, Machine Learning Use Case, Pre-Hashing
20	Lineare Algebra	Definition von Matrizen in Python, Matrixarithmetik, Matrixpotenzierung, Elementare Zeilenoperationen, Gauß-Algorithmus, Erzeugung einer $m \times n$-Matrix, Lineare Algebra Algorithmus, Determinante, Lineare Regression
22	Datenstrukturen Einleitung	Sequenz ADT
23	Datenstrukturen Anwendungen	Linked List und Arrays
24	Datenstrukturen Binärbäume	Binärer Suchbaum, Rekursive Implementation binären Suchbäume, In-Order-Traversierung, ALV-Balancierung, Min- und Max-Heaps
25	Datenstrukturen Sortieren	Brute Force, Selectionsort, Insertionsort, Mergesort
27	Greedy-Algorithmen, Dynamische Programmierung	Greedy-Algorithmen: Aktivitätsauswahlalgorithmus, Wechselgeldproblem, Huffman-Codierung, Kruskal-Algorithmus zur Bestimmung des minimalen Spannbaums (MST), Dijkstra-Algorithmus zur Berechnung der kürzesten Pfade. Dynamische Programmierung: Fibonacci mit Memoisierung und Tabulation, 0/1 Rucksackproblem mit Dynamischer Programmierung, Min-Cost-Path-Problem

Inhaltsverzeichnis

Teil I Grundlagen

1 Zahlen und Mengen 3
    1.1 Aufbau des Zahlensystems und Mengen 3
    1.2 Aufgaben 11
    1.3 Python 13
    1.4 Gesetze der Mengenoperationen 14
    1.5 Interessanter und schwieriger 15
        1.5.1 Irrationalität $\sqrt{2}$ 15
        1.5.2 Äquivalenzklassen der rationalen Zahlen 17
        1.5.3 Abzählbare Mengen 20
        1.5.4 Hilberts Hotel 31
        1.5.5 Graphen 32
        1.5.6 Russels Paradox 41
    1.6 Magische Quadrate 42

2 Arithmetik 51
    2.1 Notationen, Grundlagen 52
    2.2 Faktorisierung und Primzahlen 53
    2.3 Binomialtheorem 54
    2.4 Bruchrechnung 55
    2.5 Was führt zu Potenzen, Wurzeln, Logarithmen? 56
        2.5.1 Potenzen 56
        2.5.2 Logarithmus 58
        2.5.3 Anwendung Algorithmen, Entscheidungsproblem 61
        2.5.4 Anwendung Algorithmen, Rate-und-Prüfe-Lösungen 62
    2.6 Prozentrechnung 65
    2.7 Betrag und Signum 66
    2.8 Ab- und Aufrundung (Gaußklammern) 68

	2.9	Lineare und quadratische Gleichung	70
	2.10	Ungleichungen	71
	2.11	Division mit Rest	72
3	**Folgen, Summen und vollständige Induktion**		77
	3.1	Arithmetische Summe	77
	3.2	Summennotation	80
	3.3	Geometrische Summe, vollständige Induktion	82
	3.4	Vollständige Induktion: Wachstumseigenschaften	84
	3.5	Vollständige Induktion: Permutationen	86
	3.6	Vollständige Induktion: Binomialtheorem	87
	3.7	Vollständige Induktion und natürliche Zahlen	91
4	**Zahlensysteme**		99
	4.1	Einleitung	99
	4.2	Umrechnungen in den Zahlensystemen	101
	4.3	Rationale Zahlen	104
	4.4	Informatik Zahlensysteme	105
	4.5	Arithmetik in Zahlensystemen	106
		4.5.1 Maschinenzahlen	107
5	**Spezielle Mengen**		111
	5.1	Potenzmenge	112
	5.2	Kartesische Produkt	116
	5.3	Anwendungen Produktregel	119
		5.3.1 Anzahl Nummernschilder	120
		5.3.2 Anzahl Wege	120
		5.3.3 Anzahl Zahlen	121
	5.4	Iteratoren in Python	122
6	**Logik**		125
	6.1	Aussagenlogik: Aussagen und Wahrheitswerte	125
	6.2	Verknüpfung von Aussagen	126
	6.3	Prädikatenlogik	132
	6.4	Beispiele	134
	6.5	Python	135
	6.6	Boole'sche Algebra	136
	6.7	Beispiele Boole'scher Algebren	139
		6.7.1 Mengenalgebra	139
		6.7.2 Schaltalgebra	140
	6.8	Boole'sche Funktionen	143
	6.9	SAT-Solver	149
	6.10	Addition	151

Teil II Funktionen, Relationen, Modulare Arithmetik

7 Abbildungen und Funktionen 157
   7.1   Definitionen 157
   7.2   Beispiele von Funktionen. 158
         7.2.1 Fakultätsfunktion 158
         7.2.2 Affine und lineare Funktion 159
         7.2.3 Rundungsfunktion 161
   7.3   Verknüpfung von Funktionen (Komposition) 163
   7.4   Bild, Urbild, Umkehrfunktion 164
         7.4.1 Bild, Urbild 164
         7.4.2 Umkehrfunktion 166
   7.5   Schubfachprinzip und Anzahl der Funktionen 167
         7.5.1 Schubfachprinzip 167
         7.5.2 Anwendungen 168
         7.5.3 Anzahl der Funktionen 173
   7.6   Potenzfunktion, Exponentialfunktion, Logarithmusfunktion 177
   7.7   Python 178
         7.7.1 Funktionen in Python 178
         7.7.2 Fakultät 182
         7.7.3 Fibonacci-Zahlen 182
   7.8   Python: Klassen, Objekte, Variable 183

8 Relationen 187
   8.1   Relationen 187
   8.2   Relationale Datenbanken 189
   8.3   Äquivalenzrelationen 194
   8.4   Ordnungsrelationen 198

9 Modulare Arithmetik 209
   9.1   Um was geht es? 209
   9.2   Kongruenz 210
         9.2.1 Rechenregeln 212
         9.2.2 Beispiele zu den Rechenregeln 212
   9.3   Rechnen mit Restklassen 214
         9.3.1 Beispiele 215
         9.3.2 Additiv neutrale Elemente und Inversen 217
   9.4   Python 218
   9.5   Hashfunktionen 218
   9.6   Codierungstheorie 220
         9.6.1 Einführung 220
         9.6.2 Paritätscode und Prüfziffercodes 222
         9.6.3 Repetitionscode 227

	9.6.4	Hamming-Theorie	228
	9.6.5	Hamming-Abstand und XOR	231
	9.6.6	Blockcodedistanz	232
	9.6.7	Hamming-Würfel	232
	9.6.8	Hamming-Codes	233
	9.6.9	Distanz	235

10 Modulare Arithmetik, Teil II 239
   10.1 Modulo-Rechnung 239
   10.2 Quadratur-Multiplikation-Algorithmus 242
   10.3 Primzahlen 245
   10.4 Größter gemeinsamer Teiler (ggT) 246

Teil III Anwendungen, Gruppentheorie und Zahlentheorie

11 Euklid'sche Algorithmen, Diophant'sche Gleichungen 253
   11.1 Euklid'sche Algorithmen 253
   11.2 Beispiele 256
      11.2.1 Klassischer ggT-Algorithmus und Divisionsalgorithmus 256
      11.2.2 Drei Varianten des Euklid'schen Algorithmus 256
   11.3 Erweiterter Euklid'scher Algorithmus 258
   11.4 Modulare Arithmetik: Division, Potenzen und Inverse 260
      11.4.1 Kürzen 261
      11.4.2 Anwendung Verschlüsselung 262
      11.4.3 Potenzen 263
      11.4.4 Inverse 263
   11.5 Diophant'sche Gleichungen 265
      11.5.1 Lineare Kongruenzen 265
      11.5.2 Allgemeine Lösung der Diophant'schen Gleichung 267
   11.6 Anwendung: Produktionsproblem 269
   11.7 Anwendung: Sudoku 270
      11.7.1 Sudoku, Backtracking Algorithmus 272
      11.7.2 X-Algorithmus 274
      11.7.3 Dancing Links (DLX) 279

12 Chinesische Restsatz 283
   12.1 Chinesischer Restsatz 283
   12.2 Beispiele und Anwendungen 287

13 Gruppentheorie und Zahlentheorie 293
   13.1 Motivation der Gruppen 294
      13.1.1 Drehungen eines gleichseitigen Dreiecks 294
      13.1.2 Permutationsgruppe S_3 296
      13.1.3 $(\mathbb{Z}_2, +)$ 298

13.2	Definitionen Gruppentheorie...............................	298
	13.2.1 Restklassengruppen............................	300
	13.2.2 Untergruppe, Ordnung.........................	302
	13.2.3 Permutationsgruppe, Zyklennotation.............	303
	13.2.4 Zyklische Gruppen.............................	309
	13.2.5 Abbildungen zwischen Gruppen................	312
13.3	Satz von Lagrange.......................................	314
13.4	Kleine Satz von Fermat..................................	318
13.5	Satz von Euler...	320
13.6	Primitiver Wurzelsatz....................................	326
13.7	Direkte Produkte von Gruppen...........................	331
13.8	Operationen von Gruppen auf Mengen....................	333
13.9	Anwendungen Lemma von Burnside......................	337
	13.9.1 Halskettenproblem..............................	337
	13.9.2 Schlüsselproblem...............................	339
	13.9.3 Färbung Würfel.................................	340

14 Kryptografie... 343
    14.1 Cäsar-Verschlüsselung.................................... 344
    14.2 Verschlüsselung und Entschlüsselung..................... 345
    14.3 RSA-Algorithmus.. 346
    14.4 Der Diffie-Hellman-Schlüsselaustauschalgorithmus........ 349
    14.5 Zusammenfassung Diffie-Hellman-Schlüsselaustausch
           und RSA-Algorithmus................................... 351
    14.6 Einwegfunktionen....................................... 352

Teil IV Analyse von Algorithmen

15 Algorithmen.. 357
    15.1 Definitionen und Klassifikation von Algorithmen.......... 358
    15.2 Turing-Maschine.. 359
    15.3 Halteproblem.. 361
    15.4 Berechenbarkeit... 363

16 Rekursionsgleichungen..................................... 367
    16.1 Lineare, homogene Rekursion 1. Ordnung................ 368
    16.2 Lineare, homogene Rekursion 1. Ordnung, nichtkonstante
           Koeffizienten.. 369
    16.3 Lineare, homogene Rekursion 2. Ordnung................ 370
    16.4 Lineare, inhomogene Rekursion 1. Ordnung.............. 373
    16.5 Wie bestimmt man eine Rekursionsgleichung?............ 375
    16.6 Rekursionen in Python................................... 377
    16.7 Rekursion und Iteration in der Informatik................. 378

17 Laufzeiten von Algorithmen 381
  17.1 Laufzeitenanalyse Insertionsort 382
  17.2 Asymptotische Analysis 386
  17.3 Lösung von Laufzeiten Rekursionen 391
     17.3.1 Substitutionsmethode 391
     17.3.2 Master-Theorem 393
  17.4 Anwendungen der Laufzeitenanalyse 397
     17.4.1 Lineare Laufzeiten 397
     17.4.2 Quadratische Laufzeiten 398
     17.4.3 Exponentielle Laufzeiten 399
     17.4.4 Logarithmisch-lineare Laufzeiten, Mergesort 400
     17.4.5 Euklid'scher Algorithmus 403
     17.4.6 Binary Search 404
     17.4.7 Potenzen berechnen 405
  17.5 Backtracking 405
  17.6 Peak Finder 406
     17.6.1 Brute Force 406
     17.6.2 Teile und Herrsche 407
     17.6.3 2-dimensionaler Peak Finder 408

18 Korrektheit von Algorithmen 411
  18.1 Korrektheit 411
  18.2 Korrektheit der Division 413
  18.3 Korrektheit Insertionsort 414
  18.4 Korrektheit der Ägyptischen Multiplikation 415

Teil V   Wahrscheinlichkeitsrechnung und Lineare Algebra

19 Wahrscheinlichkeit und Kombinatorik 423
  19.1 Wahrscheinlichkeitsrechnung 423
  19.2 Arten von Wahrscheinlichkeiten 423
  19.3 Modell der Wahrscheinlichkeitstheorie 425
     19.3.1 Beispiele 428
     19.3.2 Bedingte Wahrscheinlichkeiten 432
     19.3.3 Anwendungen 439
  19.4 Diskrete Zufallsvariable und Verteilungen 445
  19.5 Binomialverteilung 450
  19.6 Anwendungen 454
     19.6.1 Angriff auf Passwörter 454
     19.6.2 E-Mail-Spam-Klassifikation 455
     19.6.3 Anstellungsproblem 459
  19.7 Ungleichungen 462
  19.8 Anwendungen 467
     19.8.1 Hashing 467

	19.8.2	Chaining Hashing.	468
	19.8.3	Universelles Hashing	474
	19.8.4	Einführung in das Machine Learning	478
	19.8.5	Machine Learning Use Case	485
19.9	Binomialkoeffizienten		486

20 Lineare Algebra. 491
20.1	2-mal-2-Gleichungssysteme		492
20.2	Lösung linearer Gleichungen mit dem Gauß'schen Verfahren		497
	20.2.1	Zeilenoperationen	497
20.3	Matrizenarithmetik.		505
	20.3.1	Matrixaddition	505
	20.3.2	Skalare Multiplikation	506
	20.3.3	Transposition	506
	20.3.4	Matrixmultiplikation	507
	20.3.5	Rang und Nullraum	510
	20.3.6	Inverse einer Matrix	511
20.4	Anwendungen Matrixalgebra.		515
	20.4.1	Graphen	515
	20.4.2	Berechnung Fibonacci-Zahlen.	518
	20.4.3	Laufzeitenanalyse Matrixmultiplikation	519
	20.4.4	Laufzeitenanalyse Gauß-Jordan-Elimination.	523
20.5	Lineare Algebra		524
	20.5.1	Vektorraum.	524
	20.5.2	Lineare Abbildungen	529
20.6	Vektorräume über endlichen Körpern		537
	20.6.1	Geometrie der Vektorräume	541
20.7	Determinante und Inverse		545

21 Anwendungen der Linearen Algebra 547
21.1	Lineare Regressionsanalyse.		547
	21.1.1	Lineare Regression.	547
	21.1.2	Learning.	549
21.2	Websuche mit PageRank		552
	21.2.1	Berechnung des PageRank.	555
21.3	Lineare Codierung		556
21.4	Computergrafik-Drehgruppen		559

Teil VI Datenstrukturen und Algorithmen

22 Datenstrukturen und Algorithmen 567
22.1	Abstrakte Datentypen (ADT) und Datenstrukturen (DS)		567
	22.1.1	Sequenz-ADT	568
	22.1.2	Set-(Mengen)-ADT	571

	22.1.3	Graph-ADT	571
	22.1.4	Modulo-ADT	571
	22.1.5	RAM als ADT	572

23 Beispiele ... 575
- 23.1 Linked List ... 575
- 23.2 Statische und dynamische Datenstrukturen ... 577
- 23.3 Linked List und Warteschlange ... 579
- 23.4 Josephus-Kreis ... 580
- 23.5 Aufgaben in Python ... 583

24 Binäre Suchbäume ... 585
- 24.1 Motivation ... 585
- 24.2 Binärbäume ... 587
  - 24.2.1 Binäre Suchbäume und Traversierung ... 589
  - 24.2.2 Operationen in binären Suchbäumen mit Inorder-Reihenfolge ... 593
  - 24.2.3 Balancierte Binäre Suchbäume ... 597
- 24.3 Heaps ... 602
  - 24.3.1 Einfügen einer Zahl ... 604
  - 24.3.2 Max-Heapify-Algorithmus ... 606

25 Sortieren ... 611
- 25.1 Permutationen ... 611
- 25.2 Anforderungen an die Sortierung ... 612
- 25.3 Selectionsort ... 614
- 25.4 Insertionsort ... 615
- 25.5 Mergesort ... 616

26 Suchen in Graphen ... 619
- 26.1 Darstellung von Graphen ... 621
- 26.2 Breadth-First Search (BFS) ... 624
- 26.3 Depth-First-Search (DFS) ... 627

27 Greedy-Algorithmen und Dynamische Programmierung ... 631
- 27.1 Planungsproblem ... 631
- 27.2 Dynamische Programmierung ... 636
- 27.3 Fibonacci-Zahlen ... 638
  - 27.3.1 Azyklische Graphen ... 639
  - 27.3.2 Zerlegungsproblem ... 640

Weiterführende Literatur ... 647

Stichwortverzeichnis ... 651

Teil I
Grundlagen

Zahlen und Mengen

Inhaltsverzeichnis

1.1 Aufbau des Zahlensystems und Mengen 3
1.2 Aufgaben... 11
1.3 Python 13
1.4 Gesetze der Mengenoperationen 14
1.5 Interessanter und schwieriger 15
1.6 Magische Quadrate 42

1.1 Aufbau des Zahlensystems und Mengen

Es existieren verschiedene Zahlenmengen, darunter die natürlichen, ganzen, rationalen und reellen Zahlen. Die Beschreibung der Eigenschaften der Zahlen erlaubt uns, die Sprache der Mengenlehre und die Denkweise der Logik einzuführen.

Die **natürlichen Zahlen** $\mathbb{N}$ bestehen aus den Zahlen 0, 1, 2, 3, 4, . . . Die Zahl 0 kann zu den natürlichen Zahlen gezählt werden oder nicht. Dies ist keine Definition der natürlichen Zahlen, da wir die Objekte „1", „2" usw. nicht definiert haben. Jede natürliche Zahl n ist Element der Zahlenmenge der natürlichen Zahlen. Wir schreiben $n \in \mathbb{N}$. Die Zahlen können in unterschiedlichen Zahlensystemen dargestellt werden. Im Zehnersystem werden Zahlen mit den zehn Ziffern 0, 1, . . . , 9 geschrieben. Jede natürliche Zahl ist entweder gerade oder ungerade und es gibt keine größte natürliche Zahl. Gäbe es eine solche, dann würde diese Zahl plus 1 größer sein. Dies steht im Widerspruch zur Annahme. Dies ist ein vernünftiges Argument, aber kein Beweis. Wir nehmen in der Argumentation stillschweigend an, dass jede natürliche Zahl einen Nachfolger hat. Wir benötigen eine Festlegung der Eigenschaften

Ergänzende Information Die elektronische Version dieses Kapitels enthält Zusatzmaterial, auf das über folgenden Link zugegriffen werden kann https://doi.org/10.1007/978-3-662-71095-1_1.

der natürlichen Zahlen, damit solche „evidenten Aussagen" bewiesen werden können. Wir betrachten dies später und gehen weiter informell vor.

Fügt man zu jeder natürlichen Zahl deren negative Zahl hinzu, erhalten wir die **ganzen Zahlen** $\mathbb{Z}$:

$$0, \pm 1, \pm 2, \pm 3, \ldots$$

Jede natürliche Zahl ist ganz, aber nicht umgekehrt: 3 ist natürlich und ganz, -3 nur eine ganze Zahl.

Betrachtet man alle **Brüche** a/b, wobei a, b ganze Zahlen sind und $b \neq 0$, erhalten wir die **rationalen Zahlen** $\mathbb{Q}$. Brüche stellen eine Division dar, d.h., $\frac{3}{4}$ bedeutet $3 : 4$ auszuführen. Rationale Zahlen können in Dezimalform geschrieben werden:

$$\frac{1}{2} = 0,5 \;,\; \frac{1}{8} = 0,125 \;,\; 4\frac{1}{4} = 4,25.$$

Nicht jede rationale Zahl kann als endliche Dezimalzahl dargestellt werden kann. $\frac{1}{3} = 0,\overline{3}$ ist ein Beispiel dafür. Dabei bedeutet $\overline{3}$, dass es eine nichtabbrechende Folge von Dezimalstellen, alle mit der Ziffer 3, in der Dezimalbruchdarstellung gibt (eine Periode). Die Periode kann mehr als nur eine Ziffer beinhalten:

$$\frac{5}{7} = 0,\overline{714285}.$$

Die Dezimalbruchentwicklung **jeder** rationalen Zahl ist nach Definition periodisch.

Es gibt Zahlen mit einer nichtperiodischen, nichtabbrechenden Dezimalbruchdarstellung. Berühmt sind

$$\pi = 3{,}14159\,26535\,89793\,23846\ldots$$

oder die Euler'sche Zahl e

$$e = 2{,}71828\,18284\,59045\,23536\ldots$$

Aber auch $\sqrt{2}$ ist keine rationale Zahl. Diese Zahlen heißen **irrationale** Zahlen. Zerbrechen Sie nicht den Kopf über diesen Begriff. Die rationalen und irrationalen Zahlen zusammen bilden die reellen Zahlen $\mathbb{R}$. Weitere Zahlenmengen betrachten wir nicht.

Aus der Beschreibung der Zahlen folgt: Jede natürliche Zahl ist ganz, jede ganze Zahl ist rational, jede rationale Zahl ist reell. Diese Verschachtelung kann einfach durch **Mengen** beschrieben werden.

Die Mengenlehre beschäftigt sich mit Zusammenfassungen von Objekten, den **Elementen,** zu Mengen. Mengen bezeichnen wir mit lateinischen Großbuchstaben A, B, M, N oder wenn es sich um spezifische Mengen handelt, wie die Zahlenmengen, mit $\mathbb{N}, \mathbb{Z}, \mathbb{Q}, \mathbb{R}$. Die Elemente einer Menge werden oft mit Kleinbuchstaben a, b, x, y, n, m bezeichnet. Die **Elemente** einer Menge können **aufzählend** oder mit einer Aussage **beschrieben** werden. Aufzählend schreiben wir beispielsweise für die ganzen Zahlen:

1.1 Aufbau des Zahlensystems und Mengen

$$\mathbb{Z} = \{\ldots, -3, -2, -1, 0, 1, 2, 3, \ldots\}.$$

Die Elemente einer Menge werden durch die Mengenklammern {} zu einer Menge zusammengefasst. Diese Beschreibung der ganzen Zahlen ist informativ und einfach verständlich. Aufzählungen von Elementen einer Menge sind beispielsweise:

$$M = \{1, 2, 3\}$$

oder

$$K = \{\text{alle Dreiecke}\}.$$

Die Reihenfolge der Auflistung der Elemente spielt **keine** Rolle:

$$\{1, 2, 3\} = \{2, 1, 3\} = \{3, 2, 1\}.$$

Mengen sind somit **ungeordnet** und die Elemente einer Menge werden nur **einmal** aufgeführt.

Grundlegend in der Mengenlehre ist das **Elementsymbol** $\in$. Alle mengentheoretischen Begriffe und Aussagen folgen aus diesem Symbol. Es gilt $3 \in \mathbb{N}$ und $-3 \notin \mathbb{N}$, gelesen „nicht Element von". Die Verwendung von Symbolen erspart Schreibarbeit und ist präziser als komplizierte, sprachliche Aussagen: $3 \in \mathbb{N}$ versus „die Zahl Drei ist Element in der Menge der natürlichen Zahlen". Ausdrücke wie „$-3 \notin \mathbb{N}$" sind Aussagen. Aussagen sind zentral in der Mathematik:

Definition 1.1.1 *(Aristoteles) Unter einer Aussage verstehen wir einen grammatikalisch korrekten Satz, dessen Wahrheitswert ausschließlich wahr und falsch ist.*

Der Ausdruck „3" ist keine Aussage. $3 < 4$ ist eine wahre Aussage und $-7 \in \mathbb{N}$ eine falsche Aussage. Im gesamten Buch sind Aussagen wahr oder falsch. Es gibt keine dritte Möglichkeit. Weiter gilt, dass der Wahrheitswert jeder Aussage bestimmt werden kann: Es gibt keine Aussagen, bei denen wir prinzipiell nicht entscheiden können, ob die Aussage wahr oder falsch ist.

Eine Aufgabe der Mengenlehre ist, Mengen zu **vergleichen** und aus bestehenden Mengen **neue** Mengen zu bilden.

Seien A, B zwei Mengen. A und B sind gleich, wir schreiben $A = B$, genau dann, wenn jedes Element von A auch Element von B ist und umgekehrt. Es gilt, dass für alle $x \in A$ auch $x \in B$ und umgekehrt. A heißt Teilmenge von B, wenn jedes Element von A auch Element von B ist. Wir schreiben $A \subseteq B$; somit kann A auch gleich B sein. Wenn A keine Teilmenge von B ist, schreiben wir $A \nsubseteq B$. Die folgenden Aussagen sind wahr:

$$\{2, 3\} \subseteq \{2, 3, 4\}, \ \{2, 5\} \nsubseteq \{2, 3, 4\}.$$

Drei wichtige Operationen, um neue Mengen zu bilden, sind der **Durchschnitt** $\cap$, die **Vereinigung** $\cup$ und die **Differenz** $\setminus$.

Definition 1.1.2 *$A \cap B$ besteht aus allen Elementen, welche in A **und** B liegen. $A \cup B$ besteht aus allen Elementen, welche in A **oder** B liegen. $A \setminus B$ besteht aus allen Elementen, welche in A nicht aber in B liegen.*

Das Wort „oder" ist hier **nicht ausschließend**. Es hat die Bedeutung eines „sowohl als auch oder beides",

Aufgabe 1.1.1 *Benutze $\in$, $\notin$ und die Worte „und" „oder", um die folgenden Mengen korrekt zu beschreiben. Dabei beschreiben wir Mengen mit:*

$$A = \{x : x > 2\}$$

ist die Menge aller Elemente x, sodass gilt (=Doppelpunkt), x ist strikt größer als 2.

$$A \cap B = \{x : x.....A.....x.....B\}$$
$$A \cup B = \{x : x.....A.....x.....B\}$$
$$A \setminus B = \{x : x.....A.....x.....B\}$$

Die Beschreibung der Menge A in der letzten Aufgabe besagt nicht, welche Kandidaten x infrage kommen. Dies präzisieren wir, indem wir angeben, zu welcher Menge x gehört. Zum Beispiel:
$$A = \{x \in \mathbb{N} : x > 2\} = \{3, 4, \ldots\}\,.$$
Gilt $x \in \mathbb{Q}$ anstelle von $x \in \mathbb{N}$, dann erfüllen alle natürlichen Zahlen und alle echten Brüche, d.h. Brüche, die keine ganzen Zahlen sind, die Eigenschaft $x > 2$:
$$B = \{x \in \mathbb{Q} : x > 2\} = A \cup \{\text{echten Brüche größer } 2\}.$$

Allgemein beschreibt
$$B = \{x \in X : A(x)\} \subseteq X$$
die Teilmenge von X, bestehend aus allen Elementen $x \in X$, welche die Aussage $A(x)$ erfüllen.

Es seien $A = \{2, 3, 4, 5, 6\}$, $B = \{-2, 4, 6, 8\}$. Die Menge $C = \{x \in A : x \text{ gerade}\}$ ist gleich $C = \{2, 4, 6\}$. Weiter gilt: $D = \{x \in B : x \notin A\} = \{-2, 8\}$ und $E = B \setminus A = D$.

Mit $\emptyset$ wird die leere Menge bezeichnet. Dies ist die Menge ohne Elemente. Die nächste Operation auf Mengen ist das **Komplement** A^c einer Menge A. Sei X mit $A \subseteq X$ eine Obermenge von A. Dann definieren wir:

1.1 Aufbau des Zahlensystems und Mengen

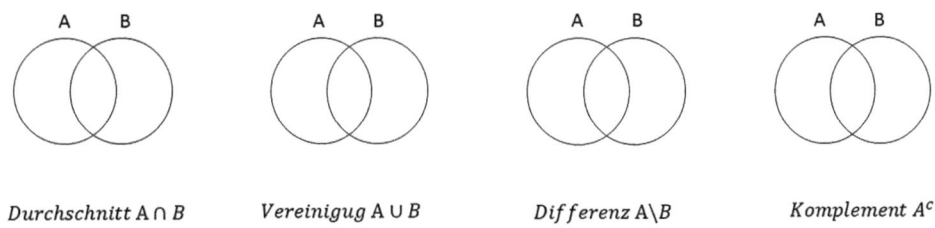

Abb. 1.1 Schraffieren Sie die entsprechenden Mengen

$$\bar{A} := X \backslash A,$$

d. h. alle Elemente, welche in X aber nicht in A sind. **Anstelle** von $\bar{A}$ schreibt man **oft** äquivalent A^c. Das Symbol $:=$ in $X := Y$ bedeutet, dass X nach Definition gleich Y ist. Definitionen sind Festlegungen.

Aufgabe 1.1.2 *Folgende Mengen sind gegeben: X die Menge aller Studierenden, F die weiblichen Studierenden, M die männlichen, B alle Biologiestudierenden, T alle Studierenden, die Tennis spielen, und C alle, welche in einem Chor singen. Beschreiben Sie in Worten die folgenden Mengen:*

$$X \backslash M, \, M \cup C, \, F \cap T, \, M \backslash (B \cap T), \, (M \backslash B) \cup (M \backslash T).$$

Eine intuitive Darstellung der Mengenoperationen für eine **kleine Anzahl** von Mengen geben die **Venn-Diagramme.** Ich gehe davon aus, dass Sie diese aus der Schule kennen. Zeichnen Sie in Abb. 1.1 die entsprechenden Mengen ein.

Eine prominente Rolle in der Mengenlehre nehmen die beiden Regeln von **De Morgan** ein. Diese werden uns auch in der Logik und der Schaltalgebra begegnen. Sie lauten:

$$\overline{A \cap B} = \bar{A} \cup \bar{B}, \; \overline{A \cup B} = \bar{A} \cap \bar{B}. \tag{1.1}$$

Auf der linken Seite steht eine Operation (Komplement) über einem System von zwei Mengen. Diese kann als Operation auf den Teilsystemen geschrieben werden (rechte Seite). Dies erlaubt beispielsweise komplexe Schaltkreise in einfachere zu unterteilen. Die Regeln gelten auch für mehr als zwei Mengen.

Aufgabe 1.1.3 *Machen Sie sich die Korrektheit der De-Morgan-Regeln mit Venn-Diagrammen klar.*

Bilder sind **keine** Beweise. Sie sind aber wichtig zur Illustration von Ideen.

Wir wenden die Mengenlehre auf das Lösen von Gleichungen im dreidimensionalen Raum $\mathbb{R}^3$ an. Dabei besteht die Menge $\mathbb{R}^3$ aus allen Zahlentripeln (x, y, z), wobei jedes

Element oder jede Koordinate eine reelle Zahl ist. Wir betrachten die Mengen E, F:

$$E = \left\{ \begin{pmatrix} x \\ y \\ z \end{pmatrix} \in \mathbb{R}^3 \mid 5x - y + 3z = 0 \right\}, \quad F = \left\{ \begin{pmatrix} x \\ y \\ z \end{pmatrix} \in \mathbb{R}^3 \mid 4x + 2y - 7z = 0 \right\}.$$

E und F stellen zwei Geraden in $\mathbb{R}^3$ dar. Schneiden sich die beiden Geraden? Dies ist dann der Fall, wenn es Koordinaten x, y, z gibt, welche beide Geradengleichungen erfüllen. Dies wird durch den Durchschnitt der Mengen beschrieben:

$$G := E \cap F = \left\{ \begin{pmatrix} x \\ y \\ z \end{pmatrix} \in \mathbb{R}^3 \mid \underbrace{5x - y + 3z = 0}_{=:I} \text{ und } \underbrace{4x + 2y - 7z = 0}_{=:II} \right\}.$$

Viel erreicht ist mit dieser Darstellung nicht. Jetzt beschreiben wir den Durchschnitt einfacher. Ein Punkt, der die beiden Gleichungen erfüllt, erfüllt auch die Gleichungen die entstehen, wenn man die beiden Gleichungen miteinander addiert oder die Gleichungen mit einer reellen Zahl s multipliziert. Weshalb dies wahr ist, werden wir im Teil lineare Algebra vertieft besprechen. Zum Beispiel ist

$$4I - 5II = -14y + 47z = 0,$$

d. h., die Variable x ist eliminiert und das Auflösen nach y ergibt $y = \frac{47}{14}z$. Einsetzen in die x-Beziehung ergibt:

$$x = \frac{1}{5}y - \frac{3}{5}z = \frac{47}{70}z - \frac{42}{70}z = \frac{1}{14}z.$$

Somit lautet die Menge G:

$$G = E \cap F = \left\{ \begin{pmatrix} \frac{1}{14}z \\ \frac{47}{14}z \\ z \end{pmatrix} \mid z \in \mathbb{R} \right\}.$$

Die beiden Geraden schneiden sich genau dann, wenn man für eine beliebige Zahl z, die x, y-Koordinaten wie beschrieben wählt.

Die nächste Anwendung betrachtet die formale Darstellung einer **natürlichen Sprache** durch Mengen. Das Alphabet Σ (Sigma) ist eine endliche, nichtleere Menge von Symbolen. Ein Symbol ist ein Element eines Alphabets. Zum Beispiel besteht

$$\Sigma = \{a, b, c\}$$

aus drei Symbolen. Ein **Wort** w über einem Alphabet Σ ist eine endliche Folge von Symbolen aus Σ. Zum Beispiel ist $w = abc$ ein Wort. Für Wörter der Länge n gilt:

$$w = a_1 a_2 \cdots a_n,$$

1.1 Aufbau des Zahlensystems und Mengen

wobei $a_i \in \Sigma$ für alle i. Das leere Wort wird mit ϵ bezeichnet: es enthält keine Symbole. Sie werden sich daran gewöhnen, dass ein Symbol mehrfache Bedeutungen in der Mathematik besitzen kann.

Die Menge aller Wörter über einem Alphabet Σ wird durch die Stern-Vorschrift definiert. Der Stern in Σ^* beschreibt, wie die Menge Σ^* gebildet wird:

$$\Sigma^* := \Sigma^0 \cup \Sigma^1 \cup \Sigma^2 \cup \cdots.$$

Dabei steht die Menge Σ^n für alle Wörter der Länge n $\Sigma^0 = \{\epsilon\}$. Σ^* enthält alle möglichen **endlichen** Folgen von Symbolen aus Σ. Σ^* ist als nichtabbrechende Vereinigung von immer länger werdenden Wörtern definiert. Dies wird mit $\cdots$ dargestellt. Im Beispiel mit den drei Symbolen a, b, c gilt für Σ^*:

$$\begin{aligned}
\Sigma^* = & \underbrace{\{\epsilon\}}_{=\Sigma^0} \\
& \cup \underbrace{\{a\} \cup \{b\} \cup \{c\}}_{=\Sigma^1} \\
& \cup \underbrace{\{a,a\} \cup \{a,b\} \cup \{a,c\} \cup \ldots \cup \{c,c\}}_{=\Sigma^2} \\
& \cup \underbrace{\{a,a,a\} \cup \{a,a,b\} \cup \{a,a,c\} \cup \ldots \cup \{c,c,c\}}_{=\Sigma^3} \\
& \cup \ldots
\end{aligned}$$

Wie viele Elemente hat Σ^n? Da es n Stellen in jedem Wort gibt und an jeder Stelle drei Möglichkeiten a, b, c bestehen, gibt es $3 \times 3 \times \ldots \times 3 = 3^n$ Möglichkeiten mit drei Symbolen Wörter der Länge n zu bilden. Für $n = 10$ hat die Menge Σ^{10} mit den drei Symbolen a, b, c genau 59.049 Elemente. Mit 26 Buchstaben als Symbolen können mehr als $26^{10} \sim 141$ Milliarden Wörter der Länge 10 gebildet werden. Das Symbol $\sim$ bedeutet ungefähr gleich. Damit meinen wir in diesem Beispiel, dass die beiden Zahlen unterscheiden sich nicht in den Milliarden, sondern nur in den Millionen. Da der variable Faktor n im Exponenten für die Anzahl Symbole steht, sprechen wir von einem exponentiellen Wachstum.

In den gesprochenen Sprachen bestehen alle Wörter aus endlich vielen Symbolen. Das längste bekannte deutsche Wort

Rindfleischetikettierungsüberwachungsaufgabenübertragungsgesetz

hat beispielsweise 63 Buchstaben. Diese Wort der deutschen Bürokratie wurde 2013 abgeschafft (was immer dies heißt). Weshalb werden dann beliebig lange Wörter zugelassen, d. h. Σ^* als nicht abbrechende Vereinigung von immer länger werdenden Wörtern definiert? Um sich nicht mit der Frage des längsten Wortes zu beschäftigen, wird dies im Sprachmodell mit dem Stern-Operator elegant umgangen. Eine **Sprache** L über einem Alphabet Σ ist eine Teilmenge von Σ^*: $L \subset \Sigma^*$. Wollen wir im Beispiel mit den drei Symbolen a, b, c eine

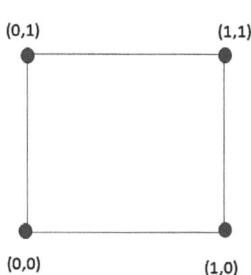 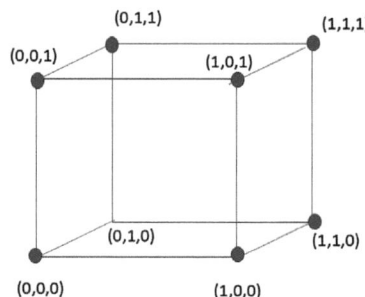

Abb. 1.2 Anzahl der Wörter für Zwei- und Drei-Bit-Wörter

Sprache L definieren, welche aus Wörtern mit genau zwei as besteht, gilt:

$$L = \{w \in \Sigma^* : w \text{ enthält zwei } a\}.$$

Die **Maschinensprache** basiert auf dem binären Alphabet eines Bits, welches die Werte 0, 1 annehmen kann. Wörter sind somit Folgen oder Sequenzen von Nullen und Einsen. Aus dem Besprochenen folgt, dass 2^n Wörter mit der Länge n gibt: An jeder Stelle kann 0 oder 1 stehen. Es gibt also 2 Möglichkeiten an jeder Stelle. Weshalb ist 2^n und nicht $2n, n^2$ die richtige Anzahl? Wir werden weiter unten einen strengen Beweis geben. Geben wir Gegenbeispiele zu den beiden falschen Behauptungen. Beginnen wir mit $n = 0$. Da $2^0 = 1$ ist und die beiden anderen Möglichkeiten null ergeben, scheiden diese bereits als falsch aus, da $\sigma^0 = \{\epsilon\}$ aus einem Wort, der leeren Wortmenge besteht. Obwohl ein Gegenbeispiel genügt, um eine Aussage als falsch zu klassifizieren, machen wir trotzdem weiter. Für $n = 1$ haben wir zwei Wörter: 0 und 1. Da $1^2 = 1$ gilt, fällt diese Möglichkeit wieder weg. Für $n = 2$ gibt es vier Wörter 00, 01, 10, 11. Stellen wir uns diese als Eckpunkte eines Quadrates oder als zweidimensionale Gitterpunkte vor, siehe Abb. 1.2.

Für $n = 3$ gibt es 8 Wörter: 000, 001, 011, 111, 100, 101, 110, 010. Dies sind die Ecken eins Würfels. Da $2^3 = 8, 2 \cdot 3 = 6, 3^2 = 9$ ist, bleibt 2^3 wiederum als einzige Möglichkeit übrig. Somit ist als einziger Kandidat für die Anzahl der n-Bit Wörter 2^n von den drei Möglichkeiten übrig geblieben. Wobei wir noch nicht bewiesen haben, dass diese Aussage wahr ist. Vielleicht gibt es eine vierte Formel, welche wir nicht berücksichtig haben?

Als letztes Beispiel von Teilmengen betrachten wir Intervalle auf den reellen Zahlen. Intervalle sind zusammenhängend; sie haben keine „Löcher". Das geschlossene Einheitsintervall ist definiert durch:

$$[0, 1] = \{x \in \mathbb{R} \mid 0 \leq x \leq 1\}.$$

Gehören die Endpunkte nicht mehr dazu, schreibt man $(0, 1)$ und nennt dies ein offenes Intervall. Ein halboffenes Intervall wird geschrieben als:

$$(a, b] := \{x \in \mathbb{R} \mid a < x \leq b\}.$$

Ist ein Intervall nicht beschränkt in den negativen Zahlen, schreiben wir:

$$(-\infty, b] := \{x \in \mathbb{R} \mid x \leq b\}.$$

Dabei ist ∞ ein Symbol für „unendlich". Dies ist **keine** Zahl — was wäre sonst $\infty + 1$? Die reellen Zahlenmenge kann man auch in der Form $\mathbb{R} = (-\infty, \infty)$ schreiben. Betrachten wir das Intervall $I = [-\frac{1}{n}, n]$ für n eine natürliche Zahl ungleich null. Wenn n zunimmt, dann wächst die rechte Schranke im Intervall ohne Grenzen. Die linke Schranke wird immer kleiner und strebt gegen null. Somit nähert sich das Intervall für beliebig große n an das Intervall $\tilde{I} = (0, \infty)$ an. Dies sind die positiven reellen Zahlen ohne die Null. Obwohl $1/n$ immer kleiner wird, nimmt es den Zahlenwert Null nicht an, sondern nähert sich diesem beliebig. Deshalb steht ein runde Klammer in $\tilde{I}$ und keine eckige Klammer.

1.2 Aufgaben

Aufgabe 1.2.1 *Ist jede natürliche Zahl eine rationale Zahl? Ist jede natürliche Zahl eine rationale Zahl?*

Aufgabe 1.2.2 *Definieren Sie die Menge der natürlichen und rationalen Zahlen mit der Mengenschreibweise.*

Aufgabe 1.2.3

1. *Ist $A \subseteq A$ wahr?*
2. *Wenn $A \subseteq B$ und $B \subseteq C$, ist dann auch $A \subseteq C$? Schreiben sie die verschiedenen Zahlenmengen als Kette von Teilmengen auf.*
3. *Schreiben sie $A = B$ äquivalent mithilfe der Teilmengenoperation.*
4. *Welche Mengenbeziehungen bestehen zwischen den natürlichen, ganzen und rationalen Zahlen?*

Aufgabe 1.2.4 *Seien $A = \{2, 3, \pi, 0\}$ und $B = \{3, \pi, e\}$. Bilden Sie $A \cap B$, $A \cup B$ und $A \setminus B$.*

Aufgabe 1.2.5

1. *Ist die Aussage $0 = \emptyset$ wahr?*
2. *Welche Aussagen sind wahr: $A \cap \emptyset = \emptyset$, $A \cup \emptyset = A$.*

Aufgabe 1.2.6 *Finden Sie die Elemente zu den Mengen:*
$A = \{0, 2, 4, 6, 8\}$, $B = \{1, 3, 5, 7, 9\}$, $C = \{0, 1, 2, 7, 8, 9\}$.

1. $(A \cap B) \backslash C$
2. $((A \cap B) \cup C) \cap (A \cup B)$

Aufgabe 1.2.7 *Schraffieren Sie die gegebenen Mengen in einem Venn-Diagramm:* $(A \cap B) \cup C$, $(A \cup C) \cap (B \cup C)$, $(A \cap B) \cap C$, $(A \backslash B) \cup C$, $(A \backslash B) \cap C$ *und* $(A \backslash B) \backslash C$.

Aufgabe 1.2.8 *Definieren Sie in der Mengenschreibweise die schraffierten Teilmengen in Abb. 1.3.*

Aufgabe 1.2.9 *Schreiben Sie folgende Aussagen in symbolischer Form auf:*

1. *Die Zahl 5 gehört zum offenen Intervall der reellen Zahlen von 2 bis 12.*
2. *Die Zahl −1 gehört nicht zum unbeschränkten Intervall der reellen Zahlen von 7 bis plus unendlich.*
3. *Die Zahl x gehört zum abgeschlossenen Intervall der reellen Zahlen von a bis b.*

Aufgabe 1.2.10 *Beschreiben Sie die folgenden Intervalle mit Ungleichungen in der Mengenschreibweise:* $[2, 5]$, $(2, 5]$, $(-2, 5)$.

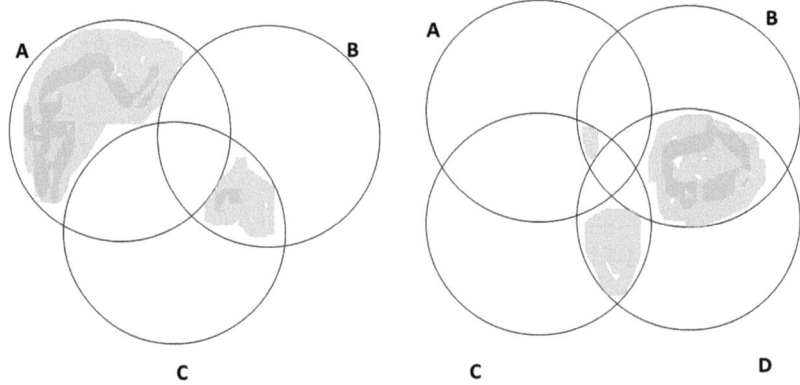

Abb. 1.3 Venn-Diagramme

Aufgabe 1.2.11 *Sein n eine natürliche Zahl und das Intervall $[-\frac{1}{n}, \frac{1}{n}]$ gegeben. Wie verhält sich das Intervall, wenn n immer größer wird und gegen plus unendlich strebt? In welchem Intervall liegt die Grenzwertzahl? Sind Intervalle Mengen?*

1.3 Python

Eine Menge kann in Python auf mehrere Arten definiert werden. Wir betrachten die Dictionary- und Set-Function-Darstellung von Mengen.

```
#dictionary
A={1, 2, 3, 42}
#set-function
B=set((1, 2, 3, 42))
```

Die Reihenfolge der Elemente spielt wie in der Mathematik keine Rolle:

```
A={1, 2, 3, 42}
C=set((1, 42, 3, 2))
A==C
```

Dies liefert den Wahrheitswert True. Wollen wir prüfen, ob ein Element in einer Menge ist, schreiben wir

```
3 in A
7 in A
```

wobei „in" für $\in$ steht. Bei Mehrfachaufzählungen der Elemente werden diese nur einmal gezählt:

```
A={1, 2, 3, 42}
C=set((1, 42, 3, 3, 3, 3, 2))
A==C
```

Teilmengen werden mit <=, Vereinigungen mit |, Durchschnitte mit & und Differenzen mit − geschrieben.

Aufgabe 1.3.1

1. *Definiere Mengen A, B, C mit den Elementen 1, 4, 3, 1, 2, 3, 4 und 3, 4. Prüfe, ob $A \subseteq B$ ist, bilde $A \cup B$, $A \cap B$ und $A \setminus B$.*
2. *Verifiziere das Assoziativgesetz:*

$$A \cap (B \cup C) = (A \cap B) \cup (A \cap C)$$

3. *Startend von der leeren Menge soll eine Menge color aufgebaut werden, indem Red, dann Green und Blue hinzugefügt werden und am Schluss Blue wieder weggenommen wird. Drucken Sie die jeweiligen Schritte aus.*
4. *Definieren Sie die Menge mit den Elementen 5, 10, 3, 15, 1, 10. Finden und drucken Sie das maximale Element.*

1.4 Gesetze der Mengenoperationen

Wir haben bereits die De-Morgan-Regeln besprochen. Der folgende Satz fasst die wichtigsten Gesetze für Mengenoperationen zusammen:

Theorem 1.4.1 *Es seien A, B, C Mengen. Assoziativgesetz:*

$$(A \cup B) \cup C = A \cup (B \cup C) \ , \ (A \cap B) \cap C = A \cap (B \cap C)$$

Kommutativgesetz:

$$A \cup B = B \cup A \ , \ A \cap B = B \cap A$$

Distributivgesetz:

$$A \cup (B \cap C) = (A \cup B) \cap (A \cup C) \ , \ A \cap (B \cup C) = (A \cap B) \cup (A \cap C)$$

De Morgan'sche Gesetze:

$$\overline{(A \cup B)} = \bar{A} \cap \bar{B} \ , \ \overline{(A \cap B)} = \bar{A} \cup \bar{B}$$

Absorptionsgesetz:

$$A \cup (A \cap B) = A \ , \ A \cap (A \cup B) = A$$

Für die Differenzmenge gelten folgende Gesetzmäßigkeiten: Assoziativgesetze:

$$(A \setminus B) \setminus C = A \setminus (B \cup C) \ , \ A \setminus (B \setminus C) = (A \setminus B) \cup (A \cap C)$$

Distributivgesetze:

$$(A \cap B) \setminus C = (A \setminus C) \cap (B \setminus C) \ , \ (A \cup B) \setminus C = (A \setminus C) \cup (B \setminus C)$$

und
$$A \setminus (B \cap C) = (A \setminus B) \cup (A \setminus C)\,, \quad A \setminus (B \cup C) = (A \setminus B) \cap (A \setminus C)$$

Wir verzichten auf die Beweise. Es ist eine gute Übung einige Regeln mit den Venn-Diagrammen zu visualisieren. Sie müssen diese Regeln nicht auswendig können, aber wissen, wo Sie diese nachschlagen müssen.

Wir haben die Aussagen als **Theorem** oder gleichbedeutend als Satz oder Proposition beschrieben. Dies ist die Standard in der Mathematik. Theoreme besitzen Annahmen (hier die Mengen A, B, C), gefolgt von einer Aussage. Ist die Aussage nicht bewiesen, bleibt sie eine Hypothese.

1.5 Interessanter und schwieriger

Ich hoffe, dass bis jetzt alle glatt ging. Nun betrachten wir weiterführende Themen oder vertiefen besprochene Themen.

1.5.1 Irrationalität $\sqrt{2}$

Wir **behaupten,** dass die folgende Aussage wahr ist: $\sqrt{2}$ ist eine irrationale Zahl.

Somit kann $\sqrt{2}$ nicht als periodischer Dezimalbruch geschrieben werden, welche die rationalen Zahlen definiert. Wir wollen die Aussage beweisen. Dabei beweisen wir nicht die Aussage direkt, sondern nehmen an, sie sei **falsch** und zeigen, dass dies zu einem **Widerspruch** führt. Nach den Gesetzen der Logik ist dann die ursprüngliche Aussage wahr, siehe Abschnitt Logik. Der Beweis wurde im 3. Jahrhundert von Euklid in Alexandria gegeben. Dabei benötigen wir den Ausdruck **teilerfremd**. Zwei natürliche Zahlen a und b sind teilerfremd, wenn es keine natürliche Zahl außer der Eins gibt, die beide Zahlen teilt. 2 und 3 sind teilerfremd, 2 und 4 sind nicht teilerfremd.

Beweis Da nach Annahme die Aussage falsch ist, ist $\sqrt{2}$ eine rationale Zahl. Nach Definition der rationalen Zahlen lässt sich die Zahl als Bruch schreiben:
$$\sqrt{2} = \frac{p}{q}, \ p, q \in \mathbb{Z},$$

mit p, q teilerfremd, d.h., wir nehmen an, dass dieser Bruch bereits vollständig gekürzt worden ist. Insbesondere können nicht beide Zahlen p, q gerade Zahlen sein, da sie sonst beide die Zahl 2 enthalten würden. Quadrieren ergibt:
$$\left(\frac{p}{q}\right)^2 = 2$$

und
$$p^2 = 2q^2.$$

Daraus folgt, dass p^2 von 2 geteilt wird, also eine gerade Zahl ist.

Wir behaupten: Ist p gerade, dann ist auch p^2 eine gerade Zahl und ist p ungerade, dann ist auch das Quadrat ungerade. Es gilt auch die Umkehrung. Ist p^2 gerade, so ist auch p gerade. Wir beweisen diesen Zwischenschritt direkt. Sei $p = 2n$ gerade für n eine natürliche Zahl. Dann ist $p^2 = (2n)^2 = 2 \times 2n^2$ gerade. Sei $p = 2n + 1$ ungerade. Quadriert man diese Zahl folgt
$$p^2 = 4n^2 + 4n + 1.$$

Die ersten beiden Terme sind gerade und dann ist p^2 ungerade. Für die Umkehrung sei p^2 gerade. Angenommen $p = 2n + 1$ ist ungerade. Dann ist $p^2 = 4n^2 + 4n + 1$ ungerade. Widerspruch.

Somit lässt sich p als gerade Zahl schreiben:
$$p = 2r,$$

mit $r \in \mathbb{N}$. Daraus folgt:
$$2q^2 = p^2 = (2r)^2 = 4r^2.$$

Division durch 2 ergibt
$$q^2 = 2r^2.$$

Daraus folgt, dass auch q^2 und q gerade Zahlen und somit durch 2 teilbar sind. Widerspruch zur Teilerfremdheit. Somit ist $\sqrt{2}$ irrational. □

Aufgabe 1.5.1 *Ist die die Verknüpfung von drei irrationalen Zahlen*
$$\left(\left(\sqrt{2}\right)^{\sqrt{2}}\right)^{\sqrt{2}}$$

eine irrationale Zahl?

Wir haben unseren ersten Beweis durchgeführt. Ein mathematischer Beweis ist eine Methode, um die Wahrheit einer Aussage zu zeigen. Dies erfolgt mit einer Kette logischer Schritte. Es gibt verschiedene Beweistechniken wie den **direkten Beweis** oder den **Widerspruchsbeweis.** Wir werden beide Methoden benutzen. Um zu zeigen, dass eine Aussage falsch ist, genügt **ein einziges** Beispiel. Die Aussage „Das Quadrat einer strikt negativen Zahl ist negativ" ist falsch, da $(-3)^2 = 9 > 0$. Die Beispielmethode funktioniert jedoch nicht, um zu beweisen, dass Aussagen gelten. Die Aussage „Die lineare Gleichung $ax = b$ hat für $a \neq 0$ immer eine Lösung" ist wahr. Mit einem Beispiel $3x = 6$ und $x = 2$ stimmt die Aussage. Sie ist aber nicht bewiesen, da sie für andere Beispiele falsch sein könnte. Das Verfahren mit Beispielen zu arbeiten, um die Gültigkeit oder Korrektheit zu plausibilisieren, ist in der Informatik verbreitet. Mit Unit-Tests oder Proof-of-Concept prüft man die Korrektheit der Software. Man ist sich dabei nicht ganz sicher, ob die Eigenschaften tatsächlich im Endsystem funktionieren; man hat aber hinreichend große Evidenz dafür erhalten und nimmt das Risiko auf sich. Diese Methoden werden angewandt, weil man nicht in der Lage ist, die Korrektheit des Systems oder der Applikation im mathematischen Sinne zu beweisen. Oft sind Algorithmen Teil des Systems. Für diese gibt es Verfahren, welche im strengen oder mathematischen Sinne zeigen, dass diese korrekt sind, d. h., die Algorithmen machen theoretisch das, was sie sollen. Die Korrektheit von Algorithmen wird oft mit der Beweisführung der **strukturellen vollständigen Induktion** geführt. Dies ist eng verwandt mit der Beweisführung der **vollständigen Induktion** in der Mathematik.

1.5.2 Äquivalenzklassen der rationalen Zahlen

Die rationalen Zahlen sind die Brüche $\frac{m_1}{m_2}$, wobei $m_1, m_2 \neq 0$ ganze Zahlen sind. $\frac{1}{2}$ und $\frac{2}{4}$ sind beide rational mit gleichem **Wert**. Es gibt zu jeder rationalen Zahl $\frac{m_1}{m_2}$ unendlich viele rationale Zahlen

$$\frac{m_1 \cdot f}{m_2 \cdot f}$$

mit f einer ganzen Zahl, welche **alle** den gleichen Wert besitzen. Sind wir nur am Wert der rationalen Zahlen interessiert sind, fassen wir alle rationalen Zahlen mit gleichem Wert in einer **Klasse** zusammen. Die Klasse

$$\overline{\frac{1}{2}} := \left\{ \frac{1 \cdot f}{2 \cdot f} \; : \; f \in \mathbb{Z}. \right\}.$$

aller rationalen Zahlen $\frac{1 \cdot f}{2 \cdot f}$ besteht aus allen Zahlen mit Wert 0,5. Man bezeichnet $\frac{1}{2}, \frac{3}{6}, \frac{4}{8}, \ldots$ als **Repräsentanten** der Klasse $\overline{\frac{1}{2}}$ aller rationalen Zahlen, welche den gleichen Wert wie $\frac{1}{2}$ besitzen. Es gilt:

$$\frac{3}{6} \in \overline{\frac{1}{2}}, \; \frac{1}{3} \notin \overline{\frac{1}{2}}.$$

Jeder Bruch ist Element in genau einer Klasse. Wenn wir die rationalen Zahlen über die Klassen definieren, dann werden alle Brüche mit gleichem Wert maximal gekürzt werden und somit nicht mehr unterschieden. Welche Zahl $\frac{1}{2}$ oder $\frac{71}{142}$ ist die richtige Zahl für den Wert 0,5? Es gibt kein Richtig und Falsch, da der Wert gleich ist. Es gibt aber eine Konvention. Man nimmt immer diejenige Zahl, welche nicht weiter gekürzt werden kann. Mit dieser Konvention sind Sie in der Schulmathematik stillschweigend aufgewachsen.

Können wir die rationalen Zahlen nicht nur definieren, sondern *konstruieren?* Das heißt, wir möchten die rationalen Zahlen aus den bekannten ganzen Zahlen konstruktiv herleiten und nicht nur definieren. Wir möchten die rationalen Zahlen derart konstruieren, dass rationale Zahlen mit gleichem Wert maximal gekürzt werden und somit nicht mehr unterschieden werden. Startpunkt sind die ganzen Zahlen $\mathbb{Z}$ mit all ihren Eigenschaften. Rationale Zahlen werden aus zwei ganzen Zahlen (m_1, m_2) bestehen — wir kennen das Resultat der Rationalen Zahlen als Bruch zweier ganzer Zahlen. Ein solches Zahlenpaar heißt auch Tupel. Dabei soll $m_2 \neq 0$ sein. Wir schreiben nicht m_1/m_2 für die rationalen Zahlen, da wir diese noch gar nicht kennen. Die Idee in der Konstruktion ist die folgende Relation $\sim$ zu definieren:

$$(m_1, m_2) \sim (n_1, n_2) \iff m_1 \cdot n_2 = n_1 \cdot m_2$$

für (m_1, m_2), (n_1, n_2) Zahlenpaare von ganzen Zahlen, mit der zweiten Zahl jeweils ungleich null. Dabei ist ein Paar (m, n) ein Element der Mengen $\mathbb{Z} \times \mathbb{Z}$, welche aus allen Paaren von ganzen Zahlen (m, n) besteht. Die Relation ist somit eine Teilmenge von $\mathbb{Z} \times \mathbb{Z}$. Sie besagt, dass zwei Zahlenpaare von ganzen Zahlen zueinander in Relation stehen, genau dann, wenn das Kreuzprodukt gleich ist. Wieso schreiben wir nicht gleich $\frac{m_1}{m_2} = \frac{n_1}{n_2}$ für die rechte Seite anstelle des Kreuzproduktes? Weil die Bruchschreibweise den rationalen Zahlen entspricht, welche wir konstruieren und somit noch nicht kennen. Das Symbol $\sim$ steht hier als Relationszeichen. Die beiden Bedingungen $(m_1, m_2) \sim (n_1, n_2)$ und $m_1 \cdot n_2 = n_1 \cdot m_2$ sind **logisch äquivalent.** Das Symbol $\iff$ für zwei Aussagen A, B, $A \iff B$, bedeutet: „Die Aussage A ist wahr genau dann, wenn die Aussage B wahr ist (dies beinhaltet auch ‚und umgekehrt')".

Welche Eigenschaft besitzt die Relation $\sim$? Es seien (m_1, m_2), (n_1, n_2), (q_1, q_2) Zahlenpaare von ganzen Zahlen, wobei die zweite Zahl nicht null ist. Es gelten:

- Reflexivität: $(m_1, m_2) \sim (m_1, m_2)$, denn $m_1 \cdot m_2 = m_1 \cdot m_2$.
- Symmetrie: Wenn $(m_1, m_2) \sim (n_1, n_2)$ gilt, dann auch $(n_1, n_2) \sim (m_1, m_2)$, da die Reihenfolge in $m_1 \cdot n_2 = n_1 \cdot m_2$ vertauscht werden kann.
- Transitivität: $(m_1, m_2) \sim (n_1, n_2)$ und $(n_1, n_2) \sim (q_1, q_2)$ ergibt $m_1 \cdot n_2 = n_1 \cdot m_2$ und $n_1 \cdot q_2 = q_1 \cdot n_2$. Durch Multiplikation der ersten Gleichung mit q_2 und der zweiten mit m_2 erhalten wir

$$m_1 \cdot n_2 \cdot q_2 = n_1 \cdot m_2 \cdot q_2 = q_1 \cdot n_2 \cdot m_2.$$

Da $n_2 \neq 0$ ist, können wir n_2 kürzen, womit sich $m_1 \cdot q_2 = q_1 \cdot m_2$ ergibt und damit $(m_1, m_2) \sim (q_1, q_2)$.

Eine Relation $\sim$ mit den drei Eigenschaften heißt **Äquivalenzrelation.** Alle Elemente, welche äquivalent zueinander sind, bilden eine Äquivalenzklasse. Dies haben wir oben Klassen genannt. Paare, die äquivalent sind unter $\sim$, stellen den gleichen Zahlwert dar. Für eine Äquivalenzklasse $\overline{(m_1, m_2)}_\sim$ schreiben wir den Bruch $\overline{m_1/m_2}$. Die Transitivität bedeutet in der Bruchschreibweise: Aus $\frac{1}{2} = \frac{2}{4}$ und $\frac{2}{4} = \frac{3}{6}$ folgt $\frac{1}{2} = \frac{3}{6}$ und die Symmetrie, dass aus $\frac{1}{2} = \frac{2}{4}$ die Gleichheit $\frac{2}{4} = \frac{1}{2}$ folgt. Da

$$\frac{qm_1}{qm_2} = \frac{m_1}{m_2} \quad m_1 \in \mathbb{Z}, q, m_2 \in \mathbb{Z} \setminus \{0\},$$

können wir Brüche kürzen und eine Klasse besteht aus allen Brüchen, welche den gleichen Wert haben. Die Menge der rationalen Zahlen definieren wir:

1.5 Interessanter und schwieriger

$$\mathbb{Q} := \{\overline{(m_1, m_2)}_\sim : m_1 \in \mathbb{Z}, m_2 \in \mathbb{Z} \setminus \{0\}\}.$$

Dies sind alle Brüche, wobei Brüche mit gleichem Wert in der gleichen Äquivalenzklasse liegen (und somit nicht wertmäßig unterschieden werden).

Was haben wir mit der Konstruktion der rationalen Zahlen aus den ganzen Zahlen gewonnen? Sie haben ein konstruktives Vorgehen in der Mathematik kennengelernt: Anstelle immer neue Objekte zu definieren, werden diese aus bekannten mit logischen Schlüssen hergeleitet. Dazu genügte es, auf der Menge von zwei ganzen Zahlen die Struktur einer Äquivalenzrelation zu definieren: Zwei ganze Zahlenpaare, die äquivalent sind, stellen die gleiche rationale Zahl dar. Relationen sind auf Mengen definiert und Äquivalenzrelationen sind Relationen mit den drei erwähnten Eigenschaften. Relationale Datenbanken sind ein Beispiel für Relationen.

Betrachten wir die Äquivalenzrelation für Programme. Zwei Programme sind äquivalent, wenn sie für jede mögliche Eingabe dasselbe Ergebnis liefern. Dies bedeutet, dass die Programme funktional identisch sind, obwohl sie möglicherweise unterschiedlich implementiert sind. Betrachten wir Programme für die Addition von zwei natürlichen Zahlen.

Programm A:

```
def add(a, b):
    return a + b
```

Die Addition wird mit der Funktion add mit zwei Parametern definiert. Eine Funktion ist definiert auf Inputs und liefert einen Output.

Programm B:

```
def add(a, b):
    sum = 0
    sum = a
    sum += b
    return sum
```

Die Funktion sum addiert die Zahlen startend mit Null, dann wird die Summe gleich a gesetzt und abschließend b hinzuaddiert.

Programm C:

```
add = lambda a, b: a + b
```

Eine Lambda-Funktion in Python ist eine Funktion ohne Funktionsnamen. Dies sind Hilfsfunktionen, welche nur lokal und nicht global definiert sind. In diesem Fall wird eine Lambda-Funktion erstellt, die zwei Argumente a und b nimmt und ihre Summe zurückgibt. Die Lambda-Funktion wird der Variablen add zugewiesen, sodass add wie eine Funktion aufgerufen werden kann. Obwohl die Implementierungen unterschiedlich sind, liefern alle Programme für jede Eingabe a und b dasselbe korrekte Ergebnis. Daher sind die Programme äquivalent. Jetzt können die drei Programme unter weiteren Gesichtspunkten betrachtet werden. Welches Programm ist am effizientesten? Welches Programm ist aus einer Refactoringsicht optimal?

Anstelle mit Repräsentanten, kann man auch mit den Äquivalenzklassen direkt rechnen. Dies wird bei den rationalen Zahlen in der Schule nicht gemacht. Man nimmt einfach den maximal gekürzten Bruch als Repräsentanten. Später wird aber für uns das Rechnen mit den Äquivalenzklassen wesentlich. Wir fassen zusammen: Äquivalenzklassen sind Mengen deren Element eine Äquivalenzrelation erfüllen. Man nennt die Elemente der Äquivalenzklassen Repräsentanten.

1.5.3 Abzählbare Mengen

Kann man die Elemente einer Menge abzählen? Bei einer endlichen Anzahl ist dies klar. Die Anzahl der Elemente einer Menge A wird **Mächtigkeit oder Kardinalität** genannt und mit $|A|$ bezeichnet. Wenn $A = \{0, 4, 6, 9\}$ und $B = \{\text{Maya, Hans, Peter, Anna}\}$ zwei Mengen sind, dann gilt

$$|A| = |B| = 4 \text{, aber } A \neq B.$$

Folgende Fragen stellen sich.

1. Wie kann man das Zählen der Elemente von komplizierten Mengen durch Zerlegung dieser Mengen in einfacher abzählbare Mengen vereinfachen?
2. Wie definiert man Mächtigkeit von Mengen mit einer nichtendlichen Anzahl von Elementen?

Die Antworten auf beide Fragen helfen theoretische und praktische Probleme in den folgenden Abschnitten zu lösen. Die Kunst des Zählen, Kombinatorik genannt, ist somit eine Hauptdisziplin in der Mathematik und der Informatik.

Aufgabe 1.5.2 *Sind zwei Mengen mit gleicher Mächtigkeit gleich? Welche Beziehung ist zwischen den Elementen von zwei gleichmächtigen Mengen möglich?*

Endliche Mengen
Korrektes Zählen der Elemente einer Menge kann schwierig sein. Deshalb sind Formeln

hilf-reich, welche das Zählen der Elemente einer Vereinigungsmenge (große Menge) durch das Zählen in kleineren, einfacheren Mengen ersetzen. Für Mengen mit endlicher Kardinalität lautet die erste Formel einer Zerlegung:

Theorem 1.5.1 *Seien M, N zwei Mengen mit endlicher Kardinalität. Dann gilt:*

$$|M \cup N| = |M| + |N| - |M \cap N|. \tag{1.2}$$

Intuitiv ist die Aussage klar. Zähle ich alle Elemente der Vereinigung von zwei Mengen, dann ist dies gleich der Anzahl der Elemente in den einzelnen Mengen. Dabei werden aber die Elemente der Schnittmenge doppelt gezählt. Diese Anzahl muss einmal abgezogen werden (Venn-Diagramm!). Wir verzichten auf den Beweis.

Aufgabe 1.5.3 *Verifizieren Sie (1.2) für die Mengen $M = \{1, 3, 5\}$, $N = \{0, 3, 5, 6\}$.*

Für drei Mengen, d.h. $|M \cup N \cup K|$, gilt:

Theorem 1.5.2 *Seien M, N, K Mengen mit endlicher Kardinalität. Dann gilt:*

$$|M \cup N \cup K| = |M| + |N| + |K| - |M \cap N| - |M \cap K| - |N \cap K| + |M \cap N \cap K| \tag{1.3}$$

Machen Sie sich die Aussage des Theorems mit einem Venn-Diagramm klar. Gibt es einen Ausdruck für 5 oder n vereinigte Mengen? Ja. Aus dem Beispiel mit drei Mengen ist zu erwarten, dass der Formelausdruck für viele Mengen unhandlich lang sein wird. Wir benötigen eine effiziente Notation, um die Übersicht behalten zu können. Das Summenzeichen aus dem nächsten Kapitel wird dies leisten.

Formel (1.3) besagt, dass die Kardinalität einer Vereinigung durch die Kardinalitäten ihrer Teilmengen und den Schnittmengen bestimmt ist. Die Summe der Kardinalität der einzelnen Teilmengen bildet eine obere Grenze für die Kardinalität der Vereinigung, da von dieser die zu viel gezählten Durchschnittsmengen abgezogen werden. Diese Grenze wird genau dann erreicht, wenn alle Teilmengen paarweise leere Durchschnitte besitzen (disjunkt sind). Formal sind die Mengen $M_1, M_2, \ldots, M_n$ disjunkt, genau dann, wenn gilt: $M_i \cap M_j = \emptyset$ für alle $i, j = 1, \ldots, n$ mit $i \neq j$. Dann gibt es für eine große Zahl von Mengen eine einfache Formel für die Kardinalität:

Theorem 1.5.3 *(Disjunkte Menge) Die endlichen Mengen $M_1, M_2, \ldots, M_n$ seien disjunkt. Dann gilt:*

$$|M_1 \cup M_2 \cup \ldots \cup M_n| = |M_1| + |M_2| + \ldots |M_n| \tag{1.4}$$

Sind mindestens zwei Mengen nicht disjunkt, gilt die obere Schranke:

$$|M_1 \cup M_2 \cup \ldots \cup M_n| < |M_1| + |M_2| + \ldots |M_n| \tag{1.5}$$

Eine oft gewählte oder versuchte Strategie die Anzahl der Elemente bei einer komplizierten Vereinigung von Mengen zu zählen, ist die Mengen mit den Mengenoperationen in äquivalente disjunkte Mengen umzuschreiben und dann die Formel für disjunkte Mengen anzuwenden.

Anwendung: Zahlensuche I
Aufgabe: Finde alle natürlichen Zahlen zwischen 1 und 10, welche durch 2 oder 3 teilbar sind.

Sei M_2 die Menge der durch 2 teilbaren Zahlen:

$$M_2 = \{n \in \mathbb{N} : n \leq 10, n \text{ durch 2 teilbar}\} = \{2, 4, 6, 8, 10\}.$$

Analog gilt $M_3 = \{3, 6, 9\}$. Die Formel (1.2) liefert:

$$|M_2 \cup M_3| = |M_2| + |M_3| - |M_2 \cap M_3| = 5 + 3 - 1 = 7,$$

da die 6 im Durchschnitt liegt.

Wenn $M \subseteq N$ gilt, liefert die Formel (1.2) $0 = 0$, da $|M \cup N| = |N|$ und die rechte Seite der Formel gleich $|M| + |N| - |M \cap N| = |M| + |N| - |M| = |N|$ ist. Wir können aber für den Fall $M \subseteq N$ ebenfalls eine Beziehung mit Inhaltswert herleiten. Es gilt

$$N = M \cup (N \backslash M) :$$

N ist gleich der kleineren Menge M plus die Elemente, welche in der größeren Menge N, nicht aber in M enthalten, sind. Jetzt wenden wir auf die rechte Seite die Formel (1.2) an und erhalten:

$$|N| = |M \cup (N \backslash M)| = |M| + |N \backslash M| - |M \cap (N \backslash M)| = |M| + |N \backslash M|,$$

da die Schnittmenge leer ist. Somit erhalten wir die Komplementformel für $M \subseteq N$:

$$|M| = |N| - |N \backslash M|. \tag{1.6}$$

Die Anzahl Elemente der kleineren Menge ist gleich der Anzahl der größeren Menge abzüglich aller Elemente, welche nicht in der kleineren Menge enthalten sind.

Verifizieren wir die Rechnung in Python mit List Comprehension. List Comprehensions bieten eine kompakte und elegante Möglichkeit, Listen in einer Zeile zu definieren. Die grundlegende Syntax ist:

```
[expression for item in iterable if condition]
```

1.5 Interessanter und schwieriger

Dabei ist expression der Ausdruck, der für jedes Element der Liste berechnet wird. Die For-Schleife ist eine Iteration über ein iterierbares Objekt, wie eine Liste, ein Tupel, einen String oder einen Bereich (range). Jedes Element des iterable wird der Variable item zugewiesen. Condition ist optional und filtert nur die Elemente, welche die Bedingung erfüllen. Machen wir Beispiele:

```
#Berechne alle Quadratzahlen von 0 bis 9
squares = [x**2 for x in range(10)]
#range(n) sind alle Werte von 0, 1,..., n-1

#Mit der For-Schleife lautet die Anweisung
for x in range(10):
    squares.append(x**2)
```

```
#Berechne alle geraden Zahlen von 0 bis 19
even_numbers = [x for x in range(20) if x % 2 == 0]

#Berechne alle Quadratzahlen der geraden Zahlen von 0 bis 19
squares_even_numbers = [x**2 for x in range(20) if x % 2 == 0]
```

Angewandt auf die Aufgabe, wobei len die Länge der Liste, also die Anzahl Elemente oder die Mächtigkeit misst:

```
print(len([n for n in range(11) if n % 2 == 0 and n % 3 == 0]))
```

Dabei steht der Operator % für die Division mit Rest. Somit gibt $n\%2 == 0$ für alle Zahlen n, welche durch 2 teilbar sind. Weshalb erhalten wir mit dem Python-Code eine andere Anzahl von Zahlen, welche ohne Rest durch zwei oder drei teilbar sind, als in der manuellen Berechnung?

Anwendung Zahlensuche II
Aufgabe: Wie viele Zahlen zwischen 0 und 9999 besitzen mindestens eine Ziffer 7?

Wenn wir diese Zahl direkt berechnen wollen, müssen wir vier Mengen $M_1, \ldots, M_4$ definieren mit genau einer 7, mit genau zwei Ziffern 7 usw. Eine Verallgemeinerung von (1.3) zeigt, dass man die Kardinalität einer Vielzahl von Schnittmengen berechnen muss. Dies kann man mit der Komplementformel umgehen: Wir bestimmen die Kardinalität der Menge $\bar{M}$ ohne eine Ziffer 7. Sei M die gesuchte und N die Menge mit allen Möglichkeiten oder 10.000 Zahlen. Dann gelten $M \subseteq N$ und

$$|M| = |N| - |N \setminus M| = |N| - |\bar{M}|.$$

Insgesamt gibt es $|N| = 10^4$ Zahlen. Wir bestimmen die Menge der Zahlen $N\setminus M$ ohne die Ziffer 7. An jeder Stelle für $xyzw \in N\setminus M$ kann eine von 9 Ziffern, außer die 7, stehen. Es gibt somit $|N\setminus M| = 9^4$ Zahlen ohne eine 7. Mit (1.6) folgt:

$$|M| = 3439$$

Zahlen besitzen mindestens eine Ziffer 7. Kontrolle mit Python:

```
print(len([n for n in range(10000) if '7' in str(n)]))
```

Die Bedingung „7" in str(n) überprüft, ob die Ziffer 7 als Teilstring in der Zeichenkettendarstellung von n enthalten ist. Ohne die Konvertierung str(n) könnte Python nicht wissen, ob eine Zahl wie 17 die Ziffer 7 enthält, da die Operation „7" in n für einen Integer ungültig ist. Durch die Konvertierung von n in einen String wird die Überprüfung zu einer einfachen Zeichenkettensuche.

Anwendung starke Passwörter

Wir möchten starke Passwörter erzeugen. Ein Passwort muss dabei (i) 8 Symbole enthalten. Jedes Symbol muss entweder (ii) ein Buchstabe (klein- oder großgeschrieben) oder eine Ziffer sein und es muss (iii) mindestens eine Ziffer vorkommen. Wie viele starke Passwörter M_8 mit 8 Symbolen gibt es? Die Menge N_8 als Gesamtzahl der Zeichenfolgen hat

$$|N_8| = (26 \cdot 2 + 10)^8,$$

Elemente, da es 26 Buchstaben gibt, welche groß- oder kleingeschrieben werden können (mal 2), 10 Ziffern und jedes Symbol kann an jeder Stelle vorkommen (Potenz 8). Da mindestens eine Ziffer vorkommen muss, ist $N_8 \setminus M_8$ die Menge aller schwachen Passwörter, welche keine Ziffern enthalten. Diese Menge hat Kardinalität $|N_8 \setminus M_8| = (26 \cdot 2)^8$, da sie nur aus Elementen mit Buchstaben bestehen kann. Somit ist:

$$|M_8| = (26 \cdot 2 + 10)^8 - (26 \cdot 2)^8 = 62^8 - 52^8.$$

Für Passwörter mit 9 Symbolen gilt analog für die Menge $|M_9| = 62^9 - 52^9$. Die Gesamtzahl der starken Passwörter ist dann:

$$|M_8 \cup M_9| = |M_8| + |M_9| = 62^8 - 52^8 + 62^9 - 52^9 \sim 10{,}9 \text{ Trillionen}.$$

Abzählbar unendlich

Jetzt betrachten wir Mengen mit nichtendlicher Kardinalität. Die Anzahl der Elemente ist nicht endlich. Die Theorie baut auf Vergleiche mit den natürlichen Zahlen:

1.5 Interessanter und schwieriger

Definition 1.5.1 *Eine Menge A ist **abzählbar unendlich**, wenn sie die gleiche Mächtigkeit hat wie die natürlichen Zahlen $\mathbb{N}$.*

Wie stellen wir fest, dass $|A| = |\mathbb{N}|$ ist? Alle Elemente hinschreiben funktioniert nur bei endlichen Mengen. Der Vergleich der Mächtigkeit erfolgt mit der Analyse der Beziehung f, welche zwischen den Elementen von A und $\mathbb{N}$ besteht. Die Beziehung oder **Funktion** f ordnet den Elementen $n \in \mathbb{N}$ **höchstens** ein Element $f(n) = m \in A$ zu. Wie die Zuordnung geschieht, ist in f codiert: Verdopple n, quadriere n etc. Die Gleichmächtigkeit der beiden Mengen wird dann durch Eigenschaften der Funktion f ausgedrückt. Betrachten wir die wesentlichen Eigenschaften einer Funktion f für die Bestimmung der Mächtigkeit. Seien zwei endliche Mengen

$$A := \{\text{Anna, Tom}\}, \quad B := \{\text{Apfel, Kiwi}\}$$

gegeben. Die Überlegungen übertragen sich auf den Fall nichtendlicher Mengen. Die Funktion $f : A \to B$ ordnet den Menschen die Lieblingsfrucht zu. Es gilt $|A| = |B| = 2$, siehe Abb. 1.4.

Im linken Teilbild wird unterschiedlichen Menschen genau eine unterschiedliche Frucht zugeordnet. Da es gleich viele Menschen wie Früchte gibt, ist die Zuordnung eineindeutig. Man kann die Umkehrfunktion (gestrichelt) definieren, welcher unterschiedlichen Früchten unterschiedliche Menschen zuordnet. Wiederum fasst diese Funktion alle Früchte und alle Menschen ab. Eine solche Funktion f heißt Bijektion. Sie ist eineindeutig und besitzt eine Umkehrfunktion f^{-1}, welche wieder zum Ausgangselement führt. Gibt es eine solche Funktion, sind die Mengen gleich mächtig. Besitzen im Fall endlicher Elemente die Mengen A und B unterschiedliche Anzahl Elemente, ist es vorbei mit der eineindeutigen Funktion auf den gesamten Mengen. Im mittleren Fall wird zwei Menschen die gleiche Frucht zugeordnet (nichtinjektiv). Die Umkehrfunktion weiß dann nicht, wem sie den Kiwi zuordnen

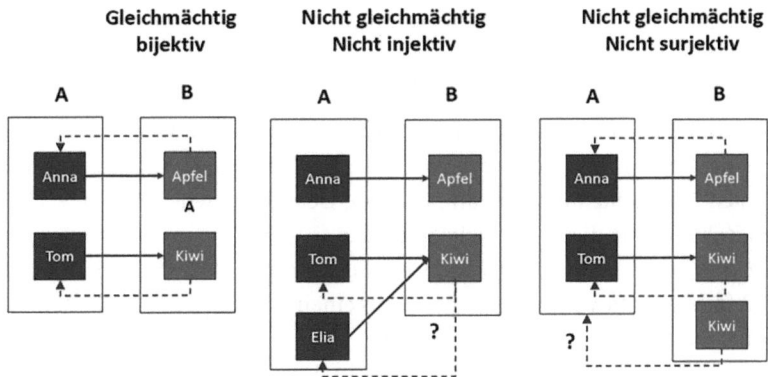

Abb. 1.4 Illustration des Funktionskonzeptes

soll. Sie kann ihn nicht Tom und Elia zuordnen, da eine Funktion einem Element höchstens ein einziges Element zuordnet. Da es keine eineindeutige Funktion gibt, können die Mächtigkeiten nicht gleich sein. Und umgekehrt. Hat es mehr Früchte als Menschen, kann f eindeutig zuordnen, aber f^{-1} kann nicht alle Früchte abgreifen. Wem wird die Kiwifrucht zugeordnet? f ist in diesem Fall nichtsurjektiv. Eine Funktion, die surjektiv und injektiv ist, heißt **bijektiv**. Zusammengefasst ist bei endlichen Mengen die Mächtigkeit zweier Mengen äquivalent dazu, dass es eine Bijektion zwischen den Mengen gibt.

Was ändert sich im abzählbar unendlichen oder gar überabzählbaren Fall? Die Äquivalenz der Mächtigkeit und der Existenz einer Bijektion bleibt **unverändert wahr.** Wenn es eine Bijektion zwischen den natürlichen Zahlen und einer Menge A gibt, dann hat A die gleiche Mächtigkeit wie die natürlichen Zahlen. Die Äquivalenz über die Anzahl Elemente ist aber nicht mehr gültig. Die strukturellen Eigenschaften der Funktionen sind bei endlichen oder unendlichen Mengen gültig.

Definition 1.5.2 *Eine Funktion $f : \mathbb{N} \to A$ heißt:*

1. *injektiv, genau dann, wenn für alle $n \neq m \in \mathbb{N}$ gilt $f(n) \neq f(m) \in A$.*
2. *surjektiv, genau dann, wenn für alle $a \in A$ existiert ein $n \in \mathbb{N}$: $f(n) = a$.*
3. *bijektiv, genau dann, wenn f injektiv und surjektiv ist.*

Injektiv bedeutet, dass unterschiedliche Inputs in unterschiedliche Outputs abgebildet werden und surjektiv, dass es zu jedem Output einen Input gibt, welcher unter f auf den Output abgebildet wird. Gibt es keine Bijektion zwischen A mit nichtendlich vielen Elementen und den natürlichen Zahlen, heißt A **überabzählbar.** Es gibt Elemente in A, welche wir nicht beim Abzählen der natürlichen Zahlen abgreifen können. Somit besteht bei nichtendlichen Mengen A die Aufgabe darin, die Abbildung f zu konstruieren und deren Eigenschaften zu analysieren. Wir fassen zusammen:

Definition 1.5.3 *Zwei Mengen A, B sind genau dann gleichmächtig, wenn es eine Bijektion $f : A \to B$ gibt.*

Dies gilt für endliche, abzählbar unendliche und überabzählbare Mengen.

Geben wir zuerst ein Beispiel, weshalb „gleiche Mächtigkeit" = „gleiche gleiche Anzahl von Elementen" im nichtendlichen Fall falsch ist. Betrachten wir $\mathbb{N}$ und $A = \mathbb{N}\backslash 3$, d. h. die natürlichen Zahlen ohne die 3. Wir behaupten, dass A abzählbar ist. Dazu müssen wir eine Bijektion $f : \mathbb{N} \to A$ finden. Der 1 in $\mathbb{N}$ wird die $f(1) = 1$ in A zugeordnet, analog für die 2. Der 3 in $\mathbb{N}$ ordnen wir die 4 in A zu. Allgemeiner ordnen wir jeder Zahl $n \geq 3$ in $\mathbb{N}$ die Zahl $f(n) = n + 1$ in A zu. Diese Funktion $f : \mathbb{N} \to A$ ist **bijektiv:** unterschiedliche Zahlen in $\mathbb{N}$ werden auf unterschiedliche Zahlen in A abgebildet (injektiv) und für jede Zahl in $m \in A$ gibt es eine natürliche Zahl n, welche auf m abgebildet wird (surjektiv). Somit

1.5 Interessanter und schwieriger

können die Zahlen in A abgezählt werden und es gilt $|A| = |\mathbb{N}|$, obwohl A die Zahl 3 nicht beinhaltet.

Wir behaupten:

Theorem 1.5.4 *Sei A die Menge der geraden Zahlen $2n$ mit n natürlich. Dann gilt $|A| = |\mathbb{N}|$.*

Beweis Wir zeigen, dass $f : \mathbb{N} \to A$ mit $f : n \to f(n) = 2n$ eine Bijektion ist.
Injektivität: Seien $n \neq n' \in \mathbb{N}$. Dann gilt

$$f(n) - f(n') = 2n - 2n' = 2(n - n') \neq 0.$$

Somit gilt $f(n) \neq f(n')$.

Surjektivität: Sei $m \in A$ eine gerade Zahl. Dann kann man $m = 2k$ mit einer eindeutigen natürlichen Zahl k schreiben. Das heißt, jede gerade Zahl m wird mit der Funktion f genau einmal durch $f(k) = 2m$ erreicht. Somit ist f bijektiv. □

Die beiden Mengen sind gleichmächtig, obwohl der Menge A die ungeraden Zahlen fehlen.

Aufgabe 1.5.4 *Welche Mächtigkeit besitzen die ungeraden natürlichen Zahlen? Wie lautet die Bijektion?*

Jetzt versuchen wir Funktionen zwischen den natürlichen Zahlen und den anderen Zahlenmengen zu finden.

Theorem 1.5.5 $|\mathbb{Z}| = |\mathbb{N}|$.

Beweis Um dies zu sehen, ordnen wir jeder geraden natürlichen Zahl n die Zahl $f(n) = n/2$ und jeder ungeraden Zahl die Zahl $f(n) = \frac{1-n}{2}$ zu. Durchlaufen wir die natürlichen Zahlen, werden diese auf die Zahlen

$$0, 1, -1, 2, -2, 3, -3, \ldots$$

abgebildet. Mit der Funktion f erhalten wir einerseits alle ganzen Zahlen und zwei unterschiedliche natürliche Zahlen werden auf zwei unterschiedliche ganzen Zahlen abgebildet. Man kann den Beweis formaler gestalten wie im letzten Theorem. Seien $n \neq n' \in \mathbb{N}$. Dann folgt $f(n) \neq f(n')$ (injektiv) durch Betrachtung der Differenz und für jede Zahl $z \in \mathbb{Z}$ finden wir ein n, welches auf z abgebildet wird (surjektiv). □

Wie steht es um die Mächtigkeit der Brüche $\mathbb{Q}$? Der Logiker Cantor beantwortete die Frage mit **dem ersten Diagonalargument** für die positiven rationalen Zahlen:

$$\begin{array}{ccccc}
\frac{1}{1}\ (1) \rightarrow & \frac{1}{2}\ (2) & \frac{1}{3}\ (5) \rightarrow & \frac{1}{4}\ (6) & \frac{1}{5}\ (11) \rightarrow \\
\swarrow & \nearrow & \swarrow & \nearrow & \\
\frac{2}{1}\ (3) & \frac{2}{2}\ (x) & \frac{2}{3}\ (7) & \frac{2}{4}\ (x) & \frac{2}{5}\ \cdots \\
\downarrow \quad \nearrow & \swarrow & \nearrow & & \\
\frac{3}{1}\ (4) & \frac{3}{2}\ (8) & \frac{3}{3}\ (x) & \frac{3}{4} & \frac{3}{5}\ \cdots \\
\swarrow & \nearrow & & & \\
\frac{4}{1}\ (9) & \frac{4}{2}\ (x) & \frac{4}{3} & \frac{4}{4} & \frac{4}{5}\ \cdots \\
\downarrow \quad \nearrow & & & & \\
\frac{5}{1}\ (10) & \frac{5}{2} & \frac{5}{3} & \frac{5}{4} & \frac{5}{5}\ \cdots \\
\vdots & \vdots & \vdots & \vdots & \vdots
\end{array}$$

Die Zahlen in der Klammern bezeichnen die zugeordnete Zahl in $\mathbb{N}$. $\frac{3}{8}$ (8) bedeutet, dass der Bruch $\frac{3}{8}$ auf 8 abgebildet wird. Folgen wir den Pfeilen, werden alle Brüche auf alle natürlichen Zahlen bijektiv abgebildet. Somit gilt $|\mathbb{Q}^+| = |\mathbb{N}|$. Die Symbole (x) geben an, dass der Bruch gleichwertig einem anderen Bruch ist, welcher bereits abgebildet wurde, sodass der Bruch übersprungen wird. Man betrachtet somit die Abbildung von Äquivalenzklassen in den rationalen Zahlen nach den natürlichen Zahlen, indem man den „natürlichen" Repräsentanten nimmt und alle anderen Klassenmitglieder überspringt. Die gleichwertigen Zahlen $1/1 = 2/2 = 3/3 = \cdots$ gehören alle in die Klasse $\bar{1}$ mit dem natürlichen Repräsentanten $1/1$.

Aufgabe 1.5.5 *Konstruieren Sie die Abbildung f für das oben stehende Diagonalisierungsverfahren.*

Aufgabe 1.5.6 *Wie müssen Sie das erste Cantor'sche Diagonalisierungsverfahren ändern, sodass alle rationale Zahlen erfasst werden, d.h., die negativen Brüche werden ebenfalls berücksichtigt?*

Die reellen Zahlen sind überabzählbar. Es gibt keine Bijektion von den natürlichen Zahlen in die reellen Zahlen.

Theorem 1.5.6 *Das Intervall $[0, 1]$ ist überabzählbar.*

Da $[0, 1]$ eine überabzählbare Teilmenge der reellen Zahlen ist, sind die reellen Zahlen überabzählbar.

Beweis Wir verwenden das zweite Diagonalargument von Cantor und führen einen Widerspruchsbeweis: Das Intervall $[0, 1]$ sei abzählbar. Dann kann man die Elemente in $[0, 1]$ in eine abzählbare Liste schreiben:
$$x_1, x_2, x_3, \ldots$$

1.5 Interessanter und schwieriger

wobei jedes x_i eine Dezimaldarstellung hat:

$$x_i = 0, a_{i1}a_{i2}a_{i3}\ldots$$

Hierbei sind a_{ij} die Dezimalstellen der Zahl x_i. Jetzt konstruieren wir eine neue Zahl $y \in [0, 1]$, welche **nicht** Element der Liste ist und somit die Abzählbarkeitsannahme verwirft. Dazu wählen wir die n-te Dezimalstelle von y wie folgt:

$$b_n = \begin{cases} 1 & \text{wenn } a_{nn} \neq 1 \\ 2 & \text{wenn } a_{nn} = 1 \end{cases}$$

Wir definieren die Zahl y durch ihre Dezimalstellen:

$$y = 0, b_1 b_2 b_3 \ldots$$

Durch die Konstruktion von y haben wir sichergestellt, dass sich die i-te Dezimalstelle von y unterscheidet von der i-ten Dezimalstelle von x_i:

$$y \neq x_i \quad \text{für alle } i.$$

Die Zahl y liegt im Intervall $[0, 1]$, da sie eine Dezimaldarstellung im Intervall $[0, 1]$ hat. Aber y ist nicht in der Liste $x_1, x_2, x_3, \ldots$. Dies steht im Widerspruch zur Annahme, dass $[0, 1]$ abzählbar ist. Somit muss das Intervall $[0, 1]$ überabzählbar sein. □

Wir hätten ein beliebig kleines Intervall betrachten können und die Aussage wäre unverändert geblieben: Zwischen $[\frac{1}{2}, \frac{1}{2,0000000001}]$ liegen überabzählbar viele Zahlen.

Was kann man über die Abzählbarkeit von Paaren von natürlichen Zahlen (n, m) sagen? Diese sind Element des **kartesischen Produktes** der natürlichen Zahlen mit sich selber:.

Definition 1.5.4 *Das kartesische Produkt* $\mathbb{N} \times \mathbb{N}$ *ist definiert durch:*

$$\mathbb{N} \times \mathbb{N} = \{(n, m) : n, m \in \mathbb{N}\}.$$

Das Element (n, m) der geordneten Zahlenpaare heißt Tupel.

Geometrisch ist $\mathbb{N} \times \mathbb{N}$ ein zweidimensionales Gitter mit Gitterabstand 1 zwischen den Gitterpunkten.

Theorem 1.5.7 *Für $n < \infty$ gilt:*

$$\underbrace{|\mathbb{N} \times \mathbb{N} \times \ldots \times \mathbb{N}|}_{n\text{-mal}} = |\mathbb{N}|.$$

Erstaunlich, obwohl wir die „Dimension" erhöhen, verändert sich die Abzählbarkeit nicht. Wir verzichten auf einen Beweis. Für $n = 2$ kann man das erste Diagonalelement verwenden, indem man die natürlichen Zahlen horizontal und vertikal einzeichnet und jede Zelle ein Paar von natürlichen Zahlen ist. Diese können mit dem gleichen Pfad wie bei den Brüchen abgezählt werden. Dieses Theorem zeigt den Unterschied zur Abzählbarkeit der Elemente für endliche Mengen. Sei $|A| = m$. Dann ist:

$$\underbrace{|A \times A \times \ldots \times A|}_{\text{n-mal}} = |A|^n = m^n,$$

welches die Anzahl der Elemente des kartesischen Produktes ist. Jedes Element dieses Produktes besteht aus einem Tupel mit n Einträgen und für jeden Eintrag gibt es m Möglichkeiten.

Dieses Vergrößern der Zahlenmenge der natürlichen Zahlen hat aber eine Grenze, ab welcher die Menge nicht mehr abzählbar ist. Dazu führen wir zu einer beliebigen Menge A die Potenzmenge $\mathcal{P}(A)$ ein. Dies ist die Menge bestehend aus allen Teilmengen von A. Wenn $A = \{x, y\}$, gilt

$$\mathcal{P}(A) = \{\emptyset, A, x, y\}.$$

Es gilt $|A| = 2 < 4 = |\mathcal{P}(A)|$. Wir zeigen in einem folgenden Abschnitt, dass für $|A| = n$ $\mathcal{P}(A) = 2^n$ folgt. Hat A 30 Elemente, so besitzt die Potenzmenge von A mehr als eine Milliarde Elemente. Die Potenzmenge besitzt ein exponentielles Wachstum. Da in den endlichen Beispielen $|A| < |\mathcal{P}(A)|$ gilt, gibt es keine Bijektion von A in dessen Potenzmenge. Die Funktion kann nicht surjektiv sein. Dies überträgt sich auf unendliche Mengen. Es gilt:

Theorem 1.5.8 *Es gilt* $|\mathbb{N}| < |\mathcal{P}(\mathbb{N})|$.

Somit ist die Potenzmenge der natürlichen Zahlen nicht abzählbar.

Beweis Wir führen einen Widerspruchsbeweis. Angenommen, es gäbe eine Bijektion $f : \mathbb{N} \to \mathcal{P}(\mathbb{N})$: Für alle $x \neq y \in \mathbb{N}$ gilt: $f(x) \neq f(y) \in \mathcal{P}(\mathbb{N})$ (injektiv) und für jede Teilmenge $C \in \mathcal{P}(\mathbb{N})$, gibt es ein eindeutiges Element x von $\mathbb{N}$, welches auf die Teilmenge abgebildet wird (surjektiv): $f(x) = C \in \mathcal{P}(\mathbb{N})$.

Die Strategie ist zu zeigen, dass f nicht surjektiv sein kann. Injektivität ist kein Problem, da $|\mathbb{N}|$ nicht größer als die Kardinalität der Potenzmenge ist. Alle unterschiedlichen Elemente von $\mathbb{N}$ können auf unterschiedliche Teilmengen der Potenzmenge abgebildet werden. Wir definieren eine Teilmenge $B \subseteq \mathbb{N}$ wie folgt:

$$B = \{x \in \mathbb{N} : x \notin f(x)\}$$

Diese Menge B ist Element der Potenzmenge $\mathcal{P}(\mathbb{N})$ und sie enthält genau diejenigen Elemente von $\mathbb{N}$, die nicht durch f erreicht werden, d. h. diejenigen, welche Nichtsurjektivität implizieren.

Da f eine Bijektion ist, muss es ein Element $b \in \mathbb{N}$ geben, sodass $f(b) = B$. Ist $b \in B$ wahr oder falsch?

- Angenommen, $b \in B$. Nach Definition von B folgt $b \notin f(b)$. Also gilt $b \notin B$. Dies ist ein Widerspruch.
- Angenommen, $b \notin B$. Nach Definition von B folgt $b \in f(b)$, also $b \in B$. Dies ist ebenfalls ein Widerspruch.

Da wir in beiden Fällen einen Widerspruch erhalten, muss unsere Annahme, dass es eine Bijektion $f : \mathbb{N} \to \mathcal{P}(\mathbb{N})$ gibt, falsch sein. Es folgt, dass die Kardinalität von $\mathbb{N}$ echt kleiner ist als die Kardinalität der Potenzmenge $\mathcal{P}(\mathbb{N})$. □

Das war anspruchsvolle Kost. Sie mögen sich fragen, wozu man in der Informatik abzählbar unendliche und überabzählbare Mengen benötigt, da ein Computer nur mit endlichen Daten und in endlicher Zeit arbeitet. Die theoretische Grundlagen, wie die Berechenbarkeit, erfordern das Verständnis von abzählbaren und überabzählbaren Mengen. Auch arbeiten Algorithmen für Such- und Planungsprobleme in der KI oft mit unendlich großen Zustandsräumen, auch wenn die tatsächliche Berechnung in endlicher Zeit stattfindet. Das Studium unendlich abzählbarer Mengen erlaubt uns die Grenzen der Informatik besser zu verstehen und komplexe Systeme zu modellieren und zu analysieren. Die Schulung Ihres mathematischen Denkens an dieser Schmerzgrenze wird Ihnen bei komplexen Fragestellungen in der Informatik möglicherweise hilfreich sein.

1.5.4 Hilberts Hotel

Hilberts Hotel sind Gedankenexperimente, welche Verblüffendes zum Thema Unendlichkeit liefern und einige der vorangehenden Theoreme veranschaulichen. Die Experimente stammen von David Hilbert, einem der berühmtesten Mathematiker im 20. Jahrhundert.
Angenommen Sie kommen in Hilberts Hotel. Dieses Hotel hat abzählbar unendlich viele Zimmer, welche mit den natürlichen Zahlen durchnummeriert werden können. Sie kommen an die Rezeption und fragen nach einem Zimmer. Hilbert sagt, dass alle Zimmer belegt sind, er aber Ihnen trotzdem ein Zimmer geben kann. Dazu wendet er sich mit dem Lautsprecher an alle Zimmerinsassen: Alle vor das Zimmer treten und in das nächste Zimmer zu ihrer Linken eintreten. Dann erhalten alle unendlich vielen Gäste wieder ein Zimmer und das erste Zimmer ist für Sie frei. Die folgende Abbildung stellt die Zimmer dar.

Es kommt aber noch besser. Das Hilbert Hotel ist belegt und es kommt ein Bus mit abzählbar unendlich vielen Gästen an. Hilbert spricht wieder zu den bestehenden Gästen und sagt Ihnen, dass sie ihre aktuelle Zimmernummer mit 2 multiplizieren und in die neuen geraden

Zimmernummern einziehen sollen. Somit sind abzählbar unendlich viele ungerade Zimmer frei und alle abzählbar unendlich vielen neuen Gäste erhalten ein Zimmer.

Aufgabe 1.5.7 *Schwierige Aufgabe. Angenommen das Hilbert Hotel ist besetzt und es kommen abzählbar unendlich viele Busse, jeder mit abzählbar unendlich vielen neuen Gästen an. Kann Hilbert die Gäste unterbringen?*

1.5.5 Graphen

Graphen treten an vielen Fragestellungen der Informatik auf. Graphen sind beispielsweise ein Modell für das Internet und soziale Netzwerke. Oft wird der Beginn der Graphentheorie mit Leonhard Eulers Lösung des Königsberger Brückenproblems festgelegt, siehe Abb. 1.5.

Gibt es einen Weg durch die Stadt, bei dem alle sieben Brücken über den Fluss **genau einmal** überquert werden? Euler löste das Rätsel wie folgt: Er benannte die vier Stadtteile als A, B, C, D und die sieben Brücken als a, b, c, d, e, f, g. Ein Weg ist somit eine abwechselnde Folge von Groß- und Kleinbuchstaben. Ein geschlossener Rundweg, der die Aufgabe löst, würde dann aus den sieben verschiedenen Kleinbuchstaben und acht Großbuchstaben beschrieben werden, mit dem gleichen Großbuchstaben am Anfang und Ende.

Um alle fünf Brücken des Stadtteils A zu überqueren, muss man dreimal in A hineingehen. Die anderen Stadtteile mit ihren jeweils drei Brücken müssten genau zweimal betreten werden. Insgesamt ergibt sich also eine Zeichenkette von

$$3 + 2 + 2 + 2 = 9 > 8$$

Großbuchstaben. Widerspruch gegenüber den acht Großbuchstaben für die hypothetische Lösung. Mindestens ein Stadtteil muss einmal mehr als notwendig besucht werden und somit muss mindestens eine Brücke zweimal durchlaufen werden.

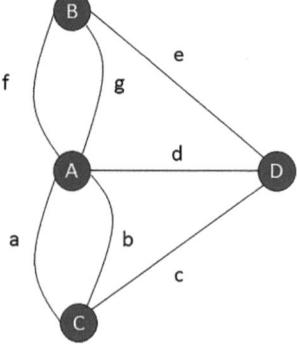

Abb. 1.5 Königsberger Brückenproblem. Die Knoten stellen die vier Stadtteile in Königsberg dar und die Kanten die Brücken zwischen den Stadtteilen. Nicht sichtbar sind die Arme des Flusses Pregel, über welche die Brücken führen

1.5 Interessanter und schwieriger

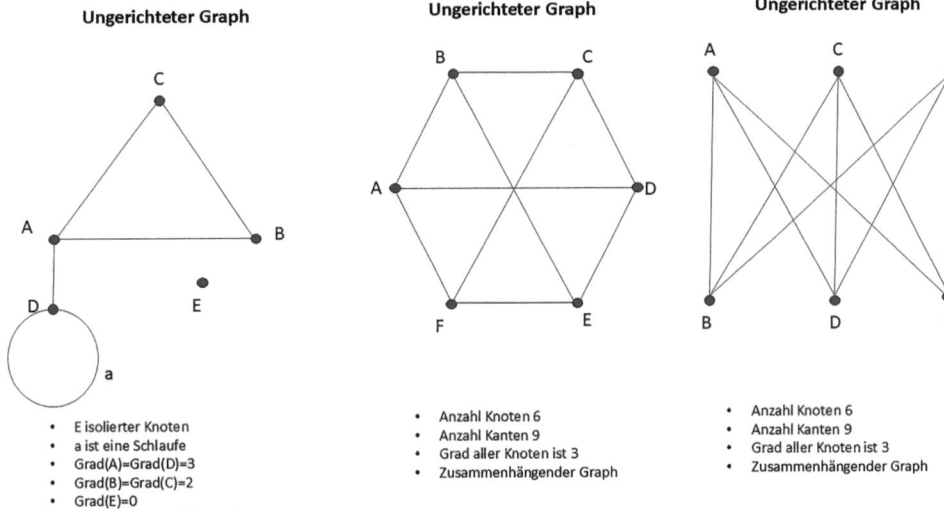

Abb. 1.6 Beispiele von Graphen

Das Brückenproblem ist als Graph dargestellt, welcher aus Knoten (Stadtteilen) und Kanten (Brücken) besteht. Es scheint, dass der **Grad der Knoten,** d. h. die Anzahl der Kanten, welche einen Knoten besitzt, entscheidet, ob dieses Problem eine Lösung besitzt. weiter das Brückenproblem und verwandte Problem studieren, führen wir Definitionen zu Graphen ein. Ein GraphGbesteht aus eine Menge von **Knoten**, die durch eine Menge von **Kanten** verbunden sein können. Die Kanten können gerichtet oder ungerichtet sein. Ist V die Menge der Knoten, so können wir eine gerichtete Kante von einem Knoten u zu einem Knoten v über ein Paar (u, v) darstellen. Ungerichtete Kanten werden als u, v geschrieben. Die Menge aller möglichen Kanten E (für engl.: „edges") definieren wir als

$$E = \{(u, v) : u, v \in V\}.$$

Zwei Ecken $u, v \in V$ heißen **benachbart,** wenn es eine **verbindende** Kante gibt. Somit bestehen **Graphen** G aus einem Paar von zwei Mengen: $G = (E, V)$. Der **Grad eines Knoten** ist gleich der Anzahl der Kanten des Knotens. Ein **Weg** in einem Graphen ist eine Folge von Knoten, in welcher jeweils zwei aufeinanderfolgende Knoten durch eine Kante verbunden sind, Ein Graph heißt **zusammenhängend,** wenn es zu je zwei beliebig gewählten Knoten immer einen Weg gibt, der sie verbindet: Sie können an jedem Knoten den Graphen als Modell hochziehen und es bleibt nie ein Teil des Graphen auf dem Tisch zurück. Ein Knoten, an welchem keine Kante endet, heißt **isoliert**. Abb. 1.6 stellt Beispiele von Graphen und deren Kenngrößen dar.

Kehren wir zurück zu den Eulerproblemen. Wir betrachten zwei Fragestellungen für zusammenhängende Graphen:

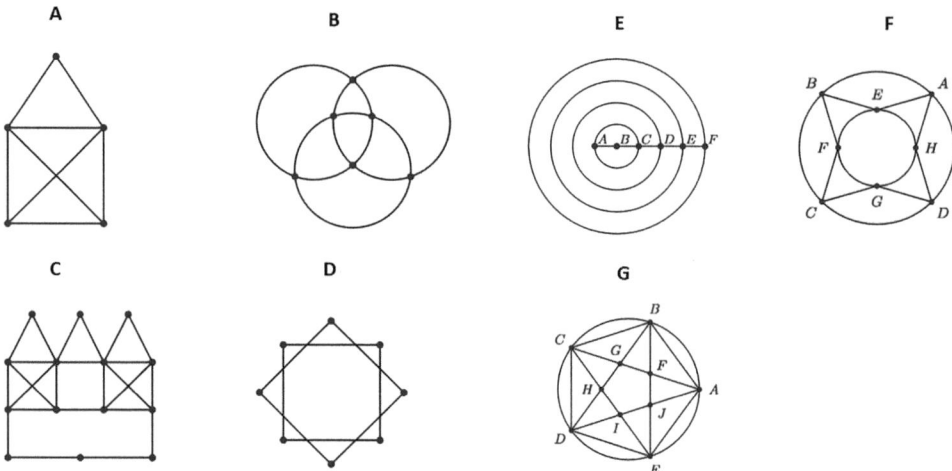

Abb. 1.7 Graphen zur Aufgabe 1.5.8

- (**Eulerkreisproblem**): Können alle Knoten genau einmal besucht werden in einem Weg, wenn Start- und Endknoten identisch sind?
- (**Eulerwegproblem**): Können alle Knoten genau einmal besucht werden in einem Weg, wenn Start- und Endknoten unterschiedlich sind?

Definition 1.5.5 *Ein Graph mit einem Eulerkreis heißt Euler'scher Graph.*

Nach all diesen Begriffen ist es Zeit, dass Sie mit diesen vertraut werden!

Aufgabe 1.5.8

1. *Zeichnen Sie einen Graphen mit 2 Knoten und Grad 1 und 7.*
2. *In welchem der Graphen A, B, C und D in Abb. 1.7 gibt es einen Eulerkreis?*
3. *Welcher der Graphen E, F und G in Abb. 1.7 ist ein Euler'scher Graph?*

Die Antwort auf die beiden Fragen gibt der Satz von Euler:

Theorem 1.5.9 *(Satz von Euler) Sei G ein zusammenhängender Graph.*
Das Eulerkreisproblem hat in G eine Lösung $\iff$ alle Knoten besitzen eine gerade Anzahl an Kanten.

1.5 Interessanter und schwieriger

Das Eulerwegproblem hat in G eine Lösung $\iff$ zwei Knoten haben eine ungerade Anzahl an Kanten.

Beim Eulerkreis machen Knoten mit gerader Ordnung (gerade Anzahl an Kanten) keine Probleme beim Durchlaufen. Jeder Knotenbesuch verbraucht zwei Kanten. Knoten mit ungerader Ordnung müssen entweder Anfangs- oder Endpunkt eines Eulerweges sein. Deshalb ist das Königsberger Brückenproblem nicht lösbar.

Die Aussagen im Theorem gehen in **beide Richtungen**: Wenn das Eulerkreisproblem eine Lösung hat, dann ist die Kantenanzahl in jedem Knoten gerade und umgekehrt, wenn die Kantenzahl gerade ist, dann hat das Eulerkreisproblem eine Lösung. Die beiden Aussagen „Existenz Eulerkreis" und „gerade Anzahl an Kanten" sind logisch **äquivalent**. Um die logische Äquivalenz im Theorem zu beweisen, müssen wir zeigen, dass die Aussage der geraden Anzahl an Kanten in jedem Knoten **notwendig und hinreichend** ist: Wenn das Eulerkreisproblem in G eine Lösung hat, dann muss jeder Knoten geraden Grad haben. Dies ist die Frage nach der Notwendigkeit. Wenn alle Knoten geraden Grad haben, dann hat der Graph G einen Eulerkreis. Dies steht für hinreichend. Bezeichnen wir die Aussage A: „Das Eulerkreisproblem hat in G eine Lösung" und B: „alle Knoten besitzen eine gerade Anzahl an Kanten". Dann lautet die erste Äquivalenz im Satz von Euler $A \iff B$. Die Notwendigkeit schreibt man $A \implies B$; wen A wahr ist, dann auch B. Das Zeichen $\implies$ steht für die Implikation. Hinreichend bedeutet, dass $A \impliedby B$. Eine Aussage ist hinreichend, wenn aus einer wahren Aussage eine wahre Konsequenz folgt und sie ist notwendig, damit eine andere Aussage wahr ist. Beide Implikationsrichtungen zusammen definieren $\iff$.

Illustrieren wir diese Begriffe am Beispiel aus der Algebra. Wenn die Aussage $x = 2$ wahr ist, dann ist auch Konsequenz $x^2 = 4$ wahr. $x = 2$ ist hinreichend, damit $x^2 = 4$ wahr ist. $x = 2$ ist aber nicht notwendig, da $x = -2$ ebenfalls $x^2 = 4$ als wahr impliziert. Wenn $x^2 = 4$ wahr ist, dann sind $x = 2$ oder $x = -2$ wahr. Es ist nicht notwendig, dass $x = 2$ gilt, weil auch $x = -2$ eine Lösung von $x^2 = 4$ ist. Wir schreiben für die **Implikation** $A \implies B$, d. h. aus A folgt B oder A ist hinreichend für B. Somit können wir schreiben:

$$x^2 = 4 \implies x = 2, \ x = -2 \implies x^2 = 4, \ x^2 = 4 \iff x = \pm 2.$$

Wir kommen im Logikabschnitt ausführlich auf solche Fragestellungen zurück. Beweisen wir das Theorem von Euler:

Beweis Teil 1: Eulerkreisproblem

- Notwendigkeit „$\implies$": Wenn ein Graph einen Eulerkreis hat, dann hat jeder Knoten einen geraden Grad. Sei C ein Eulerkreis. Jeder Besuch eines Knotens entspricht dem Durchlaufen einer Kante hinein und hinaus. Daher ist der Grad jedes Knotens in C gerade.
- Hinreichend „$\impliedby$": Wenn alle Knoten einen geraden Grad haben, dann hat der Graph einen Eulerkreis. Wir verwenden eine konstruktive Strategie, siehe Abb. 1.8.

Beginnen Sie an einem beliebigen Knoten A und konstruieren Sie einen Pfad, indem Sie jede Kante genau einmal durchlaufen, bis Sie wieder zu A zurück sind. Sie erhalten einen ersten geschlossenen Weg (fett, durchgezogen in der Abbildung). Dies ist möglich, weil jeder Knoten einen geraden Grad hat und es somit immer eine „unbenutzte" Kante gibt, durch die Sie den Knoten verlassen können, nachdem Sie ihn betreten haben.

- Wenn Sie am Startknoten angekommen sind und noch unbenutzte Kanten existieren, dann gehen Sie im konstruierten Weg bis zum erstem Knoten E_1, der noch unbenutzte Kanten hat, und wiederholen den Prozess (fett, gestrichelter Weg). Dies gibt einen Weg, den Sie zum ersten Weg hinzufügen können. Sie erhalten einen Eulerkreis aus dem ersten und dem zweiten Schritt. Wiederholen Sie dies, bis keine Kanten mehr unverbraucht sind (dünne Kanten stellen die zweite Erweiterung E_2 dar). Dann folgt, dass ein Graph mit nur Knoten von geradem Grad immer einen Eulerkreis besitzt. Dieser Teil ist kein Beweis, sondern eine Beweisskizze. Die Aussage „Wiederholen Sie dies, ..." ist anschaulich, aber sie ist keine mathematisch korrekte Aussage, dass dieser Schritt des Hinzufügens für eine beliebige Anzahl n von Knoten eine wahre Aussage ist. Mit dem Hilfsmittel der vollständigen Induktion können wir solche Aussagen mathematisch beweisen.

Teil 2: Eulerwegproblem

- Notwendigkeit: Wenn ein Graph einen Eulerweg hat, dann hat er genau zwei Knoten mit ungeradem Grad. Nur die Start- und Endknoten können ungeraden Grad haben, da sie jeweils eine Kante mehr betreten bzw. verlassen als umgekehrt. Alle anderen Knoten haben geraden Grad: Verbindet man die beiden Knoten mit einer Kante x erhält man einen Eulerkreis mit alle Knoten vom geraden Grad. Entfernt man x, so haben genau der End- und Anfangsknoten ungeraden Grad.
- Hinreichend: Wenn ein Graph genau zwei Knoten ungeraden Grades hat, dann hat er einen Eulerweg. Füge eine zusätzliche Kante ein, welche die beiden Knoten verbindet. Dann haben alle Knoten geraden Grad und der Graph besitzt einen Eulerkreis. Entferne die hinzugefügte Kante führt zum Eulerweg. □

Abb. 1.8 Konstruktion der Eulerkreise

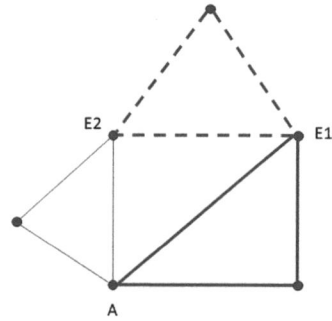

1.5 Interessanter und schwieriger

Wir wenden das Graphenmodell auf das Chinesische Postbotenproblem an. Es handelt sich um eine Verallgemeinerung des Eulerkreisproblems, bei dem man für einen gegebenen Graphen einen **minimalen** Weg sucht, er alle Kanten mindestens einmal durchläuft. Sei $G = (V, E)$ ein ungerichteter Graph, wobei jede Kante $e \in E$ eine Länge oder ein Gewicht $l(e) \geq 0$ hat. Dies stellt zum Beispiel die Fahrzeit des Postbotens zwischen den Knoten dar. Das Ziel ist einen Weg T in G zu finden, der alle Kanten E mindestens einmal durchläuft und dessen Gesamtlänge **minimal** ist. Alle Pakete sollen in kürzester Zeit ausgeliefert werden.

Wenn alle Knoten von G einen geraden Grad haben, existiert eine Eulerkreis, welcher gleich dem Weg T ist. Die minimale Länge des Weges T ist gleich der Länge des Eulerkreises, da es nicht möglich weniger Kanten als im Eulerkreis zu durchlaufen. Wenn G keinen Eulerkreis besitzt, weil einige Knoten einen ungeraden Grad haben, wird das Problem komplexer. In einem ersten Schritt identifizieren wir die Knoten mit ungeradem Grad. Sei $U \subseteq V$ die Menge der Knoten mit ungeradem Grad.

Behauptung: Es gilt:
$$|U| = 2k$$
für ein ganzzahliges k, da die Anzahl der Knoten mit ungeradem Grad in einem Graphen immer gerade ist. Dies folgt aus dem sogenannten Handshake-Lemma:

Theorem 1.5.10 *(Handshake-Lemma) Die Summe aller Grade in einem Graphen ist gleich zweimal der Anzahl der Kanten im Graphen.*

Beweis Da jede Kante zwei Knoten verbindet, trägt jede Kante die Zahl 2 zur Gesamtsumme der Grade bei. Deshalb ist die Summe der Grade gleich dem doppelten der Kantenanzahl und somit immer eine gerade Zahl. □

Die Summe der Grade über alle Knoten kann in eine Summe über die Knoten mit geraden bzw. ungeraden Knoten aufgespalten werden:

|Summe gerade Knoten| + |Summe ungerade Knoten| $= 2|E|$.

Da die Summe über die geraden Knoten ebenfalls eine gerade Zahl ist, muss die Summe über die ungeraden Knoten ebenfalls gerade sein.

Der nächste Schritt ist, alle Paare von Knoten $u_i, u_j \in U$ mit ungeraden Knoten zu finden und durch zusätzliche Kanten zu verbinden, sodass alle diese Knoten neu einen geraden Grad besitzen, siehe Abb. 1.9.

Der Graph mit diesen zusätzlichen Kanten G' ist dann ein Eulergraph mit einem Eulerkreis. Diese zusätzlichen Kanten sollen die Gesamtlänge des Weges minimieren. Wie findet man die optimale Anzahl der zusätzlichen Kanten, d.h., wie soll man die ungeraden Knoten mit zusätzlichen Kanten verbinden, sodass der Zusatzweg über all diese Kanten minimal ist? Dies definiert ein Optimierungsproblem: Finde eine Menge P von minimalen Pfaden zwischen den Knoten in U, die das folgende Optimierungsproblem löst:

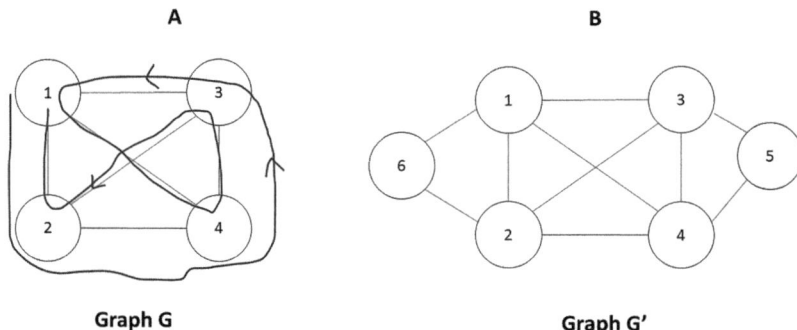

Abb. 1.9 A: Ursprungsgraph G. Knoten haben ungeraden Grad. Beim Weg werden die Kanten $(1, 2)$, $(3, 4)$ zweimal durchlaufen. B: Erweiterung von G um zwei Knoten, sodass alle Kanten geraden Grad haben. Der gestrichelte Knoten 5 ist eine alternative Erweiterung des Graphen. Wo fügt man die zusätzlichen Knoten hinzu? Dies wird bestimmt durch die Minimierung der Gewichte der Kanten, welche hier nicht eingezeichnet sind

$$\text{Minimiere Summe aller Längen über alle Knotenpaare}(u_i, u_j) \in U,$$

wobei $d(u_i, u_j)$ die Länge des kürzesten Wegs zwischen den Knoten u_i und u_j ist. Dies nennt man das optimale paarweise Matching der Knoten. Wenn dieses Programm gelöst ist, konstruieren wir den modifizierten Graphen G', indem die Kanten aus den minimalen Pfaden P zwischen den Knoten in U hinzufügt werden. Der neue Graph $G' = (V, E \cup P)$ hat ausschließlich Knoten mit geradem Grad und besitzt somit einen Eulerkreis. Der nächste Schritt ist, dieses Eulerkreis zu finden.

Das Postman-Problem wird also mathematisch durch die Minimierung der Gesamtlänge eines Weges T beschrieben, die alle Kanten mindestens einmal durchläuft. Wenn der Graph einen Eulerkreis hat, ist die Lösung direkt gegeben. Wenn nicht, muss man Knoten mit ungeradem Grad durch minimal zusätzliche Wege verbinden, sodass ein Eulerkreis im modifizierten Graphen entsteht.

Der Dijkstra-Algorithmus hilft dabei, für jedes Paar von ungeraden Knoten den kürzesten Weg zu finden. Diese kürzesten Wege bilden die Eingabe für das Matching-Problem. Nachdem die kürzesten Wege berechnet wurden, kann man den ursprünglichen Graphen transformieren, indem man die Kanten entlang dieser kürzesten Wege „verdoppelt", sodass alle Knoten geraden Grad erhalten. Nach der Modifikation des Graphen enthält dieser nur noch Knoten mit geradem Grad. Dadurch wird er eulersch und man kann mit Algorithmen wie Fleury oder Hierholzer den Eulerkreis berechnen. Jetzt betrachten wir die Dijkstra-Komponente. Abb. 1.10 illustriert den Algorithmus. Damit der Algorithmus funktioniert, müssen alle Gewichte **positiv** sein. Der Algorithmus findet in einem ungerichteten Graphen den **kürzesten** Weg zwischen zwei **beliebigen** Knoten.

Der Ursprungsgraph besteht aus den Knoten und den Gewichten der Kanten. Damit der Algorithmus funktioniert, müssen die Knoten, die Vorgängerknoten und die Gewichte

1.5 Interessanter und schwieriger

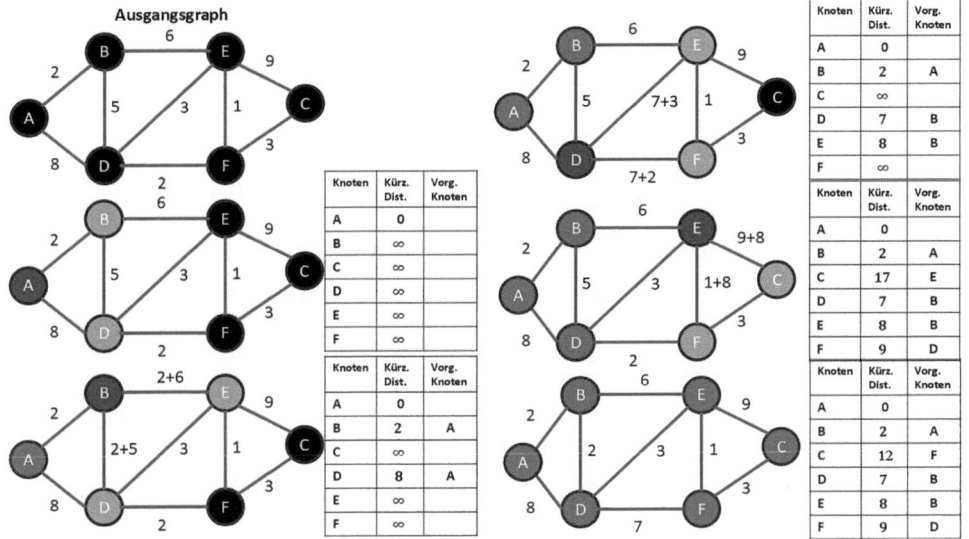

Abb. 1.10 Illustration des Dijkstra-Algorithmus

gespeichert werden. Wir führen zwei Listen. Eine Liste der besuchten Knoten, welche zu Beginn leer ist, und eine Liste mit den zu besuchenden Knoten. Start ist bei Knoten A. Dieser hat nach Definition die kürzeste Distanz null. Die Distanzen aller anderen Knoten werden auf ∞ gesetzt. Man wird mit Kosten von unendlich bestraft, da man sich noch nicht von A bewegt hat. Die Liste der Vorgängerknoten ist leer. Im ersten Schritt werden alle Nachbarknoten A betrachtet. Dies sind B, D und die Distanzen zu A werden in die Liste eingetragen und A als Vorgängerknoten A notiert. Aus der Liste der nichtbesuchten Knoten wird A gestrichen und in die Liste der besuchten Knoten eingetragen.

Im nächsten Schritt gehen wir vom Nachbarsknoten von A mit dem kleinsten Gewicht, hier B, weiter. Die Nachbarn von B sind die Knoten D, E. Die kumulierten Gewichte sind $2 + 5$, $2 + 6$, welche als Resultate in die Tabelle eingetragen werden und ebenso der Vorgängerknoten B. Der nächste Knoten ist D, da sein Gewicht kleiner ist als von E. Die unbesuchten Knotennachbarn von D sind E, F. Addiert man zur Summe von D von 7 die entsprechenden Gewichte 2, 3, erhalten wir für den Knoten E das Gewicht 10 und für F das Gewicht 9. Da 10 größer als das bestehende Gewicht von E von 8 ist, wird dieses nicht verändert und B verbleibt auch als Vorgängerknoten bestehen. Die Nichtanpassung gilt auch, wenn das neue Gewicht gleich dem alten ist. Dies wird fortgeführt, bis alle Knoten besucht sind. Der kürzeste Weg von A nach beispielsweise C verläuft über B, D, F, indem man die Liste vom Zielknoten rückwärts verfolgt.

Der Dijkstra-Algorithmus liefert immer eine optimale Lösung, sofern die Kantengewichte positiv sind. Diese Eigenschaft beruht auf der Annahme, dass in einem Pfad die Summe der kürzesten Teilstrecken ebenfalls die kürzeste Gesamtlänge ergibt. Der Beweis erfolgt

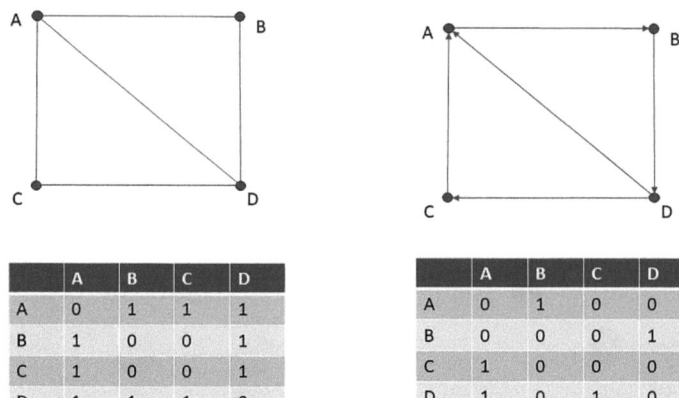

Abb. 1.11 Zusammenhang Graph–Adjacency-Matrix

durch Widerspruch: Angenommen, der vom Dijkstra-Algorithmus gefundene Pfad wäre nicht optimal, das heißt, es existiert ein Pfad mit einer kleineren Gesamtlänge. In diesem Fall müsste es mindestens ein Teilstück auf diesem alternativen Pfad geben, das kürzer ist als das entsprechende Teilstück des vom Algorithmus gewählten Pfades. Das widerspricht jedoch der Funktionsweise des Algorithmus, da er immer den kürzesten verfügbaren Pfad auswählt. Daher ist die Annahme falsch und der Algorithmus findet stets den optimalen Pfad. Dieser Algorithmus gehört zur Familie der Greedy-Algorithmen. Die Diskussion zeigt, dass die wesentliche strukturelle Voraussetzung für die globale Optimalität die Existenz von optimalen Teilproblemen ist.

Für die Knotenverarbeitung benutzen wir eine Liste der verarbeiteten und eine der zu verarbeitenden Knoten. Für große Listen ist das Finden, Herausnehmen oder Platzieren von Knoten in einer linearen Struktur nicht effizient. Die Datenstruktur der Heaps stellen eine effiziente Verarbeitung von Knoten basierend auf ihren Gewichten oder Distanzen dar. In Python Kap. 1 ist die Implementation des Min-Heap in Python beschrieben.

Wie laden Sie Graphen in ein Python-Programm? In welcher Datenstruktur speichern Sie die Informationen der Graphen ab? Oft werden Graphen durch die **Adjacency-Matrix** oder **Adjazenzlisten** dargestellt. Eine Matrix ist ein **rechteckiges Schema** von Zahlen, also eine Tabelle von Zahlen. Abb. 1.11 stellt zwei Graphen und deren Matrixdarstellung dar (gerichteter und ungerichteter Graph). Was fällt Ihnen in der Matrixdarstellung auf?

Aufgabe 1.5.9 *Betrachten Sie Abb. 1.12. Finden Sie für die beiden Graphen die Adjacency-Matrix-Darstellung. Welche Bedeutung haben die Nullen in der Diagonalen? Was fällt Ihnen bei den Matrizen von ungerichteten Graphen auf und welche effizientere Darstellung schlagen Sie vor?*

Abb. 1.12 Graphen für
Aufgabe 1.5.9

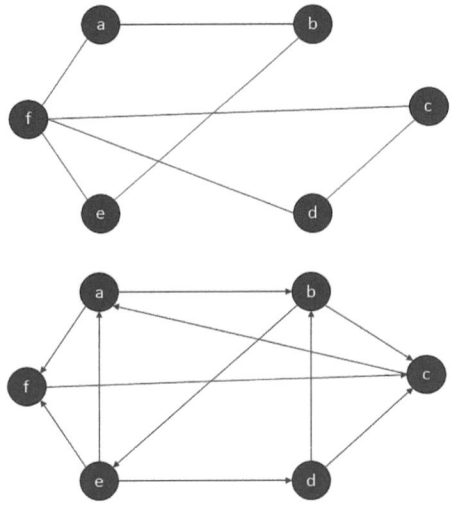

1.5.6 Russels Paradox

Unsere Sichtweise auf die Mengenlehre wird als naive Mengenlehre bezeichnet. Ich kann mir zum Beispiel nicht vorstellen, dass eine Ansammlung von Objekten keine Menge bildet. Der Mathematiker und Logiker Bertrand Russell gab ein Beispiel, welches nicht in diese naive Sichtweise passt. Sei S eine „Menge von Mengen, welche sich selbst nicht enthält":

$$W := \{S \mid S \notin S\}.$$

Gemäß dieser Definition gilt für jede Menge S:

$$S \in W \iff S \notin S.$$

Insbesondere können wir S als W setzen und erhalten das widersprüchliche Ergebnis:

$$W \in W \iff W \notin W.$$

Ein möglicher Ausweg aus diesem Paradoxon war Russell und anderen zur damaligen Zeit klar: Es ist ungerechtfertigt anzunehmen, dass W eine Menge ist. Der Schritt im Beweis, bei dem S als W gesetzt wird, ist daher nicht zulässig, da S nur über Mengen definiert ist und W möglicherweise keine Menge ist. Tatsächlich impliziert das Paradoxon, dass W keine Menge sein sollte. Das Ablehnen, dass W eine Menge ist, bedeutet jedoch, dass wir das sehr natürliche Axiom verwerfen müssen, welches besagt, dass jede mathematisch wohldefinierte Sammlung von Elementen tatsächlich eine Menge ist. Axiome sind grundlegende Annahmen, welche nicht bewiesen werden, sondern als wahr gelten. Das Problem, dem Russell und andere Mathematiker gegenüberstanden, war, zu spezifizieren, welche wohldefinierten

Sammlungen tatsächlich Mengen sind. Wir gehen nicht weiter auf dieses Thema ein, da wir mit der naiven Mengenlehre weiterarbeiten werden.

1.6 Magische Quadrate

Wir zeigen, wie man mit mathematischen Denken ein Problem der magischen Quadrate mit Millionen von Möglichkeiten auf wenige Möglichkeiten reduzieren kann, sodass das Problem von Hand ohne Simulation mit einem Computer gelöst werden kann. Eines der berühmtesten magischen Quadrate ist in Albrecht Dürers Kupferstich Melencolia I zu finden:

16	3	2	13
5	10	11	8
9	6	7	12
4	15	14	1

In diesem Quadrat sind die Summen aller Zeilen, Spalten und Diagonalen gleich und jede natürliche Zahl erscheint genau einmal. Ein n^2-System mit diesen Eigenschaften für n^2 **unterschiedliche** natürliche Zahlen heißt **magisches Quadrat.**

Gibt es 1×1 magische Quadrate? Ja, das Quadrat mit der Zahl 1 erfüllt alle Eigenschaften.

Gibt es 2×2 magische Quadrate? Wir schreiben

a_1	a_2
a_3	a_4

für die vier gesuchten Zahlen $a_k, k = 1, 2, 3, 4$. Dies ist eine endliche Folge von Zahlen. Dabei ist k der Index (Zeiger oder Pointer in der Programmierung) und a_j ist für jedes j eine der Zahlen 1, 2, 3, 4. Wir überlegen. Es muss $a_1 + a_2 = a_1 + a_3$ gelten, da die Zeilensumme gleich der Spaltensumme sein muss. Es folgt $a_2 = a_3$. Somit haben wir mit einer Überlegung bewiesen, dass kein 2×2 magisches Quadrat existiert.

Gibt es 3×3 magische Quadrate? Eine Möglichkeit ist mit einem Brute-Force-Algorithmus alle Möglichkeiten durchzurechnen. Wie viele Möglichkeiten gibt es 9 unterschiedliche Zahlen in einem Quadrat zu platzieren? Für die erste Zahl gibt es 9 Möglichkeiten, für die Zweite 8 usw. Insgesamt gibt es $\mathbb{S} = 1 \cdot 2 \cdot \ldots \cdot 9 =: 9! = 362.880$ Möglichkeiten. Dabei ist 9! definiert als Produkt aller Zahlen startend in 1 und endend in 9. Dies wird **9-Fakultät** ausgesprochen.

Definition 1.6.1 *Für $n \in \mathbb{N}$ ist die Fakultät $n!$ definiert durch:*

$$n! = 1 \times 2 \times 3 \cdots \times (n-1) \times n.$$

Es gilt $0! := 1$.

1.6 Magische Quadrate

Weshalb gibt es nicht $1 + 2 + \ldots + 9 = 45$ Möglichkeiten? Wir kommen später darauf zurück. Die Fakultäten wachsen sehr schnell an. Stellen wir die Frage nach einem 4×4 magischen Quadrat sind

$$16! = 20.922.789.888.000$$

Möglichkeiten, also 21 Billionen, mit Brute Force zu berechnen. Obwohl die Suche mit Brute Force nach magischen Quadraten in unserem 3×3-Fall mit $\mathbb{S} := 362.880$ Möglichkeiten mit der heutigen Technologie kein Problem darstellt, wollen wir zeigen, wie mathematisches Denken diese Anzahl verkleinert.

Als Erstes nutzen wir, dass die Summe aller Zahlen gleich 45 ist, d. h. $1+2+\ldots+9 = 45$. Mit der arithmetischen Summenformel im nächsten Abschnitt werden wir sehen, wie man auf das Resultat kommt, ohne explizit alle Zahlen zusammenzuzählen. Deshalb muss jede Zeile, Spalte oder Diagonale die Summe 15 haben. Dies erlaubt uns $\mathbb{S}$ zu reduzieren. Angenommen, wir kennen die vier Zahlen a_1, a_2, a_4, a_5 im 2×2-Teilquadrat

a_1	a_2	a_3
a_4	a_5	a_8
a_7	a_8	a_9

des gesamten 3×3-Quadrates. Dann können wir die fehlenden Zahlen in der dritten Spalte und dritten Zeile durch die Summenvorschrift berechnen. D. h., wir müssen nur die Zahlen a_1, a_2, a_4, a_5 finden. Dies sind $9 \cdot 8 \cdot 7 \cdot 6 = 3.024 = \mathbb{S}'$ Möglichkeiten, also 120-mal weniger als in $\mathbb{S}$.

Der nächste Schritt ist die Bestimmung der mittleren Zahl a_5. Die Summe über beide Diagonalen, die zweite Spalte und die zweite Zeile ist 60, da jeder Beitrag $s = 15$ ist. Diese vier Summen decken das Quadrat ab. Jeder der vier Summen beinhaltet die Zahl a_5, d. h., diese Zahl kommt viermal vor und jede andere Zahl genau einmal. Die Summe über die Diagonalen und die mittlere Zeile und Spalte ist $4s$. Die Summe über alle Zahlen minus jeweils die Zahl 5, die mittlere Zahl, ist null, da die Summe aller Zahlen $45 = 3s$ ist und 9×5 abgezogen wird. Somit gilt die Gleichung $4s = 3s + 3a_5$. Setzen wir $s = 15$ ein und lösen nach a_5 auf, erhalten wir $a_5 = 15/3 = 5$: In der Mitte steht immer die Zahl 5. Somit reduziert sich der Möglichkeitsraum auf $\mathbb{S}'' = 9 \cdots 8 \cdot 7 = 504$. Ein intuitives Argument, weshalb die 5 im Zentrum steht, folgt aus der Symmetrie des Quadrates und einer Gleichgewichtsüberlegung. Angenommen, in der Mitte steht eine große Zahl 9 oder 8. Dann müssen in jeder Zeile, Spalte mit dieser großen Zahl als Element vorwiegend kleine Zahlen stehen, sonst wird die Summe zu groß. Es braucht mindestens vier kleine Zahlen, 1, 2, 3, 4, welche wir in der ersten Zeile und in a_6 eintragen. Sei die 4 in a_6. Dann ist die Summe über die zweite Zeile $9 + 4$ oder $8 + 4$. In beiden Fällen findet man keine kleine Zahl mehr für a_4. Wenn die mittlere Zahl zu groß ist, gibt es nicht genügend kleine Zahlen. Analog, wenn die mittlere Zahl zu klein ist. Somit muss in der Mitte eine mittlere Zahl stehen, damit die Randzahlen ausgeglichen zwischen groß und klein gewählt werden können.

Nun betrachten wir die Position der Zahl 1. Da unsere Tabelle symmetrisch ist, gibt es nur zwei Möglichkeiten: Entweder 1 befindet sich in einer Ecke oder 1 liegt in der Mitte einer der Spalten bzw. Zeilen. Wir betrachten beide Fälle. Ist $a_1 = 1$, dann ist $a_9 = 9$, da die fünf in der Mitte der Diagonalen liegt. Dann müssen $a_2 + a_3 = a_4 + a_7 = 14$ gelten. Dies ist nur möglich mit den Kombinationen $9 + 5 = 8 + 6 = 14$. Da wir aber die 9 bereits in der Ecke unten rechts haben, gibt es keine Lösung für $a_2 + a_3 = a_4 + a_7 = 14$. Somit kann die 1 nicht an der Stelle a_1 oder einen anderen Ecke stehen. Die 1 muss somit in der Mitte der ersten Zeile stehen, oder jeder anderen Mitte. Setzen wir $a_2 = 1$, dann muss $a_8 = 9$ sein. Daraus folgt $a_1 + a_3 = 14$, d.h., $8 + 6 = 14$ ist die einzige Lösung. Somit ist $a_1 = 8$ und $a_3 = 6$ oder umgekehrt, da die Eckpunkte symmetrisch eingehen. Jetzt sind wir fertig. Aus der einen Diagonale folgt $8 + 5 + a_9 = 15$, d.h. $a_9 = 2$, und analog für die anderen fehlenden Zahlen erhalten wir das magische Quadrat:

8	1	6
3	5	7
4	9	2

Mit Denken und Zählen haben wir die Anzahl der Möglichkeiten von 362.880 auf eine Lösung reduziert. Gibt es mehr als ein magisches Quadrat? Ja, wir werden dies beim Studium der Gruppen weiter verfolgen.

Wir betrachten die 3×3 magischen Quadrate mit Algorithmen und deren Umsetzung in Python. Neben der effizienten Siamesischen Methode betrachten wir auch die Brute-Force-Methode.

Beginnen wir mit Brute Force. Die Idee ist, alle möglichen 3×3-Quadrate zu bestimmen, wobei jede Zahl nur einmal vorkommt, und dann zu prüfen, welches Quadrat die magischen Bedingungen erfüllt. Nicht sehr geistreich; Brute Force eben. Wie bestimmt man alle Möglichkeiten, die Zahlen $1, 2, \ldots, 9$ in einem 3×3-Quadrat anzuordnen? Dazu verwenden wir **Permutationen** π. Jede Permutation π ordnet den 9 Ziffern einer Folge $(1, 2, \ldots, 9)$ wieder eine Folge von neun Ziffern in einer anderen Reihenfolge zu. Permutationen sind bijektive Abbildungen, da sie jedem Element einer Menge genau ein Element der gleichen Menge zuordnen. Permutationen sind ein Modell für Brute Force, indem alle Möglichkeiten der Vertauschung einer Folge von Zahlen erzeugt wird. Eine **Folge** ist hier eine Auflistung von neun nummerierten Zahlen. Den Folgen entsprechen in der Informatik Arrays, Tupel oder Listen. Bei der Permutation π von zwei Zahlen $(1, 2)$ gibt es zwei Elemente: Die Identische Permutation $(1, 2)$ und die Vertauschung $(2, 1)$. Wir schreiben:

$$\pi : (a, b) \to (\pi(a)).$$

Wir ordnen dem Paar (a, b) das permutierte Paar $(\pi(a), \pi(b))$ zu. Eine Permutation kann man auch mit zwei Zeilen darstellen. Bei zwei Zahlen sind die beiden Permutationen:

$$\pi_1 = \begin{pmatrix} 1, 2 \\ 1, 2 \end{pmatrix}, \pi_2 = \begin{pmatrix} 1, 2 \\ 2, 1 \end{pmatrix},$$

1.6 Magische Quadrate

wobei die erste Zeile die Ausgangsfolge und die zweite Zeile die permutierte Folge darstellt. Wenn wir drei Zahlen betrachten (1, 2, 3), gibt es $6 = 3 \cdot 2 \cdot 1 = 3!$ Permutationen: die Ziffer 1 kann an drei Stellen geschrieben werden, die Ziffer 2 an zwei Stellen und die Ziffer 1 an einer Stelle. Für n Ziffern gilt:

Theorem 1.6.1 *Es gibt $n!$ Permutationen für Folgen mit n Ziffern.*

Wir beweisen dies mit vollständiger Induktion im nächsten Abschnitt. Somit kann jedes mögliche 3 × 3-Quadrat mit neun Ziffern als Permutation der neun Ziffern und umgekehrt dargestellt werden. Dies liefert uns die Idee für den Pseudocode bei Brute Force:

```
Initialisierung:
        Erstelle eine Liste der Zahlen von 1 bis 9.
        Erzeuge alle möglichen Permutationen dieser Liste.

Überprüfung jeder Permutation:
        Für jede Permutation:
            Ordne die Zahlen in ein 3x3-Quadrat.
            Überprüfe, ob dieses Quadrat ein magisches Quadrat ist.
                Berechne die Summen der Zeilen, Spalten, Diagonalen.
                Sind alle Summen gleich, gib das Quadrat
                als magisches Quadrat aus.
```

Ein Pseudocode beschreibt in Menschensprache die Struktur des Algorithmus. Der Code in Python lautet:

```python
import itertools
import numpy as np
import time

def is_magic(square):
    magic_sum = 15
    for i in range(3):
        if sum(square[i, :]) != magic_sum or\
        sum(square[:, i]) != magic_sum:
            return False
    if sum(square.diagonal()) != magic_sum \
    or sum(np.fliplr(square).diagonal()) != magic_sum:
        return False
    return True

def generate_magic_square_3x3_brute_force():
    numbers = list(range(1, 10))
```

```
    for permutation in itertools.permutations(numbers):
        square = np.array(permutation).reshape(3, 3)
        if is_magic(square):
            return square
    return None
#Zeitmessung
start_time = time.time()
magic_square_3x3 = generate_magic_square_3x3_brute_force()
end_time = time.time()

if magic_square_3x3 is not None:
    print("Found a 3x3 magic square:")
    print(magic_square_3x3)
else:
    print("No magic square found.")

print(f"Time taken: {end_time - start_time} seconds")
```

Besprechen wir den Code im Detail. In den ersten drei Zeilen werde drei Libraries geladen.

```
import itertools
import numpy as np
import time
```

Die Library itertools steht für effiziente Iterationen, welche die Permutationen erzeugen, numpy für numerical python für numerische Berechnungen und time zur Zeitmessung der Berechnung. Es werden zwei Funktionen mit dem Befehl def definiert:

```
def is_magic(square):
def generate_magic_square_3x3_brute_force():
```

Die Syntax ist immer def gefolgt vom Namen für die Funktion, dann die Argumente, Input oder Parameter der Funktion und am Schluss der Doppelpunkt. Die erste Funktion prüft ob ein Quadrat ein magisches Quadrat ist. Der Input in die Funktion ist ein Quadrat „square". Die zweite Funktion erzeugt alle möglichen Quadrate. Betrachten wir die erste Funktion genauer:

```
def is_magic(square):
    magic_sum = 15
    for i in range(3):
        if sum(square[i, :]) != magic_sum or sum(square[:, i]) != magic_sum:
```

1.6 Magische Quadrate

```
            return False
    if sum(square.diagonal()) != magic_sum or sum(np.fliplr(square).
    diagonal()) != magic_sum:
        return False
    return True
```

Wir wissen, dass jede Zeile, Spalte und Diagonale im Quadrat die Summe 15 besitzen muss: magic_sum = 15. Jetzt prüfen wir ob ein bestimmtes Quadrat diese Eigenschaft erfüllt. Es gibt 3 Spalten und 3 Zeilen, deshalb die For-Schleife for i in range(3), d. h. i nimmt die Werte 0, 1, 2, an. Wir überprüfen, ob die Summe über die i-te Zeile sum(square[i, :])= magic_sum) ungleich (!=) 15 ist oder analog für die i-te Spalte sum(square[:, i]) != magic_sum. Ist mindestens eine Bedingung erfüllt, returnieren wir False. Die gleiche Überprüfung findet dann für die Diagonalen statt. Wir benötigen keine Schlaufe für die beiden Diagonalen, da der numpy-Befehl np.fliplr zu einer Umkehrung der Reihenfolge der Elemente entlang der Achse 1 (links/rechts) führt. Somit können wir die Magische-Quadrat-Bedingung in einer Zeile für beide Diagonalen hinschreiben.

Die zweite Funktion lautet:

```
def generate_magic_square_3x3_brute_force():
    numbers = list(range(1, 10))
    for permutation in itertools.permutations(numbers):
        square = np.array(permutation).reshape(3, 3)
        if is_magic(square):
            return square
    return None
```

Zuerst bilden wir eine Liste numbers der 9 Ziffern. range(1,10) besteht aus allen natürlichen Zahlen im Intervall [1, 10), d. h., die 10 gehört nicht mehr dazu. In der For-Schleife erzeugen wir alle Quadrate durch alle Permutationen. Dazu rufen wir in itertools die Funktion permutations auf. Wir müssen die Permutation auf 3 × 3-Quadratform bringen. Der Befehl np.array(permutation) erzeugt einen Array mit numpy mit neun Zahlen 1, 2, ..., 9. Mit reshape(3,3) wird das gewünschte Quadrat erzeugt: Die ersten drei Zahlen des Array bilden die erste Spalte usw. Dann wird die Variable square in die Prüffunktion für das magische Quadrat eingesetzt. Falls es kein magisches Quadrat gibt, ist der Output None. Im nächsten Schritt wird die Zeitmessung festgelegt und abschließend wird das Resultat ausgedruckt.

Jetzt betrachten wir den effizienten **Siamesischen Algorithmus** von Loubere aus dem Jahre 1688, welcher für Quadrate mit **ungerader** Zeilenzahl funktioniert. Wir gehen von unserer Folge von 9 Zahlen aus.

Der Algorithmus lautet:

1. Setze die 1 in die Mitte der ersten Zeile.

2. Auffüllen der Felder: Gehe von der letzten Zahl eine Zeile nach oben und eine Spalte nach rechts (up-right). Fülle dort die nächste Zahl ein.

Zwei Probleme treten auf.

1. Wenn wir eine Zahl in der ersten Zeile betrachten, verlassen wir das Quadrat, da wir einen Schritt nach oben gehen müssen.
2. Was machen wir, wenn in der Bewegung up-right schon eine Zahl steht?

Für das erste Problem ist die Regel, dass man beim Verlassen des Quadrats auf der gegenüberliegenden Seite in das Quadrat eintritt. Von a_2 up bedeutet, dass man in a_8 eintritt. Geht man dann einen Schritt nach rechts, steht die nächste Zahl in a_9. Dort geht man einen Schritt hoch und dann rechts, d. h. die nächste Zahl steht in a_4 usw. Trifft man auf ein gefülltes Kästchen, bewegt man sich stattdessen vertikal ein Kästchen nach unten und fährt dann wie zuvor fort.

Das Oben-raus-unten-rein-Verfahren identifiziert die Zahl in a_2 mit a_8. Wie wenn man die Ränder des Quadrates zusammenkleben würde. Dies erinnert an eine Uhr, wo 2 und 14 Uhr identisch sind. Dies führt zur modularen Arithmetik.

Wieso ist der Algorithmus korrekt? Die Idee des Algorithmus ist Zahlen **symmetrisch zu verteilen:** Es können nicht nur große oder kleine Zahlen in einer Spalte, Zeile oder Diagonale stehen, sonst ist die Summe nicht gleich 15. Mit dem Schritt nach oben verlässt man die aktuelle Zeile und mit dem Schritt nach rechts die aktuelle Spalte für die neue Zahl. Die kleine Zahl 2 steht dann weder in der gleichen Zeile oder Spalte wie die kleine 1. Dies ist kein Beweis, dass der Algorithmus korrekt arbeitet.

Wir schreiben den Algorithmus jetzt in Python.

```
import time

def generate_magic_square_3x3():
    n = 3
    magic_square = [[0] * n for _ in range(n)]
    num = 1
    i, j = 0, n // 2

    while num <= n * n:
        magic_square[i][j] = num
        num += 1
        new_i, new_j = (i - 1) % n, (j + 1) % n
        if magic_square[new_i][new_j] != 0:
            new_i, new_j = (i + 1) % n, j
        i, j = new_i, new_j
```

1.6 Magische Quadrate

```
    return magic_square

start_time = time.time()
magic_square_3x3 = generate_magic_square_3x3()
end_time = time.time()

print("Generated a 3x3 magic square:")
for row in magic_square_3x3:
    print(row)

print(f"Time taken: {end_time - start_time} seconds")
```

Wir benötigen nur eine Funktion, welche das magische Quadrat erzeugt. Wir beginnen mit einem leeren 3 × 3-Quadrat, das mit Nullen gefüllt ist. [0]*n erstellt eine Liste mit n Nullen. In for _ in range(n) erzeugt range(n) durch Iteration eine Folge von Zahlen von 0 bis $n-1$. Underscore ist eine Konvention, dass die Variable nicht verwendet wird. D. h. wir benötigen nur die Anzahl der Iterationen. Zusammengefügt ist [[0] * n for _ in range(n)] eine äußere Schleife, welche den inneren Ausdruck [0]*n genau n-mal ausführt. Das Ergebnis ist eine Liste, die n Listen enthält, von denen jede n Nullen hat.

Im Teil

```
num = 1
i, j = 0, n // 2
```

wird die Zahl 1 in die mittlere Position der ersten Zeile gebracht indem der Zeilenindex i auf 0 gesetzt wird und der Spaltenindex auf $j = n//2$ gesetzt wird. Der Operator // steht für die ganzzahlige Division. Für $n = 3$ gilt $3/2 = 1.5$ und $3//2 = 1$. Da in Python die Nummerierung bei 0 beginnt, ist $j = 0$. In der Mathematik für Matrizen (arrays) beginnt die Nummerierung der Zeilen und Spalten bei 1.

Im Teil

```
while num <= n * n:
    magic_square[i][j] = num
    num += 1
    new_i, new_j = (i - 1) % n, (j + 1) % n
    if magic_square[new_i][new_j] != 0:
        new_i, new_j = (i + 1) % n, j
    i, j = new_i, new_j

return magic_square
```

wird das Quadrat aufgefüllt, indem die nächste Zahl betrachtet wird $num+ = 1$ und dann der Shift nach oben $i - 1$ und nach rechts $j + 1$ stattfindet. Die Operation $\%n$ ist die Modulo-Operation der modularen Arithmetik. Sie stellt sicher, dass man beim Überschreiten des Randes des Quadrates in der Bewegung an der gegenüberliegenden Seite im Quadrat wieder einsteigt. Angenommen, wir sind bei $i = 0$, $j = 1$ (d. h. in a_2 im 3×3-Quadrat) mit $n = 3$: Dann ist

```
new_i, new_j = 2,2= (0 - 1) % 3, (1 + 1) % 3,
```

da die Division mit Rest (%) von -1 und 2 durch 3 beide den Rest 2 haben:

$$2 = 0 \cdot 3 + 2 \, , \ -1 = -1 \cdot 3 + 2$$

sind die Darstellungen der Zahlen als Vielfache von 3 plus einem positiven Rest. Diese Darstellungen sind eindeutig, wie wir im Division-mit-Rest-Satz beweisen werden. Wir landen also, wie es sein sollte, neu in der Zelle a_9 im Quadrat. Vergleicht man die Laufzeiten des Brute-Force-Ansatzes mit dem Siamesischen Algorithmus, erfolgt letzterer sofort. Der erste benötigt hingegen bei mir eine halbe Sekunde. Diese Laufzeit ändert sich nicht für $n = 5$ magische Quadrate im effizienten Fall. Im Brute-Force-Fall reichte meine Geduld nicht aus, um auf das Resultat zu warten.

Wir schließen den Abschnitt mit Aufgaben zu Pseudocodes ab.

Aufgabe 1.6.1 *Schreiben Sie einen Pseudocode für die Berechnung des Volumens eines Würfels.*

Aufgabe 1.6.2 *Schreiben Sie einen Pseudocode, welcher bestimmt, ob ein Student die Prüfung bestanden hat oder nicht. Nehmen Sie 60 Punkte als Schwellenwert.*

Aufgabe 1.6.3 *Ordnen Sie den Studierenden in Abhängigkeit der Punktzahl eine Note zu. Definieren Sie dazu zuerst Ihre Notenskala und schreiben Sie dann den Pseudocode.*

Arithmetik 2

Inhaltsverzeichnis

2.1	Notationen, Grundlagen	52
2.2	Faktorisierung und Primzahlen	53
2.3	Binomialtheorem	54
2.4	Bruchrechnung	55
2.5	Was führt zu Potenzen, Wurzeln, Logarithmen?	56
2.6	Prozentrechnung	65
2.7	Betrag und Signum	66
2.8	Ab- und Aufrundung (Gaußklammern)	68
2.9	Lineare und quadratische Gleichung	70
2.10	Ungleichungen	71
2.11	Division mit Rest	72

Für das Rechnen mit Zahlen gelten die Regeln der **Arithmetik.** Wir erinnern an die grundlegenden Rechenoperationen aus der Schule, ohne diese zu beweisen. Stellen Sie sicher, dass Sie den Schulstoff im Griff haben, indem Sie die Übungen machen. Die Arithmetik besteht für jeden Teilbereich wie das Bruchrechnen, Potenzenrechnen, Logarithmen etc. aus einigen **wenigen Regeln**. Diese gilt es stur anzuwenden. Damit das Kapitel nicht nur aus Drill besteht, führen wir auch neue Themen ein.

Ergänzende Information Die elektronische Version dieses Kapitels enthält Zusatzmaterial, auf das über folgenden Link zugegriffen werden kann https://doi.org/10.1007/978-3-662-71095-1_2.

© Der/die Autor(en), exklusiv lizenziert an Springer-Verlag GmbH,
DE, ein Teil von Springer Nature 2025
P. Vanini, *Diskrete Mathematik für Algorithmen*,
https://doi.org/10.1007/978-3-662-71095-1_2

2.1 Notationen, Grundlagen

Buchstaben am Anfang des Alphabets wie a, b, c stehen für beliebige Zahlen (also aus $\mathbb{R}$, $\mathbb{Q}$ etc.), Buchstaben in der Mitte des Alphabets wie i, j, m, n stehen für natürliche Zahlen und Buchstaben wie x, y, z am Ende des Alphabets stehen für Variablen.

Die erste Regel ist die **Punktrechnung vor Strichrechnung.** Es ist $5 \cdot 3 + 1 = 16$ und nicht 20. Operationen wie die Addition, Division etc. innerhalb der Klammern werden zuerst ausgeführt.

Aufgabe 2.1.1 *Berechnen Sie:*

1. $(-(4 - (-8)) + 2)$
2. $-(4 - (-8)) + 2$
3. $-(-(4 - (-8)) + 2)$
4. $(-(4 - (0 + (-8))) + 2)$

Ein Minuszeichen vor einer Klammer kehrt beim Ausklammern die Vorzeichen innerhalb der Klammer:

$$a - (b + c) = a - b - c \,,\, a - (b - c) = a - b + c.$$

Ein **Term** ist eine mathematisch sinnvolle Folge von mathematischen Symbolen, die Rechenzeichen, Zahlen und Variablen enthalten kann. Beispiele von Termen:

$$4 + 9x, \quad 6 : 3$$
$$a^2 + 2ab + b^2, \quad a^2 + b^2$$
$$12a + 873b - uv, \quad 2x \cdot 5y$$

Gleichungen und Ungleichungen sind keine Terme, sie enthalten aber Terme. Die Gleichung

$$2x + 5 = y$$

besteht aus zwei Termen $2x + 5$ und y.

Eine Aufgabe der Arithmetik und Algebra ist lange und komplizierte Terme zu vereinfachen. Dazu kann man die Klammerregeln, das Kommutativ-, Assoziativ- und Distributivgesetz verwenden.

Theorem 2.1.1 *Für $\star = +, \cdot$ gelten die **Assoziativgesetze** und **Kommutativgesetze***

$$a \star (b \star c) = (a \star b) \star c \,,\, a \star b = b \star a.$$

2.1 Notationen, Grundlagen

*Weiter gilt das **Distributivgesetz:***

$$a \cdot (b + c) = a \cdot b + a \cdot c.$$

Die Zahl 0 ist das **neutrale Element der Addition,** da $a + 0 = a$ für alle $a \in \mathbb{R}$. Die Zahl 1 ist das **neutrale Element der Multiplikation**, da $a \cdot 1 = a$ für alle $a \in \mathbb{R}$.

2.2 Faktorisierung und Primzahlen

Faktorisierung bedeutet einen mathematischen Ausdruck als **Produkt von einfacheren Faktoren** zu schreiben.

$$5x^2y^3 - 15xy^2 = 5xy^2(xy - 3).$$

In der Kryptografie ist die Faktorisierung von großen Zahlen in Primfaktoren grundlegend.

Definition 2.2.1 *Eine natürliche Zahl $p > 1$ ist genau dann eine Primzahl, wenn p nur durch sich selber und 1 teilbar ist.*

Primzahlen sind wie Atome: Mit Primzahlen kann man jede andere Zahl (Molekül) bilden. Selber können Primzahlen aber nicht in kleiner Zahlen zerlegt werden. Die Zahl 1 ist nach Definition keine Primzahl. 2 ist die einzige gerade Primzahl. Ein Beispiel ist:

$$672 = 2^5 \cdot 3 \cdot 7.$$

Euklid hat das folgende Theorem bewiesen:

Theorem 2.2.1 *Es gibt unendlich viele Primzahlen.*

Beweis Angenommen, es gibt nur endlich viele Primzahlen (Widerspruchsbeweis). Wir schreiben alle diese Primzahlen als Menge $L = \{p_1, p_2, \ldots, p_n\}$. Betrachten wir die Zahl N, die definiert ist als das Produkt aller dieser Primzahlen plus eins:

$$N = p_1 \cdot p_2 \cdot \ldots \cdot p_n + 1$$

Die Zahl N ist größer als jede der Primzahlen der Liste L. Falls N eine Primzahl ist, haben wir eine neue Primzahl gefunden. Widerspruch zur Vollständigkeit der ursprünglichen Liste an Primzahlen. Falls N eine zusammengesetzte Zahl ist, muss sie durch mindestens eine Primzahl teilbar sein. Diese Primzahl kann jedoch nicht in der Liste L sein: Wenn wir N durch eine dieser Primzahlen p_i teilen, erhalten wir einen Rest von 1. Somit teilt keine Primzahl der Folge N. Es muss eine andere Primzahl geben, die N teilt. In beiden Fällen führt dies zu einem Widerspruch zu unserer Annahme, dass die Liste L alle Primzahlen enthält. Da n beliebig ist, d. h., die Liste der endlichen Primzahlen ist beliebig lang, gibt es somit zu jeder Liste von endlich vielen Primzahlen immer weitere Primzahlen, welche nicht in der Liste stehen. Somit muss es unendlich viele Primzahlen geben. □

Aufgabe 2.2.1 *Zerlegen Sie in Faktoren:*

1. $15x^2 + 5x$
2. $K(1+r) + (1+r)Kr$
3. $-18b^2 + 9ab$
4. $dL^{-3} + (1-d)L^{-2}$

Aufgabe 2.2.2 *Installieren Sie das Modul SymPy, importieren sie symbols für symbolischen Rechnen. Lösen Sie in Python die folgenden Aufgaben. Für den Term $3a^2b(4a - 5b)$: definieren Sie zuerst sie die Variablen a, b, dann den Term. Befehlen Sie Ausmultiplizieren, Vereinfachen, Faktorisieren und geben Sie jeweils die Resultate aus. Führen Sie alle Operationen für den folgenden Ausdruck durch:* $\frac{xy(y^2-1)}{x(y-1)^2} : \frac{x^2}{y-1} + x^2y$.

2.3 Binomialtheorem

Sie kennen die **binomischen Formeln**.

$$(a \pm b)^2 = a^2 \pm 2 \cdot a \cdot b + b^2 \,, \; (a+b) \cdot (a-b) = a^2 - b^2.$$

Aufgabe 2.3.1 *Berechnen Sie:*

1. $(3x + 2y)^2$
2. $(1 - 2x)^2$
3. $(3p + 5q)(4p - 5q)$

Wie lautet der Term $(x + y)^8$ ausmultipliziert? Explizite Multiplikation ist ineffizient und fehleranfällig. Den Ausdruck $(x + y)^8$ steht für $(x+y)(x+y)\ldots(x+y)$. Jetzt können wir achtmal x miteinander multiplizieren und nullmal y. Dies ist genau in einer Weise möglich. Wir erhalten den Term $1x^8y^0$. Dann können wir siebenmal x und einmal y multiplizieren. Dies ist auf mehrere Arten möglich. Wir erhalten ax^7y^1 mit a der Anzahl der Möglichkeiten. Dies können wir absteigend in den Potenzen von x und aufsteigend in denjenigen von y fortführen. Im Ausdruck ist die Summe der Potenzen in jedem Term gleich 8; abnehmend für die Variable x von links nach rechts und umgekehrt für y. Wir erhalten

$$(x+y)^8 = 1x^8y^0 + 8x^7y^1 + 28x^6y^2 + \ldots + 1x^0y^8.$$

Abb. 2.1 Pascal'sches Dreieck

$$
\begin{array}{ccccccccccccccccc}
& & & & & & & & 1 & & & & & & & & \\
& & & & & & & 1 & & 1 & & & & & & & \\
& & & & & & 1 & & 2 & & 1 & & & & & & \\
& & & & & 1 & & 3 & & 3 & & 1 & & & & & \\
& & & & 1 & & 4 & & 6 & & 4 & & 1 & & & & \\
& & & 1 & & 5 & & 10 & & 10 & & 5 & & 1 & & & \\
& & 1 & & 6 & & 15 & & 20 & & 15 & & 6 & & 1 & & \\
& 1 & & 7 & & 21 & & 35 & & 35 & & 21 & & 7 & & 1 & \\
1 & & 8 & & 28 & & 56 & & 70 & & 56 & & 28 & & 8 & & 1 \\
& & & & & & & & \cdots & & & & & & & &
\end{array}
$$

Dabei sind die Koeffizienten für die Möglichkeiten aus dem Pascal'schen Dreieck ablesbar, siehe Abb. 2.1 und Python Kap. 2 für eine Python-Implementation des Pascal'schen Dreiecks.. Gibt es eine Regel, wie man die Koeffizienten vor den Potenzen finden kann, **ohne** das Pascal'sche Dreieck zu benutzen? Wir geben die Antwort im Abschn. 3.6.

2.4 Bruchrechnung

Ein **Bruch** ist eine Division, d. h. $\frac{a}{b} := a : b$. Es gelten folgende **Rechenregeln**:

Theorem 2.4.1 *Es seien a, b, c, d reelle Zahlen, welche ungleich null sind, wenn sie im Nenner erscheinen.*

$$\frac{-a}{b} = \frac{a}{-b} = -\frac{a}{b}, \qquad \frac{-a}{-b} = \frac{a}{b}$$

$$\frac{a}{b} = \frac{a \cdot c}{b \cdot c}, \qquad \frac{a}{b} + \frac{c}{d} = \frac{a \cdot d + c \cdot b}{b \cdot d}$$

$$\frac{a}{b} - \frac{c}{d} = \frac{a \cdot d - c \cdot b}{b \cdot d}, \qquad \frac{a}{b} \cdot \frac{c}{d} = \frac{a \cdot c}{b \cdot d}$$

$$\frac{a}{b} : \frac{c}{d} = \frac{a}{b} \cdot \frac{d}{c}$$

Aufgabe 2.4.1 *Vereinfachen Sie:*

1. $\frac{5x^2 y^4 z}{25xy^3 z^2}$
2. $\frac{5x^2 y^4 z^{-1}}{25xy^{-3} z^2}$
3. $\frac{x^2 + xy}{x^2 - y^2}$
4. $\frac{x^2 + xy}{(x^2 - y^2)x}$

5. $\frac{4-4a+a^2}{a^2-4}$
6. $\frac{4+4a+a^2}{a^2+4}$
7. $\frac{1}{2} - \frac{1}{3} - \frac{3}{2} + \frac{1}{6}$
8. $1 - \frac{5-3}{2}$
9. $\frac{x-1}{x+1} - \frac{1-x}{x-1} - \frac{-1+4x}{2(x+1)}$

Welcher Fehler wurde im Folgenden gemacht?

1. $\frac{2x+3y}{xy} = \frac{2+3y}{y} = \frac{2+3}{1} = 5.$
2. $\frac{x}{x^2+2x} = \frac{x}{x^2} + \frac{x}{2x} = \frac{1}{x} + \frac{1}{2}.$

2.5 Was führt zu Potenzen, Wurzeln, Logarithmen?

Betrachten wir zwei Gleichungen

$$x^a = b, \ a^x = b,$$

wobei a, b gegeben sind und x gesucht ist. Die Lösung der ersten Gleichung (Potenzgleichung) lautet $x = \sqrt[a]{b}$ und die der zweiten Gleichung (Eponentialgleichung) $x = \log_a b$. D.h. Wurzeln und Logarithmen sind Lösungen der Potenz- und Exponentialgleichungen. Wie berechnet man die Wurzel bzw. den Logarithmus einer konkreten Zahl? Heute beantwortet dies ein Taschenrechner, d.h., die meisten von uns haben keine Ahnung, wie der Taschenrechner beispielsweise $\sqrt{17}$ berechnet.

2.5.1 Potenzen

Für $n \in \mathbb{N}$ ist

$$a^n := \underbrace{a \cdot a \cdots a}_{n \text{ Faktoren}}$$

wobei a die **Basis** und n der **Exponent** heißt. Der Exponent ist eine effiziente Schreibweise für ein mehrfaches Produkt einer Zahl mit sich selbst. Ein negativer Exponent ist definiert durch:

$$a^{-n} := \frac{1}{a^n}.$$

Beachten Sie:
$$a^1 = a, \ a^0 = 1, \ 0^n = 0.$$

Potenzgesetze für ganze Zahlen m, n:

2.5 Was führt zu Potenzen, Wurzeln, Logarithmen?

Theorem 2.5.1 *Es seien $a, b \in \mathbb{R}$ und $m, n \in \mathbb{Z}$.*

$$a^m \cdot a^n = a^{m+n}, \qquad \frac{a^m}{a^n} = a^{m-n}$$

$$(a^m)^n = a^{m \cdot n}, \qquad a^n \cdot b^n = (a \cdot b)^n$$

$$\frac{a^n}{b^n} = \left(\frac{a}{b}\right)^n$$

Wenn der Exponent eine rationale Zahl $\frac{m}{n}$ ist, verwendet man auch die Wurzelnotation:

$$x = a^{\frac{m}{n}} =: \sqrt[n]{a^m},$$

mit $0 < a \in \mathbb{R}, n, m \in \mathbb{Z}$.

Daraus folgen die **Wurzelgesetze** oder Potenzgesetze für rationale Exponenten:

Theorem 2.5.2 *Es seien $a, b \in \mathbb{R}$ und $m, n \in \mathbb{Z}$.*

$$\sqrt[n]{a^m} = (\sqrt[n]{a})^m = a^{\frac{m}{n}}, \qquad \sqrt[n]{a} \cdot \sqrt[n]{b} = \sqrt[n]{a \cdot b}$$

$$\frac{\sqrt[n]{a}}{\sqrt[n]{b}} = \sqrt[n]{\frac{a}{b}}, \qquad \sqrt[n]{\sqrt[m]{a}} = \sqrt[n \cdot m]{a}$$

$$\sqrt[n]{a} \cdot \sqrt[m]{a} = \sqrt[n \cdot m]{a^{n+m}}, \qquad \frac{\sqrt[n]{a}}{\sqrt[m]{a}} = \sqrt[n \cdot m]{a^{m-n}}$$

Aufgabe 2.5.1 *Vereinfachen Sie:*

1. $x^p x^{2p}$
2. $t^s : t^{s-1}$
3. $a^2 b^3 a^{-1} b^5$
4. $\frac{t^q t^{q-1}}{t^r t^{s-1}}$
5. $(xy)y^{-1}$
6. $x \cdot \frac{1}{3}$
7. $(a + 2b) + 3b$
8. $(-6)(-10)$
9. $3x(y + 2z(4 + x))$
10. $(t^2 + 2t)4t^3$
11. $(2pq - 3p^2)(p + 2q) - (q^2 2pq)(2p - q)$
12. $3xy - 5x^2y^3 + 2xy + 6y^3x^2 - 3x + 5xy + 8$
13. Berechnen Sie: $(-10)^2$ und -10^2.

Aufgabe 2.5.2

1. Vereinfachen Sie: $\sqrt{16}, \sqrt{\frac{1}{25}}, \sqrt{0{,}001}$.
2. $\sqrt{25-16} = \sqrt{25} - \sqrt{16} = 5 - 4 = 1$. Korrekte Umformung?
3. Berechnen Sie: $(27)^{1/3}, \left(\frac{1}{32}\right)^{1/5}$.
4. Ein Betrag von CHF 5000 hat sich auf einem Bankkonto in 15 Jahren verdoppelt. Wie hoch ist der konstante jährliche Zinssatz p?
5. Vereinfachen Sie: $16^{3/2}, 16^{-1{,}25}$.
6. Vereinfachen Sie: $\frac{a^{3/8}}{a^{1/8}}, (x^{1/2} x^{3/2} x^{-2/3})^{3/4}$.

2.5.2 Logarithmus

Wir definieren den Logarithmus zur Basis b.

Definition 2.5.1 *Seien $a > 0, b, x \in \mathbb{R}$.*

$$x = \log_b a \Leftrightarrow a = b^x,$$

gesprochen „Logarithmus der Zahl a zur Basis b", wobei a, b positive reelle Zahlen sind.

Spezialfälle: $\log_e a = \ln a$, natürlicher Logarithmus; $\log_{10} a = \log a$, Zehnerlogarithmus. Weiter gilt:

$$\log_b 1 = 0 \,,\ \log_b b = 1,$$

da beispielsweise:

$$\log_b 1 = 0 \iff 1 = b^0 = 1$$

gilt.
Die Logarithmengesetze lauten:

Theorem 2.5.3 *Es seien a, b, c reelle Zahlen.*

$$\log_b(a \cdot c) = \log_b a + \log_b c$$
$$\log_b\left(\frac{a}{c}\right) = \log_b a - \log_b c \,,\ c \neq 0$$
$$\log_b(a^c) = c \cdot \log_b a$$
$$\log_b a = \frac{\log_c a}{\log_c b}$$

2.5 Was führt zu Potenzen, Wurzeln, Logarithmen?

Somit wandeln Logarithmen Multiplikationen in Additionen und Exponentationen in Multiplikationen um. Dies ist umgekehrt zur Exponentierung, welche einer Summe $a + b$ das Produkt $c^{a+b} = c^a c^b$ zuordnet. In den Naturwissenschaften tritt of der natürliche Logarithmus auf und in der Informatik der Logarithmus zur Basis zwei. Aus $\log_{10} a = \frac{\log_2 a}{\log_2 10}$ folgt, dass eine Basiswechsel nur eine Skalierung mit einer Zahl bedeutet. Somit ändern sich die Resultate qualitativ nicht, wenn man die Basis wechselt. Mit anderen Worten, vereinfacht eine geschickte Wahl der Basis die Resultate und deren Darstellung. Sie ist aber nicht relevant für den Wahrheitsgehalt der Resultate.

Aufgabe 2.5.3

1. *Schreiben Sie* $\log_{10} 8$ *in die ln-Basis um.*
2. *Berechnen Sie:* $\log_2 16 + \log_2 8$
3. *Vereinfachen Sie:* $\log_2 2^{12} 8$
4. *Vereinfachen Sie:* $\ln(xy) + \ln x$
5. *Lösen Sie die Gleichung:* $\log_2 x = 5$
6. *Lösen Sie die Gleichung:* $\log_2(4x) = 12$
7. *Lösen Sie die Gleichung:* $\log_2(3x + 5) = 3$
8. *Vereinfache:* $\log(2x) + \log(2 + x)$.
9. *Welche Zahl ist größer:* 99^{100} *oder* 100^{99}?

Aufgabe 2.5.4 *Gesucht ist die **kleinste, natürliche Zahl** n, sodass gilt:*

$$2^n + 3^n \leq 10^{1000}, \; 2^{n+1} + 3^{n+1} > 10^{1000}.$$

Diese Aufgabe ist eine Herausforderung. Existiert eine natürliche Zahl, welche die Bedingungen erfüllt? Falls ja, wie findet man diese? Für kleine n gilt die eine Ungleichung und für sehr große n die andere. Vergrößert man die kleine Zahl und verkleinert man die größere Zahl, so nähert man sich möglicherweise einer Zahl n^*, welche beide Ungleichungen erfüllt. Es ist unklar, ob es eine oder mehrere solcher Zahlen n^* gibt. Kann man n^* mit einem Algorithmus finden? Dazu ist 10^{1000} eine derart große Zahl, dass man eine Idee benötigt, wie man die Suche von n^* auf einen akzeptablen Bereich ein schränken kann. Da die gesuchten Zahlen im Exponenten vorkommen, würde der Logarithmus die Exponenten runterziehen und aus den riesigen Zahlen in den Ungleichungen kleine Zahlen machen. Um dies durchzuführen, sind zwei Aufgaben zu lösen. Erstens, wenn $a < b$ ist, gilt dann auch $\log a < \log b$? Dies ist wahr und folgt aus der Monotonie der Logarithmusfunktion. Zweitens, der Logarithmus einer Summe kann nicht vereinfacht werden. D. h. $\log(2^n + 3^n)$ ist unveränderbar und wir kriegen den Exponenten n nicht in die Form $\log x^n = n \log x$. Die Strategie, mit dem Logarithmus die Exponenten runter zu bringen, funktioniert somit nicht direkt. Die Idee ist, dass 2^n und 3^n sich für große n nur unwesentlich unterscheiden. Wir ersetzen somit $2^n + 3^n$ durch $3^n + 3^n = 2 \cdot 3^n$. Dann können wir die Logarithmen anwenden auf die

Ungleichungen. Wir machen dabei einen Fehler. Dieser ist aber akzeptabel und ermöglicht uns die gesuchte Zahl n^* in einem Bereich kleiner Zahlen effizient zu suchen. Wir führen diesen zweiten Schritt im Python-File Kap. 2, zusammen mit der Lösung des Problems, aus.

Jetzt betrachten wir die erwähnte Monotonie der Logarithmusfunktion $\log x$. Die Logarithmusfunktion ist keine bestimmte Zahl, sondern eine Vorschrift, welche positiven Zahlen x ihren Logarithmuswert zuordnet:

$$\log : x \to \log x.$$

Die Logarithmusfunktion erfüllt die Bedingung, dass für alle $x < y$, die Werte $\log x < \log y$ erfüllen (strikt monoton steigend). Für $10 < 100$ folgt beispielsweise

$$\log 10 = 1 < \log 100 = \log 10^2 = 2 \log 10 = 2.$$

Die Monotonie gilt auch für die Exponentialfunktion, welche einem Input x den Wert oder Output a^x zuordnet. Das folgende Theorem fasst zusammen.

Theorem 2.5.4 (*Monotonie Exponential- und Logarithmusfunktion*) *Für $a > 1$ ist die Exponentialfunktion a^x strikt monoton steigend. Für $a < 1$ ist sie strikt monoton fallend.*

Die Logarithmusfunktion $\log_b x$ ist strikt monoton steigend.

Beweis Wir beweisen die Monotonie für die Exponentialfunktion. Es seien $a > 1$ und $x_1 < x_2$, alle reelle Zahlen. Dann gilt

$$a^{x_2} - a^{x_1} = a^{x_1}\left(a^{x_2-x_1} - 1\right) > 0,$$

da $a^{x_2-x_1} > 1$ ($x_2 - x_1 > 0$). Somit gilt $a^{x_2} > a^{x_1}$. Für zwei beliebige Werte $x_1 < x_2$ erfüllen die Werte der Exponentialfunktion immer $a^{x_2} > a^{x_1}$. Wir verzichten auf den Beweis der Monotonie für den Logarithmus, da dieser mit elementaren Methoden aufwendig ist. □

Zum Abschluss noch etwas Praktisches. Wie lange dauert es, bis sich ein Kapital bei einem Zinssatz von p Prozent verdoppelt?

Nach der Zinseszinsformel gilt für das Endkapital nach t Jahren:

$$K_t = K_0 \left(1 + p/100\right)^t.$$

Setzt man $K_t = 2K_0$, d.h. Verdopplung, wendet den Logarithmus auf beiden Seiten der Gleichung an und löst nach t auf, ergibt sich die Anzahl der Jahre bis zur Verdopplung als

$$t = \frac{\ln(2)}{\ln\left(1 + \frac{p}{100}\right)}.$$

Mithilfe der Differenzialrechnung in der Analysis folgt, dass sich $\ln(1 + x)$ für betragsmäßig kleine x-Werte proportional zu x verhält. Da $\ln(2) \approx 0{,}6931$ gilt, ergibt sich als Näherungsformel
$$t \approx \frac{0{,}6931}{\frac{p}{100}} = \frac{69{,}31}{p}.$$
Da die Zahl 72 aber durch viele Zinsen p wie 2, 3, 4 etc. teilbar ist ersetzt man die 69 durch 72. Somit dauert eine Verdopplung mit 2 % etwa 36 Jahre und eine mit 6 % 12 Jahre. Mit einfacher Verzinsung gilt $K_t = K_0(1 + tp/100)$. Für die Verdopplung folgt $t = 100/p$. Also 50 Jahre für 2 % und $16.\bar{6}$ Jahre bei 6 %. Die Differenz und die Verhältnisse zeigen den Einfluss des Zinseszinseffekts.

2.5.3 Anwendung Algorithmen, Entscheidungsproblem

Wir betrachten eine Klasse mit $n = 64 = 2^6$ Studierenden. Sie haben einem der Studierenden ein Kugelschreiber ausgeliehen, wissen aber nicht mehr wem, und möchten diesen zurückhaben, indem Sie verschieden Strategien oder Algorithmen ausführen. Jeder Studierende weiß nur, ob er oder sie den Kugelschreiber besitzt.

Algorithmus 1: Sie fragen jeden einzelnen Studierenden der Reihe nach, ob er oder sie den Kugelschreiber besitzt. Im Worst Case müssen Sie $n - 1 = 63$ Fragen stellen.

Algorithmus 2: Sie teilen die Klasse in zwei gleiche Gruppen A und B und fragen: Ist der Kugelschreiber in A? Falls ja, halbieren Sie A und stellen die gleiche Frage. Falls nein, halbieren Sie B und so weiter. Es ergibt sich die Folge

$$64 = 2^6 \to 32 = 2^5 \to 16 = 2^4 \to 8 = 2^3 \to 4 = 2^2 \to 2 \to 1.$$

Also sind Sie in 6 Schritten oder mit 6 Fragen durch. Da $64 = 2^6$ ist, benötigen wir genau $\log_2 2^6 = 6$ Fragen, d. h., der Algorithmus wächst sehr langsam wie $\log_2 n$ in Abhängigkeit der Länge des Inputs n. Dieser Algorithmus ist ein Beispiel für den Ansatz bei Teile-und-Herrsche-Algorithmen. Dieses Beispiel zeigt, weshalb der Logarithmus die Lieblingsfunktion in der Informatik ist.

Wir können diese Algorithmen als **binäre Entscheidungsbäume** visualisieren. Bäume sind Graphen ohne geschlossene Wege. Der oberste Knoten beinhaltet alle 64 Studierenden. Dann teilen wir diese in zwei Mengen bei jeder Frage nach dem Kugelschreiber. In der Strategie 1 teilen wir die Menge in einen Knoten mit 1 Studierenden und die restlichen 63 in einen weiteren Knoten. Dann stellen wir dem 1 Studierenden die Frage. Falls die Antwort nein ist, nehmen wir einen weiteren Studierenden aus dem Knoten mit 63 Studierenden und bilden wieder den Restknoten mit 62 Studierenden usw. Abb. 2.2 stellt den Entscheidungsbaum dar. Der Baum hat eine Höhe, d. h. längster Weg vom Startknoten bis zu einem Endknoten von 63: Im schlechtesten Fall müssen 63 Fragen gestellt werden. In der Strategie 2 hat der Baum eine Höhe von 6, siehe Abb. 2.3. In jedem Schritt wird die Zahl der Studierenden halbiert, die Frage gestellt und die eine Hälfte der Studierenden weggelassen.

Abb. 2.2 Entscheidungsbaum für die Strategie 1

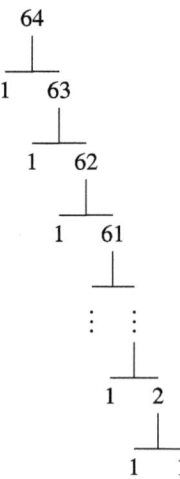

Aufgabe 2.5.5 *Jetzt haben Sie den Kugelschreiber im Camp Nou mit 90.000 Zuschauern irgendeinem Zuschauer gegeben. Vergleichen Sie die beiden Algorithmen.*

2.5.4 Anwendung Algorithmen, Rate-und-Prüfe-Lösungen

Oft hat man bei einem mathematischen Problem eine Vermutung, wie die Lösung aussieht. Wir zeigen, wie man überprüfen kann, ob die Vermutung korrekt ist. Es soll die dritte Wurzel $8^{1/3}$ von 8 gesucht werden. Wir starten mit einer Vermutung und suchen ein Verfahren, wel-

Abb. 2.3 Entscheidungsbaum für die Strategie 2

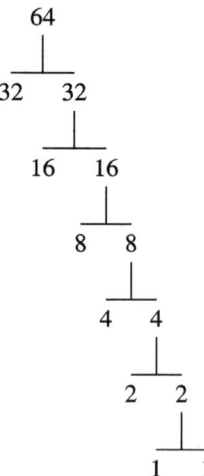

2.5 Was führt zu Potenzen, Wurzeln, Logarithmen?

che sich der Lösung annähert. Betrachten wir zuerst zwei Vorgehen, welche nicht zielführend sind. Ein exakter Test lautet:

```
cube = 8
for guess in range(cube+1):
    if guess**3 == cube:
        print("Die Kubikwurzel von", cube, "ist", guess)
```

Dies funktioniert nur, wenn cube eine dritte Wurzel als natürliche Zahl besitzt. Bei cube = 9 erhalten wir kein Resultat. Die Wahrscheinlichkeit, dass die Vermutung „die Zahl n besitzt eine dritte Wurzel in den natürlichen Zahlen" ist aber klein.

Der nächste Schritt ist einen Test mit Abbruchbedingung. Wenn der geschätzte Wert hoch drei größer als die Zahl 8 ist, soll abgebrochen werden.

```
cube = 8
for guess in range(abs(cube)+1):
    if guess**3 >= abs(cube):
        break
if guess**3 != abs(cube):
    print(cube, 'ist keine perfekte Kubikzahl')
else:
    if cube < 0:
        guess = -guess
    print('Die Kubikwurzel von ' + str(cube) + ' ist ' + str(guess))
```

Dies bringt uns nicht wirklich weiter, eine gute Schätzung des Problems zu erhalten. Sie funktioniert nur für Zahlen, positiv oder negativ, welche eine dritte Wurzel besitzen. Im nächsten Schritt suchen wir ausgehend von einem Startwert eine approximative Lösung, welche beliebig genau am wahren Wert liegt. Wir beginnen mit einem Schätzwert und erhöhen diesen um einen kleinen Wert, solange bis $|\text{guess}^3 - \text{cube}| \leq \epsilon$ für einen kleinen, vorgegebenen Fehler ϵ.

```
cube = 26
epsilon = 0.01 #Fehlertoleranz
guess = 0.0    #Startwert
increment = 0.0001 #Anpassungsschritt
num_guesses = 0
while abs(guess**3 - cube) >= epsilon:
# Abweichung ist grösser als die Toleranz
```

```
        guess += increment
            # Erhöhe den Schätzwert um den Anspasssungsschritt
            num_guesses += 1
        print('Anzahl der Schätzungen =', num_guesses)
        if abs(guess**3 - cube) >= epsilon:
            print('Die Berechnung der Kubikwurzel von', cube,
        'ist fehlgeschlagen.')
        else:
            print(guess, 'ist nahe der Kubikwurzel von', cube)
```

Dieses Verfahren liefert uns die approximative dritte Wurzel jeder Zahl. Dieses Verfahren kann aber dauern, wenn wir beim Wert null (guess) beginnen und der Wachstumsschritt sehr klein ist. Wir benötigen für die Berechnung der Approximation in Python mit geforderten Genauigkeit 29.622 Schritte. Dies können wir beschleunigen mit dem Bisection Search der Intervallhalbierung. Es ist ein Teile-und-Herrsche-Ansatz. Hier die Erklärung des Algorithmus:

- **Initialisierung des Intervalls:**
  - Starten mit einem Intervall $[low, high]$, dass die Lösung enthält.
  - Setzen der Schätzung gleich dem Mittelwert: guess $= \frac{high+low}{2}$.

- **Iterative Anpassung des Intervalls:**
  - Berechnen des Funktionswerts $f(guess) = guess^3$.
  - Überprüfen, ob $|guess^3 - cube| \leq \epsilon$, d.h. die Berechnung weicht weniger als die vorgegebene Fehlertoleranz $\epsilon > 0$ vom tatsächlichen Wert ab. Ist dies der Fall, sind wir fertig.
  - Wenn nicht, überprüfen, ob $f(guess)$ positiv oder negativ ist:
    Falls $guess^3 - cube \leq \epsilon$, verschieben Sie die untere Grenze nach oben: low = guess.
    Falls $guess^3 - cube > \epsilon$, verschieben Sie die obere Grenze nach unten: high = guess.
  - Setzen des neuen Schätzwerts als den Mittelwert des neuen Intervalls: guess $= \frac{high+low}{2}$.

- **Wiederholen des Prozesses:**
  - Wiederholen des Vorgangs, indem das Intervall bei jedem Schritt halbiert wird und der Schätzwert entsprechend angepasst wird.
  - Dieser Prozess wird fortgesetzt, bis die Differenz zwischen $|guess^3 - cube| \leq \epsilon$.

Hier ist der Python-Code:

```
cube = 26
epsilon = 0.01
num_guesses = 0
low = 0
high = cube
guess = (high + low)/2.0
while abs(guess**3 - cube) >= epsilon:
    if guess**3 < cube:
        low = guess
    else:
        high = guess
    guess = (high + low)/2.0
    num_guesses += 1
print('Anzahl der Sch\"{a}tzungen =', num_guesses)
print(guess, 'ist nahe der Kubikwurzel von', cube)
```

Dieses Vorgehen berechnet die dritte Approximation mit der geforderten Genauigkeit in nur noch 13 Schritten. In jedem Iterationsschritt wird das Intervall, in dem die Lösung liegt, halbiert. Dies bedeutet, dass sich die Anzahl der Bits, die für die Genauigkeit der Lösung erforderlich sind, um eins pro Iteration erhöht. Mathematisch gesehen reduziert sich die Größe des Intervalls nach k Iterationen auf $N/2^k$, wobei N die ursprüngliche Intervallgröße ist. Soll der Fehler kleiner als ϵ sein, gilt

$$N/2^k < \epsilon \iff \frac{N}{\epsilon} < 2^k.$$

Mit dem Logarithmus erhalten wir:

$$k > \log_2\left(\frac{N}{\epsilon}\right).$$

Dies bedeutet, dass die geforderte Genauigkeit nach einer Anzahl von Schritten erreicht ist, welche sehr langsam oder logarithmisch wächst.

2.6 Prozentrechnung

Ein Prozent vom Grundwert ist der hundertste Teil des Grundwertes. Ein Promille ist der tausendste Teil des Grundwertes. Ein Basispunkt (bp) ist ein Prozent von einem Prozent. Basispunkte spielen im Bankwesen eine bedeutende Rolle. Vergleicht man zwei Rabatte, einer zu 10 % und einer zu 13 %, dann unterscheiden sie sich um 3 **Prozentpunkte** oder um 30 %.

Aufgabe 2.6.1

1. *Ein Grundstück kostet inklusive einer Vermittlergebühr von 3,57 % auf den Grundstückspreis CHF 93.005,86. Wie hoch ist der Grundstückspreis, wie hoch die Gebühr?*
2. *Am 01.01.2001 wurden im öffentlichen Dienst Ostdeutschlands die Vergütungen von 87 % auf 88,5 % der Westbezüge erhöht. Um wie viel Prozent und Prozentpunkte erhöhten sich dabei die Vergütungen?*
3. *Für eine Ware wurde ein Rabatt von 15 % gewährt. Unter Berücksichtigung dieses Rabatts musste der Käufer 14,78 CHF zuzüglich 7,7 % MWSt. bezahlen. Welchen Betrag hatte der Käufer dabei gegenüber dem ursprünglich zu zahlenden Betrag einschließlich der gesparten Mehrwertsteuer gespart?*
4. *In einem Zug gibt es Wagen der 1. und der 2. Klasse. Die 1. Klasse hat 300 Plätze, die 2. Klasse 500 Plätze. 30 % der ersten Klasse sind belegt und 40 % der 2. Klasse. Wie viele Plätze der Gesamtanzahl sind im Zug belegt.*
5. *Gleiche Angaben wie in der oben stehenden Aufgabe. Jetzt wechseln 10 % der 2. Klassenreisenden in die erste Klasse. Wie viele Sitze der 1. Klasse sind besetzt – absolut und prozentual?*
6. *Von einem Kapital über CHF 211.300.- ist ein Teil zu 3 % verzinst, der doppelte Betrag wird zu 5,5 % verzinst und der Restbetrag wird zu 8 % verzinst. Der gesamte Zins für eine Dauer von 177 Tagen beträgt CHF 5310.-. Wie hoch ist der Teilbetrag, welcher zu 5,5 % verzinst wird? Alle Zinsen sind Jahreszinssätze.*

2.7 Betrag und Signum

Sie haben einen Algorithmus im Machine Learning entwickelt, trainieren den Algorithmus auf den Daten und vergleichen die berechneten und tatsächlichen Werten. Abweichungen als Differenzen zwischen den beiden Werten sind ein Fehlermaß. Dabei ist es egal, ob die Abweichung positiv oder negativ ist. Die Betragsfunktion ermöglicht dies, indem positive Abweichungen positiv bleiben und negative Abweichungen positiv werden durch Multiplikation mit -1. Angenommen, Sie erhalten ein Signal und Sie möchten das Signal als -1 auswerten, wenn es unter einem Schwellenwert liegt und sonst als 1. Die Signum-Funktion ermöglicht dies.

Jetzt definieren wir den Betrag und Signum formal.

Definition 2.7.1 *(Betrag) Sei $a \in \mathbb{R}$.*

$$|a| := \begin{cases} a & \text{für } a > 0 \\ 0 & \text{für } a = 0 \\ -a & \text{für } a < 0 \end{cases} . \tag{2.1}$$

2.8 Ab- und Aufrundung (Gaußklammern)

Der Betrag macht jede Zahl positiv.

Theorem 2.7.1 *Es seien $a, b \in \mathbb{R}$.*

$$|a| = 0 \Leftrightarrow a = 0$$
$$|a \cdot b| = |a| \cdot |b|$$
$$|a + b| \leq |a| + |b| \text{, Dreiecksungleichung}$$

Zeichnen Sie ein Dreieck und beschriften Sie die Katheten mit a, b. Dann besagt die Dreiecksungleichung, dass die Länge der Hypotenuse nicht größer sein kann als die Summe der Kathetenlängen. Diese einfache Tatsache werden wir wiederholt nutzen.

Definition 2.7.2 *(Signum) Sei $a \in \mathbb{R}$.*

$$\operatorname{sgn}(a) := \begin{cases} 1 & \text{für } a > 0 \\ 0 & \text{für } a = 0 \\ -1 & \text{für } a < 0 \end{cases}$$

Wenn Sie a über die reellen Zahlen gehen lassen, stellt Signum eine Sprungfunktion dar, welche -1 ist für $a \leq 0$ und 1 für alle strikt positiven Werte von a.

Theorem 2.7.2 *Es seien $a, b \in \mathbb{R}$.*

$$\operatorname{sgn}(a) = \frac{a}{|a|}$$
$$\operatorname{sgn}|a| = |\operatorname{sgn} a|$$
$$\operatorname{sgn}(a \cdot b) = \operatorname{sgn}(a) \cdot \operatorname{sgn}(b) .$$

Aufgabe 2.7.1 *Berechnen Sie jeweils für $x = -3, 0, 4$:*

1. $|x - 2|$
2. $|x| - 2$
3. $|x^2 - 2x - 2|$
4. $|x - |2 - x||$

Aufgabe 2.7.2 Zeichnen Sie a und $|a|$ in einem Koordinatensystem, indem Sie auf der x-Achse a von -10 bis 10 laufen lassen und auf der y-Achse den jeweiligen Wert $|a|$ einzeichnen.

Aufgabe 2.7.3 Zeichnen Sie $\operatorname{sgn}(a)$, indem Sie auf der x-Achse a von -10 bis 10 laufen lassen und auf der y-Achse den jeweiligen Wert $\operatorname{sgn}(a)$ einzeichnen.

2.8 Ab- und Aufrundung (Gaußklammern)

Die Zahl 3,5 abgerundet und aufgerundet auf die nächste ganze Zahl ist 3 bzw. 4. Wie können wir den Prozess des „Wegwerfens" bzw. des „Auffüllens" definieren? Wir benötigen dazu das Maximum und Minimum in der Menge der natürlichen Zahlen. Ein natürliche Zahl ist maximal in einer Menge, wenn es kein größeres Element in der Menge gibt. Es ist minimal, wenn es kein kleineres Element gibt.

Definition 2.8.1 *Sei $a \in \mathbb{R}$. Abrundung:*

$$\lfloor a \rfloor := \max\{k \in \mathbb{Z} \mid k \leq a\} = \text{Grösste Elemente der Menge}\{k \in \mathbb{Z} \mid k \leq a\}$$

Aufrundung:

$$\lceil a \rceil := \min\{k \in \mathbb{Z} \mid k \geq a\}.$$

Wir betrachten die komplizierten Definitionen genauer. Sei $a = 3,5$. Dann erstellt man in der ersten Definition eine Liste von ganzen Zahlen, welche alle nicht größer als a sind:

$$\ldots, -3, -2, -1, 0, 1, 2, 3,$$

Von dieser Liste nimmt man das größte Element (Maximum) 3 - man hat abgerundet. Somit bedeutet max A, das größte Element einer Menge A.

Aufgabe 2.8.1 *Berechnen Sie:*

$$\lceil 3 \rceil, \lceil -3 \rceil, \lceil 3,5 \rceil, \lceil -3,5 \rceil, \lceil \sqrt{3} \rceil, \lceil -\sqrt{3} \rceil$$

Wie viele Bytes werden benötigt, um 100 Bit Daten zu codieren? Die Antwort mit Aufrunden ist

$$\lceil 100/8 \rceil = \lceil 12,5 \rceil = 13.$$

Im Asynchronous-Transfer-Mode-Kommunikationsprotokoll (ATM) sind die Daten in Zellen von 53 Byte organisiert. Wie viele ATM-Zellen können in 1 min über eine Verbindung übertragen werden, welche Daten mit einer Geschwindigkeit von 500 Kilobit pro Sekunde überträgt? In 1 min kann diese Verbindung $500.000 \times 60 = 30.000.000$ Bits übertragen. Jede ATM Zelle ist 53 Byte, d. h. $53 \times 8 = 424$ Bits lang. Die Anzahl von Zellen, die in 1 min übertragen werden können, ist dann gleich

$$\lfloor 30.000.000/424 \rfloor = 70.754 \text{ ATM}.$$

70.754 Zellen können in einer Minute über eine Verbindung mit 500 Kilobit pro Sekunde übertragen werden.

2.8 Ab- und Aufrundung (Gaußklammern)

Theorem 2.8.1
$$\lfloor \lfloor a \rfloor \rfloor = \lceil \lfloor a \rfloor \rceil = \lfloor a \rfloor.$$
$$\lceil \lceil a \rceil \rceil = \lfloor \lceil a \rceil \rfloor = \lceil a \rceil.$$
$$\lfloor a \rfloor + \lfloor b \rfloor \leq \lfloor a + b \rfloor \leq \lfloor a \rfloor + \lfloor b \rfloor + 1.$$
$$\lceil a \rceil + \lceil b \rceil \geq \lceil a + b \rceil \geq \lceil a \rceil + \lceil b \rceil - 1.$$

Die ersten Aussagen besagen, dass einmal Abrunden genügt. Weitere Rundungen ändern nichts mehr am Resultat. Wir beweisen die letzten beiden Aussagen mit einen direkten Beweis. Bei solchen algebraischen Aussagen benötigt man Ideen, um den Beweis führen zu können. Hier liegt der Schlüssel zum Erfolg in den einfachen Ungleichungen

$$a - 1 < \lceil a \rceil \leq a.$$

Beweis Wir beweisen: $\lceil a \rceil + \lceil b \rceil \geq \lceil a + b \rceil$. Seien a und b reelle Zahlen. Wir definieren die Aufrundungswerte: $n = \lceil a \rceil$ und $m = \lceil b \rceil$. Dann erfüllen a, b:

$$n - 1 < a \leq n \quad \text{und} \quad m - 1 < b \leq m$$

Daraus folgt:
$$(n - 1) + (m - 1) < a + b \leq n + m$$

Dies vereinfacht sich zu:
$$n + m - 2 < a + b \leq n + m.$$

Da $\lceil a + b \rceil$ die kleinste ganze Zahl größer oder gleich $a + b$ ist, folgt:
$$\lceil a + b \rceil \leq n + m = \lceil a + b \rceil \leq \lceil a \rceil + \lceil b \rceil.$$

Dies beweist den ersten Teil.

Jetzt beweisen wir: $\lceil a + b \rceil \geq \lceil a \rceil + \lceil b \rceil - 1$
Wieder seien $n = \lceil a \rceil$ und $m = \lceil b \rceil$. Wie zuvor gilt:
$$(n - 1) + (m - 1) < a + b \leq n + m$$

Das vereinfacht sich zu:
$$n + m - 2 < a + b \leq n + m$$

Die größte ganze Zahl kleiner oder gleich $a + b$ ist:

$$n + m - 1$$

Daher gilt:
$$\lceil a + b \rceil \geq n + m - 1 = \lceil a \rceil + \lceil b \rceil - 1. \qquad \square$$

Die Gaußklammern können verschieden in Python implementiert werden. Ein Beispiel ist mit dem ganzahligen Divisionsoperator:

```
def gaussklammer(x):
    if x >= 0:
        return x // 1#mit // ganzahligen Division
    else:
        return (x // 1) - 1 if x % 1 != 0 else x // 1

# Beispiele
print(gaussklammer(3.7))    # Ausgabe: 3
print(gaussklammer(-3.7))   # Ausgabe: -4
```

2.9 Lineare und quadratische Gleichung

Die lineare Gleichung
$$a \cdot x = b$$
hat die Lösung:
$$x = \frac{b}{a},$$
falls $a \neq 0$, keine Lösung, falls $a = 0, b \neq 0$, und unendlich viele Lösungen, falls $a = 0, b = 0$.

Aufgabe 2.9.1 *Lösen Sie die Gleichungen:*

1. $3x = 24$
2. $0x = 7$
3. $0x = 0$
4. $2 - 3(7 - 4x) = 5x - 7 + 2(4x + 3)$

Die quadratische Gleichung:
$$ax^2 + bx + c = 0$$
mit der Diskriminante
$$D = b^2 - 4a$$

2.10 Ungleichungen

hat die Lösungen:
$$x_{1,2} = \frac{-b \pm \sqrt{b^2 - 4ac}}{2a}, \text{ falls } D > 0,$$
und
$$x = -\frac{b}{2a} x = -\frac{b}{2a},$$
falls $D = 0$. Für $D < 0$ sind die Lösungen komplex Zahlen.

Aufgabe 2.9.2 *Lösen Sie:*

1. $3(x-2)^2 - 5 = 0$
2. $3x^2 - 15x + 18 = 0$
3. $x^2 - x - 1 = 0$
4. Zerlegen Sie in Linearfaktoren und lösen Sie dann die Gleichung $x^2 + 4x + 3 = 0$.

2.10 Ungleichungen

Eine Zahl a ist strikt größer als b, wenn $a - b$ strikt positiv ist. Wir schreiben dann $a > b$. Kann $a = b$ sein, schreiben wir $a \geq b$.

Aus $a > b$ folgt als erste Regel $a + c > b + c$ für alle Zahlen c. Stellen Sie sich dazu die Ungleichung auf dem Zahlenstrahl dar. Wenn

$$a > b, c > 0, \quad \text{dann ist } ac > bc,$$

aber falls

$$a > b, c < 0, \quad \text{dann ist } ac < bc.$$

Um die Menge aller x zu bestimmen, für welche die Ungleichung $3x - 5 > x - 3$ wahr ist, addieren Sie zuerst 5, subtrahieren $-x$ auf beiden Seiten und teilen durch 2. Sie erhalten die äquivalente Ungleichung $x > 1$, d.h., alle $x > 1$ erfüllen die Ungleichung.

Komplizierter ist die Ungleichung

$$(x - 1)(3 - x) > 0$$

zu lösen. Das Vorgehen ist in Abb. 2.4 dargestellt, indem man für jeden Faktor den positiven und negativen Teil auf dem Zahlenstrahl bestimmt und ausnutzt, dass das Produkt zweier Zahlen genau dann positiv ist, wenn entweder beide Zahlen positiv oder beide Zahlen negativ sind.
Die Lösung lautet

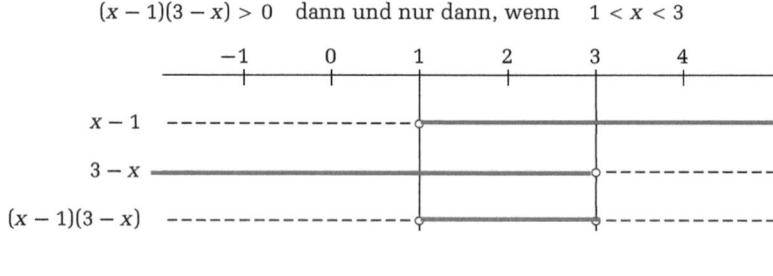

Abb. 2.4 Lösung der Ungleichung $(x-1)(3-x) > 0$

$$1 < x < 3.$$

In Algorithmen tritt die Situation auf, dass für $m < n$ der Bruch $\frac{m}{n}$ mit den Brüchen $\frac{m-i}{n-i}$ verglichen werden muss. Es gilt:

$$\frac{m-i}{n-i} < \frac{m}{n}, i = 1, 2, \ldots, m.$$

Dies folgt durch Algebra oder der Überlegung: Der Zähler ist kleiner als der Nenner. Zähle ich von beiden den gleichen Teil ab, so ist der neue Zähler relativ kleiner zum neuen Nenner.

Aufgabe 2.10.1 *Lösen Sie in Python mit sympy. Für welche Werte von p ist die Ungleichung*

$$\frac{2p-3}{p-1} > 3 - p$$

erfüllt?

2.11 Division mit Rest

Die Division mit Rest spielt eine zentrale Rolle in der Informatik. Wir werden dem Thema wiederholt begegnen. Wir beweisen den **Division-mit-Rest-Satz**.

Theorem 2.11.1 *(Division mit Rest) Für jede ganze Zahl n und jede positive ganze Zahl m existieren eindeutige ganze Zahlen q (Quotient) und r (Rest), sodass:*

$$n = mq + r \quad \text{mit} \quad 0 \leq r < b.$$

Der Satz besagt, dass eine ganze Zahl n gleich einem Vielfachen q einer anderen kleineren Zahl m (wie oft hat m Platz in n) plus ein Rest r geschrieben werden kann. Für die Zahlen 7, 2 lautet die Darstellung $7 = 3 \cdot 2 + 1$. Die beiden Zahlen q und r heißen **Divisor** und

2.11 Division mit Rest

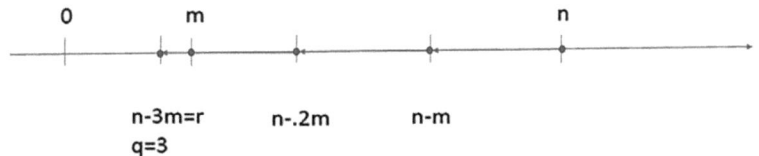

Abb. 2.5 Illustration der Beweisidee

Rest der Division. Für den Rest schreibt man

$$n \mod q = r$$

gelesen „n modulo q". Somit gilt:

$$n = mq + r = mq + n \mod q.$$

Beweis Wir brauchen eine Idee, wie der Satz zu beweisen ist. Seien $n, m \in \mathbb{Z}$ und $m > 0$. Ohne Beschränkung der Allgemeinheit sei $n > m$, d. h., für $n < m$ geht der folgende Beweis mit den notwendigen Anpassungen ebenfalls durch. Wir definieren die Menge S aller nichtnegativen ganzen Zahlen der Form $n - mk$, wobei k eine ganze Zahl ist:

$$S = \{n - mk : k \in \mathbb{Z} \text{ und } n - mk \geq 0\}.$$

Betrachten Sie die Abb. 2.5. Da $n - m \geq 0$, folgt $n \in S$ und somit ist S nicht leer. Da S aus nichtnegativen ganzen Zahlen besteht, hat S ein kleinstes Element r (wir nehmen diese Tatsache als gegeben an). Dann gibt es eine ganze Zahl q, sodass:

$$r = n - mq \quad \text{mit} \quad r \geq 0.$$

Wir müssen zeigen, dass $0 \leq r < m$. Angenommen, $r \geq m$. Dann ist:

$$r - m = n - mq - m = n - m(q + 1).$$

Aus $r \geq m$ folgt $r - m \geq 0$ und dann $r - m \in S$. Dies widerspricht der Annahme, dass r das kleinste Element von S ist. Daher muss $r < m$ sein.

Die Eindeutigkeit von q und r kann wie folgt gezeigt werden: Angenommen, es gibt zwei Paare (q_1, r_1) und (q_2, r_2), sodass:

$$n = mq_1 + r_1 \quad \text{und} \quad n = mq_2 + r_2 \quad \text{mit} \quad 0 \leq r_1, r_2 < m.$$

Dann haben wir:

$$mq_1 + r_1 = mq_2 + r_2 \Rightarrow m(q_1 - q_2) = r_2 - r_1.$$

Da r_1 und r_2 im Intervall $[0, m)$ liegen, ist $|r_2 - r_1| < m$. Da $m(q_1 - q_2)$ ein Vielfaches von m ist, muss $q_1 - q_2 = 0$ sein, also $q_1 = q_2$ und folglich $r_1 = r_2$. Damit ist der Satz bewiesen. □

Die Teilbarkeit von Zahlen ist ein weiteres zentrales Thema in späteren Abschnitten.

Definition 2.11.1 *(Teilbarkeit) Sind $a, b \in \mathbb{Z}$ und $b \neq 0$, dann ist a durch b teilbar, $b|a$, wenn es eine ganze Zahl q gibt, sodass $a = bq$ gilt. Wenn b eine Zahl a nicht teilt, schreiben wir $b \nmid a$.*

Also gilt $4 \mid 24$, $6 \mid 24$, $12 \mid 24$. Aus der Schule kennen Sie, dass eine Zahl nur dann durch 3 teilbar, wenn ihre Quersumme durch 3 teilbar ist. Somit $3 \mid 18.762$, da $1+8+7+6+2 = 24$ und $3 \mid 24$. Wir beweisen diese Aussage später. Die Teilbarkeit erfüllt einige einfache algebraische Eigenschaften, welche wir ohne Beweis übernehmen, aber als Referenz für spätere Kapitel aufschreiben:

Theorem 2.11.2 *Seien a, b, c, d ganze Zahlen.*

1. *Jede Zahl ungleich null ist mindestens durch sich selbst und ± 1 teilbar.*
2. *Jede ganze Zahl ist ein Teiler der 0.*
3. *Wenn $a \mid b$, so gilt auch $-a \mid b$ und $a \mid -b$.*
4. *Wenn $a \mid b$, dann $a \mid bc$ für alle ganzen Zahlen c.*
5. *Aus $a \mid b$ und $b \mid c$ folgt $a \mid c$ (transitiv).*
6. *Für $k \in \mathbb{Z} \setminus \{0\}$ gilt: $a \mid b \Leftrightarrow ka \mid kb$.*
7. *Gelten $a \mid b, c \mid d$, so gilt auch $ac \mid bd$.*
8. *Gelten $a \mid b, a \mid c$, so gilt auch $a \mid kb + lc$ für alle ganzen Zahlen k, l.*
9. *Aus $a \mid b$ und $b \mid a$ folgt $a = b$ oder $a = -b$ (antisymmetrisch).*

Wir geben Beispiele. Da $2 \mid 4$ und $4 \mid 12$, teilt 2 auch 12 (5.). Da $3 \mid 27$ und $5 \mid 15$ gelten, teilen $3 \cdot 5$ auch $27 \cdot 15$ (7.). $7 \mid 14$ und $7 \mid 21$, dann teilt 7 auch jedes Vielfache $k \cdot 14 + l \cdot 21$, da

$$7(k \cdot 2 + l \cdot 3)$$

gilt (8.).

In Python wird der Rest mit dem Modulo-Operator % ermittelt.

2.11 Division mit Rest

```
print(237 % 3)
print(237 % 7)
```

Interpretieren Sie die Resultate.

Aufgabe 2.11.1 *Gibt es positive ganze Zahlen $0 \leq n \leq 10.000$, die durch 13 teilbar sind und mit 15 enden?*

Aufgabe 2.11.2 *Finde eine zweistellige ganze Zahl $n \geq 0$, die 7-mal kleiner wird, wenn ihre erste Ziffer gestrichen wird.*

Aufgabe 2.11.3 *Finde eine ganze Zahl $0 \leq n \leq 10.000$, welche 57-mal kleiner wird, wenn man die erste Ziffer von links streicht.*

Folgen, Summen und vollständige Induktion 3

Inhaltsverzeichnis

3.1	Arithmetische Summe	77
3.2	Summennotation...	80
3.3	Geometrische Summe, vollständige Induktion	82
3.4	Vollständige Induktion: Wachstumseigenschaften...................................	84
3.5	Vollständige Induktion: Permutationen..	86
3.6	Vollständige Induktion: Binomialtheorem	87
3.7	Vollständige Induktion und natürliche Zahlen	91

Wie addiert man **effizient viele Zahlen**? Am besten mit einer Formel. Wie stellt man diese Summen mit einer einfachen Notation dar? Mit dem Summenzeichen. Wie beweist man die Korrektheit einer Formel? Wenn es sich um Formeln über den natürlichen Zahlen handelt, mit einem vollständigen Induktionsbeweis. Diese Beweisführung spielt eine wesentliche Rolle bei der Überprüfung der Korrektheit eines Algorithmus, d. h., macht der Algorithmus in jedem Schritt, was er machen sollte?

3.1 Arithmetische Summe

Sie sollen alle Zahlen von 1 bis 100 zusammenzählen:

$$s = 1 + 2 + 3 + \ldots + 99 + 100.$$

Ergänzende Information Die elektronische Version dieses Kapitels enthält Zusatzmaterial, auf das über folgenden Link zugegriffen werden kann https://doi.org/10.1007/978-3-662-71095-1_3.

Man nennt dies eine endlich Summe einer Folge von Zahlen. Ohne eine Formel ist dies eine mühsame Aufgabe. Die Herleitung der Formel geschieht mit einem Trick des achtjährigen Gauß. Wir schreiben die Summe zweimal hin, einmal in umgekehrter Reihenfolge:

$$s = 1 + 2 + 3 + \ldots + 99 + 100$$
$$s = 100 + 99 + \ldots + 3 + 2 + 1.$$

Zählen wir übereinanderstehende Zahlen zusammen, erhalten wir immer 101, dies genau 100-mal. Also ist die Summe

$$s = \frac{1}{2} \cdot 101 \cdot 100.$$

Die Division durch 2 berücksichtigt, dass wir zweimal die Summe addiert haben. Wenn wir anstelle von 100 eine beliebige Zahl n setzen, haben wir die erste Summenformel gefunden, die **arithmetische Summenformel**:

$$1 + 2 + 3 + \ldots + n - 1 + n = \frac{1}{2}n(n+1). \tag{3.1}$$

Obwohl die Formel plausibel ist, haben wir noch nicht bewiesen, dass die Formel für alle natürlichen Zahlen n wahr ist.

Wir vergleichen die Rechengeschwindigkeit in Python der Summenberechnung ohne und mit der Summenformel. Ohne Formel wird die Summe über Schleifen gebildet. Mit der Formel wird diese einmal aufgerufen.

```
import time
import matplotlib.pyplot as plt
#Ohne Formel
def sum_with_loop(n):
    total = 0                   # Startwert Null
    for i in range(1, n + 1):   # für alle i von 1 bis n
        total += i              # addiere i zum vorangehenden Resultat
    return total

#Mit Formel
def sum_with_formula(n):
    return n * (n + 1) // 2
```

Wir bestimmen den Wertbereich der zu summierenden Werte für n, berechnen die Berechnungszeit für die beiden Verfahren und wollen das Zeitverhältnis der beiden Methoden anschließend ausgeben, Im Beispiel summieren wir alle Zahlen bis 10^8, d. h. bis 100 Mio.

```
# Wertebereich für n, alle Zahlen von 10 bis 10'8 (199 Millionen)
n_values = [10**i for i in range(1, 9)]

time_ratios = []
```

3.1 Arithmetische Summe

```
for n in n_values:
    # Zeitmessung für die Schleife
    start_time_loop = time.perf_counter()
    result_loop = sum_with_loop(n)
    end_time_loop = time.perf_counter()
    time_loop = end_time_loop - start_time_loop

    # Zeitmessung für die Summenformel
    start_time_formula = time.perf_counter()
    result_formula = sum_with_formula(n)
    end_time_formula = time.perf_counter()
    time_formula = end_time_formula - start_time_formula

    # Berechnung des Zeitverhältnisses
    if time_loop > 0:  # Vermeidung Division durch Null
        time_ratio = time_formula / time_loop
    else:
        time_ratio = float('inf')  # Falls die Schleifenzeit zu schnell ist

    time_ratios.append(time_ratio)

    print(
    f"n = {n}: time_loop = {time_loop:.10f}, "
    f"time_formula = {time_formula:.10f}, "
    f"ratio = {time_ratio:.10f}"
)
```

Der Print-Befehl hat folgende Bestandteile:

- Der Print-Befehl gibt eine Zeichenkette auf der Konsole aus.
- Ein f-String f „..." ist eine formatierte Zeichenkette in Python, die es erlaubt, Variablen und Ausdrücke direkt innerhalb von geschweiften Klammern einzufügen.
- Mit n = n: wird der Wert der Variablen *n* innerhalb der Zeichenkette angezeigt.
- time_loop= time_loop:.10f:time_loop ist eine Variable, deren Wert auf 10 Dezimalstellen genau formatiert wird. Dabei steht .10f steht für 10 Nachkommastellen im Float-Format.
- ratio =time_ratio:.10f: time_ratio ist eine Variable, deren Wert auf 10 Dezimalstellen genau formatiert wird.

Die Abb. 3.1 zeigt, wie mit zunehmendem *n* die Vorteile der Formel zum Tragen kommen, da einem einmaligen Aufruf das zunehmende Durchlaufen der Schleife gegenübersteht. Der Ausdruck zeigt bei mir für $n = 10^8$ ohne Formel die Dauer von 13,8 s und mit der Formel von 0,0000069 s.

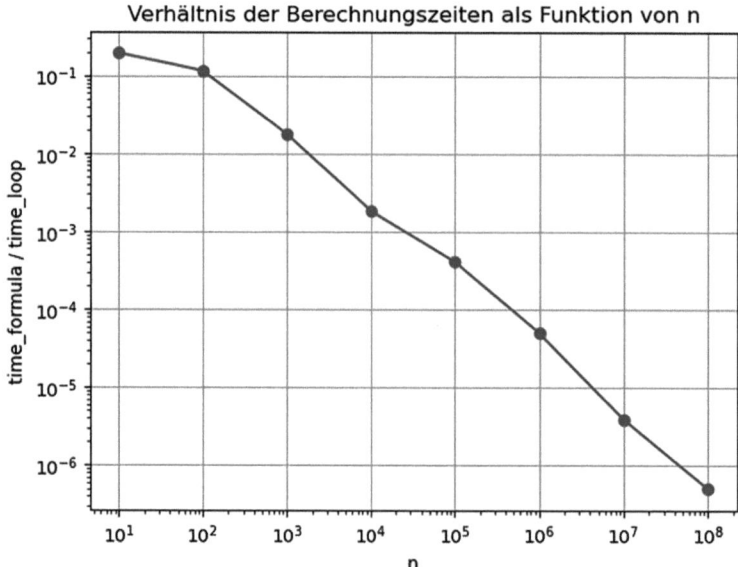

Abb. 3.1 Verhältnis der Berechnungszeiten der Summe von n Zahlen mit und ohne Summenformel als Funktion von n

3.2 Summennotation

Die Schreibweise $1 + 2 + 3 + \ldots + n - 1 + n$ ist mühsam. Mit dem Summenzeichen vereinfachen wir dies:

$$\sum_{j=1}^{n} j := 1 + 2 + 3 + \ldots + n - 1 + n \tag{3.2}$$

Summen beginnen mit einem kleinsten Wert (hier 1) und enden mit einem größten Wert (hier n) und nach dem Summenzeichen Σ („Sigma") steht, was summiert werden soll (hier die natürlichen Zahlen). Der „Laufindex" j heißt **Summationsindex**. Sie können für den Summationsindex ein **beliebiges** Symbol nehmen. Die Summe ändert sich nicht:

$$\sum_{j=0}^{n} j = \sum_{k=0}^{n} k = \sum_{\heartsuit=0}^{n} \heartsuit$$

Hier einige Beispiele:

3.2 Summennotation

$$\sum_{k=1}^{5} k^2 = 1 + 2^2 + 3^2 + 4^2 + 5^2$$

$$\sum_{m=1}^{6} \frac{1}{m} = 1 + \frac{1}{2} + \frac{1}{3} + \frac{1}{4} + \frac{1}{5} + \frac{1}{6}$$

$$\sum_{k=1}^{5} a_k = a_1 + a_2 + a_3 + a_4 + a_5$$

$$\sum_{k=1}^{5} 1 = 5$$

Das zweitletzte Beispiel zeigt, dass nicht nur numerische Summen mit dem Summenzeichen geschrieben werden können, sondern auch Summen mit Variablen. In der Notation a_k hat k die Rolle eines Index, welcher die Terme der Summe nummeriert (Pointer in Programmierung).

Aufgaben

Aufgabe 3.2.1 Wie ändert sich die Notation $\sum_{j=1}^{n} j$, wenn (i) die Summe bei 0 beginnt, (ii) bei -7 beginnt, (iii) bis $n + 7$ geht, (iv) nur die geraden Zahlen summiert, (v) die Quadrate der ersten n Zahlen summiert, (vi) die reziproken Werte $1/n$ der n Zahlen bis 20 summiert?

Aufgabe 3.2.2

- *Schreiben Sie die Summe der ersten Million an natürlichen Zahlen und berechnen Sie die Summe.*
- *Schreiben Sie mit dem Summenzeichen die Summe von 11 Zahlen, startend bei 1, wobei die Quadratwurzeln addiert werden sollen.*
- *Berechnen Sie:*

$$\sum_{s=2}^{4} s^4.$$

- *Berechnen Sie:*

$$\sum_{s=2}^{4} a_s.$$

- *Schreiben Sie in Summennotation:*

$$1 + \frac{1}{2} + \frac{1}{2^2} + \frac{1}{2^3} + \ldots + \frac{1}{2^k}$$

- *Schreiben Sie in Summennotation:*

$$3 + \frac{3^2}{2} + \frac{3^3}{2^2} + \frac{3^4}{2^3} + \ldots + \frac{3^{k+1}}{2^k}$$

Das Summenzeichen mit endlichen vielen Summanden ist **linear**. Dies heißt,

$$\sum_{k=0}^{n}(a_k + b_k) = \sum_{k=0}^{n} a_k + \sum_{k=0}^{n} b_k$$

und

$$\sum_{k=0}^{n} c a_k = c \sum_{k=0}^{n} a_k$$

für c eine beliebige Zahl.

Aufgabe 3.2.3 *Sie zahlen jedes Jahr CHF 2000 auf ein Konto ein und sie erhalten während 10 Jahren eine Verzinsung von 5 % pro Jahr. Berechnen Sie das Endkapital K_{10} nach 10 Jahren. Begründen Sie, weshalb die Formel*

$$K_{10} = \sum_{k=1}^{10} 2000 \cdot 1{,}05^k$$

korrekt ist, und vereinfachen Sie diese. Hinweis: Die Kernaussage ist $K_{n+1} = K : n$ $(1 + p)$ mit n dem Jahr und p dem konstanten Zinssatz und $n \in \{1, \ldots, n\}$. Wenden Sie dies rekursiv an, um K_n für ein Startjahr m zu bestimmen. Bilden Sie die Summe über alle Anfangsstartjahre bis zum letzten Jahr 10.

3.3 Geometrische Summe, vollständige Induktion

Neben der **arithmetischen Summenformel** spielt die **geometrische Summenformel** eine grundlegende Rolle in der Mathematik, Zinseszinsrechnung, Laufzeit von Algorithmen oder Wachstumsphänomenen. Wir behaupten:

Theorem 3.3.1 *(Geometrische Summenformel)*

$$\sum_{j=0}^{n} q^j = 1 + q + q^2 + \ldots + q^n = \frac{q^{n+1} - 1}{q - 1}, \tag{3.3}$$

dabei ist $q \neq 1$ eine reelle Zahl.

3.3 Geometrische Summe, vollständige Induktion

Wir beweisen die Formel mit **vollständiger Induktion**. Wir zeigen, dass die Formel wahr ist für **alle** natürlichen Zahlen n in **zwei Schritten**. Wir können somit in zwei Schritten beweisen, dass eine Aussage für alle natürlichen Zahlen, also eine abzählbar unendliche Menge, wahr ist. Die zwei Schritte sind der Induktionsanfang und der Induktionsschritt.

Im Induktionsanfang wird nachgerechnet, dass die Aussage für die kleinste, sinnvolle natürliche Zahl wahr ist. Dieser Schritt ist oft einfach.

Induktionsschritt: Gilt die Aussage für eine beliebige Zahl n nach Annahme, wird bewiesen, dass die Aussage auch für die Zahl $n + 1$ gilt. Dieser Schritt erfordert oft Arbeit. Nach dem Induktionsprinzip, siehe unten, gilt die Aussage dann für alle n.

Beweis Für $n = 0$ besagt die Formel $\sum_{j=0}^{0} q^n = q^0 = 1 = \frac{q^1 - 1}{q - 1} = 1$, d.h. die Formel stimmt. Jetzt nehmen wir an, dass die Formel für ein beliebiges n stimmt und zeigen, dass sie auch für $n + 1$ gilt:

$$\sum_{j=0}^{n+1} q^j.$$
$$= 1 + q + q^2 + \ldots + q^n + q^{n+1}$$
$$= \sum_{j=0}^{n} q^j + q^{n+1}$$
$$= \frac{q^{n+1} - 1}{q - 1} + q^{n+1}$$
$$= \frac{q^{n+1} - 1 + q^{n+2} - q^{n+1}}{q - 1}$$
$$= \frac{q^{n+2} - 1}{q - 1}.$$

Dabei haben wir benutzt, dass die Formel für n wahr ist. Somit gilt die Formel auch für $n + 1$. □

Beweise mit vollständiger Induktion erfordern oft längere Rechnungen. Mit cleveren Zählverfahren können die Rechnungen in einzelnen Aussagen umgangen werden. Eine andere Möglichkeit ist einen Trick zu finden. Sei $S = \sum_{j=0}^{0} q^n$ der Summenwert. Jetzt betrachten wir die Differenz:

$$S - qS = 1 - q^{n+1},$$

da sich alle anderen Terme kürzen. Ausklammern von S und Division durch $1 - q$ beweist die geometrische Summenformel ohne lange Induktionsbeweisrechnungen.

Formaler fassen wir das Prinzip der vollständigen Induktion wie folgt zusammen:

Definition 3.3.1 *Sei $A(n)$ eine Aussage. Falls:*

1. *Induktionsanfang: $A(1)$ ist wahr.*
2. *Induktionsschritt: Wenn immer $A(n)$ wahr ist, dann gilt dies auch für $A(n+1)$.*

Dann ist $A(n)$ wahr für alle natürlichen Zahlen n. Die Relevanz der vollständigen Induktion besteht darin eine Aussage für abzählbar viele Zahlen durch den Beweis von zwei Schritten zu erledigen.

Anstelle mit $A(1)$ tritt oft auch $A(0)$ auf. Dies ändert nichts am Prinzip der vollständigen Induktion.

Aufgabe 3.3.1 *Beweisen Sie mit vollständiger Induktion die arithmetische Summenformel 3.1.*

Aufgabe 3.3.2 *Beweisen Sie mit vollständiger Induktion die folgenden Aussagen zu Binärbäumen:*

Theorem 3.3.2

1. *Sei G ein Baum mit n Knoten und m Kanten. Dann gilt $m = n - 1$. Der Beweis erfolgt durch Induktion nach der Anzahl Knoten n. Benutzten Sie die Aussage: Jeder Baum mit mindestens zwei Knoten hat einen Endknoten oder Blatt (ein Knoten mit Grad 1 oder nur einer Kante).*
2. *Sei G ein Graph mit n Knoten und m Kanten. Wenn G zusammenhängend ist, gilt $m \geq n - 1$ mit Gleichheit genau dann, wenn G ein Baum ist. Dieser Satz sagt, das Bäume unter allen zusammenhängenden Graphen diejenigen mit der kleinstmöglichen Kantenzahl sind. Der Beweis dieser Aussage lässt sich mittels Induktion nach der Anzahl m der Kanten führen.*

3.4 Vollständige Induktion: Wachstumseigenschaften

Wachstumseigenschaften bedeuten Laufzeiten von Algorithmen. Als heuristische Vorbereitung, öffnen Sie bitte das Python-File Kap. 3. Nachher sollten die folgenden mathematischen Aussagen verständlich sein. Jetzt beweisen wir folgende Aussagen:

3.4 Vollständige Induktion: Wachstumseigenschaften

Theorem 3.4.1

1. *(Bernoulli-Ungleichung) Für $n \geq 1, x > -1$ gilt:* $(1+x)^n \geq 1 + nx$.
2. *Für $n \geq 1$ gilt:* $n < 2^n$.
3. *Für $n \geq 4$ gilt:* $2^n < n!$.

Dieses Theorem ist bedeutsam für das Laufzeitverhalten von Algorithmen (Komplexitätstheorie). Sei n die Länge eines Inputs in einen Algorithmus, d. h. die Anzahl Bits Dann besagen die erste und zweite Aussage, dass ein Algorithmus mit linearer Laufzeit $1 + nx$ schneller läuft als ein Algorithmus mit polynomialer Laufzeit $(1+x)^n$ oder einem Algorithmus mit exponentieller Laufzeit 2^n. Die unbrauchbarste Laufzeit sind Algorithmen, deren Laufzeit sich wie die Fakultät $n!$ der Inputlänge verhält. Da der Logarithmus monoton wächst, d. h. für $x < y$ ist $\log x < \log y$, folgt aus $n < 2^n$

$$\log n < \log(2^n) = n \log 2.$$

Der Logarithmus wächst langsamer als die lineare Potenz. Deshalb ist der Logarithmus die Lieblingsfunktion in der Informatik. Da wir nur an Laufzeiten für sehr große Inputs n interessiert sind, spielt es keine Rolle, ob die Induktionsannahme für $n = 0$, $n = 4$ oder irgendeinen anderen kleinen Startwert gilt.

Beweis

1. $(1+x)^n \geq 1 + nx$:
   Induktionsanfang: Für $n = 1$:

   $$(1+x)^1 = 1 + x \geq 1 + 1x$$

   ist die Aussage wahr. Induktionsannahme: Angenommen, für ein $n \geq 1$ gilt $(1+x)^n \geq 1 + nx$. Induktionsschritt: Wir zeigen $(1+x)^{n+1} \geq 1 + (n+1)x$. Es gilt

   $$(1+x)^{n+1} = (1+x)^n(1+x).$$

   Mit der Induktionsannahme:
   $$(1+x)^n \geq 1 + nx$$
   folgt:
   $$(1+x)^{n+1} = (1+x)^n(1+x) \geq (1+nx)(1+x) = 1 + x + nx + nx^2 \geq 1 + (n+1)x$$

   da $nx^2 \geq 0$.

2. $n < 2^n$:
   Induktionsanfang: Für $n = 1$ ist die Aussage wahr:

$$1 < 2^1 = 2.$$

Induktionsannahme: Angenommen, für ein $n \geq 1$ gilt $n < 2^n$. Induktionsschritt: Wir zeigen $n + 1 < 2^{n+1}$. Da $2^n > n$ nach Induktionsannahme, gilt:

$$2^{n+1} = 2 \cdot 2^n > 2n \geq n + 1,$$

Da für $n \geq 1$

$$2n \geq n + 1.$$

3. $2^n < n!$:
Induktionsanfang: Für $n = 4$:

$$2^4 = 16 < 4! = 24$$

ist der erste Schritt gezeigt. Induktionsannahme: Angenommen, für ein $n \geq 4$ gilt $2^n < n!$. Induktionsschritt: Wir zeigen $2^{n+1} < (n + 1)!$. Nach der Induktionsannahme gilt:

$$2^{n+1} = 2 \cdot 2^n < 2 \cdot n! < (n + 1)n! = (n + 1)!,$$

falls $2 < n + 1$, d. h. $n > 1$.

3.5 Vollständige Induktion: Permutationen

Sei S_n die Menge der Permutationen mit n Objekten.

Theorem 3.5.1 *Für alle $n \geq 1$ gilt:* $|S_n| = n!$.

Beweis Induktionsanfang:
Für $n = 1$ gibt es genau eine Permutation (die Identität), also $|S_1| = 1 = 1!$.

Induktionsannahme und -schritt:
Angenommen, für ein $n \in \mathbb{N}$ gilt $|S_n| = n!$. Wir zeigen, dass $|S_{n+1}| = (n + 1)!$ gilt.

Betrachten wir die Menge S_{n+1} der Permutationen von $n+1$ Elementen. Eine Permutation in S_{n+1} kann konstruiert werden, indem wir eines der $n + 1$ Elemente an die erste Position setzen und die restlichen n Elemente permutieren.

- Es gibt $n + 1$ Möglichkeiten, das erste Element zu wählen.
- Nach der Wahl des ersten Elements gibt es $n!$ Permutationen der restlichen n Elemente (nach Induktionsannahme).

Die Gesamtzahl der Permutationen von $n + 1$ Elementen ist daher:

$$|S_{n+1}| = (n+1) \times n! = (n+1)!$$

□

3.6 Vollständige Induktion: Binomialtheorem

Wir haben besprochen, wie man für einen Binomialausdruck

$$(x+y)^8 = 1x^8y^0 + 8x^7y^1 + 28x^6y^2 + \ldots + 1x^0y^8$$

die Koeffizienten mithilfe des Pascal'schen Dreiecks berechnen kann. Gibt es ein Lösungsformel für $(x+y)^n$, bei welcher die Koeffizienten direkt berechnet werden können, ohne das Pascal'sche Dreieck aufzubauen? Der folgende Satz gibt die Antwort.

Theorem 3.6.1 (*Binomialtheorem*) *Seien x, y reelle Zahlen und n natürlich. Dann gilt:*

$$(x+y)^n = \sum_{k=0}^{n} \binom{n}{k} x^{n-k} y^k \tag{3.4}$$

wobei $\binom{n}{k}$ der Binomialkoeffizient durch

$$\binom{n}{k} = \frac{n!}{k!(n-k)!}$$

gegeben ist.

Wow, (3.4) ist eine elegante Schreibweise für eine beliebige Potenz n. Wir wollen zuerst verstehen, was Binomialkoeffizienten sind, weshalb sie im Binomialtheorem auftauchen und somit das Pascal'sche Dreieck überflüssig machen, dann prüfen, dass das Theorem wahr ist für die bekannten Fälle $n = 0, 2$ und abschließend das Theorem beweisen.

Der Binomialkoeffizient $\binom{n}{k}$ gibt die Anzahl der Möglichkeiten an, k Elemente aus einer Menge von n Elementen auszuwählen, ohne dabei die Reihenfolge zu berücksichtigen. Fragestellungen in der Informatik mit Bezug zum Binomialkoeffizienten sind:

- Wie viele Möglichkeiten gibt es, k Attribute aus n möglichen Attributen in einem Index zu verwenden (Datenbankindizes und Query-Optimierung)?
- Wie viele Möglichkeiten gibt es, k Jobs auf n Servern zu verteilen, wenn keine Reihenfolge erforderlich ist?
- Wie viele Möglichkeiten gibt es, k Verbindungen (Kanten) aus n möglichen Verbindungen zu wählen (Optimierung von Netzwerken)?

Im Kontext des Binomialtheorems kann man den Binomialkoeffizienten so verstehen: Wenn wir den Fall $(x+y)^3$ betrachten, sind alle Terme von der Ordnung $x^{3-k}y^k$ für $k = 0, 1, 2, 3$.

Die Summe in (3.4) besteht aus den Termen:

$$\binom{3}{0}x^3y^0 + \binom{3}{1}x^2y^1 + \binom{3}{2}x^1y^2 + \binom{3}{3}x^0y^3.$$

Im Produkt $(x+y)(x+y)(x+y)$ gibt es genau eine Möglichkeit für $xxx = x^3$. Für x^2y gibt es drei Möglichkeiten: xxy, xyx, yxx und analog für xy^2 gilt xyy, yxy, yyx. Somit erhalten wir als Koeffizienten die Zahlen 1, 3, 3, 1, wie im Pascal'schen Dreieck, da ($0! = 1$):

$$\binom{3}{0} = \frac{3!}{0!(3-0)!} = \frac{6}{1 \cdot 6} = 1, \binom{3}{1}$$
$$= \frac{3}{1!(3-1)!} = \frac{6}{1 \cdot 2} = 3\binom{3}{2}, \binom{3}{3} = \frac{3!}{3!(3-3)!} = \frac{6}{6 \cdot 0} = 1.$$

Allgemein hat beim Ausmultiplizieren von $(x+y)^n$ jeder Term die Form $x^{n-k}y^k$, indem man aus den n Faktoren des Produkts $x+y$ genau k-mal y und $(n-k)$-mal x auswählt. Die Anzahl der Möglichkeiten, k-mal y auszuwählen ist gleich $\binom{n}{k}$.

Überprüfen wir die Formel im Theorem für zwei weitere Spezialfälle. Für $n = 0$ gilt:

$$(x+y)^0 = 1 = \sum_{k=0}^{0}\binom{0}{k}x^{0-k}y^k = \binom{0}{0}x^{0-0}y^0 = \frac{0!}{0!(0-0)!} = 1,$$

d.h. die Formel stimmt. Für $n = 2$ gilt:

$$(x+y)^2 = \sum_{k=0}^{2}\binom{2}{k}x^{2-k}y^k = \binom{2}{0}x^{2-0}y^0 + \binom{2}{1}x^{2-1}y^1 + \binom{2}{2}x^{2-2}y^2 = x^2 + 2xy + y^2,$$

wie es sein sollte. Mit Binomialkoeffizienten kann man rechnen. Um das Binomialtheorem zu beweisen, benötigen wir die Additionsformel für Binomialkoeffizienten:

Theorem 3.6.2 *Für die natürlichen Zahlen $k \leq n$ gilt:*

$$\binom{n}{k-1} + \binom{n}{k} = \binom{n+1}{k}$$

Beweis Man kann die Formel beweisen, indem man mit der Definition die Binomialkoeffizienten in Fakultäten ausschreibt und zeigt, dass die Formel wahr ist. Mit dieser Rechnung wird aber der Inhalt der Formel nicht transparent. Betrachten wir eine Menge von $n+1$ Elementen mit k Teilmengen (rechte Seite). Es gibt zwei Fälle, für ein bestimmtes Element x:

3.6 Vollständige Induktion: Binomialtheorem

- Fall 1: x gehört zu den k ausgewählten Elementen. In diesem Fall müssen die verbleibenden $k - 1$ Elemente aus den verbleibenden n Elementen ausgewählt werden. Dies kann auf $\binom{n}{k-1}$ Arten geschehen.
- x gehört nicht zu den k ausgewählten Elementen. In diesem Fall müssen alle k Elemente aus den verbleibenden n Elementen ausgewählt werden. Dies kann auf $\binom{n}{k}$ Arten geschehen.

Da die beiden Fälle alle Möglichkeiten zur Auswahl von k Elementen aus $n + 1$ abdecken, erhalten wir die behauptete Formel. □

Wenn solche kombinatorischen Beweise möglich sind, ersparen diese eine Menge Rechenarbeit. Die Binomialkoeffizienten können für große n sehr große Zahlen werden. Mit der Aussage im letzten Theorem können wir einen großen Binomialkoeffizienten Schritt-für-Schritt mit Anwendung der linken Seite auf die Summe kleinerer Zahlen reduzieren. Jetzt sind wir in der Lage das Binomialtheorem zu beweisen.

Beweis Wir beweisen das Binomialtheorem durch vollständige Induktion über n.
Induktionsanfang:
Für $n = 0$ ist die Gleichung
$$(x + y)^0 = 1$$
Auf der rechten Seite des Binomialtheorems erhalten wir:
$$\sum_{k=0}^{0} \binom{0}{k} x^{0-k} y^k = \binom{0}{0} x^0 y^0 = 1$$
Die Aussage ist für $n = 0$ wahr.

Induktionsschritt:

Angenommen, das Binomialtheorem gilt für eine natürliche Zahl n:
$$(x + y)^n = \sum_{k=0}^{n} \binom{n}{k} x^{n-k} y^k$$
Nun wollen wir zeigen, dass die Aussage auch für $n + 1$ gilt:
$$(x + y)^{n+1} = (x + y)(x + y)^n$$
Setzen wir die Induktionsannahme ein:
$$(x + y)^{n+1} = (x + y) \sum_{k=0}^{n} \binom{n}{k} x^{n-k} y^k$$

Dies ergibt mit ausklammern:

$$(x+y)^{n+1} = \sum_{k=0}^{n} \binom{n}{k} x^{n-k+1} y^k + \sum_{k=0}^{n} \binom{n}{k} x^{n-k} y^{k+1}$$

Die Summen können nun zusammengefasst werden. Beachten Sie, dass die Summe über alle k von 0 bis n läuft:

$$(x+y)^{n+1} = \binom{n}{0} x^{n+1} y^0 + \sum_{k=1}^{n} \left[\binom{n}{k-1} + \binom{n}{k} \right] x^{n+1-k} y^k + \binom{n}{n} x^0 y^{n+1}$$

Wir verwenden (3.6.2) und erhalten:

$$(x+y)^{n+1} = \sum_{k=0}^{n+1} \binom{n+1}{k} x^{n+1-k} y^k$$

Dies zeigt, dass das Binomialtheorem auch für $n+1$ gilt, womit der Induktionsbeweis abgeschlossen ist. □

Wir betrachten jetzt kombinatorische Beweise von Aussagen mit Binomialkoeffizienten. Es gilt:

$$\binom{n}{k} = \binom{n}{n-k}. \tag{3.5}$$

Dies kann man zeigen, indem man die Definition der Binomialkoeffizienten benutzt. Ein kombinatorischer Beweis geht wie folgt. Angenommen, Sie haben n verschiedene T-Shirts, möchten aber nur k davon behalten. Sie könnten genauso gut die k T-Shirts auswählen, die Sie behalten möchten, oder die komplementäre Menge von $n-k$ T-Shirts auswählen, die Sie nicht behalten möchten. Somit gilt $\binom{n}{k} = \binom{n}{n-k}$. Machen wir noch ein Beispiel:

Theorem 3.6.3

$$\sum_{r=0}^{n} \binom{n}{r} \binom{2n}{n-r} = \binom{3n}{n}.$$

Dies mit Induktion algebraisch zu beweisen, würde eine längere Rechnung implizieren.

Beweis Wir müssen eine Idee haben, wie wir den kombinatorischen Beweis machen können. Da Binomialkoeffizienten beim Ziehen von Karten oder von Kugeln aus Urnen auftreten, sei S die Menge aller n-Kartenblätter, die aus einem Kartendeck mit n roten Karten (nummeriert $1, 2, \ldots, n$) und $2n$ schwarzen Karten (nummeriert $1, 2, \ldots, 2n$) gebildet werden können, also aus einer Menge mit $3n$ Karten. Diese Anzahl ist gleich

$$|S| = \binom{3n}{n}.$$

Jetzt bestimmen wir die Anzahl auf einem anderen Weg. Für die Anzahl der *n*-Kartenblätter mit genau *r* roten Karten gilt:

- Es gibt $\binom{n}{r}$ Möglichkeiten, *r* rote Karten aus den *n* verfügbaren roten Karten auszuwählen.
- Es gibt $\binom{2n}{n-r}$ Möglichkeiten, die verbleibenden $n-r$ Karten aus den $2n$ schwarzen Karten auszuwählen.

Wenn man über alle möglichen Werte von *r* (von 0 bis *n*) summiert, ergibt sich die Gesamtzahl der *n*-Karten-Hände:

$$|S| = \sum_{r=0}^{n} \binom{n}{r}\binom{2n}{n-r}.$$

Gleichsetzen der beiden Ausdrücke für $|S|$ liefert die Behauptung.

Aufgabe 3.6.1 *Die Binomialkoeffizienten können auch mit einem fairen Münzwurf interpretiert werden. Sei das Ereignis „Erfolg" definiert durch das Auftreten von Kopf beim Münzwurf. Dann gilt:*

$$\binom{n}{k} = \textit{Anzahl k Erfolge beim n-maligen Münzwurf.}$$

$\binom{5}{3}$ ist gleich 3 Erfolge Kopf, wenn die Münze fünfmal geworfen wird. Dies ist eine Wahrscheinlichkeit.

1. *Berechnen Sie $\binom{5}{3}$ und $\binom{3}{5}$. Füllen Sie die folgende Aussage korrekt aus, sodass sie die erste Berechnung beschreibt:*

    Es gibt —— Möglichkeiten —————— eine Zahl zu werfen, wenn Sie die Münze ————— werfen.

2. *Berechnen Sie $\binom{n}{0}$, $\binom{n}{n}$.*
3. *Wie viele Möglichkeiten gibt es, im Schweizer Zahlenlotto mit 45 Zahlen die 6 Felder zu markieren? Wie hoch sind die Gewinnchancen auf eine Sechs?*
4. *Multiplizieren Sie aus, ohne zu rechnen: $(x+y)^7$.*

3.7 Vollständige Induktion und natürliche Zahlen

Wir haben gesehen, wie das Prinzip der vollständigen Induktion funktioniert, nicht aber, weshalb es funktioniert. Diese Eigenschaft ist mit der Definition der natürlichen Zahlen verbunden. Wir gehen diese vertieft an. Bis anhin bezeichneten wir informell

$$\mathbb{N} = \{0, 1, 2, 3, \ldots\}$$

als Menge der natürlichen Zahlen. Diese intuitive Beschreibung von $\mathbb{N}$ als „bei 0 beginnen und unbegrenzt weiterzählen" ist keine Definition: Was ist „1" oder „2"? Wie wissen wir, dass wir unbegrenzt zählen können? Wie lassen sich Operationen wie Addition, Multiplikation oder Potenzieren definieren? Potenzieren ist wiederholte Multiplikation, Multiplikation ist wiederholte Addition. Doch was ist Addition? Dies ist wiederholtes Inkrementieren oder Vorwärtszählen. Den Nachfolger einer Zahl n könnten wir als $n++$ schreiben, in Anlehnung an die Programmierung. Somit ist $3++ = 4$. Dann hätten wir die Beschreibung:

$$\mathbb{N} = \{0, 0++, (0++)++, ((0++)++)++, \ldots\}.$$

Jetzt definieren wir $1 := 0++$, $2 := (0++)++$ und so weiter. Weshalb schreiben wir nicht einfach $n+1$ für $n++$? Die Addition haben wir nicht definiert. Basierend auf der Zahl Null und der Inkrementierungsoperation gelten die folgenden Peano-Axiome oder Grundannahmen nach dem Mathematiker Peano.

(PA1) Die 0 ist eine natürliche Zahl.
(PA2) Jede natürliche Zahl hat einen Nachfolger, welche ebenfalls eine natürliche Zahl ist.
(PA3) Die 0 ist kein Nachfolger einer natürlichen Zahl.
(PA4) Wenn zwei natürliche Zahlen n und m den gleichen Nachfolger haben, dann gilt $n = m$.
(PA5) Sei $A(n)$ eine Eigenschaft, die zu einer natürlichen Zahl n gehört. Angenommen:

- $A(0)$ ist wahr, und
- wenn $A(n)$ wahr ist, dann ist auch $A(n++)$ wahr.

Dann ist $A(n)$ für jede natürliche Zahl n wahr.

Eine Eigenschaft oder Aussage A kann eine Formel, ein geometrischer Sachverhalt, eine Aussage über Binärbäume, eine Aussage über die Laufzeit eines Algorithmus und vieles mehr sein. Die Notwendigkeit der Axiome gibt sich aus folgenden Beispielen. Aus den ersten beiden Axiomen PA1 und PA2 ist möglich, dass der Nachfolger einer Zahl n, welche nicht null ist, gleich null ist. Das heißt, dass die Zahlen einen Zyklus bilden. Um dies zu vermeiden, benötigt man PA3. Erst jetzt kann man beweisen, dass $10 \neq 0$ ist: Es gilt $10 = 9++$ und nach PA1 und PA2 ist dies eine natürliche Zahl. Nach PA3 ist diese Zahl nicht 0. Mit den ersten drei Axiomen ist aber Folgendes möglich:

$$0++ = 1, 1++ = 2, 2++ = 3, 3++ = 3.$$

Dann wären alle Zahlen größer als 3 ebenfalls gleich 3. Um dies auszuschließen, benötigt man PA4. Mit diesen vier Axiomen können wir alle natürlichen Zahlen auseinanderhalten. Die Menge

3.7 Vollständige Induktion und natürliche Zahlen

$$X = \{0, 0{,}5, 1, 1{,}5, 2, 2{,}5, 3, \ldots\}$$

erfüllt ebenfalls PA1 bis PA4, wobei wir strikt betrachtet die reellen Zahlen nicht kennen an dieser Stelle. Wie können wir diese Situation der Menge A ausschließen, ohne die natürlichen Zahlen bereits zu benutzen, welche definiert werden sollen? Das Prinzip der mathematischen Induktion PA5 ermöglicht das Gewünschte. Das Axiom angewandt auf $A(n) =$ „n ist keine Halbzahl" ist wahr für $A(0)$ und wenn $A(n)$ wahr ist, dann ist auch $A(n++)$ wahr. Somit ist $A(n)$ für alle natürlichen Zahlen n wahr: Keine natürliche Zahl kann eine Halbzahl sein. Bis jetzt haben wir die Zahl 0 zusammen mit der Inkrementierung und den fünf Peano-Axiomen betrachtet. Auf dieser Struktur kann man weitere Operationen wie die Addition, die Multiplikation, die Kommutativ-, Assoziativ- und Distributivgesetze und die Ordnung der Zahlen nach ihrer Größe definieren bzw. beweisen. Dadurch erhält man die natürlichen Zahlen mit all ihren bekannten Eigenschaften. Wir verzichten auf eine weiterführende Diskussion.

Neben der erwähnten mathematischen vollständigen Induktion gibt es weitere Konzepte wie die starke vollständige Induktion und die strukturelle vollständige Induktion. Die starke Induktion unterscheidet sich im Induktionsschritt, welcher lautet:

Induktionsschritt: Zeige, wenn **alle** $A(1), A(2), \ldots A(n)$ wahr sind, dann ist auch $A(n + 1)$ wahr.

Die vollständige Induktion ist äquivalent zur starken Induktion. Der Grund diese zu nutzen besteht darin, dass gewisse Beweise einfacher mit der starken als der gewöhnlichen Induktion möglich sind. Die strukturelle Induktion tritt oft in der Informatik im Zusammenhang mit rekursiven Algorithmen auf. Wir werden diese in den Abschnitten über Ordnungsrelationen und rekursive Funktionen aufnehmen.

Wie bei jedem andere Beweisverfahren, kann man auch bei der vollständigen Induktion Fehlschlüsse ziehen. Betrachten wir ein Beispiel.

Behauptung A(n): Jede Anzahl n von Geraden in der Ebene, welche paarweise nicht parallel sind, schneidet sich genau in ein einem Punkt.

Dies ist offensichtlich falsch. Zeichnen Sie drei Geraden. Diese schneiden sich im Allgemeinen in drei Punkten.

Jetzt zum fehlerhaften Induktionsbeweis. Wir wollen die Aussage $A(n)$ für $n \geq 2$ beweisen. Der Induktionsanfang $A(2)$ ist wahr, da sich zwei Geraden in genau einem Punkt schneiden.

Induktionsschritt: Die Behauptung sei wahr für $A(n)$. Wir müssen zeigen, dass dann auch $A(n + 1)$ wahr ist. Seien $n + 1$ unterschiedliche, nichtparallele Geraden gegeben. Die Geraden seien in einer Liste aufgezählt. Nach Annahme schneiden sich die ersten n Geraden der Liste in genau einem Punkt p und ebenso die letzten n Geraden der Liste in einem Punkt p'. Wir zeigen $p = p'$ durch Widerspruch. Wenn $p \neq p'$, dann müssen alle Geraden, welche beide Punkte als Element besitzen, identisch sein, da zwei Punkte eine Gerade eindeutig bestimmen. Dies steht im Widerspruch, dass alle Geraden unterschiedlich sein müssen. Somit Folgt $p = p'$ und der Punkt p ist Element der $n + 1$ Geraden. Somit ist $A(n + 1)$ wahr.

Der Fehler in diesem Induktionsbeweis liegt im Induktionsschritt. Dieser Schritt erfordert $n \geq 3$ und nicht $n \geq 2$ als Induktionsanfang: Wir können $A(3)$ nicht aus $A(2)$ beweisen. Seien g, f, h die drei Geraden für $A(3)$ Die ersten beiden Geraden g, f schneiden in p und die letzten zwei Geraden f, h in p' nach Induktionsannahme. Dabei sind aber $p \neq p'$, da nur die zweite Gerade f die erste und dritte Gerade schneidet. Mit anderen Worten, die Aussagen über zwei Geraden $A(g, f)$ und $A(f, h)$, welche im Induktionsschritt eingehen, stehen im Widerspruch zueinander.

Einer der wichtigsten Anwendungsbereiche der Induktion in der Informatik ist der Beweis, dass ein Programm eine oder mehrere wünschenswerte Eigenschaften während seiner Ausführung beibehält. Denken Sie an ein Programm mit einer Initiierung, einem Hauptprogramm mit Schleifen und einer Terminierung. Eine Eigenschaft oder Aussage, welche in allen Operationen oder Schritten erhalten bleibt, wird als Invariante bezeichnet. Wir beweisen die Korrektheit des Algorithmus, indem wir zeigen, dass die Invariante in jedem Schritt der Operation wahr ist. Dies geschieht wie folgt mit Induktion, indem wir beweisen:

1. Die Aussage (Invariante) ist wahr zu Beginn des Programms (Basisfall).
2. Wenn die Aussage nach n Schritten wahr ist, dann ist sie auch nach $n + 1$ Schritten wahr (Induktionsschritt).

Mit dem Induktionsprinzip können wir dann folgern, dass der Satz tatsächlich eine Invariante ist, das heißt, dass er immer gilt. Sie sehen, es ändert sich strukturell praktisch nichts, ob wir mit Induktion beweisen, dass eine Aussage eine Invariante in einem Programm ist oder dass eine Formel in den natürlichen Zahlen gilt.

Als Beispiel dafür betrachten wir 8er-Puzzles, siehe Abb. 3.2. Auf 8 Plättchen stehen die Buchstaben A bis H und ein Feld ist leer. Betrachten Sie die Konfigurationen A und B in Abb. 3.2. Sie unterscheiden sich nur in der Position von G und H. Kann man mit Zügen A in B oder umgekehrt überführen? Ziel ist es das folgenden Theorem zu beweisen:

Theorem 3.1 *Es gibt keine Folge von Zügen, welche A in B in Abb. 3.2 überführt.*

Dies auf einen Schlag mit einer Induktion über Invarianten zu beweisen überfordert uns: Was ist die Invariante und wie kann man die Mechanik der möglichen Bewegungen mathematisch beschreiben? Wir spalten das Gesamtproblem in Teilprobleme auf und fügen diese am Schluss zum Beweis des Theorems zusammen.

Wir unterscheiden zwischen *Zeilen-* und *Spalten-Zug*. Die natürliche Reihenfolge ist die Plättchen von links nach rechts und von oben nach unten zu lesen. Zwei Plättchen verletzen die Reihenfolge, wenn der spätere Buchstabe vor dem früheren im Alphabet gelesen wird. Die erste Beobachtung ist:

Lemma 3.1 *Ein Zeilen-Zug ändert die Reihenfolge der Plättchen nicht.*

3.7 Vollständige Induktion und natürliche Zahlen

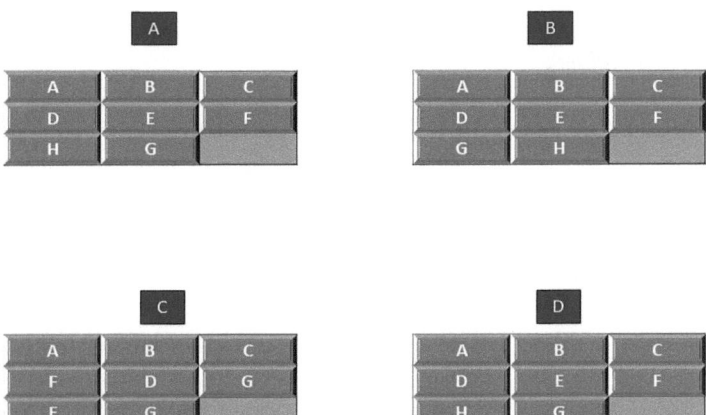

Abb. 3.2 Oben stehenden Puzzles A und B: Kann man A in B überführen? Puzzles C und D stehen für Inversionsbeispiele. Puzzle C besitzt drei Inversionen D mit F, E mit F und E mit G. Puzzle D besitzt eine Inversion G mit H

Lemmas sind kleiner Aussagen, welche zum Beweis der Hauptaussage des Theorems benutzt werden.

Beweis Ein Zeilen-Zug bewegt ein Plättchen von Zelle i nach $i + 1$ oder umgekehrt, ohne seine Reihenfolge mit irgendeinem anderen Plättchen zu verändern oder irgend ein anderes Plättchen zu bewegen. □

Bei den Spalten wird es interessanter.

Lemma 3.2 *Ein Spalten-Zug ändert die relative Reihenfolge genau zweier Paare von Plättchen.*

Beweis Das Verschieben eines Plättchens nach unten verschiebt es hinter die nächsten zwei Plättchen in der Reihenfolge. Das Verschieben nach oben bewegt es vor die vorhergehenden zwei Plättchen. In beiden Fällen ändert sich die Reihenfolge zwischen dem verschobenen Plättchen und den zwei Plättchen, die es kreuzt. Die Reihenfolge zwischen allen anderen Paaren von Plättchen bleibt unverändert. □

Diese Beobachtungen legen nahe, dass es Einschränkungen gibt, wie Plättchen vertauscht werden können. Um dies präziser zu analysieren, definieren wir den Begriff der Inversion:

Definition 3.1 Ein Paar von Buchstaben L_1 und L_2 bildet eine *Inversion*, wenn L_1 dem Buchstaben L_2 im Alphabet vorausgeht, aber in der Puzzle-Reihenfolge nach L_2 erscheint.

Lemma 3.3 *Während eines Zugs kann die Anzahl der Inversionen nur um 2 steigen, um 2 sinken oder gleich bleiben.*

Beweis Ein Reihen-Zug ändert die Reihenfolge der Plättchen nicht und somit auch nicht die Anzahl der Inversionen. Ein Spalten-Zug ändert die relative Reihenfolge genau zweier Paare von Plättchen. Es gibt drei Fälle:

- Wenn beide Paare ursprünglich in der richtigen Reihenfolge waren, steigt die Anzahl der Inversionen um 2.
- Wenn beide Paare ursprünglich Inversionen waren, sinkt die Anzahl der Inversionen um 2.
- Wenn ein Paar ursprünglich eine Inversion und das andere Paar in der richtigen Reihenfolge war, bleibt die Anzahl der Inversionen gleich.

Da die Anzahl der Inversionen nur um 2 steigt oder sinkt, bleibt die Parität der Anzahl der Inversionen unverändert. Das heißt, ob die Anzahl der Inversionen vor einem Zug ungerade oder gerade war, bleibt auch nach dem Zug erhalten. Man sagt die Parität der Zahlen bleibt erhalten. Eine gerade Parität vor dem Zug bleibt gerade nach dem Zug. Zusammengefasst ändert weder ein Zeilen- noch ein Spalten-Zug die Parität der Anzahl der Inversionen.

Lemma 3.4 *Jeder Konfiguration, die von der Konfiguration A in Abb. 3.2 erreichbar ist, besitzt eine ungerade Parität der Anzahl der Inversionen.*

Dies ist die Hauptaussage im Beispiel.

Beweis Wir verwenden vollständige Induktion. Sei $A(n)$ die Aussage, dass nach n Zügen die Parität der Anzahl der Inversionen ungerade ist. Dies ist die Invariante.

Induktionsanfang: Nach 0 Zügen ist genau ein Paar von Plättchen invertiert (G und H), was eine ungerade Anzahl ist. Daher ist $A(0)$ wahr.

Induktionsschritt: Angenommen, $A(n)$ ist wahr. Betrachten wir eine Sequenz von $n + 1$ Zügen. Da nach der Induktionshypothese die Parität nach den ersten n Zügen ungerade und sich die Parität während des $n + 1$ Zugs nicht ändert, ist $A(n + 1)$ wahr. □

(Beweis des Theorems) In der Zielkonfiguration ist die Anzahl der Inversionen gerade (gleich null) und und somit ist die Zielkonfiguration nicht erreichbar. □

Aufgabe 3.7.1 *Betrachten Sie einen Roboter in der Ebene, welcher sich in jedem Schritt diagonal fortbewegen kann, d. h., jeder Schritt besteht aus einer ±1 Bewegung auf der Horizontalen und Vertikalen. Der Roboter startet in $(0, 0)$. Es seien (x, y) die Koordinaten der Position oder der Zustand des Roboters nach n Schritten. Betrachten die Sie Aussage:*

3.7 Vollständige Induktion und natürliche Zahlen

$A(n)$: *Wenn der Roboter nach n Schritten im Zustand (x, y) ist, dann ist $x+y$ eine gerade Zahl.*

Zeigen Sie mit vollständiger Induktion, dass $A(n)$ eine Invariante ist. Somit kann der Roboter den Punkt $(1, 0)$ nie erreichen, egal wie kompliziert man ihn bewegt.

Aufgabe 3.7.2 *Behauptung: In einer Herde von $n \geq 1$ Pferden besitzen alle die gleiche Farbe.*

Der Induktionsbeweis lautet: Die Aussage ist wahr für $n = 1$. Der Schritt von n nach $n + 1$ kann wie folgt gezeigt werden. Es seien $p_1, p_2, \ldots, p_n, p_{n+1}$ die $n + 1$ Pferde. Nach Annahme besitzen die ersten n Pferde die gleich Farbe und auch die letzten n Pferde. Somit haben alle Pferde $p_2, \ldots, p_n$ die gleiche Farbe. Da die Pferde p_1, p_{n+1} ebenfalls die gleiche Farbe wie die $n - 1$ Pferde besitzen, folgt dass alle $n + 1$ Pferde von der gleichen Farbe sind.
Wo liegt der Fehler im Beweis?

Zahlensysteme 4

Inhaltsverzeichnis

4.1 Einleitung 99
4.2 Umrechnungen in den Zahlensystemen 101
4.3 Rationale Zahlen... 104
4.4 Informatik Zahlensysteme... 105
4.5 Arithmetik in Zahlensystemen 106

4.1 Einleitung

Zahlen bestehen aus Ziffern. Zahlen können in unterschiedlichen Zahlensystemen mit einer unterschiedlichen Anzahl an Ziffern dargestellt werden. Die gängigsten Zahlensysteme sind:

1. Dualsystem mit den Ziffern 0 und 1.
2. Dezimalsystem mit zehn Ziffern 0, 1, 2, 3, 4, 5, 6, 7, 8, 9.
3. Oktalsystem mit acht Ziffern 0, 1, 2, 3, 4, 5, 6, 7.
4. Hexadezimalsystem (Hexa = 16) mit sechzehn Ziffern 0, 1, 2, 3, 4, 5, 6, 7, 8, 9, A, B, C, D, E, F.

In diesen vier Systemen kann der Wert **jeder** dargestellten Zahl als Summe der **Ziffernwerte** und Potenzen der **Basis** b geschrieben werden. Im Zehnersystem ist $b = 10$ und es gilt:

$$\text{Zahlwert: } (127)_{10} = 1 \cdot 10^2 + 2 \cdot 10^1 + 7 \cdot 10^0.$$

Ergänzende Information Die elektronische Version dieses Kapitels enthält Zusatzmaterial, auf das über folgenden Link zugegriffen werden kann https://doi.org/10.1007/978-3-662-71095-1_4.

© Der/die Autor(en), exklusiv lizenziert an Springer-Verlag GmbH,
DE, ein Teil von Springer Nature 2025
P. Vanini, *Diskrete Mathematik für Algorithmen*,
https://doi.org/10.1007/978-3-662-71095-1_4

Die Zahl ist gleich der Anzahl Hunderter, Zehner und Einer. Die Basis im Zweiersystem ist $b = 2$ und $b = 16$ im Hexadezimalsystem. Für jede natürliche Zahl n gibt es eine **eindeutige Darstellung** in einer Basis b:

$$(n)_b = \sum_{j=0}^{k} a_j b^j \qquad (4.1)$$

mit a_j der Ziffer an der Position j. Der folgende Satz fasst das zusammen.

Theorem 4.1.1

1. *Jede Zahl kann in jedem Zahlensystem eindeutig in der Form (4.1) dargestellt werden.*[1]
2. *Jede Zahl, dargestellt in einem Zahlensystem, kann **eindeutig** in einem anderen Zahlensystem dargestellt werden.*

Wir verzichten auf den Beweis. Unser Ziel ist die zweite Aussage konkret umzusetzen. Wir können beispielsweise die Zahl $(15)_{10}$ im Dreiersystem und die Zahl $(110100111110)_2$ im Dualsystem eindeutig darstellen.

Beispiele

1. Die Zahl $(694)_{10}$ hat die Darstellung

$$(694)_{10} = 4 \cdot 10^0 + 9 \cdot 10^1 + 6 \cdot 10^2 = \sum_{j=0}^{2} a_j 10^j.$$

2. Gegeben ist die Zahl

$$(2B6)_{16} = 6 \cdot 16^0 + B \cdot 16^1 + 2 \cdot 16^2 = \sum_{j=0}^{2} a_j 16^j.$$

Da $B = 11$ ist im Zehnersystem, lautet die Zahl im Zehnersystem:

$$(2B6)_{16} = 6 \cdot 16^0 + 11 \cdot 16^1 + 2 \cdot 16^2 = (694)_{10}.$$

Die gleiche Zahl im Binärsystem lautet:

$$(2B6)_{16} = 0\cdot 2^0 + 1\cdot 2^1 + 1\cdot 2^2 + 0\cdot 2^3 + 1\cdot 2^4 + 1\cdot 2^5 + 0\cdot 2^6 + 1\cdot 2^7 + 0\cdot 2^8 + 1\cdot 2^9 = (1010110110)_2.$$

Wir zeigen unten, wie man dieses Resultat erhält.

---

[1] Man lässt nicht zu, dass eine beliebige Zahl von Nullen links angefügt wird.

4.2 Umrechnungen in den Zahlensystemen

Somit gilt:
$$(694)_{10} = (2B6)_{16} = (1010110110)_2.$$

Betrachten wir **Spezialfälle** der Umrechnung einer Zahl in ein anderes System. Da in der Binärdarstellung die Ziffern 1 und 0 sind, kann man einfach in das 10er-System umrechnen: Man addiert die Zweierpotenzen mit Ziffer 1 und lässt die Terme mit Null als Koeffizienten weg:
$$(1101)_2 = 1 \cdot 2^0 + 1 \cdot 2^2 + 1 \cdot 2^3 = 1 + 4 + 8 = (13)_{10}.$$

Man kann die Umrechnung weiter vereinfachen durch ausklammern:

$$\begin{aligned}(1101)_2 &= 1 \cdot 2^0 + 0 \cdot 2^1 + 1 \cdot 2^2 + 1 \cdot 2^3 \\ &= 1 \cdot 2^0 + 2\left(0 \cdot 2^0 + 1 \cdot 2^1 + 1 \cdot 2^2\right) \\ &= 1 \cdot 2^0 + 2\left(0 \cdot 2^0 + 2\left(1 \cdot 2^0 + 1 \cdot 2^1\right)\right) \\ &= 1 + 2\left(0 + 2\left(1 + 2 \cdot (1 + 0)\right)\right).\end{aligned}$$

Aus diesem Schema kann ein Algorithmus für die Umrechnung binär zu dezimal abgelesen werden:

1. Durchlaufe die Ziffern der Binärzahl von links nach rechts.
2. Beginne mit dem Zwischenergebnis null.
3. Addiere jede Ziffer zum Zwischenergebnis und verdopple das Resultat.
4. Im letzten Schritt wird nicht verdoppelt.

Wir wenden dies auf $(11011)_2$ an:

1. Beginne mit 0.
2. Verdopple 0 und addiere 1 ergibt 1
3. Verdopple 1 und addiere 1 ergibt 3
4. Verdopple 3 und addiere 0 ergibt 6
5. Verdopple 6 und addiere 1 ergibt 13
6. Verdopple 13 und addiere 1 ergibt 27
7. Das Resultat ist: $(27)_{10} = (11011)_2$.

Aufgabe 4.1.1 *Setzen Sie den Algorithmus in Python um.*

4.2 Umrechnungen in den Zahlensystemen

Wir betrachten jetzt allgemeine Umrechnungen von einem System S in ein System S'. Allgemein rechnet man S zuerst in das Zehnersystem, S_{10}, und dann S_{10} in das System S' um, mit der Division-mit-Rest-Operationen und mit dem Theorem 1.6. Wenn wir vom 7er

-in das 16er-System umrechnen wollen, bedeutet dies $S_7 \to S_{10} \to S_{16}$. Den ersten Schritt haben wir besprochen: Schreibe die Zahl als Summe der 7er-Potenzen und addiere diese. Jetzt betrachten wir die Umrechnung vom 10er-System in ein System S_b mit Basis b:

- Teile die Ausgangszahl $(x)_{10} = n$ durch b. Dann gibt es einen Divisor m_1 und einen Rest:
$$n = m_1 b + \text{Rest}_1.$$
- Die Ziffer Rest_1 ist die letzte Ziffer der gesuchten Zahl im System S_b.
- Dividiere m_1 durch b:
$$m_1 = bm_2 + \text{Rest}_2.$$
Der Rest ist die zweitletzte Ziffer im System S_b usw.
- Die Vorschrift bricht ab, wenn das ganzzahlige Resultat der Division null ist und nur noch ein Rest übrig bleibt – die erste Ziffer der gesuchten Zahl.

Aufgabe 4.2.1 *Setzen Sie den Algorithmus in Python um.*

Weshalb ist das Verfahren korrekt, d. h. weshalb erhält man:
$$(n)_{10} = \sum_{j=0}^{k} a_j b^j = (r_k r_{k-1} \ldots r_1)_b?$$

Seien r_i die Reste. Der erste und zweite Schritt lauten:
$$n/b = m_1 + r_1/b \, , \, m_1/b = m_2 + r_2/b$$
oder eingesetzt:
$$n/b^2 = m_2 + r_2/b + r_1/b^2$$
Setzt man die nächste Division ein, $m_2/b = m_3 + r_3/b$, erhalten wir
$$n/b^3 = m_3 + r_3/b + r_2/b^2 + r_1/b^3.$$
Wiederholt man dies k-mal, wobei in der k-ten Division nur noch ein Rest übrig bleibt, erhalten wir
$$n/b^k = r_k + r_{k-1}/b + \ldots + r_3/b^{k-2} + r_2/b^{k-1} + r_1/b^k.$$
Multipliziert man diesen Ausdruck mit b^k, erhalten wir das gewünschte Ergebnis
$$(n)_{10} = \sum_{j=0}^{k} r_j b^j = (r_k r_{k-1} \ldots r_1)_b.$$

Wir haben sogar mehr erhalten:

4.2 Umrechnungen in den Zahlensystemen

Theorem 4.2.1 *Sei* $(n)_{10}$ *mit n einer natürlichen Zahl und* $b \geq 2$. *Dann gibt es genau eine Darstellung in einer Basis b:*

$$(n)_{10} = \sum_{j=0}^{k} r_j b^j = (r_k r_{k-1} \ldots r_1)_b,$$

wobei $0 \leq r_j < b$ *die Reste der j-ten Division mit Rest* $m_{j-1} = m_j b + r_j$ *sind.*

Beispiele

1. Die Zahl $(1278)_{10}$ lautet im 16er-System:

$$1278 : 16 = 79 \text{ Rest}:14,$$

d. h. die erste Ziffer von rechts ist $14 = E$. Jetzt teilen wir den Rest:

$$79 : 16 = 4 \text{ Rest}:15$$

d. h. die zweite Ziffer ist $15 = F$. Die letzte Division ergibt:

$$4 : 16 = 0 \text{ Rest}:4,$$

d. h. die letzte Ziffer ist 4. Somit gilt

$$(1278)_{10} = (4FE)_{16}.$$

Oder tabellarisch:
$$\begin{aligned} 1278 : 16 &= 79 \text{ Rest } 14 = E \\ 79 : 16 &= 4 \text{ Rest } 15 = F \\ 4 : 16 &= 0 \text{ Rest } 4 \end{aligned}$$

2. Die Zahl $(41)_{10}$ im Dualsystem lautet $(101001)_2$, da

$$\begin{aligned} 41 : 2 &= 20 \text{ Rest } 1 \\ 20 : 2 &= 10 \text{ Rest } 0 \\ 10 : 2 &= 5 \text{ Rest } 0 \\ 5 : 2 &= 2 \text{ Rest } 1 \\ 2 : 2 &= 1 \text{ Rest } 0 \\ 1 : 2 &= 0 \text{ Rest } 1 \end{aligned}$$

3. Umrechnung von $(360)_7$ ins Fünfersystem. Zuerst wird die Zahl im 7er-System ins Zehnersystem umgewandelt:

$$(360)_7 = 3 \times 7^2 + 6 \times 7 + 0^0 = (189)_{10}.$$

Dann folgt die Umrechnung ins 5er-System:

$$189 : 5 = 37 \text{ Rest } 4$$
$$37 : 5 = 7 \text{ Rest } 2$$
$$7 : 5 = 1 \text{ Rest } 2$$
$$15 : 5 = 0 \text{ Rest } 1$$

Somit gilt: $(360)_7 = (1224)_5$.

Aufgabe 4.2.2 *Rechnen sie* $(109)_{10}$ *binär,* $(51.966)_{10}$ *hexadezimal und* $(1AB)_{16}$ *binär um.*

4.3 Rationale Zahlen

Die Methoden lassen sich auch auf rationale Zahlen übertragen. Dazu schreiben wir die Zahl 913,64 im Zehnersystem als Potenzen:

$$(913,64)_{10} = 9 \cdot 10^2 + 1 \cdot 10 + 3 \cdot 10^0 + 6 \cdot 10^{-1} + 4 \cdot 10^{-2} = \sum_{j=-2}^{2} a_j 10^j.$$

Allgemein kann eine Zahl $(a_{n-1} \ldots a_1 a_0 a_{-1} a_{-2} \ldots a_{-m})_b$ in der Basis b geschrieben werden als:

$$(a_{n-1} \ldots a_1 a_0 a_{-1} a_{-2} \ldots a_{-m})_b = \sum_{j=-m}^{n-1} a_j b^j$$

mit n Vorkommastellen und m Nachkommastellen. Die Zahl $(11,101)_2$ lautet im Dezimalsystem:

$$(11,101)_2 = 1 \cdot 2 + 1 \cdot 2^0 + 1 \cdot 2^{-1} + 0 \cdot 2^{-2} + 1 \cdot 2^{-3},$$

d. h. gleich $2 + 1 + 0,5 + 0,125 = (3,625)_{10}$. Zur Umwandlung von rationalen Zahlen wird der Vorkommaanteil und Nachkommaanteil getrennt betrachtet. Der Unterschied besteht darin, dass man beim Nachkommaanteil mit der neuen Basis **multiplizieren** muss und nicht dividieren.

Es soll die Zahl $(0,6875)_{10}$ ins Binärsystem gemacht werden. Es gilt:

$$0,6875 \times 2 = 1,375 \text{ Binärziffer } \mathbf{1}$$
$$0,375 \times 2 = 0,75 \text{ Binärziffer } \mathbf{0}$$
$$0,75 \times 2 = 1,5 \text{ Binärziffer } \mathbf{1}$$
$$0,5 \times 2 = 1,0 \text{ Binärziffer } \mathbf{1}$$

4.4 Informatik Zahlensysteme

Das Verfahren endet, wenn der Nachkommaanteil gleich null ist. Somit gilt $(0,6875)_{10} = (0,1011)_2$.

Aufgabe 4.3.1 *Rechnen Sie die $(0,1)_{10}$ ins Binärsystem um. Zeigen Sie, dass die Zahl im Binärsystem periodisch ist. Was bedeutet dies für einen Algorithmus?*

4.4 Informatik Zahlensysteme

Für die 2er-, 8er- und 16er-Systeme gibt es Tricks für die Umrechnungen, da alle drei Systeme eine erweiterte Basis von 2 sind: 2^1, 2^3 und 2^4. Die Ziffern im 8er-System bestehen aus 3 Ziffern im 2er-System. Also $(8)_8 = (111)_2$, $(7)_8 = (110)_2$ usw. Muss man vom 8er- ins 2er-System umrechnen, genügt es alle Ziffern im 8er-System geordnet durch die dreistelligen Zahlen im 2er-System zu ersetzen. Für die Zahl $(34)_8$ sind $(3)_8 = (011)_2$, $(4)_8 = (100)_2$. Somit gilt:
$$(34)_8 = (011\ 100)_2.$$

Einfach, nicht?

Aufgabe 4.4.1

1. *Schreiben Sie die Zahl $(35,204)_8$ ins 2er-System.*
2. *Schreiben Sie die Zahl $(101110001010)_2$ ins 8er-System. Wie funktioniert der Trick?*
3. *Welche der beiden Zahlen*

$$(1000111110101010011100011101)_2$$

   und

$$(1000111110111010011100011101)_2$$

   ist größer? Schreiben Sie die Zahlen ins 8er-System um, um die Frage zu beantworten.
4. *Schreiben Sie die Zahl $(3F9A)_{16}$ ins 2er System.*
5. *Schreiben Sie die Zahl $(100111010110)_2$ ins 16er System.*

Wir definieren die grundlegenden technischen Größen, welche zu den binären Zahlensystemen gehören.

Definition 4.4.1 *Ein **Bit** ist die kleinste Speichereinheit in der Informatik. Die Information in einem Bit kann zwei Zustände 1 oder 0 haben. Ein **Byte** ist die Zusammenfassung von 8 Bits.*

Mit 1 Byte, also 8 Bits, kann man $2^8 = 256$ verschiedene Zustände oder Zahlen darstellen: Die kleinste Zahl $(0)_{10}$ lautet in Dualschreibweise $(00000000)_2$. Die größte darstellbare Zahl ist $(255)_{10} = (11111111)_2$.

4.5 Arithmetik in Zahlensystemen

Die Addition, Subtraktion und Multiplikation der Zahlen in verschiedenen Basen erfolgen **gleich** wie im Zehnersystem. Wie im Zehnersystem ergibt sich je nach Ziffernwert der Operation ein **Übertrag**. Regeln im Zweiersystem (wir lassen in diesem Abschnitt den Subindex 2 weg):

Addition	Subtraktion	Multiplikation	Divison
0+0=0	0-0=0	0·0=0	0:0 nicht definiert
0+1=1	0-1=1, Leihe 1	0·1=0	0:1=0
1+0=1	1-0=1	1·0=0	1:0 nicht definiert
1+1=0, Übertrag 1	1-1=0	1·1=1	1:1=1

Betrachten wir Beispiele:

Addition $110010 + 100001$:

$$\begin{array}{r} 1\,1\,0\,0\,1\,0 \\ +\,1\,0\,0\,0\,0\,1 \\ \hline 1\,0\,1\,0\,0\,1\,1 \end{array}$$

Multiplikation: 10011×101

$$\begin{array}{r} 101 \times 10011 \\ \hline 10011 \\ +1001100 \\ \hline 1101111 \end{array}$$

Division: $1100110 \div 10$

$$1100110 \div 10 = 110011$$

Schritt für Schritt erhalten wir dies mit schriftlicher Division:

- 11 : 10 ergibt 1 und Rest 1. Erste Ziffer im Quotienten ist 1.
- $1 \cdot 10 = 10$. $11 - 10 = 1$. Runterziehen 0-Bit ergibt neuen Dividenden 10.
- 10 : 10 ergibt 1 und Rest 0. Zweite Ziffer im Quotienten ist 1.
- $1 \cdot 10 = 10$. $10 - 10 = 0$. Runterziehen 0-Bit ergibt neuen Dividenden 00. Kleiner als Divisor. Runterziehen 1-Bit ergibt neuen Dividenden 001. Kleiner als Divisor. Runter-

ziehen 1-Bit ergibt neuen Dividenden 0011 = 11. Größer als Divisor. Das zweifache Runterziehen führt zu den Ziffern im Quotienten 00.
- 11 : 10 ergibt 1 und Rest 1. Fünfte Ziffer im Quotienten ist 1.
- $1 \cdot 10 = 10$. $11 - 10 = 1$. Runterziehen 0-Bit ergibt neuen Dividenden 10. Division durch 10 ergibt letzte Ziffer 1 und Rest null.

Aufgabe 4.5.1 *Berechnen Sie:* $(1011)_2 + (11)_2$, $(1011)_2 - (111)_2$, $(11110)_2 \cdot (1010)_2$ *und* $(1010)_2 : (10)_2$.

4.5.1 Maschinenzahlen

Maschinenzahlen stellen eine Approximation an die mathematischen Zahlen dar. Maschinenzahlen werden, je nach Art der Zahl und dem gewünschten Verwendungszweck, in Computern verschieden dargestellt.

Ganze Zahlen (Integers)
Ganze Zahlen können sowohl vorzeichenbehaftet (signed) als auch unsigned sein. Vorzeichenlose, ganze Zahlen werden als binäre Werte dargestellt, bei denen alle Bits für die Wertdarstellung genutzt werden. Bei 8 Bits reicht der Wertebereich von 0 bis $2^8 - 1 = 255$ für 2^8 Zahlen. Bei 64 Bits ist der Wertebereich von 0 bis 18'446'744'073'709'551'615. Vorzeichenbehaftete ganzen Zahlen verwenden das höchstwertige Bit als Vorzeichenbit (0 für positiv, 1 für negativ). Somit ist der Wertebereich bei 8 Bit von $-2^7 = -128$ bis $2^7 - 1 = 127$.

Gleitkommazahlen (Floating-Point Numbers)
Gleitkommazahlen ermöglichen die Darstellung reeller Zahlen auf Computern. Der IEEE 754-Standard definiert eine Darstellung, Für **Single Precision** (32 Bit) gilt die Darstellung:

- Vorzeichen (1 Bit): Dieses Bit zeigt an, ob die Zahl positiv oder negativ ist. Ein Wert von 0 bedeutet, die Zahl ist positiv, während 1 auf eine negative Zahl hinweist.
- Exponent (8 Bits): Der Exponent legt den Skalierungsfaktor der Zahl fest, also wie groß oder klein die Zahl ist. Damit der Exponent auch negative Werte darstellen kann, wird ein *Bias* verwendet. Für Single Precision beträgt dieser Bias 127. Das bedeutet, der gespeicherte Wert des Exponenten wird um 127 reduziert, um den tatsächlichen Exponenten zu erhalten.
- Mantisse (23 Bits): Die Mantisse speichert die genauen Binärstellen der Zahl. Um Speicher effizient zu nutzen, wird die Zahl in einer *normalisierten Form* dargestellt. Dabei wird vorausgesetzt, dass die Mantisse immer mit einer 1 beginnt. Diese führende 1 wird nicht explizit gespeichert, sondern ist implizit gegeben. Dadurch wird Platz gespart, der für die Genauigkeit der restlichen Ziffern genutzt wird. In dieser Darstellung liegt die Mantisse immer zwischen 1,0 und 2,0.

Zusammen ermöglichen diese drei Teile eine präzise und kompakte Darstellung von Gleitkommazahlen in einem 32-Bit-Format:

$$(-1)^{\text{Vorzeichen}} \times 1.\text{Mantisse} \times 2^{\text{Exponent}-\text{Bias}}$$

Die Aufteilung der 32 Bits (1 + 8 + 23) ist ein Kompromiss zwischen Reichweite, d. h. Abdeckung der reellen Zahlenachse, und Genauigkeit der Darstellung der reellen Zahlen:

- Mit 8 Bits für den Exponenten können Zahlen von 2^{-126} bis 2^{127} dargestellt werden.
- Der Bias-Wert 127 für den Exponenten ermöglicht die Darstellung sowohl positiver als auch negativer Exponenten ohne zusätzliches Vorzeichenbit.
- Mit 23 Bits für die Mantisse wird eine Genauigkeit von etwa 7 Dezimalstellen erreicht. Dies folgt aus der Tatsache, dass eine Binärstelle weniger Informationsgehalt mit 2 Ziffern als eine Dezimalstelle mit 10 Ziffern hat. Bei der Umrechnung von Binär- in Dezimalstellen kann die Anzahl der Dezimalstellen d, die n Binärstellen entsprechen, durch $d = n \log_{10}(2) \sim n \cdot 0{,}301$ approximiert werden. Für $n = 23$ folgt $d \sim 6{,}93$. Die 23 Bits der Mantisse erlauben etwa 7 Dezimalstellen an Genauigkeit.

Beispiele:

1. Die Dezimalzahl 10,75 wird zunächst ins Binärsystem umgerechnet: $(10)_{10} = (1010)_2$ und $(0.75)_{10} = (0{,}11)_2$. Somit erhalten wir $(10{,}75)_{10} = (1010{,}11)_2$. Bei der Normalisierung wird die binäre Zahl $(1010{,}11)_2$ in die Form $1.m \times 2^e$ gebracht. Die Zahl $(1010{,}11)_2$ wird also um 3 Stellen nach rechts verschoben: $(1{,}01011)_2 \times 2^3$. Die Mantisse ist $(1{,}01011)_2$, und der Exponent ist 3. In der Single-Precision-Darstellung wird der Exponent um 127 verschoben, sodass der gespeicherte Exponent $3 + 127 = 130$ beträgt oder in Binärdarstellung mit 8 Bits $(10000010)_2$. Die Single-Precision-Darstellung setzt sich also wie folgt zusammen:

    - Vorzeichen: 0 (positiv)
    - Exponent: $130 = (10000010)_2$
    - Mantisse: 01011000000000000000000 (23 Bits, wobei die führende 1 weggelassen wird)

    Die gesamte Darstellung von 10,75 in Single Precision (32 Bit) lautet:

    $$(0\ 10000010\ 01011000000000000000000)_2 = (\text{Vorzeichen} \mid \text{Exponent} \mid \text{Mantisse})_2.$$

2. Die Zahl 154 lautet in der vorzeichenlosen 8-Bit-Ganzzahldarstellung:

    $$(154)_{10} = (10011010)_2$$

    Die positive Zahl $(154)_{10}$ kann nicht als vorzeichenbehaftete 8-Bit-Ganzzahl dargestellt werden, da sie den Bereich überschreitet, welcher für vorzeichenbehaftete 8-Bit-Ganzzahlen zwischen -128 und 127 liegt.

4.5 Arithmetik in Zahlensystemen

3. Für die negative Zahl -102 gilt:

$$\text{Binär} = (102)_{10} = (01100110)_2$$
$$\text{Zweierkomplement von} - 102 = \text{Invertiere die Bits und addiere 1}$$
$$-102 = \overline{01100110} + 1 = 10011001 + 1 = (10011010)_2$$

4. Die Single-Precision-Floating-Point-Darstellung der Zahl 154.75 lautet:
   - Vorzeichen: 0 (positive Zahl)
   - Exponent: 8 (wird als $8 + 127 = 135$ gespeichert, binär: $(10000111)_2$)
   - Mantisse: 1,0011011 aufgefüllt auf 23 Bits: $(00110110000000000000000)_2$

   Die Gesamtdarstellung ist:
   $$(01000011100110110000000000000000)_2$$

5. Darstellung von $0,\overline{3}$. Die Zahl $1/3$ hat die periodische binäre Darstellung:

$$\frac{1}{3} = 0,\overline{01}_2 = 0{,}010101010101\ldots_2.$$

   Für Single Precision speichern wir nur die ersten 23 Bits der Mantisse:

   $$\text{Mantisse} = 01010101010101010101010.$$

   Die restlichen Bits werden abgeschnitten. Die tatsächlich gespeicherte Zahl lautet:

   $$(1{,}01010101010101010101010)_2 \times 2^{-2}.$$

   In Dezimaldarstellung ergibt sich daraus:

   $$\text{Gespeichert:} \frac{1}{3} \approx 0{,}3333333134651184.$$

   Nichtabbrechende Binärdarstellungen werden auf die verfügbaren 23 Bits der Mantisse gerundet oder abgeschnitten.

6. Die Zahl 123,345 hat die binäre Darstellung $(1111011{,}0101101)_2$. Die normierte Form ist
   $$(1{,}1110110101101)_2 \times 2^6,$$
   der Exponent ist
   $$6 + 127 = 133 = (10000101)_2$$
   und die Mantisse ist $(11101101011010000000000)_2$.

Spezielle Mengen 5

Inhaltsverzeichnis

5.1 Potenzmenge 112
5.2 Kartesische Produkt 116
5.3 Anwendungen Produktregel 119
5.4 Iteratoren in Python 122

Wir betrachten zwei prominente spezielle Mengen: Die Potenzmenge und das kartesische Produkt von Mengen.

Wiederholen wir kurz die Mengennotationen in Aussageform. Die Mengenbeschreibung der Aussage

$$A(x) : \text{„}x \text{ ist eine gerade Zahl"}$$

lautet:

$$M = \{x \in \mathbb{N} : x = 2y, y \in \mathbb{N}.\}$$

Es gelten $2 \in M, 5 \notin M, M \subseteq \mathbb{N}$.

Als zweites Beispiel sei $(x_n) := x_1, x_2, \ldots$ eine Folge von natürlichen Zahlen. Dabei nummeriert der Index $n \in \mathbb{N}$ die Folgenglieder. Die Menge zur Aussage

$$A(x) : \text{„}, x_n \text{ berechnet sich aus der Vorgängerzahl plus 1 mit Startwert } x_1 = 1\text{"}$$

lautet:

$$M = \{x \in \mathbb{N} : x_n = 1 + x_{n-1}, \text{ für alle } n \geq 2 \text{ und } x_1 = 1\}.$$

Ergänzende Information Die elektronische Version dieses Kapitels enthält Zusatzmaterial, auf das über folgenden Link zugegriffen werden kann https://doi.org/10.1007/978-3-662-71095-1_5.

Das Folgegesetz $x_n = 1 + x_{n-1}$ bildet eine Rekursion: Um x_n zu berechnen, greift man auf das vorhergehende Folgenelement zurück und addiert 1. Welche Zahlen erfüllen die Rekursion? Eine Möglichkeit, diese zu bestimmen, ist, die Rekursion iterativ, startend von n über $n - 1$, $n - 2$ runter bis $n = 1$, in sich selber einzusetzen. Wir erhalten:

$$x_n = 1 + x_{n-1} = 1 + 1 + x_{n-2} = \ldots = 1 + 1 + \ldots + x_1.$$

Mit $x_1 = 1$ folgt $x_n = n$.

Aufgabe 5.0.1

1. *Beschreiben Sie die Menge der Folgen x_n, wobei die Folge mit 3 startet und die Folgenglieder um 50 % zunehmen. Beschreiben Sie die Menge der Folgen x_n, welche für jedes $n > 2$ gleich der Summe der beiden vorangehenden Folgenglieder ist.*
2. *Beschreiben Sie die Menge L aller rechtwinkligen Dreiecke.*
3. *Beschreiben Sie die Menge M aller Primzahlen.*

5.1 Potenzmenge

Betrachten wir **die Menge aller Teilmengen einer Menge** A - die Potenzmenge $\mathcal{P}(A)$:

$$\mathcal{P}(A) := \{X | X \subseteq A\}.$$

Die **Elemente** der Potenzmengen sind alle **Teilmengen** von A. A ist selbst Element der Potenzmenge: $A \in \mathcal{P}(A)$. Die Potenzmenge enthält **immer** die leere Menge. Somit ist die kleinste Kardinalität $|\mathcal{P}(\emptyset)| = 1$.

Beispiel: Gegeben sei die Menge $M = \{\text{Geige, Klavier}\}$ mit zwei Elementen. Die Potenzmenge hat vier Teilmengen: Die leere Menge, die zwei einelementigen Teilmengen $\{\text{Geige}\}$, $\{\text{Klavier}\}$ und M als einzige zweielementige Teilmenge. Somit ist $|\mathcal{P}(M)| = 4$.

Aufgabe 5.1.1 *Nehmen Sie im letzten Beispiel ein drittes Instrument hinzu. Welche Kardinalität hat die Potenzmenge?*

Allgemein gilt für die Kardinalität von Potenzmengen:

Theorem 5.1.1 *Eine Menge M habe $n \geq 0$ Elemente. Dann hat die Potenzmenge $\mathcal{P}(M)$ genau 2^n Elemente.*

Wir beweisen das Theorem mit vollständiger Induktion.

5.1 Potenzmenge

Beweis Induktionsanfang: Für $n = 0$ gilt $|\mathcal{P}(M)| = 2^0 = 1$ (nur die leere Menge). Die Formel ist wahr.

Induktionsschritt.

Wir nehmen an, dass für Mengen mit n Elementen $|\mathcal{P}(M)| = 2^n$ gilt. Wir beweisen, dass die Potenzmenge jeder Menge mit $n + 1$ Elementen die Mächtigkeit 2^{n+1} hat.

Sei $M = \{a_1, \ldots, a_{n+1}\}$ eine Menge mit $n + 1$ Elementen und $U \subseteq M$ beliebig. Es gibt zwei Möglichkeiten:

1. Fall $a_{n+1} \notin U$. Dann ist $U \subseteq M'$ und $M' = \{a_1, \ldots, a_n\}$ hat n Elemente. Nach Annahme gilt $|\mathcal{P}(M')| = 2^n$.
2. Fall $a_{n+1} \in U$.

Dann ist U von der Form $U = U' \cup \{a_{n+1}\}$, und $U' \subseteq M'$. Es gibt 2^n Möglichkeiten, wie U' eine Teilmenge von M' sein kann. An jede Möglichkeit hängen wir das Element a_{n+1} an und somit gilt: $|U| = 2^n$.

Behauptung:
$$M' \cap U = \emptyset.$$

Es gilt $x \in M' \cap U$ genau dann, wenn $x \in M'$ und $x \in U$. Dies ist aber nur für die leere Menge möglich, da M' das Element a_{n+1} nicht enthält, welches aber in jedem Element von U nach Konstruktion vorkommt. Somit gilt nach Theorem 1.2:

$$|\mathcal{P}(M)| = |\mathcal{P}(M')| + |\mathcal{P}(U)| = 2 \cdot 2^n = 2^{n+1}. \qquad \square$$

Die folgende Tabelle zeigt, wie man die Potenzmenge **konstruieren** kann:

Menge M	Potenzmenge $\mathcal{P}(M)$
$\emptyset$	$\emptyset$
$\{a\}$	$\{\emptyset, \{a\}\}$
$\{a, b\}$	$\{\emptyset, \{a\}, \{b\}, \{a, b\}\}$
$\{a, b, c\}$	$\{\emptyset, \{a\}, \{b\}, \{c\}, \{a, b\}, \{a, c\}, \{b, c\}, \{a, b, c\}\}$

Die Potenzmenge kann auch als binärer Baum dargestellt werden. Diese werden in der Informatik als Entscheidungsbäume benutzt.

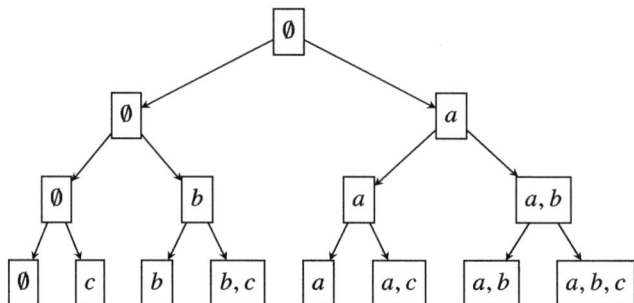

Die Wurzel ist die leere Menge. Jeder Elternknoten hat ein linkes und ein rechtes Kind. Die Regel für die Baumkonstruktion ist auf jedem Level rekursiv definiert:

1. Sei x der Elternknoten und y ein Element der Menge M, welches noch nicht verwendet wurde in der Baumkonstruktion.
2. Füge x als linkes Kind des Elternknotens x und $x \cup y$ als rechtes Kind der Elternknoten hinzu.
3. Wiederhole dies, bis alle Element von M verarbeitet sind.

Ausgehend von der Wurzel wird im Beispiel mit drei Elementen das erste Element $\{a\}$ in der Menge $\{a, b, c\}$ gewählt und $\emptyset$ und $\emptyset \cup a = \{a\}$ als Kinder gebildet. Dann nimmt man $\{b\}$ usw. Auf dem letzten Level erscheinen alle acht möglichen Teilmengen von $\mathcal{P}(a, b, c)$.

Wir wollen präziser beschreiben, wie die Potenzmenge iterativ und rekursiv erzeugt wird. Der erste Schritt ist die Elemente der Potenzmenge bijektiv durch binäre Zahlen darzustellen. Wir müssen dazu eine Menge von binären Strings definieren, welche gleich viele Elemente wie die Potenzmenge besitzt. Da

$$|\mathcal{P}(a, b, c)| = 8 = |\text{ Menge der binären Strings der Länge 3}|$$

gilt, ist eine bijektive Zuordnung „Mengen $\to$ Binäre Strings" möglich. Zum Beispiel $\emptyset \to 000$, $a \to 001$ und das Element $\{a, b, c\}$ auf 111. Wir verzichten auf die Klammern bei den binären Strings.

Iterativ:

1. Initialisierung: Berechne die Kardinalität n der Menge M. Erstelle eine leere Liste P zur Speicherung der Teilmengen der Potenzmenge.
2. Iteration über alle Binärzahlen von 0 bis $2^n - 1$. Jede Binärzahl zeigt, welche Elemente von M in einer Teilmenge enthalten sind.
3. Teilmengen erzeugen: Überprüfe für jedes Bit j in der Binärzahl i, ob das j-te Bit gleich 1 ist. Falls ja, füge das j-te Element von M zur aktuellen Teilmenge hinzu.
4. Speicherung: Füge die erzeugte Teilmenge zur Liste P hinzu.
5. Gib die Liste zurück.

5.1 Potenzmenge

Rekursiv:

1. Falls $M = \emptyset$, dann ist $\mathcal{P}(M) = \emptyset$ (Basisfall).
2. Sonst sei $a \in M$ und für $K := M \setminus \{a\}$ setzen wir:

$$\mathcal{P}(M) = \mathcal{P}(K) \cup \{x \cup \{a\} : x \in \mathcal{P}(K)\}. \tag{5.1}$$

Somit ist die Potenzmenge von M die Vereinigung der Potenzmenge des Restes K und der Potenzmenge des Restes K erweitert um das Element a. Wir rufen die erzeugende Funktion der Potenzmenge wiederholt auf (Rekursion). Die Rekursion entspricht im Binärbaum in jedem Knoten nach links zu gehen, mit der alten Menge K, und nach rechts zu gehen, mit der erweiterten Menge $\{x \cup \{a\} : x \in \mathcal{P}(K)\}$. Zur Illustration sei $K = \{a, b, \{a, b\}, \emptyset\}$ und das Element $\{c\}$ wird hinzugefügt. Es gilt:

$$\begin{aligned}\mathcal{P}(M) &= K \cup \{x \cup \{c\} : x \in \mathcal{P}(K)\} \\ &= \{a, b, \{a, b\}, \emptyset\} \cup \{\{ac\}, \{bc\}, \{a, b, c\}, \{c\}\} \\ &= \{a, b, \{a, b\}, \emptyset, \{ac\}, \{bc\}, \{a, b, c\}, \{c\}\}.\end{aligned}$$

Die beiden Programme, zusammen mit einem Laufzeitenmessvergleich, sind in Python Kap. 5 gegeben. Welche Methode ist schneller? Dies ist eine Frage der Laufzeitenanalyse. Machen wir die ersten Schritte, obwohl uns noch mathematische Grundlagen fehlen. Jede Ausführung im Programm benötigt eine gewisse Zeit. Bei der Laufzeitenanalyse sind wir an großen Inputs n interessiert. Unterschiedliche Laufzeiten für unterschiedliche Tasks (aufrufen, speichern, addieren etc.) spielen keine Rolle. Wir setzen alle Zeiten für die Ausübung eines Tasks konstant gleich 1. Der Treiber für die Laufzeit ist die Art der Programmierung, wie Schlaufen bei Iterationen oder Rekursionen. Wächst die Laufzeitlänge als Funktion der Inputlänge n im iterativen bzw. rekursiven Fall wie $\log n$, n, n^7, e^n oder gar $n!$ für große n?

Leiten wir die Laufzeiten für den iterativen Ansatz her. Wir haben zwei Schleifen in 2. und 3. Eine hat Länge 2^n und die andere n. Da die Schleifen verschachtelt sind, ist die Zeitkomplexität das Produkt und somit proportional zu $n2^n$. Neben der Zeitkomplexität gibt es auch eine Raumkomplexität, welche den Speicherbedarf misst. Da alle 2^n Teilmengen gespeichert werden müssen, ist diese von der Ordnung 2^n. Die Zeitkomplexität im rekursiven Fall teilt die Problemgröße in jedem Rekursionsschritt auf und kombiniert die Ergebnisse. Die Anzahl der rekursiven Aufrufe beträgt 2^n, und für jeden Aufruf werden n Operationen benötigt werden, um die neuen Teilmengen zu erstellen. Die Zeitkomplexität ist ebenfalls von der Ordnung $n2^n$. Der Speicherbedarf ist von der Ordnung $n2^n$ für die Speicherung der Teilmengen. Zusätzlich kommt der Speicher für den Rekursionsaufruf hinzu, welcher sich wie n verhält. Der iterative Ansatz ist in der Regel etwas schneller und effizienter in Bezug auf Speicherplatz, da er keine zusätzlichen Rekursionsaufrufe benötigt. Der rekursive Ansatz ist jedoch oft intuitiver und leichter zu verstehen. Zusammengefasst wachsen die Laufzeiten exponentiell wie $n2^n$, mit n der Größe des Inputs. Dies führt bereits für kleine n zu nicht mehr beherrschbaren Problemen, wie folgende Geschichte veranschaulicht.

Ein König in Persien war derart begeistert vom Schachspiel, dass der Erfinder einen Wunsch äußern konnte. Dieser wünschte sich Weizenkörner und zwar so viele, wie sich ergeben, wenn man auf das erste Schachfeld ein Korn legt und dann von Feld zu Feld die Anzahl verdoppelt. Das sind insgesamt

$$s = 1 + 2 + 4 + 8 + \cdots + 2^{63}$$

Körner. Die geometrische Summenformel (3.3) ergibt

$$s = \frac{2^{64} - 1}{1},$$

da $q = 2$ ist oder ausgeschrieben:

$$s = 18.446.744.073.709.551.615.$$

Aufgabe 5.1.2 *Zeigen Sie in der Übungsaufgabe, dass man mit dieser Reismenge* 10.617-*mal die Erde am Äquator mit Containern mit Ladegewicht* 26,48 t *umrunden könnte. Nehmen Sie an: Ein Korn wiegt* 0,05 g, *ein Standardcontainer in der Schifffahrt hat die Masse* $12,192 \times 2,438 \times 2,591$ m^3 *und ein maximales Ladegewicht von* 26,48 t *und der Erdumfang ist* 40.000.

Der König hatte kein Gefühl für exponentielles Wachstum. Wenn Sie an COVID-19 zurückdenken, hat sich die Situation nicht merklich verändert.

Aufgabe 5.1.3 *Angenommen, man zahlt am Anfang eines jeden Jahres 2000 CHF bei einer Bank ein und die Zinsen liegen bei 2 %. Wie viel Geld hat man am Ende des zehnten Jahres? Vergleichen Sie dies mit dem Resultat, wenn man direkt die gesamten 10.000 CHF anlegt.*

5.2 Kartesische Produkt

Wir haben das kartesische Produkt für natürliche Zahlen in Definition 1.5.4 eingeführt. Für zwei beliebige Mengen A, B ist das kartesische Produkt definiert als

$$A \times B := \{(a, b) \mid a \in A, b \in B\},$$

5.2 Kartesische Produkt

$A \times B$ als Menge aller **geordneten** Paare oder **Tupel**, deren erstes Element aus A und zweites Element aus B ist. Das kartesische Produkt ist nicht kommutativ: $A \times B \neq B \times A$ und auch nicht assoziativ: $A \times (B \times C) \neq (A \times B) \times C$, aber distributiv:

$$(A \cup B) \times C = (A \times C) \cup (B \times C).$$

Beispiele von kartesischen Produkten sind die Ebene $\mathbb{R}^2 = \mathbb{R} \times \mathbb{R}$ und der dreidimensionale Raum $\mathbb{R}^3 = \mathbb{R} \times \mathbb{R} \times \mathbb{R}$. Wie viele Elemente hat das kartesische Produkt?

Theorem 5.2.1 *(Produktregel) Es seien A, B Menge mit endlicher Kardinalität. Dann gilt die Produktformel:*

$$|A \times B| = |A| \cdot |B|. \tag{5.2}$$

Für eine Plausibilisierung der Formel stellen Sie sich das Produkt als Tabelle mit $n = |A|$ Zeilen und $m = |B|$ vor. Für jede Zeile a_j gibt es m-Paare $(a_j, b_1), \ldots, (a_j, b_m)$ im kartesischen Produkt. Da es n Zeilen a_j gibt, folgt $|A \times B| = n \cdot m$. Jetzt führen wir den Beweis mit vollständiger Induktion.

Beweis Die Beweisstrategie hat zwei Komponenten. Stellen wir uns $A \times B$ als Rechteck vor mit Seitenlängen n und m. Dann spielen neben dem Rechteck $(n+1) \times (m+1)$ drei weitere Rechtecke eine Rolle. Die Rechtecke $n \times m$ (Induktionsannahme), $(n+1) \times m$ (Induktion nach n, m fest) und $n \times (m+1)$ (Induktion nach m, n fest), siehe Abb. 5.1. Die Abbildung zeigt, dass man zuerst die Induktion nach n bei festem m und dann umgekehrt ausführen kann, um die Induktion nach $(n+1) \times (m+1)$ zu beweisen. Man zählt dann das 1×1-Quadrat oben rechts doppelt. Die Rechtecke können einfach in disjunkte Mengen zerlegt werden, d.h., die Formel in Theorem 1.5.3 für disjunkte Mengen spielt ein Rolle.

Induktionsanfang: Fall $n = 0$: Wenn $A = \emptyset$, dann ist $A \times B = \emptyset$ für jede Menge B. Also ist $|A \times B| = 0$. Der Fall $m = 0$ ist analog.

Induktionsschritt:
Angenommen, die Aussage gilt für alle Mengen A' und B' mit $|A'| \leq n$ und $|B'| \leq m$.
Wir zeigen, dass die Aussage für $|A| = n + 1$ und $|B| = m + 1$ gilt.

1. Induktion nach n: Sei $|A| = n + 1$. Wähle ein Element $a \in A$ und setze $A_0 = A \setminus \{a\}$.
   Dann gilt $|A_0| = n$.
   Die Menge $A \times B$ kann in zwei disjunkte Teile aufgeteilt werden:

   $$A \times B = (\{a\} \times B) \cup (A_0 \times B).$$

Nach Theorem 1.5.3 gilt:

$$|A \times B| = |\{a\} \times B| + |A_0 \times B|.$$

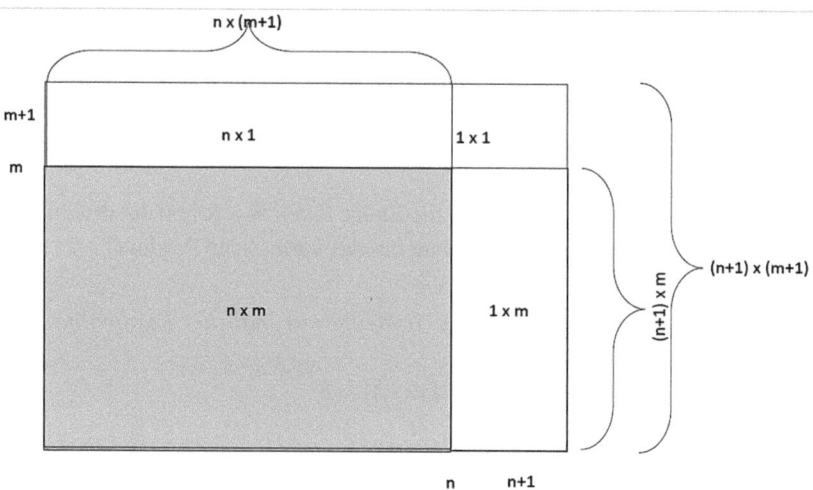

Abb. 5.1 Rechtecke für den Beweis mit doppelter Induktion

Nach Induktionsannahme erhalten wir:
$$|A_0 \times B| = n \cdot m \, , \ |\{a\} \times B| = |B| = m.$$

Somit ergibt sich:
$$|A \times B| = m + n \cdot m = (n+1) \cdot m.$$

2. Induktion nach m: Sei $|B| = m+1$, $b \in B$ und setze $B_0 = B \setminus \{b\}$. Dann gilt $|B_0| = m$. Gleich wie im vorangehenden Fall gilt
$$A \times B = (A \times \{b\}) \cup (A \times B_0) \, , \ |A \times B| = |A \times \{b\}| + |A \times B_0|.$$

Nach Induktionsannahme gelten:
$$|A \times B_0| = n \cdot m \, , \ |A \times \{b\}| = |A| = n$$

und somit:
$$|A \times B| = n + n \cdot m = n \cdot (m+1).$$

3. Fall $(n+1, m+1)$: Für $|A| = n+1$ und $|B| = m+1$, sei $a \in A$ und $b \in B$. Dann setzen wir $A_0 = A \setminus \{a\}$ und $B_0 = B \setminus \{b\}$. Die Menge $A \times B$ kann in vier disjunkte Teile aufgeteilt werden:
$$A \times B = (\{a\} \times \{b\}) \cup (\{a\} \times B_0) \cup (A_0 \times \{b\}) \cup (A_0 \times B_0)$$

5.3 Anwendungen Produktregel

mit:
$$|A \times B| = |\{a\} \times \{b\}| + |\{a\} \times B_0| + |A_0 \times \{b\}| + |A_0 \times B_0|.$$

Dies vereinfacht sich zu:
$$|A \times B| = 1 + m + n + (n \cdot m) = (n+1) \cdot (m+1).$$

□

Sie sehen, dass der Beweis einer einfachen Aussage aufwendig sein kann. Sowohl die Potenzmenge als auch das kartesische Produkt erzeugen größere Mengen als die Ursprungsmengen. Einmal durch Potenzierung der Feinstruktur einer Menge (alle Teilmengen) und einmal durch Vervielfachung der Dimension mit Replikation. Wenn $|A| = |B| = n$ ist, gilt

$$|\mathcal{P}(A)| = 2^n > |A \times A| = n^2.$$

Die wichtigsten kartesische Produkte in der Informatik sind diejenigen, welche Strings von Bits erzeugen. Die Menge $B = \{0, 1\}$, das Alphabet, erzeugt Wörter oder Bitsequenzen $(x_1, x_2, x_3, \ldots, x_n)$, mit $x_i \in B$, der Länge n durch kartesische Produktbildung:

$$B^n := B \times B \times \ldots \times B = \{(x_1, x_2, x_3, \ldots, x_n) : x_i \in B\}.$$

Mit Theorem 5.2.1 gilt
$$|B^n| = |B|^n = 2^n.$$

Somit benötigen wir 2^n Speicherkonfigurationen, um alle Wörter der Länge n darzustellen. Für 3-Bit-Wörter sind dies 8 Strings:

$$000, 001, 010, 011, 111, 100, 110, 101 \in B^3,$$

wobei wir die Klammern in der Notation weggelassen haben ($000 = (0, 0, 0)$).

Aufgabe 5.2.1 *1. Definieren Sie das kartesische Produkt für drei Mengen A, B, C. 2. Beschreiben Sie $\mathbb{R}^3 := \mathbb{R} \times \mathbb{R} \times \mathbb{R}$, $\mathbb{N}^2 := \mathbb{N} \times \mathbb{N}^2$.*

5.3 Anwendungen Produktregel

Wir wenden das kartesische Produkt zur Modellierung verschiedener Zählaufgaben an.

5.3.1 Anzahl Nummernschilder

Ein Nummernschild in Italien besteht aus einem Block DC 248 GL mit zwei Buchstaben, gefolgt von einem Block mit drei Ziffern, gefolgt von einem weiteren Block mit zwei Buchstaben. Das Schild mit der tiefsten Nummer ist AA 000 AA. Wie viele Schilder sind in Italien möglich? Die Menge aller möglichen Nummernschilder ist $A \times B \times A$, mit

$$A = \{(x, y) | x, y \in \text{verwendete Buchstaben}\}, B = \{(a, b, c) | a, b, c \in \{0, 1, 2, \ldots, 8, 9\}\}.$$

Das italienische Alphabet T hat 21 Zeichen. Somit kann man schreiben

$$A = T \times T = \{(x, y) | x, y \in T\}.$$

In den ersten zwei Buchstaben gibt es $|A| = |T| \cdot |T|$ Möglichkeiten, in $|B| = 10^3$ und somit insgesamt

$$10^3 \times 21^2 \times 21^2 \sim 194 \, \text{Mio. Schildermöglichkeiten}$$

bei einer Bevölkerung von 60 Mio.

5.3.2 Anzahl Wege

Als zweites Beispiel für die Produktregel betrachten wir den folgenden Graphen:

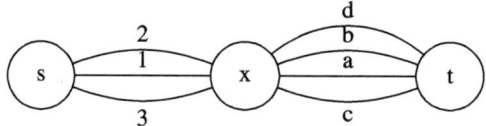

Wie viele Wege W gibt es von s nach t? Wir können die Aufgabe als kartesisches Produkt definieren, bestehend aus allen Paaren *(Zahl, Buchstabe)*. Dann verwenden wir die Produktregel. Formal seien $A = \{1, 2, 3\}$ bzw. $B = \{a, b, c, d\}$. Dann stehen s-t-Pfade in Eins-zu-Eins-Beziehung mit Paaren $(x, y) \in A \times B$: Jedes Paar (x, y) definiert einen eindeutigen s-t-Pfad und umgekehrt. Daher gibt es eine Bijektion f zwischen der Menge der Pfade und der Menge der Paare im kartesischen Produkt:

$$f : A \times B \to W, \, , \, (x, y) \to f(x, y) = \text{Pfad von } s \text{ nach } t.$$

Da f eine bijektiv ist, gilt $|A \times B| = |W|$. Dies ist die Strategie, die Mächtigkeit einer unbekannten Menge W durch ein Bijektion der Mächtigkeit einer Menge $A \times B$ gleichzusetzen, welche einfacher abgezählt werden kann. Es gibt

5.3 Anwendungen Produktregel

$$|A \times B| = 3 \cdot 4 = 12$$

Pfade. Die Aufgabe kann man auch mit Überlegen lösen. Jeder der ersten drei Pfade 1, 2, 3 kann mit vier Pfaden im zweiten Schritt verbunden werden. Somit gibt es $3 \cdot 4 = 12$ Pfade. In der gleichen Art löst man: Wie viele 5-Symbol-Passwörter gibt es, bei denen jedes Symbol einer der 26 lateinischen Kleinbuchstaben ist? Genau $(26)^5$.

5.3.3 Anzahl Zahlen

Wie viele ganze Zahlen von 0 bis 9999 haben *genau* eine Ziffer 7? Dies unterscheidet sich von der Aufgabe, bei welcher die Frage nach *mindestens* einer Ziffer 7 stand. Es gibt eine Bijektion zwischen allen vierstelligen Zahlen und allen vierstelligen Tupeln:

$$f : abcd \to f(abcd) = (a, b, c, d).$$

Falls notwendig, werden Nullen von links angefügt, d. h., aus der Zahl 11 wird zuerst 0011 und dann das Tupel $(0, 0, 1, 1)$. Jedes Tupel kann eine 7 an der ersten, zweiten, dritten oder vierten Stelle haben. Kommt die 7 an der ersten Stelle vor, dann gibt es für die anderen drei Stellen 9^3 Möglichkeiten für die anderen Ziffern außer der 7. Da die Mengen „an der ersten Stelle, an der zweiten Stelle etc." alle gleichmächtig sind, folgen insgesamt $4 \cdot 9^3 = 2'916$ Zahlen.

Wir können dies mit kartesischen Produkten nachrechnen. Dies ist für die Aufgabe unnötig kompliziert; hilft aber die Theorie einzuüben. Sei K die Menge mit den 10 Ziffern und $M = K \times K \times K \times K$ die Menge aller vierstelligen Tupel $(k_1, k_2, k_3, k_4), k_i \in K$. Die Mächtigkeit aller vierstelligen Zahlen ist $|M| = |K|^4 = 10^4 = 10.000$. Sei $N = K \setminus \{7\}$ die Menge der Ziffern ohne die 7. Dann ist

$$M_1 = \{7\} \times N \times N \times N$$

die Menge aller Zahlen mit einer 7 als erste Ziffer. Analog werden M_2, M_3, M_4 definiert, welche alle die gleiche Mächtigkeit haben. Da $M_i \cap M_j = \emptyset$, gilt für alle $i \neq j$, die 7 steht immer an einer anderen Stelle ist die uns interessierende Menge gleich:

$$M'' = M_1 \cup M_2 \cup M_3 \cup M_4$$

und mit Theorem 1.5.3 für unabhängige Mengen gilt:

$$|M''| = 4|M_1| = 4 \cdot 9^3 = 2'916.$$

5.4 Iteratoren in Python

Wir verwenden in Python das `itertools`-Modul, um mit Iteratoren und iterierbaren Objekten (Iterables) zu arbeiten. Ein Iterable ist ein Objekt, das seine Elemente nacheinander durchlaufen kann, wie Listen, Tupel oder Dictionaries. Arten von Iteratoren sind beispielsweise:

- Unendliche Iteratoren erzeugen eine unendliche Sequenz von Zahlen.
- Zyklische Iteratoren wiederholen die Elemente eines Iterables endlos oft.
- Kartesisches Produkt: Der Iterator `product(*iterables, repeat=1)` erzeugt das kartesische Produkt der Eingaben.
- Permutationen erzeugen alle Permutationen einer bestimmten Länge.

Ein Iterator in Python arbeitet auf einem Iterable, indem er dessen Elemente einzeln bereitstellt. Dies wird durch die Methode `__iter__()` des Iterables gestartet. Der Iterator gibt durch wiederholtes Aufrufen der Methode `__next__()` das nächste Element zurück. Wenn keine Elemente mehr übrig sind, wird eine `StopIteration`-Ausnahme ausgelöst. Somit haben wir:

- `__iter__()` gibt das Objekt selbst zurück.
- `__next__()` enthält die eigentliche Logik für die Iteration. Hier wird entschieden, welches Element als Nächstes zurückgegeben wird und wann die Iteration endet.

Hier ist eine Gegenüberstellung der Unterschiede zwischen den beiden Methoden im Kontext eines iterierbaren Objekts in Python:

Methode	Zweck	Funktionalität
`__iter__()`	Initialisiert oder startet die Iteration	Liefert das Objekt selbst zurück, um es iterierbar zu machen
`__next__()`	Liefert das nächste Element in der Sequenz der Iteration	Definiert die Logik, wie der Iterator das nächste Element berechnet und zurückgibt

5.4 Iteratoren in Python

Methode	Wann werden die Methoden aufgerufen?
__iter__()	Wird einmal aufgerufen, wenn die Iteration beginnt (z. B. durch eine `for`-Schleife)
__next__()	Wird jedes Mal aufgerufen, wenn die Schleife ein neues Element der Sequenz anfordert
Methode	**Rückgabewert**
__iter__()	Gibt das Iterator-Objekt selbst zurück
__next__()	Gibt das nächste Element der Iteration zurück oder löst eine `StopIteration`-Exception aus, wenn die Sequenz zu Ende ist
Methode	**Verhalten am Ende der Iteration**
__iter__()	Kein Einfluss auf das Ende der Sequenz. Die Schleife endet erst, wenn __next__() eine `StopIteration`-Exception auslöst
__next__()	Löst die Ausnahme `StopIteration` aus, um das Ende der Sequenz anzuzeigen

Ein Beispiel, welches 1, 2, 3 ausgibt:

```python
class Counter:
    def __init__(self, start, end):
        self.current = start
        self.end = end

    def __iter__(self):
        return self  # Der Iterator gibt sich selbst zurück

    def __next__(self):
        if self.current > self.end:  # Wenn das Ende erreicht ist
            raise StopIteration  #Stoppt die Iteration
        else:
            self.current += 1
            return self.current - 1  #Gibt aktuellen Wert zurück & inkrementiert
counter = Counter(1, 3)
for number in counter:
    print(number)
```

Die Python-Beispiele zur Erzeugung des kartesischen Produktes mit Iterationen sind in Python Kap. 5 gegeben.

Aufgabe 5.4.1

1. Konstruieren Sie die Menge D mit einer For-Schlaufe:

$$D = \{n \in A | n < 42 \text{ und } 3 \text{ teilt } n \text{ nicht}\}.$$

2. Konstruieren Sie D mit Python Comprehension.
3. Definieren Sie die Menge A aller Brüche mit Python Comprehension, deren Zähler 1, 2 oder 5 und deren Nenner 3, 7, 9 oder 11 ist.

Aufgabe 5.4.2 *Kartesisches Produkt*

1. Vergleichen Sie die Konstruktion:

```
list = [['a', 'b'],[1, 2]]

for elem in list:
    print(elem)
```

```
2.from itertools import product
  list = [['a', 'b'],[1, 2]]
  for elem in product(*list):
      print(elem)
```

Oder:

```
import itertools
for i in itertools.product(['a', 'b'],[1, 2]):
 print i
```

3. Definieren Sie das kartesische Produkt für zwei Mengen **iterativ**.

Logik 6

Inhaltsverzeichnis

6.1 Aussagenlogik: Aussagen und Wahrheitswerte 125
6.2 Verknüpfung von Aussagen 126
6.3 Prädikatenlogik 132
6.4 Beispiele 134
6.5 Python 135
6.6 Boole'sche Algebra 136
6.7 Beispiele Boole'scher Algebren 139
6.8 Boole'sche Funktionen 143
6.9 SAT-Solver 149
6.10 Addition 151

Die Logik stellt Sprachen zur Darstellung von Wissen zur Verfügung. Sie erlaubt, nach festen Regeln, aus Wissen neues Wissen abzuleiten und ist Grundlage für viele Wissenschaften. Offen ist, wie weit die Logik ausreichend ist, um menschliches Denken abzubilden. Die mathematische Logik ist eine Grundlage für die Mathematik und theoretische Informatik.

6.1 Aussagenlogik: Aussagen und Wahrheitswerte

Die klassische Aussagenlogik basiert auf zwei Hauptprinzipien: Jede Aussage ist **entweder** wahr **oder** falsch und der Wahrheitswert einer zusammengesetzten Aussage **hängt nur** von den Wahrheitswerten ihrer Einzelteile ab. Die konkreten Inhalte der Einzelaussagen sind

Ergänzende Information Die elektronische Version dieses Kapitels enthält Zusatzmaterial, auf das über folgenden Link zugegriffen werden kann https://doi.org/10.1007/978-3-662-71095-1_6.

© Der/die Autor(en), exklusiv lizenziert an Springer-Verlag GmbH,
DE, ein Teil von Springer Nature 2025
P. Vanini, *Diskrete Mathematik für Algorithmen*,
https://doi.org/10.1007/978-3-662-71095-1_6

unwichtig. Wenn beispielsweise eine Aussage A wahr ist und eine Aussage B falsch ist, was gilt dann für die Kombination A und B? Ob die Inhalte von A, B die Korrektheit von Algorithmen, algebraischen Formeln oder die Konstruktion von Dreiecken betreffen, ist für den Wahrheitswert der Kombination irrelevant. Wir halten fest:

Axiom 6.1.1 *Jede Aussage ist **entweder** wahr **oder** falsch.*

Ein Ziel der Aussagenlogik ist, Regeln für die Verknüpfung von Aussagen festzulegen und die Wahrheitswerte der Verknüpfungen zu bestimmen. Damit der Wahrheitswert eine Aussage bestimmt werden kann, müssen die in der Aussage verwendeten Begriffe definiert sein. Der Wahrheitswert der Aussage *Dieses Pferd ist schnell* kann nicht entschieden werden: Um welches Pferd handelt es sich, was bedeutet „schnell"? Bei mathematischen Aussagen sollen Wahrheitswerte von Aussagen immer mit den vorhanden Informationen entscheidbar sein.

Aufgabe 6.1.1 *Handelt es sich bei folgenden Formulierungen um Aussagen? Bestimmen Sie gegebenenfalls den Wahrheitswert.*

1. *Kopernikus war ein Astronom.*
2. *O du fröhliche!*
3. *Auf dem Jupiter gibt es keine Spuren von Leben.*
4. $\frac{a}{b+c} = \frac{a}{b} + \frac{a}{c}$.
5. *7.*
6. *2 + 4.*
7. *4 < 5.*

6.2 Verknüpfung von Aussagen

Um den Wahrheitswert von Aussagen zu prüfen, arbeiten wir mit Symbolen und **Wahrheitstabellen**. Wenn A eine Aussage ist, dann stehen w und f für wahr bzw. falsch.

Die erste Verknüpfung von Aussagen ist die **Negation oder Verneinung**, definiert durch folgende Wahrheitstabelle:

A	$\neg A$
w	f
f	w

Bei der Negation werden einfach die Wahrheitswerte vertauscht. Man spricht $\neg A$ als „nicht-A" aus.

Aufgabe 6.2.1 *Welche Wahrheitswerte hat $\neg\neg A$? Benutzen Sie eine Wahrheitstabelle.*

6.2 Verknüpfung von Aussagen

Die UND- bzw. die ODER-Verknüpfung sind zwei weitere Verknüpfungen. Eine **UND-Verknüpfung** $\wedge$ zweier Aussagen ist genau dann wahr, wenn beide Aussagen wahr sind. $A \wedge B$ wird „A und B" gelesen.

Die Wahrheitstabelle lautet:

A	B	$A \wedge B$
w	w	w
w	f	f
f	w	f
f	f	f

Das einschließende **ODER** $\vee$ ist wahr, sobald mindestens eine der Teilaussagen wahr ist:

A	B	$A \vee B$
w	w	w
w	f	w
f	w	w
f	f	f

$A \vee B$ wird „A oder B" gelesen.

Die **Implikation** $A \implies B$ besagt: Die Wahrheit von A ist eine hinreichende Bedingung für die Wahrheit von B. Wenn A gilt, dann folgt die Gültigkeit von B. Dabei ist A die Annahme und B die Behauptung. Die Wahrheitstabelle der Implikation lautet:

A	B	$A \implies B$	$\neg A \vee B$
w	w	w	w
w	f	f	f
f	w	w	w
f	f	w	w

Die vierte Zeile drückt die Implikation äquivalent aus. Prüfen Sie dies nach. Die Definition der dritten und vierten Zeile bereitet Verständnisschwierigkeiten, da man aus etwas Falschem alles schließen kann. Wir werden im Folgenden **immer** A als wahr annehmen, um die Gültigkeit der Implikation zu prüfen. Das heißt, wir gehen immer von den ersten beiden Zeilen der Wahrheitstabelle aus. Die Annahmen A in einem Theorem sollen wahr sein, da wir aus einer wahren Aussage eine neue Aussage herleiten wollen und nicht aus etwas Falschem irgendetwas schließen möchten. Obwohl wir die 3. und 4. Zeile der Wahrheitstabelle vermeiden, lohnt es sich zu verstehen, weshalb diese mathematisch sinnvoll sind.

Wir definieren zwei Aussagen:

- A sei die verknüpfte Aussage: *Alle natürlichen Zahlen $n \geq 2$ sind durch 2 teilbar und 1 ist nicht durch 4 teilbar in den natürlichen Zahlen* ($f \wedge w = f$).
- B sei die Aussage: *Für alle natürlichen Zahlen $n \geq 2$ gilt: n^2 ist durch 4 teilbar in den natürlichen Zahlen* (f).

Beide Aussagen sind falsch. Wir zeigen, dass $A \implies B$ und $A \implies \neg B$ beide wahr sind (Zeilen 3 und 4 in der Implikationstabelle).

Zuerst zeigen wir, dass $A \implies B$ wahr ist. Es gilt:

$$\frac{n^2}{4} = \frac{n}{2}\frac{n}{2} \in \mathbb{N},$$

da $\frac{n}{2} \in \mathbb{N}$ nach der falschen Voraussetzung gilt und das Produkt von natürlichen Zahlen wieder eine solche Zahl ergibt. Somit ist n^2 durch 4 teilbar.

Jetzt zeigen wir $A \implies \neg B$ ist wahr. Es gilt:

$$\frac{(n+1)^2}{4} = \frac{n}{2}\frac{n}{2} + \frac{n}{2} + 1.$$

Das Produkt und der zweite Summand sind natürliche Zahlen. Da aber $1/4$ nach Voraussetzung keine natürliche Zahl ist, gilt dies auch für $(n+1)^2/4$, somit ist B falsch. Daher ist es sinnvoll den Wahrheitswert der Implikation $A \implies B$ bei falscher Aussage A als wahr festzulegen, unabhängig davon, ob B wahr oder falsch ist.

Die mathematische Logik kann der Alltagslogik widersprechen, wenn wir nicht nur den Wahrheitswert, sondern auch den Inhaltswert oder eine Kausalität berücksichtigen. Mit anderen Worten, die „wenn ... dann"-Lesart in der Umgangssprache basiert oft auf inhaltlichen Zusammenhänge wie Kausalität oder zeitlicher Nähe. Die mathematische Logik kennt aber nur den formalen Zusammenhang und sie nimmt nicht Stellung, warum eine hinreichende Bedingung hinreichend ist. Dies ist in der folgenden Aufgabe beschrieben.

Aufgabe 6.2.2 *Sei B: Peter liebt Maria, A: Maria liebt Peter. Zeigen Sie auf, wie die dritte und vierte Zeile der Implikation umgangssprachlich oft wenig Sinn machen.*

Aufgabe 6.2.3 *Bestimmen Sie den Wahrheitswert der Aussage: Wenn der Mond aus grünem Käse ist, dann ist vier eine Primzahl.*

Aufgabe 6.2.4 *Ist die Aussage*

$$A : 1 + 1 = 3 \implies 2 > 3$$

wahr oder falsch? Ist die Aussage

6.2 Verknüpfung von Aussagen

$$A : 1 + 1 = 2 \Longrightarrow 2 > 3$$

wahr oder falsch? Begründen Sie die Antwort.

Mit den besprochenen Verknüpfungen können das Kommutativ-, Assoziativ- und Distributivgesetz definiert werden. Die Wahrheitstabelle für das Kommutativgesetz lautet:

A	B	$A \wedge B$	$B \wedge A$	$A \vee B$	$B \vee A$
w	w	w	w	w	w
w	f	f	f	w	w
f	w	f	f	w	w
f	f	f	f	f	f

Die Tabelle zeigt, dass $\wedge$ und $\vee$ kommutativ sind und dass die Wahrheitstabellen Schritt für Schritt aufgebaut werden.

Aufgabe 6.2.5 *Wie viele Zeilen brauchen die Wahrheitstabellen zum Beweis der Assoziativität $(A \wedge B) \wedge C) = A \wedge (B \wedge C)$? Bilden Sie die Wahrheitstabelle.*

Analog zur Mengenlehre, gelten die De Morgan'schen Regeln.

$$\neg(A \wedge B) = \neg A \vee \neg B \, , \, \neg(A \vee B) = \neg A \wedge \neg B. \tag{6.1}$$

Diese Regeln sind ein mächtiges Werkzeug in der Analyse von Schaltkreisen, da sie erlauben, Negationen von verknüpften Aussagen durch eine Verknüpfung von Einzelaussagen auszudrücken. Sei beispielsweise p die Aussage „Elia hat ein Handy" und B die Aussage „Elia liest zu wenig". Dann kann die Aussage „Elia hat ein Handy und er liest zu wenig" durch $p \wedge q$ dargestellt werden. Nach dem ersten Gesetz von De Morgan ist $\neg(p \wedge q)$ äquivalent zu $\neg p \vee \neg q$. Die erste Aussage lautet: „Es ist nicht der Fall, dass Elia ein Handy hat und er zu wenig liest." Mit der Regel ist dies äquivalent zu: „Elia hat kein Handy oder er liest nicht zu wenig." Beweis: Die Gültigkeit folgt aus:

A	B	$\neg A$	$\neg B$	$\neg A \wedge \neg B$	$A \vee A$	$\neg(b \vee A)$
w	w	f	f	f	w	f
w	f	f	w	f	w	f
f	w	w	f	f	w	f
f	f	w	w	w	f	w

□

Folgende Eigenschaften fallen bei den De Morgan'schen Regeln auf. Betrachten wir die erste Regel. Erstens sind die beiden Aussagen logisch äquivalent:

$$\neg(A \wedge B) \iff \neg A \vee \neg B.$$

Wir haben somit eine Implikation in beide Richtungen. Dies bedeutet, die eine Aussage ist wahr, **dann und nur dann**, wenn die andere Aussage wahr ist. Zweitens sind die Regeln immer wahr, unabhängig von den Wahrheitswerten von A und B. Dies nennt man eine Tautologie.

Die Implikation ist transitiv, d.h. wenn $A \implies B$ und $B \implies C$ beide wahr sind, dann ist auch $A \implies C$ wahr, wie die folgende Tabelle zeigt:

A	B	C	$A \implies B$	$B \implies C$	$(A \implies B) \wedge (B \implies C)$	$A \implies C$
1	1	1	1	1	1	1
1	1	0	1	0	0	0
1	0	1	0	1	0	1
1	0	0	0	1	0	0
0	1	1	1	1	1	1
0	1	0	1	0	0	1
0	0	1	1	1	1	1
0	0	0	1	1	1	1

Dies wird benutzt bei Beweisen von mehreren äquivalenten Aussagen. Es gilt beispielsweise:

Theorem 6.2.1 *Es seien drei Mengen A, B, C gegeben. Dann sind äquivalent:*

1. $A \subseteq B$.
2. $A \cap B = A$.
3. $A \setminus B = \emptyset$

Um dies zu beweisen, genügt es, die folgende Kette zu beweisen: Aus 1. folgt 2., aus 2. folgt 3. und aus 3. folgt 1. Die Behauptung ist, dass daraus auch die umgekehrten Implikationen aus 2. folgt 1. und und aus 3. folgt 2. bewiesen sind.

Theorem 6.2.2 *(Äquivalenzen) Zum Beweis der Äquivalenz dreier Aussagen A, B, C genügt $A \implies B, B \implies C$ und $C \implies A$ zu beweisen.*

Dies verallgemeinert auf n Aussagen.

Beweis Aus der Transitivität der ersten beiden Implikationen folgt $C \implies A$. Somit sind A, C äquivalent. Aus der zweiten und dritten Implikation folgt wiederum mit der Transitivität $B \implies A$. Somit sind A, B äquivalent. Die gleiche Idee auf die 1. und 3. Implikation angewandt, beweist die Äquivalenz von B, C. □

Häufig wird in der Mathematik und im Alltag die Kontraposition verwendet.

$$A \implies B \iff \neg B \implies \neg A.$$

6.2 Verknüpfung von Aussagen

Aufgabe 6.2.6 *Zeigen Sie die Gültigkeit der letzten Äquivalenz mit einer Wahrheitstabelle.*

Die Kontraposition wird verwendet, wenn $A \Longrightarrow B$ schwieriger zu beweisen ist als die äquivalente Aussage.

Wir weisen auf zwei Fehler im Zusammenhang mit der Logik hin. Die Äquivalenz

$$A \Longrightarrow B \iff \neg A \Longrightarrow \neg B \text{ ist falsch.}$$

Wenn es regnet (A) und die Straße ist nass (B) dann gilt $A \Longrightarrow B$. $\neg A \Longrightarrow \neg B$ ist aber nicht äquivalent, da die Straße auch nass sein kann, wenn sie durch eine Maschine mit Wasser gereinigt wird. $\neg B \Longrightarrow \neg A$ ist hingegen äquivalent zu $A \Longrightarrow B$: Wenn die Straße nicht nass ist, dann regnet es nicht.

Ein zweites Beispiel. Seien

$$A : x = 2 \,,\; B : x^2 = 4.$$

Dann ist $A \Longrightarrow B$ wahr. Aber $x \neq 2 \Longrightarrow x \neq 4$ ist nicht dazu äquivalent, da für $x = -2 \neq 2$ ebenfalls $x^2 = 4$ gilt.

Ein zweiter Fehler betrifft die Negation der Implikation $A \Longrightarrow B$. Welcher Ausdruck gilt für $\neg(A \Longrightarrow B)$? Oft wird $A \Longrightarrow \neg B$ angenommen. Dies ist falsch. Die Negation von $A \Longrightarrow B$ ist $A \wedge \neg B$. Überzeugen Sie sich davon mit einer Wahrheitstabelle.

Wahrheitswerte können schwierig zu finden sein, wenn die logischen Ausdrücke kompliziert sind. Betrachten Sie

$$\neg((A \Longrightarrow (B \Longrightarrow C)) \wedge (A \vee B))$$

für drei Aussagen A, B, C. Wie bestimmt man dazu die Wahrheitswerte? Wie in der Algebra: Man rechnet von innen nach außen und benutzt in jedem Schritt die Wahrheitstabellen für die elementaren Elemente. Betrachten wir zum Beispiel $A = w, B = w, C = f$ als eine der $8 = 2^3$ Möglichkeiten für das Inputtupel (A, B, C). Von innen nach außen gerechnet erhalten wir im ersten Schritt aus

$$\neg((w \Longrightarrow (w \Longrightarrow f)) \wedge (w \vee w))$$

das Resultat

$$\neg((w \Longrightarrow f)) \wedge w),$$

indem wir die Tabellen für $\vee, \Longrightarrow$ benutzen. Jetzt nutzen wir wieder die Implikation und erhalten

$$\neg(f \wedge w).$$

Die UND-Tabelle gibt:

$$\neg f,$$

welches im letzten Schritt

$$w$$

ergibt.

Die Verfahren, mit algebraischen Umformungen Wahrheitswerte von komplizierten Ausdrücken herzuleiten, sind nicht effizient. Angenommen, sie haben n Aussagen $A_1, \ldots, A_n$. Dann benötigt die Wahrheitstabelle 2^n Zeilen. Gibt es ein effizientes Verfahren? Dies ist eines der wichtigsten ungelösten Problem der Komplexitätstheorie.

6.3 Prädikatenlogik

Eine Aussage wie $x > 5$ hat keinen Wahrheitswert, da x als Variable nicht spezifiziert ist. Durch das Binden von x an Werte, wird ein Ausdruck wahr oder falsch. Wenn wir sagen, dass eine Aussage $A(x)$ für gewisse x gilt, dann schreiben wir $\exists x : A(x)$, gelesen als *es existiert ein x*, sodass $A(x)$ wahr ist. Dabei ist unerheblich, ob genau ein x oder beliebig viele existieren. Wenn wir schreiben $\forall x : A(x)$, bedeutet dies, dass die Aussage $A(x)$ für alle x gilt. Die Symbole $\exists$, $\forall$ heißen **Quantoren**.

Beispiele:

1. $\forall x \in \mathbb{R} : x^2 \geq 0$. Dies ist wahr.
2. $\exists z \in \mathbb{Z} : z < 0$. Dies ist wahr zum Beispiel für $z = -3$. Die Aussage $\forall z \in \mathbb{Z} : z < 0$ ist falsch. Dazu genügt ein Gegenbeispiel $z = 3 \in \mathbb{Z}$. Die Aussage wird dann wahr, wenn wir die Menge der ganzen Zahlen verkleinern, indem wir die natürlichen Zahlen weglassen: $\forall z \in \mathbb{Z}\setminus\mathbb{N} : z < 0$ ist wahr.

Aufgabe 6.3.1 *Drücken Sie die folgenden Beispiele in deutscher Sprache aus und geben Sie den Wahrheitswert an:*

1. $\forall x \in \mathbb{N} : x > 2$.
2. $\exists x \in \mathbb{N} : x > 2$.
3. $\forall n \in \mathbb{N} \exists m \in \mathbb{N} : m > n$.
4. $\exists m \in \mathbb{N} \forall n \in \mathbb{N} : m > n$.

Die Aufgaben zeigen, dass die Quantoren $\exists$, $\forall$ **nicht** vertauscht werden dürfen. Eine Aussage mit Quantoren kann negiert werden. Dazu soll man schrittweise vorgehen und Folgendes nutzen:

$$\neg(\forall x : A(x)) \text{ ist äquivalent zu } \exists x : \neg A(x)$$
$$\neg(\forall x \in M : A(x)) \text{ ist äquivalent zu } \exists x \in M : \neg A(x) \quad (6.2)$$
$$\neg(\exists x : A(x)) \text{ ist äquivalent zu } \forall x : \neg A(x) .$$

Um die Gültigkeit der ersten Aussage zu überprüfen, sei die Aussage $A(x)$ für einen Wert x_1 wahr und für x_2 falsch. Für die linke Seite gilt:

6.3 Prädikatenlogik

$$\neg\,(\forall x\,A(x)) = \neg\,(A(x_1) \wedge A(x_2)) = \neg(w \wedge f) = \neg f = w.$$

Der Quantor $\forall x\,A(x)$ kann für eine endliche Anzahl von Werten x mit der Prädikatenlogik äquivalent ausgedrückt werden. $\forall x\,A(x)$ ist äquivalent zu

$$A(x_1) \wedge A(x_2) \wedge \ldots \wedge A(x_n),$$

da dieser Ausdruck dann und nur dann wahr ist, wenn jeder Term $A(x_i)$ wahr ist. Für die rechte Seite gilt:

$$\exists x\,\neg A(x) = \neg A(x_1) \vee \neg A(x_2) = \neg w \vee \neg f = f \vee w = w.$$

Somit stimmt die Aussage für dieses Beispiel.

Betrachten wir die Aussage: *Für jeden Menschen gibt es einen anderen, der ihn liebt.* Für M die Menge der Menschen lautet die Aussage:

$$\forall x \in M\ \exists y \in M : \text{y liebt x}\,.$$

Diese Aussage soll negiert werden, indem man von außen nach innen die Negationsoperation durchzieht und die Regeln (6.2) benutzt:

$$\neg(\forall x \in M \exists y \in M : \text{y liebt x})$$
$$\exists x \in M\,\neg(\exists y \in M : \text{y liebt x})$$
$$\exists x \in M\,\forall y \in M : \neg(\text{y liebt x})$$
$$\exists x \in M\,\forall y \in M : \text{y liebt x nicht.}$$

Es gibt einen Menschen, den keinen Mensch liebt. Das geht in der formalen Sprache mechanisch. Könnten Sie die Negation ohne den Formalismus herleiten?
Jetzt betrachten wir Quantorenbeispiele für Aufgaben aus der Informatik.

- Datenbankabfragen. Die Aufgabe ist, alle Kunden zu finden, die mindestens eine Bestellung getätigt haben. Die Daten sind in zwei Tabellen „Kunden", „Bestellungen" gespeichert. Die Formulierung mit Quantoren lautet:

$$(\exists \text{Kunde} \in \text{Kunden})\ (\forall \text{Bestellung} \in \text{Bestellungen}) : \text{Bestellung.KundeID} = \text{Kunde.ID}$$

Dabei bedeutet Kunde.ID, dass die Relation Kunde eine Spalte ID (Attribut) hat.
- Verifikation von Software. Die Aufgabe ist, sicherzustellen, dass ein Algorithmus für jeden möglichen Eingabewert terminiert.

$$(\forall \text{Eingabe} \in \text{Eingabemenge})\ (\exists \text{Schritt} \in \mathbb{N}) : \text{Algorithmus(Eingabe, Schritt)} = \text{Terminiert}$$

- Zugriffsrechte in Betriebssystemen. Es soll sichergestellt werden, dass jeder Benutzer auf mindestens ein Verzeichnis Schreibzugriff hat:

  ($\forall$Benutzer $\in$ Benutzerliste) ($\exists$Verzeichnis $\in$ Verzeichnisse) :

  Schreibzugriff(Benutzer, Verzeichnis)

- Netzwerksicherheit. Es soll keinen unautorisierten Zugang zu geschützten Ressourcen geben.

  ($\forall$Zugang $\in$ Zugriffe) ($\exists$Benutzer $\in$ AutorisierteBenutzer) : Zugang.BenutzerID = Benutzer.ID

- Optimierung von Ressourcen. Gesucht ist eine Ressourcenzuordnung, bei der keine Ressource überbeansprucht wird.

  ($\exists$Zuordnung $\in$ Zuordnungen) ($\forall$Ressource $\in$ Kapazität) :

  Nutzung(Zuordnung, Ressource) $\leq$ Kapazität

  Diese Aussage besagt, dass es eine Ressourcenzuordnung gibt, bei der die Nutzung jeder Ressource die Kapazität dieser Ressource nicht überschreitet.

- Graphentheorie. Es soll sicher gestellt werden, dass es in einem Netzwerk immer einen Weg von jedem Knoten zu jedem anderen Knoten gibt. Formal:

  ($\forall$Knoten$_i$ $\in$ Knoten) ($\forall$Knoten$_j$ $\in$ Knoten), ($\exists$Weg $\in$ Wege) : Weg(Knoten$_i$, Knoten$_j$).

6.4 Beispiele

1. $3 < 4 \land 4 < 3$.
   Wahrheitswert: $w \land f = f$
2. $3 < 4 \land \neg(4 < 3)$.
   Wahrheitswert: $w \land \neg f = w$
3. $3 < 4 \implies \neg(4 < 3)$.
   Wahrheitswert: $(w \implies \neg f) = w$
4. $\forall x \in \mathbb{R}$ gilt: $x > 3 \Leftrightarrow \neg(x < 3)$.
   Wahrheitswert: Für $x = 3$ ist $x > 3$ falsch, die rechte Seite aber wahr. Die Aussage ist falsch.
5. $\exists x \in \mathbb{R}: \neg(x < 3) \land \neg(x > 3)$ gilt.
   Wahr für $x = 3$.

6.4 Beispiele

6. Vereinfachen Sie die Aussage $A \lor [(A \implies B) \Leftrightarrow (A \land \neg B)]$
   Lösung: Die Aussage $A \implies B$ ist falsch und die Aussage $A \land \neg B$ ist wahr genau dann, wenn A wahr und B falsch ist, sodass die Äquivalenz zwischen diesen Aussagen immer falsch ist.

7. Negieren Sie folgende Aussage: *Zu jedem Mann gibt es eine Frau, die ihn nicht liebt.*
   Lösung: Es gibt einen Mann, den alle Frauen lieben. Formal: Die Negation lautet:

$$\forall m \in M \exists f \in F : \text{f liebt m nicht}$$

$$\neg(\forall m \in M \exists f \in F : \text{f liebt m nicht})$$

äquivalent zu

$$\exists m \in M \neg(\exists f \in F : \text{f liebt m nicht})$$

äquivalent zu

$$\exists m \in M \forall f \in F : \neg(\text{f liebt m nicht})$$

äquivalent zu

$$\exists m \in M \forall f \in F : \text{f liebt m}.$$

Aufgabe 6.4.1 *1. Es sei A = „Mein Programm läuft" und B = „Mein Programm hat Fehler". Beschreiben Sie den Ausdruck $(A \land \neq B) \lor B$ in Worten.*
2. Vereinfachen Sie: $(w \land \neg f) \lor f$.
3. Vereinfachen Sie: $\neg(f \land f) \implies (\neg f \lor \neg f)$.
4. Bestimmen Sie die Wahrheitswerte von $(A \land \neg B) \lor B$ mit einer Wahrheitstabelle.

6.5 Python

Aufgabe 6.5.1 *1. Prüfen Sie den Wahrheitsgehalt $3 < 5$, $7 < 5$, $3 < 5 \land \neg(7 < 5)$ und $2 + 2 = 5 \lor 2 + 2 = 4$.*
*2. Dem Quantor $\forall$ für alle entspricht **all** in Python und $\exists$ entspricht **any**.*

– *Sei $a = (6, 2, 4)$. Benutzen Sie Quantoren und drucken Sie den Wahrheitswert aus:*

$$\forall i \in a : Rest\, i/2\, ist\, null$$

– *Sei $a = (7, 2, 6)$. Benutzen Sie Quantoren und drucken Sie den Wahrheitswert aus:*

$$\forall i \in a : Rest\, i/2\, ist\, null$$

– *Sei $a = (9, 2, 3)$. Benutzen Sie Quantoren und drucken Sie den Wahrheitswert aus:*

$$\exists i \in a : \text{Rest } i/2 \text{ ist null}$$

Aufgabe 6.5.2 *Sie sollen Quantoren auf Listen wirken lassen. Die ersten Aufgaben befassen sich mit Operationen auf Listen.*

1. *Sei $a = [2, 7, 6]$ eine Liste in Python.*
2. *Selektieren Sie das erste und letzte Element der Liste a.*
3. *Fügen Sie zur Liste a das Element „11" am Ende hinzu.*
4. *Fügen Sie zur Liste a das Element „Ich" an die zweite Stelle hinzu.*
5. *Ersetzen Sie in der Liste a das zweite Element durch „Ich".*
6. *Seien die beiden Listen $L_1 = [5, 17, 6, 10]$ und $L_2 = [5, 17, 4, 10]$ gegeben und definieren Sie die Funktion $div3(x)$, welche aus einer Liste diejenigen Werte x berechnet, welche bei Division durch 3 den Rest null haben. Prüfen Sie den Wahrheitsgehalt der Aussagen für $j = 1, 2$:*

$$\nexists x \in L_j : x \text{ ist teilbar durch } 3$$

und

$$\forall x \in L_j : \text{kein Element von } L_j \text{ ist teilbar durch } 3$$

6.6 Boole'sche Algebra

Unsere erste Anwendung der Logik ist die Boole'sche Algebra. Diese ist Grundlage für das Verständnis der Schaltkreise und der Addition von Zahlen. Die folgenden Begriffe treten in den nächsten Abschnitten auf:

- Ausgangspunkt sind Boole'sche Variablen wie A, B mit Werten 0, 1.
- Die Logik verbindet Boole'sche Variable zu **Boole'schen Ausdrücken** wie $A \wedge (B \vee C)$. Boole'sche Ausdrücke formalisieren **wie** ein Schaltkreis funktioniert.
- Die **Boole'sche Algebra** liefert die mathematischen Regeln zur Manipulation und Vereinfachung von Boole'schen Ausdrücken.
- **Boole'sche Funktionen** haben als Eingabe eine Menge von Boole'schen Variablen und geben einen Boole'schen Wert der Variablen als Ausgabe aus. $f(A, B, C) = A \wedge (B \vee \neg C)$ ist eine Boole'sche Funktion des Boole'schen Ausdruckes $A \wedge (B \vee \neg C)$. Boole'sche Funktionen formalisieren **wie** die Beziehung zwischen Eingabe und Ausgabe in einem Schaltkreis ist.
- **Logische Gatter** implementieren die Boole'schen Funktionen in der Hardware. Schaltkreise bestehen aus einer Vielzahl von miteinander verbundenen Gattern und sind die physikalischen Strukturen in elektronischen Geräten, um logische Operationen auszuführen.

6.6 Boole'sche Algebra

Zusammengefasst gibt es zwei mathematische Ebenen für die Modellierung der Schaltkreise: Die Vogelperspektive (Boole'sche Ausdrücke) und die Input-Output-Sicht (Boole'sche Funktionen). Die Boole'sche Algebra wirkt auf beiden Ebenen zur Vereinfachung der Ausdrücke.

Boole formulierte 1854 die mathematische Struktur der **Boole'schen Algebra** für die Aussagenlogik. Peano brachte 1888 die Struktur in die heutige Form.

Definition 6.6.1 (Definition Boole'sche Algebra für Aussagenlogik) *Eine Menge X von Aussagen mit den Verknüpfungen $\wedge, \vee, \neg$ ist eine Boole'sche Algebra, wenn die folgenden Regeln für Aussagen $A, B, C \in X$ gelten:*

1. *Kommutativgesetze*
$$A \wedge B = B \wedge A, \ A \vee B = B \vee A.$$

2. *Assoziativgesetze*
$$(A \wedge B) \wedge C = A \wedge (B \wedge C), \ (A \vee B) \vee C = A \vee (B \vee C)$$

3. *Idempotenzgesetze*
$$A \wedge A = A, \ A \vee A = A$$

4. *Distributivgesetze*
$$A \wedge (B \vee C) = (A \wedge B) \vee (A \wedge C), \ A \vee (B \wedge C) = (A \vee B) \wedge (A \vee C)$$

5. *Neutralitätsgesetze*
$$A \wedge w = A, \ A \vee f = A$$

6. *Extremalgesetze*
$$A \wedge f = f, \ A \vee w = w$$

7. *Doppelnegationsgesetz (Involution)*
$$\neg(\neg A) = A$$

8. *De Morgan'sche Gesetze*
$$\neg(A \wedge B) = \neg A \vee \neg B, \ \neg(A \wedge B) = \neg A \vee \neg B$$
$$\neg(A \vee B) = \neg A \wedge \neg B, \ \neg(A \vee B) = \neg A \wedge \neg B$$

9. *Komplementärgesetze*
$$A \wedge \neg A = f, \ A \vee \neg A = w$$

10. *Dualitätsgesetze*
$$\neg f = w, \ \neg w = f$$

11. *Absorptionsgesetze*
$$A \vee (A \wedge B) = A, \ A \wedge (A \vee B) = A$$

Damit die Regeln der Boole'schen Algebra anschaulicher werden, interpretieren wir sie als Schaltkreise, siehe Abb. 6.1

Der Ausdruck $A \wedge B$ stellt eine Serienschaltung und $A \vee B$ eine Parallelschaltung zwischen zwei binären Inputsignalen A und B dar. Wahr w entspricht „richtiges Signal" und falsch f „falsches Signal". Die Neutralität $A \wedge w = A$ einer Serienschaltung bedeutet, dass w keinen Einfluss auf das Inputsignal A hat. Ein falsches Signal beeinflusst die Parallelschaltung $A \vee f = A$ nicht. Ersetzt man in der Serienschaltung w durch f, bestimmt dieses den Output $A \wedge f = f$ im Extremalgesetz. Das Doppelnegationsgesetz besagt, dass ein Signal A, welches durch zwei NOT-Gatter geht, wiederhergestellt wird. Die De-Morgan-Gesetze besagen, dass eine Inversion der Serienschaltung das gleiche Outputsignal liefert wie eine Parallelschaltung der Inversionen. Wenn $A = f$, $B = w$ sind, dann ergibt die Serienschaltung $A \wedge B = f$ und die Inversion $\neg(A \wedge B) = w$ (linke Seite von de Morgan). Die Inversionen $\neg A, \neg B$ von A und B sind w bzw. f. In der Parallelschaltung folgt w (rechte Seite von De Morgan). Dies prüft das Gesetz von De Morgan. Das Komplementärgesetz bei der Serieschaltung bedeutet, dass ein Signal und sein invertiertes Signal immer falsch sind, da nicht beide gleichzeitig richtig sein können. Mit dem Absorptionsgesetz $A \vee (A \wedge B) = A$ ist die linke Serien-Parallel-Schaltung äquivalent zu A, weil A die dominierende Bedingung ist. Es ist egal, ob B richtig oder falsch ist in der Parallelschaltung.

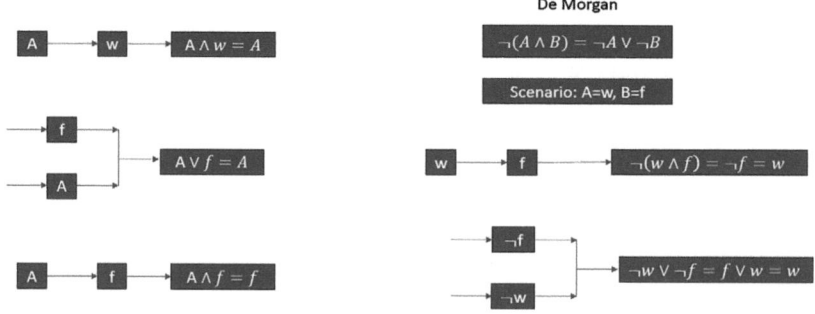

Abb. 6.1 Illustration der Regeln der Boole'schen Algebra

6.7 Beispiele Boole'scher Algebren

Aufgabe 6.6.1 *Verifizieren Sie drei der Formeln in Definition 6.6.1 mithilfe von Wahrheitstabellen. Erklären Sie die Begriffe Idempotenzgesetz, Neutralitätsgesetz, Absorptionsgesetz und Extremalgesetz.*

Das Wort **Algebra** steht für eine mathematische Struktur, in welcher drei Operationen, hier UND, ODER, NICHT, auf einer Menge X (hier Aussagen) mit den oben definierten Regeln gelten. Es gibt aber auch andere Mengen mit anderen Operationen, welche die gleichen Regeln befolgen. Eine Realisierung der Boole'schen Algebra sind Schaltkreise (Schaltalgebra), eine andere die Mengenalgebra. Alle Realisierungen unterscheiden sich nicht in den Regeln und der Struktur, sondern nur in der konkreten Menge und der Art der Operationen.

Jede Formel in einer Boole'schen Algebra hat eine **duale Formel**, die durch Ersetzung von f durch w und $\wedge$ durch $\vee$ und umgekehrt entsteht. In den elf Regeln der Definition der Boole'schen Algebra sind die zweiten Regeln dual zur ersten. Das System 6.6.1 ist **redundant**. Man kann die gleiche Struktur mit weniger Regeln definieren.

6.7 Beispiele Boole'scher Algebren

6.7.1 Mengenalgebra

Sei X eine nichtleere Menge und $\mathcal{P}(X)$ die Potenzmenge. Anstelle der Operationen $\wedge, \vee, \neg$ auf Aussagen, benutzen wir $\cap$, $\cup$ und $\overline{X}$.

Theorem 6.7.1 *Die Elemente der Potenzmenge $\mathcal{P}(X)$ erfüllen mit den Mengenoperationen Durchschnitt, Vereinigung und Komplement alle Regeln einer Boole'schen Algebra.*

Wir verzichten alle Regeln einer Boole'schen Algebra durchzugehen. Die Vereinigung und Durchschnittsbildung von Mengen sind kommutativ und assoziativ und erfüllen die Distributivgesetze. Für $A \subseteq X$, d.h. $A \in \mathcal{P}(X)$, gelten die Regeln für die neutralen Elemente:

$$\emptyset \cup A = A, \ X \cap A = A.$$

Die Komplementarität folgt aus

$$A \cup \bar{A} = X, \ A \cap \bar{A} = \emptyset.$$

Das Doppelnegationsgesetz $\neg(\neg A) = A$ entspricht $\overline{(\bar{A})} = A$.

6.7.2 Schaltalgebra

Schaltelemente, d. h. Ein-Aus-Schalter, nehmen die Werte 1 (ein) und 0 (aus) an. Ein Stromkreis mit einer Spannung, einer Lampe und einem Schalter stellt ein solches Element dar. Kombiniert man Schaltelemente, erhält man Schaltkreise. Als Kombinationen der Schaltelemente betrachten wir die Parallelschaltung (OR), Serienschaltung (AND) und die Komplementierung (NOT). Die algebraischen Bezeichnungen sind $x + y, x \cdot y, \overline{x}$ für OR, AND und NOT. Man kann **jeden** Schaltkreis mit einem Boole'schen Ausdruck darstellen. Heute werden Schaltungen mit Halbleiterelementen erstellt (**Gatter**). Diese besitzen mehrere Eingänge und mehrere Ausgänge. Wir beschränken uns auf einen einzigen Ausgang. Abb. 6.1 stellt die klassischen Gatter als Schaltsymbole und mit deren Wahrheitstabellen dar.
Aus der Boole'schen Algebra folgt die Boole'sche Schaltalgebra unter folgenden Transformationen:

- $w, f \to 1, 0$.
- $X \to B^n = \{0, 1\}^n$, die Menge der Boole'schen Strings.
- $\wedge$ wird durch $\cdot$ (Serienschaltung, AND), $\vee$ durch $+$ (Parallelschaltung, OR) und $\neg$ durch (Komplementierung, NOT) ersetzt.

Theorem 6.7.2 (Schaltalgebra). *Die Schaltalgebra über der Menge B^n mit den Verknüpfungen AND, OR und NOT und den Regeln in 6.6.1 bilden eine Boole'sche Algebra.*

Wir verzichten auf den Beweis. Analog zur Punkt-vor-Strich-Rechnung gilt in der Schaltalgebra die Konvention, dass NOT stärker bindet als AND, welches stärker bindet als OR. Die folgende Liste gibt eine Übersicht über die verwendeten Notationen in den Schaltkreisen nach DIN und in der US-Schreibweise:

NAME	Ausdruck	DIN	US
AND	—	$\wedge$	$\cdot$
OR	—	$\vee$	$+$
NOT	—	$\neg$	$\overline{x}$
XOR	$(x \vee y) \wedge \neg(x \wedge y)$	$\leftrightarrow$	$\oplus$
NOR	$\neg(x \vee y)$	$\overline{\vee}$	$\downarrow$
NAND	$\neg(x \wedge y)$	$\overline{\wedge}$	$\uparrow$
XNOR	$(x \wedge y) \vee (\overline{x} \wedge \overline{y})$	$\overline{x \vee y}$	$\odot$

Die Spalte „Ausdruck" zeigt, dass alle Gatter durch AND, OR und NOT ausgedrückt werden können. Das System der Gatter ist somit redundant. Es gibt mehr Gattertypen als notwendig, um alle Schaltungen zu erzeugen. Es ist aber praktisch mit mehr Bausteinen an Gattern zu arbeiten als dies mathematisch notwendig ist. Wir arbeiten mit der US-Notation, da uns die Notationen $+, \cdot$ für Vereinfachung von Termen näher liegen als die logischen Symbole.

6.7 Beispiele Boole'scher Algebren

Tab. 6.1 Logische Schaltungen (Gatter) und ihre Wahrheitstabellen. x, y sind die Boole'schen Inputvariablen und Q ist der Output

Name	Wahrheitstabelle	Schaltung
NOT	x | Q 0 | 1 1 | 0	
AND	x | y | Q 0 | 0 | 0 0 | 1 | 0 1 | 0 | 0 1 | 1 | 1	
OR	x | y | Q 0 | 0 | 0 0 | 1 | 1 1 | 0 | 1 1 | 1 | 1	
NOR	x | y | Q 0 | 0 | 1 0 | 1 | 0 1 | 0 | 0 1 | 1 | 0	
XOR	x | y | Q 0 | 0 | 0 0 | 1 | 1 1 | 0 | 1 1 | 1 | 0	
NAND	x | y | Q 0 | 0 | 1 0 | 1 | 1 1 | 0 | 1 1 | 1 | 0	

Wozu kann man die Schaltalgebra nutzen? Wir betrachten dazu zwei Fragestellungen:

- Gegeben eine Schaltung. Kann man die Schaltung in eine einfachere, äquivalente mit weniger Schaltelementen umwandeln? Die Schaltalgebra ermöglicht dies.
- Gegeben ein Input und ein Output aus einer Fragestellung. Wie findet man eine möglichst kleine Schaltung, welche die Fragestellung repräsentiert? Die Boole'schen Funktionen und die Schaltalgebra beantworten diese Frage.

Wir gehen die erste Fragestellung an. Betrachten wir die Schaltung in Abb. 6.2.
Der algebraische Ausdruck der Schaltung lautet:

$$z + ((x + \overline{y}) \cdot (\overline{x} \cdot y + y))$$

Mit den Regeln der Boole'schen Algebra vereinfacht sich der Schaltkreis zu:

$$z + (x + \overline{y}) \cdot (\overline{x} \cdot y + y))$$
$$= z + (x + \overline{y}) \cdot ((\overline{x} + 1) \cdot y))$$
$$= z + (x + \overline{y}) \cdot (1 \cdot y)$$
$$= z + (x + \overline{y}) \cdot y$$
$$= z + (x \cdot y) + (\overline{y} \cdot y)$$
$$= z + (x \cdot y).$$

Dabei haben wir das Extremalgesetz, das Neutralitätsgesetz, das Assoziativgesetz und das Komplementärgesetz benutzt. Die Ursprungsschaltung mit 6 Schaltelementen kann in eine äquivalente Schaltung mit 3 Elementen reduziert werden. Dabei sind z und $x \cdot y$ parallel und $x \cdot y$ in Serie geschaltet.

Abb. 6.3 zeigt einige Schaltkreise und deren zugeordnete logische Formen.

Wir vereinfachen die Schaltung B. Die Schaltkreisdarstellung ist

$$(x + y) \cdot (\overline{x} + y) \cdot (y + z).$$

Mit den Regeln der Boole'schen Algebra erhält man:

Abb. 6.2 Schaltkreis

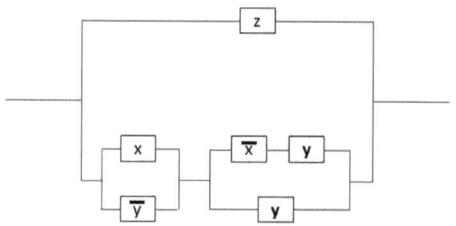

6.8 Boole'sche Funktionen

$$z \cdot y + 1.$$

Für den Schaltkreis C erhalten wir:

$$(x \cdot y) + [(z + x) \cdot \overline{y})]$$
$$= (x \cdot y) + (z \cdot \overline{y}) \cdot (x \cdot \overline{y})$$
$$= (x \cdot y) + (x \cdot \overline{y}) + (z \cdot \overline{y})$$
$$= [(x \cdot (y + \overline{y}) + (z \cdot \overline{y})$$
$$= x + (z \cdot \overline{y})$$

Aufgabe 6.7.1 *Vereinfachen Sie den Schaltkreis D so weit wie möglich.*

Aufgabe 6.7.2 *Seien x_i Schaltelemente. Zeichnen Sie die Schaltkreise zu den folgenden algebraischen Ausdrücken:*

1. $x_1 \cdot (x_2 + x_3)$.
2. $(x_1 \cdot x_2) + (x_1 \cdot x_2)$.
3. $\overline{(\overline{x_1} \cdot x_2) + x_1} + (\overline{x_1} \cdot x_2)$.

6.8 Boole'sche Funktionen

Jeder Boole'sche Ausdruck kann durch Gatter dargestellt werden und umgekehrt. Die Boole'schen Ausdrücke drücken die Logik eines Schaltkreises aus. Boole'sche Funktionen

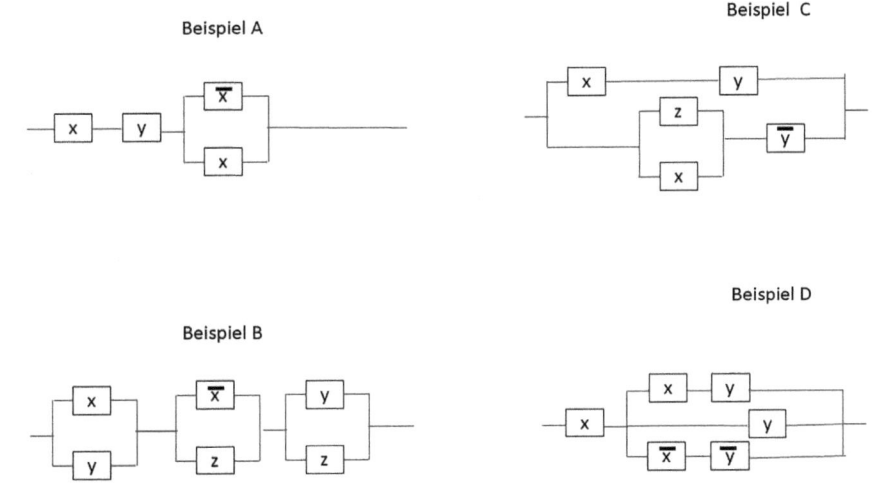

Abb. 6.3 Schaltkreise

Tab. 6.2 Boole'sche Funktion für das Lampenproblem

x_1	x_2	x_3	$f(x_1, x_2, x_3)$
0	0	0	0
0	0	1	1
0	1	0	1
0	1	1	0
1	0	0	1
1	0	1	0
1	1	0	0
1	1	1	1

beschreiben, wie Eingabevariablen zu einer Ausgabe verarbeitet werden. Da es zu jedem Boole'schen Ausdruck genau eine Boole'sche Funktion gibt und es zu jeder Boole'schen Funktion Boole'sche Ausdrücke gibt, scheint man mit dem Funktionskonzept nichts zu gewinnen. Funktionen sind oft klarer als Boole'sche Ausdrücke. Dies vereinfacht die Analyse und Implementierung. Wir haben weiter gesehen, dass verschiedene Schaltkreise mit unterschiedlichen Boole'schen Ausdrücken dargestellt werden können. Welches ist der minimale Boole'sche Ausdruck für die Darstellung eines Schaltkreises? Solche Optimierungsprobleme können mit Funktionen gelöst werden.

Wie sind Boole'sche Funktionen definiert und wie werden sie verwendet? Wir betrachten dazu ein Beispiel:

Beispiel: *In einem Zimmer soll eine Lampe von drei Schaltern unabhängig ein- und ausgeschaltet werden können. Die Lampe brennt nicht, wenn alle Schalter offen sind. Man konstruiere den Schaltkreis.*

Als Input sind drei Boole'sche Variablen $x_1, x_2, x_3, x_i \in B = \{0, 1\}$, gegeben, welche jeweils einen Schalter darstellen. Der gesamte Input ist ein Tupel $x = (x_1, x_2, x_3) \in B^3$. Die gesuchte Lösung oder Funktion f nimmt den Input und bildet einen Output $f(x) = f(x_1, x_2, x_3)$. Mit einer Wertetabelle können wir alle Kombinationen berechnen, siehe Tab. 6.2.

Überprüfen wir die Funktion f auf Korrektheit. Jeder der drei Schalter soll unabhängig die Lampe ein- oder ausschalten können. Die Lampe wechselt den Zustand (Ein/Aus) jedes Mal, wenn ein beliebiger Schalter betätigt wird. Dies entspricht der ungeraden Parität: Die Lampe ist genau dann an, wenn eine ungerade Anzahl von Schaltern auf „1" steht. Wie kann man diese Funktion f durch einen Schaltkreis realisieren? Wir suchen somit einen Boole'schen Ausdruck A, sodass gilt:

$$f(x) = A.$$

Gibt es immer ein A für ein gegebenes f? Wie findet man einen minimalen Schaltkreis A?

6.8 Boole'sche Funktionen

Tab. 6.3 Wahrheitstabelle der Boole'schen Funktionen

x_1	x_2	f_0	f_1	f_2	f_3	f_4	f_5	f_6	f_7	f_8	f_9	f_{10}	f_{11}	f_{12}	f_{13}	f_{14}	f_{15}
0	0	0	0	0	0	0	0	0	0	1	1	1	1	1	1	1	1
0	1	0	0	0	0	1	1	1	1	0	0	0	1	1	0	1	1
1	0	0	0	1	1	0	0	1	1	0	0	1	1	0	1	1	1
1	1	0	1	0	1	0	1	0	1	0	1	0	0	0	1	0	1

Betrachten wir zuerst den einfachsten binären Fall von $n = 2$ Inputs x_1, x_2. Die binären Boole'sche Funktionen $f : \mathbb{B}^2 \to \mathbb{B}$ bilden eine binäre Sequenz $x = (x_1, x_2) \in \{0, 1\}^2 \in \mathbb{B}^2$ in einen binären Output $f(x) \in \mathbb{B}$ ab. Wie viele solcher binären Boole'sche Funktionen gibt es? Es gilt $|\mathbb{B}^2| = |\{(0, 0), (0, 1), (1, 0), (1, 1)\}| = |\mathbb{B}|^2 = 2^2 = 4$. Somit hat die Inputmenge für die Boole'sche Funktion vier Elemente. Jedes Paar kann auf 0 oder 1 abgebildet werden, unabhängig von den anderen Paaren. Deshalb ist die Anzahl der binären Boole'schen Funktionen gleich:

$$|f : \mathbb{B}^2 \to \mathbb{B}| = 2 \cdot 2 \cdot 2 \cdot 2 = 2^4 = 16.$$

Diese maximal 16 binären Boole'schen Funktionen f_i sind in Tab. 6.3 aufgelistet. Die 16 Möglichkeiten stellen die uns bereits bekannten Gatter dar. Dies ist ein erstes Resultat, welche den Nutzen des Funktionskonzeptes zeigt. Somit können alle klassischen Gatter eindeutig durch eine Boole'sche Funktion dargestellt werden.

Kehren wir zum Lampenproblem in Tab. 6.2 zurück. Wie bestimmt man die Schaltung, welche durch die Funktion dargestellt wird? Mit anderen Worten: Welche AND, OR oder andere Gatter benötigt man in den drei Inputs, damit man die Outputspalte in der Boole'schen Funktionsspalte **möglichst einfach** repliziert? Da wir 3 Inputs haben, besteht die Menge aller Boole'schen Funktionen aus $2^{2^3} = 256$ Funktionen. Allgemein gilt: Bei n Inputs und einem Output ist die Anzahl der Boole'schen Funktionen 2^{2^n} - ein überexponentielles Wachstum. Ohne starke Theoreme ist die Suche nach einer Gatterschaltung, welche die optimale Boole'sche Funktion erzeugt, hoffnungslos. Wir verlieren uns in der Komplexität des Wachstums der Möglichkeiten.

Das Ziel ist, beliebige Boole'sche Funktionen f mit einer minimalen Anzahl von Boole'schen Ausdrücken darzustellen. Um die Idee der Lösung zu finden, betrachten wir wiederum zuerst den binären Fall. Wir zeigen, wie man **alle** 16 Gatter im binären Fall als **Kombination** von 4 Gattern schreiben kann. Dies reduziert die Komplexität der möglichen Boole'schen Funktionen. Betrachten wir die vier Logikfunktionen in Tab. 6.3, die für genau eine Kombination der Eingabewerte den Wert 1 annehmen und sonst 0. Es sind die f_8, f_4, f_2, f_1. Diese vier Funktionen heißen **Minterme**. Sie werden mit m_0, m_1, m_2 und m_3 bezeichnet. Aus der Tab. 6.4 folgt, dass alle Minterme AND-Terme sind. Zum Beispiel gilt:

$$\overline{x_1} \cdot \overline{x_2} = f_8(x_1, x_2) = m_0(x_1, x_2),$$

Tab. 6.4 Boole'sche Funktionen und ihre entsprechenden Gatternamen

Funktion	Boole'scher Ausdruck	Gattername
f_0	0	Konstantes 0-Gatter
f_1	$x_1 \cdot x_2$	AND-Gatter
f_2	$x_1 \cdot \overline{x_2}$	AND-NOT-Gatter
f_3	x_1	Identitätsgatter für x_1
f_4	$\overline{x_1} \cdot x_2$	AND-NOT-Gatter
f_5	x_2	Identitätsgatter für x_2
f_6	$x_1 \cdot \overline{b} + \overline{x_1} \cdot x_2$	XOR-Gatter
f_7	$x_1 + x_2$	OR-Gatter
f_8	$\overline{x_1 + x_2}$	NOR-Gatter
f_9	$\overline{x_1 \cdot \overline{x_2} + \overline{x_1} \cdot x_2}$	XNOR-Gatter
f_{10}	$\overline{x_2}$	NOT-Gatter x_2
f_{11}	$\overline{x_1} + x_2$	OR-NOT-Gatter
f_{12}	$\overline{x_1}$	NOT-Gatter x_1
f_{13}	$x_1 + \overline{x_2}$	OR-NOT-Gatter
f_{14}	$\overline{x_1 \cdot x_2}$	NAND-Gatter
f_{15}	1	Konstantes 1-Gatter

wie man mit einer Wahrheitstabelle leicht nachrechnet. Jetzt können wir die gesuchte Formel hinschreiben:

Theorem 6.8.1 *Sei f eine der 16 binären Boole'schen Funktionen in Tab. 6.4,*

$$f : B \times B \to B, \quad (x_1, x_2) \mapsto f(x_1, x_2).$$

Dann gilt die Darstellung:

$$f = f(0,0)m_0 + f(0,1)m_1 + f(1,0)m_2 + f(1,1)m_3. \tag{6.3}$$

Die Funktion $f(x_1, x_2)$ heißt Koeffizientenfunktion.

Jede Boole'sche Funktion f mit binärem Input kann somit als Kombination der vier Minterme geschrieben werden (Tab. 6.5).

Beweis Der Beweis wird mit Wertetabellen geführt. Es gilt:
Angenommen, wir haben die Funktion $f(x_1, x_2)$ mit den Funktionswerten:

$$f(0,0) = 1, \quad f(0,1) = 0, \quad f(1,0) = 1, \quad f(1,1) = 0.$$

6.8 Boole'sche Funktionen

Tab. 6.5 Wahrheitstabelle der binären Boole'schen Funktion und ihrer Minterme

x_1	x_2	$f(x_1, x_2)$	$\overline{x_1} \cdot \overline{x_2}$	$\overline{x_1} \cdot x_2$	$x_1 \cdot \overline{x_2}$	$x_1 \cdot x_2$
0	0	$f(0,0)$	1	0	0	0
0	1	$f(0,1)$	0	1	0	0
1	0	$f(1,0)$	0	0	1	0
1	1	$f(1,1)$	0	0	0	1

Dann ergibt sich:

$$f(x_1, x_2) = f(0,0) \cdot (\overline{x_1} \cdot \overline{x_2}) + f(0,1) \cdot (\overline{x_1} \cdot x_2)$$
$$+ f(1,0) \cdot (x_1 \cdot \overline{x_2}) + f(1,1) \cdot (x_1 \cdot x_2)$$
$$= \overline{x_1} \cdot \overline{x_2} + x_1 \cdot \overline{x_2}.$$

Mit der Boole'schen Algebra folgt:

$$\overline{x_1} \cdot \overline{x_2} + x_1 \cdot \overline{x_2} = (\overline{x_1} + x_1) \cdot \overline{x_2}$$
$$= 1 \cdot \overline{x_2}$$
$$= \overline{x_2}.$$

Damit haben wir das NOT-Gatter dargestellt. Durch dieselbe Methode kann jede der 16 Boole'schen Funktionen als eine Summe der entsprechenden Minterme dargestellt werden. □

Das Beispiel im Beweis zeigt, dass man nur die Minterme benutzen muss, bei denen die Koeffizientenfunktion $f(x_1, x_2) = 1$ ist. Die Formel 6.3 heißt disjunktive Normalform (DNF). Disjunktiv ist ein Synonym für OR, welches in die Summendarstellung eingeht. Da in der Boole'schen Algebra die Dualität gilt, existiert auch eine konjunktive Normalform (KNF), welche mit AND anstelle mit OR wie folgt lautet:

$$f = (f(0,0) + x_1 + x_2) \cdot (f(0,1) + x_1 + \overline{x_2}) \qquad (6.4)$$
$$\cdot (f(1,0) + \overline{x_1} + x_2) \cdot (f(1,1) + \overline{x_1} + \overline{x_2})$$

Die Boole'schen Ausdrücke in der KNF

$M_0(x_1, x_2) = x_1 + x_2$, $M_1(x_1, x_2) = x_1 + \overline{x_2}$, $M_2(x_1, x_2) = \overline{x_1} + x_2$, $M_3(x_1, x_2) = \overline{x_1} + \overline{x_2}$

heißen **Maxterme**, da sie nur für eine Kombination der Eingangsvariablen den Wert 0 haben, sonst besitzen sie immer ¨ den Wert 1. Zusammengefasst kann jede binäre Boole'sche Funktion f durch AND, OR und NOT dargestellt werden, indem man die Summe über alle

Minterme mit Wert 1 oder das Produkt über alle Maxterme mit Wert 0 bildet. Kommt öfter die Null vor, ist DNF effizienter, sonst KNF. Dies ist das Kochrezept.

Der Fall der binären Boole'schen Funktionen ist jetzt besprochen. Wie verallgemeinert die Theorie auf nichtbinäre Fälle, wie zum Beispiel im Lampenproblem mit drei Inputs? Wir machen einen großen, abstrakten Schritt und geben die DNF für einen Input mit n-Bits an:

Theorem 6.8.2 *(Disjunktive Normalform) Sei $f : \{0, 1\}^n \to \{0, 1\}$ eine Boole'sche Funktion. Dann kann f in der Form:*

$$f(x_1, \ldots, x_n) = \sum_{(a_1, \ldots a_n) \in T(f)} x_1^{a_1} \cdot \ldots \cdot x_n^{a_n} \tag{6.5}$$

dargestellt werden. Dabei sind $a_j \in \{0, 1\}$, $x^0 := \overline{x}, x^1 := x$ und der Träger $T(f)$ ist definiert durch:

$$T(f) := \{(a_1, \ldots, a_n) | a_i \in \{0, 1\}, f(a_1, \ldots, a_n) = 1\}.$$

Das Theorem scheint kompliziert. Ist es aber nicht. Es besagt, dass **jede** Boole'sche Funktion f durch eine Summe von algebraischen Ausdrücken mit Inputlänge n geschrieben werden kann, wobei nur diejenigen mit dem Output 1 eingehen (der Träger). Die Summe bedeutet: „Summiere über alle Ausdrücke mit einer 1 als Wert der Funktion (und vergiss die Nulloutputs)". Genau gleich wie im binären Fall. Anstelle von Produkten mit zwei Inputs gehen jetzt Produkte mit n Inputs in die Summendarstellung ein. Ist ein Bit $a_j = 1$, geht das Element als x_j ein, sonst als dessen Negation. Wir verzichten auf den Beweis.

Jetzt lösen wir endlich das Lampenproblem. Der Träger ist:

$$T(f) = \{(0, 0, 1), (0, 1, 0), (1, 0, 0), (1, 1, 1)\}.$$

Die Boole'sche Schaltfunktion folgt auf einen Schlag mit Theorem 6.8.2:

$$f = \overline{x}_1 \cdot \overline{x}_2 \cdot x_3 + \overline{x}_1 \cdot x_2 \cdot \overline{x}_3 + x_1 \cdot \overline{x}_2 \cdot \overline{x}_3 + x_1 \cdot x_2 \cdot x_3. \tag{6.6}$$

Diese Schaltung löst die Aufgabe. Sie ist aber noch nicht minimal. Wenden Sie die Regeln der Boole'schen Algebra in der nächsten Aufgabe an, um die Schaltung zu minimieren mit dem Resultat:

$$f = x_1 \oplus x_2 \oplus x_3. \tag{6.7}$$

Somit ist f gleich 1, genau dann, wenn eine ungerade Anzahl der Inputs x_i gleich 1 ist (Schalter eingestellt).

Aufgabe 6.8.1 *Rechnen Sie (6.7) und stellen Sie dies als Schaltkreis dar.*

6.9 SAT-Solver

Aufgabe 6.8.2 *Realisieren Sie die Schaltfunktionen f und g für folgende Wertetabellen:*

x_1	x_2	x_3	$f(x_1, x_2, x_3)$	$g(x_1, x_2, x_3)$
0	0	0	0	0
0	0	1	1	1
0	1	0	1	0
0	1	1	0	0
1	0	0	1	1
1	0	1	0	1
1	1	0	0	0
1	1	1	0	1

Aufgabe 6.8.3 *Für ein Gremium von drei Personen soll eine Abstimmungsschaltung entworfen werden. Ein Lämpchen soll brennen, wenn die Mehrheit für eine Vorlage ist, d. h. mindestens zwei Personen schließen ihren Schalter. Stellen Sie die Schaltfunktion in einer Wertetabelle dar und entwerfen Sie eine Schaltung.*

Aufgabe 6.8.4 *In einem zweitürigen Wagen soll die Innenbeleuchtung brennen, falls eine der Türen offen ist oder ein Schalter im Innenraum betätigt wird. Entwerfen Sie die Schaltung.*

Wir haben im binären Fall gesehen, dass alle Boole'schen Funktionen mit AND, OR und NOT geschrieben werden können. Man kann zeigen, dass man auch alle Boole'schen Funktionen mit NAND oder XOR alleine darstellen kann.

Aufgabe 6.8.5 *Zeigen Sie:*
$$NAND + NOR = NAND.$$

6.9 SAT-Solver

Betrachten wir die Formel $\text{XOR}(x, y) = (x + y) \cdot (\bar{x} + \bar{y})$. XOR beschreibt eine Bedingung, bei der genau einer von zwei Zuständen wahr ist. Wir wenden die Formel auf ein Planungsproblem an.

Zeitplanung

- Wir haben zwei Zeitfenster T_1 und T_2 und möchten sicherstellen, dass ein Ereignis nur in einem dieser Zeitfenster stattfindet, aber nicht in beiden gleichzeitig.
- Modellierung: $x(y)$ repräsentiert das Ereignis in Zeitfenster $T_1(T_2)$.

- XOR-Formel: $x + y$: Entweder in T_1 oder in T_2 oder in beiden. Analog für den $\bar{x} + \bar{y}$-Term.

Ein SAT-Solver (Satisfiability Solver) ist ein Algorithmus, das darauf spezialisiert ist, das Erfüllbarkeitsproblem der Aussagenlogik (SAT-Problem) zu lösen: Gibt es eine Zuweisung von Wahrheitswerten zu den Variablen einer logischen Formel, sodass die Formel als ganzes wahr wird? Die Formel muss in KNF gegeben sein. wie in unserem XOR-Beispiel.

Betrachten wir ein einfaches Beispiel für den SAT-Solver. Die KNF-Formel ist:

$$(x_1 + \bar{x}_2) \cdot (\bar{x}_1 + x_2)$$

Ein SAT-Solver sucht eine Belegung der Variablen x_1 und x_2, sodass beide Terme erfüllt sind. Der SAT-Solver testet verschiedene Belegungen für $x_1, x_2 \in \{0, 1\}$:

- Wenn $x_1 = 1$ und $x_2 = 1$:
  - Erster Term: $1 + \bar{1} = 1$ (wahr).
  - Zweiter Term: $\bar{1} + 1 = 1$ (wahr).

Die Formel ist also erfüllbar mit der Belegung $x_1 = 1, x_2 = 1$.

Jetzt betrachten wir ein komplexeres Beispiel, das 3-SAT-Problem:

$$(x_1 + \bar{x}_2 + x_3) \cdot (\bar{x}_1 + x_2 + x_4) \cdot (x_2 + \bar{x}_3 + \bar{x}_4) \cdot (\bar{x}_1 + \bar{x}_2 + x_4)$$

Diese Formel ist ebenfalls in KNF und besteht aus vier Termen. Der SAT-Solver sucht eine Belegung für $x_1, x_2, x_3, x_4 \in \{0, 1\}$, sodass alle Terme erfüllt sind. Der Ansatz des SAT-Solvers ist:

1. Wähle einen Term, z. B. $x_1 + \bar{x}_2 + x_3$. Setze $x_1 = 1$, um diesen Term zu erfüllen.
2. Entferne den erfüllten Term aus der Formel:

$$(\bar{x}_1 + x_2 + x_4) \cdot (x_2 + \bar{x}_3 + \bar{x}_4) \cdot (\bar{x}_1 + \bar{x}_2 + x_4).$$

3. Wähle $x_2 = 1$, um einen weiteren Term zu erfüllen.
4. Iteriere, bis alle Terme erfüllt sind.

Eine mögliche Lösung ist:

$$x_1 = 1, \quad x_2 = 1, \quad x_3 = 0, \quad x_4 = 1.$$

Das Python-Programm für den SAT-Solver ist in Python Kap. 5 gegeben.

Tab. 6.6 Addition 5 und 3

Stelle	3. Bit	2. Bit	1. Bit	0. Bit
Zahl 1	0	1	0	1
Zahl 2	0	0	1	1
Summe	0	1	1	0
Übertrag	0	0	0	1

6.10 Addition

Die Addition von Zahlen in einem Computer wird von der Arithmetic Logic Unit (ALU) der CPU durchgeführt. Beginnen wir mit der Addition zweier binärer Zahlen. Die ALU addiert jeweils die Bits der beiden Zahlen von rechts nach links, unter Berücksichtigung eines möglichen Übertrags von der vorherigen Stelle. Ein **Halbaddierer** addiert zwei einzelne Bits und gibt eine Summe und einen Übertrag aus. Ein **Volladdierer** addiert drei Bits (zwei Bits und einen Übertrag) und gibt ebenfalls eine Summe und einen Übertrag aus.

Addieren wir binär 5 und 3. Wenn wir zwei Nullen oder zwei Einsen addieren, erhalten wir Null und einmal einen Übertrag von Eins. In allen anderen Fällen eine 1. Dies entspricht einer XOR-Schaltung. Einmal erhalten wir einen Übertrag von 1, sonst ist der Übertrag für alle Kombinationen der Inputs null; d. h. für den Übertrag erwarten die AND-Schaltung. Wir rechnen dies für das Beispiel nach. Es gilt

$$5_{10} = (0101)_2 \,,\; 3_{10} = (0011)_2 \implies (0101)_2 + (0011)_2 = (1000)_2 = 8_{10}.$$

Die schrittweise Addition ist in Tab. 6.6 gegeben.

Zusammengefasst sind die grundlegenden Komponenten beim Halbaddierer:

- Eingang: zwei Bits (A und B)
- Ausgang: Summe (S) und Übertrag (C)
- Logische Operationen für die Summe $S = A \oplus B$ (XOR) und für den Übertrag $C = A \cdot B$ (AND).

Beim Volladdierer benötigen wir die folgende Wertetabelle:

A	B	C_{in}	S	C_{out}
0	0	0	0	0
0	0	1	1	0
0	1	0	1	0
0	1	1	0	1
1	0	0	1	0
1	0	1	0	1
1	1	0	0	1
1	1	1	1	1

- Eingang: drei Bits (A, B und Übertrag C_{in}). Somit haben wir $2^3 = 8$ Inputmöglichkeiten.
- Ausgang: Summe (S) und Übertrag C_{out}
- Logische Operationen:
  - Summe: $S = A \oplus B \oplus C_{in}$
  - Übertrag: $C_{out} = (A \cdot B) + (C_{in} \cdot (A \oplus B))$

Die Ausdrücke für die Summe und den Übertrag können Sie leicht selbständig verifizieren. Wir wollen den Ausdruck für die Summe mit der DNF herleiten. Bei der DNF betrachten wir nur die Terme mit der 1 und schreiben die Ausdrücke mit AND, OR und NOT:

$$S = (\overline{A} \cdot \overline{B} \cdot C_{in}) + (\overline{A} \cdot B \cdot \overline{C_{in}}) + (A \cdot \overline{B} \cdot \overline{C_{in}}) + (A \cdot B \cdot C_{in})$$

Nun vereinfachen wir. Zuerst gruppieren wir die Terme nach gemeinsamen Faktoren:

$$S = [(\overline{A} \cdot \overline{B} \cdot C_{in}) + (\overline{A} \cdot B \cdot \overline{C_{in}})] + [(A \cdot \overline{B} \cdot \overline{C_{in}}) + (A \cdot B \cdot C_{in})]$$

Dann faktorisieren wir die gemeinsamen Faktoren:

$$S = \overline{A} \cdot (\overline{B} \cdot C_{in} + B \cdot \overline{C_{in}}) + A \cdot (\overline{B} \cdot \overline{C_{in}} + B \cdot C_{in})$$

Wir vereinfachen die verbleibenden Terme:

$$\overline{B} \cdot C_{in} + B \cdot \overline{C_{in}} = B \oplus C_{in}$$

$$\overline{B} \cdot \overline{C_{in}} + B \cdot C_{in} = \overline{(B \oplus C_{in})}$$

Wir setzen diese Vereinfachungen in die faktorisierte Form ein:

$$S = \overline{A} \cdot (B \oplus C_{in}) + A \cdot \overline{(B \oplus C_{in})}$$

Wir verwenden $A \oplus B = (A \cdot \overline{B}) + (\overline{A} \cdot B)$:

6.10 Addition

$$S = A \oplus (B \oplus C_{in})$$

Da $\oplus$ assoziativ ist, können wir dies weiter vereinfachen:

$$S = A \oplus B \oplus C_{in}$$

Dies zeigt, dass XOR eine grundlegende Operation der binären Addition ist. Jetzt stellen wir die Schaltungen grafisch dar. Zuerst die Übersichtsschaltung für die Summe und den Übertrag.

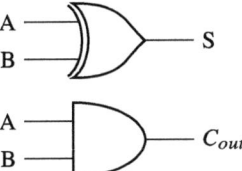

Jetzt die detaillierte Schaltung:

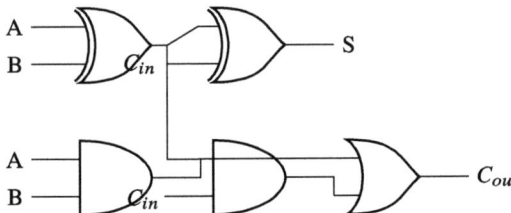

Für Python-Implementierungen der Gatter und der Addierer sind in Python Kap. 6.

Wenn wir n Zahlen addieren wollen, kombinieren wir den Voll- und den Halbaddierer. Wir können die Summe und den Übertrag auch wie folgt darstellen. Die Summe $x_1 + x_2 + \ldots + x_n$ an der aktuellen Position der Zahlen kann gerade oder ungerade sein. Sie ist gleich 1, wenn die Summe gerade ist, sonst null. Mit anderen Worten, ist die Summe durch zwei teilbar, ist der Wert 1, sonst null. Wir schreiben dies auch in der Form:

$$\text{Summe} = (x_1 + x_2 + \ldots + x_n) \mod 2,$$

wobei die rechte Seite der Rest durch die Division mit 2 darstellt („modulo 2"). Dies ist mit Schaltungen gleich:

$$\text{Summe} = x_1 \oplus x_2 \oplus \ldots \oplus x_n.$$

Dies zeigt, dass XOR die Addition von Zahlen modulo 2 ausdrückt. Der Übertrag ist der ganzzahlige Quotient der Summe der Bits an der aktuellen Position dividiert durch 2, also wie oft die Summe 2 oder mehr erreicht. Wir schreiben dies in der Form:

$$\text{Übertrag} = \lfloor \frac{x_1 + x_2 + \ldots + x_n}{2} \rfloor$$

mit den Gaußklammern der Abrundung.

Teil II
Funktionen, Relationen, Modulare Arithmetik

7 Abbildungen und Funktionen

Inhaltsverzeichnis

7.1	Definitionen	157
7.2	Beispiele von Funktionen	158
7.3	Verknüpfung von Funktionen (Komposition)	163
7.4	Bild, Urbild, Umkehrfunktion	164
7.5	Schubfachprinzip und Anzahl der Funktionen	167
7.6	Potenzfunktion, Exponentialfunktion, Logarithmusfunktion	177
7.7	Python	178
7.8	Python: Klassen, Objekte, Variable	183

7.1 Definitionen

Wir haben mehrfach in Anwendungen die Nützlichkeit von Funktionen kennen gelernt. Jetzt setzen wir das Thema der Funktionen oder Abbildungen ins Zentrum der Betrachtungen.

Definition 7.1.1 *(Abbildung) M und N sind Mengen. Eine Abbildung $f : M \to N$ zwischen M und N ist eine Vorschrift, die jedem Element $a \in M$ **ein** Element $f(a) \in N$ zuordnet. M heißt Definitionsmenge und N Zielmenge der Abbildung.*

Die Definition einer Abbildung besteht aus der Festlegung der Mengen M, N und der Beschreibung der Vorschrift, wie f operiert. Zum Beispiel verdoppelt

$$f : \mathbb{N} \to \mathbb{N}, \ f(n) = 2n$$

Ergänzende Information Die elektronische Version dieses Kapitels enthält Zusatzmaterial, auf das über folgenden Link zugegriffen werden kann https://doi.org/10.1007/978-3-662-71095-1_7.

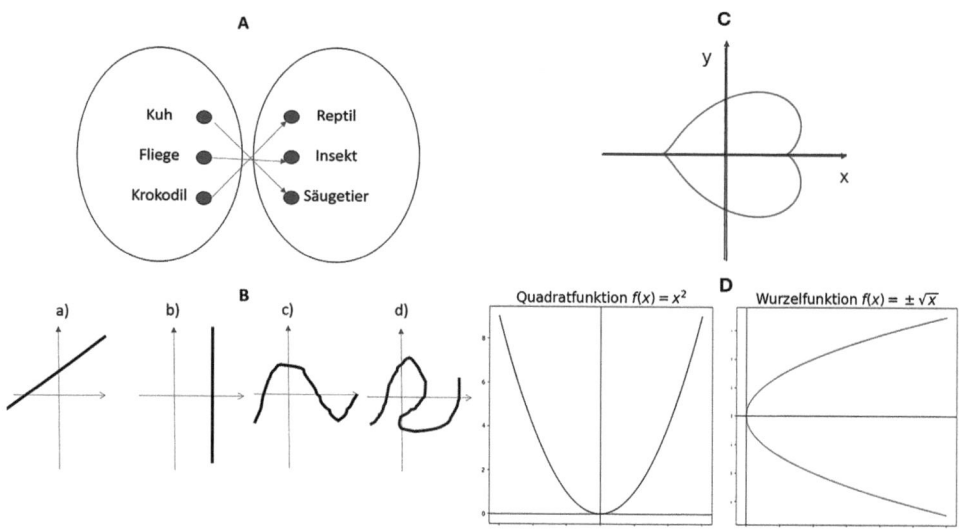

Abb. 7.1 Beispiele von Funktionen und von Objekten, welche keine Funktionen sind

jede natürliche Zahl. Die Definition besagt **nicht**, dass unterschiedliche a in M auf unterschiedliche $f(a) \in N$ abgebildet werden und dass jedes Element $n \in N$ unter f angenommen wird, d. h. dass ein a existiert mit $f(a) = n$. Wenn M, N Zahlenmengen sind, sprechen wir vom **Definitionsbereich D_f, dem Wertebereich W_f** und einer **Funktion** f. Oft wird nicht zwischen den Begriffen Funktion und Abbildung unterschieden.

Abbildung A in 7.1 stellt eine Funktion mit diskreter Definitions- und Zielmenge dar. In Figur B stellen a), c) Funktionen $\mathbb{R} \to \mathbb{R}$ dar. b) und d) hingegen sind keine Funktionen, da diese einem Element $x \in \mathbb{R}$ des Definitionsbereiches **mehr** als ein Element zuordnen. Das gleiche gilt für C. In D ist links die Parabelfunktion $f(x) = x^2 - 1$ abgebildet. Rechts ist die **Umkehrfunktion**, die Wurzelfunktion, dargestellt. Die Umkehrfunktion ist doppeldeutig – einem x-Wert werden zwei y-Werte zugeordnet – und somit keine Funktion. Will man die Wurzelfunktion definieren, muss man sich für einen der beiden Äste in der Abbildung entscheiden.

7.2 Beispiele von Funktionen

7.2.1 Fakultätsfunktion

Die Fakultätsfunktion $f : \mathbb{N} \to \mathbb{N}$ ordnet einer natürlichen Zahl n die natürliche Zahl $f(n) = n!$ zu. Dabei gilt $f(0) = 0! := 1$. Definitionsbereich sind die natürlichen Zahlen mit der Null und der Wertebereich die natürlichen Zahlen. Die überraschende Definition $0! = 1$ folgt aus der rekursiven Definition der Fakultätsfunktion $f(n) = nf(n-1)$. Setzen wir $n = 1$ ein und $1! = 1$, dann folgt $f(1) = 1 = 1 f(0) = 1 \cdot 0!$ und somit die Definition $0! = 1$.

Die Fakultätsfunktion zeichnet sich durch überexponentielles Wachstum aus. Sie besitzt aber viele weitere Eigenschaften. Zum Beispiel lernt man in der Analysis, dass die Exponentialfunktion e^x als Potenzreihe dargestellt werden kann:

$$e^x = 1 + x + \frac{x^2}{2!} + \frac{x^3}{3!} + \frac{x^4}{4!} + \dots$$

Die Reihe der Potenzen bricht nicht ab. Setzen wir $x = 1$, folgt

$$e = 1 + 1 + \frac{1}{2!} + \frac{1}{3!} + \frac{1}{4!} + \dots$$

Dies zeigt, dass die Euler'sche Zahl $e \sim 2{,}7$ gleich der Summe der reziproken Fakultäten ist. Da die ersten drei Terme den Wert 2,5 besitzen, müssen alle restlichen Terme sehr schnell sehr klein werden. Dies zeigt, wie schnell die Fakultäten wachsen.

7.2.2 Affine und lineare Funktion

Die **affine Funktion** $f : \mathbb{R} \to \mathbb{R}$ ist definiert durch

$$f(x) = mx + b$$

mit m, b reelle Zahlen. Diese Funktion stellt Geraden dar. Stellt man das Paar $(x, f(x)) \in \mathbb{R} \times \mathbb{R}$ im Koordinatensystem dar, dann ist b der y-Achsenabschnitt und m die Steigung der Geraden. Die Funktion $f(x) = 3x + 4$ schneidet bei $f(0) = 4$ die y-Achse und die Steigung ist $+3$, d. h. eine Einheit nach rechts und drei Einheiten nach oben. Der Definitions- und Wertebereich sind die gesamten reellen Zahlen. Zur Bestimmung der Umkehrfunktion lösen wir

$$y = mx + b$$

nach x auf (hier ist üblich y anstelle von $f(x)$ zu schreiben):

$$x = \frac{y}{m} - \frac{b}{m}.$$

Dies ist nur definiert für $m \neq 0$. Um die Umkehrfunktion in das gleiche Koordinatensystem wie die Ursprungsfunktion einzuzeichnen, vertauschen wir am Schluss der Rechnung x und y:

$$y = \frac{x}{m} - \frac{b}{m}.$$

Wir erhalten für $f(x) = 3x + 4$ die Umkehrfunktion $f^{-1}(x) = \frac{x}{3} - \frac{4}{3}$, siehe Abb. 7.2. Wählen wir $x = 2$, folgt $f(2) = 10$ und $f^{-1}(10) = \frac{10}{3} - \frac{4}{3} = 2$, d. h., wir erhalten

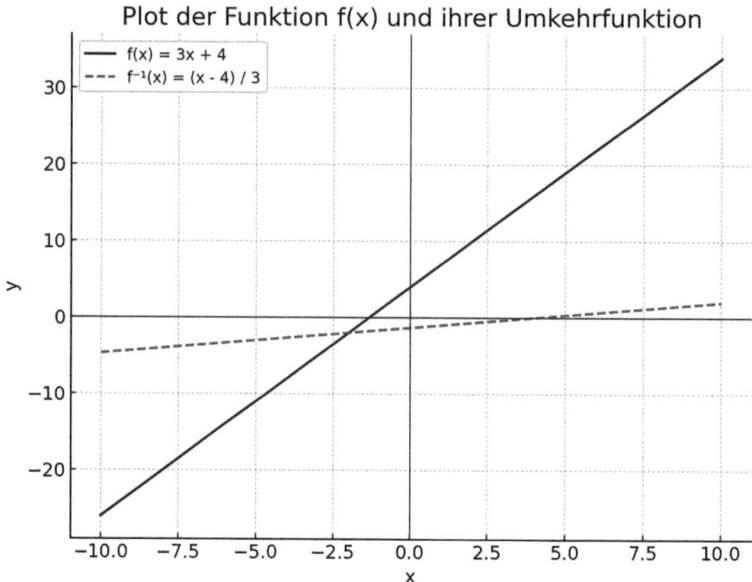

Abb. 7.2 Gerade $f(x) = 3x + 4$ und ihre Umkehrfunktion $f^{-1}(x) = \frac{x}{3} - \frac{4}{3}$

den Inputwert zurück. Dies rechtfertigt den Namen „Umkehrfunktion" und kann mit der Komposition von Abbildungen dargestellt werden:

$$x \to f(x) \to f^{-1}(f(x)) = x.$$

Nicht jede Funktion besitzt eine Umkehrfunktion. Für $m = 0$ erhalten wir eine Gerade parallel zur x-Achse durch den Schnittpunkt b auf der y-Achse. Da alle $x \in D_f = \mathbb{R}$ auf den gleichen Wert $b \in W_f$ abgebildet werden, kann es keine Umkehrfunktion geben.

Wir stellen Funktionen in Koordinatensystemen dar und sprechen bei der Zeichnung ebenfalls von der Funktion. Dies ist nicht präzis:

Definition 7.2.1 *Zu einer Funktion $f : M \to N$ heißt die Teilmenge $G_f = \{f(x, y) \in M \times N | y = f(x)\}$ der Graph der Funktion f.*

Aufgabe 7.2.1 *Plotten Sie die Funktion $f(x) = 3x + 4$ und ihre Umkehrfunktion in Python. Importieren Sie dazu numpy zur Definition der Funktionen und matplotlib.pyplot für den Plot.*

Aus der affinen Funktion erhalten wir die lineare Funktion $f(x) = mx$, indem wir den Achsenabschnitt $b = 0$ setzen. Lineare Funktionen auf den reellen Zahlen besitzen die folgenden beiden Eigenschaften:

7.2 Beispiele von Funktionen

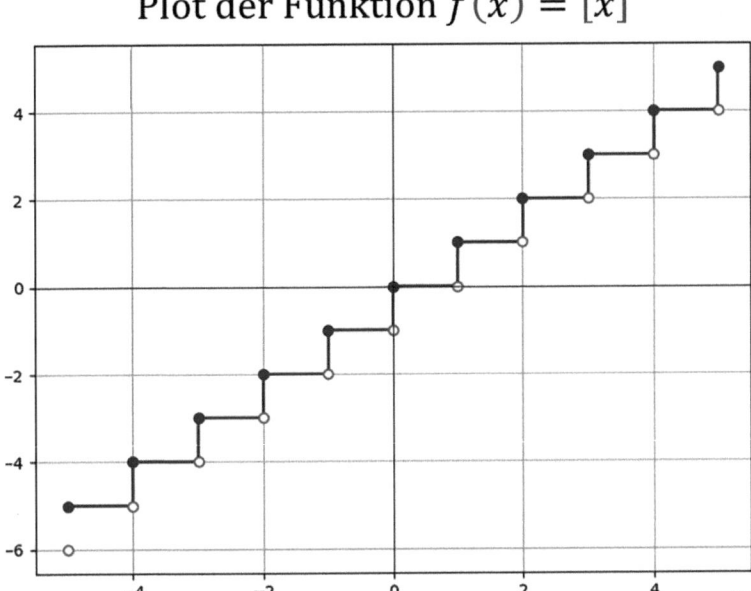

Abb. 7.3 Plot der Funktion $f(x) = \lfloor x \rfloor$

$$f(ax) = af(x), \; f(x+y) = f(x) + f(y), \, a, x, y \in \mathbb{R}. \tag{7.1}$$

Die Funktion einer Summe ist gleich der Summe der Funktionen und die Funktion eines Vielfachen a ist gleich dem Vielfachen der Funktion. Dieser Begriff liegt der linearen Algebra zugrunde, welche beispielsweise grundlegend für Machine Learning und KI ist.

7.2.3 Rundungsfunktion

Im Abschn. 2.8 hatten wir das Auf- und Abrunden eingeführt. Wir betrachten jetzt die Ab- und Aufrundungsfunktionen:

$$f : \mathbb{R} \to \mathbb{Z}, \; x \to f(x) := \lfloor x \rfloor = \max\{n \in \mathbb{Z} : n \leq x\}$$

und

$$f : \mathbb{R} \to \mathbb{Z}, \; x \to f(x) := \lceil x \rceil = \min\{n \in \mathbb{Z} : n \leq x\}.$$

Der Definitionsbereich und Wertebereich sind unterschiedliche Mengen. Abb. 7.3 stellt den Graphen der Funktionen, eine Treppenfunktion, dar. Erklären Sie den Unterschied zwischen den Rundungsfunktionen und dem Runden im Abschn. 2.8?

Die Auf- und Abrundungsfunktionen sind **nichtlinear**.

Theorem 7.2.1 *Für x eine reelle Zahl gilt:*

$$\lfloor 2x \rfloor = \lfloor x \rfloor + \left\lfloor x + \frac{1}{2} \right\rfloor$$

oder mit der Funktionsschreibweise:

$$f(2x) = f(x) + f\left(x + \frac{1}{2}\right) \neq 2f(x).$$

Beweis Sei $x = n + q$, wobei n eine ganze Zahl ($n = \lfloor x \rfloor$) und q der gebrochene Anteil von x ist ($0 \leq q < 1$). Da wir runden, müssen die Fälle $q < \frac{1}{2}$ und $\frac{1}{2} \leq q < 1$ unterschieden werden.

Fall 1: $0 \leq q < \frac{1}{2}$
Hier ist $0 \leq x < n + \frac{1}{2}$. Das bedeutet $\lfloor x \rfloor = n$ und $\lfloor x + \frac{1}{2} \rfloor = n$, weil $x + \frac{1}{2} < n + 1$. Daher haben wir:

$$\lfloor x \rfloor + \left\lfloor x + \frac{1}{2} \right\rfloor = n + n = 2n.$$

Andererseits ist $2x = 2n + 2q$ und $0 \leq 2q < 1$, sodass $\lfloor 2x \rfloor = \lfloor 2n + 2q \rfloor = 2n$.
Somit gilt:

$$\lfloor 2x \rfloor = 2n = \lfloor x \rfloor + \lfloor x + \frac{1}{2} \rfloor.$$

Fall 2: $\frac{1}{2} \leq q < 1$
In diesem Fall ist $n + \frac{1}{2} \leq x < n + 1$. Das bedeutet $\lfloor x \rfloor = n$ und $\lfloor x + \frac{1}{2} \rfloor = n + 1$, weil $x + \frac{1}{2} \geq n + 1$.
Dies impliziert:

$$\lfloor x \rfloor + \left\lfloor x + \frac{1}{2} \right\rfloor = n + (n + 1) = 2n + 1.$$

Andererseits ist $2x = 2n + 2q$ und $1 \leq 2q < 2$, sodass $\lfloor 2x \rfloor = \lfloor 2n + 2q \rfloor = 2n + 1$.
Somit gilt:

$$\lfloor 2x \rfloor = 2n + 1 = \lfloor x \rfloor + \left\lfloor x + \frac{1}{2} \right\rfloor, \quad \forall x \in \mathbb{R}.$$

$\square$

Aufgabe 7.2.2 *Definieren Sie in Python die Rundungsfunktionen mithilfe von numpy und zeichnen Sie den Graphen der Funktionen für $x \in [-5, 5]$:*

$$f(x) = \lfloor x - 1 \rfloor, \quad g(x) = \lfloor 3x - 1 \rfloor, \quad h(x) = \lfloor x \rfloor \cdot \lfloor x \rfloor.$$

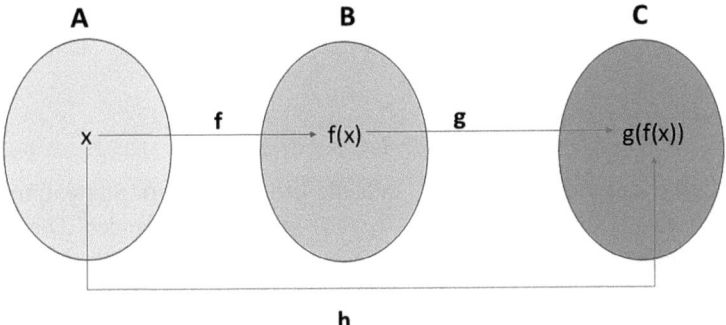

Abb. 7.4 Verknüpfung von Funktionen

7.3 Verknüpfung von Funktionen (Komposition)

Funktionen können **verknüpft (verkettet)** werden, indem man sie hintereinander ausführt. Seien $f : A \to B, g : B \to C$ zwei Funktionen, dann ist die Verkettung $g \circ f : A \to C$ gegeben durch (siehe Abb. 7.4):

$$h(x) := g \circ f(x) = g(f(x)) , \; x \in A, \; f(x) \in B, \; g(f(x)) \in C.$$

Das Symbol ∘ steht für die Verknüpfung von Funktionen. Bei der Verkettung hat die Folgefunktion den Definitionsbereich im Wertebereich der Vorgängerfunktion. Sonst greift die Verknüpfung ins Leere. Die Notation $g(f(x))$ bedeutet, dass zuerst x mit f auf $f(x)$ abgebildet wird, und dann g diesen Wert $f(x)$ aufnimmt und auf einen neuen Wert abbildet. Die Reihenfolge der Verknüpfung von Funktionen ist von innen nach außen.

Beispiele seien:
$$g(x) = x^2 , \; f(x) = x + 1. \tag{7.2}$$

Die Verkettung ist:
$$h(x) = (g \circ f)(x) = g(f(x)) = g(x+1) = (x+1)^2 .$$

Aufgabe 7.3.1 *Betrachte die oben definierten Funktionen f, g. Berechnen Sie für $x = -1, 0, 1, 3$ die Funktionswerte $f(x), g(x)$ und $g \circ f(x)$.*

Wir wissen, dass $2+3 = 3+2$, $A \cap B = B \cap A$, d. h., die Addition und die Schnittmengenoperation sind kommutativ. Das kartesische Produkt ist aber nicht kommutativ: $A \times B \neq B \times A$. Die Komposition von Funktionen ist im Allgemeinen **nicht** kommutativ. Dazu genügt ein Beispiel. Seien $A = B = C = \mathbb{R}$ und (7.2) gegeben. Dann gilt einerseits

$$(f \circ g)(x) = f(x+1) = (x+1)^2 = x^2 + 2x + 1$$

und andererseits:
$$(g \circ f)(x) = g\left(x^2\right) = x^2 + 1,$$
d. h.
$$f \circ g \neq g \circ f.$$

Eine spezielle Verknüpfung ist $f \circ f^{-1}$, falls die Inverse existiert. Startend mit x im Definitionsbereich von f sollten wir mit $f^{-1}(f(x))$ wieder bei x landen. Dies definiert die **identische Abbildung** $\text{id}_M : M \to M$:

$$\text{id}_M(x) = x, \ \forall x.$$

Somit gilt $f^{-1} \circ f = \text{id}$ (ohne die Mengen zu spezifizieren). Es gilt für eine beliebige Funktion $f: M \to N$

$$\text{id}_N \circ f = f \circ \text{id}_M = f.$$

Die identische Abbildung verhält sich gleich wie die Zahl 1 bei der Multiplikation. Sie ist das **neutrale Element** für Funktionsverkettungen. Wir kommen bei Bedarf auf weitere Rechenregeln für Kompositionen von Funktionen zurück.

7.4 Bild, Urbild, Umkehrfunktion

7.4.1 Bild, Urbild

Für eine Funktion $f : M \to N$ stellen wir zwei Fragen:

- Welche Elemente werden durch die Funktion f in N angenommen? Das Bild von f.
- Welche Werte in M werden durch f abgebildet nach N? Das Urbild von f.

Siehe Abb. 7.5 für die Illustration der folgenden Definition.

Definition 7.4.1 *Sei $f : M \to N$ eine Funktion und $A \subset M$, dann besteht das **Bild** $f(A) \subset N$ aus allen Zielwerten $f(a)$:*

$$Bild : f(A) = \{f(a) \in N : a \in A \subset M\}.$$

*Das **Urbild** $f^{-1}(B) \subset M$ ist definiert:*

$$Urbild : f^{-1}(B) = \{a \in M : f(a) \in B\}.$$

Bild und Urbild sind **Teilmengen:**

$$f(A) \subset N, \ f^{-1}(B) \subset M.$$

7.4 Bild, Urbild, Umkehrfunktion

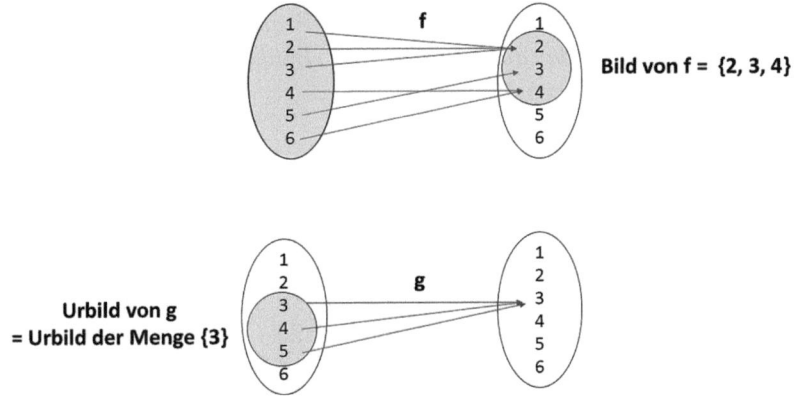

Abb. 7.5 Bild und Urbild einer Funktion

Beispiele:

1. Für $f(x) = x^2$ und $A = [0, 3]$ ist das Bild $f(A) = [0, 9]$ und für $B = [0, 9]$ ist das Urbild $f^{-1}(B) = [-3, 3]$, da alle Zahlen in $[-3, 3]$ auf B abgebildet werden.
2. Betrachten wir $f: \mathbb{Z} \to \mathbb{Z}$ mit $f(x) = x^2$; eine Parabelfunktion. Der Definitionsbereich ist $D_f = \mathbb{Z}$ und der Wertebereich $W_f = \mathbb{Z}^+$. Sei $A = \{-3, -2, -1, 0, 1, 2, 3\} \subset \mathbb{Z}$ gegeben. Dann besteht das Bild von $f(A)$ aus den Elementen 0, 1, 4, 9. Das Urbild $f^{-1}(4)$ ist die zweielementige Menge $f^{-1}(4) = \{2, -2\}$. Das Urbild von 0 ist 0: $f^{-1}(0) = \{0\}$. Das Urbild der Zahl 3 ist die leere Menge, da keine ganze Zahl quadriert 3 ergibt. Das Urbild der Menge bestehend aus den Zahlen 1 und 4 sind die Zahlen $-2, -1, 1, 2$: $f^{-1}(\{1, 4\}) = \{-2, -1, 1, 2\}$.
3. Betrachten wir $f: \mathbb{R} \to \mathbb{R}$ mit $f(x) = 2$, d.h. die konstante Funktion. Das Bild von $A = [0, 2]$ ist $f(A) = \{2\}$ und das Urbild von $B = \{2\}$ sind die reellen Zahlen. Das Urbild von $B = \{3\}$ ist die leere Menge, da keine Zahl auf 3 abgebildet wird.
4. $f^{-1}(\emptyset) = \emptyset$ für $f: M \to N$. Nach der Definition des Urbilds besteht dieses aus allen Elementen $x \in M$, welche auf die leere Menge abgebildet werden. Die leere Menge enthält jedoch kein Element. Also gibt es kein $x \in M$ mit $f(x) \in \emptyset$. Somit ist das Urbild der leeren Menge selbst leer.

Weitere Regeln für das Urbild sind (ohne Beweis):

Theorem 7.4.1 *Es sei $f: M \to f(M) \subset N$ eine Funktion und $B, C \subset N$. Dann gilt:*

- $f^{-1}(f(M)) = M$.
- $f^{-1}(B \cup C) = f^{-1}(B) \cup f^{-1}(C)$ *und analog für den Durchschnitt der Mengen.*

Aufgabe 7.4.1 *In Python: Betrachten wir* $f: \mathbb{R} \to \mathbb{R}$ *mit* $f(x) = x^2$. *Zeichnen Sie den Graphen und bestimmen Sie das Bild von* $A = [0, 2]$ *(mithilfe von numpy) und das Urbild von* $B = [1, 3]$ *(mithilfe des math-Moduls).*

7.4.2 Umkehrfunktion

Wir sind bei der Wurzelfunktion und der linearen Funktion auf den Begriff der Umkehrfunktion gestoßen. Die Umkehrfunktion oder Inverse f^{-1} einer Funktion $f : M \to N$ ist eine Funktion $f^{-1} : N \to M$, die jedem Element im Bild $f(M)$ sein **eindeutig** bestimmtes Urbildelement zuweist: $f^{-1}(y)$ ist definiert als das eindeutig bestimmte $x \in M$, welches die Gleichung $f(x) = y$ erfüllt. Es wird das gleiche Symbol wie beim Urbild verwendet.

Wenn (!) die Umkehrfunktion existiert, folgt:

$$f(x) = y \Longrightarrow x = f^{-1}(f(x)) = f^{-1}(y).$$

Für $f(x) = x^2 = y$ ist f^{-1} diejenige Funktion, welche die Gleichung $x^2 = y$ nach x auflöst. Dies ist die Wurzelfunktion.

Damit die Umkehrfunktion f^{-1} existiert, muss f bijektiv sein. Genauer gilt:

Theorem 7.4.2 *Sei* $f : M \to N$. *Dann gilt:*

$$\text{Die Inverse } f^{-1} \text{ existiert} \iff f \text{ ist bijektiv}.$$

Ist f nicht injektiv, d. h., $x \neq x'$ werden auf den gleichen Wert $f(x) = f(x')$ abgebildet, dann weiß f^{-1} nicht, auf welchen Wert x oder x' sie $f(x)$ abbilden soll. Weiter muss f surjektiv sein, d. h., jedes Element in der Zielmenge muss unter f angenommen werden. Ist dies nicht der Fall, weiß die Inverse nicht, wohin sie nichtangenommene Elemente unter f, abbilden soll. Wir verzichten auf den Beweis. Während Umkehrfunktionen nur bei bijektiven Funktionen f existieren, existieren Urbilder **immer**.

Wenn die Mengen M und N die gleiche endliche Mächtigkeit haben, fallen die Begriffe **bijektiv, injektiv und surjektiv zusammen:**

Theorem 7.4.3 *Sei* $f : M \to N$ *und* $|M| = |N| < \infty$. *Dann gilt:*

$$f \text{ ist bijektiv} \iff f \text{ ist injektiv} \iff f \text{ ist surjektiv}.$$

Wie sollen alle unterschiedlichen Elemente von M auf unterschiedliche Elemente von N abgebildet werden, wenn die Anzahl der Element nicht gleich ist (injektiv)? Ähnliche Überlegungen gelten für die Surjektivität. Wir verzichten, diese Überlegungen in einen formalen Widerspruchsbeweis niederzuschreiben.

Sei $M := \{a, b, c, \ldots, y, z\}$ die Menge der 26 Buchstaben des lateinischen Alphabets und sei $N := \{1, 2, 3, \ldots, 25, 26\}$. Die Funktion $f : M \to N$ ordnet jedem Buchstaben die entsprechende Stelle im Alphabet zu. Sie ist bijektiv, da die beiden endliche Mengen die gleiche Mächtigkeit haben. Sei n die n-te Stelle in N. Dann gilt:

$$f^{-1}(n) = \{\text{der n-te Buchstabe im Alphabet}\}.$$

Aufgabe 7.4.2 *Sind die Gaußklammer-Funktionen surjektiv und injektiv?*

Betrachten wir eineindeutige Beziehungen zwischen Graphen. Zwei Graphen $G_1 = (V_1, E_1)$ und $G_2 = (V_2, E_2)$ sind **isomorph** zueinander, wenn es eine **Bijektion** $f : V_1 \to V_2$ gibt, sodass für alle $u, v \in V_1$ gilt:

$$\{u, v\} \in E_1 \iff \{f(u), f(v)\} \in E_2.$$

Die Anzahl der Knoten ist gleich (Bijektion der Knoten) und zu jeder Kante im Ursprungsgraphen gehört eine Kante im Bildgraphen zu den beiden Bildknoten, d.h. die Verbindungsstruktur bleibt erhalten. Es genügt nicht, dass $f : V_1 \to V_2$ bijektiv ist. Dann ist die Knotenanzahl gleich in den Graphen. Die Kantenanzahl kann sich aber unterscheiden. Es genügt auch nicht zu verlangen, dass zu jeder Kante in G_1 genau eine Kante in G_2 gehört, d.h. ein Bijektion auf den Kanten, da die Kanten in den beiden Graphen unterschiedliche Knoten verbinden können. Nur die gegebene Definition erhält die Struktur von G_1.

7.5 Schubfachprinzip und Anzahl der Funktionen

Das Schubfachprinzip ist ein einfaches Prinzip, welches erlaubt, schwierige Probleme der Mathematik und Informatik einfach zu lösen,

7.5.1 Schubfachprinzip

Das Schubfachprinzip oder Pigeonhole Principle sagt: Wenn mehr Tauben als Taubenschläge vorhanden sind und die Tauben in die Schläge fliegen, dann wird es in mindestens einem Taubenschlag mehr als eine Taube haben. Äquivalent dazu ist, verteilt man 5 Äpfel auf 3 Kinder, erhält mindestens ein Kind mehr als einen Apfel. Diese Aussagen sind evident wahr. Aus einer Funktionssichtweise ist das Schubfachprinzip äquivalent zur Nichtinjektivität.

Theorem 7.5.1 *(Schubfachprinzip) Seien X, Y endliche Mengen, Y nicht leer, mit $|X| > |Y|$. Dann existiert keine injektive Abbildung $f : X \to Y$.*

Beweis Wir führen die vollständige Induktion über die Anzahl der Elemente n von $|X|$ durch und behaupten, dass die folgende Aussage $A(n)$ der Nichtinjektivität für jedes $n \geq 2$ wahr ist:

$A(n)$: Für beliebige endliche Mengen X und Y mit $|X| > |Y|$ und $|X| = n$ gibt es verschiedene Elemente $x_1 \neq x_2 \in X$, sodass $f(x_1) = f(x_2)$.

Induktionsanfang: Mit $|X| = n = 2$ gilt $|Y| = 1$. Dann werden beide Elemente von X auf das einzige Element von Y abgebildet. Somit ist $A(2)$ wahr.

Induktionsschritt: Angenommen für $n \geq 2$ gilt $A(n)$. Wir beweisen, dass $A(n+1)$ wahr ist.

Wähle ein beliebiges $x \in X$. Nun gibt es zwei Möglichkeiten. Entweder gibt es ein anderes Element $x' \in X$, sodass $x' \neq x$, aber $f(x') = f(x)$, oder es existiert kein solches Element. Im ersten Fall ist der Induktionsschritt bewiesen. Im zweiten Fall ist x das einzige Element von X, für das der Wert von f gleich $f(x)$ ist. Seien $X' = X \setminus \{x\}$ und $Y =' Y \setminus \{f(x)\}$. Nun ist $|X'| = n$ und $|Y'| = |Y| - 1 < n$, für welches die Induktionshypothese gilt. Die Funktion $f' : X' \to Y'$ ist identisch zu f auf den Elementen von X'. Nach der Induktionshypothese gibt es verschiedene $x_1, x_2 \in X'$, sodass $f'(x_1) = f'(x_2) \in Y'$. Aber dann sind x_1 und x_2 auch verschiedene Elemente von X, für die f gleiche Werte annimmt. □

7.5.2 Anwendungen

Das Schubfachprinzip besitzt viele Anwendungen in der Informatik. Beim Hashing werden Schlüssel auf eine Anzahl Buckets abgebildet. Wenn mehr Schlüssel als Buckets vorhanden sind, erzwingt das Schubfachprinzip, dass mindestens zwei verschiedene Schlüssel denselben Bucket teilen (Kollision). Das gleiche Muster folgt bei Kompressionsalgorithmen, bei der Erkennung von Duplikaten, beim Berechnen von kürzesten Wegen in einem Graphen oder in der Warteschlangentheorie. Angenommen es gibt n Server und mehr als n Kunden. Dann muss mindestens ein Server mehr als einen Kunden bedienen. Neben diesen offensichtlichen Anwendungen gibt es auch komplexe Situationen, bei denen das Schubfachprinzip als Lösungswerkzeug nicht offensichtlich ist. Es sind dies unter anderem randomisierte Algorithmen, String-Matching-Algorithmen, Cache-Effizienz-Algorithmen, Fehlerkorrektur-Codes, Kryptografie und Angriffe. Wir werden solche Beispiele wiederholt antreffen.

Die erste Anwendung ist folgender Klassiker

Kopfhaare
Eine Europäerin hat im Durchschnitt 120.000 Haare auf dem Kopf. Nehmen wir an, die maximale Anzahl sei 200.000. Dann besitzen in jeder Stadt mit mehr als 200.000 Einwohnern

7.5 Schubfachprinzip und Anzahl der Funktionen

mindestens 2 Einwohner gleich viele Haare. Das Schubfachprinzip kann wie folgt verschärft werden.

Theorem 7.5.2 *Verteilt man n Objekte auf k Mengen, so gibt es mindestens eine Menge, in der sich zumindest $\lceil \frac{n}{k} \rceil$ befinden.*

Wenn es mehr Objekte als Plätze gibt, werden mindestens einem Platz mehr Objekte als der Durchschnitt zugeordnet. Wenn im Beispiel mit den Haaren die Stadt 870.000 Einwohner hat, dann haben mindestens 4 Einwohner die gleiche Haarzahl.

Beweis Sei $\frac{n}{k}$ der durchschnittliche Anteil von Objekten pro Menge. Da n nicht immer gleichmäßig auf k Mengen verteilt werden kann, gilt mit dem Satz der Division:

$$n = k \cdot \left\lfloor \frac{n}{k} \right\rfloor + r,$$

wobei $r = n - k \cdot \lfloor \frac{n}{k} \rfloor$ der Rest ist mit $0 \leq r < k$.

Wir unterscheiden die Fälle: $r > 0$ und $r = 0$ Falls $r > 0$, enthält mindestens $\lfloor \frac{n}{k} \rfloor$ Objekte. Die verbleibenden r Objekte werden jeweils in r der k Mengen verteilt, wodurch genau r Mengen $\lfloor \frac{n}{k} \rfloor + 1$ Objekte enthalten. Da:

$$\left\lceil \frac{n}{k} \right\rceil = \left\lfloor \frac{n}{k} \right\rfloor + 1,$$

gibt es mindestens r Mengen mit $\lceil \frac{n}{k} \rceil$ Objekten. Falls $r = 0$, ist n genau durch k teilbar und jede Menge enthält exakt:

$$\frac{n}{k} = \left\lceil \frac{n}{k} \right\rceil.$$

Damit erfüllt jede Menge die Bedingung, mindestens $\lceil \frac{n}{k} \rceil$ Objekte zu enthalten. Somit gibt es mindestens eine Menge, die $\lceil \frac{n}{k} \rceil$ Objekte enthält. $\square$

Meisterschaft
In einem Wettkampf spielen n Mannschaften genau einmal alle gegeneinander. Jede Mannschaft hat mindestens einmal gewonnen. Behauptung: Dann gibt es mindestens 2 Mannschaften mit der gleichen Anzahl an Siegen. Seien $1, 2, \ldots, n-1$ die mögliche Anzahl an Siegen für die Mannschaften. Da es n Mannschaften gibt, müssen mindestens 2 Mannschaften gleich oft gewonnen haben (n Objekte in $n-1$ Schachteln verteilt).

Antimagisches Quadrat
Betrachten Sie ein 3×3-Quadrat, welches mit den Zahlen $0, -1, 1$ gefüllt werden soll, sodass alle Summen über die Zeilen, Spalten und Diagonalen unterschiedlich sind. Gibt es eine Lösung? Nein. Wir müssen acht unterschiedliche Summen konstruieren, je drei Spalten und Zeilen und zwei Diagonalen. Mit den drei Zahlen können die Summen $-3, -2, -1, 0, 1, 2, 3$

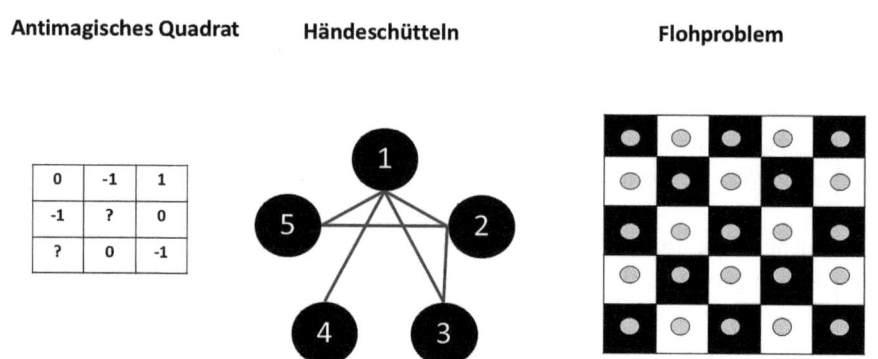

Abb. 7.6 Illustration des antimagisches Quadrates, des Händeschüttelproblems für $n = 5$ Personen (durchgezogene Linien bedeuten Händeschütteln) und das Flohproblem

konstruiert werden. Dies sind aber nur sieben Möglichkeiten. Abb. 7.6 illustriert das Quadrat.

Händeschütteln

An einer Party nehmen n Personen teil. Diese können sich zur Begrüßung die Hände schütteln. Wenn $n \geq 2$ ist, dann haben immer mindestens 2 Personen die gleiche Anzahl an Hände geschüttelt. Um dies zu beweisen, sei m die Anzahl der geschüttelten Hände für jede der n Personen. Diese Zahl kann die Wert $0, 1, 2, \ldots, n-1$ annehmen. Dies sind n Möglichkeiten, gleichviel wie Anzahl Partyteilnehmer. Das Schubfachprinzip scheint hier nicht zu funktionieren. Die Anzahl der möglichen geschüttelten Hände ist aber zu groß: 0 und $n-1$ widersprechen sich. Es ist nicht möglich, dass jemand alle Hände geschüttelt hat und jemand keine Hand geschüttelt hat. Somit besteht die Anzahl der möglichen geschüttelten Hände nicht aus n, sondern höchstens aus $n-1$ Möglichkeiten. In Abb. 7.6 ist die Unmöglichkeit von 0 und 4 Händeschüttelmöglichkeiten dargestellt. Das Schubfachprinzip beweist dann die Behauptung.

Schachbrett

In einem Schachspiel werden zwei gegenüberliegende Ecken entfernt. Kann man das Brett mit Dominosteinen, bestehend aus zwei Quadraten, überdecken? Dies ist nicht möglich. Zwei gegenüberliegende Seiten besitzen die gleiche Farbe, zum Beispiel schwarz. Dann gibt es 32 weiße und 30 schwarze Quadrate. Jeder gelegte Dominostein überdeckt genau ein weißes und ein schwarzes Quadrat. Das Setzen jedes Steines erzeugt eine Funktion zwischen den Mengen der weißen und schwarzen Quadrate. Diese Funktion kann nicht injektiv sein. Es gibt unterschiedliche weiße Quadrate, welche auf das gleiche schwarze Feld abgebildet werden. Die entsprechenden Dominosteine überlagern sich.

7.5 Schubfachprinzip und Anzahl der Funktionen

Dynamik auf dem Schachbrett

In jedem Quadrat eines 5×5-Schachbretts befindet sich ein Floh, siehe Abb. 7.6. Zu einem bestimmten Zeitpunkt springen alle Flöhe auf ein benachbartes Quadrat. Dabei sind zwei Quadrate benachbart, wenn sie eine Kante teilen. Ist es möglich, dass nach dem Springen sich wiederum ein einziger Floh pro Quadrat befindet? Angenommen, die Eckquadrate sind schwarz. Auf einem 5×5-Brett gibt es 13 schwarze und 12 weiße Quadrate. Bei einem Sprung wechseln die Flöhe die Farbe ihres Quadrats. Daher landen die 13 Flöhe, die auf den schwarzen Feldern beginnen, höchstens auf 12 weißen Feldern. Mindestens in einem Quadrat müssen sich zwei Flöhe befinden die auf schwarz waren und ein Quadrat bleibt leer, durch die Flöhe, welche von weiß auf schwarz wechseln.

Färben

Gegeben ist ein 15×15-Gitter, dessen Zellen in drei Farben bemalt sind: Rot, Blau und Grün. Wir wollen beweisen, dass es mindestens zwei Reihen gibt, die die gleiche Anzahl von Zellen in mindestens einer der Farben enthalten.

Angenommen, für jede Farbe enthält jede der 15 Reihen eine unterschiedliche Anzahl von Zellen, die mit dieser Farbe gefärbt sind. Das bedeutet, dass für eine Farbe, z. B. Rot, die Anzahl der roten Zellen in jeder Reihe verschieden ist.

Da die Anzahl der Zellen in jeder Reihe verschieden sein muss, könnte diese Anzahl von 0 bis 14 reichen. Das bedeutet, dass in einer möglichen Verteilung die Anzahl der roten Zellen in den 15 Reihen die Werte $0, 1, 2, \ldots, 14$ annehmen könnte. Die Summe der Anzahl Zellen, die in jeder Reihe mit einer bestimmten Farbe bemalt sind, wäre:

$$0 + 1 + 2 + \cdots + 14 = \frac{14 \cdot 15}{2} = 105.$$

Die Gesamtzahl der Zellen, die rot bemalt sind, beträgt mindestens 105. Da es drei Farben gibt, müssten mindestens $105 \times 3 = 315$ Zellen bemalt werden, um die Bedingung zu erfüllen, dass jede Reihe für jede Farbe eine unterschiedliche Anzahl von Zellen enthält. Es gibt jedoch insgesamt nur $15 \times 15 = 225$ Zellen im Gitter. Dies steht im Widerspruch zur oben geforderten Anzahl von 315 Zellen.

Teilerfremde Zahlenpaare

Gegeben ist die Menge $\{1, 2, \ldots, 2n\}$ von $2n$ ganzen Zahlen. Wir beweisen, dass wenn mehr als die Hälfte dieser Zahlen ausgewählt wird, also mindestens $n + 1$ Zahlen, dann zwei der ausgewählten Zahlen teilerfremd sind.

Teilen wir die Menge $\{1, 2, \ldots, 2n\}$ in n Paare auf:

$$(1, 2), (3, 4), (5, 6), \ldots, (2n - 1, 2n).$$

Jedes dieser Paare besteht aus zwei aufeinanderfolgenden ganzen Zahlen.

Behauptung: Zwei aufeinanderfolgende Zahlen, größer als 1, sind immer teilerfremd.
Beweis: Annahme, $b \neq \pm 1$ teile m und $m + 1$. Dann gilt $m = kb$, $m + 1 = k'b$ mit k, k'

ganzen Zahlen. Dann ist aber

$$m + 1 - m = 1 = (k' - k)b.$$

Dies ist nur möglich für $k' - k = b = 1$ oder beide gleich -1. Dies ist ein Widerspruch.

Angenommen, wir wählen mehr als n Zahlen aus der Menge $\{1, 2, \ldots, 2n\}$ aus. Das bedeutet, dass mindestens $n + 1$ Zahlen ausgewählt wurden. Da es nur n Paare gibt, folgt, dass mindestens ein Paar ausgewählt wurde, dass sowohl die ungerade als auch die gerade Zahl aus einem Paar in der Auswahl enthalten sind. Die Zahlen in diesem Paar sind teilerfremd, da sie aufeinanderfolgend sind. Es ist daher unmöglich, $n + 1$ Zahlen zu wählen, ohne zwei teilerfremde Zahlen auszuwählen.

Bekanntheit

Betrachten wir eine Gruppe von 6 Personen. Wir beweisen, dass entweder eine Gruppe von 3 Personen existiert, die sich alle gegenseitig kennen, oder eine Gruppe von 3 Personen existiert, die sich alle gegenseitig nicht kennen.

Wählen wir eine beliebige Person A aus der Gruppe von 6 Personen aus. Es gibt zwei Möglichkeiten für die Beziehung zwischen A und jeder der 5 anderen Personen: Entweder A kennt die jeweilige Person oder A kennt die jeweilige Person nicht.

Da es 5 Personen gibt und nur 2 Beziehungstypen, besagt das Schubfachprinzip, dass mindestens 3 dieser 5 Personen entweder von A gekannt oder nicht gekannt werden. Das Schubfachprinzip impliziert weiter, dass eine Person in der Gruppe mindestens 3 andere Personen entweder kennt oder nicht kennt. Es sagt jedoch nicht aus, ob sich diese Personen kennen. Deshalb geht die Arbeit weiter. Ohne Einschränkung der Allgemeinheit nehmen wir an, dass A mindestens 3 Personen B, C, D kennt (der Fall, dass A mindestens 3 Personen nicht kennt, verläuft analog).

- Fall 1: B, C und D kennen sich. Dann kennen sich A, B, C, D. Dies beweist die Aussage.
- Wenn sich mindestens zwei dieser Personen nicht kennen, B und C, dann bilden A, B und C eine Gruppe von 3 Personen, von denen sich keine zwei gegenseitig kennen: A kennt B und C, aber B und C kennen sich nicht. Dies ist ebenfalls ein gültiger Fall.

In allen möglichen Szenarien finden wir immer eine Gruppe von 3 Personen, die sich entweder alle gegenseitig kennen oder sich alle gegenseitig nicht kennen.

Dies ist ein Beispiel des **Ramsey-Theorems**. Die Diskussion lässt sich mit einem Graphen illustrieren, siehe Abb. 7.7. Wir definieren den Graphen: Jede Person wird durch einen Knoten im Graphen dargestellt. Wenn zwei Personen sich kennen, wird eine gestrichelte Kante zwischen den entsprechenden Knoten gezeichnet. Wenn zwei Personen sich nicht kennen, wird eine durchgezogene Kante zwischen den Knoten gezeichnet.

7.5 Schubfachprinzip und Anzahl der Funktionen

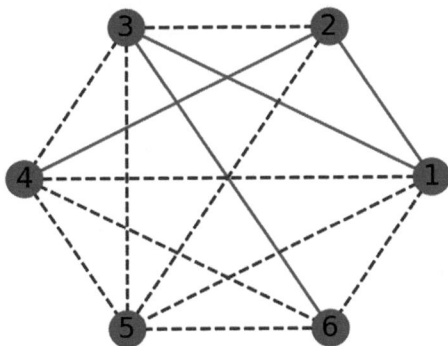
Vollständiger Graph: Rote Linien = kennen sich, Blaue Linien = kennen sich nicht

Abb. 7.7 Darstellung des 6-Personenproblems in einem vollständigen Graphen. Gestrichelte Kanten entsprechen „kennen sich" und durchgezogene Kanten „kennen sich nicht"

Der Beweis der Aussage funktioniert wie folgt: Unabhängig davon, wie man die Kanten (gestrichelt und durchgezogen) zuweist, es entsteht immer entweder ein vollständiges Dreieck aus gestrichelten oder aus durchgezogenen Kanten.

Der Python-Code mit der Anleitung ist in Python Kap. 7 gegeben.

7.5.3 Anzahl der Funktionen

Wie viele Funktionen $f : A \to B$ gibt es, wenn A, B endliche Mengen sind? Wir zählen somit nicht die Elemente der Mengen A und B, sondern die Menge der Funktionen, definiert auf diesen Mengen. Weiter interessiert uns auch die Anzahl der Bijektionen, Injektionen und Surjektionen.

Wir führen zuerst die Funktion $S(n, m)$ ein, welche die Anzahl der Möglichkeiten beschreibt, eine Menge von n Elementen in genau m nichtleere Teilmengen zu zerlegen.

Definition 7.5.1 *Die Stirling-Zahl zweiter Art $S(n, m)$ zählt die Anzahl der Möglichkeiten, eine Menge mit n Elementen in m nichtleere Teilmengen aufzuteilen. Jede dieser Teilmengen enthält mindestens ein Element und die Reihenfolge der Teilmengen spielt keine Rolle.*

Beispiel: Sie möchten die Menge $\{a, b, c, d\}$ in 2 nichtleere Teilmengen aufteilen. $S(4, 2)$ gibt die Anzahl der verschiedenen Möglichkeiten an, dies zu tun: Eine Möglichkeit ist $\{\{a, b\}, \{c, d\}\}$ und eine andere ist $\{\{a, c\}, \{b, d\}\}$. Insgesamt gibt es 7 Stück, d. h. $S(4, 3) = 7$. Finden Sie alle Teilmengen? Wie groß ist beispielsweise $S(14, 6)$? Ohne eine systematische Vorgehensweise ist es schwierig, die Frage allgemein zu beantworten. Uns fehlt eine Formel.

Der wichtigste Schritt die Stirling-Zahl als Formel auszudrücken, ist mit der Rekursion für diese Zahlen zu beginnen. Die Stirling-Zahl zweiter Art kann rekursiv berechnet werden mit:

$$S(n, m) = m \cdot S(n - 1, m) + S(n - 1, m - 1). \tag{7.3}$$

- $m \cdot S(n - 1, m)$ beschreibt die Anzahl der Möglichkeiten, das n-te Element zu einer der m vorhandenen Teilmengen hinzuzufügen.
- $S(n - 1, m - 1)$ beschreibt die Anzahl der Möglichkeiten, das n-te Element als eigene neue Menge hinzuzufügen.

Dies sind die beiden Möglichkeiten, wie $S(n, m)$ entstehen kann. Die Rekursion wird durch zwei Indizes im Gegensatz zu den bereits angetroffenen Rekursionen beschrieben. Im Allgemeinen gilt: Je höher die Dimension der Rekursion, d. h. je mehr Indizes rekursiv eingehen, desto schwieriger ist die Lösung der Rekursionsgleichung.

Wir können die Rekursionsgleichung als binären Baum darstellen. Dabei ist $S(n, m)$ der Elternknoten und die beiden Terme auf der rechten Seite in (7.3) sind das linke bzw. das rechte Kind. Startend von einem Paar (n, m) können wir wiederholt die Rekursion anwenden, bis wir zu den Anfangswerten gelangen, siehe unten. Der Python-Code ist in Python Kap. 7 gegeben. Für den Fall $S(4, 2)$ erhalten wir den Baum in 7.8. Um die Zahl $S(4, 3)$ zu berechnen, starten wir im untersten Knoten, welcher den Wert 1 hat. Diese Knotenanzahl setzen wir gleich der Stirling-Zahl seiner beiden Elternknoten, wobei die Knoten im linken Ast mit s multipliziert werden, welches der erste Term in der Rekursionsgleichung ist. Dann füllen wir mit diesem Prinzip von unten nach oben auf, wobei die Werte zweier Kinderknoten für den Elternknoten addiert werden.

Damit die Rekursion gelöst werden kann, sind Anfangswerte notwendig. Es gibt vier Stück. Der erste Anfangswert ist

$$S(n, 0) = 0 , n > 0.$$

Die zweite Beziehung
$$S(0, m) = 0 , m > 0$$

besagt, dass man eine nullelementige Menge nicht zerlegen kann. Es gibt genau eine Möglichkeit, eine Menge von n Elementen in genau n nichtleere Teilmengen zu zerlegen:

$$S(n, n) = 1.$$

Der letzte Fall:
$$S(n, 1) = 1$$

gibt an, dass es nur eine Möglichkeit gibt, alle Elemente n in die gleiche Menge zu platzieren. Das nächste Theorem besagt, wie viele Funktionen es zwischen endlichen Mengen gibt.

7.5 Schubfachprinzip und Anzahl der Funktionen

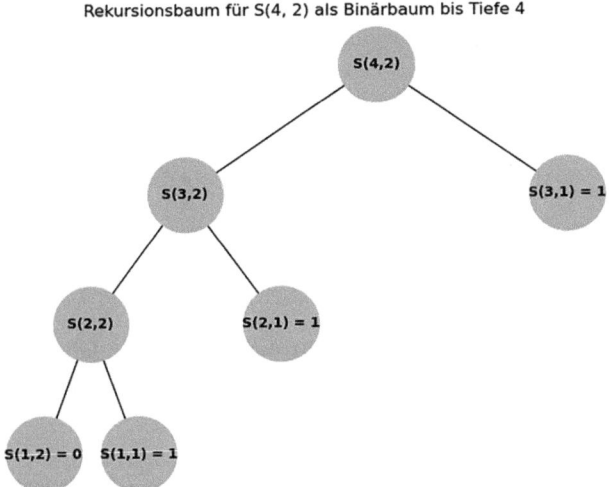

Abb. 7.8 Binärbaum für $S(4, 2)$. Da $S(2, 2) = 1+0 = 1, S(3, 2) = 2 \cdot S(2, 2)+S(2, 1) = 2 \cdot 1+1 = 3$ und $S(4, 2) = 2 \cdot S(3, 2) + S(3, 1) = 2 \cdot 3 + 1 = 7$ sind, folgt $S(4, 2) = 7$.

Theorem 7.5.3 *Seien $|A| = n$ und $|B| = m$. Dann gilt:*

1. *Es gibt m^n Funktionen von A nach B.*
2. *Es gibt $P(n, m) := \frac{m!}{(m-n)!}$ Injektionen von A nach B, wenn $n \leq m$. Sonst ist die Anzahl der Injektionen null.*
3. *Es gibt $m! \cdot S(n, m)$ Surjektionen von A nach B.*

Beweis Anzahl der Funktionen von A nach B:

Jede Funktion von A nach B ordnet jedem Element von A ein Element von B zu. Da A n Elemente hat und B m Elemente hat, gibt es m Möglichkeiten, das Bild eines jeden Elements in A zu wählen. Somit gibt es insgesamt m^n verschiedene Funktionen. Formal, wenn f_j die Funktion ist, welche a_j abbildet, dann ist die Menge aller Funktionen gleich

$$f_1 \cdot f_2 \cdot \ldots \cdot f_n,$$

welche alle die gleiche Kardinalität m besitzen und somit gilt mit dem Multiplikationssatz

$$|f_1 \cdot f_2 \cdot \ldots \cdot f_n| = m^n.$$

Anzahl der Injektionen: Sie möchten aus m verschiedenen Objekten ohne Wiederholungen n Objekte auswählen. „Ohne Wiederholungen" bedeutet, dass gezogene Objekte nicht wieder zurückgelegt werden und dann wieder gezogen werden könnten. Jede gültige Auswahl ergibt dann eine Injektion von n in die ausgewählten n unterschiedlichen Objekte.

- Es gibt m Möglichkeiten, das erste Objekt auszuwählen.
- Es gibt $m-1$ Möglichkeiten, das zweite Objekt auszuwählen (da keine Wiederholungen erlaubt sind).
- Danach gibt es $m-2$ Möglichkeiten, das dritte Objekt auszuwählen, und so weiter.

Das Produkt dieser Möglichkeiten für alle n Objekte ergibt die Anzahl der möglichen Injektionen:

$$P(n,m) = m \times (m-1) \cdot (m-2) \cdot \ldots \cdot (m-n+1) = \frac{m!}{(m-n)!}.$$

Hierbei ist $m!$ die Anzahl aller möglichen Permutationen der m Objekte, und $(m-n)!$ ist die Anzahl der Permutationen der verbleibenden $m-n$ Objekte, die wir nicht ausgewählt haben.

Anzahl der Surjektionen von A nach B:

Um eine Surjektion zu konstruieren, muss jedes Element von B mindestens einmal durch ein Element von A erreicht werden. Das bedeutet, dass wir die n Elemente von A in genau m nichtleere Gruppen aufteilen müssen, wobei jede Teilmenge einer bestimmten Funktion von A nach B entspricht. Die Anzahl der Möglichkeiten, eine Menge mit B Elementen in m nichtleere, ungeordnete Teilmengen aufzuteilen, wird durch die Stirling-Zahl gegeben. Die Stirling-Zahl berücksichtigt jedoch nur die Anzahl der Möglichkeiten, die Menge A in m ungeordnete Teilmengen zu zerlegen. Bei Surjektion spielt jedoch auch die Zuordnung dieser Teilmengen zu den m Elementen von B eine Rolle. Jede der m Teilmengen kann einem bestimmten Element von B zugeordnet werden. Um die Zuordnung der m Teilmengen zu den m Elementen von B zu berücksichtigen, multiplizieren wir die Anzahl der ungeordneten Zerlegungen $S(n,m)$ mit $m!$, der Anzahl der Möglichkeiten die m Teilmengen zu ordnen.

□

Zusammengefasst bestimmen die Permutationen $P(m,n)$ die Injektionen und die Stirling-Zahl bestimmt die Anzahl der Surjektionen.

Was immer noch fehlt ist eine Formel für die Stirling-Zahlen. Die Rekursion (7.5.1) hat die folgende Lösung:

Theorem 7.5.4 *Die Lösung der Rekursion (7.5.1) mit den Anfangswerten*

- $S(0,m) = 0$ *für* $m > 0$, $S(0,0) = 1$
- $S(n,0) = 0$ *für* $n > 0$, $S(n,n) = 1$ *für* $n \geq 0$, $S(n,1) = 1$ *für* $n \geq 1$

lautet:

$$S(n,m) = \frac{1}{m!} \sum_{i=0}^{m} (-1)^{m-i} \binom{m}{i} i^n. \tag{7.4}$$

Wir werden dieses Theorem im Kombinatorikteil beweisen. Wenn Sie mit der Summenformel rechnen, beachten Sie die folgenden Regeln:

$$0! = 1 \,,\, 1^0 = 1 \,,\, 0^n = 0. \tag{7.5}$$

Machen wir uns mit der Formel vertraut. Für $S(2,1)$ erhalten wir:

$$S(2,1) = \frac{1}{1!}\left((-1)^1\binom{1}{0}0^1 + (-1)^0\binom{1}{1}1^2\right) = 0 + 1 = 1.$$

Es gibt nur eine Möglichkeit, zwei Elemente in eine Schachtel zu legen, sodass diese nicht leer bleibt. Für $S(2,2)$ erhalten wir:

$$S(2,2) = \frac{1}{2!}\left((-1)^2\binom{2}{0}0^2 + (-1)^1\binom{2}{1}1^2 + (-1)^0\binom{2}{2}2^2\right) = \frac{1}{2}(0 - 2 + 4) = 1.$$

Es gibt nur eine Möglichkeit, zwei Elemente in zwei Schachteln zu verteilen, sodass diese nicht leer bleiben.

Die Formel (7.4) ist eine alternierende Summe, da für jedes feste m, $(-1)^{m-i}$ $+1$ ist, wenn $m - i$ gerade ist, und sonst -1.

Aufgabe 7.5.1 *Implementieren Sie die Rekursion (7.5.1) und die Stirling-Formel (7.4) in Python.*

7.6 Potenzfunktion, Exponentialfunktion, Logarithmusfunktion

Zu den Standardfunktionen gehören Wurzelfunktionen, Exponentialfunktionen und Logarithmen. Wir halten uns kurz, da Sie aus der Schule vieles über diese Funktionen wissen.

Die Lösung der Gleichung $x^n = b$ ist die n-te Wurzelfunktion

$$x = b^{1/n} = \sqrt[n]{b}.$$

Die Wurzelfunktion ist die Umkehrfunktion der Quadratfunktion (beachten Sie Mengenwahl, da die Quadratfunktion injektiv sein muss):

$$x^2 : \mathbb{R}^+ \to \mathbb{R}, \, \sqrt{\cdot}:\mathbb{R} \to \mathbb{R}^+ \,,\, \sqrt{x^2} = (\sqrt{x})^2 = x.$$

Analog führt die Anforderung, Exponentialgleichungen der Form $b^x = c$ zu lösen, mit b, c gegeben und x gesucht, zum Logarithmus $x = \log_b c$.

Speziell sind die Exponentialfunktion exp und die Umkehrfunktion Logarithmus Naturalis ln zur Basis $b = e$ mit $\exp(x) = e^x$. Die Werte- und Definitionsbereiche sind

$$\exp : \mathbb{R} \to \mathbb{R}^+ \,,\, \ln : \mathbb{R}^+ \to \mathbb{R}.$$

exp und ln sind gegenseitige Umkehrfunktionen:

$$\exp \circ \ln(x) = \exp(\ln(x)) = \ln(\exp(x)) = x$$

oder als Kette dargestellt:

$$x \to e^x \to \ln(e^x) = x.$$

Aufgabe 7.6.1 *Zeichnen Sie die Graphen der Potenz-, Logarithmus- und Exponentialfunktion in Python. Dabei sollen Sie für die Funktionen Parameter wählen wie bei der Exponentialfunktion:*

```
def exp(x, a, b, c):
    return a * np.exp(b * x) + c
```

Dabei soll die Library numerical python (np) verwendet werden. Der Parameter a skaliert die Exponentialfunktion, der Parameter b bestimmt die Wachstumsrate der Exponentialfunktion und der Parameter c verschiebt die Funktion parallel zur x-Achse. Plotten Sie die drei Funktionen in einer Abbildung.

Die Graphen in der Aufgabe stellen die Wachstumseigenschaften für Algorithmen dar, welche wir im Abschn. 3.4 bewiesen haben. Für genügend große x wächst die Potenzfunktion x^n, mit n eine beliebige natürliche Zahl, **langsamer** als e^x. Dies bedeutet, für jedes n gibt es ein genügend großes x_0, sodass $x^n < e^x$ für alle $x > x_0$. Der Graph der Exponentialfunktion geht nach x_0 schneller nach unendlich als die Potenzfunktion. Weiter gilt, die Logarithmusfunktion wächst **langsamer** als jede Potenz und somit auch als die Exponentialfunktion.

Aufgabe 7.6.2 *Welche Funktion stellt die Umkehrfunktion einer Umkehrfunktion $(f^{-1})^{-1}$ dar?*

7.7 Python

7.7.1 Funktionen in Python

Python versteht **Schlüsselwörter**, wie def, if, while und es gibt einen Grundstock an Funktionen wie print(), range(), input(). Eine Funktion wird definiert durch:

```
def f():
```

In Python wird ein Parameter x einer Funktion f übergeben und der Wert wird mit return zurückgegeben:

7.7 Python

```
def f(x):
        y=2*x+2
        return y
```

oder

```
def f(x):
        return 2*x+2
```

return ohne Argument wird zum Beenden des Funktionsaufrufs verwendet.

Die Parameter und Variablen sind nur innerhalb einer Funktion gültig:

```
def f(x):
        return x + 5
print(x)

NameError: name 'x' is not defined
```

und für eine Variable:

```
def f(x):
        y = 5
        return x + y
print(y)
name 'y' is not defined
```

Solche Variablen und Parameter heißen lokale Variable (Parameter). Globale Parameter werden außerhalb der Funktion definiert:

```
x = 1
def f(y):
        z = x + y
        return z
print(x)
print(f(2))
```

Mit Funktionen kann man Programme lesbarer schreiben. Im folgenden Programm ist nicht offensichtlich, was gemacht wird:

```
from random import randint

eingabe = int(input("Gib eine positive ganze Zahl an: "))

liste = []
for i in range(eingabe):
    liste.append(randint(0,100))
result = 0

for i in range(eingabe):
    result = result + liste[i]

result = result / len(liste)

print("Das Ergebnis lautet " + str(result) + ".")
```

Macht man die beiden For-Schleifen zu Funktionen, wird die Klarheit des Programms erhöht:

```
from random import randint

#Erzeuge Liste mit Zufallszahlen
def randomlist(zahl):
    liste = []
    for i in range(zahl):
        liste.append(randint(0,100))
    return liste

#Berechne Mittelwert der Zahlen
def mittelwert(liste):
    result = 0
    for i in range(len(liste)):
        result = result + liste[i]
    result = result / len(liste)
    print("Das Ergebnis lautet " + str(result) + ".")

#Hauptprogramm

eingabe = int(input("Gib eine positive ganze Zahl an: "))

zufallsliste = randomlist(eingabe)
mittelwert(zufallsliste)
```

Will man das Resultat einer Funktionsanwendung ausdrucken, beendet man die Funktion mit dem print() Befehl.

7.7 Python

```
def flaeche_rechteck(a,b):
    print("Die Fläche ist "+str(a*b)+".")
```

Diese Funktion gibt auf der Konsole die Fläche des Rechtecks aus. Möchte man das Ergebnis nicht ausgeben, sondern für eine Weiterverarbeitung zurückgeben, so geschieht dies mit der return Anweisung.

```
def flaeche_rechteck(a,b):
    return a*b
#Jetzt kann man das Ergebnis als Variable speichern
f = flaeche_rechteck(2,5)
```

Aufgabe 7.7.1

1. Definieren Sie die Summenfunktion, welche die natürlichen Zahlen bis n summiert.
2. Definieren Sie die Funktion:

$$f(x) = \begin{cases} 1, falls\ x > 0 \\ 0, sonst \end{cases}$$

   Plotten Sie die Funktion. Welche Schwierigkeiten tauchen auf?
3. Definieren Sie die Distanzfunktion $d(x, y)$:

$$d(x, y) = \begin{cases} x - y, falls\ x > y \\ -(x - y), falls\ x < y \end{cases}$$

   Drucken Sie das Ergebnis für $x = -4$, $y = -10$. Versuchen Sie die Eigenschaften zu bestimmen, welche eine Distanzfunktion definieren.
4. Definieren Sie die Funktion mit zwei Variablen $f(x, y) = 2(x + y)$. Geben Sie das Resultat für $x = 4, y = -7$ aus.
   Programmieren Sie:

   – „Programm startet!"
   – Drucken Sie: „Resultat der aufgerufenen Funktion:", wobei die Funktion $f(a, 2+a)$ und $a = 3$ sind.
   – Drucken Sie: „Resultat der aufgerufenen Funktion:", wobei die Funktion $f(a, b)$ und $a = 4, b = 7$ sind.

5. Definieren Sie eine Funktion, welche Celsius in Fahrenheit umrechnet. Es gilt:

$$T_{Fahr} = \frac{9 \cdot T_{Cels}}{5} + 32.$$

Geben Sie für die Celsius-Temperaturen 22,6, 25,8, 27,3, 29,8 eine Liste der Fahrenheit Temperaturen aus, wobei in jeder Zeile zuerst die Celsius-Temperatur steht und dann die entsprechende Fahrenheit-Temperatur.

6. Heron-Approximation der Wurzel:
Das Ziel ist die Nullstelle der quadratischen Funktion $f(x) = x^2 - a$ iterativ zu berechnen, d. h., das x^* zu finden, sodass $f(x^*) = (x^*)^2 - a = 0$, wobei damit $x^* = \sqrt{a}$ berechnet worden ist. Die Iterationsregel von Heron lautet:

$$x_{n+1} = \frac{1}{2} \cdot \left(x_n + \frac{a}{x_n} \right).$$

Das Element im Schritt $n+1$ wird aus dem Wert im Schritt n, dieser aus dem Schritt $n-1$ und so weiter bis x_1 mit der Iterationsregel aus dem Startwert x_0 berechnet wird. Dieser kann beliebig gesetzt werden, solange er nicht null ist. Die Iteration konvergiert immer, d. h., egal wo wir starten, die x_n nähern sich immer dem wahren Wert der Wurzel an. Damit das Programm endet, brechen wir es ab, wenn die Präzision der Berechnung unseren vorgeschriebenen Wert ϵ überschreitet. Die Präzision ist somit ein wählbarer Parameter. Drucken Sie die Berechnung mit den Präzisionen $\epsilon = 0{,}000000001$, $\epsilon = 0{,}01$ aus und vergleichen Sie das Resultat mit der Built-in-Wurzelfunktion im Modul math.

7.7.2 Fakultät

Aufgabe 7.7.2

1. Programmieren Sie die Fakultätsfunktion iterativ und rekursiv.
2. Berechnen Sie 10! mit der Math Library math. Berechnen Sie 10! mit der Scipy Library (importiere scipy, numpy).
3. Messen und vergleichen Sie die Geschwindigkeiten.

7.7.3 Fibonacci-Zahlen

Die Fibonacci-Folge ist die unendliche Folge natürlicher Zahlen, wobei ab der dritten Zahl jede folgende Zahl die Summe der zwei Vorgängerzahlen ist:

$$1, 1, 2, 3, 5, 8, 13, 21, 34, 55, \ldots.$$

Benannt ist die Folge nach Leonardo Fibonacci, der damit im Jahr 1202 das Wachstum einer Kaninchenpopulation beschrieb. Es gibt eine erstaunliche Vielzahl von Anwendungen der Fibonacci-Folge in der Natur, Mathematik und Informatik.

Die Idee zur Fibonacci-Folge startet mit einem Hasenpaar, welches andere Paare als Nachkommen hat. Die Regel besagt, dass ein Paar eine Periode warten muss, bis sie ein Paar an Nachkommen erzeugen kann. Die Hasen sind unsterblich und es gibt keine Zu- oder Abwanderung an Hasenpaaren. Schreibt man die Anzahl der Paare auf, erhält man die Fibonacci-Folge.

Übersetzen wir die Zahlenfolge in eine Funktion. Die Fibonacci-Folge $f_1, f_2, f_3, \ldots$, wobei f_k die Anzahl an Hasenpaaren nach k Schritten ist, ist durch die Rekursionsgleichung

$$f_n = f_{n-1} + f_{n-2}, n \geq 3$$

mit $f_1 = f_2 = 1$ definiert. Die beiden Startwerte sind notwendig, da wir sonst f_3 nicht berechnen können. Für Funktionen in Rekursionen schreibt man oft f_n anstelle von $f(n)$.

Aufgabe 7.7.3 *Bestimmen Sie den Definitions- und Wertebereich der Funktion f_n.*

Aufgabe 7.7.4 *Schreiben Sie einen rekursiven und iterativen Code für die Fibonacci-Zahlen. Messen Sie die Zeiten für die Ausführung der Algorithmen, indem sie import timeit nutzen, und kommentieren Sie die Resultate.*

7.8 Python: Klassen, Objekte, Variable

Wir haben die mathematischen Begriffe der Funktion und Variablen eingeführt. Wir betrachten diese Begriffe in der objektorientierten Programmierung in Python am Beispiel der Rechenregeln für Brüche. Wir folgen Klein (2021).

Python ist eine objektorientierte Programmiersprache (OOP). OOP fasst Daten und deren Funktionen (Methoden) in einem **Objekt** zusammenzufassen und kapselt diese nach außen, sodass **Methoden** fremder Objekte diese Daten nicht manipulieren können. Objekte sind **Instanzen** einer Klasse. Eine **Klasse** ist ein abstrakter Bauplan zur Definition von Objekten in einer Programmiersprache.

Beispiel:

- Klasse „Auto".
- Objekte „Dein Auto„
- Attribute „Farbe, Marke, Modell"
- Methoden „fahren, starten, bremsen"

Wir entwickeln eine Python-Klasse für das Rechnen mit Brüchen. Ein Bruch wird in Python durch den Zähler und Nenner dargestellt. Die Klasse hat somit je ein **Attribut** für den Nenner und den Zähler. Wir erzeugen Instanzen in der Klasse Bruch mit der **init-Methode**. Im unten stehenden Code werden die Instanzvariablen *zaehler* und *nenner* initialisiert. **Methoden sind Funktionen**, die innerhalb einer Klasse definiert sind, deren erster Parameter immer eine Referenz self auf die Instanz macht, von der sie aufgerufen werden.

```python
class Bruch(object):
    def __init__(self,z,n):    # Instanz
        self.zaehler = z       # Attribut
        self.nenner = n        # Attribut
if __name__ == "__main__":
    x = Bruch(1,3)
    y = Bruch(2,5)
```

Wir erhalten einen Ausdruck, aber nicht in der erwarteten Form wie 2/3. Mit der Methode string wird die Klasse „Bruch" in einen String transformiert.

```python
class Bruch(object):
    def __init__(self,z,n):
        self.zaehler = z
        self.nenner = n
    def __str__(self):
        return str(self.zaehler)+'/'+str(self.nenner)
```

Die Brüche sollen in gekürzter Form ausgegeben werden. D. h. jeder Bruch soll durch seinen größten gemeinsamen Teiler (ggT) des Nenners und Zählers dividiert werden. Beim Algorithmus zur Berechnung des ggT wird in aufeinanderfolgenden Schritten jeweils eine Division mit Rest durchgeführt, siehe Theorem 1.6. Dabei wird der Rest im nächsten Schritt zum neuen Divisor und der vorige Divisor zum Dividenden. Der Divisor, bei dem sich Rest 0 ergibt, ist der ggT.

7.8 Python: Klassen, Objekte, Variable

```python
#Kürzen hinzufügen
class Bruch(object):
    def __init__(self,z,n):
        self.zaehler = z
        self.nenner = n
        self.kuerze()
    def __str__(self):
        return str(self.zaehler)+'/'+str(self.nenner)
    #Berechnung des ggT
    def ggT(cls,a,b):
        while b != 0:
            a,b = b,a%b
        return a
    def kuerze(self):
        g = self.ggT(self.zaehler, self.nenner)
        self.zaehler = int(self.zaehler/g)
        self.nenner = int(self.nenner/g)
if __name__ == "__main__":
    x = Bruch(2,6)
    y = Bruch(391,561)
print(x,y)
```

Aufgabe 7.8.1 *Führen Sie die Multiplikation und die Addition von Brüchen in die Klasse ein.*

Relationen 8

Inhaltsverzeichnis

8.1 Relationen... 187
8.2 Relationale Datenbanken.. 189
8.3 Äquivalenzrelationen.. 194
8.4 Ordnungsrelationen... 198

8.1 Relationen

Relationen sind Beziehungen zwischen zwei oder mehreren Mengen. Betrachten wir **binäre Relationen** für zwei Mengen A, B. Wenn eine Relation R zwischen den Elementen $a \in A$ und $b \in B$ der Mengen besteht, schreibt man für die Paare oder Tupel in Relation $(a, b) \in R \subset A \times B$. Somit sind Relationen Teilmengen des kartesischen Produktes. Anstelle von $(a, b) \in R$ schreibt man auch $a R b$. Einige Relationen, wie $\geq$ oder $=$, besitzen eigene Symbole. Wir fassen zusammen:

Definition 8.1.1 *Eine binäre Relation R zwischen zwei Mengen A und B ist eine Teilmenge des kartesischen Produkts $A \times B$: $R \subset A \times B$.*

Eine n-stellige Relation ist definiert als Teilmenge auf dem n-fachen kartesischen Produkt. Relationen können ähnlich zu den Funktionen verkettet oder invertiert werden. Wir gehen bei Bedarf auf diese Strukturen ein.
Beispiele:

Ergänzende Information Die elektronische Version dieses Kapitels enthält Zusatzmaterial, auf das über folgenden Link zugegriffen werden kann https://doi.org/10.1007/978-3-662-71095-1_8.

- Die Gleichheit $=$ ist eine Relation auf Zahlenmengen. Zum Beispiel ist

$$R \subset \{(a,b) \in \mathbb{N} \times \mathbb{N} | a = b\}$$

  die Relation aller natürlichen Zahlenpaare (a,b) mit gleichem Wert. Es gelten $(3,3) \in R$, $(3,4) \notin R$.
- Graphen von Funktionen sind Relationen. Sei $f : \mathbb{R} \to \mathbb{R}$. Dann ist $R = \text{Graph}(f) \subset \mathbb{R} \times \mathbb{R}$. Der Graph einer Parabel ist die Relation:

$$R = \{(x,y) \in \mathbb{R}^2 : x^2 = y\} \subset \mathbb{R} \times \mathbb{R}.$$

  Funktionen müssen eindeutig sein; Relationen können mehrdeutig sein. Der Graph von $f(x) = \pm\sqrt{x}$ ist eine Relation, aber keine Funktion. **Jede Funktion ist eine Relation, aber nicht umgekehrt.**
- Zwei Zahlen a, b stehen zueinander in Relation, wenn $a \leq b$. Dies definiert die Ordnungsrelation $\leq$.
- Wenn A die Anzahl der Kantone und B die Anzahl der Städte in der Schweiz sind, dann ist $R = \{(a,b) : a \in A \text{ und } b \in B\}$ eine Relation. (Ticino, Lugano) ist beispielsweise ein Element der Relation. Im gleichen Sinne ist für S die Menge der Studierenden des Fachbereichs Informatik und F die Menge der angebotenen Fächer im Studiengang die Menge

$$R = \{(s, f) \in S \times F | s \text{ hat das Fach } f \text{ erfolgreich besucht}\}$$

  eine Relation in $S \times F$.
- Betrachten Sie einen Binärbaum. Die erste Relation ist die Geschwisterrelation: Zwei Knoten sind Geschwister, wenn sie denselben Elternknoten haben. Eine andere Relation ist die Eltern-Kind-Beziehung: Zwei Knoten A, B sind in Relation, wenn A Elternteil eines Knotens B ist.

Es gibt verschiedene Darstellungsmöglichkeiten von Relationen. In Tabellenform, wie bei den relationalen Datenbanken, wird für jedes $a \in A$ eine Spalte und für jedes $b \in B$ eine Zeile angelegt um $R \in A \times B$ darzustellen. Für eine Relation mit 3×5 Elementen sind alle Tupel in einer Tabelle oder Matrix gegeben:

$A \backslash B$	b_1	b_2	b_3	b_4	b_5
a_1	(a_1, b_1)	(a_1, b_2)	(a_1, b_3)	(a_1, b_4)	(a_1, b_5)
a_2	(a_2, b_1)	(a_2, b_2)	(a_2, b_3)	(a_2, b_4)	(a_2, b_5)
a_3	(a_3, b_1)	(a_3, b_2)	(a_3, b_3)	(a_3, b_4)	(a_3, b_5)

Eine zweite Möglichkeit ist die Darstellung durch **gerichtete Graphen** $G = (E, V)$ bei denen die Elemente aus R als Knoten gezeichnet werden. Zwei Elemente, die zueinander in Relation stehen, werden durch eine gerichtete Kante verbunden. Aufgrund der Konstruktion folgt, dass es eine Bijektion zwischen binären Relationen und Graphen gibt:

8.2 Relationale Datenbanken

Abb. 8.1 Graph der Relation R auf Mengen A und B. Die Pfeile repräsentieren die Relation zwischen den Knoten. Der Knoten 1 ist isoliert, da er zu keinem anderen Knoten in Relation steht

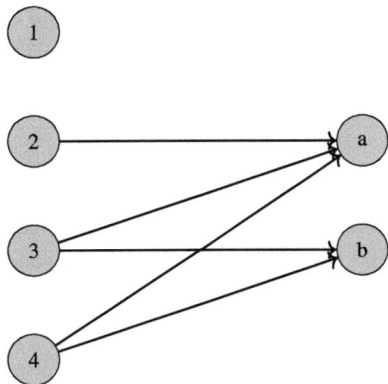

Theorem 8.1.1 *Jede binäre Relation auf endlichen Mengen kann als gerichteter Graph eindeutig dargestellt werden. Es gilt auch die Umkehrung.*

Betrachten wir die Mengen $A = \{1, 2, 3, 4\}$ und $B = \{a, b\}$. Auf $A \times B$ sei die Relation R gegeben.
$$R = \{(2, a), (3, a), (3, b), (4, a), (4, b)\}.$$
Der Graph G besteht aus:
$$G = (E, V) = (\text{alle Elemente in } A \times B, \text{alle Kanten der Relation} R).$$
Die Darstellung als Graph ist in Abb. 8.1 dargestellt.

Aufgabe 8.1.1 *Definieren Sie die folgenden Relationen und stellen Sie diese als gerichtete Graphen dar.*
$$R = \{(1, 1), (1, 3), (2, 1), (2, 3), (2, 4), (3, 1), (3, 2), (4, 1)\}$$
und
$$S = \{(1, 3), (1, 4), (2, 1), (2, 2), (2, 3), (3, 1), (3, 3), (4, 1), (4, 3)\}.$$

8.2 Relationale Datenbanken

Die theoretische Grundlage der relationalen Datenbanken bildet die **relationale Algebra**. Diese wurde von Edgar F. Codd im Jahr 1970 entwickelt. Relationale Datenbanken basieren auf der Idee, Daten in Form von Tabellen oder Relationen zu speichern, zwischen denen verschiedene Operationen definiert sind. Formal hat eine Relation zwei Teile. Das **Schema**

Studierende(ID: Number, Name: String, Kurs: String)

mit der Relation Studierende und den Attributen ID, Name und Kurs und dem Datentyp (domain) Number oder String. Wir lassen den Domain im Folgenden weg. Der zweite Teil ist die **Instanz** als Momentaufnahme der Daten in einer Relation zu einem gegebenen Zeitpunkt.

Die relationale Algebra beschreibt die Operationen, welche auf Relationen angewendet werden können. Da Relationen Teilmengen des kartesischen Produkts von Mengen sind, lassen sich auf Relationen die bekannten Mengenoperationen wie Vereinigung, Differenz und das kartesische Produkt anwenden, um neue Relationen zu erzeugen. Die Operationen umfassen:

- Selektion (Auswahl von Zeilen)
- Projektion (Auswahl von Spalten)
- Vereinigung (Union)
- Differenz (Differenz)
- Kartesisches Produkt (Cross Join)
- Umbenennung (Änderung der Attributnamen)
- Durchschnitt (Intersection)
- Verknüpfung (Join)

Das System der Operationen ist redundant, d. h., nicht alle Relationen sind notwendig, um eine relationale Algebra zu definieren. Die Selektion, Projektion, Vereinigung, Differenz und Kartesisches Produkt sind als minimaler Satz an Operationen in der relationalen Algebra notwendig. Ein Beispiel für die Redundanz ist der Durchschnitt $R_1 \cap R_2$ zweier Relationen. Dieser kann äquivalent als

$$R_1 \cap R_2 = R_1 \setminus (R_1 \setminus R_2)$$

geschrieben werden, wie ein Venn-Diagramm klar macht. Eine Algebra ist ein abgeschlossenes System. D. h. eine Operation auf den Relationen liefert immer eine Relation - „man fliegt mit den Operationen nicht aus dem System raus". Überlegen Sie, weshalb die Abgeschlossenheit in der Praxis wichtig ist. Weshalb reduziert man die Definitionen nicht auf die minimal notwendigen Operationen? Mathematiker ziehen dies vor. Anwender der mathematischen Theorien können aber das Arbeiten mit redundanten Systemen bevorzugen, wenn sich die Arbeit dadurch vereinfacht.

Neben der relationalen Algebra gibt es auch den **relationalen Calculus.** Dieser basiert auf der Prädikatenlogik. D. h. die Quantoren wie $\forall, \exists$ und die logischen Verknüpfungen werden verwendet, um das gewünschte Ergebnis zu beschreiben ohne Angabe, wie dieses Ergebnis erreicht werden soll. Im oben stehenden Beispiel ist eine Abfrage

$$\{s : s \in \text{Studierende} \land s.\text{Kurs=,Mathematik'}\},$$

welche alle Studierenden (s) zurückgibt in der Tabelle „Studierende", die den Kurs Mathematik belegt haben. Das Ergebnis ist dasselbe wie bei der relationalen Algebra, wenn man

8.2 Relationale Datenbanken

Tab. 8.1 Relation R

ID	Name	Abteilung	Projekt
1	Turing	A	Grundlagen
2	Gates	B	Business
3	Neumann	A	Grundlagen
4	Zuse	A	Grundlagen
5	Jobs	C	Business

die entsprechenden Attribute auswählt. SQL (Structured Query Language) ist ein Beispiel für die Umsetzung des relationalen Calculus in einer relationalen Datenbank.

Wir betrachten als Beispiel die Relation R (Tab. 8.1):

Die **Projektion** π erlaubt alle Attribute/Spalten, die uns nicht interessieren, zu streichen. Sollen nur die Mitarbeiternamen und die Projekte ausgegeben werden, gilt $\pi_{Name,Projekt}(R)$ und die neue Relation ist in Tab. 8.2 dargestellt. Sollen Zeilen gestrichen werden, sprechen wir von einer **Selektion** σ. Mit $\sigma_{Projekt=\,'Business'}(R)$ werden alle Zeilen gestrichen, welche nicht zum Projekt „Business" gehören.

Ein **Join** bezeichnet die beiden hintereinander ausgeführten Operationen kartesisches Produkt und Selektion. Es gilt:

$$R \underset{\text{Ausdruck}}{\bowtie} S := \sigma_{\text{Ausdruck}}(R \times S).$$

Der Join $R_1 \bowtie_{R1.Name=R2.Name} R_2$ mit $R_1 = \pi_{ID,Name,Abteilung}(R)$ und $R_2 = \pi_{Name,Projekt}(R)$ existiert, da beide Relationen das Attribut Name besitzen. Das Ergebnis ist in Tab. 8.3 dargestellt.

Typische Anwendungen sind Abfragen auf Datenbanken mit den Operationen formal zu beschreiben oder umgekehrt, einen formalen Ausdruck in natürlicher Sprache zu lesen.

Aufgabe 8.2.1 *Im folgenden Datenbankschema sind Informationen über Orte, Filme und das aktuelle Programm in drei Relationen Kino, Filme und Programm gespeichert:*

Tab. 8.2 Projektion $\pi_{Name,Projekt}(R)$

Name	Projekt
Turing	Grundlagen
Gates	Business
Neumann	Grundlagen
Zuse	Grundlagen
Jobs	Business

Tab. 8.3 Der Join $R_1 \bowtie_{R1.Name=R2.Name} R_2$ von R_1 und R_2

ID	Name	Abteilung	Projekt
1	Turing	A	Grundlagen
2	Gates	B	Business
3	Neumann	A	Grundlagen
4	Zuse	A	Grundlagen
5	Jobs	C	Business

$$R_1 = Kino(Orte, Adresse, Telefon)$$
$$R_2 = Filme(Titel, Regie, Schauspieler),$$
$$R_3 = Programm(Kino, Titel, Zeit))$$

Interpretieren Sie folgende Ausdrücke der relationalen Algebra in natürlicher Sprache:

- $\pi_{Regisseur}(\sigma_{Schauspieler=ScarlettJohansson}(Filme))$
- $\pi_{Schauspieler}(Filme \bowtie_{Titel=Titel} (Programm))$
- $\pi_{Kino,Adresse}(Orte \bowtie_{Kino=Titel} (\sigma_{Schauspieler=HumphreyBogart}(Filme)))$
  $\setminus \pi_{Titel}(Programm)))$

Geben Sie folgende Anfragen in relationaler Algebra wieder:

- In welchen Filmen (Titel) spielt Philip Seymour Hoffman mit?
- In welchen Kinos (Name und Adresse) laufen Filme mit Natalie Portman (NP)?
- Welche Regisseure haben noch nie mit Nicolas Cage gearbeitet?
- In welchen laufenden Filme spielen ausschließlich Schauspieler mit, die schon mal mit Steven Spielberg gearbeitet haben?

Aufgabe 8.2.2 *Das folgenden Relationen sind gegeben (die unterstrichenen Attribute sind die primary keys):*

$R_1 = Product(maker, \underline{model}, type), Bsp. : (‚Lenovo‘, 1005, ‚pc‘)$

$R_1 = PC(\underline{model}, speed, ram, hd, rd, price), Bsp. : (1005, 1000, 128, 20, ‚12xDVD‘, 1499)$

$R_1 = Laptop(\underline{model}, speed, ram, hd, screen, price), Bsp. : (2008, 650, 64, 10, 12.1, 1249)$

$R_1 = Printer(\underline{model}, color, type, price), Bsp. : (3005, true, ‚bubble‘, 200)$

8.2 Relationale Datenbanken

Formulieren Sie die Anfragen:

- *Welche PC-Modelle haben eine Geschwindigkeit von mindestens 1000 MHz?*
- *Welche Hersteller bauen Laptops mit einer Harddisk von mindestens 10 GB Größe?*
- *Finde die Modellnummern aller Farblaserdrucker.*
- *Finde die Modellnummer und den Preis aller Produkte (jeden Typs), die vom Hersteller „Apple" gebaut werden.*
- *Finde alle Hersteller, die Laptops, aber keine PCs herstellen.*
- *Finde alle Harddisk-Größen, die in mehr als zwei PCs vorkommen.*
- *Finde alle Paare von PCs, die die gleiche Festplattengröße und die gleiche Hauptspeichergröße haben. Vermeide dabei doppelte Paare.*

Aufgabe 8.2.3 *Es seien die Relationen A, B mit den Attributen $a_1, \ldots a_3$ bzw. $b_1 \ldots, b_3$ gegeben. Wir definieren die folgenden Operationen:*

$$\begin{aligned}
\text{Vereinigung} &: A \cup B := \{t \mid t \in A \vee t \in B\} \\
\text{Durchschnitt} &: A \cap B := \{t \mid t \in A \wedge t \in B\} \\
\text{Differenz} &: A - B := A \setminus B := \{t \mid t \in A \wedge t \notin B\} \\
\text{Symmetrische Differenz} &: A \triangle B := \{t \mid (t \in A \vee t \in B) \wedge t \notin A \cap B\} \\
\text{Kartesisches Produkt} &: A \times B := \{(a_1, a_2, a_3, b_1, b_2, b_3) \mid (a_1, a_2, a_3) \in A \wedge (b_1, b_2, b_3) \in B\} \\
\text{Join} &: A \cup B := A \underset{\text{Ausdruck}}{\bowtie} B := \{r \cup s \mid r \in A \wedge s \in B \wedge \text{Ausdruck}\} \\
&=: \sigma_{\text{Ausdruck}}(A \times B)
\end{aligned}$$

Es seien die Relationen A und B in Tab. 8.4 gegeben: Bilden Sie die Vereinigung, den Durchschnitt, die Differenz und die symmetrische Differenz. Für das Kartesische Produkt seien die Relationen in 8.5 gegeben.

Tab. 8.4 Beispielrelationen A und B

A			B		
a_1	a_2	a_3	b_1	b_2	b_3
1	2	3	7	8	9
4	5	6	4	5	6

Tab. 8.5 Relationen für das kartesische Produkt

A				B		
a_1	a_2	a_3	a_4	b_1	b_2	b_3
1	2	3	4	1	2	3
4	5	6	7	6	8	9
7	8	9	0			

8.3 Äquivalenzrelationen

Wir besprechen zwei Relationsbeziehungen mit zusätzlicher Struktur: Die **Äquivalenzrelationen** und **Ordnungsrelationen**.

Um Äquivalenzrelationen zu motivieren, sei M die Menge der Steuerpflichtigen in Zürich. Die Steuerpflichtigen werden in Steuerklassen K_i eingeteilt. Diese hängen von Merkmalen wie Zivilstand, Lohneinkommen, Kinder ab. Die verschiedenen Steuerklassen sind disjunkt, da eine steuerpflichtige Person nur in einer Klasse sein kann, siehe Abb. 8.2. Die Vereinigung über alle Klassen K_i bildet das gesamte Steuersubstrat $M = \bigcup_i K_i$. Die **Klassen** K_i bilden eine **Partition** (Zerlegung) von M, da sie disjunkt sind und M erzeugen.

Betrachten wir die Steuerklassenrelation

$$R = \{(x, y) \in M \times M \mid x \text{ und y sind in der gleichen Klasse}\}.$$

Es gilt $(x, x) \in R$, da Sie in der gleichen Steuerklasse wie Sie selbst sind (Reflexivität). Sind Sie und Ihr Nachbar in der gleichen Steuerklasse, dann gilt auch das Umgekehrte

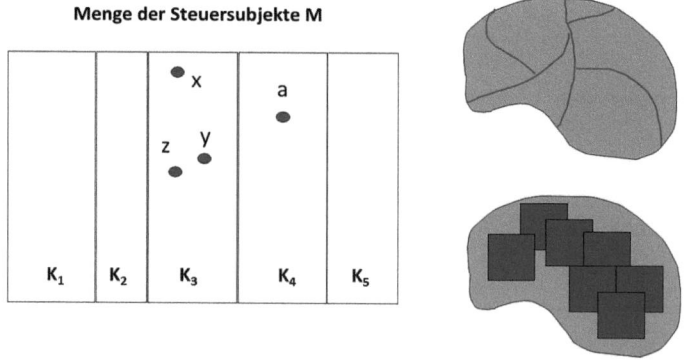

Abb. 8.2 (**a**) Partition der Menge der Steuerpflichtigen M in disjunkte Steuerklassen K_i. x, y, z sind in der gleichen Steuerklasse. Für sie gelten die gleichen Steuersätze. a ist in einer anderen Klasse. Die Partition einer Menge (**b**) und in (**c**) ist keine Partition der Menge dargestellt, da die Quadrate sich überlappen und nicht die ganze Menge abdecken

8.3 Äquivalenzrelationen

(Symmetrie):
$$(x, y) \in R \implies (y, x) \in R.$$

Ist die Freundin des Nachbarn in der gleichen Steuerklasse wie der Nachbar und sind Sie in der gleichen Klasse wie der Nachbar, dann sind Sie in der gleichen Klasse wie die Freundin (Transitivität):
$$(x, y) \in R \land (y, z) \in R \implies (x, z) \in R.$$

Definition 8.3.1 *Eine **reflexive, symmetrische und transitive Relation** R heißt **Äquivalenzrelation**. Für eine solche Relation wird das Symbol $\sim$ verwendet. Für $x \in M$ heißt die Menge*
$$\bar{x} = \{y \in M | x \sim y\}$$
*die **Äquivalenzklasse** von x bezüglich R.*

Eine Menge M zerfällt unter einer Äquivalenzklassenrelation in disjunkte Teilmengen, die Äquivalenzklassen. Die einzelnen Elemente in einer Äquivalenzklasse heißen Repräsentanten. Sie werden nicht unterschieden: Für das Steueramt ist nur wesentlich, in welcher Steuerklasse Sie sind. Es ist keine Überraschung, dass es eine eineindeutige Beziehung zwischen Partitionen und Äquivalenzrelation gibt:

Theorem 8.3.1 *Wenn eine Menge durch eine Äquivalenzrelation in Äquivalenzklassen zerlegt wird, bildet diese Zerlegung eine Partition der Menge. Umgekehrt kann man aus einer Partition eine Äquivalenzrelation ableiten.*

Aufgabe 8.3.1 *Zählen Sie alle Paare der Relation R auf, welche durch die Partitionen $M_1 = \{1, 2, 3\}, M_2 = \{4, 5\}, M_3 = \{6\}$ in $M = \{1, 2, 3, 4, 5, 6\}$, erzeugt werden.*

Die Relation „Bruder von" ist eine symmetrische, transitive Relation auf der Menge aller Männer; nicht aber auf der Menge aller Menschen. Hans ist der Bruder von Jürg und umgekehrt. Wenn Hans Bruder von Jürg und Jürg Bruder von Thomas ist, dann ist Hans auch Bruder von Thomas. Sie ist aber nicht reflexiv. Sie können nicht Bruder von sich selber sein. Auf der Menge aller Menschen ist Hans Bruder von Lina aber nicht umgekehrt. Die Relation ist nicht symmetrisch. Ist sie transitiv?

Aufgabe 8.3.2 *Betrachten Sie die Relation $=$ auf den reellen Zahlen. Ist dies eine Äquivalenzrelation? Sei $a \in \mathbb{R}$. Wie ist $\bar{a}$ definiert?*

Die nächste Äquivalenzrelation ist Grundlage für die modulare Arithmetik.

Theorem 8.3.2 *Die Relation*

$$R = \{(a, b) \in \mathbb{Z}^2 | a - b \text{ ist ohne Rest durch } 3 \text{ teilbar}\}$$

ist eine Äquivalenzrelation. Die Relation hat genau drei Restklassen (d. h. Äquivalenzklassen):

$$\bar{0} = \{\ldots, -6, -3, 0, 3, 6, \ldots\}$$
$$\bar{1} = \{\ldots, -5, -2, 1, 4, 7, \ldots\}$$
$$\bar{2} = \{\ldots, -4 - 1, 2, 5, 8, \ldots\}.$$

Teilbar durch 3 bedeutet, dass es eine ganze Zahl k gibt mit $a - b = k \cdot 3$. Wir schreiben $\mathbb{Z}_3$ für die ganzen Zahlen mit der Relation R.

Beweis Es seien $k, m \in \mathbb{Z}$.
Reflexivität: $a - a = 0$ ist durch 3 teilbar.
Symmetrie: Wenn $a - b = k3$, dann ist auch $b - a$ Vielfaches von 3.
Transitivität: Seien $a - b = k3$ und $b - c = m3$. Summieren wir die beiden Seiten, folgt $a - b + b - c = a - c = (k - m)3$, welches durch 3 teilbar. Somit ist dies eine Äquivalenzrelation.

Da bei der Division durch 3 die Reste 0, 1 oder 2 sind, folgen die Restklassen $\bar{0}, \bar{1}, \bar{2}$, d. h. $\bar{4} = \bar{1}$. Die drei Restklassen sind disjunkt und erzeugen eine Partition der Menge $\mathbb{Z}_3$. □

Zusammengefasst haben wir aus der abzählbar unendlichen Menge von ganzen Zahlen eine Menge $\mathbb{Z}_3$ mit drei Elementen $\bar{0}, \bar{1}, \bar{2}$ konstruiert: $|\mathbb{Z}_3| = 3$. Für jedes $\bar{j}$ gilt $|\bar{j}| = |\mathbb{N}|$, da es abzählbar viele ganze Zahlen mit Rest j gibt.

Die unten folgende Tabelle unten stellt einen Ausschnitt des kartesischen Produkten $\mathbb{Z} \times \mathbb{Z}$ für die positiven ganzen Zahlen bis 7 dar. Die zweite Tabelle stellt die Äquivalenzrelation $\mathbb{Z}_3$ dar. Es gibt nur die drei Elemente der Restklassen. Auf der Diagonalen ist $\bar{0}$, da $i - i$ Rest null hat.

Kartesisches Produkt

	0	1	2	3	4	5	6	7
0	(0,0)	(0,1)	(0,2)	(0,3)	(0,4)	(0,5)	(0,6)	(0,7)
1	(1,0)	(1,1)	(1,2)	(1,3)	(1,4)	(1,5)	(1,6)	(1,7)
2	(2,0)	(2,1)	(2,2)	(2,3)	(2,4)	(2,5)	(2,6)	(2,7)
3	(3,0)	(3,1)	(3,2)	(3,3)	(3,4)	(3,5)	(3,6)	(3,7)
4	(4,0)	(4,1)	(4,2)	(4,3)	(4,4)	(4,5)	(4,6)	(4,7)
5	(5,0)	(5,1)	(5,2)	(5,3)	(5,4)	(5,5)	(5,6)	(5,7)
6	(6,0)	(6,1)	(6,2)	(6,3)	(6,4)	(6,5)	(6,6)	(6,7)
7	(7,0)	(7,1)	(7,2)	(7,3)	(7,4)	(7,5)	(7,6)	(7,7)

8.3 Äquivalenzrelationen

	Restklassen							
	0	1	2	3	4	5	6	7
0	$\bar{0}$	$\bar{2}$	$\bar{1}$	$\bar{0}$	$\bar{2}$	$\bar{1}$	$\bar{0}$	$\bar{2}$
1	$\bar{1}$	$\bar{0}$	$\bar{2}$	$\bar{1}$	$\bar{0}$	$\bar{2}$	$\bar{1}$	$\bar{0}$
2	$\bar{2}$	$\bar{1}$	$\bar{0}$	$\bar{2}$	$\bar{1}$	$\bar{0}$	$\bar{2}$	$\bar{1}$
3	$\bar{0}$	$\bar{2}$	$\bar{1}$	$\bar{0}$	$\bar{2}$	$\bar{1}$	$\bar{0}$	$\bar{2}$
4	$\bar{1}$	$\bar{0}$	$\bar{2}$	$\bar{1}$	$\bar{0}$	$\bar{2}$	$\bar{1}$	$\bar{0}$
5	$\bar{2}$	$\bar{1}$	$\bar{0}$	$\bar{2}$	$\bar{1}$	$\bar{0}$	$\bar{2}$	$\bar{1}$
6	$\bar{0}$	$\bar{2}$	$\bar{1}$	$\bar{0}$	$\bar{2}$	$\bar{1}$	$\bar{0}$	$\bar{2}$
7	$\bar{1}$	$\bar{0}$	$\bar{2}$	$\bar{1}$	$\bar{0}$	$\bar{2}$	$\bar{1}$	$\bar{0}$

Aufgabe 8.3.3 *Sei $\mathbb{Z}_7$ gegeben und $\bar{j}$ sei die j-te Restklasse.*

1. *Welche Beziehung gilt für $\bar{j} \cap \bar{k}$ für alle k und j?*
2. *Gilt $\bar{j} \in \mathbb{Z}_7$ oder $\bar{j} \subset \mathbb{Z}_7$?*
3. *Welche Beziehung gilt für $\mathbb{Z}_7 \cap \mathbb{Z}_5$ und $\mathbb{Z}_7 \cup \mathbb{Z}_5$?*
4. *Gelten $\mathbb{Z} = \mathbb{Z}_7$, $\mathbb{Z} = \bigcup_{j=0}^{6} \bar{j}$?*

Wie äußern sich Reflexivität, Symmetrie, Transitivität und Äquivalenzrelation in der Darstellung der binären Relationen als Graphen und mit der Adjazenzmatrix?

Definition 8.3.2 *(Adjazenzmatrix) Die Adjazenzmatrix A für einen Graphen mit n Knoten ist eine Tabelle der Dimension $n \times n$: n Zeilen und n Spalten. Das Element a_{ij} bezeichnet das Element in Zeile i und Spalte j. Für ein Element gilt $a_{ij} = 1$, genau dann, wenn es eine Kante von Knoten i zu Knoten j gibt; sonst ist $a_{ij} = 0$.*

In einer transitiven Relation gilt für alle Knoten a, b, c des Graphen: Wenn es Kanten $a \to b, b \to c$ gibt, dann existiert auch $a \to c$. In der Matrixdarstellung gilt: Wenn $a_{ij} = 1, a_{jk} = 1$, dann gilt auch $a_{ik} = 1$. Gilt die Zuordnung

$$a \to 1, b \to 2, c \to 3,$$

dann ist beispielsweise a_{12} die Kante zwischen 1 und 2. Schreiben wir die Knoten einmal vertikal und horizontal hin, dann folgt die Tabelle oder die Adjazenzmatrix der Kantenverbindungen:

$$A = \begin{pmatrix} 0 & 1 & 1 \\ 0 & 0 & 1 \\ 0 & 0 & 0 \end{pmatrix} \quad (8.1)$$

Für die Transitivität ist hinreichend, dass die obere Dreiecksmatrix von A, d.h. alle Elemente über der Diagonalen, vollständig mit 1-Werten aufgefüllt ist. Dann hat a gerichtete

Abb. 8.3 Graph einer Relation für drei Elemente

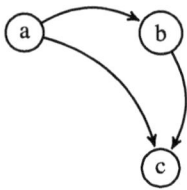

Abb. 8.4 Darstellung einer Äquivalenzrelation

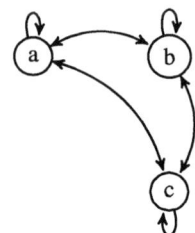

Beziehungen zu allen anderen Knoten, b ebenfalls zu allen, außer a, usw. Dies stellt die Transitivität sicher.

Die Symmetrie einer Relation bedeutet $a \to b$ und $b \to a$ und die Adjazenzmatrix hat die Form:

$$A = \begin{pmatrix} 0 & 1 \\ 1 & 0 \end{pmatrix}$$

Somit gilt $a_{ij} = a_{ji}$, d. h., die Matrix ist symmetrisch (Spiegelung an der Diagonalen). Ist eine Relation reflexiv in den Knoten, dann hat jeder Knoten eine Schleife, d. h. Kanten $a \to a$. In der Matrix bedeutet dies, dass auf den Diagonalen 1 stehen: $a_{ii} = 1$. Der Graph in Abb. 8.3 stellt eine Relation dar, welche nicht reflexiv, nicht symmetrisch aber transitiv ist mit Matrix (8.1) (Abb. 8.4). Der Graph eine Äquivalenzrelation ist in Abb. 8.4 gegeben.

8.4 Ordnungsrelationen

Oft sollen die Elemente **der Größe nach angeordnet** werden, wie bei Sortierproblemen von Zahlen. Dies definiert eine Relation. Die Standardordnungsrelation auf Zahlen wird durch $\geq$ induziert. In der Informatik sollen aber nicht nur Zahlen der Größe nach geordnet werden. Eine Ordnung soll auch für Mengen wie Graphen definiert werden. Die Reflexivität und Transitivität in Relationen machen auch Sinn für eine Ordnungsrelation, da $3 \leq 3$ und aus $3 \leq 4$, $4 \leq 7$ folgt $3 \leq 7$. Die Symmetrie wollen wir nicht, da ja mit der Ordnung eine Richtung ausgezeichnet werden soll. Wir fordern:

Definition 8.4.1 *Eine Relation auf $M \times M$ heißt **antisymmetrisch**, wenn*

$$\forall x, y \in M : x \leq y \land y \leq x \Rightarrow x = y$$

8.4 Ordnungsrelationen

*und **total**, wenn*

$$\forall x, y \in M : x \leq y \vee y \leq x$$

erfüllt ist.

Eine totale Ordnung bedeutet, dass jedes Paar von Elementen vergleichbar ist. Es gibt keine isolierten Elemente ohne Relation zu anderen Elementen. Es gibt mehrere Arten von Ordnungsrelationen, welche sich oft nur in einer Eigenschaft unterscheiden. Leider werden diese unterschiedlichen Begriffe in der Literatur nicht einheitlich verwendet. Achten Sie deshalb beim Studium eines Buches oder Fachartikels auf die verwendete Definition.

Definition 8.4.2 *Eine Relation $\leq$ auf einer Menge $M \times M$ heißt **Ordnung**, wenn die Relation reflexiv, antisymmetrisch, transitiv und total ist.*

*Ist die Relation reflexiv, antisymmetrisch, transitiv aber nicht total, spricht man von einer **Teil- oder partiellen Ordnung**.*

Ordnungen werden auch totale Ordnungen oder lineare Ordnungen genant, da die Eigenschaften auf der Zahlengeraden gelten. Die Teilordnungen werden auch **Halbordnungen** genannt.

Beispiele

1. Die natürlichen, ganzen, rationalen und reellen Zahlen sind totalgeordnet durch $\leq$. Die Ordnungsrelation $\leq$ ist keine Äquivalenzrelation.
2. Wir betrachten die natürlichen Zahlen zusammen mit der Teilbarkeitsbeziehung $k|n$, d.h. k teilt n. Im Folgenden seien $a, b \in \mathbb{Z}$.
   Behauptung: Die Teilbarkeitsrelation ist eine partielle Ordnungsrelation auf den natürlichen Zahlen. Sie ist aber nicht total.

Beweis Die Teilbarkeitsrelation ist reflexiv, da $n|n$, und transitiv: Aus $k|n$ und $n|m$, mit $n = ak$ und $m = bn$, folgt $m = bn = bak$ und daher $k|m$. Aus $n = ak$ und $k = bn$ folgt $n = ak = abn$, d.h. $ab = 1$ und somit $a = b = 1$. Somit gilt $k = n$. Dies zeigt die Antisymmetrie. Die Ordnung ist aber nicht total, da 2 die Zahl 3 nicht teilt. Die beiden Zahlen stehen nicht zueinander in Relation. □

3. Es sei M eine beliebige Menge und $\mathcal{P}(M)$ die Potenzmenge von M.
   Behauptung: Die Elemente der Potenzmenge sind durch die Relation $\subseteq$ partiell geordnet.

Beweis Jede Menge ist in sich selbst enthalten und aus $A \subseteq B$, $B \subseteq C$ folgt $A \subseteq C$. Somit ist die Relation reflexiv und transitiv. Antisymmetrie bedeutet, dass zwei Mengen genau dann gleich sind, wenn die eine Teilmenge der anderen ist und umgekehrt. Dies ist wahr. Die Ordnung ist aber nicht total. Dazu genügt ein Gegenbeispiel. Betrachten wir $\mathcal{P}(M)$ von $M = \{a, b, c\}$. Die Elemente $\{a, c\}$ und $\{b\}$ sind im Gegensatz zu $\{a\} \subset \{a, c\}$ nicht vergleichbar. □

4. Für eine fest gewählte natürliche Zahl n und zwei Tupel definiert

$$(a_1, a_2, \ldots, a_n) \leq^n (b_1, b_2, \ldots, b_n) :\Longleftrightarrow a_i \leq b_i$$

für jedes $i = 1, 2, \ldots, n$ eine partielle Ordnung auf der Menge der n-Tupel.

5. Die Vortrittregelung im Straßenverkehr ist eine partielle Ordnung: Ein Fahrzeug A hat zu sich selbst Vortritt (reflexiv). Wenn A Vortritt hat, dann hat B keinen Vortritt und umgekehrt (Antisymmetrie). Wenn A Vortritt vor B und B vor C haben, dann hat auch A Vortritt vor C. Weshalb ist dies keine Totalordnung?

Wenn wir Mengen ordnen oder teilordnen können, stellt sich die Frage nach den **kleinsten und größten Elementen.**

Definition 8.4.3 *Sei P eine partiell geordnete Menge und $M \subset P$.*

- *Wenn für $m \in M$ gilt: Es existiert kein $x \in M$ mit $x < m$, dann heißt m minimales Element von M.*
- *Wenn es ein $m \in M$ gilt, sodass für alle $x \in M : m \leq x$, dann heißt m kleinstes Element von M.*
- *Wenn ein $p \in P$ die Eigenschaft $p \leq m, \forall m \in M$ hat, dann ist p eine untere Schranke von M. Wenn es eine größte untere Schranke der Menge M gibt, dann ist dies das Infimum von M.*

Analog definiert man das maximale Element, das größte Element und das Supremum.

Die Definitionen erfordern genaues Lesen. Das minimale und kleinste Element definieren sich aus Eigenschaften der Teilmenge M in sich, die Schranken und das Infimum durch Vergleich mit Elementen aus der Obermenge P. Eine Menge, die sowohl eine obere als auch eine untere Schranke hat, heißt beschränkt. Kleinste Elemente müssen nicht existieren. Die ganzen Zahlen haben kein kleinstes Element. Falls ein solches existiert, ist es eindeutig. Nehmen Sie an, es gäbe zwei kleinste Elemente und zeigen Sie mit der Asymmetriebedingung, dass diese gleich sein müssen. Kleinste Elemente sind nach Definition minimal. Ist die Ordnung total, fallen die Begriffe kleinstes Element und minimales Element zusammen. In

8.4 Ordnungsrelationen

partiellen Ordnungen ist dies nicht der Fall. Eine Menge kann mehrere minimale Elemente haben, von denen keines das kleinste ist.

Beispiele

1. Betrachten Sie die Menge $A = \{\{1\}, \{2\}, \{1, 2\}\}$ mit der Inklusionsordnung „$\subseteq$" als Relation.
   - Die minimalen Elemente dieser Menge sind $\{1\}$ und $\{2\}$, da keine der beiden Teilmengen eine echte Teilmenge der anderen ist.
   - Diese minimalen Elemente sind nicht vergleichbar: $\{1\} \not\subseteq \{2\}$ und $\{2\} \not\subseteq \{1\}$. Es gibt also kein kleinstes Element.

2. Betrachten Sie die Menge $B = \{6, 10, 15\}$ mit der Teilbarkeitsrelation.
   - Die Zahlen 6, 10, und 15 haben keine gemeinsamen Teiler außer 1, sodass keine der Zahlen durch eine andere teilbar ist.
   - Alle drei Zahlen 6, 10, und 15 sind also minimale Elemente, da keine von ihnen durch eine andere Zahl aus der Menge teilbar ist.
   - Es gibt keine kleinste Zahl in dieser Menge, da sie alle nicht vergleichbar untereinander sind.

3. Betrachten wir die teilgeordnete Menge $M = \{2, 3, 4\}$. Obere Schranken von M in den natürlichen Zahlen sind $4, 5, 6$ und untere Schranken $0, 1, 2$. Die kleinste obere Schranke 4 ist das Supremum; das Infimum ist 2. Das Maximum ist das größte Element **in** der Menge, hier 4, und das Minimum das kleinste Element 2. Diese sind gleich dem Supremum und Infimum. Sind Supremum und Infimum Element einer Menge, sind sie identisch zum Maximum bzw. Minimum.

4. Sei $X := \{x \in \mathbb{R} : x < 2\} \subseteq \mathbb{R}$ die Menge der reellen Zahlen kleiner als 2. Dann ist 2 das Supremum von X, wobei $2 \notin X$. Die Menge X hat kein Maximum.

5. In der Menge
$$X' := \{x \in \mathbb{R} : x \leq 2\} \subseteq \mathbb{R}$$
ist 2 Maximum von X' und somit auch Supremum.

6. Betrachten wir die Menge $B = \{x \in \mathbb{Q} \mid 0 < x < 1\}$, d.h. alle rationalen Zahlen zwischen 0 und 1, exklusive 0 und 1.
   - Maximum: Die Menge B hat kein Maximum, weil es kein größtes Element in B gibt. Für jedes Element in B gibt es ein weiteres Element, das näher an 1 liegt. $\max(B) =$ existiert nicht. Analog existiert das Minimum nicht.
   - Supremum: Das Supremum von B ist 1, weil alle Elemente in B nach oben beschränkt sind durch 1: $\sup(B) = 1$
   - Infimum: Das Infimum von B ist 0 mit der analogen Begründung. Ändern wir die Menge ab:

$$B' = \{x \in \mathbb{Q} \mid 0 < x \leq 1\},$$

so ist das Supremum von B' wiederum 1. Dieses ist jetzt Element von B' und somit gleich dem Maximum von B': $\sup(B') = \max(B') = 1$.

7. Betrachten wir die Menge $C = \{-1, -2, -3, \ldots\}$, d. h. alle negativen ganzen Zahlen.
   - Das Maximum von C ist -1, weil -1 das größte Element in C ist. $\max(C) = -1$
   - Die Menge C hat kein Minimum, weil es kein kleinstes Element in C gibt. Für jedes Element in C gibt es ein weiteres Element, das kleiner ist. $\min(C) =$ existiert nicht
   - Das Supremum von C ist gleich dem Maximum.
   - Das Infimum von C existiert nicht, weil es nach unten hin keine Schranke gibt, die alle Elemente in C beschränkt. $\inf(C) = -\infty$

In der Informatik sind Ordnungen auf Mengen und Graphen von Bedeutung. Betrachten wir einen gerichteten Graphen $G = \{E, V\}$. Dieser kann eine Teilordnung R auf der endlichen Menge E der Knoten des Graphen darstellen, indem die Richtung der Kante die Ordnung zwischen den Knoten repräsentiert: Eine gerichtete Kante $(a, b) \in G$ bedeutet, dass die Teilordnung $a \leq b$ in E gilt. Damit der Graph eine Teilordnung besitzt, muss er die folgenden Eigenschaften erfüllen:

- Reflexivität: Jeder Knoten muss eine Schleife haben, um sicherzustellen, dass $a \leq a$ für jeden Knoten a gilt.
- Antisymmetrie: Es darf keine Kanten in beide Richtungen zwischen zwei verschiedenen Knoten geben. Gibt es eine Kante von a nach b gilt $(a \leq b)$. Dann darf es keine Kante von b nach a geben, es sei denn, $a = b$.
- Transitivität: Wenn es eine Kante von a nach b und eine Kante von b nach c gibt, muss es auch eine Kante von a nach c geben. Dies stellt sicher, dass $a \leq b$ und $b \leq c$ impliziert, dass $a \leq c$.

Da R immer reflexiv und transitiv ist, können wir eine vereinfachte grafische Darstellung der Teilordnung erhalten, indem wir die Schleifen ignorieren und alle Pfeile löschen, die aufgrund der Transitivität vorhanden sind. Wir wollen nur die Antisymmetrie darstellen, welche für die Ordnung entscheidend ist. Ist weiter die grafische Darstellung so orientiert, dass alle Pfeile in eine Richtung zeigen, dann können wir die Richtung der Pfeile ebenfalls ignorieren. Das resultierende Diagramm wird als **Hasse-Diagramm** der teilgeordneten Menge bezeichnet.

Als Beispiel sei $E = \{1, 2, 3, 4, 5\}$ und

$$R = \{(1, 1), (1, 2), (1, 3), (1, 4), (1, 5), (2, 2), (2, 3), (2, 5), (3, 3), (3, 5), (4, 4), (4, 5), (5, 5)\}.$$

Abb. 8.5 Hasse-Diagramm. Nach Definition des Diagramms sind alle Schleifen (reflexiv) und alle Pfeile aufgrund der Transitivität weggelassen

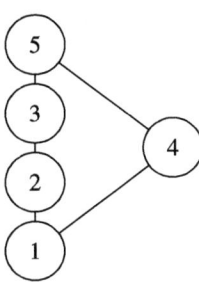

R definiert eine Teilordnung auf X. Das Hasse-Diagramm ist in Abb. 8.5 gegeben. Somit werden von der Relation nur die folgenden Beziehungen gezeichnet:

$$R' = \{(1,2),(2,3),(3,5),(4,5)\}.$$

Die reflexiven Beziehungen

$$R'' = \{(1,1),(2,2),(3,3),(4,4),(5,5)\}$$

und die transitiven Beziehungen

$$R^* = \{(1,3),(1,4),(1,5),(2,3),(2,5)\}$$

sind weggelassen.

Die Begriffe der extremalen Elemente lassen sich auch auf Graphen anwenden. Ein Element $u \in E$ einer Menge E mit einer Teilordnung R wird als **maximales Element** bezeichnet, wenn gilt: Für jedes $x \in E$, für das $(u,x) \in R$, folgt $x = u$. Entsprechend wird ein Element $v \in E$ als **minimales Element** bezeichnet, Im oben genannten Beispiel ist das minimale Element 1 und das maximale Element 5.

Betrachten wir das Beispiel $E = \{2, 3, 4, 5, 8, 12, 24, 25\}$ mit der partiellen Ordnung R der Teilbarkeit:

$$R = \{(m,n) \in X \times X : m \text{ teilt } n\}.$$

Dann ist 2 ein minimales Element, weil kein Element 2 teilt. Ebenso sind 3 und 5 minimale Elemente und 24 ist ein maximales Element, weil es keine Zahl gibt, die durch 24 teilbar ist. Ein weiteres maximales Element ist 25, siehe Abb. 8.6. Ein Verband ist eine algebraische und Ordnungsstruktur, welche ermöglicht den Informationsfluss in einem System zu modellieren. Wir fokussieren auf die Ordnungsstruktur.

Definition 8.4.4 *Eine partiell geordnete Menge, in der je zwei Elemente a,b sowohl ein Supremum als auch ein Infimum gibt, heißt Verband.*

Abb. 8.6 Hasse-Diagramm Teilbarkeitsstruktur

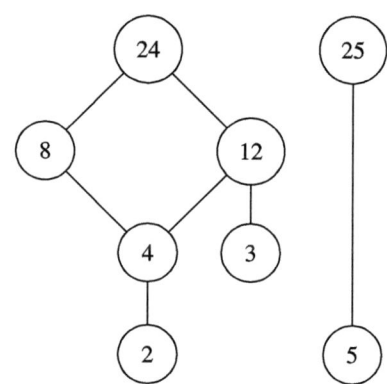

Abb. 8.7 gibt Beispiele. Abbildung A) stellt einen Verband dar. Andererseits sind die partiell geordneten Mengen in B) kein Verband, da die Elemente B und C kein Supremum haben, da jedes Elemente D, E und F eine obere Schranke ist. Keines dieser drei Elemente ist größer als die anderen beiden (partielle Ordnung). Abbildung C) ist kein Verband, da kein Supremum von C und D existiert. Abbildung D ist der Verband der natürlichen Zahlen mit der Teilerrelation. Das Supremum und Infimum zweier Zahlen sind das kgV bzw. der ggT dieser Zahlen. Daraus folgt, dass diese teilgeordnete Menge ein Verband ist. Abbildung E ist ein Boole'sche Algebra der drei Elemente $\{x, y, z\}$ mit der leeren Menge als Infimum und der Gesamtmenge als Supremum. Weiter bildet die Potenzmenge $\mathcal{P}(M)$ mit der Teilmengenrelation einen Verband. Das Supremum und Infimum von $A, B \in M$ sind $A \cup B$ bzw. $A \cap B$. Betrachten wir die Boole'sche Algebra auf einer Menge X genauer. Die Halbordnung wird durch

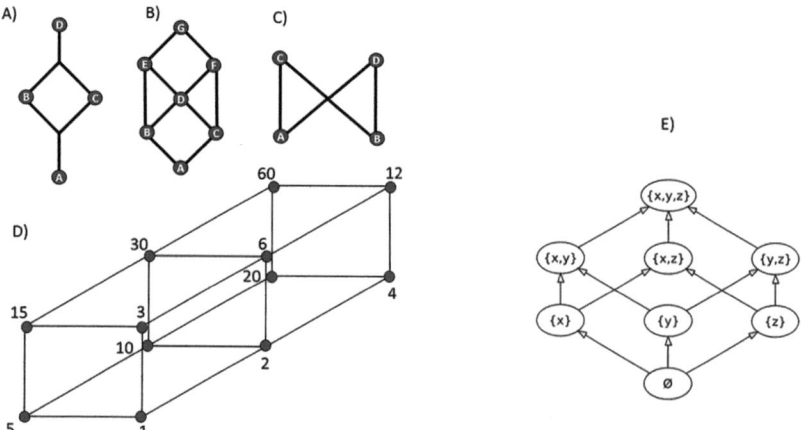

Abb. 8.7 Beispiele von Verbänden und von Strukturen, welche keine Verbände sind

8.4 Ordnungsrelationen

$$a \leq b \iff a \wedge b = \text{Infimum von } a \text{ und } b = a$$

definiert. Mit dieser partiellen Ordnung existiert für jedes $a, b \in X$ sowohl das Supremum als auch das Infimum der beiden Elemente. Dabei sind $a \wedge b, a \vee b$ das Infimum bzw. das Supremum der beiden Elemente. D. h. für jedes Paar $a, b \in X$ existiert $a \vee b$, dass größer oder gleich a und b ist. In der OR-Logik, wenn a, b logische Aussagen sind, dann ist $a \vee b$ die Aussage, die wahr ist, wenn mindestens eine der beiden Aussagen a oder b wahr ist. Somit ist $a \vee b$ das Supremum.

In vielen Bereichen wird der Informationsfluss zwischen Personen durch Sicherheitsfreigaben eingeschränkt. Mit einem Verbandsmodell können wir verschiedene Richtlinien für den Informationsfluss abbilden. Jede Information wird einer Sicherheitsklasse (A, C) zugeordnet, wobei A die Vertraulichkeitsstufe (Autoritätsstufe) angibt und C eine Themenkategorie beschreibt.

Informationen gelten als *sensibel*, wenn sie als intern, vertraulich oder streng vertraulich eingestuft sind (Autoritätsstufen).

Die Sicherheitsklassen innerhalb eines Unternehmens können wie folgt angeordnet werden:

$$(A_1, C_1) \leq (A_2, C_2) \iff A_1 \leq A_2 \text{ und } C_1 \subseteq C_2.$$

Dies bedeutet, dass Informationen nur dann von der Sicherheitsklasse (A_1, C_1) in die Sicherheitsklasse (A_2, C_2) fließen dürfen, wenn $(A_1, C_1) \leq (A_2, C_2)$ gilt. Informationen dürfen beispielsweise von der Sicherheitsklasse (vertraulich, {Finanzen, Personal}), mit den Themen Finanzen und Personal, in die Klasse (geheim, {Finanzen, Personal, Projekte}) fließen, da die Bedingungen $A_1 \leq A_2$ ($2 \leq 3$) und {Finanzen, Personal} $\subseteq$ {Finanzen, Personal, Projekte} erfüllt sind. Es ist jedoch nicht erlaubt, Informationen von (geheim, {Finanzen, Personal}) in (vertraulich, {Finanzen, Personal, Projekte}) oder in (geheim, {Finanzen}) fließen zu lassen. Die Anzahl der Sicherheitsklassen ergibt sich als:

$$n_{\text{Sicherheitsklassen}} = n_A \cdot 2^{n_T},$$

da jede Themenmenge C eine Teilmenge der n_T-Themen ist (es gibt 2^{n_T} Teilmengen). Eine weitere Frage lautet: Ist es möglich, Informationen von einer Klasse S_1 zu einer Klasse S_2 durch eine Folge zulässiger Flüsse zu übertragen? Wenn ja, wie sieht ein kürzester Pfad aus? Diese Frage lässt sich als Pfadproblem in einem gerichteten Graphen formulieren, in dem Knoten Sicherheitsklassen sind und Kanten nur existieren, wenn $(A_1, C_1) \leq (A_2, C_2)$. Ein Algorithmus wie der Dijkstra-Algorithmus könnte verwendet werden, um kürzeste Pfade zu berechnen, wenn die Kanten mit Kosten oder Zeit gewichtet sind.

Jetzt betrachten wir eine Ordnungsstruktur auf **binären Suchbäumen** (BST). Diese gehören zu den wichtigsten Datenstrukturen. Stellen Sie sich einen Binärbaum rekursiv mit einer Eltern-zwei-Kinder-Beziehung vor. Die Wurzel steht zuoberst. Sie hat per Definition keine Eltern. Jedes Kind hat selber keinen, einen oder maximal zwei Kinderknoten. In einem binären Suchbaum kann jeder Knoten eine Wertordnung gemäß bestimmter Regeln haben.

- Linker Teilbaum: Alle Werte im linken Teilbaum eines Knotens sind kleiner als der Wert des Knotens.
- Rechter Teilbaum: Alle Werte im rechten Teilbaum eines Knotens sind größer als der Wert des Knotens.
- Rekursion: Diese Eigenschaften gelten alle Teilbäume.

Binäre Suchbäume eignen sich, um effizient Elemente in einer Datenstruktur zu finden. Dabei kann nach unterschiedlichen Regeln der BST durchsucht werden. Bei einer sogenannten In-Order-Traversierung werden die Knoten in der folgenden Reihenfolge besucht: linker Teilbaum, aktueller Knoten, rechter Teilbaum. Diese Traversierung gibt die Knoten in aufsteigender linearer Reihenfolge ihrer Werte zurück. Betrachten Sie das folgende Beispiel:

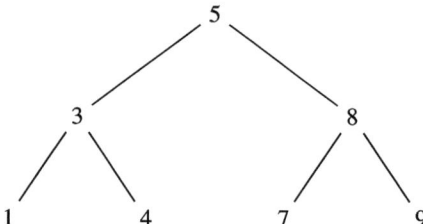

Der linke Teilbaum von 5 enthält die Werte {1, 3, 4}, die alle kleiner als 5 sind. Der rechte Teilbaum von 5 enthält die Werte {7, 8, 9}, die alle größer als 5 sind. Die Ordnungsrelation gilt auch für jeden weiteren Teilbaum.

Das Minimum in einem binären Suchbaum befindet sich im äußersten linken Knoten 1 und das Maximum ist der äußerste rechte Knoten 9. In einem binären Suchbaum kann eine Suche nach einem bestimmten Wert effizient durchgeführt werden, davon später. Die In-Order-Traversierung würde die Werte in der folgenden Reihenfolge besuchen: 1, 3, 4, 5, 7, 8, 9. Dies zeigt, dass die lineare Ordnung im BST nichtlinear dargestellt ist, welches sich als vorteilhaft für die schnelle Suche erweisen wird.

Aufgabe 8.4.1 *Bestimmen Sie Supremum, Infimum, Maximum und Minimum, sofern diese existieren, der folgenden Teilmengen der reellen Zahlen:*

$$\left\{ n \in \mathbb{N}_+ : (-1)^n - \frac{1}{n} \right\}$$

$$\left\{ x \in \mathbb{R} : \frac{x}{1+x}, , x > -1 \right\}$$

$$\left\{ : n, m \in \mathbb{N}_+ : \frac{1}{n} + \frac{1}{m} \right\}.$$

8.4 Ordnungsrelationen

Aufgabe 8.4.2 *Hans will sich ein Frühstücksei kochen. Im Moment, als er das Ei in das kochende Wasser eintaucht, zeigt seine Uhr 7:21. Als er das nächste Mal auf die Uhr schaut, zeigt sie 7:26 an. Bestimmen Sie das Infimum, Minimum, Supremum, Maximum der Zeit, die das Ei zwischen den beiden Momenten im Wasser ist.*

Aufgabe 8.4.3 *Sei $A = \{2, 3, 4, 6, 8, 12, 16, 24\}$ und S eine Teilordnung auf A definiert durch: $S = \{(a, b) : a \text{ teilt } b\}$. Finde das minimale, maximale Element in A und die oberen Schranken der Menge $B = \{4, 6, 12\}$.*

Aufgabe 8.4.4 *Erzeugen Sie das Hasse-Diagramm in 8.6 in Python.*

Modulare Arithmetik

Inhaltsverzeichnis

9.1 Um was geht es? 209
9.2 Kongruenz 210
9.3 Rechnen mit Restklassen 214
9.4 Python 218
9.5 Hashfunktionen 218
9.6 Codierungstheorie 220

9.1 Um was geht es?

Modulare Arithmetik ermöglicht, große Zahlen effizient zu manipulieren. Dies ist beispielsweise für Verschlüsselungs- und Entschlüsselungsverfahren entscheidend. Da wir jetzt einige Zeit mit dem Studium der modularen Arithmetik und der Zahlentheorie verbringen, lohnt sich das große Bild zur Kryptografie zu verstehen.

Bob und Alice möchten vertrauliche Nachrichten austauschen, indem sie Verschlüsselungs- und Entschlüsselungstechniken verwenden, die auf einem gemeinsamen Geheimnis basieren. Ein Hacker wie Eve versucht, die Nachrichten abzufangen und zu entschlüsseln. Wenn Bob und Alice mit kleinen Zahlen arbeiten, kann Eve durch Brute-Force-Methoden alle möglichen Schlüssel, die möglichen Geheimnisse, ausprobieren und die Verschlüsselung schnell knacken. Um dies zu verhindern, verwenden Bob und Alice sehr große Zahlen. Dadurch würde es selbst leistungsstarken Computern extrem viel Zeit kosten, die Verschlüsselung zu brechen. Allerdings ist das Rechnen mit großen Zahlen auch für Bob und Alice aufwendig. Die Lösung liegt in der Verwendung von Geheimnissen, die nur Bob alleine und

Ergänzende Information Die elektronische Version dieses Kapitels enthält Zusatzmaterial, auf das über folgenden Link zugegriffen werden kann https://doi.org/10.1007/978-3-662-71095-1_9.

Alice alleine kennen: Das Geheimnis muss nicht mehr ausgetauscht werden. Weiter werden die Geheimnisse in Probleme verpackt, welche mit den Methoden der Zahlentheorie ohne Kenntnisse der Geheimnisse praktisch unlösbar sind, aber von Alice und Bob jeweils effizient gelöst werden können.

In diesem Abschnitt lernen wir, wie man effizient mit großen Zahlen rechnet. Dies ist eine Grundlage für die Kryptografie. Die Mechanismen der Ver- und Entschlüsselung werden später behandelt. Es soll beispielsweise der Rest der Division $7^{100} : 9$ berechnet werden. Bei $7^{100} : 9$ muss man ohne Theorie Brute Force eine Zahl mit 78 Stellen nach den Regeln der Schulmathematik teilen. Mit modularer Arithmetik werden Sie solche Aufgaben einfach in wenigen Schritten von Hand lösen können. Diese Rechnung Brute Force ist für heutige Maschinen kein Problem. Die Zahlen in dieser Größenordnung sind nur für uns Menschen abschreckend, solange wir keine Theorie besitzen, mit diesen Zahlen umzugehen. Wir arbeiten im Kapitel immer mit großen Zahlen aus Menschensichtweise und verzichten mit riesigen, unübersichtlichen Zahlen zu arbeiten, welche auch für Maschinen ein Problem darstellen.

9.2 Kongruenz

Wir erinnern an die Menge $\mathbb{Z}_3$ mit den drei disjunkten Restklassen $\bar{0}, \bar{1}, \bar{2}$ als Elemente. Für eine Zahl a gilt $a \in \bar{1}$, genau dann wenn der Rest der Division $a/3$ gleich 1 ist. Für zwei Zahlen gilt $a, b \in \bar{1}$, wenn jede Rest 1 hat bei Division durch 3 oder äquivalent, wenn die Differenz der beiden Zahlen durch 3 ohne Rest teilbar ist. Sind wir nur an den Resten der Division von Zahlen interessiert, sind Zahlen mit gleichen Resten ununterscheidbar. Die Zahlen 3 und 1.594.32 haben zum Beispiel beide Rest 0 in $\mathbb{Z}_3$ und unterscheiden sich somit nicht. Das Arbeiten mit Restklassen statt mit den ursprünglichen ganzen Zahlen bietet mehrere Vorteile:

- Vereinfachung von Berechnungen. Arithmetik mit Restklassen reduziert die Zahlen auf einen begrenzten Wertebereich $\{0, 1, \ldots, n-1\}$ der Reste, wenn die Zahlen durch n geteilt werden. Dies macht Berechnungen übersichtlicher und verhindert das Arbeiten mit großen Zahlen.
- In der Informatik ist der Wertebereich von Datentypen begrenzt. Modulare Arithmetik bietet eine natürliche Möglichkeit, mit Überläufen zu arbeiten. Sie ist zudem effizient implementierbar, da Prozessoren oft direkt Operationen der modularen Arithmetik unterstützen.
- Modulare Arithmetik erlaubt mathematische Probleme zu lösen, welche nur die Eigenschaften der Zahlen in Bezug auf ihre Reste benötigen.
- Die Sicherheit vieler Verschlüsselungsverfahren basiert auf modularer Arithmetik. Hier ist das Arbeiten mit Resten effizienter, da nur bestimmte Eigenschaften der Zahlen wie Teilbarkeit oder Primzahlreste entscheidend sind.

9.2 Kongruenz

- Die Struktur der modularen Arithmetik hat tiefe Verbindungen zur Algebra. Diese Strukturen sind die Grundlage für viele mathematische Theorien, wie die Gruppentheorie, die in Informatik verwendet wird.
- Restklassen sind nützlich bei der Fehlererkennung und -korrektur in der Informatik wie bei Prüfziffern.
- In vielen alltäglichen Anwendungen, wie Kalenderberechnungen oder Uhrzeiten, ist die modulare Arithmetik unverzichtbar, da sie die zyklische Natur solcher Systeme elegant beschreibt.

Dies motiviert die Definition einer Kongruenz.

Definition 9.2.1 *Seien a, b ganze Zahlen und n eine natürliche Zahl. Die Zahlen a, b heißen **kongruent modulo** n, wenn $a - b$ durch n teilbar ist. Man schreibt: $a \equiv b \pmod{n}$ (Lies: a äquivalent b modulo n).*

Das Zeichen $\equiv$ steht für eine Äquivalenzrelation, siehe unten. Wir können äquivalent schreiben:
$$a \equiv b \pmod{n} \iff \{(a,b) \in \mathbb{Z} \times \mathbb{Z} : a - b = kn, \forall k \in \mathbb{Z}\}.$$

Beispiele

1. $a \equiv 5 \pmod{4}$ definiert alle Zahlen a, für die $a - 5$ durch 4 teilbar ist. Dies ist gleichbedeutend zu $a - 5 = k4$ mit k einer ganzen Zahl. Die Äquivalenz ist wahr für $a = 5, 9, 1, 13, -3, \ldots$.
2. Zum Nachrechnen: $28 \equiv 41 \pmod{13}$, $6 \equiv -2 \pmod{8}$, $2 \equiv -3 \pmod{5}$, $-8 \equiv 7 \pmod{5}$, $-3 \equiv -8 \pmod{5}$.
3. Die Stundenuhrzeit kann $a \equiv b \pmod{12}$ geschrieben werden. Zwei Stunden a, b sind äquivalent, genau dann, wenn die Differenz durch 12 teilbar ist.
4. Für einen 8-Bit PC gibt es $2^8 = 256$ mögliche Zahlen. Somit muss die Arithmetik auf diese endliche Menge angepasst werden: $621 \equiv 109 \pmod{256}$. Diese Gleichung zeigt, dass der Zahlenraum beschränkt ist und 621 in diesem Kontext „reduziert" wird.

Es gilt $38 \equiv 14 \pmod{12}$, da $38 - 14 = 24 = 2 \cdot 12$. Äquivalent dazu ist, dass sowohl 38 als auch 14 den gleichen Rest $r = 2$ haben bei Division durch 12. Allgemein, wenn ganze Zahlen q_1, q_2 und eine Zahl r existieren, sodass:
$$a = q_1 n + r, \ b = q_2 n + r, \ q_1, q_2 \in \mathbb{Z}$$

dann ist $a - b = (q_1 - q_2)n$ ein Vielfaches von n und somit sind $a \equiv b \pmod{n}$. Da die umgekehrte Implikation ebenfalls gilt, fassen wir zusammen:

Theorem 9.2.1 *Zwei ganze Zahlen a, b sind genau dann kongruent modulo n, $a \equiv b$ (mod n), wenn a und b bei Division durch n den gleichen Rest ergeben.*

Wir verzichten auf den mechanischen Beweis.

9.2.1 Rechenregeln

Die folgenden Rechenregeln für Kongruenzrelationen besitzen die gleiche Struktur wie die Rechenregeln für Zahlen.

Theorem 9.2.2 *(Arithmetik für Kongruenzen) Seien $a, b, c, d \in \mathbb{Z}$, $n \in \mathbb{N}$ und*

$$a \equiv b \pmod{n}, \; c \equiv d \pmod{n}.$$

Dann gelten.

$$a \pm c \equiv b \pm d \pmod{n}, \; ac \equiv bd \pmod{n}, \; a^p \equiv b^p \pmod{n}, \; p \in \mathbb{N}.$$

Die Regel für die modulare Division erfordert weitere Arbeiten.

Aufgabe 9.2.1 *Geben Sie den Beweis für eine Regel.*

9.2.2 Beispiele zu den Rechenregeln

1. Wir groß ist der Rest bei $10^k : 7$ mit $k \in \mathbb{N}$? Die Idee ist, den Exponenten derart zu zerlegen, dass mit der Potenzregel in Theorem 9.2.2 große Zahlen vermieden werden. Für $k = 1$ gilt: $10^1 \equiv 3 \pmod{7}$. Die Potenzregel in Theorem 9.2.2 impliziert:

$$100 \equiv 10 \cdot 10 \equiv 3 \cdot 3 \equiv 9 \equiv 2 \pmod{7},$$

   d. h. $98 = 100 - 2$ ist durch 7 teilbar. Analog:

$$100.000 = 10^5 \equiv 10 \cdot 10^2 \cdot 10^2 \equiv 3 \cdot 3^2 \cdot 3^2 = 3 \cdot 2 \cdot 2 = 5 \pmod{7}.$$

   Somit ist 99.995 durch 7 teilbar.
2. Wie groß ist der Rest von $3493 : 9$? Wir suchen die kleinste Zahl x, sodass

$$x \equiv 3493 \pmod{9}.$$

   Das heißt, x und 3493 haben bei Division durch 9 den gleichen Rest. Dazu zerlegen wir 3493 in eine Summe, bei welcher wir (mod 9) einfach bestimmen können. Wir setzen:

9.2 Kongruenz

$$3493 = 3000 + 400 + 90 + 3.$$

Da 90 durch 9 teilbar ist, folgt

$$x \equiv 3493 \equiv 3000 + 400 + 90 + 3 \equiv 3000 + 400 + 3 \quad (\text{mod } 9).$$

Weiter gelten $100 \equiv 1 \pmod 9$ und $1000 \equiv 1 \pmod 9$, d. h.

$$x \equiv 3493 \equiv 3 + 4 + 3 \equiv 1 \quad (\text{mod } 9).$$

Somit hat 3493 geteilt durch 9 den Rest 1.

3. Gesucht ist der Rest $2^{2019} : 5$, d. h. das kleinste x:

$$x \equiv 2^{2019} \quad (\text{mod } 5).$$

Idee: Wir zerlegen 2^{2019} in $(2^m)^k$, sodass $2^{2019} = (2^m)^k$ und $2^m \equiv \pm 1 \pmod 5$ gilt. Wir müssen somit die günstige Potenz m suchen und beginnen aufsteigend die Kongruenzen zu berechnen:

$$2 \equiv 2 \pmod 5, \ 2^2 \equiv 4 \pmod 5, \ 2^3 \equiv 3 \pmod 5, \ 2^4 \equiv 1 \pmod 5,$$

d. h. 4 ist die gesuchte Potenz. Jetzt dividieren wir den Exponenten durch 4: $2019 = 4 \cdot 504 + 3$. Wir erhalten mit Theorem 9.2.2:

$$2^{2019} \equiv (2^4)^{504} 2^3 \equiv (1)^{504} 2^3 \equiv 3 \quad (\text{mod } 5).$$

Somit ist 3 der Rest bei der Division von 2^{2019} durch 5. Die Zahl 2^{2019} hat 608 Stellen.

Aufgabe 9.2.2 *Zeigen Sie: Die Zahl 2^{2019} hat 608 Stellen. Erklären Sie im ersten Schritt: Die Anzahl der Dezimalstellen einer positiven Zahl N ist gegeben durch die Formel:*

$$Anzahl\ der\ Stellen\ von\ N = \lfloor \log_{10} N \rfloor + 1$$

wobei $\lfloor x \rfloor$ den größten ganzzahligen Wert bezeichnet, der kleiner oder gleich x ist. Wenden Sie dies im zweiten Schritt auf die Fragestellung an.

Die Anzahl der Stellen der Zahl können in Python bestimmt werden, indem die Potenz in einen String und dann die Anzahl der Stringelemente gezählt werden:

```
digits = len(str(2**(2019)))
print(digits)
```

Aufgabe 9.2.3 *Zeigen Sie, dass die Division von 2^{2019} durch 7 bzw. durch 9 den Rest 1 bzw. 8 ergibt.*

9.3 Rechnen mit Restklassen

Die Restklassen modulo n in $\mathbb{Z}_n$ sind:

$$\mathbb{Z}_n = \{\bar{0}, \bar{1}_n, \bar{2}_n, \ldots, \overline{n-1}_n\}, \quad |\mathbb{Z}_n| = n.$$

Wenn zwei Restklassen gleich sind, $\bar{a}_n = \bar{b}_n$, ist dies gleichbedeutend zu $a \equiv b \pmod{n}$.

Beweis Um dies einzusehen, schreiben wir für ein $a \in \bar{a}_n$:

$$a = qn + r_a$$

mit r_a dem Rest. Analog für $\bar{b}_n$ und wir erhalten

$$\bar{a}_n = \bar{b}_n \iff nq + r_a = nq' + r_b \iff r_a - r_b = n(q - q') \iff a \equiv b \pmod{n}.$$

□

Wir wollen das Rechnen mit Restklassen definieren. Dies ist dann sinnvoll, wenn das Rechnen **unabhängig** von den Repräsentanten ist. Überlegen Sie, weshalb diese Forderung zwingend ist!

Wie kann man die Summe von Restklassen definieren? Ein Versuch ist:

$$\bar{a}_n + \bar{b}_n = \overline{a+b}_n.$$

Die Summe der Restklassen ist gleich der Restklassen der Summe. Die beiden Symbole + stehen einmal für eine Addition von Restklassen und einmal für Repräsentantenaddition. Wir müssten diese unterscheiden. In der Literatur findet sich oft:

$$\bar{a}_n \oplus \bar{b}_n ;= \overline{a+b}_n.$$

Da wir aber wissen, was wir tun, verzichten wir auf zusätzliche Notationen. Ist die Addition von Restklassen wohldefiniert, also unabhängig von der Wahl des Repräsentanten? Betrachten wir zuerst ein Beispiel. Nach der Definition gilt;

$$\overline{-5}_{10} + \overline{18}_{10} = \bar{3}_{10}.$$

Anstelle von -5 wählen wir nun 15, denn $-5 \equiv 15 \pmod{10}$ und für 18 wählen wir 28, da $\overline{18}_{10} \equiv \overline{28}_{10} \bmod 10$. Mit den neuen Repräsentanten rechnen wir

9.3 Rechnen mit Restklassen

$$\overline{15}_{10} + \overline{28}_{10} = \overline{43}_{10} = \overline{3}_{10}.$$

Somit ist für zwei unterschiedliche Repräsentanten die gewählte Additionsregel wahr.

Jetzt beweisen wir, dass die Regel für alle Repräsentanten wahr ist, d.h., die definierte Addition von Restklassen ist unabhängig von den Repräsentanten definiert.

Es sei $\bar{a}_n + \bar{b}_n = \overline{a+b}_n$. Wenn a' ein anderer Repräsentant für a und b' ein anderer Repräsentant für b sind, gilt:

$$\bar{a}_n + \bar{b}_n = \bar{a}'_n + \bar{b}'_n = \overline{a'+b'}_n.$$

Wir müssen zeigen, dass $\overline{a'+b'}_n = \overline{a+b}_n$ gilt. Aus $a' \equiv a \mod n$ und $b' \equiv b \mod n$, folgt $a' + b' \equiv a + b \mod n$, also gilt $\overline{a'+b'}_n = \overline{a+b}_n$. Somit definieren wir:

Definition 9.3.1 *(Restklassenarithmetik) Seien $a, b \in \mathbb{Z}$, $n \in \mathbb{N}$. Dann gelten:*

$$\bar{a}_n \pm \bar{b}_n = \overline{(a \pm b)}_n \,, \quad \bar{a}_n \bar{b}_n = \overline{(ab)}_n \tag{9.1}$$

Die Regeln der Addition und Multiplikation genügen dem Assoziativgesetz, Distributivgesetz und Kommutativgesetz.

Die Rechenregeln können auch als kommutatives Diagramm dargestellt werden, siehe Abb. 9.1. Egal, welchen Lösungsweg man einschlägt, man erhält das gleiche Resultat.

9.3.1 Beispiele

1. In welcher Restklasse modulo 10 liegt das Produkt von 134 und 235? Die Regeln erlauben uns, auf Berechnungen von großen Zahlen $134 \cdot 235$ zu verzichten. Es gilt

$$134 \in \bar{4}_{10} \,, \quad 235 \in \bar{5}_{10}$$

und somit:

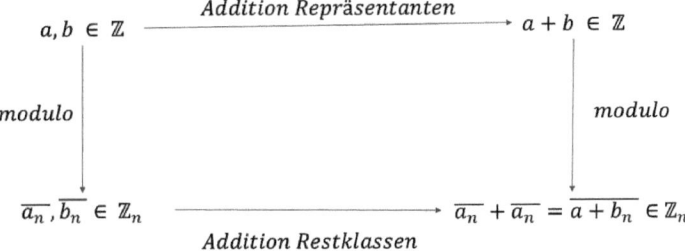

Abb. 9.1 Addition in den ganzen Zahlen und anschließend Modulo-Bildung ergibt das gleiche Resultat wie zuerst Modulo-Bildung und dann Addition der Restklassen

$$134 \cdot 235 \in \overline{4}_{10} \cdot \overline{5}_{10} = \overline{4 \cdot 5} = \overline{0}_{10}.$$

Gleiches gilt für die Summe. Addieren wir die beiden Zahlen und bestimmen dann die Restklasse, so folgt:
$$134 + 235 \equiv 369 \equiv 9 \quad (\text{mod } 10),$$
d. h. $369 \in \overline{9}_{10}$. Dies folgt aber auch direkt aus den Regeln:
$$\overline{4}_{10} + \overline{5}_{10} = \overline{4+5}_{10} = \overline{9}_{10}.$$

Weshalb schreiben wir bei der Addition von Restklassen das Gleichheitszeichen und nicht $\equiv$?

2. Für $n = 6$, d. h. $\mathbb{Z}_6$, gilt:
$$\overline{2}_6 + \overline{2}_6 + \overline{5}_6 = \overline{4}_6 + \overline{5}_6 = \overline{9}_6 = \overline{3}_6$$
und
$$\overline{4}_6 \overline{5}_6 = \overline{20}_6 = \overline{2}_6.$$

3. Betrachten wir $\mathbb{Z}_2 = \{\overline{0}, \overline{1}\}$. Die Restklasse $\overline{0}$ stellt alle geraden Zahlen (Division durch 2 hat Rest null) und $\overline{1}$ alle ungeraden Zahlen dar. Es gilt die folgende Additionstabelle:

+	$\overline{0}$	$\overline{1}$
$\overline{0}$	$\overline{0}$	$\overline{1}$
$\overline{1}$	$\overline{1}$	$\overline{0}$

Gerade plus gerade ist gerade usw. Für die Multiplikation erhalten wir:

$\cdot$	$\overline{0}$	$\overline{1}$
$\overline{0}$	$\overline{0}$	$\overline{0}$
$\overline{1}$	$\overline{0}$	$\overline{1}$

Die Addition in $\mathbb{Z}_2$ entspricht der XOR-Operation und die Multiplikation in $\mathbb{Z}_2$ der AND-Operation in digitalen Schaltungen.

4. Aufgabe ist die kleinste Zahl in der Restklasse von $2^{42.434.546} + 1$ (mod 1337) zu berechnen. Der Ansatz, $2^{42.434.546} + 1$ direkt mit Standardfunktion zu berechnen, würde oft fehlschlagen. Mit dem Datentyp BigInt kann man im Prinzip das Ergebnis berechnen. Dieser Ansatz ist ineffizient: Implementierungen des Datentyps BigInt für die Darstellung der Zahl $2^{42.434.546} + 1$ benötigen 42.434.547 Bits, d. h. mehr als 5 MB. Der Einsatz von BigInt ist aber nicht notwendig. Wir brauchen nur zu wissen, welche Restklasse modulo 1337 das Resultat hat. Wir können jedes Zwischenergebnis durch das kleinste Mitglied seiner Restklasse ersetzen. So müssen wir nie mit Zahlen rechnen, die größer sind als $2 \cdot 1337$.

5. Für $n=6$, d. h. $\mathbb{Z}_6$, gilt:
$$\overline{2}_6\overline{3}_6 = \overline{6}_6 = \overline{0}_6 \in \mathbb{Z}_6,$$
Somit kann man aus $\overline{ab} = \overline{ac}$ **nicht** allgemein schließen, dass $\overline{b} = \overline{c}$ in $\mathbb{Z}_n$ gilt. **Kürzen** ist im Allgemeinen falsch.

6. Der 3. Mai 2016 war ein Dienstag. Auf welchen Wochentag fiel der 27. Mai 2016? Ordnen wir die Sonntage der Restklasse 0 (mod 7) zu, so gehört der 3. Mai zur Restklasse 2 (mod 7). Somit:
$$\overline{2}_7 + \overline{24}_7 = \overline{26}_7 = \overline{5}_7$$
d. h. der 27. Mai 2016 war ein Freitag.

Aufgabe 9.3.1 *Zeigen Sie, dass die Additions- und Multiplikationstabellen für $\mathbb{Z}_2 = \{\overline{0}, \overline{1}\}$ unabhängig von den Repräsentanten sind.*

9.3.2 Additiv neutrale Elemente und Inversen

Das neutrale Element in $\mathbb{Z}_n$ der Addition ist $\overline{0}$, da
$$\overline{a}_n + \overline{0}_n = \overline{a + 0}_n = \overline{a}_n$$
gilt. Für das additiv inverse Element in $\mathbb{Z}_n$ suchen wir $\overline{x}_n$, sodass:
$$\overline{a}_n + \overline{x}_n = \overline{0}_n$$
gilt. Für $x = n - a$ folgt:
$$\overline{a}_n + \overline{x}_n = \overline{a + x}_n = \overline{a + n - a}_n = \overline{n}_n = \overline{0}_n.$$
Wir haben bewiesen:

Theorem 9.3.1 *In $\mathbb{Z}_n$ ist das additiv inverse Element einer Restklasse $\overline{a}$ gleich $\overline{n-a}$ und das additiv neutrale Element ist $\overline{0}$.*

Prüfen wir dies für die Uhr nach, d. h. $n = 12$ und sei $\overline{a} = \overline{4}_{12}$, d. h. vier Uhr plus/minus alle Vielfache von 12 h. Dann ist $\overline{n-a}_{12} = \overline{8}_{12}$. Da 8 plus 4 Uhr immer 12 Uhr ergibt, unabhängig wie oft man 12 Uhr hinzufügt, und $\overline{12}_{12} = \overline{0}_{12}$ ist, stimmt die Aussage über das additive Inverse.

Für die multiplikativen Inversen ist die Situation komplizierter. Wir betrachten dies zusammen später mit der Division.

9.4 Python

Das folgende Programm zeigt, wie man in Python prüft, dass zwei Zahlen a und b kongruent modulo n sind.

```
def kongruent (a,b,n):
    return a % n == b % n
```

Aufgabe 9.4.1

1. *Schreiben Sie ein Programm, welches prüft, ob eine ganze Zahl n gerade ist.*
2. *Schreiben Sie ein Programm, welches prüft, ob eine ganze Zahl n ungerade ist.*
3. *Erklären Sie die Outputs:*

   ```
   -3 % 2
    3 % -2
   ```

4. *Konvertierung Minuten in Tage. Definieren Sie eine Funktion mit der Variablen Minuten. Berechnen Sie die ganzen Tage mit dem Floor Division Operator und den Rest mit dem %-Operator als Funktion der Minuten und die Stunden als Funktion der Minuten.*
5. *Primzahlen: Im Python-File 9 ist ein Code beschrieben, der prüft ob eine Zahl eine Primzahl ist und falls nicht, auch die Faktorzerlegungen erzeugt. Gehen Sie durch den Code und dokumentieren Sie diesen vollständig.*

9.5 Hashfunktionen

Eine Hashfunktion $H : K \to A$ bildet eine große Eingabemenge von Schlüsseln K auf eine kleinere Menge von Speicheradressen A, $|A| < |K|$, die **Hashwerte,** ab. Sie ist daher nicht injektiv. Die Elemente von K können unterschiedliche Länge haben; die Elemente in A haben eine feste Länge, z. B. 126 Bit. Hashverfahren werden zum Beispiel zum effizienten Speichern von Datensätzen verwendet. Die Idee ist, die Speicheradressen aus dem Schlüssel als Suchbegriff selbst zu berechnen, ohne aufwendige Suchverfahren anzuwenden. Es sei:

$$H : K \to A = \{0, 1, \ldots, N - 1\},$$

mit den N Adressen in A, um die Schlüssel $k \in K$ mit der Hashfunktion $H(k) \in A$ zu speichern.

9.5 Hashfunktionen

Betrachten wir als Schlüssel die Namen von Ortschaften und deren Vorwahl der Telefonnummern als Hashwerte. Eine mögliche Hashfunktion ist

$$H(k) \equiv \sum_i a_i \quad (\text{mod } N).$$

Dabei ist a_i die Stelle des i-ten Buchstabens im Alphabet. Es sei $N = 7$ und die Orte seien Bern, Basel, Genf und Zürich. Der Hashwert von Bern ist

$$H(\text{Bern}) \equiv 2 + 5 + 14 + 18 \equiv 4 \quad (\text{mod } 7).$$

Basel, Genf haben ebenfalls Hashwert 4. Zürich – Zuerich geschrieben – hat Hashwert 3. Somit werden Basel, Genf und Bern auf den gleichen Hashwert 4 abgebildet. Dies nennt man eine **Kollision.** Solche Kollisionen sind zu erwarten nach dem Schubfachprinzip, da es $|K| = 26^q$ Möglichkeiten gibt mit 26 Buchstaben Wörter der Länge m zu bilden. Schätzen wir die durchschnittliche Länge der Ortschaftsnamen in der Schweiz auf $7 = q$ Buchstaben, dann hat K mehr als 8 Mrd. mögliche Einträge. Obwohl viele Einträge sinnlos sind, wie die Ortschaft mit Namen XXXXXXX, ist die Anzahl der Elemente in K bedeutend größer als die der Adressen.

Damit die Kollision vermieden wird, geht man bei der Speicherung des Datensatzes $(k, v), k \in K, v \in A$ wie folgt vor:

1. Berechne den Hashwert $n = H(k)$.
2. Ist der Speicherplatz n frei, speichere den Datensatz dort,
3. sonst verschiebe den Speicherplatz um $m: n + m \ (\text{mod } N)$. Damit alle Speicherplätze abgesucht werden, sind m und N teilerfremd zu wählen.

Zu einem gegebenen Schlüssel k wird der zugehörige Wert v_k wie folgt gefunden:

1. Berechne den Hashwert $n = H(k)$.
2. Gilt für den dort liegende Schlüssel k_n $k_n = k$, dann ist das zugehörige v_n der gesuchte Wert.
3. Sonst gehe zum Platz $n + m \ (\text{mod } N)$ und vergleiche den Suchbegriff mit dem dort abgelegten Schlüssel.

Für das Beispiel sind die Paare (k, v) gleich: (ZÜRICH, 043), (BERN, 031), (BASEL, 061), (GENF, 022). Dann folgt die Hashtabelle:

Speicherplatz n	Schlüssel k_n	Wert v_n
0		
1		
2		
3	Zürich	043
4	Bern	031
5	Basel	061
6	Genf	022

Diese Tabelle ist kollisionsfrei. Dies wurde wie folgt erreicht. Da der Speicherplatz 3 frei ist, wird (Zürich, 043) dort gespeichert. Für Bern ist der Speicherplatz 4 frei. (Bern, 031) wird dort gespeichert. Für Basel ist der Speicherplatz 4 bereits durch Bern belegt. Die Verschiebung um $m = 1$ ergibt den neuen Speicherplatz $4 + 1 \equiv 5$ (mod 7). Dieser Speicherplatz ist frei für (Basel, 061). Für Genf mit Hashwert 4 sind zwei Verschiebungen notwendig, da 4 und 5 beide besetzt sind. Der Speicherplatz $4 + 1 + 1 \equiv 6$ (mod 7) ist frei. Vielen Fragen tauchen im Zusammenhang mit diesem Beispiel auf. Da wir dazu Wahrscheinlichkeitsrechnung benötigen, nehmen wir das Thema später wieder auf.

9.6 Codierungstheorie

Der Informationsaustausch zwischen Sendern und Empfängern umfasst mehrere Schritte.

1. Die Quellcodierung ist die Übersetzung der Informationen in ein digitales Alphabet durch den Sender.
2. Die Verschlüsselung ist die Übersetzung der Quellcodierung in einen Code, der sicher ist vor Zugriff durch Unberechtigte.
3. Die Übermittlung der verschlüsselten Nachricht in einem Kanal.
4. Die Entschlüsselung und Decodierung der Nachricht durch den Empfänger.

Die Verschlüsselung und Entschlüsselung betrachten wir später. In diesem Abschnitt liegt der Fokus auf Fehlererkennung und Fehlerkorrektur in der Übermittlung. Fehler können durch Vertauschen, Verlieren oder Hinzufügen von Bits auftreten. Wir betrachten ausschließlich die Invertierung, d. h., eine gesendete 1 kommt als 0 an oder umgekehrt. Das Buch von Hoffmann (2017) diente als Grundlage für die Verfassung des folgenden Textes.

9.6.1 Einführung

Ein Musikstück wird in ein binäre Sequenz x' überführt (Quellcodierung). Diese Sequenz wir vom Sender in eine Bitfolge $x = c(x')$ umgewandelt (codiert). Das Resultat wird

9.6 Codierungstheorie

Abb. 9.2 a Ungerichteter Baum mit vier inneren Knoten (schwarz) und fünf Blättern (weiß). **b** Gewurzelter Baum mit einer Wurzel (umrandet), vier inneren Knoten (schwarz) und fünf Blättern (weiß)

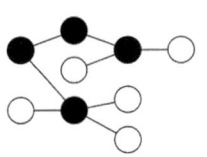
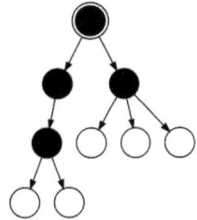

über den Kanal verschickt. Der Empfänger erhält $\tilde{x}$. Ist $\tilde{x} \neq x$, sind Fehler aufgetreten. Der Empfänger decodiert $d(\tilde{x})$. Kann man Fehler erkennen und korrigieren, sodass $\tilde{x}$ dem wahren x zugeordnet wird, d. h. $d(\tilde{x}) = d(x) = x'$?

Damit die Decodierung funktionieren kann, unabhängig von der Fehlererkennung, muss c injektiv sein. Sonst kann die Decodierung als Umkehrfunktion nicht existieren.

Definition 9.6.1 *Eine Codierung $c : \Sigma \to B^n$ ordnet einem Element $x \in \Sigma$ des Quellenalphabetes eine Bitfolge $c(x) \in B^n$ des Codealphabetes zu. Die Zuordnung*

$$c : x \to c(x)$$

*ist **injektiv**.*

Die Bitfolgen, welche vom Sender verschickt werden, nennen wir **Codewörter.** Codierungen können als Bäume dargestellt werden. Ein Baum ist ein zusammenhängender, kreisfreier, ungerichteter Graph. Die Knoten, welche nur eine Verbindung besitzen heißen **Blätter,** die übrigen Knoten heißen innere Knoten, siehe Abb. 9.2.

Beispiel
Das Quellenalphabet bestehe aus der Mengen der Großbuchstaben im Alphabet. Wir betrachten zwei Codierungen:

- $c_1: A \to 0, J \to 1, M \to 10$.
- $c_2: A \to 0, J \to 11, M \to 10$.

Der erste Code (c_1) ist nicht injektiv, da er unterschiedliche Codewörter auf die gleiche übermittelte Sequenz abgebildet werden:

$$c_1(MMM) = c_1(JAMM) = c_1(MJAM) = 101010.$$

Er kann nicht eindeutig decodiert werden: Die Codierung c_2 ist injektiv. Dies zeigt sich in der Baumdarstellung der Codierungen. Wenn 1 für linkes Kind und 0 für rechtes Kind steht, dann hat bei c_2 kein Symbol des Quellenalphabet ein anderes Symbol als Elternknoten. Mit anderen Worten, kein innerer Knoten ist mit einem Symbol des Quellenalphabets markiert.

Bei c_1 ist aber J Elternknoten von M. Eindeutigkeit kann erreicht werden, wenn die Codewörter so gewählt werden, dass keines das Anfangsstück eines anderen Codewortes ist. In diesem Fall ist der Code **präfixfrei.**

Aufgabe 9.6.1 *Ist das Morsealphabet präfixfrei?*

Der **genetische Code** ist ein Beispiel für die Codierung des Lebens. Es gibt zwei Alphabete: Die 20 Aminosäuren, die für den Aufbau komplexer Proteine benötigt werden. Das zweite Alphabet sind die vier Basen Guanin (G), Cytosin (C), Adenin (A) und Thymin (T). Eine Codierung bildet drei Basen auf Aminosäuren ab. Der Nachrichtenraum aller möglichen Basen ist $4^3 = 64$. Die Codierung ordnet einer Menge mit 64 Elementen Aminosäuren zu, welche eine Menge mit 20 Elementen bilden. Dies gibt Raum für Redundanz. Zum Beispiel entspricht die Aminosäure mit dem Symbol **A** der Codierung GCT, oder alternativ GCC, GCA, GCG. Die Natur ist nicht injektiv bei der Zuordnung von Codesymbolen zu Aminosäuren. Dies schützt den Organismus vor Mutationen.

Im Folgenden betrachten wir drei Codierungen.

9.6.2 Paritätscode und Prüfziffercodes

Die Aufgabe eines Kanalcodierers besteht darin, den gesendeten Bitsequenzenstrom robuster gegenüber Übertragungsfehlern zu machen, indem Übertragungsfehler erkannt werden und korrigiert werden können.

Definition 9.6.2 *Ein Code heißt r-fehlererkennend, wenn der Empfänger jedes Codewort, in dem bis zu r Symbole verfälscht wurden, als fehlerhaft identifizieren kann.*

Ein Code heißt r-fehlerkorrigierend, wenn der Empfänger jedes Codewort, in dem bis zu r Symbole verfälscht wurden, wiederherstellen kann.

Prüfziffercodes, insbesondere der **Paritätscode,** sind eine Methode. Sie werden besonders dann eingesetzt, wenn Zahlenfolgen manuell eingegeben werden müssen und dadurch Fehler wahrscheinlich sind. Beim Paritätscode wird an eine Bitfolge ein weiteres Bit angehängt, um sicherzustellen, dass die Anzahl der Einsen im String, die Parität, **gerade oder ungerade** ist. Gilt eine gerade Parität und ist die geprüfte Parität durch den Empfänger ungerade, dann ist bei bei der Übertragung der Nachricht mindestens ein Fehler aufgetreten.

Betrachten wir Wörter mit 2 Bits 00, 01, 10, 11 und gerader Paritätscodierung (das Paritätsbit steht am Ende):

$$000, 011, 101, 110.$$

Zur Prüfung der Parität werden die Ziffern binär addiert. Diese Methode kann Fehler erkennen, aber nicht anzeigen, an welcher Stelle der Bitfolge der Fehler aufgetreten ist. Das

9.6 Codierungstheorie

fehlerhafte Signal 010 kann sowohl von 011 (falscher Paritätscode) als auch von 110 (Zerstörung des Codes bei der Übermittlung) herrühren.

Ein Codewort mit einer Bitsequenz $x_0 x_1 \ldots x_{n-1}$ mit $x_j \in \{0, 1\}$ ist mit der Paritätsprüfung „gerade" gültig, genau dann, wenn die Summe der x_j gerade ist, oder wenn die Summe der x_j bei der Division durch 2 Rest null hat. Wir schreiben dies elegant:

$$\sum_{j=0}^{n-1} x_j \equiv 0 \pmod{2}. \tag{9.2}$$

Die Summen oder Parität der Codewörter 000, 011, 101, 110 sind Element von $\bar{0}$. Jedes Codewort erfüllt die Äquivalenz (9.2), und umgekehrt gilt: Jede Bitsequenz mit dieser Eigenschaft ist ein Codewort. Wir können (9.2) als Definition für Paritätscodes verallgemeinern.

Definition 9.6.3 *Ein Code heißt* **Prüfziffercode,** *wenn es eine natürliche Zahl p und Gewichte $g_0, \ldots, g_{n-1}$, $g_j \geq 0$, gibt, sodass jedes Codewort $x_0 x_1 \ldots x_{n-1}$ die folgende Beziehung erfüllt:*

$$\sum_{j=0}^{n-1} g_j x_j \equiv 0 \pmod{p}, \tag{9.3}$$

Im Paritätscode haben alle Ziffern das gleiche Gewicht 1 und p ist gleich 2. Die unterschiedliche Gewichtung unterscheidet jetzt zwischen einer Ziffer 1 an der Stelle 5 und an der Stelle 7. Dies hilft bei der Erkennung und Korrektur von Fehlern. Gleichung 9.3 zeigt für ein Alphabet $\{0, 1, 2, 3\}$ den Einfluss von zwei Gewichtungen in den Codierungen I und II.[1] Es gilt::

$$\text{Codierung I} \quad 3x_0 + x_1 + 3x_2 \equiv 0 \pmod{4}$$

und:

$$\text{Codierung II} \quad 3x_0 + 2x_1 + 3x_2 \equiv 0 \pmod{4}.$$

Die Prüfziffer ist die letzte Ziffer x_2 in den Codierungen.
Mit den Gewichten sind die Prüfziffern derart gewählt, dass die Codierungen I und II die Kongruenzbeziehung (9.3) erfüllen. Zum Beispiel gilt für 03 die Codierung 033:

$$3x_0 + 1 \times x_1 + 3x_2 = 3 \times 0 + 1 \times 3 + 3x_2 = 3 + 3x_2.$$

Damit diese Summe durch 4 geteilt keinen Rest hat, muss $x_2 = 3$ als Prüfziffer gewählt werden. Daraus folgt 033. In der Codierung II muss die Prüfziffer derart gewählt werden, dass $03x_2$ durch 4 teilbar ist. Es gilt:

$$3x_0 + 2 \times x_1 + 3x_2 = 6 + 3x_2$$

---

[1] Quelle: Dirk W. Hoffmann, Einführung in die Informations- und Codierungstheorie, Springer Vieweg, 2014.

x	Codierung I	Codierung II
00	000	000
01	011	012
02	022	020
03	033	032
10	103	103
11	110	111
12	121	123
13	132	131
20	202	202
21	213	210
22	220	222
23	231	230
30	301	301
31	312	313
32	323	321
33	330	333

und somit folgt $x_2 = 2$, d. h., 032 ist in der Codierung II der Code mit der richtigen Prüfziffer. Wir sehen, dass unterschiedliche Gewichtungen zu unterschiedlichen Prüfziffern führen.

Aufgabe 9.6.2 *Rechnen Sie mindestens 2 Prüfziffercodes nach.*

Welche Fähigkeiten besitzen die beiden Codierungen Vertauschungen bzw. Fehler in einer Ziffer zu erkennen?

Codierung I
Jeder einzelne Ziffernfehler führt zu einem Fehler in der Kongruenzbeziehung: Der Code ist 1-fehlererkennend. Sei $x_0 x_1 x_2$ der korrekte und $y x_1 x_2$ der fehlerhafte Code. Dann bedeutet Division ohne Rest durch 4, dass es ganze Zahlen k, k' gibt, sodass gilt:

$$3x_0 + x_1 + 3x_2 = k4, \quad 3y + x_1 + 3x_2 = k'4.$$

Subtraktion der Gleichungen impliziert

$$3(x_0 - y) = (k - k')4.$$

Da die Differenz $x_0 - y = \pm 1$ sein kann, gilt

$$\pm 3 = (k - k')4.$$

Dies ist aber nur möglich wenn $k = k'$ ist. Dies impliziert $x_0 = y$. Der Fehler wird erkannt. Vertauschungen von Ziffern werden teilweise erkannt: Aus dem Codewort 213 wird durch

9.6 Codierungstheorie

Vertauschen 123. Dies ist kein Codewort. Vertauscht man aber die zweite und die dritte Ziffer, entsteht das Codewort 231. Für die drei Codes 213, 123, 231 müssen gelten:

$$16 = 4k, \ 14 = 4k, \ 12 = 4k, k \in \mathbb{Z}$$

Die Vertauschung 123 wird erkannt, da $14 = k4$ nicht möglich ist. Die Vertauschung 231 ($12 = 4k$) wird hingegen nicht erkannt. Der Empfänger kann Vertauschungsfehler nur teilweise erkennen.

Codierung II
Die Vertauschung zweier Ziffern führt immer zu Nichtcodewörtern und werden somit erkannt. Hingegen ist die 1-fehlererkennende Eigenschaft verloren: 210 und 230 sind Codewörter, obwohl sie sich nur in einer Ziffer unterscheiden.

Die modulare Arithmetik gibt uns präzise Kriterien für Fehlererkennung bzw. Fehlerkorrektur:

Theorem 9.6.1 *Es sei p eine Primzahl. Ein Prüfziffercode*

$$\sum_j g_j x_j \equiv 0 \pmod{p} \tag{9.4}$$

erkennt genau dann alle Einzelfehler an der Stelle k, wenn das Gewicht g_k und p teilerfremd sind.

Ein Prüfziffercode (9.4) erkennt eine Vertauschung von x_k mit x_l genau dann, wenn die Zahl $g_k - g_l$ und p teilerfremd sind.

Beweis Erkennen von Einzelfehlern:
Sei $x = (x_1, x_2, \ldots, x_n)$ eine Codewortsequenz, die die Prüfzifferbeziehung erfüllt:

$$\sum_{j=1}^{n} g_j x_j \equiv 0 \pmod{p}$$

Angenommen, ein Einzelfehler tritt an der Stelle k auf, d. h., x_k wird zu x'_k geändert. Das resultierende fehlerhafte Codewort sei $x' = (x_1, x_2, \ldots, x'_k, \ldots, x_n)$. Da nur an der Stelle k ein Fehler aufgetreten ist, haben wir:

$$\sum_{j=1}^{n} g_j x'_j = \sum_{j \neq k} g_j x_j + g_k x'_k$$

Deshalb ergibt sich für die Differenz:

$$\sum_{j=1}^{n} g_j x'_j - \sum_{j=1}^{n} g_j x_j \equiv g_k x'_k - g_k x_k \equiv g_k (x'_k - x_k) \equiv 0 \pmod{p}.$$

Wenn g_k und p teilerfremd sind, dann hat die Kongruenz $g_k(x'_k - x_k) \equiv 0 \pmod{p}$ als einzige Lösung $x'_k = x_k$. Um dies einzusehen, schreiben wir die Kongruenz äquivalent als:

$$g_k(x'_k - x_k) = mp, \ m \in \mathbb{Z}.$$

Wir benutzen das Theorem 11.4.211, welches wir später beweisen: Aufgrund der Teilerfremdheit können wir durch g_k teilen und den alten Modulus nehmen, d. h. es gilt $x'_k - x_k \equiv 0 \pmod{p}$. Da $p > 2$ prim ist, können die Reste von x_k/p, x'_k/p nur dann gleich sein, wenn $x_k = x'_k$ gilt. Somit ist der Code 1-fehlererkennend.

Erkennen von Vertauschungsfehlern:

Sei $x = (x_1, x_2, \ldots, x_n)$ eine Codewortsequenz, die die Prüfzifferbeziehung erfüllt. Angenommen, die Elemente x_k und x_l werden vertauscht. Das resultierende fehlerhafte Codewort sei $x' = (x_1, \ldots, x_l, \ldots, x_k, \ldots, x_n)$.

Da nur die Stellen k und l vertauscht wurden, haben wir:

$$\sum_{j=1}^{n} g_j x'_j = \sum_{j \neq k, j \neq l} g_j x_j + g_k x_l + g_l x_k$$

Daher ergibt sich für die Differenz:

$$\sum_{j=1}^{n} g_j x'_j - \sum_{j=1}^{n} g_j x_j \equiv g_k x_l + g_l x_k - (g_k x_k + g_l x_l) \equiv (g_k - g_l)(x_l - x_k) \equiv 0 \pmod{p}$$

Damit $(g_k - g_l)(x_l - x_k) \equiv 0 \pmod{p}$ erkannt wird, müssen $g_k - g_l$ und p teilerfremd sein. Nur dann sind $x_l = x_k$ die einzigen Lösungen der Korrespondenz und der Code erkennt die Vertauschung. □

Das Theorem gibt eine Praxisanleitung für die Konstruktion von Codes. Damit die Teilerfremdheit gilt, soll p eine Primzahl sein, die größer als das größte Gewicht g ist. Dann sind alle Gewichte und p teilerfremd. Weiter ist dann auch die Differenz der Gewichte nicht größer als p und somit auch teilerfremd zu p.

Aufgabe 9.6.3 *Wende das Theorem auf das letzte Beispiel an, d. h., prüfe die Bedingungen auf Erkennung von Fehlern bzw. Vertauschung für die Codierungen I und II.*

Als Beispiel betrachten den bis 2006 gebräuchliche ISBN-Code für Bücher. Es ist ein zehnstelliger Code, der jedes Buch international identifizierbar macht. An der ersten Stelle stellt eine Ziffer für die Sprachregion, die Stellen 2-4 sind für die Verlagsnummern, die Stellen 5-9 sind individuelle Buchnummern und die Stelle 10 ist die Prüfziffer.

9.6 Codierungstheorie

Für die ersten neun Stellen wird das Alphabet mit den Ziffern 1 bis 9 verwendet, für die Prüfziffer 1-9 und X, welches für die Zahl 10 steht. Die Prüfziffer x_{10} eines ISBN-Codewortes $x_1, x_2, \ldots x_{10}$ berechnet sich aus

$$\mathbb{S} := 10x_1 + 9x_2 + 8x_3 + \ldots 2x_9 + x_{10} = \sum_{j=1}^{10}(11 - jx_j) \equiv 0 \quad (\text{mod } 11).$$

Somit ist die Summe $\mathbb{S}$ durch 11 teilbar. Jetzt wenden wir Theorem 9.6.1 an: Der ISBN-10-Code ist sowohl gegen Einzelfehler als auch gegen Vertauschungsfehler abgesichert, da 11 eine Primzahl ist und alle Zahlen zwischen 1 und 10 teilerfremd dazu sind. Der Code erkennt somit jeden Einzelfehler. Bilden wir die Differenz zweier Gewichte, so ist die Differenz ebenfalls eine Zahl zwischen 1 und 10. Somit wird eine Vertauschung von zwei Ziffern immer erkannt.

Angenommen, wir schreiben an der Stelle i anstelle x_i den Wert y und der falsche Code erfülle die Prüfungsbedingung:

$$(11 - x_i) \equiv (11 - y) \quad (\text{mod } 11).$$

Somit muss

$$(11 - x_i) - (11 - y) = y - x_i$$

durch 11 teilbar sein. Da $y - x_i$ aber Werte von -9 bis 9 annehmen kann, ist der Rest bei der Division durch 11 genau dann null, wenn $x_i = y$.

9.6.3 Repetitionscode

Eine einfache, ineffiziente Methode zur Verbesserung der Fehlererkennung besteht darin, jedes Bit mehrmals zu senden – sogenannte **Repetitionscodes**. Wenn wir den Code 00, 01, 10, 11 **dreimal** senden entstehen Codes der Länge 6

$$00 \to 000000, \ 01 \to 010101, \ 10 \to 101010, \ 11 \to 111111.$$

Angenommen wir erhalten 100000. „Dies ist kein gültiges Codewort." Die **Hamming-Distanz** misst die Anzahl der Abweichung zum Codewort. Sie ist gleich der Summe der Bitabweichungen des erhaltenen Codes zu den Codewörtern. Zum Code 000000 ist dies gleich 1 und zum Code 101010 gleich 3. Man wählt jetzt dasjenige Codewort für die Korrektur mit der kleinsten Abweichung aus. 100000 wird auf 000000 korrigiert. Ohne Redundanz hat der entsprechende Fehler 100 Abstand 1 zu 000, 101, 110, d.h.. es gibt mehrere mögliche korrekte Codes zu einem Fehler. Diese verbesserte Fehlererkennung und -korrektur wird durch eine größere Redundanz erkauft.

Ein anderes Verfahren ist der **Mehrheitsentscheid**. Angenommen, die Nachricht ist 1011 und die Codierung ist die Verdreifachung jedes Bits 111000111111. Der Empfänger decodiert jeden Block einzeln. Wenn in einem Block mehr „1" als „0" vorkommen, decodiert er ihn zu „1", andernfalls decodiert zu „0". Bei einer Übertragung geschehen zwei Fehler und der Empfänger erhalte den Code 101000110111. Mit dem Mehrheitsprinzip pro Block wird dieser auf den korrekten Code 111000111111 korrigiert. Dies zeigt, dass man in einem 3-Bit-Block einen Fehler korrigieren kann. Treten 2 oder mehr Fehler auf, können diese nicht mehr korrigiert werden. Sei n ungerade im Repetitionscode, d. h., es wird n-mal das gleiche Bit gesendet. Dann kann der Code pro gesendetem n-Bit $\frac{n-1}{2}$ Fehler korrigieren. Wählt man n gerade, was man im Mehrheitsprinzip vermeiden sollte, gilt: Der Code kann $\frac{n}{2} - 1$ Fehler korrigieren, da im Fall von weniger als $\frac{n}{2}$ Fehlern immer korrigiert werden kann. Bei genau $\frac{n}{2}$ Fehlern ist die Korrektur zufällig richtig oder falsch. Somit folgt das Resultat. Es folgt, dass man beliebig viele Fehler korrigieren kann, indem man die Anzahl Repetitionen n beliebig groß macht. Dies ist aber ineffizient. Gibt es nur wenige Fehler, steht der Sendeaufwand im Missverhältnis zur Zuverlässigkeit. Kann man einen Code konstruieren, bei welchem das Verhältnis Sendeaufwand zu Fehlerkorrektur besser ist, als bei den Repetitionscodes? Der nächste Code kann dies.

9.6.4 Hamming-Theorie

Anstelle jedes Bit 3fach zu repetieren in den Sendebits, fassen wir beispielsweise 4 aufeinanderfolgende Informationsbits wie 1011 zu einem **Blockcode** zusammen. Wir fügen noch 3 Prüfbits oder Paritätsbits hinzu und erhalten somit eine 7-Bit-Sequenz. Weshalb wir gerade drei Prüfbits nehmen folgt in Abschnitt 9.6.8. Der ursprüngliche Nachrichtenraum hat $2^4 = 16$ Elemente; der neue Raum $2^7 = 128$. Auf diese Weise bilden wir die ursprünglichen Codewörter in einen größeren Raum ab, siehe Abb. 9.3.

Bei diesem Aufblasen entsteht neben den wahren Codewörtern eine Vielzahl von Nichtcodewörtern. Die Pfeile in der Abbildung geben an, zu welchem Codewort ein erhaltener falscher Code korrigiert wird. Wir korrigieren ein Nichtcodewort auf dasjenige Codewort zurück, welches den kleinsten Abstand besitzt. Je weiter die wahren Codewörter voneinander entfernt sind, desto mehr falsche Codewörter umgeben als Punktwolken die wahren Codewörter und desto wahrscheinlicher können Fehler in Codewörtern zum wahren Codewort korrigiert werden. Die falschen Codewörter wirken als Erkennungspuffer für Fehler bei der Übertragung der wahren Codewörter im Zentrum der Punktwolken. Das ist die Idee. Jetzt quantifizieren wir die Aussagen.

Definition 9.6.4 *Ein Blockcode C der Länge n ist eine nichtleere Teilmenge von B^n. Die Elemente von C heißen Codewörter.*

Blockcodes lassen sich auch einfach in Hardware und Software implementieren. Die Verarbeitung auf Blockebene erleichtert die Schaltungsentwicklung. Die anpassungsfähige Natur

9.6 Codierungstheorie

von Blockcodes zeigt sich in den verschiedenen Arten von Blockcodes, wie Hamming-Codes, Reed-Solomon-Codes und BCH-Codes.

Jetzt definieren wir den Maßstab, welcher die Unterschiedlichkeit zweier Codewörter misst.

Definition 9.6.5

1. *Für $x \in B^n$ wird die Anzahl der Einsen in x als Hamming-Gewicht $v(x)$ („nü") bezeichnet.*
2. *Seien zwei Codewörter $x, y \in B^n$ in einem Blockcode C geben. Die Anzahl der Stellen, an denen sich x und y unterscheiden, heißt Hamming-Distanz $d(x, y)$ von x und y:*

$$d(x, y) = |\{i : 1 \leq i \leq n \; x_i \neq y_i\}|.$$

Jetzt möchten wir die Möglichkeiten der Fehlerkorrektur bestimmen. Dies hängt von der Fähigkeit ab, eine Anzahl r von Fehlern zu korrigieren. Die Geometrie oder die Abstände der Codewörter sind dabei wesentlich. Betrachten wir zwei Codewörter $x, y \in C$. Jetzt legen wir um jedes Codewort eine Hamming-Kugel $H_r(x)$ mit Radius r:

$$H_r(x) = \{z \in C : d(y, x) \leq r\}.$$

Dies sind alle Codewörter, welche eine maximale Hamming-Distanz r von x haben. Die analoge Kugel definieren wir für y. Die beiden Kugeln $H_r(x)$, $H_y(y)$ können sich schneiden oder disjunkt sein. Sind sie disjunkt, fällt ein Codewort w eindeutig in eine der beiden Kugeln.

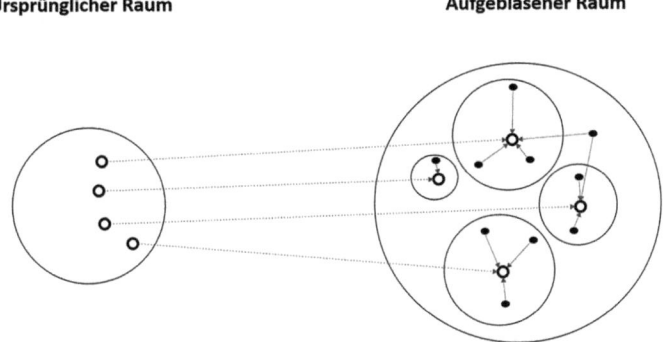

Abb. 9.3 Abbildung der 4-Bit-Sequenzen in den 7-Bit-Sequenzenraum. Die Kreisscheiben sind die Blockcodes, welche im größeren Raum zu den 7-Bit-Sequenzen werden. Die Nichtcodewörter sind die ausgefüllten, kleinen Kreisscheiben. Die Pfeile geben an, auf welche korrekte 7-Bit-Sequenz diese korrigiert werden. Es ist ein Nichtcodewort eingezeichnet, welches außerhalb aller Kreise um die wahren Codewörter liegt und somit auf mehrere Codewörter korrigiert werden kann

Wenn man Codewort w korrigieren kann, dann ist klar, ob es zu x oder y korrigiert werden muss. Damit sich die beiden Kugeln nicht schneiden, muss der Abstand von x, y größer als $2r$ sein. Dies ist eine notwendige Bedingung für eine Fehlerkorrektur. Jetzt fehlt noch ein Maß, welches die Korrekturfähigkeit quantifiziert. Dies ist die Blockcodedistanz $d(C)$, welche definiert ist durch:

$$d(C) := \min\{d(x, y) : x, y \in C, x \neq y\}. \tag{9.5}$$

Sie ist für einen Code definiert als kleinster Hamming-Abstand aller Codewörter. Somit gilt für alle $x, y \in C$:

$$d(x, y) \geq d(C).$$

Ein fehlerkorrigierender Code kann ein empfangenes Codewort w eindeutig einem gültigen Codewort $x \in C$ zuordnen, wenn die Fehleranzahl e in w so klein ist, dass w näher an x liegt als an jedem anderen Codewort $y \in C$:

$$d(w, x) < d(w, y) \quad \text{für alle } y \neq x.$$

Damit ist die maximale Anzahl korrigierbarer Fehler r die Hälfte des minimalen Abstands $d(C)$ (abgerundet):

$$r = \left\lfloor \frac{d(C) - 1}{2} \right\rfloor.$$

Oder, wenn wir auf die Rundungen verzichten:

$$2r < d(C).$$

Ist der Minimalabstand größer als die doppelte Fehlerkorrekturordnung, so kann der Fehler korrigiert werden. Um dies einzusehen, setzen wir den Wert $r = \lfloor (d(C) - 1)/2 \rfloor$ gleich dem Radius der Hamming-Kugeln von x und y. Dann sind die beiden Kugeln disjunkt. Somit gibt r den maximalen Fehlerbereich an, in dem keine Überlappung der Hamming-Kugeln der Codewörter auftritt. Zusammengefasst, setzen wir in $H_r(x)$ den Radius auf $r = \lfloor (d(C) - 1)/2 \rfloor$, für jede Kugel, dann sind alle Kugeln disjunkt, da der Abstand zwischen zwei Codewörtern mindestens $d(C)$ beträgt und deshalb wird ein Codewort w, das durch bis zu r Fehler vom richtigen Codewort x abweicht, eindeutig in die Kugel um x fallen. Ein ähnliche Überlegung gilt für die Fehlererkennung und wir haben somit den folgenden Hauptsatz bewiesen:

Theorem 9.6.2 *Für einen Code C fester Länge gilt:*

$$C \text{ ist } r\text{-fehlererkennend} \iff d(C) > r$$

und

$$C \text{ ist } r\text{-fehlerkorrigierend} \iff d(C) > 2r$$

9.6 Codierungstheorie

Ist $d(C) > 2r + 1$, dann ist der Code r-fehlererkennend und die Hamming-Kugel $H(x, r)$ enthält dann nur ein einzige Codewort w, da höchsten r Bits von w geändert wurden. Die Bedingung $d(C) > 2r + 1$ ist stärker als $d(C) > 2r$ im Theorem. Der Grund für die Bedingung liegt darin, dass sich die Hamming-Kugeln berühren können. Dann ist die Korrekturfähigkeit an der Berührungsfläche der Kugeln ambivalent. Mit der zusätzlichen 1 wird sicher gestellt, dass die Hamming-Kugeln $H_r(x)$ für verschiedene Codewörter disjunkt sind. Wie findet man das Codewort w? Die lineare Algebra wird uns für lineare Codes eine elegante Methode dazu liefern. Nach dieser Theorie ist es Zeit, diese an Beispielen zu illustrieren und einige offene Punkte zu klären.

9.6.5 Hamming-Abstand und XOR

Betrachten wir drei Wörter:

$$x = 000100$$
$$y = 100101$$
$$z = 101101$$

Die Hamming-Abstände sind $d(x, y) = 2, d(x, z) = 3$. Um y aus x zu erzeugen, müssen somit 2 Bits an den Stellen 1 und 6, von rechts nach links gezählt, geändert werden. Will man diese Erzeugung umsetzen, benötigt man XOR-Gatter. Bitweise ist das Gatter wie folgt definiert:

$$0 \oplus 0 = 0$$
$$0 \oplus 1 = 1$$
$$1 \oplus 0 = 1$$
$$1 \oplus 1 = 0$$

Wir wissen, dass die XOR-Operation zwischen zwei Binärcodes als Addition modulo 2 betrachtet werden kann. Somit erhalten wir für jedes Bit in x und y:

$$x = 000100, \ y = 100101, \ x \oplus y = 100001.$$

Schickt man x, y als Input in eine Parallelschaltung mit einem OR- und XOR-Gatter, erhalten wir y als Output.

9.6.6 Blockcodedistanz

Betrachten wir einen Blockcode mit den Codewörtern:

$$x_1 = 000000, x_2 = 111111, x_3 = 001100.$$

Dann sind

$$d(x_1, x_2) = 6, d(x_1, x_3) = 2, d(x_3, x_2) = 4.$$

Wir nehmen an, dass während der Übertragung ein Fehler genau 3 Bits in einem der übertragenen Codewörter ändert zum empfangenen Codewort $y = 110110$. Dann gilt:

$$d(x_1, y) = 4, d(x_2, y) = 2, d(x_3, y) = 4.$$

Es sind mindestens zwei Fehler aufgetreten. Somit wird das empfangene Codewort y auf x_2 korrigiert.

Aufgabe 9.6.4 *Betrachten Sie unser Alphabet. Definieren Sie eine Blockcode der Länge 5. Wie viele Codewörter besitzt ein Code der Länge n höchstens? Wie lange muss ein Code mindestens sein, um k Codewörter zu enthalten?*

9.6.7 Hamming-Würfel

Codewörter der Länge $n = 3$ können als Ecken eines dreidimensionalen Hamming-Würfels dargestellt werden, siehe Abb. 9.4. Jede Achse stellt eine Bitposition dar: Die x-Achse ist dem ersten Bit zugeordnet usw. Die Codewörter, die mit einer Kante direkt verbunden sind, unterscheiden sich an genau einer Bitstelle. Diese Codewörter haben die Hamming-Distanz 1. Die Hamming-Distanz zwischen 000 und 111 ist gleich 3, weil man über drei Kanten laufen muss.

Ein größerer Abstand zwischen den Codewörtern im Würfel bedeutet eine bessere Fehlererkennung und -korrektur. Betrachten wir den geraden Paritätscode. Das heißt, die Anzahl der Einsen wird geprüft, ob sie eine gerade Zahl ist. Die möglichen Codewörter sind 000, 011, 101, 110. Wird im gesendeten Codewort 011 ein einzelnes Bit verfälscht, so erhält der Empfänger eine Bitsequenz, die in einer Ecke des Würfels liegt, welche nicht mit einem Codewort belegt ist, zum Beispiel 001. Somit ist der Paritätscode 1-fehlererkennend. Dies kann man auch direkt aus dem Theorem 9.6.2 erhalten. Die minimale Codedistanz der möglichen Codewörter ist 2 und somit größer als 1. Fehlerkorrigierend ist der Paritätscode aber nicht, da die fehlerhafte Bitsequenz 111 durch die Verfälschung in einem Bit von drei Codewörtern entstanden ist: 011, 101 und 011. Das Theorem impliziert dies ebenfalls: $d(C) = 2 = r$. Betrachten wir den Wiederholungscode, welcher ein Bit dreimal wiederholt. Die Codewörter sind dann 000 und 111 mit Hamming-Distanz 3. Tritt ein Fehler in der Übermittlung auf, ändert sich die Hamming-Distanz auf 2. Wenn das Codewort 000

9.6 Codierungstheorie

gesendet wird und ein Bit kippt, könnte die empfangene Sequenz 001, 010 oder 100 sein. Diese haben alle Hamming-Distanz 1 zu 000 und 2 zu 111. Somit kann das ursprüngliche Wort 000 rekonstruiert werden. Diese Resultate kann man wiederum schnell direkt aus dem Theorem 9.6.2 ableiten.

9.6.8 Hamming-Codes

Wir haben den Abschnitt mit 4-Informationsbitblöcken begonnen, welche in 7-Bit-Blöcke mit 3 Prüfbits übertragen werden. Diese Wahl war nicht zufällig, da man nicht jede Anzahl von n-Informationsbitblöcken in m-Bitblöcke übersetzen kann, um eine eindeutige Fehlerkorrektur zu erhalten:

Theorem 9.6.3 *Ein Code mit einem einzigen Paritätsbit für 2-Informationsbitblöcke garantiert keine eindeutige Fehlerkorrektur.*

Beweis Es gibt 4 mögliche 2-Informationsbit-Codewörter: 00, 01, 10, 11. Mit einem Paritätsbit gibt es $2^3 = 8$ Codewörter xyz. Zwei der vier möglichen 2-Bit-Codewörter müssen das gleiche Paritätsbit haben. O. b. d. A.[2] betrachten wir Codewörter mit dem Paritätsbit „0". Die beiden Codewörter haben die Form

$$w_1 = xy0, \quad w_2 = ab0.$$

Dabei stehen a, b, x, y für beliebige Bits. Zwei Fälle sind zu unterscheiden. Im ersten Fall unterscheiden sich w_1 und w_2 an genau einem Informationsbit. Ein Fehler in diesem Bit

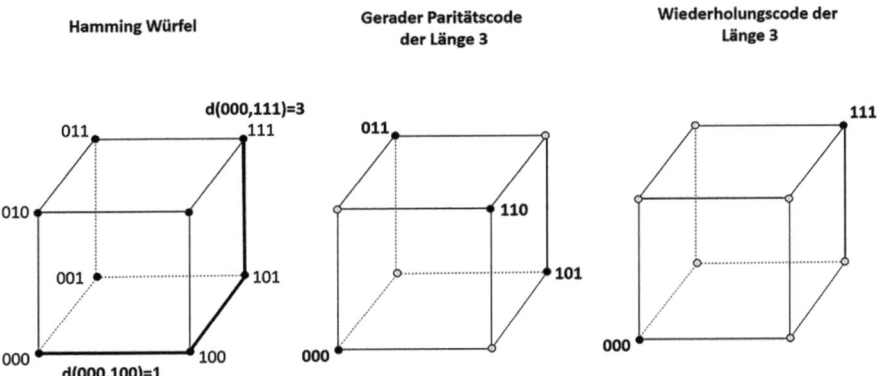

Abb. 9.4 Allgemeine Form eines Hamming-Würfels der Dimension 3. Jede Ecke entspricht einem möglichen Codewort aus der Menge $\{0, 1\}^3$

---

[2] Ohne Beschränkung der Allgemeinheit.

bei der Übertragung von w_1 führt zu w_2 und umgekehrt. Der Empfänger kann somit nicht zwischen w_1 und w_2 unterscheiden. Im zweiten Fall unterscheiden sich w_1 und w_2 an genau zwei Stellen. Ein Fehler in einem dieser Bits bei der Übertragung von w_1 führt zu einem Wort, das sich sowohl von w_1 als auch von w_2 an einer Stelle unterscheidet. Der Empfänger kann nicht eindeutig entscheiden, ob es sich um w_1 oder w_2 handelt. □

4-Informationsbitblöcke mit 3 Paritätsbits können aber Fehler korrigieren, deshalb haben wir diese gewählt. Die Beispiele zeigen, dass man genügend Redundanz besitzen muss. Der vergrößerte Raum mit den Paritätsbits muss genügend groß sein, damit Fehlerkorrektur möglich ist. Das nächste Theorem macht dies präzise für **Hamming-Codes.** Ein Hamming-Code ist so konstruiert, dass er alle Einzelfehler innerhalb eines Codeworts erkennen und korrigieren kann.

Definition 9.6.6 *Ein Hamming-Codewort besteht aus $n + m$ Bits, wobei m die Anzahl der Informationsbits x_i und n die Anzahl der Kontrollbits (oder Paritätsbits) ist.*
Die Paritätsbits werden an den Positionen 2^i, $i = 0, 1, 2, \ldots$, im Codewort platziert, d. h., die Positionen sind $1, 2, 4, 8, \ldots$ Jedes Kontrollbit n_i wird so berechnet, dass es die Parität einer bestimmten Gruppe von Bits im Codewort überprüft.

Betrachten wir ein Beispiel mit $m = 4, n = 3$. Mit x_i für die Informationsbits und r_i für die Paritätsbits ist ein Codewort:

$$r_1, r_2, x_1, r_4, x_2, x_3, x_4.$$

Jedes Paritätsbit überprüft eine bestimmte Gruppe von Datenbits. Angenommen, wir wollen die Datenbits 1011 senden und berechnen die Paritätsbits auf ungerade Parität.

- r_1 prüft x_1, x_2, x_4, also 101 und somit $r_1 = 1$.
- r_2 prüft x_1, x_3, x_4, also 111 und somit $r_2 = 0$.
- r_3 prüft x_2, x_3, x_4, also 011 und somit $r_3 = 1$.

Das gesamte Codewort lautet dann 1011011.

Theorem 9.6.4 *Es seien m Informationsbits und n Paritätsbits in einem Hamming-Code gegeben. Wenn*
$$2^n \geq m + n + 1$$
gilt, können Einzelfehler erkannt und korrigiert werden.

Diese Formel besagt, dass die Anzahl der möglichen Fehlerkombinationen durch die Anzahl der Zustände, die durch die Paritätsbits dargestellt werden können, abgedeckt sein muss.

9.6 Codierungstheorie

Beweis Wenn es einen Fehler in einem der $m + n$ Bits gibt, muss der Code so konstruiert sein, dass er diesen Fehler erkennt. Wir bestimmen die Anzahl der möglichen Codewörter:

- Ohne Fehler: Es gibt genau 2^m mögliche Informationswörter.
- Mit Fehlern: Für jedes der $m + n$ Bits kann ein Fehler auftreten, sodass insgesamt $m + n$ mögliche Fehlerpositionen existieren. Zusätzlich gibt es den Fall, in dem kein Fehler auftritt.

Insgesamt müssen also 2^n mögliche Zustände vorhanden sein, um alle möglichen Fehlerfälle zu unterscheiden, einschließlich des fehlerfreien Falls. Da es $m + n$ mögliche Fehlerpositionen gibt und einen Zustand für das fehlerfreie Codewort, folgt

$$2^n \geq m + n + 1.$$

□

Für $m = 4$ Informationsbits gilt:
$$2^n \geq 4 + n + 1$$

Für $n = 3$ ist die Ungleichung erfüllt. Dies zeigt, dass $n = 3$ Paritätsbits ausreichen, um 4 Informationsbits fehlerkorrigierend zu codieren. Für $n = 2$ ist die Ungleichung verletzt. Dies gilt auf für $m = 2, n = 1, 2 < 4$, wie wir im oben stehenden Beispiel gezeigt haben. Die Redundanz durch das Aufblasen ist zu klein.

9.6.9 Distanz

Wir haben mehrfach den Begriff der Distanz oder des Maßstabes verwendet. Die Hamming-Distanz $d(x, y)$ für zwei Codewörter x, y der Länge n kann auch analytisch definiert werden:

$$d(x, y) := \sum_{i=1}^{n} |x_i - y_i|.$$

Distanzfunktionen spielen eine zentrale Rolle in der Mathematik. Eine Funktion $d : X \times X \to \mathbb{R}$, mit X einer beliebigen Menge, ist eine Distanzfunktion, genau dann, wenn:

$$0 \leq d(x, y) \tag{9.6}$$
$$0 = d(x, y) = 0 \text{ genau dann, wenn } x = y$$
$$d(x, y) = d(y, x)$$
$$d(x, y) \leq d(x, z) + d(z, y). \text{ Dreiecksungleichung}$$

Sie sollen in einer Übungsaufgabe zeigen, dass die Hamming-Distanz alle Eigenschaften erfüllt. Sie können die Dreiecksungleichung visualisieren, indem Sie drei Punkte auf ein

Blatt Papier zeichnen und die Distanzen eintragen. Die Standarddistanzfunktion aus der Geometrie ist der Euklid'sche Abstand. Seien $x, y \in \mathbb{R}^n$ zwei Vektoren. Dann ist

$$d(x, y) = \sqrt{\sum_{j=1}^{n}(x_j - y_j)^2}$$

eine Distanzfunktion. Eine andere Distanzfunktion ist die Manhattan-Metrik. Metrik ist ein gehobener Ausdruck für unsere Distanzfunktion. Diese Metrik erlaubt, kürzeste Wege in einem Gitter zu finden. Wir betrachten ein 5×5-Gitternetz. Bewegungen sind nur horizontal oder vertikal zwischen benachbarten Zellen erlaubt, mit Kosten von 1 pro Bewegung. Ziel ist es, den kürzesten Weg vom Startpunkt $S = (0, 0)$ zum Zielpunkt $G = (4, 4)$ zu finden. Die Manhattan-Metrik berechnet die Distanz zwischen zwei Punkten (x_1, y_1) und (x_2, y_2) als:

$$d((x_1, y_1), (x_2, y_2)) = |x_2 - x_1| + |y_2 - y_1|.$$

Für den Startpunkt $S = (0, 0)$ und das Ziel $G = (4, 4)$ ergibt sich:

$$d((0, 0), (4, 4)) = |4 - 0| + |4 - 0| = 8.$$

Der Dijkstra-Algorithmus sucht den kürzesten Weg, indem er systematisch die Zellen besucht, beginnend mit dem Startpunkt. Dabei speichert er die Kosten, um jede Zelle zu erreichen. Die Schritte der Algorithmus sind:

Schritt 1: Startpunkt

- Beginne bei $S = (0, 0)$ mit Kosten 0.
- Füge die Nachbarn von S in die Warteschlange ein: $(1, 0)$ und $(0, 1)$, beide mit Kosten 1.

Schritt 2: Besuche den Punkt mit den geringsten Kosten

- Wähle den nächsten Punkt in der Warteschlange mit den geringsten Kosten, z.B. $(1, 0)$.
- Aktualisiere die Kosten seiner Nachbarn, falls ein kürzerer Weg gefunden wird.
- Wiederhole dies für $(0, 1)$.

Schritt 3: Wiederhole, bis das Ziel erreicht ist

- Arbeite dich durch das Netz, bis das Ziel $(4, 4)$ erreicht ist.
- Für jeden Punkt gilt: Der kürzeste Weg zu diesem Punkt wird niemals überschrieben, da Dijkstra garantiert, dass Punkte in der Reihenfolge der Kosten verarbeitet werden.

Der kürzeste Weg von $S = (0, 0)$ nach $G = (4, 4)$ ist eine Folge von Bewegungen mit einer Gesamtkosten von 8. Ein möglicher Pfad könnte sein „zuerst 4 nach rechts, dann 4 hoch":

9.6 Codierungstheorie

$(0, 0) \to (1, 0) \to (2, 0) \to (3, 0) \to (4, 0) \to (4, 1) \to (4, 2) \to (4, 3) \to (4, 4)$.

Die Manhattan-Metrik ist hier nützlich, um abzuschätzen, wie weit der Zielpunkt G von einem beliebigen Punkt im Netz entfernt ist. Sie kann insbesondere die Suche beschleunigen, indem unwahrscheinliche Wege früh ausgeschlossen werden.

Aufgabe 9.6.5 *Berechnen Sie den Minimalabstand der folgenden Codes:*

$$c_1 = \{00001, 00110, 11000\}, \quad c_2 = \{01100, 10011, 11001, 10101\}$$

Aufgabe 9.6.6 *Zeigen Sie, dass der folgende Code keinen Fehler korrigieren kann: $c = \{0111, 0100, 1001\}$. Überlegen Sie sich dazu ein Fehlerszenario bei welchem der Fehler falsch decodiert wird. Theorem 9.6.2 unten zeigt theoretisch, dass keine Fehlererkennung möglich ist, da die Codedistanz 1 ist, welche nicht größer als 2×1 ist. M.a.W. die Codewörter sind zu nahe beieinander.*

Aufgabe 9.6.7 *Wie viele Fehler kann der folgende Code c $c = \{000011, 001100, 11000, 101010\}$ korrigieren? Konstruieren Sie einen Code mit 3 Wörtern der Länge 5, der einen Fehler korrigiert.*

Aufgabe 9.6.8 *Durch eine Schaltung werden 4 binäre Zahlcodewörter 00, 01, 10, 11 an einen Empfänger übermittelt. Der Empfänger erhält das Codewort, hat aber sonst keine Möglichkeit, die Schalterstellung zu überprüfen oder zu erkennen. Mit der Hamming-Distanz und entsprechender Codes können Fehler beim Senden wie folgt erkannt werden.*

1. *Berechnen Sie die Hamming-Distanz zwischen allen vier Codewörtern.*
2. *Was empfängt der Empfänger wenn irgendein Bit umgekehrt wird in den Codewörtern?*
3. *Um die Situation zu ändern, werden Codewörter mit dem Hamming-Distanz 2 gewählt. Wie lauten die Codewörter? Zeigen Sie, dass bei einem Einfachfehler keines der oben erwähnten Probleme auftritt. Somit erhöht eine zunehmende Hamming-Distanz die Fehlererkennung.*
4. *Sie genügt aber nicht, um den Fehler zu korrigieren: Als Beispiel betrachten Sie 011. Um Korrekturen zu ermöglichen, müssen Codewörter mit Hamming-Distanz größer gleich 3 verwendet werden: 01011, 01100, 10010, 10101. Zeigen Sie, dass der Einfachfehler 01111 nur aus einem gültigen Codewort entstanden sein kann.*
5. *Analog überlegt man sich: Doppelfehler können erkannt, nicht aber korrigiert und Dreifachfehler können nicht erkannt werden. Angenommen 01111 wurde empfangen und man geht von einem Doppelfehler aus. Zeigen Sie, dass der Fehler nicht korrigiert werden kann mit Hamming-Distanz 3.*

Aufgabe 9.6.9 *Berechnen Sie in Python die Hamming-Distanz mit der library hamming von scipy:*

```
from scipy.spatial.distance import hamming
A = 'Google'
B = 'Goagle'
C = ['G','o', 'o', 'g','l','e']
D = ['G','o', 'a', 'g','l','e']
E = [0,1,1,1,0,0,1]
F = [0,1,1,1,1,1,1]
```

Programmieren Sie die Hamming-Distanz für zwei gleichlange Strings mit einer For-Schleife.

Aufgabe 9.6.10 *Schreiben Sie ein Python-Programm, um die Hamming-Distanz zwischen zwei gegebenen Werten zu berechnen.*

- *Verwenden Sie den XOR-Operator, um die Bit-Differenz zwischen den beiden Zahlen zu ermitteln.*
- *Verwenden Sie bin(), um das Ergebnis in einen binären String zu konvertieren.*
- *Konvertieren Sie den String in eine Liste und verwenden Sie count() der Klasse str, um die Anzahl der Einsen darin zu zählen und zurückzugeben.*

Aufgabe 9.6.11 *Machen Sie sich klar, dass die Hamming-Distanz die Eigenschaften einer Distanzfunktion in (9.6) erfüllen.*

Aufgabe 9.6.12

1. *Argumentieren Sie, dass der Paritätsprüfungscode 1-Bit-fehlererkennend aber nicht fehlerkorrigierend.*
2. *Argumentieren Sie, dass der ISBN-Code 1-Bit-fehlererkennend, nicht fehlerkorrigierend und dass der Minimalabstand 2 ist.*

Modulare Arithmetik, Teil II   10

Inhaltsverzeichnis

10.1 Modulo-Rechnung 239
10.2 Quadratur-Multiplikation-Algorithmus 242
10.3 Primzahlen 245
10.4 Größter gemeinsamer Teiler (ggT) 246

10.1 Modulo-Rechnung

Wir gehen das Thema der Division in der modularen Arithmetik an und rufen den **Division-mit-Rest-Satz** in Erinnerung, siehe Theorem 2.11.1 für den Beweis:

Theorem 10.1.1 *Für zwei ganze Zahlen $a, b \neq 0$ gibt es **eindeutige** ganze Zahlen q, r:*

$$a = qb + r, \quad q, r \in \mathbb{Z},$$

mit r dem Rest der Division von a durch b. Wir bezeichnen $q = \lfloor a/b \rfloor$ und r mit $a \bmod b$, d. h.

$$a = qb + r = \lfloor a/b \rfloor b + a \mod b.$$

Im Divisionssatz taucht das Symbol mod auf. Dieses ist nicht mit (mod) zu verwechseln.

- mod ist eine Funktion. (mod) definiert eine Äquivalenzrelation.

Ergänzende Information Die elektronische Version dieses Kapitels enthält Zusatzmaterial, auf das über folgenden Link zugegriffen werden kann https://doi.org/10.1007/978-3-662-71095-1_10.

© Der/die Autor(en), exklusiv lizenziert an Springer-Verlag GmbH,
DE, ein Teil von Springer Nature 2025
P. Vanini, *Diskrete Mathematik für Algorithmen*,
https://doi.org/10.1007/978-3-662-71095-1_10

- Betrachte die ganzen Zahlen $\mathbb{Z}$. Dann steht in

$$7 = 2 \times 3 + 1 = 2 \times 3 + 7 \mod 3$$

7 mod 3 für den Rest einer Division zweier ganzer Zahlen. mod ist als Funktion:

$$\mod : \mathbb{Z} \times \mathbb{Z} \to \mathbb{Z}, \ (a, b) \to a \mod b = a - \lfloor a/b \rfloor b$$

definiert, welche dem Zahlenpaar (a, b) den eindeutigen Teilerrest zuordnet.
- Hingegen bedeutet

$$7 \equiv 1 \pmod{3},$$

dass $7 - 1$ durch 3 teilbar ist, d. h.

$$a \equiv b \pmod{3}$$

steht für alle ganze Zahlen a, b, für welche $a - b$ durch 3 teilbar sind. Diese Zahlen bilden die Äquivalenzklasse $\overline{3}$, welche aus unendlich vielen Zahlenpaaren oder Repräsentanten besteht.

Da die Äquivalenzrelation gleichbedeutend dazu ist, dass a und b bei Division durch n den gleichen Rest haben, überrascht nicht, dass zwischen der Funktion und der Relation eine enge Beziehung besteht:

Theorem 10.1.2 *Für $a, b \in \mathbb{Z}$ und n eine positive ganze Zahl gilt:*

$$a \equiv b \pmod{n} \Leftrightarrow a \mod n = b \mod n.$$

Aufgabe 10.1.1 *Machen Sie sich die Äquivalenz klar, indem Sie Zahlenbeispiele durchrechnen. Können Sie das Theorem 10.1.2 beweisen? Überlegen Sie, wie Sie den Unterschied zwischen mod und (mod) in einem Satz ausdrücken können.*

Beispiele

1. $17 \mod 3 = 2$, da $17 = 5 \cdot 3 + 2$.
2. $2 \mod 3 = 2$, da $2 = 0 \cdot 3 + 2$ und $3 \mod 3 = 0$, da $3 = 1 \cdot 3 + 0$.
3.
$$-8 \mod 6 = -8 - \left\lfloor \frac{-8}{6} \right\rfloor \cdot 6 = -8 - ((-2) \cdot 6) = -8 + 12 = 4.$$

Somit folgt:

$$-8 = q6 + 4 \Longrightarrow q = -2.$$

10.1 Modulo-Rechnung

Analog zur mod-Relation besitzt die mod-Funktion Rechenregeln.

Theorem 10.1.3 *Für $a, b, m \in \mathbb{Z}, m \geq 2$, gilt*

$$(a + b) \mod m = ((a \mod m) + (b \mod m)) \mod m$$

und

$$(ab) \mod m = ((a \mod m)(b \mod m)) \mod m \tag{10.1}$$

Die Regeln erlauben uns Rechnungen mit großen Zahlen zu umgehen, indem wir die Zahlen zuerst mit modulo klein machen.

Beweis Wir beweisen die Summenformel. Mit dem Divisionssatz können wir schreiben:

$$a = km + a \mod m , \; b = k'm + b \mod m$$

für zwei ganze Zahlen k, k'. Addiert man die beiden Gleichungen und wendet auf die Summen die mod-Funktion an, folgt die erste Behauptung, wenn Sie berücksichtigen, dass alle Terme, welche durch m teilbar sind, null ergeben. Formal:

$$a + b = (k + k')m + a \mod m + b \mod m.$$

Wenden wir mod an folgt

$$(a + b) \mod m = (a \mod m + b \mod m) \mod m,$$

da $(k + k')m$ durch m teilbar ist. Das gleiche Vorgehen wendet man für das Produkt an. $\square$

Beispiele

1. Wir berechnen 7^{66} mod 13, den Rest einer Division einer 55-stelligen Zahl durch 13. Dazu bestimmen wir die Reste von 7^k für alle k die eine 2er Potenz sind, da wir $66 = 2^6 + 2$ schreiben und Theorem 10.1.3 verwenden wollen (welche Regel wird wo genau verwendet?):

$$\begin{aligned}
7^2 \mod 13 &= 49 \mod 13 = 10 \\
7^4 \mod 13 &= (7^2 \mod 13)^2 \mod 13 = 100 \mod 13 = 9 \\
7^8 \mod 13 &= (7^4 \mod 13)^2 \mod 13 = 81 \mod 13 = 3 \\
7^{16} \mod 13 &= 3^2 \mod 13 = 9 \\
7^{32} \mod 13 &= 9^2 \mod 13 = 3 \\
7^{64} \mod 13 &= 3^2 \mod 13 = 9
\end{aligned}$$

Mit diesen Ergebnissen erhalten wir:

$7^{66} \mod 13 = ((7^{64} \mod 13)(7^2 \mod 13)) \mod 13 = (9 \cdot 10) \mod 13 = 12.$

Somit besitzt $7^{66} : 13$ Rest 12.

2. In der Primarschule lernt man, dass eine Zahl genau dann durch 3 teilbar ist, wenn ihre Quersumme durch 3 teilbar ist. Die Korrektheit dieser Aussage beweisen wir. Wegen $10 \mod 3 = 1$ folgt $10^i \mod 3 = 1$ für alle natürlichen Zahlen i. Nun schreiben wir eine Zahl n in ihrer eindeutigen Dezimaldarstellung und verwenden Theorem 10.1.3:

$$\left(\sum_{j=0}^{k} a_j 10^j\right) \mod 3 = \left(\sum_{j=0}^{k} (a_j \mod 3)(10^j \mod 3)\right) \mod 3$$

$$= \left(\sum_{j=0}^{k} a_j\right) \mod 3$$

$$= 0$$

genau dann, wenn die Quersumme $\sum_{j=0}^{k} a_j$ durch 3 teilbar ist.

3. Welchen Rest modulo 7 hat

$$7 \cdot 31 + 1 \cdot 28 + 4 \cdot 30?$$

$365 \mod 7 = (7 \cdot 31 + 1 \cdot 28 + 4 \cdot 30) \mod 7 = (0 \cdot 3 + 1 \cdot 0 + 4 \cdot 2) \mod 7 = 8 \mod 7 = 1.$

Die Berechnung stellt Folgendes dar. Es gibt 7 Monate mit 31 Tagen, einen mit 28 und 4 mit 30 Tagen. Die Reste von 0 bis 6 entsprechen den Wochentagen. Der Montag wird der Null, der Dienstag der 1 usw. zugeordnet. Dann erhalten wir: $365 \mod 7 = 1$. Also ist in einem Jahr Dienstag. Diese Berechnungsart vermeidet einen Zahlenüberlauf.

Aufgabe 10.1.2 *Heute sei Dienstag. Welchen Tag haben wir in 2 Jahren, wenn 1 Jahr ein Schaltjahr ist, und 60 Tagen?*

10.2 Quadratur-Multiplikation-Algorithmus

Wir haben wiederholt Aufgaben gelöst, bei denen große Potenzen einer Zahl a modulo einer anderen Zahl n berechnet werden mussten. Wir beschreiben ein systematisches Verfahren, um solche Rechnungen effizient durchzuführen. Der naive Weg a^k zu berechnen, ist durch wiederholte Multiplikation mit a. Somit gilt rekursiv:

$$a^j \equiv a \cdot a^{j-1} \pmod{n}, \ldots$$

10.2 Quadratur-Multiplikation-Algorithmus

für $j = 1, 2, \ldots, k$. Wenn $k \approx 2^{1000}$, ist dieser Algorithmus unpraktisch. Wir müssen eine effizientere Methode finden, um $a^k \pmod{n}$ zu berechnen. Die Idee ist, die binäre Darstellung des Exponenten k zu nutzen, um die Berechnung von a^k in eine Folge von Quadrierungen und Multiplikationen umzuwandeln.

Wir berechnen $5^{123} \pmod{500}$ Schritt für Schritt. Zuerst schreiben wir 123 als Summe von Zweierpotenzen:
$$123 = 1 + 2 + 2^3 + 2^4 + 2^6.$$
Somit:
$$5^{123} = 5^{1+2+2^3+2^4+2^6} = 5^1 \cdot 5^2 \cdot 5^{2^3} \cdot 5^{2^4} \cdot 5^{2^6}.$$

Jetzt berechnen wir iterativ die Potenzen von 5 modulo 500, indem die vorherigen Werte jeweils quadriert werden:

$$5^1 \equiv 5 \pmod{500},$$
$$5^2 \equiv 25 \pmod{500},$$
$$5^{2^2} = 5^4 = (5^2)^2 \equiv 25^2 = 625 \equiv 125 \pmod{500},$$
$$5^{2^3} = 5^8 = (5^{2^2})^2 \equiv 125^2 = 15.625 \equiv 125 \pmod{500},$$
$$5^{2^4} = 5^{16} = (5^{2^3})^2 \equiv 125^2 = 15.625 \equiv 125 \pmod{500},$$
$$5^{2^6} = 5^{64} = (5^{2^5})^2 \equiv 125^2 = 15.625 \equiv 125 \pmod{500}.$$

Da wir diese Werte nur modulo 500 benötigen, müssen wir nie mehr als drei Ziffern speichern. Jetzt setzen wir die Potenzen zusammen:
$$5^{123} = 5^1 \cdot 5^2 \cdot 5^{2^3} \cdot 5^{2^4} \cdot 5^{2^6}$$
und setzen die Werte ein:
$$5^{123} \equiv 5 \cdot 25 \cdot 125 \cdot 125 \cdot 125 \pmod{500}.$$

Jetzt führen wir die Multiplikationen modulo 500 schrittweise durch:
$$5 \cdot 25 = 125 \pmod{500},$$
$$125 \cdot 125 = 15.625 \equiv 125 \pmod{500}.$$

Wir erhalten:
$$5^{123} \equiv 125 \pmod{500}.$$

Mit Theorem 10.1.3 können wir jede Multiplikation im Produkt $5 \cdot 25 \cdot 125 \cdot 125 \cdot 125$ modulo 1000 nehmen, sodass wir nie mit sehr großen Zahlen arbeiten müssen. Mit nur 11 Multiplikationen im Vergleich zur naiven Methode konnten wir $5^{123} \pmod{500}$ berechnen.

Aufgabe 10.2.1 *Berechnen Sie effizient* 3^{218} (mod 1000). *Das Resultat ist*

$$3^{218} = 3^2 \cdot 3^{2^3} \cdot 3^{2^4} \cdot 3^{2^6} \cdot 3^{2^7} \equiv 9 \cdot 561 \cdot 721 \cdot 281 \cdot 961 \pmod{1000} \equiv 489 \pmod{1000}.$$

Der allgemeine Ansatz wird **Quadratur-Multiplikations-Algorithmus** genannt. Wir beschreiben den Algorithmus.

Schritt 1 Berechne die binäre Darstellung von k als:

$$k = k_0 + k_1 \cdot 2 + k_2 \cdot 2^2 + k_3 \cdot 2^3 + \cdots + k_r \cdot 2^r \quad \text{mit} \quad k_0, \ldots, k_r \in \{0, 1\}.$$

Schritt 2 Berechne die Potenzen a^{2^i} (mod n) für $0 \leq i \leq r$ durch sukzessives Quadrieren:

$$a_0 \equiv a \pmod{n}$$
$$a_1 \equiv a_0^2 \equiv a^2 \pmod{n}$$
$$a_2 \equiv a_1^2 \equiv a^{2^2} \pmod{n}$$
$$a_3 \equiv a_2^2 \equiv a^{2^3} \pmod{n}$$
$$\vdots$$
$$a_r \equiv a_{r-1}^2 \equiv a^{2^r} \pmod{n}.$$

Jeder Term ist das Quadrat des vorherigen, daher erfordert dies r Multiplikationen.

Schritt 3 Berechne a^k (mod n) mithilfe der Formel:

$$a^k = a^{k_0 + k_1 \cdot 2 + k_2 \cdot 2^2 + \cdots + k_r \cdot 2^r} = a^{k_0} \cdot (a^2)^{k_1} \cdot (a^{2^2})^{k_2} \cdots (a^{2^r})^{k_r} \equiv a_0^{k_0} \cdot a_1^{k_1} \cdot a_2^{k_2} \cdots a_r^{k_r} \pmod{n}.$$

Das Produkt kann berechnet werden, indem man die Werte der a_i nachschlägt, deren Exponent k_i gleich 1 ist, und diese miteinander multipliziert. Dies erfordert maximal weitere r Multiplikationen.

Laufzeit Es sind maximal $2r$ Multiplikationen modulo n erforderlich, um a^k zu berechnen. Da $k \geq 2^r$, sehen wir, dass es maximal $2\log_2(k)$ Multiplikationen modulo n benötigt, um a^k zu berechnen. Für $k \approx 2^{1000}$ ist es für einen Computer einfach, die ungefähr 2000 Multiplikationen durchzuführen, die benötigt werden, um a^k modulo n zu berechnen. Der Code ist im Python-File 10 gegeben.

10.3 Primzahlen

Wir haben Primzahlen in Definition 10.2 als Zahlen definiert, die nur durch sich selber und 1 teilbar sind. 1 ist keine Primzahl und 2 ist die einzige gerade Primzahl. Wir haben in Theorem 2.2.1 bewiesen, dass es unendlich viele Primzahlen gibt. Es gilt der Satz:

Theorem 10.3.1 *(Fundamentalsatz der Arithmetik) Jede natürliche Zahl, die größer als 1 und selber keine Primzahl ist, kann eindeutig in Primfaktoren zerlegt werden:*

$$n = p_1^{e_1} p_2^{e_2} \cdots p_k^{e_k} \tag{10.2}$$

mit p_i Primzahlen und e_i die Vielfachheiten. Diese Produktdarstellung ist bis auf die Reihenfolge der Faktoren eindeutig.

Wir verzichten auf den Beweis. Beispiele von Primfaktorzerlegungen sind:

$$37 = 37 \, , \; 1001 = 7 \cdot 11 \cdot 13$$

und

$$1024 = \underbrace{2 \cdots 2}_{10\text{-mal}} = 2^{10} \, , \; 6936 = 2 \cdot 2 \cdot 2 \cdot 3 \cdot 17 \cdot 17 = 2^3 \cdot 3 \cdot 17^2.$$

Mit der Primfaktorzerlegung ist der größte gemeinsame Teiler (ggT) von a und b gleich der maximalen Anzahl an gemeinsamen Primfaktoren inbegriffen die Vielfachheit. Haben zwei Zahlen keine gemeinsamen Primfaktoren, ist deren ggT gleich 1. a und b heißen dann **teilerfremd**. 4 und 7 sind teilerfremd, da die Primzahldarstellung $4 = 2^2, 7 = 7$ keinen gemeinsamen Primfaktor besitzt. Auch 4 und 9 sind teilerfremd. Dies zeigt, dass zwei Zahlen relativ prim sein können, obwohl keine der Zahlen eine Primzahl ist. Die Relation der Teilerfremdheit ist **nicht** transitiv: 2 und 3 sind teilerfremd, ebenso 3 und 4, aber nicht 2 und 4. Der folgende Satz gibt eine weitere Eigenschaft von Primzahlen wieder:

Theorem 10.3.2 *Es sei p eine Primzahl und a, b ganze Zahlen. Aus $p|ab$ folgt $p|a$ oder $p|b$.*

Wenn p prim ein Produkt teilt, dann auch mindestens einen der Faktoren. Wir können dieses Theorem mit den Mitteln im nächsten Abschnitt beweisen.

In vielen Anwendungen ist es wichtig zu zeigen, dass eine Zahl n eine Primzahl ist. Das folgende Theorem erlaubt die Suche nach den Primfaktoren, welche nicht größer als $\sqrt{n}$ sind. Dies reduziert die Suche massiv.

Theorem 10.3.3 *Wenn n eine zusammengesetzte Zahl ist, dann hat n einen Primteiler, der kleiner oder gleich $\sqrt{n}$ ist.*

Beweis Wenn n zusammengesetzt ist, wissen wir gemäß der Definition einer zusammengesetzten Zahl, dass sie einen Teiler a mit $1 < a < n$ hat. Daher gilt gemäß der Definition eines Teilers einer positiven Zahl $n = ab$, wobei b eine positive Zahl größer als 1 ist. Wir werden zeigen, dass $a \leq \sqrt{n}$ oder $b \leq \sqrt{n}$. Angenommen, $a > \sqrt{n}$ und $b > \sqrt{n}$, dann ist $ab > \sqrt{n} \cdot \sqrt{n} = n$, was zu einem Widerspruch führt. Folglich gilt $a \leq \sqrt{n}$ oder $b \leq \sqrt{n}$. Da sowohl a als auch b Teiler von n sind, sehen wir, dass n einen positiven Teiler hat, der nicht größer als $\sqrt{n}$ ist. Dieser Teiler ist entweder prim oder hat gemäß dem Fundamentalsatz der Arithmetik einen Primteiler, der kleiner ist als er selbst. In beiden Fällen hat n einen Primteiler, der kleiner oder gleich $\sqrt{n}$ ist. □

Um zu zeigen, dass $n = 137$ prim ist, genügt es zu prüfen, dass die Primzahlen 2, 3, 5, 7, 11 alle kleiner als $\sqrt{137} \sim 11.7$ sind und keine dieser Primzahlen 137 teilt.

Das Sieb des Eratosthenes ist ein Algorithmus zur Bestimmung einer Liste aller Primzahlen kleiner oder gleich einer vorgegebenen Zahl n. Als Erstes werden alle Zahlen $2, 3, 4, \ldots, n$ aufgeschrieben. Wir starten mit der kleinsten Primzahl 2 und streichen alle Vielfache der 2 bis zum Wert n. Dann gehen wir zur nächst kleineren Zahl die Prim ist, d. h. die 3 und streichen alle Vielfache bis n. Die 4 kann übersprungen werden, da 4 und alle ihre Vielfache bereits mit den Vielfachen von 2 gestrichen wurde. Dann kommt die 5 und deren Vielfache etc.bis zur Zahö $\sqrt{n}$. Siehe Python-File 10 für die Implementierung.

10.4 Größter gemeinsamer Teiler (ggT)

Der ggT spielt eine zentrale Rolle in Divisionsoperation der modularen Arithmetik und der Kryptografie.

Definition 10.4.1 *Seien a, b ganze Zahlen. Teilt eine Zahl d sowohl a als auch b, dann heißt d **gemeinsamer Teiler**. Der größte, positive, gemeinsame Teiler wird $\mathrm{ggT}(a, b)$ geschrieben.*

Da 1 jede Zahl teilt, existiert der $\mathrm{ggT}(a, b)$ immer.

Welche Rechenregeln erfüllt der ggT und wie berechnet man den ggT effizient?

Der ggT besitzt eine komplizierte Struktur. Es ist mit der Definition umständlich, Eigenschaften des ggT zu bestimmen. Die folgende Aussage drückt den ggT von a und b äquivalent als Linearkombination von zwei Zahlen s und t aus. Diese Darstellung erlaubt einfach Eigenschaften des ggT zu bestimmen.

Theorem 10.4.1 (Lemma von Bézout) *Seien a, b zwei ganze Zahlen, beide ungleich null. Es gibt ganze Zahlen s, t:*

$$\mathrm{ggT}(a, b) = \min\{n \in \mathbb{N} | \exists s, t \in \mathbb{Z} : n = sa + tb\} =: \min M. \tag{10.3}$$

10.4 Größter gemeinsamer Teiler (ggT)

Der ggT ist der kleinste positive Wert $n = sa + tb$. Der Beweis basiert auf dem Division-mit-Rest-Satz.

Beweis Ohne Beschränkung der Allgemeinheit sei $a \neq 0$, da für $a = 0$ die Wahl $s = 0$ und $t = \pm 1$ gesetzt werden kann. Sei $d = s \cdot a + t \cdot b, s, t \in \mathbb{Z}$, die kleinste, positive Zahl die gebildet werden kann, d.h. $d \in M$ ist das kleinste Element von M. Da der ggT(a, b) sowohl a und b teilt, teilt er auch d (8. in Theorem 2.11.2). Wir behaupten, dass d auch ein Teiler von a und b ist. Die Division mit Rest von a liefert $a = q \cdot d + r$, wobei $0 \leq r < d$. Setzt man für d den Ausdruck $s \cdot a + t \cdot b$ ein und löst nach r auf, folgt

$$r = (1 - q \cdot s) \cdot a + (-q \cdot t) \cdot b.$$

Da $1 - qs, -q$ ganze Zahlen sind, gilt für $r > 0$: $r \in M$. Da $d \in M$ minimal ist und $0 \leq r < d$ gilt folgt ein Widerspruch zur Minimalität von d. Somit muss der Rest r null sein. Dann folgt $qd = a$. Somit teilt d die Zahl a. Analog teilt d auch b, d.h. $d \leq \text{ggT}(a, b)$. Da ggT(a, b) d teilt, gilt $d = \text{ggT}(a, b)$. □

Die Linearkombinationen von 4 und 6 sind alle geraden Zahlen, da ein Vielfaches einer geraden Zahl gerade ist und die Summe von geraden Zahl wiederum gerade ist. Die kleinste positive Linearkombination ist

$$2 = 6 \cdot 1 + 4 \cdot (-1) = \text{ggT}(4, 6).$$

Das Lemma von Bézout ist **nicht konstruktiv.** Es sagt uns nicht, wie man s, t finden kann, um den ggT zu bestimmen. Das Lemma ist eine Existenzaussage. Die Zahlen s, t sind nicht eindeutig. Der **erweiterte Euklid'sche Algorithmus** ist ein effizientes Verfahren, um s, t zu finden.

Wir holen zuerst mit dem Lemma von Bézout den Beweis von Theorem 10.3.2 nach.

Beweis Wenn $p \mid a$, sind wir fertig. Somit soll $p \nmid a$ gelten. Wir müssen dann $p \mid b$ zeigen. Da p prim ist, ist der ggT von p und a gleich 1 und mit Lemma von Bézout folgt, dass es ganze Zahlen s, t gibt, sodass:

$$sp + ta = 1.$$

Multiplizieren wir diese Gleichung mit b folgt:

$$spb + tab = b.$$

Da $p \mid ab$, können wir $ab = pk$ schreiben für ein ganze Zahl k. Wir erhalten:

$$spb + tab = spb + tkp = b.$$

Durch ausklammern folgt $p \mid b$. □

Beginnen wir aus der linearen Darstellung des ggT Schlussfolgerungen zu ziehen. Multiplizieren wir a und b in (10.3) mit m, folgt:

$$\operatorname{ggT}(ma, mb) = sma + tmb = m \operatorname{ggT}(a, b).$$

Setzen wir $m = 1/\operatorname{ggT}(a, b)$, erhalten wir direkt aus (10.3):

$$\operatorname{ggT}\left(\frac{a}{\operatorname{ggT}(a,b)}, \frac{b}{\operatorname{ggT}(a,b)}\right) = 1. \tag{10.4}$$

Seien a, m und b, m alle ganze Zahlen und teilerfremd, d.h. $\operatorname{ggT}(a, m) = \operatorname{ggT}(b, m) = 1$. Dann gibt es Zahlen s_0, t_0, s_1, t_1:

$$s_0 a + t_0 m = 1, \; s_1 b + t_1 m = 1.$$

Bringen wir die t-Terme auf die rechte Seite und multiplizieren wir die beiden Gleichungen, folgt:

$$s_0 a s_1 b = (1 - t_0 m)(1 - t_1 m) = 1 - m(t_0 + t_1 - m t_0 t_1) =: 1 - m t_2.$$

Somit ist

$$s_0 s_1 ab + m t_2 = 1.$$

Aus dem Lemma von Bézout folgt:

$$\operatorname{ggT}(ab, m) = 1 = s'a + t'b$$

mit $s' = s_0 s_1$, $t' = t_2 = (t_0 + t_1 - m t_0 t_1)$. Für teilerfremde a, m und b, m ist somit auch ab und m teilerfremd. Wir haben die erste Aussage im nächsten Theorem bewiesen:

Theorem 10.4.2

- *Seien a, b, m ganze Zahlen, $\operatorname{ggT}(a, m) = 1$ und $\operatorname{ggT}(b, m) = 1$. Dann gilt:*

$$\operatorname{ggT}(ab, m) = 1.$$

- *Seien a, b ganze Zahlen, $a \leq b$ und a teile b nicht. Dann gilt*

$$\operatorname{ggT}(a, b) = \operatorname{ggT}(b \bmod a, a)$$

- *Seien a, b ganze Zahlen, beide ungleich null. Dann gibt es eine ganze Zahl m mit:*

$$\operatorname{ggT}(a, b) = \operatorname{ggT}(b, a) = \operatorname{ggT}(a, -b) = \operatorname{ggT}(a, b + am).$$

10.4 Größter gemeinsamer Teiler (ggT)

Beweis Beweis der zweiten Aussage. Es genügt zu zeigen, dass jeder Teiler von a und b auch ein Teiler von $b \mod a$ und a ist und umgekehrt. Annahme: $d|a, d|b$. Aus dem Divisionssatz ist $b \mod a$ der Rest, wenn man b durch a teilt, d. h., für eine natürliche Zahl k gilt:
$$b \mod a = b - ka.$$
Somit $d|(b \mod a)$. Umgekehrt, $d|(b \mod a)$ und $d|a$ solle gelten. Dann gibt es wieder ein k:
$$b = ak + (b \mod a),$$
d. h. d teilt auch b. □

Betrachten wir:
$$a = 468, \ b = 888, \ b + a = 1356, b - a = 420 \ b + 7 \cdot a = 4164.$$
Dann folgt:
$$\mathrm{ggT}(a, b) = \mathrm{ggT}(a, b + a) = \mathrm{ggT}(a, b + 7a) = \mathrm{ggT}(a, b - a) = 12.$$
Insbesondere folgt, dass sich der ggT nicht ändert, wenn man die größere Zahl durch die Differenz der beiden Zahlen ersetzt oder durch $b - ka = b \mod a$, d. h. dem Rest in Division von b durch a ersetzt. Diese Aussage können wir iterieren. Dies ist der Grundgedanke des Euklid'schen Algorithmus.

Aufgabe 10.4.1 *Das Kleinste gemeinsame Vielfache (KgV) von zwei natürlichen Zahlen m, n ist die kleinste Zahl, welche durch beide Zahlen teilbar ist. Berechnen Sie das KgV der Zahlen $2^3 3^5 7^2$ und $2^4 3^3$. Beweisen Sie:*
$$mn = \mathrm{ggT}(m, n) \, \mathrm{KgV}(m, n)$$

Teil III
Anwendungen, Gruppentheorie und Zahlentheorie

11 Euklid'sche Algorithmen, Diophant'sche Gleichungen

Inhaltsverzeichnis

11.1 Euklid'sche Algorithmen 253
11.2 Beispiele 256
11.3 Erweiterter Euklid'scher Algorithmus 258
11.4 Modulare Arithmetik: Division, Potenzen und Inverse 260
11.5 Diophant'sche Gleichungen 265
11.6 Anwendung: Produktionsproblem 269
11.7 Anwendung: Sudoku 270

11.1 Euklid'sche Algorithmen

Die Berechnung des ggT zweier Zahlen erfolgt mithilfe des berühmten **Euklid'schen Algorithmus**:

> *Wenn CD aber AB nicht misst, und man nimmt bei AB, CD abwechselnd immer das kleinere vom größeren weg, dann muss eine Zahl übrig bleiben, die die vorangehende misst. Euklid: Die Elemente, 300 v. Chr.*

Euklid berechnete den ggT, indem er nach einem gemeinsamen Vergleichsmaß für die Längen (Zahlen) zweier Linien suchte: messen bedeutet teilen. Dazu zog er wiederholt die kleinere der beiden Längen von der größeren ab. Er nutzte dabei, dass sich ggT zweier Zahlen nicht ändert, wenn man die kleinere von der größeren abzieht, d. h. $ggT(a, b) = ggT(a, b - a)$. Wenn b viel größer als a ist, benötigt der Algorithmus von Euklid viele

---

Ergänzende Information Die elektronische Version dieses Kapitels enthält Zusatzmaterial, auf das über folgenden Link zugegriffen werden kann https://doi.org/10.1007/978-3-662-71095-1_11.

Schritte. Deshalb ersetzt man heute die wiederholten Subtraktionen eines Wertes durch eine Division mit Rest in jedem Schritt, d. h.

$$\mathrm{ggT}(a, b) = \mathrm{ggT}(a, b - ka) = \mathrm{ggT}(a, b \mod a)$$

wird iteriert. Dies führt bedeutend schneller zum ggT-Wert. Jetzt müssen wir das Gesagte nur noch präzis aufschreiben.

Es seien $a > b = r_0 > 0$. Wenden wir den Divisionsalgorithmus aus dem Satz Division mit Rest wiederholt an, erhalten wir eine Reihe von Gleichungen:

$$a = q_1 \cdot r_0 + r_1$$
$$r_0 = q_2 \cdot r_1 + r_2$$
$$r_1 = q_3 \cdot r_2 + r_3$$
$$\vdots \quad \vdots \quad \vdots$$
$$r_{n-1} = q_{n+1} \cdot r_n + 0. \tag{11.1}$$

Dabei ist jeweils $0 \leq r_j < r_{j-1}$.

Theorem 11.1.1 (Euklid'scher Algorithmus) *Es ist $a > b > 0$ und der Divisionsprozess (11.1) ist gegeben. Der ggT von a und b ist r_n, der letzte von 0 verschiedene Rest.*

Beweis Aus der Verschiebungseigenschaft im Theorem 10.4.2 folgt das äquivalente System zu (11.1):

$$\begin{aligned}
\mathrm{ggT}(a, b) &= \mathrm{ggT}(a - q_1 b, b) \\
&= \mathrm{ggT}(r_1, b) \\
&= \mathrm{ggT}(r_1, b - q_2 r_1) \\
&= \mathrm{ggT}(r_1, r_2) \\
&= \mathrm{ggT}(r_1 - q_3 r_2, r_2) \\
&= \mathrm{ggT}(r_3, r_2) \\
&= \mathrm{ggT}(r_2, r_3) \\
&\vdots \quad \vdots \\
&= \mathrm{ggT}(r_{n-1}, r_n) \, .
\end{aligned}$$

Der gesuchte ggT von a, b ist durch den ggT von Resten ersetzt worden. Dies setzt sich fort bis:

$$\mathrm{ggT}(a, b) = \mathrm{ggT}(r_{n-1}, r_n) = r_n.$$

11.2 Beispiele

Im letzten Schritt gilt $r_{n-1} = q_{n+1}r_n + 0$. Somit ist $r_{n+1} = 0$ und

$$\text{ggT}(r_{n-1}, r_n) = \text{ggT}(r_n, r_{n+1}) = \text{ggT}(r_n, 0) = r_n.$$ □

Wir können den Algorithmus elegant rekursiv schreiben:

Theorem 11.1.2 *(Euklid'scher Algorithmus) Seien $a, b \neq 0$ ganze Zahlen. Dann lässt sich ggT(a, b) durch eine fortgesetzte Division mit Rest rekursiv nach dem folgenden Verfahren bestimmen:*

$$\text{ggT}(a, b) = \text{ggT}(b, a \mod b). \tag{11.2}$$

Die Gültigkeit der Formel und somit die Korrektheit des Algorithmus haben wir bereits oben bewiesen. Da sich die Zahlen in jedem zweiten Schritt mindestens halbieren, ist das Verfahren auch bei großen Zahlen extrem schnell. Es gilt:

Theorem 11.1.3 *Seien a und b zwei k-bit-Zahlen, d.h. $a, b \leq 2^k$. Dann terminiert der Euklid'sche Algorithmus spätestens nach 2k Schleifendurchläufen.*

Wir gehen auf die Laufzeit des Algorithmus im Abschn. 17.4.5 ein.

Der Pseudocode für eine rekursive und iterative Umsetzung des Euklid'schen Algorithmus lautet:

```
Rekursiv:
1. Funktion ggT(a, b):
2.     Wenn b gleich 0:
3.         Gib a zurück
4.     Sonst:
5.         Gib ggT(b, a % b) zurück
6.     Ende Wenn
7. Ende Funktion

Iterativ:
1. Funktion ggT(a, b):
2.     Solange b nicht gleich 0:
3.         h <- a % b
4.         a <- b
5.         b <- h
6.     Gib a zurück
7. Ende Funktion
```

Das Python Kap. 11 enthält den Code und Zusatzmaterial zum ggT.

11.2 Beispiele

11.2.1 Klassischer ggT-Algorithmus und Divisionsalgorithmus

Wir berechnen den größten gemeinsamen Teiler von 143 und 65 mit der klassischen Methode, indem immer Differenzen $a - b$ gebildet werden:

$$143 - 65 = 78$$
$$78 - 65 = 13$$
$$65 - 13 = 52$$
$$52 - 13 = 39$$
$$39 - 13 = 26$$
$$26 - 13 = 13$$
$$13 - 13 = 0.$$

Der ggT ist 13 und wir benötigen sieben Schritte.

Der Divisionsalgorithmus in Theorem 11.1.1 ergibt den ggT von 693 (a) und 286 (b) deutlich schneller. r steht für den Rest und die Vielfachen n in $a = nb + r$ sind nicht angegeben.

a	b	r
693	286	129
286	121	44
121	44	33
44	33	11
33	11	0

Der ggT ist 11 und in vier Schritten erreicht. Das Beispiel, den ggT von 143 und 65 zu berechnen, benötigt nur drei und nicht sieben Schritte.

Aufgabe 11.2.1 *Berechnen Sie den ggT Von 143 und 65 mit dem Divisionsalgorithmus und vergleichen Sie die Anzahl der Schritte mit dem klassischen Algorithmus.*

11.2.2 Drei Varianten des Euklid'schen Algorithmus

Nach der rekursiven und iterativen Variante, betrachten wir jetzt den **Brute-Force-**Algorithmus. Dieser Algorithmus überprüft **alle möglichen Teiler beider Zahlen**, beginnend mit der Zahl min(a, b) und dann absteigend um -1 bis zur Zahl 1, wenn a, b teilerfremd sind.

11.2 Beispiele

Pseudocode Brute Force

```
1. Funktion ggT(a, b):
2.    ggT=1
3.    Für i von Minimum(a, b) bis 1:
4.       Wenn  i a und b teilt:
5.          ggT=i
6.    Ende Für
7.    Gib ggT zurück
8. Ende Funktion
```

Dieser Algorithmus ist **ineffizient**. Dazu benötigen wir die folgende Aussage.

Theorem 11.2.1 *Für alle natürlichen Zahlen k gilt:*

$$\text{ggT}(2^k - 1, 2^k - 2) = 1.$$

Beweis Setze $m := 2^k - 1$. Dann ist die Behauptung äquivalent zu

$$\text{ggT}(m, m - 1) = 1.$$

Angenommen, die Behauptung sei falsch. Dann gibt es ein h:

$$h := \text{ggT}(m, m - 1) > 1.$$

Dann ist $m = n \cdot h, m - 1 = n' \cdot h$, d.h., beide Zahlen sind Vielfache des ggT h. Es folgt:

$$m = n \cdot h = n' \cdot h + 1$$

und somit

$$h(n - n') = 1.$$

Somit ist $h = 1$. Ein Widerspruch zu $h > 1$. □

Wir wissen:

$$\text{ggT}(2^k - 1, 2^k - 2) = 1.$$

Der Brute-Force-Algorithmus probiert $2^k - 2$ verschiedene Teiler n aus, startend von der größten Zahl, bis er mit $n = 1$ den ggT findet. Ersetzt man k durch $k + 1$, dann werden die Zahlen nur um ein Bit länger, aber die Laufzeit des Algorithmus verdoppelt sich. Die Laufzeit zur Berechnung des ggT zweier k-bit-Zahlen verhält sich somit proportional zur exponentiellen Laufzeit 2^k. Unbrauchbar.

Der iterative und rekursive Algorithmus basieren auf den gleichen Werten a, b, r. Die Laufzeiten sind gegeben durch die Anzahl der Schleifendurchläufe beziehungsweise die Anzahl der rekursiven Aufrufe. Die Laufzeitanalyse scheint einfacher bei der iterativen Variante, die Korrektheit klarer bei der rekursiven Variante. Wir kommen auf diese bei der Laufzeitenanalyse zurück.

Beim Rechnen von Hand ist die rekursive Variante einfacher:

$$\text{ggT}(50, 23) = \text{ggT}(23, 4) = \text{ggT}(4, 3) = \text{ggT}(3, 1) = 1,$$

da 23 zweimal in 50 mit Rest 4, 4 fünfmal in 23 mit Rest 3 und 3 einmal in 4 mit Rest 1 enthalten sind.

11.3 Erweiterter Euklid'scher Algorithmus

Falls a und b **teilerfremd** sind, d. h. $\text{ggT}(a, b) = 1$, existieren nach dem Lemma von Bézout $s, t \in \mathbb{Z}$, sodass

$$1 = s \cdot a + t \cdot b. \tag{11.3}$$

Die andere Richtung der Aussage ist auch wahr. Die unbekannten Koeffizienten s, t in der linearen Darstellung des ggT

$$\text{ggT}(a, b) = s \cdot a + t \cdot b$$

werden mit dem **erweiterten Euklid'schen Algorithmus** effizient berechnet.

Wir suchen die lineare Darstellung des ggT von 99 und 78. Dazu bestimmen wir zuerst den ggT von 99 und 78 mit dem Divisionsalgorithmus:

$$\begin{aligned} 99 &= 1 \cdot 78 + 21 \\ 78 &= 3 \cdot 21 + 15 \\ 21 &= 1 \cdot 15 + 6. \\ 15 &= 2 \cdot 6 + 3 \\ 6 &= 2 \cdot 3 + 0 \end{aligned}$$

3 teilt 6 und somit ist 3 der ggT von 99 und 78. Lesen wir die Gleichungen rückwärts und stellen wir den Rest rekursiv als Differenz der beiden Terme dar, ergibt sich die Linearkombinationsdarstellung des ggT 3 durch die Zahlen 78 und 99 nach dem Lemma von Bézout:

$$\begin{aligned} \text{ggT}(78, 99) = 3 &= 15 - 2 \cdot 6 \\ &= 15 - 2 \cdot (21 - 1 \cdot 15) &= 3 \cdot 15 - 2 \cdot 21 \\ &= 3 \cdot (78 - 3 \cdot 21) - 2 \cdot 21 &= 3 \cdot 78 - 11 \cdot 21 \\ &= 3 \cdot 78 - 11 \cdot (99 - 1 \cdot 78) &= 14 \cdot 78 - 11 \cdot 99 \end{aligned}$$

11.3 Erweiterter Euklid'scher Algorithmus

Wir ersetzen also $b = 6$ in der zweitletzten Zeile durch den Rest 6 in der drittletzten Zeile, dann $b = 15$ in der drittletzten Zeile durch den Rest 15 in der viertletzten Zeile usw., bis am Schluss der ggT linear ausgedrückt ist durch 78 und 99: Der ggT ist eine ganzzahlige Linearkombination der beiden Ausgangszahlen 78 und 99 mit $s = 14$ und $t = -11$.

Analog zum Euklid'schen Algorithmus können wir den erweiterten Euklid'schen Algorithmus auch in einer Tabellenform darstellen. Gesucht ist zuerst der ggT und dann die Darstellung des ggT als Linearkombination von 128 (a) und 34 (b). Für den Euklid'schen Algorithmus gilt:

a	b	q	r
128	34	3	26
34	26	1	8
26	8	3	2
8	2	4	0

Der ggT ist somit 2, q ist die Vielfachheit im Divisionsalgorithmus, d.h. wie oft b in a Platz hat. Um den erweiterten Algorithmus darzustellen, erweitern wir die Tabelle um zwei Spalten für s und t.

a	b	q	r	s	t
128	34	3	26	**4**	**−15**
34	26	1	8	−3	4
26	8	3	2	1	−3
8	2	4	0	0	1

Somit folgt aus der Tabelle

$$\text{ggT}(34, 128) = 2 = 4 \cdot 128 - 15 \cdot 34.$$

Wie geht man vor, um diese Tabelle zu erhalten? Man beginnt mit der letzten Zeile, um s, t zu bestimmen. Es gilt

$$\text{ggT}(a, b) = 2 = s_1 8 + t_1 2.$$

Wir setzen **immer** in der letzten Zeile $s_1 = 0, t_1 = 1$. Der Index 1 gibt den 1. Schritt an. Jetzt gehen wir von unten nach oben vor.

$$\text{ggT}(a, b) = 2 = 26 \cdot t_1 + 8 \cdot t_2 = 1 \times 26 + t_2 8,$$

lautet die zweitletzte Zeile. In dieser ersetzt das „alte" t_1 das „neue" s_2. Dies gilt in jedem Schritt. Da der ggT in jedem Schritt 2 ist, folgt $t_2 = -3$ direkt. Die allgemeine Regel lautet:

$$s_{i+1} = t_i \, , \; t_{i+1} = s_i - q_i \cdot t_i \, , \; t_1 = 1, s_1 = 0 \qquad (11.4)$$

für $i = 2, \ldots, K$. Also folgen im Beispiel für $s_2 = 1$ und für $t_2 = 0 - 3 \cdot 1 = -3$. Die Iteration bricht immer ab nach einer Anzahl von K Schritten, wenn die lineare Darstellung des ggT erreicht ist. Diese existiert nach dem Lemma von Bézout immer.

Aufgabe 11.3.1 *Rechnen Sie die restlichen s, t-Werte in der Tabelle nach.*

Der Pseudocode für den erweiterten Euklid'schen Algorithmus lautet:

```
1.  Funktion ErwEuk(a, b):
2.     Wenn b gleich 0:
3.        Gib [a, 1, 0] zurück
4.     Sonst:
5.        (ggT, s1, t1) = ErwEuk(b, a mod b)
6.        s = t1
7.        t = s1 - (a // b) * t1
8.        Rückgabe (ggT, s, t)
10.    Ende Wenn
11. Ende Funktion
```

Wenn $b = 0$ ist, sind wir fertig. Der ggT von $a, 0$ ist a und die lineare Darstellung ist

$$\mathrm{ggT}(a, 0) = a = ta + s0.$$

Daraus folgt $t = 1, s = 0$. Die Zeilen 6. und 7. stellen die Regel (11.4) für die Wahl der Koeffizienten im Übergang von i nach $i + 1$ dar. Der Operator // steht für die ganzzahlige Division. Dies ist ein rekursiver Pseudocode bis der Abbruch $b = 0$ erreicht wird. Die Rekursion endet dann und die Ergebnisse werden rekursiv zusammengesetzt, um den ggT und die Bézout-Koeffizienten zu berechnen.

Aufgabe 11.3.2 *Schreiben Sie einen iterativen Pseudocode für den erweiterten Euklid'schen Algorithmus.*

11.4 Modulare Arithmetik: Division, Potenzen und Inverse

Für die Division mit Rest und die Modulo-Kongruenzen fehlen die Rechenregeln für das Kürzen und die Division. Weiter wissen wir noch nicht, wie die Inversen in den Kongruenzen zu bestimmen sind. Mit den Vorarbeiten können wir dies jetzt erledigen. Wir wiederholen die Regeln für die modulare Addition, Subtraktion und Multiplikation:

Theorem 11.4.1 *Seien $a, b, c, d \in \mathbb{Z}, n \in \mathbb{N}$ und*

11.4 Modulare Arithmetik: Division, Potenzen und Inverse

$$a \equiv b \pmod{n}, \; c \equiv d \pmod{n}.$$

Dann gelten:

$$a \pm c \equiv b \pm d \pmod{n}, \; ac \equiv bd \pmod{n}.$$

11.4.1 Kürzen

Bei Kongruenzen kann man **nicht** wie gewohnt kürzen. Betrachten wir $n = 6, a = 1, b = 4, c = 2$. Es gilt

$$1 \cdot 2 \equiv 4 \cdot 2 \pmod 6,$$

da $2 - 8$ durch 6 teilbar ist. Kürzt man, folgt:

$$1 \not\equiv 4 \pmod 6.$$

Der ggT rettet die Situation. Dieser ist gleich 2. Teilen wir den Modulo durch den ggT, erhalten wir die wahre Aussage aus der Kürzung:

$$1 \equiv 4 \pmod 3.$$

Allgemein gilt:

Theorem 11.4.2 *(Kürzen) Seien $a, b, c \in \mathbb{Z}, n \in \mathbb{N}, d = \text{ggT}(c, n)$ und $ac \equiv bc \pmod n$. Dann gilt:*

$$a \equiv b \pmod{n/d}$$

Beweis Aus $d = \text{ggT}(c, n)$ folgt mit (10.4)

$$1 = \text{ggT}(c/d, n/d).$$

Aus der Definition folgt:

$$ac \equiv bc \pmod{n} \implies n | (ac - bc) = \frac{n}{d}|(b-a)\frac{c}{d} = \frac{n}{d}|(b-a) \implies a \equiv b \left(\bmod \frac{n}{d}\right),$$

wobei wir Theorem 2.11.2 und Theorem 10.3.2 benutzt haben, d. h., wenn b, c teilerfremd sind und c das Produkt ba teilt, dann gilt auch $c|a$. □

Somit muss beim Kürzen in Kongruenzen der Modulus angepasst werden, außer c und n sind **teilerfremd**.

11.4.2 Anwendung Verschlüsselung

Wir wollen Zahlen aus $K := \{0, 1, \ldots, 99\}$ geheim zwischen zwei Parteien übermitteln. Diese einigen sich auf einen Codierungsschlüssel oder das Geheimnis $S = 49 < 100$, welcher wie folgt funktioniert: eine Zahl m, welche eine Nachricht M darstellt, wird durch $E(m) = m \cdot S \mod 100$ codiert. Die Codierung ist eine Abbildung:

$$E : M \times S \to M, \ E(m) = m \cdot S \mod 100 \in M.$$

Es gilt $E(m) \in K$, da $m \cdot S$ durch 100×49 beschränkt ist und die Division durch 100 eine Zahl in K liefert. Für das Datenpaar 10, 11 folgt $10 \cdot 49 \mod 100 = 90$ und $11 \cdot 49 \mod 100 = 39$. Übermittelt werden somit $E(10, 11) = (90, 39)$. Die andere Seite möchte mit der Funktion D die Botschaft decodieren. Formal soll gelten:

$$D(E(m))) = (D \circ E)(m) = m,$$

d. h., Decodierung ist die inverse Funktion zur Codierung. Für jedes empfangene $E(m)$ gilt es somit die Ursprungsnachricht m zu bestimmen. Wir besprechen später im Falle des RSA-Algorithmus, wie die Decodierung und der gesamte Mechanismus mit der Funktion und deren Inversen funktioniert.

Jetzt fragen wir, ob m überhaupt eindeutig bestimmt werden kann. Nehmen wir an:

$$m \cdot S \mod 100 = m' \cdot S \mod 100 \iff m \cdot S \equiv m' \cdot S \pmod{100},$$

d. h., es gäbe zwei Nachrichten m, m', welche die gleiche Codierung besitzen. Die Äquivalenz dient nur dazu die Modulo-Darstellung durch die Kongruenzschreibweise zu ersetzen. Wenn dies der Fall ist für $m \neq m'$, dann wäre die Codierung E nicht injektiv und somit existiert auch keine Inverse (Decodierung). Wir nehmen also an, dass sich aus der empfangenen Nachricht E die Botschaft m nicht eindeutig rekonstruieren lässt. Da aber $\mathrm{ggT}(49, 100) = 1$, können wir S kürzen:

$$m \equiv m' \pmod{100}.$$

Somit muss $m - m' = k \cdot 100$ gelten für k eine ganze Zahl. Oder gleichbedeutend

$$m = m' + k \, 100.$$

Für $k \neq 0$ ist dies für die Zahlen von 0 bis 99 aber **nie** möglich, da

$$|m - m'| \leq 99.$$

Die einzige Lösung ist $k = 0$, d. h. $m = m'$ folgt. Somit ist E injektiv. Dies ist gleichbedeutend zur Aussage, dass es innerhalb der Zahlen $K = \{0, 1, \ldots, 99\}$ nur eine Lösung von $D(E(m)) = D(m \cdot S \mod 100) = m$ gibt.

11.4 Modulare Arithmetik: Division, Potenzen und Inverse

Für den Schlüssel $S = 10$ ist der ggT von 10 und 100 gleich 10. Dann folgt für ein Datenpaar $(17, 27)$

$$17 \times 10 \mod 100 = 27 \times 10 \mod = 70.$$

Beide Zahlen 17 und 27 werden zur gleichen Zahl $E = 70$ codiert. E ist nicht injektiv und daher lässt sich die Botschaft m in diesem Fall nicht eindeutig rekonstruieren.

11.4.3 Potenzen

Setzen wir $a = c, b = d$ in der Multiplikationsregel

$$ac \equiv bd \pmod{n}$$

im Satz 10.1.3 ein, folgt: aus $a \equiv b \pmod{n}$:

$$a^2 \equiv b^2 \pmod{n}.$$

Mit vollständiger Induktion gilt dies für beliebige $k \geq 1$. Aus $a \equiv b \pmod{n}$ folgt:

$$a^k \equiv b^k \pmod{n}, \; k \geq 1.$$

11.4.4 Inverse

Die Menge der Restklassen $\mathbb{Z}_n$ lautet

$$\mathbb{Z}_n = \{\overline{0}_n, \overline{1}_n, \overline{2}_n, \ldots, \overline{n-1}_n\}. \tag{11.5}$$

Wenn keine Verwechslungsgefahr besteht, lassen wir den Index n weg. Wir wissen:

Theorem 11.4.3 *In $\mathbb{Z}_n$ ist das additiv inverse Element einer Restklasse $\bar{a}$ gleich $\overline{n-a}$ und das additiv neutrale Element ist $\bar{0}$. Das neutrale Element der Multiplikation ist $\bar{1}$, d.h. $\bar{a} \cdot \bar{1} = \overline{a \cdot 1} = \bar{a}$.*

Wir suchen jetzt die **multiplikative Inverse** der Restklassen in den ganzen Zahlen.

Definition 11.4.1 *Die **multiplikative Inverse** x einer ganzen Zahl a modulo n ist eine Lösung der linearen Äquivalenz*

$$ax \equiv 1 \pmod{n}.$$

Nach der Definition gilt
$$ax - nk = 1, \ k \in \mathbb{Z},$$
als Bedingung für die Existenz einer multiplikativen Inversen x. Sind a und n teilerfremd, existieren nach dem Lemma von Bézout ganze Zahlen x und $-k$, sodass die Gleichung $ax \equiv 1 \pmod{n}$ erfüllt ist. Wir fassen zusammen:

Theorem 11.4.4 *Seien $n \in \mathbb{N}$ und $a \neq 0$ eine ganze Zahl. Die Restklasse $\bar{a}_n$ besitzt genau dann ein eindeutiges Inverses $\bar{a}^{-1}$ in $\mathbb{Z}_n$, wenn a und n teilerfremd sind.* □

Beweis Die eine Richtung haben wir schon gezeigt. Für die andere Richtung des Beweises existiere ein inverses Element $\bar{s}$ zu der Restklasse $\bar{a}_n$, d. h. $\bar{s}_n \bar{a}_n = \overline{sa}_n = \bar{1}_n$. Dies bedeutet aber, dass es ganze Zahlen s, t gibt mit $sa + tm = 1$. Nach dem Lemma von Bézout sind a, m teilerfremd.

Der Beweis sagt auch, wie man das Inverse $\bar{s} = \bar{a}^{-1}$ berechnet. Wir müssen lediglich die Bézout-Koeffizienten s, t zu a, m finden; es gilt dann $\bar{a}^{-1} = \bar{s}$ oder $a^{-1} \equiv s \pmod{n}$.

Beispiele

1. Wir suchen die Inverse von $x \equiv 3 \pmod{11}$. Da 3 und 11 teilerfremd sind, existiert die Inverse. Mit dem erweiterten Euklid'schen Algorithmus hat die Gleichung $3s + 11t = 1$ die Lösungen $s = 4, t = -1$. Somit ist $x^{-1} = 4$ das gesuchte Inverse. Überprüfung: $3 \cdot 4 \equiv 12 \equiv 1 \pmod{11}$.
2. Betrachten wir $\bar{2}_4$. Ein Inverses $\bar{x}_4$ muss
$$\bar{2}_4 \cdot \bar{x}_4 = \overline{2 \cdot x}_4 = \bar{1}_4$$
erfüllen. Dies ist unmöglich, da $2 \cdot x \notin \bar{1}_4$: Die ungerade Zahl $2x - 1$ kann nie gleich dem Vielfachen der geraden Zahl $k4$ sein. Somit hat $\bar{2}_4$ kein Inverses. Das folgt auch direkt aus dem Satz, da 2 und 4 nicht teilerfremd sind.
3. Für $\bar{2}_5$ gilt:
$$\bar{2}_5 \cdot \bar{x}_5 = \overline{2 \cdot x}_5 = \bar{1}_5,$$
wenn $x = 3$ ist. Somit ist $\bar{3}_5$ das inverse Element.
4. In $\mathbb{Z}_8$ gilt:
$$\bar{3}_8 \cdot \bar{3}_8 = \bar{9}_8 = \bar{1}_8.$$

Die Inverse von $\bar{3}_8$ ist wieder $\bar{3}_8$. Hingegen können wir nicht durch $\bar{2}_8$ teilen, da
$$\bar{2}_8 \cdot \bar{m}_8 = \overline{2m}_8 \neq \bar{1}_8$$
gilt, weil $2m$ immer gerade ist und damit nie Rest 1 bei Division durch 8 ergeben kann.

11.5 Diophant'sche Gleichungen

Wenn wir zwei ganze Zahlen n, m multiplizieren, kann als Ergebnis nur dann null herauskommen, wenn entweder m oder n null ist. In $\mathbb{Z}_n$ sieht das anders aus, je nachdem was für einen Wert wir für n wählen. Für $n = 8$ gilt: $\bar{2}_8 \cdot \bar{4}_8 = \bar{8}_8 = \bar{0}_8$, obwohl $\bar{2}_8$ und $\bar{4}_8$ nicht null sind. Solche Zahlen nennt man **Nullteiler**.

Aufgabe 11.4.1

1. *Finden Sie die Inverse von 3 modulo 7 mit dem Bézout-Lemma.*
2. *Finden Sie die Inverse von 101 modulo 4620.*
3. *Zeigen Sie, dass 937 eine Inverse von 13 modulo 2436 ist.*

11.5 Diophant'sche Gleichungen

11.5.1 Lineare Kongruenzen

Im Fall einer **linearen Gleichung** $ax = b$ existiert für $a \neq 0$ immer genau eine Lösung. Wir wollen jetzt **lineare Kongruenzen**

$$ax \equiv b \pmod{n}$$

lösen. Wir suchen ganzzahlige Werte, sodass die Kongruenz erfüllt ist. Die Kongruenzen $ax \equiv b \pmod{n}$ sind äquivalent zur Lösung der Gleichung

$$ax + ny = b$$

mit $n, x, y \in \mathbb{Z}$. Diese Gleichungen heißen **lineare Diophant'sche Gleichungen**. Geometrisch ist $ax + ny = b$ eine Gerade in der Ebene. Die Geradengleichung hat immer eine Lösung x, y in den reellen Zahlen. Jetzt sollen aber x, y ganze Zahlen sein. Die ganzen Zahlenpaare bilden ein 2-dimensionales Gitter. Somit ist die Lösung einer Diophant'schen Gleichung gleichbedeutend zur Frage, ob die Geradengleichung die Gitterpunkte schneidet. Intuitiv kann dies nie, genau einmal oder beliebig oft geschehen, je nachdem, wie sich die Steigung und der y-Achsenabschnitt der Geradengleichung zum Gitter verhalten.

Mit dem verallgemeinerten Euklid'schen Algorithmus gilt: Sind a, n teilerfremd, ggT $(a, n) = 1$, dann findet man ganze Zahlen u, v, sodass $au + nv = 1$ eine Lösung hat. Multiplikation mit b liefert

$$a(bu) + n(bv) =: ax + ny = b,$$

d. h., $x = bu, y = bv$ ist eine **spezielle Lösung** der linearen Diophant'schen Gleichung

$$ax + ny = b.$$

Wir sprechen von einer speziellen Lösung, da es mehrere Lösungen zur Gleichung geben kann. Zwei Lösungen sind inkongruent, genau dann, wenn sie nicht in der gleichen Äquivalenzklasse liegen. Was gilt, wenn a und n nicht teilerfremd sind? Der folgenden Satz fasst zusammen:

Theorem 11.5.1 *Die lineare Kongruenz $ax \equiv b \pmod{n}$ ist genau dann lösbar, wenn $\text{ggT}(a, n) \mid b$. In diesem Fall gibt es genau $\text{ggT}(a, n)$ zueinander inkongruente Lösungen modulo n.*

Beweis Notwendige Bedingung: $\text{ggT}(a, n) \mid b$:

Sei $ax \equiv b \pmod{n}$ lösbar. Dann existiert ein x, sodass

$$ax - b = kn$$

für ein gewisses $k \in \mathbb{Z}$. Daraus folgt $ax - kn = b$. Da $\text{ggT}(a, n) =: d$ ein Teiler von a und n ist, ist d auch ein Teiler des Ausdrucks $ax - kn$. Daher muss d auch ein Teiler von b sein, da $ax - kn = b$ und $ax - kn$ durch d teilbar sind. Dies zeigt, dass $\text{ggT}(a, n) \mid b$ eine notwendige Bedingung für die Lösbarkeit der Kongruenz ist.

Hinreichende Bedingung: $\text{ggT}(a, n) \mid b$:

Angenommen, es sei $d := \text{ggT}(a, n)$ und $d \mid b$. Das bedeutet, dass $b = d \cdot b_1$ für ein gewisses $b_1 \in \mathbb{Z}$. Da d der größte gemeinsame Teiler von a und n ist, können wir $a = d \cdot a_1$ und $n = d \cdot n_1$ für gewisse $a_1, n_1 \in \mathbb{Z}$ schreiben. Setzen wir diese Ausdrücke in die Kongruenz $ax \equiv b \pmod{n}$ ein, erhalten wir:

$$a_1 x \equiv b_1 \pmod{n_1}.$$

Da $\text{ggT}(a_1, n_1) = 1$ ist (a_1 und n_1 sind teilerfremd), hat die Kongruenz $a_1 x \equiv b_1 \pmod{n_1}$ eine eindeutige Lösung modulo n_1. Sei x_0 eine Lösung von $a_1 x \equiv b_1 \pmod{n_1}$. Dann sind die Lösungen der ursprünglichen Kongruenz $ax \equiv b \pmod{n}$ gegeben durch:

$$x = x_0 + k \cdot n_1 \pmod{n},$$

wobei $k = 0, 1, \ldots, d - 1$.

Anzahl der Lösungen:

Da $k = 0, 1, \ldots, d - 1$ unterschiedlich sind, gibt es d Lösungen $x_0, x_1, \ldots, x_{d-1}$, die zueinander modulo n inkongruent sind. Daher gibt es genau $\text{ggT}(a, n)$ viele Lösungen der linearen Kongruenz. □

11.5 Diophant'sche Gleichungen

Beispiele:

- $2x \equiv 1 \pmod{3}$ besitzt eine Lösung, da der ggT von 2 und 3 gleich 1 ist. Die allgemeine Lösung der Kongruenz ist $x = 2 \pm 3k$, d. h., $x = 2, 5, 8, \ldots$ sind unendlich viele Lösungen, welche aber alle in der gleichen Restklasse $\bar{2}_3$ liegen.
- $3x \equiv 3 \pmod{6}$ hat ein Lösung, da der ggT gleich 3 ist und 3 teilt. Um die Lösungen zu finden, teilen wir Kongruenz durch den ggT und erhalten

$$x \equiv 1 \pmod{2}$$

Dies bedeutet, dass x ungerade sein muss. Die Lösungen sind somit $x \equiv 1, 3, 5 \pmod{6}$. Diese Lösung sind nicht kongruent, da sie unterschiedliche Reste bei der Division durch 6 ergeben.
- $5x \equiv 1 \pmod{5}$ hat keine Lösung, da der ggT 5 die Zahl 1 nicht teilt. Lösungen müssten $5x = 1 + k5$ erfüllen. Die rechte Seite ist aber nie ein Vielfaches von 5.
- Die Kongruenz $5x \equiv 2 \pmod{16}$ hat wegen $\mathrm{ggT}(5,16) = 1$ eine eindeutige Lösung modulo 16. Die Lösung ist $x \equiv 10 \pmod{16}$.
- Für $6x \equiv 9 \pmod{21}$ ist $\mathrm{ggT}(6,21) = 3$ und $3 | 9$. Die Kongruenz ist somit lösbar und hat genau 3 Lösungen, die modulo 21 inkongruent sind. $x_1 = 5$ ist eine Lösung von $6x \equiv 30 \pmod{21}$. Weitere dazu modulo 21 inkongruente Lösungen sind $x_2 = 5 + 1 \cdot \frac{21}{3} = 12$ und $x_3 = 5 + 2 \cdot \frac{21}{3} = 19$. Lösungen sind also alle Zahlen

$$x \equiv 5 \pmod{21}, \; x \equiv 12 \pmod{21}, \; x \equiv 19 \pmod{21}.$$

11.5.2 Allgemeine Lösung der Diophant'schen Gleichung

Wir betrachten jetzt die allgemeinen Lösungen einer Diophant'schen Gleichung. Dazu sei die Diophant'sche Gleichung $6x + 10y = 100$ zu lösen. Der Euklid'sche Algorithmus liefert den ggT 2 und der erweiterte Euklid'sche Algorithmus liefert die Darstellung:

$$2 = 2 \cdot 6 + (-1) \cdot 10.$$

Multiplikation mit 50 liefert:

$$100 = 100 \cdot 6 + (-50) \cdot 10$$

als **spezielle Lösung**. Wie findet man alle Lösungen der Gleichung?

Theorem 11.5.2 *Der $d := \mathrm{ggT}(a,b)$ von a und b teile c in $ax + by = c$. Wenn (x_0, y_0) eine Lösung der Gleichung $ax + by = c$ ist, dann sind alle ganzzahligen Lösungen der Gleichung von der Form:*

$$x = x_0 + \frac{b}{d}k, \quad y = y_0 - \frac{a}{d}k,$$

wobei k eine beliebige ganze Zahl ist.

Beweis Da $d|c$ existieren Lösungen der Gleichung nach dem Beweis von Theorem 11.5.1. Der erweiterte Euklid'sche Algorithmus liefert eine ganzzahlige Lösung (x_1, y_1) der Gleichung $a_1x + b_1y = 1$. Multiplizieren wir diese Lösung mit k, erhalten wir eine Lösung der Gleichung $a_1x + b_1y = k$. Durch Rücktransformation $x_0 = k \cdot x_1$ und $y_0 = k \cdot y_1$ erhalten wir die Lösung $ax + by = c$. Alle Lösungen der Gleichung $ax + by = c$ ergeben sich dann durch:

$$x = x_0 + \frac{b}{d}k, \quad y = y_0 - \frac{a}{d}k,$$

wobei k eine ganze Zahl ist. □

Die allgemeine Lösung von $6x + 10y = 100$ ist:

$$x = 100 + \frac{-1}{2}k, \quad y = 60 - \frac{2}{2}k.$$

Betrachten wir die Diophant'sche Gleichung $15x + 10y = 5$: Hier ist $a = 15, b = 10$ und $c = 5$, ggT$(15, 10) = 5$ und da $5 \mid 5$ gibt es eine Lösung. Mit dem erweiterten Euklid'schen Algorithmus erhalten wir $x_0 = 1$ und $y_0 = -1$ als eine Lösung für $15x + 10y = 5$. Die allgemeine Lösung lautet dann:

$$x = 1 + 2k, \quad y = -1 - 3k, \quad k \in \mathbb{Z}.$$

Die allgemeine Lösung von $6x + 10y = 100$ ist:

$$(x, y) = (100 + 5k, -50 - 3k), \quad k \in \mathbb{Z}.$$

Als Kontrolle sei $k = 0$. Dann ist $x = 1, y = -1$ und die Gleichung lautet $15 - 10 = 5$. Für $k = 100$ gelten $x = 201, y = -301$ und die Gleichung ist erfüllt:

$$15 \cdot 201 - 10 \cdot 301 = 3015 - 3010 = 5.$$

Wie stehen die Theoreme 11.5.1 und 11.5.2 zueinander in Beziehung? Theorem 11.5.2 behandelt die Existenz und Struktur aller ganzzahligen Lösungen einer linearen Diophant'schen Gleichung. Theorem 11.5.1 behandelt die Lösbarkeit und Anzahl der Lösungen einer linearen Kongruenz. Die lineare Kongruenz ist ein Spezialfall der Diophant'schen Gleichung, da die Kongruenz in die Form einer Diophant'schen Gleichung geschrieben werden kann. Die Struktur der Lösungen aus der Diophant'schen Gleichung zeigt, wie die Lösungen der Kongruenz aussehen. Die Lösungen der Diophant'schen Gleichung liefern unendlich viele Paare (x, y). Wenn man nur die Werte $x \pmod{n}$ betrachtet, entsprechen diese genau den Lösungen der linearen Kongruenz $ax \equiv b \pmod{n}$.

Aufgabe 11.5.1 *Besitzt die Gleichung* $217x + 63y = 10$ *eine ganzzahlige Lösung?*

Aufgabe 11.5.2 *Hat die Gleichung* $36x + 15y = 6$ *ganzzahlige Lösungen? Geben Sie gegebenenfalls eine an.*

Aufgabe 11.5.3 *Geben Sie alle ganzzahligen Lösungen an:*

$$a) 13x + 7y = 1 \quad b) 13x + 7y = 5 \quad c) 25x + 35y = 45$$

11.6 Anwendung: Produktionsproblem

Diophant'sche Gleichungen können zur Lösung von wirtschaftlichen Fragestellungen verwendet werden. Das Beispiel ist von Steger (2007) übernommen und erweitert. Eine Firma erzeugt zwei Produkte A und B, für die 75 bzw. 38 kg eines bestimmten Rohstoffes benötigt werden. Wie viele Stücke von A bzw. B können erzeugt werden, wenn 10.000 kg Rohstoff vorhanden sind und der gesamte Rohstoff verbraucht werden soll? Wenn x die Stückzahl von Produkt A und y die Stückzahl von Produkt B ist, dann suchen wir nichtnegative ganze Zahlen x und y, mit

$$75x + 38y = 10.000.$$

Beginnen wir mit dem erweiterten Euklid'schen Algorithmus angewandt auf

$$75x + 38y = 1.$$

Er liefert $x = -1$, $y = 2$, d.h., eine Lösung der Gleichung ist $x_0 = -10.000$, $y_0 = 20.000$ Stück. Diese Lösung ist mathematisch korrekt aber ökonomisch sinnlos. Da es aber unendlich viele Lösungen gibt, siehe Theorem 11.5.2, nutzen wir dies, um eine Lösung zu suchen, die auch ökonomisch sinnvoll ist. Da ggT(75, 38) = 1 ist, haben alle mathematischen Lösungen die Form:

$$x = -10.000 + k38 \,,\, y = 20.000 + k75.$$

Es muss $x, y \geq 0$ gelten. Dies ist gleichbedeutend zu

$$k \geq \frac{10.000}{38} = 263,16 \text{ und } k \leq \frac{20.000}{75} = 266,\bar{6}.$$

Die Lösungen sind somit $k = 264, 265, 266$. Jeder dieser Werte liefert eine ganzzahlige Stückzahl x, y (Verifizieren Sie dies!). Sie haben somit gesehen, dass die Details in der Mathematik, hier nicht nur eine Lösung, sondern alle Lösungen von Diophant'schen Gleichungen zu finden, für die Praxis wesentlich sind.

Welches mögliche k wählt die Firma? Dazu benötigen wir ein weiteres Kriterium. Die Firma wird zum Beispiel dasjenige k wählen, welche ihren Gewinn maximiert. Sie berechnet dazu die Gewinne für alle drei k. Dies ist in diesem Beispiel mehr von theoretischer als praktischer Relevanz, da sich die k-Werte nur marginal unterscheiden. Generell setzt man ein ganzzahliges Optimierungsproblem für viele praxisrelevanten wirtschaftlichen Probleme an.

Betrachten wir ein einfaches lineares Optimierungsprogramm in den Variablen x und y, wobei x und y Produktmengen sind und p_x und p_y die jeweiligen Preise pro Stück. Ziel ist den Gewinn z zu maximieren:

$$z = p_x \cdot x + p_y \cdot y$$

unter den Einschränkungen:

$$a_x \cdot x + a_y \cdot y \leq \text{Ressource} \quad \text{(Ressourcenbegrenzung)}$$

$$x, y \geq 0 \quad \text{(Nichtnegativitätsbedingungen)}$$

Für ein Problem mit nur zwei Variablen (x und y) kann die Lösung grafisch gefunden werden. Für höherdimensionale Probleme werden analytische Methoden benötigt. Die grafische Lösung ist im Python-File 11 umgesetzt.

11.7 Anwendung: Sudoku

Sudoku ist ein klassisches Puzzlespiel, mit dem Ziel, einen 9×9-Block mit Ziffern zu füllen, sodass jede Spalte, jede Zeile und jeder der neun 3×3-Unterblöcke alle Ziffern von 1 bis 9 **genau eimal** enthält. Das Problem kann als System Diophant'scher Gleichungen formuliert werden.

Ein Sudoku-Rätsel kann durch eine Menge von Einschränkungen für die Werte einer 9×9-Matrix S mit Einträgen S_{ij} dargestellt werden, wobei i, j von 1 bis 9 reichen. Wir definieren eine Variable x_{ijk}, die 1 ist, wenn die Zelle in Zeile i und Spalte j die Zahl k enthält, und 0 ansonsten, d. h. $x_{ijk} \in \{0, 1\}$.

Die Anforderungen an die Lösung werden mit Bedingungen formuliert, siehe Abb. 11.1.
Zellenbedingung: Jede Zelle enthält genau eine Zahl:

$$\sum_{k=1}^{9} x_{ijk} = 1 \quad \forall i, j.$$

Für jede Zeile und Spalte ist die Summe der x gleich 1, genau dann, wenn eine Zahl von 1 bis 9 in der Zelle steht, und sonst null.

Zeilenbedingung: Jede Zahl erscheint genau einmal in jeder Zeile:

$$\sum_{j=1}^{9} x_{ijk} = 1 \quad \forall i, k.$$

Spaltenbedingung: Jede Zahl erscheint genau einmal in jeder Spalte:

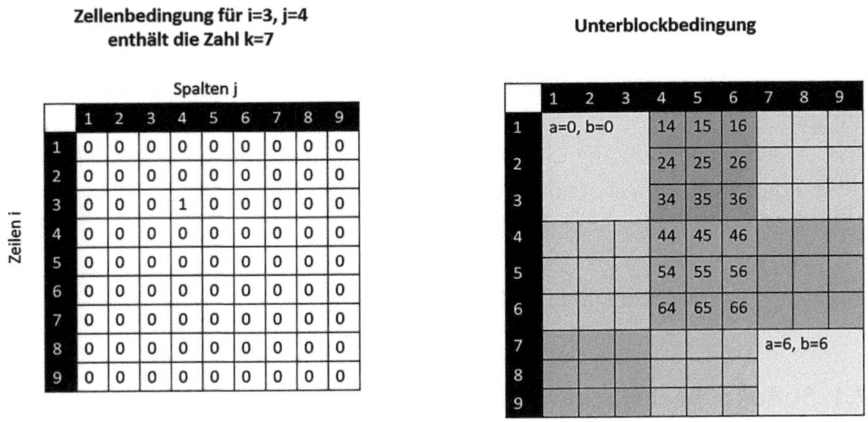

11.7 Anwendung: Sudoku

Abb. 11.1 Zellenbedingung und Unterblockbildung. Für zwei Unterblöcke sind die Indizes i, j eingetragen

$$\sum_{i=1}^{9} x_{ijk} = 1 \quad \forall j, k.$$

Unterblockbedingung: Jede Zahl erscheint genau einmal in jedem 3×3-Unterblock, definiert durch die Indizes (a, b) wobei $a, b \in \{0, 3, 6\}$:

$$\sum_{i=a+1}^{a+3} \sum_{j=b+1}^{b+3} x_{ijk} = 1 \quad \forall k.$$

Anfangsbedingungen

Die anfänglich gegebenen Zahlen setzen bestimmte x_{ijk} auf 1:

$$x_{ijk} = 1, \quad \text{wenn die Zelle } (i, j) \text{ anfänglich } k \text{ enthält.}$$

Jede Bedingung definiert eine lineare Diophant'sche Gleichung. Kein Sudoku-Spieler kann alle diese Gleichungen auf einen Schlag lösen, sprich das Quadrat ausfüllen. Es gibt auch keine Lösungsformel, in welche man die Anfangsbedingung einsetzt und dann in einem Schritt die Lösung zurück erhält.

Dieses System von Gleichungen und Einschränkungen kann mit verschiedenen Techniken gelöst werden:

- Backtracking-Algorithmus: Ein Tiefensuchalgorithmus, der versucht, das Raster zu füllen, indem er Zahlen Zellen zuweist und zurückverfolgt, wenn eine Verletzung der Einschränkungen festgestellt wird.

- Constraint Programming: Verwendet Einschränkungen, um den Suchraum zu reduzieren und das Problem effizienter zu lösen.
- Integer Linear Programming (ILP): Formuliert das Problem als ganzzahliges Optimierungsproblem.
- DLX-Algorithmus (Dancing Links): Ein effizienter Algorithmus zur Lösung von Exact-Cover-Problemen, der verwendet werden kann, um Sudoku zu lösen, indem das Problem als Exact-Cover-Problem dargestellt wird.

Wir betrachten Backtracking und DLX.

11.7.1 Sudoku, Backtracking Algorithmus

Wir betrachten als Beispiel das 4×4-Sudoku mit den vier fett geschriebenen, vorgegebenen Zahlen 1,2, 3, 4. Die kursiv gesetzten Zahlen folgen aus dem unten stehenden Algorithmus.

1	*3*	*4*	*2*
–	**2**	–	–
–	–	**3**	–
–	–	–	**4**

Der Backtracking-Algorithmus löst Probleme mit schrittweisen Entscheidungen. Wenn eine Entscheidung nicht zu einer Lösung führt, wird diese rückgängig gemacht („backtracking") und eine andere Entscheidung wird versucht. Dies wird wiederholt, bis eine Lösung gefunden wird oder alle Möglichkeiten erschöpft sind und keine Lösung gefunden wird.

Die folgenden Schritte beschreiben das Vorgehen:

- Leere Zelle finden: Beginne mit der ersten leeren Zelle (von links nach rechts, oben nach unten).
- Zahl einsetzen: Setze eine Zahl in die leere Zelle, beginnend mit 1.
- Gültigkeit prüfen: Überprüfe, ob die eingesetzte Zahl in der aktuellen Zeile, Spalte oder im Subgitter vorkommt. Wenn nicht, ist die Zahl gültig.
- Rekursiver Aufruf: Fülle das nächste leere Feld.
- Backtracking: Wenn die gewählte Zahl zu keiner Lösung führt, setze die vorangehende gefüllte Zelle zurück auf leer und versuche die nächste Zahl.
- Lösung finden oder scheitern: Wenn das Raster vollständig gefüllt ist und alle Bedingungen erfüllt sind, ist die Lösung gefunden. Andernfalls fahre fort mit dem Backtracking.

Gehen wir den Algorithmus für das 4×4-Sudoku durch. Die erste neue Zahl kommt rechts neben der 1 zu stehen. Die 1 und die 2 gehen nicht; Verletzung Zeilen- und Spaltenbedingung. Die 3 passt. Jetzt kommt die Zahl neben der 3 dran. Die 2 geht. Dann steht in der ersten

11.7 Anwendung: Sudoku

Zeile als letzte Zahl die 4, da in jeder Zeile jede Zahl genau einmal stehen muss. Die 4 steht aber schon ganz unten rechts; somit kann die 4 nicht oben rechts stehen. Wir müssen zurückgehen zur letzten gesetzten Zahl 2, welche aufgrund der 4-Problematik nicht möglich ist und geleert wird. Als einzige Alternative ist die 4 neben der 3 zu schreiben. Dann steht oben rechts die 2. Die erste Zeile ist widerspruchsfrei. Jetzt beginnt man mit der 2. Zeile ganz links usw.

Der Pseudocode lautet:

```
1.  function solve_sudoku(grid)
2.      if Complete(grid) then
3.          return True
4.      (row, col) := find_empty_cell(grid)
5.      for num := 1 to 4 do
6.          if is_valid(grid, row, col, num) then
7.              grid[row][col] := num
8.              if solve_sudoku(grid) then
9.                  return True
10.             grid[row][col] := 0   # Backtrack
11.     return False
```

Erklärungen zum Pseudocode

1. `Complete(grid)`: Überprüft, ob das Sudoku-Raster vollständig ausgefüllt ist.
2. `find_empty_cell(grid)`: Findet die nächste leere Zelle im Raster.
3. `is_valid(grid, row, col, num)`: Prüft, ob die Zahl `num` in der Zeile, Spalte oder im Subgitter von `row, col` gültig ist.
4. `Backtracking`: Wenn eine gewählte Zahl keine Lösung ermöglicht, wird sie entfernt und die nächste Zahl versucht.

Angewandt auf das Beispiel gilt:

1. Die erste leere Zelle ist (1,2) (Zeile 4.)
2. Wir versuchen, die Zahl 1 bis 4 einzusetzen und prüfen, ob diese gültig ist.
3. Dies wird rekursiv für jede leere Zelle wiederholt.
4. Falls wir in einer Situation feststecken, machen wir den letzten Schritt rückgängig und versuchen eine andere Zahl.

Im Python-Code, siehe Python Kap. 11, ist die Funktion is_valid interessant. Die Funktion muss drei Bedingungen prüfen. Die erste Bedingung ist zu prüfen, ob die Zahl num in der aktuellen Zeile und der aktuellen Spalte vorhanden ist:

```
def is_valid(grid, row, col, num):
    # Überprüfen, ob num in der aktuellen Zeile vorhanden ist
    for i in range(4):
        if grid[row][i] == num:
            return False

    # Überprüfen, ob num in der aktuellen Spalte vorhanden ist
    for i in range(4):
        if grid[i][col] == num:
            return False

    # Überprüfen des 2x2-Untergitters
    box_row = (row // 2) * 2
    box_col = (col // 2) * 2
    for r in range(box_row, box_row + 2):
        for c in range(box_col, box_col + 2):
            if grid[r][c] == num:
                return False
```

Die dritte Prüfung ist zu testen, ob die Zahl num im aktuellen der vier Subgrids vorhanden ist. Zuerst berechnen wir die Startpositionen des aktuellen 2×2-Subgrids mit den Variablen start_row und start_col. Diese Startpunkte werden durch Abziehen des Rests der Division von row und col durch 2 berechnet. Das sorgt dafür, dass start_row und start_col jeweils der oberen linken Ecke des aktuellen 2×2-Subgrids entsprechen. Dann erfolgt die Überprüfung der Subgrids durch zwei verschachtelte Schleifen. Die äußere Schleife (i) läuft durch die Zeilen und die innere Schleife (j) durch die Spalten des Subgrids. Jede Zelle im Subgrid wird daraufhin überprüft, ob der Wert num bereits dort vorkommt. Wenn dies der Fall ist, wird False zurückgegeben, was bedeutet, dass num bereits in diesem Subgrid vorhanden ist und daher nicht erneut platziert werden kann. Dieser Algorithmus besitzt im Worst Case eine exponentielle Laufzeit. Wir betrachten dies in Abschn. 17.5.

11.7.2 X-Algorithmus

Der **X-Algorithmus** ist eine effiziente Methode zur Lösung von exakten Überdeckungsproblemen, wie sie beispielsweise bei Sudoku auftreten. Eine perfekte oder exakte Überdeckung ist eine Partition. Sei X eine Menge und S ein System nichtleerer Teilmengen von X, das heißt $S \subseteq \mathcal{P}(X)$. Die Teilmengen in S erfüllen folgende Bedingungen:

1. Die Elemente von S sind paarweise disjunkt.
2. Die Vereinigung aller Teilmengen in S ergibt X, also $\bigcup_{A \in S} A = X$.

11.7 Anwendung: Sudoku

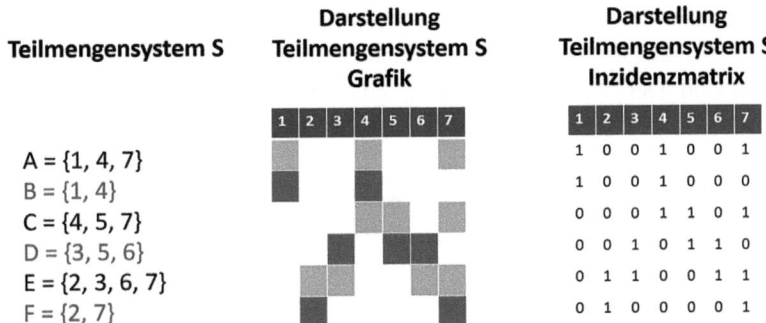

Abb. 11.2 Beispiel zur perfekten Überdeckung

Eine solche Partition wird als **perfekte Überdeckung** bezeichnet. *Beispiel:* Sei $X = \{1, 2, 3, 4, 5, 6, 7\}$ und $S = \{A, B, C, D, E, F\}$ ein System von Teilmengen, wie in Abb. 11.2 dargestellt. Angenommen, die Mengen B, D, F sind paarweise disjunkt und ihre Vereinigung ergibt X, d. h.

$$B \cup D \cup F = X \quad \text{und} \quad B \cap D = B \cap F = D \cap F = \emptyset.$$

Dann bilden B, D, F eine perfekte Überdeckung von X. Dieses Prinzip wird im X-Algorithmus genutzt, um exakte Überdeckungen systematisch zu finden, indem geeignete Teilmengen ausgewählt werden, die die Bedingungen erfüllen.

Der X-Algorithmus beginnt mit der Transformation der Sudoku-Struktur in eine **Inzidenzmatrix**, eine Matrix mit Einträgen 0 und 1. Dabei wird das Sudoku-Problem als ein exaktes Überdeckungsproblem dargestellt. Die Inzidenzmatrix wird wie folgt aufgebaut:

- Jede Zeile der Matrix repräsentiert eine mögliche Belegung x_{ijk} einer Zelle im Sudoku.
- Jede Spalte der Matrix repräsentiert eine der vier Bedingungen des Sudokus, die jeder Zelle genau einen Wert zuordnen.

Für ein 4×4-Sudoku gilt:

- Es gibt 16 Zellen mit je 4 möglichen Zahlen, also 64 mögliche Zuweisungen.
- Jede Zuweisung wird auf 4 Bedingungen geprüft, was zu $4 \times 64 = 256$ Spalten führt.

Die resultierende Inzidenzmatrix hat 64 Zeilen und 256 Spalten. Ein Eintrag ist 1, wenn die zugehörige Zeile (Belegung) die Bedingung der Spalte erfüllt, andernfalls 0. Abb. 11.2 zeigt ein Beispiel der Inzidenzmatrix, deren Informationsgehalt äquivalent zur grafischen Darstellung ist.

Der nächste Schritt ist der X-Algorithmus von Donald Knuth. Er ist ist ein Backtracking-Algorithmus, um exakte Überdeckungsprobleme zu lösen, welche durch eine Inzidenzmatrix A dargestellt sind. Der Algorithmus verfolgt eine rekursive Strategie, bei der er:

- Eine noch nicht bedeckte Spalte wählt.
- Eine Zeile auswählt, die diese Spalte abdeckt.
- Alle Konflikte (d. h. Zeilen und Spalten, die bereits durch diese Wahl abgedeckt werden) entfernt.
- Mit den verbleibenden Zeilen und Spalten weitersucht.
- Rücksprünge (Backtracking) durchführt, falls keine Lösung möglich ist.

Algorithmus X ist effizient, wenn er gut implementiert ist, aber er beschreibt lediglich die logische Struktur des Lösungsverfahrens und macht keine Annahmen zur Datenstruktur. Die genauere Formulierung des Algorithmus lautet:

```
1. Wenn die Matrix A keine Spalten hat, ist die aktuelle Teillösung
   eine gültige Lösung; Ende.
2. Wähle sonst deterministisch die Spalte c  mit der
   geringsten Anzahl 1er.
3. Wähle eine Zeile r so aus, dass A_{r, c} = 1
   (nicht-deterministisch).
4. Füge Zeile r zur Teillösung hinzu.
5. Für jede Spalte j, für die A_{r, j} = 1,
       Für jede Zeile i, für die A_{i, j} = 1,
           Lösche Zeile i aus der Matrix A.
       Lösche Spalte j  aus der Matrix A.
6. Wiederhole diesen Algorithmus rekursiv auf der reduzierten
   Matrix A.
```

Der X-Algorithmus arbeitet rekursiv, indem er schrittweise mögliche Lösungen untersucht. Jede Stufe entspricht einer Rekursionsebene, in der eine Auswahl getroffen wird. Der Algorithmus kann als Tiefensuchalgorithmus (DFS) interpretiert werden: Er wählt eine Zeile, die eine Spalte abdeckt, reduziert die Matrix entsprechend und setzt die Suche rekursiv fort, um weitere Zeilen zu finden, die andere Spalten abdecken. Dieser Prozess wiederholt sich, bis entweder eine exakte Überdeckung gefunden wird oder keine Lösung mehr möglich ist. In Sackgassen kehrt der Algorithmus per Backtracking zurück, um alternative Pfade zu erkunden. Die Wahl einer Zeile r führt zu mehreren rekursiven Teilalgorithmen, die jeweils die aktuelle Matrix A reduzieren, jedoch unterschiedliche Zeilen r nutzen. Wenn eine Spalte c vollständig null ist, endet der Algorithmus erfolglos, da keine Lösung existiert.

Betrachten wir wiederum das exakte Überdeckungsproblem, mit $X = \{1, 2, 3, 4, 5, 6, 7\}$ und $S = \{A, B, C, D, E, F\}$ gegeben durch (Abb. 11.2):

11.7 Anwendung: Sudoku

$$A = \{1, 4, 7\},$$
$$B = \{1, 4\},$$
$$C = \{4, 5, 7\},$$
$$D = \{3, 5, 6\},$$
$$E = \{2, 3, 6, 7\},$$
$$F = \{2, 7\}.$$

Die Inzidenzmatrix **A** lautet:

	1	2	3	4	5	6	7
A	1	0	0	1	0	0	1
B	1	0	0	1	0	0	0
C	0	0	0	1	1	0	1
D	0	0	1	0	1	1	0
E	0	1	1	0	0	1	1
F	0	1	0	0	0	0	1

Der Algorithmus startet auf Stufe 0, indem er die Matrix analysiert und die Spalte mit den wenigsten Einsen auswählt. Nach der Wahl einer Zeile werden die entsprechenden Spalten und Zeilen entfernt, wodurch eine reduzierte Matrix entsteht. Auf Stufe 1 wiederholt sich der Prozess: Eine neue Spalte wird ausgewählt, eine Zeile gewählt und die Matrix weiter reduziert. Jede Stufe (1, 2, ...) entspricht einer tieferen Rekursionsebene. Das Ziel ist es, eine vollständige Lösung zu finden, indem schrittweise Spalten und Zeilen in einer Baumstruktur abgearbeitet werden. Wenn auf einer Stufe keine gültige Lösung möglich ist (z. B. weil die Matrix nicht weiter reduziert werden kann oder Bedingungen verletzt sind), kehrt der Algorithmus auf die vorherige Stufe zurück, um alternative Pfade zu erkunden. Dieses Vorgehen entspricht dem Backtracking.

Stufe 0:

1. Matrix prüfen: Die Matrix **A** ist nicht leer, also fahren wir mit dem Algorithmus fort.
2. Spalte auswählen: Wähle die Spalte mit der geringsten Anzahl von Einsen. Spalte 1 hat zwei Einsen (in den Zeilen A und B) und wird daher ausgewählt.
3. Zeile auswählen: Wähle eine Zeile mit einer 1 in der ausgewählten Spalte (Spalte 1). Die Zeilen A und B kommen infrage. Wir wählen zunächst die Zeile A.

Stufe 1: Zeile A wählen:

1. Zeile A in die Lösung aufnehmen.
2. Spalten eliminieren: Zeile A hat Einsen in den Spalten 1, 4 und 7. Lösche alle Zeilen, die eine 1 in diesen Spalten haben: A, B, C, E, F.

3. Restmatrix: Es bleibt nur noch die Zeile D und die Spalten 2, 3, 5 und 6:

$$\begin{array}{c|cccc} & 2 & 3 & 5 & 6 \\ \hline D & 0 & 1 & 1 & 1 \end{array}$$

4. Matrix prüfen: Die Matrix ist nicht leer. Wähle die erste nichtleere Spalte (Spalte 2). In dieser Spalte gibt es keine Einsen, daher ist dieser Zweig nicht erfolgreich.

Stufe 1: Zeile B wählen (Alternative):

1. Wähle die Zeile B, die ebenfalls eine 1 in Spalte 1 hat.
2. Spalten eliminieren: Zeile B hat Einsen in den Spalten 1 und 4. Lösche die Zeilen A, B, C und die entsprechenden Spalten.
3. Restmatrix:

$$\begin{array}{c|ccccc} & 2 & 3 & 5 & 6 & 7 \\ \hline D & 0 & 1 & 1 & 1 & 0 \\ & 1 & 1 & 0 & 1 & 1 \\ & 1 & 0 & 0 & 0 & 1 \end{array}$$

Stufe 2: Zeile D wählen:

1. Matrix prüfen: Die Matrix ist nicht leer. Wähle Spalte 5 (sie hat eine 1).
2. Zeile D wählen: Zeile D hat eine 1 in Spalte 5.
3. Zeile D in die Lösung aufnehmen.
4. Spalten eliminieren: Lösche die Spalten 3, 5 und 6 sowie die entsprechenden Zeilen D und E.

Stufe 3: Zeile F wählen:

1. Übrige Matrix:

$$\begin{array}{c|cc} & 2 & 7 \\ \hline F & 1 & 1 \end{array}$$

2. Matrix prüfen: Die Matrix ist nicht leer. Wähle Spalte 2.
3. Zeile F wählen: Zeile F hat eine 1 in Spalte 2.
4. Zeile F in die Lösung aufnehmen.
5. Spalten eliminieren: Lösche die Spalten 2 und 7.

11.7 Anwendung: Sudoku

Stufe 4: Erfolg:

1. Die Matrix ist nun leer, und der Algorithmus endet erfolgreich.
2. Die Lösung besteht aus den Zeilen B, D und F, die eine perfekte Überdeckung von X bilden.

Aufgabe 11.7.1 *Gegeben:*

$$X = \{1, 2, 3, 4\}, \quad S = \{A, B, C, D\}$$

wobei:

$$A = \{1, 3\}, \quad B = \{2, 4\}, \quad C = \{1, 2\}, \quad D = \{3, 4\}$$

Lösen Sie das perfekte Überdeckungsproblem mit dem X-Algorithmus.

11.7.3 Dancing Links (DLX)

Dancing Links ist eine spezielle Datenstruktur und Technik, die Donald Knuth zur Implementierung des X-Algorithmus vorgeschlagen hat. Es handelt sich um eine Variante von doppelt verketteten Listen, die das Hinzufügen und Entfernen von Elementen besonders effizient macht:

- Jede Zeile und Spalte in der Eingabe wird als Knoten einer doppelt verketteten Liste dargestellt.
- Beim Entfernen einer Zeile oder Spalte (im Rahmen des Backtracking) werden einfach die entsprechenden Verbindungen „getanzt" (daher der Name Dancing Links), indem die benachbarten Knoten neu verknüpft werden.
- Das Zurücknehmen eines Schritts (Backtracking) erfolgt symmetrisch, indem die ursprünglichen Verbindungen wiederhergestellt werden.

Betrachten wir die Überdeckungsaufgabe in 11.7.1. Die doppelt verkettete Listenstruktur verbindet alle Knoten horizontal und vertikal, d.h. jeweils alle Einsen in den Zeilen und Spalten. Jeder Knoten zeigt auf seinen rechten und linken Nachbarn in der Zeile und auf seinen oberen und unteren Nachbarn in der Spalte. Die Funktionsweise der Dancing Links Methode lautet präziser:

- DLX wählt eine Zeile aus, die zur Lösung gehört.
- Spalten eliminieren: Alle Spalten, in denen diese Zeile eine 1 hat, werden zusammen mit den entsprechenden Zeilen, die ebenfalls eine 1 in diesen Spalten haben, aus der Matrix entfernt. Dies geschieht durch Entfernen der Knoten, indem die Zeiger in der verketteten Liste aktualisiert werden.

- Rückgängig machen: Wenn der Algorithmus später zurückgeht (Backtracking), können die gelöschten Zeilen und Spalten schnell wiederhergestellt werden, indem die Knoten wieder eingefügt werden.

Angenommen, wir wählen die Zeile A (die die Elemente 1 und 3 abdeckt). Das bedeutet, dass die Spalten 1 und 3 eliminiert werden, ebenso wie alle Zeilen, die eine 1 in diesen Spalten haben, d. h., A und D werden eliminiert. Die Matrix lautet dann:

$$\begin{array}{c|cc} & 2 & 4 \\ \hline B & 1 & 1 \\ C & 1 & 0 \end{array}$$

Jetzt haben wir die Auswahl zwischen den Zeilen B und C, um die verbleibenden Elemente (2 und 4) abzudecken. Wenn wir uns für B entscheiden, ist dies eine gültige Lösung, da alle Elemente von X abgedeckt sind. Wenn wir stattdessen feststellen, dass keine Lösung gefunden werden kann, machen wir die Auswahl von A rückgängig, indem wir die Knoten in der verketteten Liste wiederherstellen. Für den Pseudocode und die Datenstruktur in DLX wird jeder Knoten x in der verketteten Liste mit vier Nachbarn left[x], right[x], up[x] und down[x] dargestellt.

Löschen einer Spalte: Das Löschen einer Spalte bedeutet, dass wir die gesamte Spalte und alle Zeilen, die eine 1 in dieser Spalte enthalten, aus der Matrix entfernen.

```
Procedure RemoveColumn(column):
    left[right[column]] <-- left[column]
    right[left[column]] <-- right[column]
    row <-- down[column]
    while row = column do
        RemoveRow(row)
        row <-- down[row]

Procedure RemoveRow(row):
    col <-- right[row]
    while col = row do
        up[down[col]] <-- up[col]
        down[up[col]] <-- down[col]
        col <-- right[col]
```

Wiedereinfügen einer Spalte: Das Wiedereinfügen einer Spalte ist das Gegenteil des Löschens. Wir stellen die vorher entfernten Verbindungen wieder her.

11.7 Anwendung: Sudoku

```
Procedure RestoreColumn(column):
    row <-- up[column]
    while row=column do
        RestoreRow(row)
        row <-- up[row]
    left[right[column]] <-- column
    right[left[column]] <-- column

Procedure RestoreRow(row):
    col <-- left[row]
    while col=row do
        down[up[col]] <-- col
        up[down[col]] <-- col
        col <-- left[col]
```

Als Beispiel sei die Inzidenzmatrix

	1	2	3	4
A	1	0	1	0
B	0	1	0	1
C	1	1	0	0
D	0	0	1	1

als doppelt verkettete Liste dargestellt: Wir wollen die Spalte 1 entfernen. RemoveColumn(1):

- Verbindungen von Spalte 1 in horizontaler Richtung:
  - right[left[1]] wird auf right[1] gesetzt (Spalte 2).
  - left[right[1]] wird auf left[1] gesetzt.
- Entferne Zeilen, die eine 1 in Spalte 1 haben:
  - Zeile A hat eine 1 in Spalte 1: Entferne die Zeilenverbindungen für Zeile A.
  - Zeile C hat eine 1 in Spalte 1: Entferne die Zeilenverbindungen für Zeile C.
- Übrig bleibt die Restmatrix:

	2	4
B	1	1
C	1	0

Hinzufügen von Spalte 1, RestoreColumn(1):

- Zeilen A und C werden wieder eingefügt, indem ihre Verbindungen in Spalte 1 wiederhergestellt werden.
- Die horizontale Verbindung von Spalte 1 zu Spalte 2 wird wiederhergestellt.

Die ursprüngliche Inzidenzmatrix ist wiederhergestellt. Die doppelt verkettete Liste ist effizient, da für das Entfernen eines Knotens x nur die Zeiger der benachbarten Knoten aktualisiert werden müssen. Für das Entfernen in horizontaler Richtung (Spalten) gilt:

```
left[right[x]] <-- left[x]
right[left[x]] <-- right[x]
```

Analog wird bei vertikalen Operationen (Zeilen) mit *up* und *down* verfahren. Somit sind für das Entfernen eines Knotens stets vier Zeigeraktualisierungen nötig, was in konstanter Zeit erfolgt, da der Zugriff auf die Nachbarn direkt erfolgt. Das Wiedereinfügen eines Knotens geschieht durch Rücksetzen der Zeiger auf die ursprünglichen Nachbarn. Zum Beispiel:

```
left[right[x]] <-- x
```

Auch hier werden nur vier Zeigeraktualisierungen benötigt, was ebenfalls in konstanter Zeit geschieht. Das Entfernen oder Wiedereinfügen einer ganzen Spalte oder Zeile umfasst die Bearbeitung aller Knoten in der entsprechenden Spalte oder Zeile. Die Anzahl der Operationen ist proportional zur Anzahl der Knoten in der betroffenen Spalte oder Zeile. Da die Größe der Spalte oder Zeile begrenzt ist, bleiben die Kosten für diese Operationen bezogen auf die Matrix konstant. Insgesamt ist der Dancing-Links-Algorithmus aufgrund der konstanten Zeitkomplexität für das Entfernen und Wiedereinfügen von Knoten in der Matrix äußerst effizient.

Beim Entfernen eines Knotens in einer **einfach** verketteten Liste hängt der Zeitaufwand davon ab, ob der Vorgänger des Knotens direkt zugänglich ist. Jeder Knoten hat nur einen Zeiger auf seinen Nachfolger, sodass der Vorgänger durch Durchlaufen der Liste gesucht werden muss. Im Worst Case, wenn der Knoten am Ende der Liste liegt, erfordert dies Zeit proportional zur Listenlängen n; geschrieben $O(n)$ Zeit (gelesen „Big-O von n". Wir betrachten diese Schreibweise in der Laufzeitenanalyse von Algorithmen). Ist der Vorgänger bekannt, erfolgt das Entfernen durch Umsetzen des Zeigers in konstanter Zeit; geschrieben $O(1)$. Beim Wiedereinfügen gilt dasselbe Prinzip: Die Suche nach der Einfügestelle benötigt $O(n)$, während das Einfügen selbst $O(1)$ ist. In einer **doppelt** verketteten Liste entfällt die Suche nach dem Vorgänger, da jeder Knoten Zeiger auf seinen Nachfolger und Vorgänger besitzt, wodurch das Entfernen und Wiedereinfügen effizienter wird.

12 Chinesische Restsatz

Inhaltsverzeichnis

12.1 Chinesischer Restsatz 283
12.2 Beispiele und Anwendungen 287

12.1 Chinesischer Restsatz

Der Chinesische Restsatz ermöglicht das Lösen eines Systems von Kongruenzen. Der Satz hat viele Anwendungen in der Berechnung von großen Zahlen und in der Kryptografie.

Angenommen, in einer Tüte befindet sich ein unbekannte Anzahl von x Gummibärchen. Verteilt man die Gummibärchen auf 3 Leute, bleiben 2 übrig; verteilt man sie auf 7 Menschen bleibt 1 übrig. Wie viele Gummibärchen befinden sich in der Tüte?

Gesucht ist also die Lösung des Systems auf zwei Kongruenzen:

$$x \equiv 2 \pmod{3}$$
$$x \equiv 1 \pmod{7}, \tag{12.1}$$

da $x/3$ den Rest 2 besitzen soll. Der erste Schritt ist die Inversen des einen Modulus im anderen Modulus zu finden. Das heißt, man sucht die Zahlen x_1, x_2:

$$7x_1 \equiv 1 \pmod{3}$$
$$3x_2 \equiv 1 \pmod{7}. \tag{12.2}$$

Ergänzende Information Die elektronische Version dieses Kapitels enthält Zusatzmaterial, auf das über folgenden Link zugegriffen werden kann https://doi.org/10.1007/978-3-662-71095-1_12.

Weshalb wir dies machen, folgt gleich. Mit probieren oder dem erweiterten Euklid'schen Algorithmus ist $x_2 = 5$, da $5 \times 3 = 15$ geteilt durch 7 Rest 1 hat. Analog folgt $x_1 = 1$. Jetzt bilden wir:
$$x = 2 \cdot 7 \cdot 1 + 1 \cdot 5 \cdot 3 = 29.$$

Einsetzen in die beiden Kongruenzen zeigt, dass dies eine Lösung ist. Nimmt man die Lösung x (mod 7), dann ist der erste Term null, da eine 7 erscheint und somit der erste Ausdruck durch 7 teilbar ist. Beim zweiten Term $1 \cdot 5 \cdot 3$ (mod 7) kommt aber 1 (mod 7) raus, da die 5 und 3 invers zueinander (mod 7) sind: Nach Konstruktion erfüllt die Summe der beiden Terme für x die zweite Ausgangskongruenz. Analog folgt die Aussage für die erste Kongruenz.

Es gibt aber unendlich viele Lösungen. Wenn wir das **kleinste gemeinsame Vielfache (kgV)** von 7 und 3 nehmen, d. h. 21, und zu jeder Kongruenz 21 addieren, ergeben diese null mit der Modulo-Operation. Wir können als Lösungsmenge schreiben:
$$x = 8 + k \cdot 21, k = 0, 1, 2, 3, \ldots$$

Daraus folgt, dass wir nicht 29, sondern minimal mit 8 auskommen.

Ziemlich kompliziert, die Gummibärchengeschichte; es ist einfacher diese zu essen. Der Chinesische Restsatz verallgemeinert das Problem auf $k \geq 2$ Kongruenzen.

Theorem 12.1.1 *(Chinesischer Restsatz) Seien $m_1, m_2, \ldots, m_k$ paarweise teilerfremde natürliche Zahlen. Dann existiert für jedes Tupel ganzer Zahlen $a_1, a_2, \ldots, a_k$ eine ganze Zahl x, die das folgende System von k Kongruenzen simultan erfüllt:*
$$x \equiv a_i \pmod{m_i} \quad f\ddot{u}r\, i = 1, \ldots, k.$$

Alle Lösungen dieser Kongruenz sind kongruent modulo $M := m_1 m_2 \ldots m_k$. Die Lösung x findet man mit folgendem Vorgehen:

1. *Berechne das Produkt $M = m_1 m_2 \ldots m_k$.*
2. *Für jedes i, berechne $M_i = \frac{M}{m_i}$.*
3. *Bestimme das Inverse y von M_i mod m_i mit dem erweiterten Euklid'schen Algorithmus.*
4. *Die Lösung x des Kongruenzensystems ist:*
$$x = \sum_{i=1}^{k} a_i M_i y_i \pmod{M}.$$

Beweis Existenz der Lösung: Mit dem beschriebenen Vorgehen können wir die Lösung
$$x = \sum_{i=1}^{k} a_i M_i y_i$$

12.1 Chinesischer Restsatz

konstruieren. Dass dies tatsächlich das System der Kongruenzen löst, folgt mit der Überprüfung jeder Kongruenz i:

$$x \equiv \sum_{j=1}^{k} a_j M_j y_j \pmod{m_i}.$$

Da $M_j \equiv 0 \pmod{m_i}$ für $j \neq i$ und $M_i y_i \equiv 1 \pmod{m_i}$ ist, folgt:

$$x \equiv a_i M_i y_i \equiv a_i \cdot 1x \equiv a_i \pmod{m_i}.$$

Damit erfüllt x die gegebene Kongruenz für jedes i.

Eindeutigkeit der Lösung: Angenommen, es gibt zwei Lösungen $x \neq x'$ für das System der Kongruenzen:

$$x \equiv a_i \pmod{m_i} \quad \text{und} \quad x' \equiv a_i \pmod{m_i} \quad \text{für } i = 1, \ldots, k.$$

Dann gilt:

$$x \equiv x' \pmod{m_i} \quad \text{für } i = 1, \ldots, k.$$

Da $m_1, m_2, \ldots, m_k$ paarweise teilerfremd sind, folgt:

$$x \equiv x' \pmod{M}.$$

Somit sind alle Lösungen kongruent modulo M. □

Der Chinesische Satz beruht auf einer Bijektion. Wir konstruieren diese explizit. Es seien $x_i = x \mod m_i$ die Restklassen einer Zahl x geteilt durch den Modulus.

Theorem 12.1.2 *Seien m_j paarweise teilerfremd und $M = m_1 m_2 \ldots m_n$. Sei x ein natürliche Zahl. Dann ist die Abbildung*

$$f : x \to (x_1, x_2, \ldots, x_n) \tag{12.3}$$

bijektiv, mit der Inversen f^{-1}, gegeben als Lösung des Chinesischen Restsatzes:

$$f^{-1}(x_1, x_2, \ldots, x_n) = x$$

wobei x löst:

$$x \equiv x_1 \pmod{m_1},$$
$$x \equiv x_2 \pmod{m_2},$$
$$\vdots$$
$$x \equiv x_n \pmod{m_n}.$$

Wenn $x < M$ gilt, kann die Zahl x eindeutig durch die Reste $x_k \mod m_k$ dargestellt werden, welches wesentlich kleinere Zahlen sind als die Zahl x. Wenn wir die Addition und Multiplikation von zwei Zahlen betrachten, erhalten wir aus dem Theorem die Addition und Multiplikation definiert auf den Resten in $\mathbb{Z}_{m_j}$:

$$x + y = ((x_1 + y_1) \mod m_1, (x_2 + y_2) \mod m_2, \ldots, (x_n + y_n) \mod m_n)$$

und für die Multiplikation:

$$xy = (x_1 y_1 \mod m_1, x_2 y_2 \mod m_2, \ldots, x_n y_n \mod m_n).$$

Das Diagramm in Abb. 12.1 zeigt, dass man zwei Zahlen x und y entweder direkt multiplizieren (oder addieren) kann oder durch die Darstellung in Restklassen und die Anwendung des Chinesischen Restsatzes zu demselben Ergebnis kommt.

Beweis Injektivität: Angenommen, $f(x_1) = f(x_2)$. Dies bedeutet:

$$x_1 \mod m_i = x_2 \mod m_i \quad \text{für alle } i = 1, 2, \ldots, n.$$

Äquivalent dazu ist $x_1 \equiv x_2 \pmod{m_i}$ für alle i. Da die m_i paarweise teilerfremd sind, folgt mit $M = m_1 m_2$:

$$x_1 \equiv x_2 \pmod{M}.$$

Da für Restklassen $x_1, x_2 \in [0, 1, \ldots, M-1]$ folgt $x_1 = x_2$. Also ist die Abbildung f injektiv.

Surjektivität: Wir müssen zeigen, dass für jedes Tupel $(x_1, x_2, \ldots, x_n)$, wobei $0 \leq x_i < m_i$ für alle i, eine Zahl x existiert, sodass:

$$x \equiv x_i \pmod{m_i} \quad \text{für alle } i = 1, 2, \ldots, n.$$

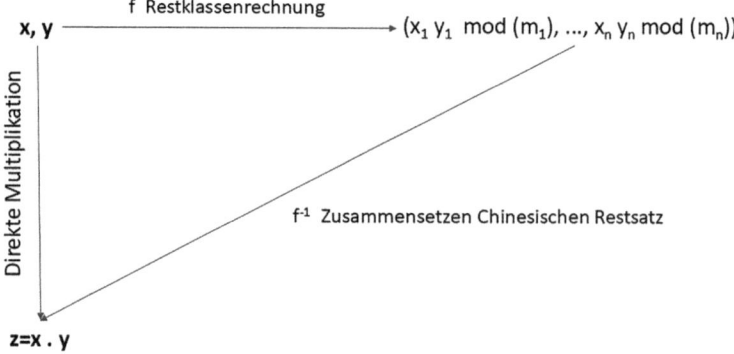

Abb. 12.1 Direkte Multiplikation und Berechnung über die Restklassen

12.2 Beispiele und Anwendungen

Nach dem Chinesischen Restsatz existiert eine eindeutige Lösung x modulo M für das System von Kongruenzen:

$$x \equiv x_1 \pmod{m_1},$$
$$x \equiv x_2 \pmod{m_2},$$
$$\vdots$$
$$x \equiv x_n \pmod{m_n}.$$

Dies zeigt, dass jedes Tupel $(x_1, x_2, \ldots, x_n)$ tatsächlich durch ein x im Bereich $0 \leq x < M$ mit f dargestellt werden kann, d. h. f ist surjektiv. $\square$

Für die Betrachtung der Effizienz modularer Berechnungen seien Zahlen x und y jeweils n-stellige Binärzahlen, d. h. $x, y < 2^n$. Bei einer direkten Multiplikation dieser Zahlen ist eine Arithmetik erforderlich, die n-stellige Zahlen verarbeiten kann. Dies führt bei großen n zu einer hohen Rechen- und Speicherkomplexität. Um die Multiplikation effizienter zu gestalten, wird der Chinesische Restsatz angewendet. Hierfür wird ein Produkt M aus k paarweise teilerfremden Moduli $m_1, m_2, \ldots, m_k$ definiert:

$$M = m_1 m_2 \ldots m_k,$$

wobei die Bedingung $M > 2^n$ erfüllt sein muss. Diese Wahl stellt sicher, dass mit $x \cdot y \mod M$ die korrekte Lösung direkt bestimmt werden kann, ohne dass ein zusätzliches Vielfaches des Moduls ermittelt werden muss. Jeder Modul m_i wird so gewählt, dass $m_i > 2$ gilt. Die Anzahl der Moduli k wird dabei so gewählt, dass $k < n$, da das Produkt M der Moduli die Zahl 2^n übersteigen soll. Zum Beispiel kann bei $n = 100$ eine Anzahl von $k \approx 10$ Moduli gewählt werden, falls die m_i jeweils etwa 2^{10} groß sind. Die modularen Berechnungen erfolgen dann komponentenweise für jeden Modul m_i. Dadurch reduziert sich die Arithmetik von n-stelligen Zahlen auf $\log(n)$-stellige Zahlen. Dies liegt daran, dass jeder Modul m_i kleiner als $2^{n/k}$ ist, was zu einer Anzahl von etwa $\log_2(m_i) \approx n/k$ Stellen führt. Falls beispielsweise $k \approx \log_2(n)$ gewählt wird, benötigt jede modulare Berechnung lediglich $\log(n)$-stellige Zahlen: Für $n = 100$, anstelle 100-stelliger Zahlen beschränkt sich die modulare Arithmetik auf etwa 10-stellige Zahlen, wenn $k = 10$ ist.

12.2 Beispiele und Anwendungen

Beispiel: Wir lösen das folgende System von Kongruenzen:

$$\begin{cases} x \equiv 2 \pmod{3} \\ x \equiv 3 \pmod{4} \\ x \equiv 2 \pmod{5} \end{cases}$$

Gegeben sind die paarweise teilerfremden Moduli $m_1 = 3$, $m_2 = 4$ und $m_3 = 5$. Wir erhalten

$$M = m_1 \cdot m_2 \cdot m_3 = 3 \cdot 4 \cdot 5 = 60 \,, \ M_1 = \frac{M}{m_1} = 20 \,, \ M_2 = 15 \,, \ M_3 = 12.$$

Für die modularen Inversen y_i erhalten wir mit dem erweiterten Euklid'schen Algorithmus:

$$y_1 = 2 \,, \ y_2 = 3 \,, \ y_3 = 3.$$

Die Lösung

$$x = \sum_{i=1}^{3} a_i M_i y_i \pmod{M}$$

mit $a_1 = 2, a_2 = 3, a_3 = 2$ lautet:

$$x \equiv 2 \cdot 20 \cdot 2 + 3 \cdot 15 \cdot 3 + 2 \cdot 12 \cdot 3 \equiv 287 \equiv 47 \pmod{60}$$

Jede Zahl der Form $x = 47 + 60k, k \in \mathbb{Z}$, ist eine Lösung des Systems.

Beispiel: Es sind 30 Karten aufgedeckt in 5 Reihen und Sie haben sich eine Karte gemerkt. Der Zauberer fragt Sie, in welcher Reihe sich die gemerkte Karte befindet. Zum Beispiel in Reihe 2. Der Zauberer wiederholt das Ganze mit 6 Reihen, wobei die Karten in der Reihenfolge 0; 1; 2; 3; 4; 5; 0; 1; 2; 3; ... hingelegt werden. Sie zeigen jetzt auf Reihe 4. Dann rechnet der Zauberer: Er sucht $x \in \{0, 1, \ldots, 29\}$ mit

$$x \equiv 2 \pmod{5} \quad \text{und} \quad x \equiv 4 \pmod{6}.$$

Die erste Äquivalenz sagt, dass die gesuchte Karte an der Stelle 2, 7, 12 etc. sein kann, d. h., sich irgendwo in der zweiten Reihe befindet. Da die Module 5 und 6 teilerfremd sind, lässt sich der Chinesische Restsatz anwenden. Das Produkt der Module ist $m = m_1 m_2 = 5 \cdot 6 = 30$. Es gibt also eine eindeutige Lösung $x \in \mathbb{N}$ mit $0 \le x < 30$. Es gilt:

$$M_1 = m_2 = 6 \quad \text{und} \quad M_2 = m_1 = 5.$$

Die multiplikativen Inversen von M_1 und M_2 in $\mathbb{Z}_5$ und $\mathbb{Z}_6$ ergeben sich mit dem erweiterten Euklid'schen Algorithmus $y_1 = M_1^{-1} = 1$ und $y_2 = M_2^{-1} = 5$. Damit erhält man:

$$2 \cdot 1 \cdot 6 + 4 \cdot 5 \cdot 5 = 112 \equiv 22 \mod 30,$$

also $x = 22$. Der Zauberer zieht die 23. Karte aus dem Stapel und zeigt sie Ihnen.

12.2 Beispiele und Anwendungen

Beispiel: Der Chinesische Restsatz kann verwendet werden, um große Zahlen modular zu zerlegen, mit diesen kleineren Zahlen zu rechnen und dann die Resultate wieder zum Resultat der Ursprungsaufgabe zusammenzusetzen. Angenommen, 357×452 soll berechnet werden. Wir wählen eine geeignete Menge von paarweise teilerfremden Moduli aus, wie die Primzahlen 5, 7 und 11. Nun berechnen wir den Rest der Zahlen 357 und 452, geteilt durch die Moduli 5, 7, und 11:

$$357 \mod 5 = 2, \quad 357 \mod 7 = 0, \quad 357 \mod 11 = 5$$

$$452 \mod 5 = 2, \quad 452 \mod 7 = 4, \quad 452 \mod 11 = 1$$

Jetzt berechnen wir das Produkt 357×452 in jedem Modul:

$$(357 \times 452) \mod 5 = (2 \times 2) \mod 5 = 4$$

$$(357 \times 452) \mod 7 = (0 \times 4) \mod 7 = 0$$

$$(357 \times 452) \mod 11 = (5 \times 1) \mod 11 = 5$$

Dann rekombinieren wir die Ergebnisse mit dem Chinesischen Restsatz, d. h., das gesuchte Resultat $x = 357 \times 452$ erfüllt die Kongruenzen:

$$x \equiv 4 \mod 5, \quad x \equiv 0 \mod 7, \quad x \equiv 5 \pmod{11}$$

Nach Anwendung des Chinesischen Restsatzes erhalten wir mit $M_1 = 77$, $M_2 = 55$, $M_3 = 35$ die Inversen. Für $M_1 = 77 \pmod 5$ ist beispielsweise die Inverse y_1 von $77 \cdot y_1 \equiv 1 \pmod 5$ gleich $y_1 = 3$. Analog folgen $M_2 = 55$, $y_2 = 6$ und $y_3 = 6$. Mit $a_1 = 4$, $a_2 = 0$, $a_3 = 5$ erhalten wir:

$$x \equiv (4 \cdot 77 \cdot 3) + (0 \cdot 55 \cdot 6) + (5 \cdot 35 \cdot 6) \equiv 1974 \equiv 49 \pmod{385}.$$

Es gilt:
$$161.364 = 357 \times 452 = 49 + k385$$

mit k einer ganzen Zahl. Welches ist das korrekte k'? Dazu benötigen wir Zusatzinformation über die Größenordnung der beiden Ursprungszahlen 357×452. Eine Approximation ist $400 \times 400 = 4^2 10^4$ zu betrachten, für 49 die Zahl 40 und 385 durch 400 zu ersetzen. Dann gilt:

$$k^* = \frac{4^2 10^4 - 4 \cdot 10}{4 \cdot 10^2} \sim 4 \cdot 10^2.$$

Also würde man damit

$$161.364 = 357 \times 452 \neq 49 + 400 \cdot 385 = 150.049$$

erhalten. Da man aber die linke Seite nicht kennt, wissen wir nicht, ob wir das korrekte Resultat haben, zu tief oder zu hoch liegen. Dieser Weg führt nicht zum Ziel, da die Suchkosten die Effizienz der Lösung mit kleinen Zahlen zerstören können. Es gibt aber einen einfacheren Weg. Angenommen, wir haben eine Größenordnung über die beiden zu multiplizierenden Zahlen. Dann wählen die Moduli derart, dass das Produkt M größer ist als die Größenordnung des Produktes. Ist im Endresultat der Rest positiv, sind wir fertig, da jede Addition des Modulus zu einer Zahl größer als das gesuchte Resultat führen wird. Wenn der Rest negativ ist, dann müssen wir einmal den Modulus addieren.

Beispiel: Es seien $x = 12$, $y = 32$, $m_1 = 3$, $m_2 = 10$, $m_3 = 13$ paarweise teilerfremd, mit $M = m_1 m_2 m_3 = 390$ und $0 \leq x, y < 390$. Ziel ist es, $x \cdot y$ effizient zu berechnen. Die Reste von x und y modulo m_i sind:

$x = (0, 2, 12)$,   denn $12 \equiv 0$ (mod 3), $12 \equiv 2$ (mod 10), $12 \equiv 12$ (mod 13),

$y = (2, 2, 6)$,   denn $32 \equiv 2$ (mod 3), $32 \equiv 2$ (mod 10), $32 \equiv 6$ (mod 13).

Für das Produkt $x \cdot y = (s_1, s_2, s_3)$ berechnen wir:

$s_1 = 0 \cdot 2 \equiv 0$ (mod 3), $s_2 = 2 \cdot 2 \equiv 4$ (mod 10), $s_3 = 12 \cdot 6 \equiv 7$ (mod 13).

Damit ist $x \cdot y = (0, 4, 7)$. Die Rekonstruktion von $x \cdot y$ erfolgt mit dem Chinesischen Restsatz. Mit

$$M_1 = m_2 m_3 = 130, \quad M_2 = m_1 m_3 = 39, \quad M_3 = m_1 m_2 = 30$$

und den Inversen:

$y_1 = 130^{-1} \equiv 1$ (mod 3), $y_2 = 39^{-1} \equiv 9$ (mod 10), $y_3 = 30^{-1} \equiv 10$ (mod 13)

ergibt sich das Produkt:

$$x \cdot y \equiv 0 \cdot 1 \cdot 130 + 4 \cdot 9 \cdot 39 + 7 \cdot 10 \cdot 30 \equiv 384 \quad (\text{mod } 390).$$

Daher ist $x \cdot y = 384$. Da dieses kleiner als M ist, benötigen wir keine Suche nach einem Vielfachen des korrekten Modulus.

Aufgabe 12.2.1 *Lösen Sie:*
$$x \equiv 2 \quad (\text{mod } 3)$$
$$x \equiv 3 \quad (\text{mod } 5).$$
$$x \equiv 2 \quad (\text{mod } 7)$$

Aufgabe 12.2.2 *Lösen Sie das folgende System von Kongruenzen:*
$$x \equiv 1 \quad (\text{mod } 2), \; x \equiv 3 \quad (\text{mod } 5), \; x \equiv 3 \quad (\text{mod } 7).$$

Aufgabe 12.2.3 *Wir möchten schnelle Rechnungen für Zahlen kleiner als 100 durchführen. Um die Bijektion und den Chinesischen Restsatz anzuwenden, müssen wir die Module m_i teilerfremd kleiner als 100 wählen. Wir wählen 99, 98, 97, 95. Zeigen Sie, dass 123.684 gleich (33, 8, 9, 89) und 1 413.456 gleich (32, 92, 42, 16) sind. Berechnen Sie die Summe der Zahlen mit der Addition auf den Restklassen.*

Gruppentheorie und Zahlentheorie 13

Inhaltsverzeichnis

13.1 Motivation der Gruppen 294
13.2 Definitionen Gruppentheorie 298
13.3 Satz von Lagrange 314
13.4 Kleine Satz von Fermat 318
13.5 Satz von Euler 320
13.6 Primitiver Wurzelsatz 326
13.7 Direkte Produkte von Gruppen 331
13.8 Operationen von Gruppen auf Mengen 333
13.9 Anwendungen Lemma von Burnside 337

Der Sinn der Gruppentheorie liegt in der systematischen Beschreibung von Symmetrien oder Mustern. Symmetrien sind in der Codierungstheorie, der Computergrafik und der Kryptografie von Bedeutung ist. Gruppen helfen, die Muster und Strukturen effizient zu analysieren, was in der Algorithmik genutzt wird. Die Zahlentheorie beschäftigt sich mit dem Studium der natürlichen Zahlen und den Primzahlen im Besonderen. Sie untersucht Konzepte wie Primzahlen, Teilbarkeit und Kongruenzen. Die modulare Arithmetik ist ein Teil der Zahlentheorie. Da Primzahlen grundlegend für die Sicherheit in der Kryptografie sind, spielt die Zahlentheorie heute eine überragende Rolle in der Informatik. Wichtige Strukturen der Zahlentheorie sind Gruppen. Somit gehen beide Theorien zusammen in die Informatik ein.

Welche Aufgabe kann man ohne die Mathematik der Gruppen und Zahlen nicht lösen? Zwei Personen wollen über ein unsicheres Netzwerk sicher kommunizieren, ohne dass ein Angreifer die Nachrichten entschlüsseln kann. Ohne die mathematischen Grundlagen der

---

Ergänzende Information Die elektronische Version dieses Kapitels enthält Zusatzmaterial, auf das über folgenden Link zugegriffen werden kann https://doi.org/10.1007/978-3-662-71095-1_13.

Gruppen- und Zahlentheorie müssten die beiden Personen vorab einen gemeinsamen, geheimen Schlüssel über das unsichere Netzwerk austauschen. Mit der Gruppen- und Zahlentheorie ist ein solcher Austausch eines gemeinsamen Schlüssel nicht notwendig.

Die Gruppentheorie ist Teil der Mathematik, welche algebraische Strukturen untersucht. Die mathematischen Operationen in der modularen Arithmetik mit den Restklassen in $\mathbb{Z}_n$ sind beispielsweise bis auf die Division und die Inversen gleich den Operationen in den ganzen Zahlen $\mathbb{Z}$. Die Ähnlichkeiten legen nahe, dass es gemeinsame **algebraische Strukturen** gibt. Diese Strukturen helfen abstrakt allgemeine Zusammenhänge zu formulieren, ohne den Ballast der konkreten Anwendung mitzuschleppen.

13.1 Motivation der Gruppen

13.1.1 Drehungen eines gleichseitigen Dreiecks

Betrachten Sie alle möglichen Drehungen eines gleichseitigen Dreiecks ABC um seinen Mittelpunkt O in Abb. 13.1. Zwei Drehungen sind identisch, wenn sie sich lediglich um ein ganzzahliges Vielfaches von 360° unterscheiden. Wir sind nur an Drehungen interessiert, welche ein Dreieck **in sich selber** überführen. Solche Drehungen nennen wir eine **Symmetrie**. Es gibt drei Drehungen, um 120°, 240° und die Nulldrehung („keine Drehung"), welche dies erfüllen. Die erste Drehung um 120° im Uhrzeigersinn vertauscht die Eckpunkte A, B, C in **zyklischer** Reihenfolge: A wird zu B, B wird zu C. In der 240°-Drehung wird A zu C, C zu B und B zu A.

Verknüpft man die Drehung um 120° mit sich selbst, $120° \circ 120°$, erhalten wir die Drehung um 240°. Verknüpft man das Resultat noch einmal mit einer Drehung um 120°, folgt die Drehung um 360°, welche äquivalent zur Nulldrehung ist. Dies gilt für alle drei Drehungen: Die Verknüpfung zweier beliebiger Drehungen ist wieder gleich einer der drei Drehungen. Bezeichnen wir die Nulldrehung mit id (Identität), die Drehung um 120° mit g_1, und die Drehung um 240° mit g_2, erhalten wir folgende Relationen:

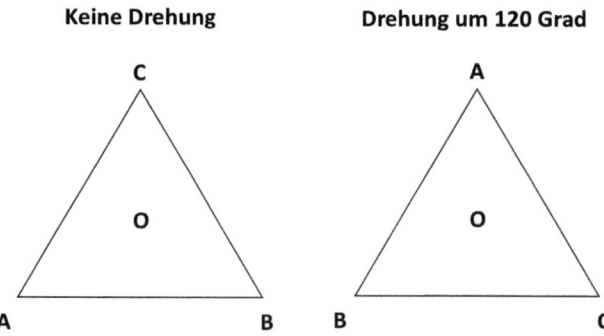

Abb. 13.1 Drehsymmetrien im gleichseitigen Dreieck

13.1 Motivation der Gruppen

$$\text{id} \circ \text{id} = \text{id}, \quad \text{id} \circ g_1 = g_1 \circ \text{id} = g_1,$$
$$\text{id} \circ g_2 = g_2 \circ \text{id} = g_2, \quad g_1 \circ g_1 = g_2,$$
$$g_1 \circ g_2 = g_2 \circ g_1 = \text{id}, \quad g_2 \circ g_2 = g_1.$$

Konvention: Man beginnt bei den Verknüpfungen, wie bei den Funktionen, immer rechts. Die Verknüpfung ist assoziativ und kommutativ. Da für id

$$g \circ \text{id} = id \circ g = g$$

für jede Drehung g gilt, ist id das neutrale Element. Schließlich gibt es zu jeder der drei Drehungen eine entgegengesetzte Drehung, deren Komposition mit der ursprünglichen Drehung die Identität ergibt. Somit besitzt jede Drehung g eine Inverse g^{-1}. Es gilt $\text{id}^{-1} = \text{id}$, da $\text{id} \circ \text{id} = \text{id}$ und $g_1^{-1} = g_2$, $g_2^{-1} = g_1$ da $g_1 \circ g_2 = \text{id}$ ist. Dabei bedeutet $g_2^{-1} = g_1$, dass eine Drehung um 120° im Uhrzeigersinn gleich ist zu einer Drehung um 240° im Gegenuhrzeigersinn.

Die Menge der Drehungen erfüllt mit der Verknüpfung ∘ alle Eigenschaften einer **Gruppe**:

- Die Menge ist abgeschlossen unter der Verknüpfung ∘ (man bleibt innerhalb der Menge unter der Operation ∘).
- Es gibt ein Einselement id, d.h. $\text{id} \circ g_j = g_j$ für alle j.
- Die Verknüpfung ∘ ist assoziativ.
- Alle Elemente besitzen ein Inverses.

Weiter vertauschen die Gruppenoperationen, d.h., die Gruppe ist kommutativ oder Abel'sch.

Die Struktur der Gruppe kann in der **Gruppentafel** dargestellt werden:

∘	id	g_1	g_2
id	id	g_1	g_2
g_1	g_1	g_2	id
g_2	g_2	id	g_1

Dabei liest man zuerst das Element in der Zeile und verknüpft es mit einem Spaltenelement zum Resultat in der entsprechenden Zelle. Für kleine Gruppen sind die Tafeln nützlich, für größere Gruppen werden sie unübersichtlich. Die Tafel zeigt:

1. Die Gruppe ist Abel'sch, da die Tafel symmetrisch zur Diagonalen ist. Zum Beispiel gilt $g_2 \circ g_1 = g_1 \circ g_2$.
2. id ist das Einselement, wie die erste Zeile oder die erste Spalte zeigt.

3. Jedes Element hat genau ein Inverses, da id in jeder Zeile und jeder Spalte genau einmal vorkommt. id ist invers zu sich selber. Die Inverse von g_1 ist g_2 und umgekehrt.

13.1.2 Permutationsgruppe S_3

Jetzt betrachten wir die Permutationen S_3 von drei Elementen 1, 2, 3. Wir wissen, dass es $|S_3| = 3! = 6$ Elemente gibt, die **Ordnung der Gruppe**:

$$\pi_1 = \text{id} = \begin{pmatrix} 1\ 2\ 3 \\ 1\ 2\ 3 \end{pmatrix}, \pi_2 = \begin{pmatrix} 1\ 2\ 3 \\ 1\ 3\ 2 \end{pmatrix}, \pi_3 = \begin{pmatrix} 1\ 2\ 3 \\ 2\ 1\ 3 \end{pmatrix},$$

$$\pi_4 = \begin{pmatrix} 1\ 2\ 3 \\ 2\ 3\ 1 \end{pmatrix}, \pi_5 = \begin{pmatrix} 1\ 2\ 3 \\ 3\ 1\ 2 \end{pmatrix}, \pi_6 = \begin{pmatrix} 1\ 2\ 3 \\ 3\ 2\ 1 \end{pmatrix}$$

Damit S_3 eine Gruppe ist, müssen die Verknüpfungen von zwei Permutationen die besprochenen Eigenschaften der Drehungen besitzen. Zum Beispiel gilt:

$$\begin{pmatrix} 1\ 2\ 3 \\ 2\ 1\ 3 \end{pmatrix} \circ \begin{pmatrix} 1\ 2\ 3 \\ 3\ 2\ 1 \end{pmatrix} = \begin{pmatrix} 1\ 2\ 3 \\ 2\ 3\ 1 \end{pmatrix}$$

oder $\pi_2 \circ \pi_1 = \pi_3$. Man rechnet nach, dass die Operation wiederum für alle Permutationen abgeschlossen ist. Anstelle von π_j schreiben wir g_{j+1}, außer für $\pi_0 = \text{id}$. Dann erhalten wir die Gruppentafel:

$\circ$	id	g_1	g_2	g_3	g_4	g_5
id	id	g_1	g_2	g_3	g_4	g_5
g_1	g_1	id	g_3	g_2	g_5	g_4
g_2	g_2	g_4	id	g_5	g_1	g_3
g_3	g_3	g_5	g_1	g_4	id	g_2
g_4	g_4	g_2	g_5	id	g_3	g_1
g_5	g_5	g_3	g_4	g_1	g_2	id

Aus der Gruppentafel lesen wir ab:

1. Das neutrale Element ist die identische Permutation id, da in der ersten Zeile immer $g_j \circ \text{id} = g_j$ für alle j gilt.
2. id, g_1, g_2, g_5 sind zu sich selbst invers, da $g_i \circ g_i = \text{id}$ gilt für $i = \text{id}, 1, 2, 5$.
3. Das Inverse von g_3 ist g_4 und umgekehrt.
4. Die Gruppe ist nicht Abel'sch, da die Tafel nicht symmetrisch ist: $g_2 \circ g_1 = g_3 \neq g_1 \circ g_2 = g_4$.
5. Die Elemente id, g_1 bilden eine Untergruppe U von S_3, d. h., diese beiden Elemente erfüllen alle Gruppeneigenschaften wie die gesamte Gruppe. Es gibt mehrere solche Untergruppen $U \subseteq S_3$. Beim Beispiel der Drehungen gibt es keine Untergruppen.

13.1 Motivation der Gruppen

Da große Gruppen komplexe Strukturen darstellen, ist eine Zerlegung der Gruppe in Untergruppen oder andere Teilmengen vorteilhaft. Betrachten wir alle Untergruppen von S_3. Grafisch bildet eine Teilmenge der Gruppentafel eine Untergruppe, wenn:

- Nur Elemente der Teilmenge vorkommen (Abgeschlossenheit).
- Die Identität der Gruppe ist Element der Teilmenge.
- In jeder Spalte und jeder Zeile der Teilmenge kommt genau einmal die Identität vor (Existenz des Inversen).

Wendet man diese Eigenschaften an, erhalten wir aus der Gruppentafel die triviale Untergruppe

$$U_0 = \{\text{id}\},$$

mit einem Element der Ordnung 1. Es gibt drei Untergruppen der Ordnung 2. Diese bestehen jeweils aus der Identität und einer der drei Transpositionen (Vertauschung zweier Elemente) in S_3:

$$U_1 = \{\text{id}, g_1\}, \quad U_2 = \{\text{id}, g_2\}, \quad U_3 = \{\text{id}, g_5\}.$$

Weiter gibt es eine Untergruppe der Ordnung 3:

$$U_4 = \{\text{id}, g_3, g_4\}.$$

Die letzte Untergruppe ist die Gruppe selbst: $U_5 = S_3$. Somit hat die Permutationsgruppe mit drei Elementen 6 Untergruppen mit den Ordnungen 1, 2, 3, 6.

Verifizieren wir, dass $U_1 = \{\text{id}, g_2\}$ eine Untergruppe ist. Da

$$\text{id} \circ g_2 = g_2$$

gilt, ist id das neutrale Element. Weiter gilt

$$g_2 \circ g_2 = \text{id},$$

mit der Multiplikationstabelle. Somit ist g_2 auch das Inverse von g_2 und analog für id. Für alle Verknüpfungen gilt $\text{id} \circ g_2, g_2 \circ g_2, \text{id} \circ \text{id}, g_2 \circ \text{id} = g_2 \in U_1$ – Abgeschlossenheit. Die Assoziativität folgt daraus. Somit sind alle Gruppenanforderungen für die Untergruppe U_1 verifiziert. Nach dem Satz von Lagrange, siehe unten, teilt die Ordnung jeder Untergruppe die Ordnung der Gruppe. Da S_3 die Ordnung 6 hat, können die Ordnungen der Untergruppen nur 1, 2, 3 oder 6 sein. Es gibt keine Untergruppen mit 4 oder 5 Elementen. Dies ist ein Beispiel eines Struktursatzes. Ohne diesen Satz würde man vergebens beginnen, nach Untergruppen mit 4 oder 5 Elementen zu suchen.

13.1.3 $(\mathbb{Z}_2, +)$

Wir behaupten, dass $\mathbb{Z}_2$ eine Gruppe unter der Addition modulo 2 ist. Das heißt, aus der abstrakten Komposition ∘ wird jetzt die Addition von Restklassen. Die Menge $\mathbb{Z}_2 = \{0, 1\}$ besteht aus den Restklassen modulo 2 und die Operation ist die Addition modulo 2. Wir überprüfen die Gruppeneigenschaften. Für jede $a, b \in \mathbb{Z}_2$ gilt $a + b$ mod $2 \in \mathbb{Z}_2$. Es gibt folgende Fälle:

$$0 + 0 \equiv 0 \pmod{2},$$
$$0 + 1 \equiv 1 \pmod{2},$$
$$1 + 0 \equiv 1 \pmod{2},$$
$$1 + 1 \equiv 0 \pmod{2}.$$

In allen Fällen ist das Ergebnis wieder in $\mathbb{Z}_2$. Dies beweist die Abgeschlossenheit. Die Assoziativität für alle $a, b, c \in \mathbb{Z}_2$

$$(a + b) + c \equiv a + (b + c) \pmod{2}$$

folgt aus der Assoziativität der Addition in den ganzen Zahlen. Das neutrale Element e erfüllt $a + e \equiv a \pmod{2}$ für alle $a \in \mathbb{Z}_2$. In diesem Fall ist $e = 0$, denn:

$$0 + 0 \equiv 0 \pmod{2} \quad \text{und} \quad 1 + 0 \equiv 1 \pmod{2}.$$

Jedes Element $a \in \mathbb{Z}_2$ besitzt ein Inverses $b \in \mathbb{Z}_2$, sodass $a + b \equiv 0 \pmod{2}$. Die Inversen sind:

$$0 + 0 \equiv 0 \pmod{2},$$
$$1 + 1 \equiv 0 \pmod{2}.$$

Das Inverse jedes Elements ist gleich dem Element selbst. Somit ist $(\mathbb{Z}_2, +)$ eine Gruppe.

13.2 Definitionen Gruppentheorie

Nach den einführenden Beispielen führen wir die allgemeinen Begriffe ein.

Definition 13.2.1 *Eine Gruppe ist eine Menge G zusammen mit einer Verknüpfung ∘, welche die folgenden Axiome erfüllt:*

1. *Abgeschlossenheit: Für alle $a, b \in G$ ist auch $a \circ b \in G$.*
2. *Assoziativität: Für alle $a, b, c \in G$ gilt $(a \circ b) \circ c = a \circ (b \circ c)$.*
3. *Neutrales Element: Es existiert ein Element $e \in G$, sodass für alle $a \in G$ gilt $e \circ a = a \circ e = a$.*
4. *Inverses Element: Zu jedem $a \in G$ existiert ein $b \in G$, sodass $a \circ b = b \circ a = e$. b wird als a^{-1} geschrieben.*

13.2 Definitionen Gruppentheorie

Eine Gruppe G heißt kommutativ oder Abel'sch, wenn für je zwei Elemente $a, b \in G$ gilt:
$a \circ b = b \circ a$.

Die Potenz eines Gruppenelementes $g \in G$ ist für $n > 0$ rekursiv definiert durch

$$g^n = g^{n-1} \circ g, \; g^0 = e.$$

Für negative Exponenten gilt $g^{-n} = (g^{-1})^n$.

Der folgende Satz fasst elementare Eigenschaften von Gruppen zusammen:

Theorem 13.2.1 *Sei G eine Gruppe.*

1. *Es gibt genau ein neutrales Element.*
2. *Jedes Element hat genau ein Inverses.*
3. *Zu jedem $a, b \in G$ existieren $x, y \in G$: $a \circ x = b$, $y \circ a = b$.*
4. *Es gilt: $(a^{-1})^{-1} = a$ für alle $a \in G$.*
5. *Es sei $a \in G$. Dann gilt für alle $m, n \in \mathbb{Z}$*

$$a^m \circ a^n = a^{m+n} , \; (a^m)^n = a^{mn} .$$

Wir verzichten auf die Beweise. Damit die Notation nicht zu schwer wird, lassen wir oft den Operator $\circ$ weg. Anstelle von $g \circ h$ schreiben wir gh.

Beispiele:

1. Die Menge der ganzen Zahlen $\mathbb{Z} = \{\ldots, -2, -1, 0, 1, 2, \ldots\}$ bildet eine Abel'sche Gruppe unter der Addition.
2. Die rationalen und reellen Zahlen sind ebenfalls Abel'sche Gruppen unter der Addition.
3. Die rationalen Zahlen $\mathbb{Q}^*$ (ohne Null) sind eine Gruppe unter der Multiplikation ($*$). Die Null muss weggelassen werden, da die Null keine Inverse besitzt. Die reellen Zahlen $\mathbb{R}^*$ (ohne Null) sind ebenfalls eine Abel'sche Gruppe unter der Multiplikation ($*$):

Wir haben gesehen, dass die abstrakte Verknüpfung oder **Gruppenoperation** $\circ$ in Beispielen eine Drehung, Permutation, Addition oder Multiplikation sein kann. Das neutrale Element ist e im abstrakten Fall, id für Drehungen oder Permutationen und 0 für die Addition und 1 für die Multiplikation bei Zahlengruppen.

Keine Gruppen sind die natürlichen Zahlen $\mathbb{N}$ unter der Addition, da es außer für die Null keine additiven inversen Elemente in $\mathbb{N}$ gibt. Die natürlichen Zahlen sind aus dem gleichen Grund auch keine multiplikative Gruppe. Das Gleiche gilt für die ganzen Zahlen $\mathbb{Z}$ unter der Multiplikation, da $a^{-1} \cdot a = 1$ nur für $a = 1$ in den ganzen Zahlen definiert ist.

13.2.1 Restklassengruppen

Die Restklassen $\mathbb{Z}_n$, welche eine additive und unter bestimmten Annahmen eine multiplikative Gruppe bilden, nehmen eine zentrale Rolle ein. Wir **bezeichnen in diesem Abschnitt** die Elemente von $\mathbb{Z}_n$ vereinfacht als 0, 1, ... und nicht mit $\bar{0}_n, \bar{1}_n, \ldots$, solange keine Verwechslungen möglich sind. Wir haben gesehen, dass für $n = 2$, $G = (\mathbb{Z}_n, +)$, eine Abel'sche Gruppe bildet. Dies gilt für alle n. Die Gruppe G enthält die Elemente $\{0, 1, 2, \ldots, n-1\}$ und hat somit Ordnung n. Das neutrale Element ist 0 und die Inverse eines Elementen k ist $n - k$, da $k + (n - k) \equiv n \equiv 0 \pmod{n}$.

Die Menge $G = (\mathbb{Z}_n, \cdot)$ bildet nicht für alle n eine multiplikative Gruppe, da nicht für alle n die Elemente der Menge ein Inverses besitzen. Aus Theorem 11.4.4 wissen wir, dass die Elemente a von $\mathbb{Z}_n$ genau dann eine Inverse haben, wenn a und n teilerfremd sind. Wir definieren

Definition 13.2.2
$$\mathbb{Z}_n^* := \{a \in \mathbb{Z}_n \mid \mathrm{ggT}(a, n) = 1\}.$$

Das Inverse b von a wird a^{-1} geschrieben.

Wenn p eine Primzahl ist, besteht die Menge $\mathbb{Z}_p^*$ aus den Elementen

$$\mathbb{Z}_p^* = \{1, 2, \ldots, p-1\},$$

die alle Elemente teilerfremd zu p sind.

Theorem 13.2.2 *Sei p prim. Dann ist $(\mathbb{Z}_p^*, \cdot)$ eine Abel'sche, multiplikative Gruppe.*

Beweis Abgeschlossenheit. Für zwei Elemente $a, b \in \mathbb{Z}_p^*$ gelten $\mathrm{ggT}(a, p) = 1$ und $\mathrm{ggT}(b, p) = 1$. Daraus folgt $\mathrm{ggT}(ab, p) = 1$, da das Produkt zweier teilerfremder Zahlen zu p ebenfalls teilerfremd zu p ist. Also liegt das Produkt $ab \pmod{p}$ wieder in $\mathbb{Z}_p^*$.

Da die Multiplikation ganzer Zahlen assoziativ ist, gilt das auch für Restklassen modulo p. Das neutrale Element für die Multiplikation in $\mathbb{Z}_p^*$ ist 1 und für jedes $a \in \mathbb{Z}_p^*$, mit a teilerfremd zu p, existiert ein multiplikatives Inverses $b \in \mathbb{Z}_p^*$:

$$a \cdot b \equiv 1 \pmod{p}.$$

Das Inverse von a ist ebenfalls in $\mathbb{Z}_p^*$. Dies zeigt, dass alle vier Gruppeneigenschaften erfüllt sind. □

Die Gruppentafeln der Addition für $\mathbb{Z}_3$ und $\mathbb{Z}_4$ lauten:

13.2 Definitionen Gruppentheorie

$$
\begin{array}{c|ccc}
+ & 0 & 1 & 2 \\
\hline
0 & 0 & 1 & 2 \\
1 & 1 & 2 & 0 \\
2 & 2 & 0 & 1
\end{array}
$$

$$
\begin{array}{c|cccc}
+ & 0 & 1 & 2 & 3 \\
\hline
0 & 0 & 1 & 2 & 3 \\
1 & 1 & 2 & 3 & 0 \\
2 & 2 & 3 & 0 & 1 \\
3 & 3 & 0 & 1 & 2
\end{array}
$$

In jeder Zeile und Spalte hat es genau eine Null. Das additive Inverse von 1 ist 2 in $\mathbb{Z}_3$. Da es nur eine Null pro Zeile und Spalte gibt, sind die additiven Inversen eindeutig. $\mathbb{Z}_3, \mathbb{Z}_4$ sind somit additive Gruppen mit einem Nullelement. Für die Multiplikation erhalten wir:

$$
\begin{array}{c|ccc}
\cdot & 0 & 1 & 2 \\
\hline
0 & 0 & 0 & 0 \\
1 & 0 & 1 & 2 \\
2 & 0 & 2 & 1
\end{array}
$$

$$
\begin{array}{c|cccc}
\cdot & 0 & 1 & 2 & 3 \\
\hline
0 & 0 & 0 & 0 & 0 \\
1 & 0 & 1 & 2 & 3 \\
2 & 0 & 2 & 0 & 2 \\
3 & 0 & 3 & 2 & 1
\end{array}
$$

Wenn wir die zweite Zeile und Spalte nicht berücksichtigen, also dort wo mit der Restklasse 0 multipliziert wird, besitzt $\mathbb{Z}_3$ keine Nullen mehr, aber in jeder Zeile und Spalte genau eine 1. Somit besitzt jedes Element in $\mathbb{Z}_3$ ein multiplikatives Inverses. Für $\mathbb{Z}_4$ trifft dies nicht zu, siehe das Element $0 = 2 \cdot 2 \equiv 0 \pmod 4$. Somit ist $\mathbb{Z}_4$ keine multiplikative Gruppe. Für $\mathbb{Z}_3 = \{0, 1, 2\}$ folgt $\mathbb{Z}_3^* = \{1, 2\}$ Die Multiplikationstafel für $\mathbb{Z}_3^*$ lautet:

$$
\begin{array}{c|cc}
\cdot & 1 & 2 \\
\hline
1 & 1 & 2 \\
2 & 2 & 1
\end{array}.
$$

1 ist das Inverse von 2 und umgekehrt.

Aufgabe 13.2.1 *Sei M eine Menge. Zeigen Sie: Die Menge F der bijektiven Abbildungen von $M \to M$ bildet mit der Hintereinanderausführung $f \circ g$, $f, g \in F$ als Verknüpfung eine Gruppe.*

Aufgabe 13.2.2 *Bilden Sie die Gruppentafeln der Addition und Multiplikation für $\mathbb{Z}_5$ bzw. $\mathbb{Z}_5^*$.*

13.2.2 Untergruppe, Ordnung

Definition 13.2.3 *Eine **Untergruppe** $(U, \circ)$ einer Gruppe $(G, \circ)$ ist eine Teilmenge $U \subseteq G$, die bezüglich der Gruppenverknüpfung $\circ$ selbst wieder eine Gruppe ist.*

Äquivalent dazu ist folgendes Kriterium zur Prüfung der Untergruppeneigenschaft:

Theorem 13.2.3 *$U \subseteq G$ ist eine Untergruppe, genau dann, wenn für alle $a, b \in U$ folgt $a \circ b^{-1} \in U$.*

Die Eigenschaft $a \circ b^{-1} \in U$ kombiniert mehrere Eigenschaften von Gruppen in einer einzigen Bedingung. Wir verzichten auf den Beweis.

Definition 13.2.4 *Die **Ordnung** $ord(G)$ einer Gruppe G mit endlich vielen Elementen ist gleich der Anzahl der Elemente der Gruppe, d. h. $ord(G) = |G|$.*
Die Ordnung $ord(g)$ eines Elements $g \in G$ ist definiert als die kleinste natürliche Zahl m, sodass $g^m = e$.

Betrachten wir einige Folgerungen aus den Definitionen.

Theorem 13.2.4 *Sei G eine endliche Gruppe. Dann gelten:*

1. *Die Ordnung eines Elements $g \in G$ ist immer endlich.*
2. *Sei $g \in G$ mit $ord(g) = n$. Mit $g^0 = e$ ist $\{g^k : k \leq n\}$ eine Untergruppe von G.*

Beweis Zu 1. Da die Mengen der Gruppenelemente endlich sind, existieren $0 < n < m$ mit $e = g^n = g^n g^{m-n} = e g^{m-n}$ und es folgt $e = g^{m-n}$ mit $m - n > 0$ einer endlichen Zahl.
Zu 2. Für $m_1, m_2 \leq n$ gilt:

$$g^{m_1} \circ g^{m_2} = g^{m_1 + m_2} = g^k$$

für ein $k \leq n$ und $g^m \circ g^{n-n} = e$. Zudem ist $\{g^k : k \leq n\}$ die kleinste Untergruppe U von G, die g enthält. Denn mit $g \in U$ ist auch jede Potenz von g in U. Somit enthält jede Untergruppe U in G die g enthält immer auch die Gruppe $\{g^k : k \leq n\}$. □

13.2.3 Permutationsgruppe, Zyklennotation

Gehen wir zurück zur Permutationsgruppe S_3 der Zahlen 1, 2, 3 mit Ordnung $|S_3| = 6$. Wir benötigen im Folgenden die Elemente von S_3 in expliziter Form. Eine Notation von Permutationen ist mit zwei Zeilen. Zum Beispiel

$$\pi_2 = \begin{pmatrix} 1\ 2\ 3 \\ 1\ 3\ 2 \end{pmatrix} \in S_3.$$

Diese Notation ist einfach verständlich, aber sperrig. Sie beschreibt die Start- und Endfolge der Zahlen unter der Permutation. Wir schreiben jetzt die Gruppenelemente mit **Zyklen:** $\pi_2 = (1)(23)$. Dies ist definiert als Zuordnung $1 \to 1$, d. h. 1 bleibt unverändert, und $2 \to 3 \to 2$, d. h. 2 und 3 tauschen die Plätze. Somit besteht π_2 aus einem Einerzyklus und einem Zweierzyklus. Die Zyklennotation ist abstrakter und kürzer. Sie beschreibt nicht den Start- und Endzustand einer Permutation, sondern die Dynamik des Überganges. Oft lässt man die 1er-Zyklen weg. Dann schreibt man $\pi_2 = (23)$. Weitere Beispiele in S_4 sind:

$$\begin{pmatrix} 1\ 2\ 3\ 4 \\ 2\ 3\ 4\ 1 \end{pmatrix} = (1234), \quad \begin{pmatrix} 1\ 2\ 3\ 4 \\ 3\ 2\ 1\ 4 \end{pmatrix} = (13).$$

Die Permutation

$$\begin{pmatrix} 1\ 2\ 3\ 4\ 5\ 6\ 7\ 8 \\ 4\ 2\ 7\ 6\ 5\ 8\ 1\ 3 \end{pmatrix}$$

lautet in Zyklennotation:

$$(1\ 4\ 6\ 8\ 3\ 7)(2)(5).$$

Zyklen kann man vertauschen: $(23)(14) = (14)(23)$, solange sie elementfremd sind, d. h., jede Zahl in der Permutation kommt höchstens in einem Zyklus vor.

Nach diesen Vorbereitungen, führen wir die Begriffe rigoros ein. Es gibt einige allgemeine Sätze zu den Permutationen und Zyklen, deren Beweise viele Rechnungen mit sich bringen würden, mit geringem Lerninhalt. Wir formulieren deshalb diese Aussagen ohne Beweise.

Eine *zyklische Permutation* ist eine Permutation, die bestimmte Elemente einer Menge im Kreis vertauscht und die übrigen festhält. Das erste Element des Zyklus wird dabei auf das zweite, ..., das letzte Element auf das erste abgebildet. Formal:

Definition 13.2.5 *Eine Permutation $\pi \in S_n$ heißt Zyklus oder zyklische Permutation der Länge ℓ, wenn es verschiedene Zahlen $a_1, \ldots, a_\ell$ in der Menge der n-Zahlen der Permutation gibt, sodass:*

- *Die ersten ℓ Zahlen werden um eine Einheit verschoben:* $\pi(a_k) = a_{k+1}$ *für $k = 1, \ldots, \ell - 1$.*
- *Die letzte Zahl wird auf die erste Zahl abgebildet :* $\pi(a_\ell) = a_1$,

- *Alle anderen Zahlen bleiben an der unveränderten Position:* $\pi(x) = x$ *für* $x \notin \{a_1, \ldots, a_\ell\}$

Wir schreiben für einen Zyklus $(a_1\, a_2\, \ldots\, a_\ell)$.

Die Elemente eines Zyklus sind alle verschieden und vertauschen zyklisch:

$$(a_1\, a_2\, \ldots\, a_\ell) = (a_2\, a_3\, \ldots\, a_\ell\, a_1) = \cdots = (a_\ell\, a_1\, \ldots\, a_{\ell-1}).$$

Der einzige Zyklus der Länge 1 ist die Identität. Ein Zyklus $(a_1\, a_2)$ der Länge 2 vertauscht die Elemente und heißt **Transposition**. Während alle Elemente in S_1, S_2, S_3 Zyklen sind, gilt dies nicht für $(1\,2)(3\,4)$ in S_4. Die Ordnung eines ℓ-Zyklus ist ℓ. Zwei Permutationen $\pi_1, \pi_2 \in S_n$ sind disjunkt, wenn sie unterschiedliche Elemente bewegen.

Theorem 13.2.5 *(Rechenregeln für Zyklen)*

1. $(a_1\, a_2\, \ldots\, a_\ell)^{-1} = (a_\ell\, a_{\ell-1}\, \ldots\, a_1)$.
2. $(a_1\, a_2\, \ldots\, a_\ell) = (a_1\, a_2)(a_2\, a_3) \ldots (a_{\ell-1}\, a_\ell)$.
3. $\pi(a_1\, a_2\, \ldots\, a_\ell)\pi^{-1} = (\pi(a_1)\, \pi(a_2)\, \ldots\, \pi(a_\ell))$ *für jedes* $\pi \in S_n$.

Das Produkt von Zyklen wird von rechts nach links berechnet, gleich wie die Komposition von Funktionen.

Beispiele und Illustrationen des Theorems

- Für zwei Zyklen $(1\,2)$ und $(1\,2\,3)$ erhalten wir $(1\,2) \cdot (1\,2\,3) = (2\,3)$, Für die umgekehrte Reihenfolge gilt: $(1\,2\,3) \cdot (1\,2)) = (1\,3)$. Dies zeigt, dass Zyklen nicht kommutieren, wenn Elemente mehrfach vorkommen. Jetzt behaupten wir:

$$(1\,4\,5\,3)(3\,5\,4\,1) = \mathrm{id}.$$

Die 3 wird zur 5 (rechter Zyklus) und die 5 zur 3 (linker Zyklus): $3 \to 3$. Dies kann man für alle Elemente durchführen. Da alle Elemente auf sich abgebildet werden, ist die Multiplikation gleich der Identität. Permutationen können als Transpositionen geschrieben werden.

$$(1\,4\,5\,3) = (1\,4)(4\,5)(5\,3),$$

d.h., die Permutation $(1\,4\,5\,3)$ kann als eine Folge von Transpositionen geschrieben werden, indem man die Zyklen aufbricht und die Übergangszahlen „doppelt" hinschreibt. Rechnen Sie die Gleichheit nach.
- Wir behaupten, dass in S_6 gilt:

$$(3\,5\,4)(5\,6)(3\,5\,4)^{-1} = (4\,6)$$

13.2 Definitionen Gruppentheorie

Führen Sie die Berechnungen durch.

- Wir möchten $(12)(34)(1234)$ in S_4 berechnen. (1234) angewandt auf das Starttupel $(1,2,3,4)$ liefert $(1234)(1,2,3,4) = (2341)$. Anwendung von (34) auf (2341) liefert (2431), Anwendung von (12) auf dieses Resultat liefert (1432) und somit das Schlussresultat (Rechnen Sie nach!)

$$(12)(34)(1234) = (24).$$

- Das Produkte von Zyklen kann zu Zyklen unterschiedlicher Länge führen. Für ein Element in S_4 gilt (Rechnen Sie nach!):

$$(1\,2\,3\,4)^2 = (1\,2\,3\,4)(1\,2\,3\,4) = (1\,3)(2\,4),$$
$$(1\,2\,3\,4)^3 = (1\,3)(2\,4)(1\,2\,3\,4) = (1\,4\,3\,2),$$
$$(1\,2\,3\,4)^4 = (1\,4\,3\,2)(1\,2\,3\,4) = (1).$$

- Angewandt auf S_3, schreiben wir die sechs Elemente in der Zyklenschreibweise:
  - $\pi_1 = \text{id} = (1)$.
  - Die Transpositionen sind $(12), (13), (23)$ für π_3, π_2, π_6.
  - Die Vertauschung von 3 Elementen, die 3-Zyklen, sind (312) und (231).

Die ganze Gruppe S_3 in Zyklennotation lautet somit:

$$S_3 = \{\text{id}, (12), (13), (23), (123), (132)\}. \tag{13.1}$$

Das nächste Theorem besagt, dass jede Permutation, außer die Identität, als Produkt von Transpositionen geschrieben werden kann. Erfolgt die Darstellung durch einen einzigen Zyklus, so ist es eine zyklische Permutation.

Theorem 13.2.6 *(Kanonische Zerlegung in Zyklen) Jedes Element $\pi \neq \text{id}$ aus S_n ist Produkt paarweise disjunkter Zyklen. Diese Produktdarstellung ist, von der Reihenfolge der Faktoren abgesehen, eindeutig.*

Kehren wir zurück zu den Untergruppen. Die Untergruppen von S_3 sind nicht disjunkt und somit kann G nicht als disjunkte mengentheoretische Vereinigung der Untergruppen geschrieben werden, siehe Abb. 13.2.

Zum Beispiel ist

$$U_1 \cap U_4 = \{\text{id}, g_3\} \cap \{\text{id}, g_2, g_3\} = \{\text{id}, g_3\} \neq \emptyset.$$

Wir haben aber mehrfach gesehen, dass die Zerlegung einer Menge in disjunkte Teilmengen die Analyse vereinfacht. Will man die Gruppe in disjunkte Teilmengen zerlegen, benötigen wir eine Methode, aus einer Gruppe G eine Partition derselben zu erlangen. Glücklicherweise

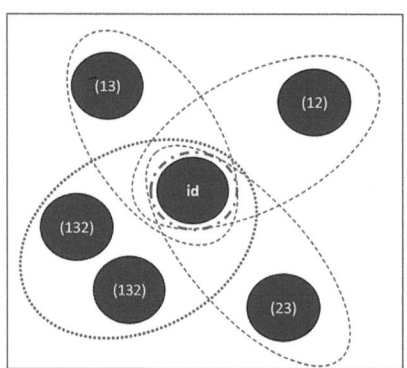 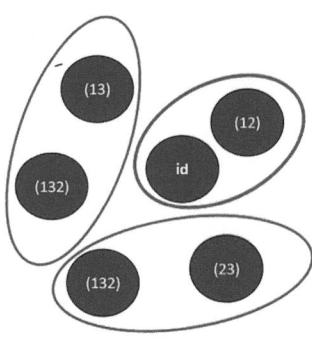

Abb. 13.2 (a) Untergruppen von S_3. (b) Linksnebenklassen der Untergruppe U_2 von S_3

ermöglichen die Untergruppen durch die Bildung der **Linksnebenklassen** die gesuchte disjunkte Zerlegung der Gruppe. Abb. 13.2 illustriert, dass die Linksnebenklasse von U_2 in S_4 eine Partition von S_4 ist.

Definition 13.2.6 *Eine Linksnebenklasse einer Untergruppe $U \subseteq G$ in einer Gruppe G ist eine Menge der Form:*
$$H = gU = \{gh : h \in U\}$$
für ein festes $g \in G$.

Analog definiert man die Rechtsnebenklassen. Die Rechtsnebenklassen U_g beschreiben, wie U „nach rechts verschoben" wird (siehe die Diskussion zu den Linksnebenklasssen unten). Im Allgemeinen sind die Links- und Rechtsnebenklassen verschieden. Die Anzahl der Links- und Rechtsnebenklassen einer Gruppe sind aber gleich. Wir behaupten:

Beispiel 13.2.7 *Die Linksnebenklassen von $H = \{id, (12)\}$ in S_3 sind:*
$$\{id, (12)\}, \quad \{(13), (132)\}, \quad \{(23), (123)\}.$$

Es gibt genau drei Linksnebenklassen in S_3 zu H, da S_3 aus 6 Elementen besteht und H 2 Elemente hat.

Aus dem Beispiel folgt, dass die Linksnebenklassen eine Partition der Gruppe bilden, siehe Abb. 13.2. Da die gewählte Linksnebenklasse Ordnung zwei hat, gibt es mit dem bereits erwähnten Satz von Lagrange genau $6 : 2 = 3$ Linksnebenklassen. Jetzt zum Beweis der Aussagen in 13.2.7:

13.2 Definitionen Gruppentheorie

Beweis Für jedes $g \in S_3$ berechnen wir die Nebenklasse gH:

- Für $g = \mathrm{id}$:
$$\mathrm{id}H = \{\mathrm{id}, (12)\}.$$

- Für $g = (12)$:
$$(12)H = \{(12)\mathrm{id}, (12)(12)\} = \{(12), \mathrm{id}\} = \mathrm{id}H.$$

- Für $g = (13)$:
$$(13)H = \{(13)\mathrm{id}, (13)(12)\} = \{(13), (132)\}$$

- Für $g = (23)$:
$$(23)H = \{(23)\mathrm{id}, (23)(12)\} = \{(23), (123)\}$$

- Für $g = (132)$:
$$(132)H = \{(132)\mathrm{id}, (23)(132)\} = \{(132), (13)\} = (13)H$$

Die berechneten Linksnebenklassen sind alle disjunkt und erzeugen die Gruppe. □

Aufgabe 13.2.3 *Zeigen Sie:* $(1234)(34)(12) = (13)(2)(4) = (13)$..

Aufgabe 13.2.4 *Berechnen Sie die Linksnebenklassen für* $U_4 = \{id, (123), (132)\}$ *in* S_3.

Dass die Linksnebenklassen einer Gruppe eine Partition der Gruppe bilden, folgt aus:

Theorem 13.2.8 *Die Nebenklassen können als Äquivalenzklassen der Äquivalenzrelation* $a \sim b \Leftrightarrow a^{-1}b \in U$ *definiert werden.*

Da die Äquivalenzrelationen äquivalent zu Partitionen sind, folgt, dass die Nebenklassen eine Partition der Gruppe bilden. Bevor wir das Theorem beweisen, versuchen wir zu verstehen, weshalb Linksnebenklassen eine Partition einer Gruppe bilden. Als Erstes behaupten wir, dass zwei Nebenklassen entweder gleich oder disjunkt sind. Seien $g_1, g_2 \in G$. Sei $H \subseteq G$ eine Untergruppe von G und $g_1 H = g_2 H$, d.h. die Linksnebenklassen sind gleich. Dann sind die Elemente in beiden Linksnebenklassen gleich, d.h., es existiert ein Element $h \in H$, sodass $g_2 = g_1 h$. Dann erzeugen die beiden Gruppenelemente $g_1, g_2 \in G$ die gleichen Linksnebenklassen, da sie sich nur durch das Element h der Untergruppe verschoben sind. Angenommen, $g_1 H \cap g_2 H \neq \emptyset$. Dann existiert ein x als Element im Durchschnitt und es gilt für zwei Elemente $h_1, h_2 \in H$:

$$x = g_1 h_1 = g_2 h_2$$

und somit $g_2 = g_1 h_1 h_2^{-1}$. Somit unterscheiden sich die beiden Gruppenelemente nur durch eine Multiplikation mit einem Element $g_2 \in g_1 H$ und die beiden Linksnebenklassen sind identisch. Zusammengefasst, wenn ein gemeinsames Element existiert, sind die beiden Nebenklassen gleich. Falls kein gemeinsames Element existiert, sind sie disjunkt. Jede Linksnebenklasse ist eine verschobene Version der Untergruppe, wobei alle Elemente in der Klasse durch ein bestimmtes Gruppenelement verschoben werden.

Beweis Die Relation $\sim$ ist eine Äquivalenzrelation:

Reflexivität: Für jedes $a \in G$ gilt:
$$a^{-1}a = e \in U,$$
da U eine Untergruppe von G ist und somit e in U. Daher ist $a \sim a$ für alle $a \in G$.

Symmetrie: Angenommen, $a \sim b$. Dann gilt per Definition $a^{-1}b \in U$. Da U eine Untergruppe ist, ist sie abgeschlossen unter Inversenbildung, also gilt auch $(a^{-1}b)^{-1} = b^{-1}a \in U$. Somit folgt $b \sim a$.

Transitivität: Angenommen, $a \sim b$ und $b \sim c$. Dann haben wir:
$$a^{-1}b \in U \quad \text{und} \quad b^{-1}c \in U.$$
Da U eine Untergruppe ist, ist sie abgeschlossen unter der Gruppenoperation. Daher ist:
$$(a^{-1}b)(b^{-1}c) = a^{-1}c \in U.$$

Dies zeigt, dass $a \sim c$. Somit ist $\sim$ eine Äquivalenzrelation.

Äquivalenzklassen sind Linksnebenklassen:

Sei $a \in G$. Die Äquivalenzklasse von a unter $\sim$ ist per Definition die Menge aller $b \in G$, für die $a \sim b$ gilt:
$$\bar{a} = \{b \in G \mid a \sim b\} = \{b \in G \mid a^{-1}b \in U\}.$$
Die Bedingung $a^{-1}b \in U$ kann umgeschrieben werden als:
$$b \in aU \quad \text{(die Linksnebenklasse von } U \text{ bezüglich } a\text{)}.$$

Somit ist die Äquivalenzklasse $[a]$ genau die Linksnebenklasse aU.

Jede Linksnebenklasse ist eine Äquivalenzklasse:

Sei aU eine Linksnebenklasse von U in G. Wir zeigen, dass aH die Äquivalenzklasse von a unter $\sim$ ist. Jedes Element $b \in aU$ kann als $b = ah$ für ein $h \in U$ geschrieben werden. Dann ist:
$$a^{-1}b = a^{-1}(ah) = h \in U.$$

Das bedeutet $a \sim b$ für jedes $b \in aU$ und daher ist $aU \subseteq [a]$. Da wir bereits $\bar{a} \subseteq aU$ gezeigt haben, folgt daraus $\bar{a} = aU$. Da jede Linksnebenklasse aU einer Untergruppe U genau der Äquivalenzklasse $\bar{a}$ der Äquivalenzrelation $a \sim b \iff a^{-1}b \in U$ entspricht,

13.2 Definitionen Gruppentheorie

sind die Linksnebenklassen von U die Äquivalenzklassen dieser Relation. Dies beweist die Behauptung. □

Betrachten wir die Drehungen im Dreieck aus dem Einführungsbeispiel. Die Gruppe hat 3 Elemente id, g_1, g_2. Die Ordnung ist eine Primzahl und besitzt nur die Teiler der Ordnung 1, die triviale Untergruppe mit dem Einselement, und die gesamte Gruppe als Teiler nach dem Satz von Lagrange. Die Linksnebenklassen der trivialen Untergruppe sind die einzelnen Elemente der Gruppe.

Betrachten wir die Menge der geraden Zahlen $2\mathbb{Z}$. Da die Summe als Verkettungsoperation von zwei geraden Zahlen wieder gerade ist, 0 das neutrale Element ist, die Addition assoziativ ist und jede gerade Zahl $2a$ mit $-2a$ ein Inverses besitzt, ist die Menge der geraden Zahlen eine Untergruppe der ganzen Zahlen $\mathbb{Z}$. Die Nebenklassen sind alle von der Form:

$$\overline{x + 2a} = \{x + 2a : a \in \mathbb{Z}\}$$

mit x einer festen ganzen Zahl. Wenn x gerade ist, dann ist $x + 2a$ ebenfalls gerade, d. h., die erste Nebenklasse ist $2\mathbb{Z}$. Wenn x ungerade ist, dann ist $x + 2a$ ungerade und die zweite Nebenklassen sind alle ungeraden Zahlen. Die Nebenklassen sind disjunkt und sie erzeugen die additive Gruppe der ganzen Zahlen.

Aufgabe 13.2.5 *Bestimmen Sie alle Symmetrien eines Quadrates, die Gruppentafel der Symmetriegruppe des Quadrates, die Untergruppen und die Linksnebenklassen in Bezug auf die Untergruppe bestehend aus dem neutralen Element und der 180°-Drehung.*

13.2.4 Zyklische Gruppen

Unter den verschiedenen Gruppenarten, nehmen **zyklische Gruppen** eine besondere Stellung ein, da sie die einfachste Struktur besitzen. Beim Beispiel der Drehungen des Dreiecks können wir die 240°- und 360°-Drehung als zwei- bzw. dreifache Ausführung der 120°-Drehung darstellen. Wenn g diese Drehung ist, dann gilt $g \circ g = g^2$ für 240° und $g \circ g \circ g =: g^3 = e$ für 360°. Somit erzeugt g alle Elemente der Gruppe und es gibt eine Potenz, sodass das neutrale Element folgt. g ist ein **Generator** der Gruppe. Eine Drehung um 840 Grad ist dann $g^7 = g^3 g^3 g = eeg = g$ oder

$$g^n = g^{n \pmod 3}.$$

Das heißt, zyklische Gruppen besitzen eine modulare Arithmetik.

Definition 13.2.7 *Eine Gruppe G heißt **zyklisch**, wenn es ein Element $g \in G$ gibt, sodass alle Elemente von G als Potenzen von g dargestellt werden können. Dieses Element g ist ein **Generator** der Gruppe und man schreibt:*

$$G = \langle g \rangle = \{g^n \mid n \in \mathbb{Z}\}.$$

Die Gruppentafel einer zyklischen Gruppe G der Ordnung n mit Generator g lautet:

$\cdot$	e	g	g^2	$\cdots$	g^{n-1}
e	e	g	g^2	$\cdots$	g^{n-1}
g	g	g^2	g^3	$\cdots$	e
g^2	g^2	g^3	g^4	$\cdots$	g
$\vdots$	$\vdots$	$\vdots$	$\vdots$	$\ddots$	$\vdots$
g^{n-1}	g^{n-1}	e	g	$\cdots$	g^{n-2}

Diese Tafel kann als Definition für eine zyklische Gruppe verwendet werden. Die Multiplikation in einer zyklischen Gruppe lässt sich wie folgt beschreiben:

$$g^i \cdot g^j = g^{(i+l) \mod n}. \tag{13.2}$$

Hier wird die Potenz von g nach der Addition $i + j$ der Exponenten modulo n genommen, um sicherzustellen, dass das Ergebnis innerhalb der Gruppe bleibt, da $g^n = e$. Die zyklische Gruppe $\mathbb{Z}_5^*$ mit der Multiplikation enthält vier Elemente 1, 2, 3, 4. Da 5 prim ist, sind alle Elemente invertierbar. Die Zahl 2 ist ein Generator der Gruppe und somit lautet die Gruppentafel in der Generatorschreibweise bzw. mit der Modulo-Notation:

$\cdot$	2^0	2^1	2^2	2^3
2^0	2^0	2^1	2^2	2^3
2^1	2^1	2^2	2^3	2^0
2^2	2^2	2^3	2^0	2^1
2^3	2^3	2^0	2^1	2^2

$\cdot$	1	2	3	4
1	1	2	3	4
2	2	4	1	3
3	3	1	4	2
4	4	3	2	1

Weitere Beispiele zu den zyklischen Gruppen:

1. Die Gruppe $(\mathbb{Z}, +)$ ist zyklisch. Die Elemente $1, -1$ sind Generatoren der Gruppe, da jedes Element als endliche Addition dieser Elemente geschrieben werden kann.
2. Die Gruppe $(\mathbb{Z}_n, +)$ ist zyklisch. g ist ein Generator der Gruppe, dann und nur dann, wenn g und n teilerfremd sind. Für $n = 5$ ist 1 ein Generator und für $n = 6$ sind 1 und 5 Generatoren. Um die Aussage zu verstehen, dass g ein Generator ist genau dann, wenn $\text{ggT}(n, g) = 1$, sei g ein Generator von $(\mathbb{Z}_n, +)$. Das bedeutet, dass alle Elemente von

13.2 Definitionen Gruppentheorie

$\mathbb{Z}_n$ durch wiederholte Addition von g erzeugt werden können, also:

$$\{g+0, g+1, g+2, \ldots, g+(n-1)\} \equiv \{0, 1, 2, \ldots, n-1\} \pmod{n}$$

Angenommen, g und n sind nicht teilerfremd. Dann gibt es einen gemeinsamen Teiler $d > 1$. In diesem Fall könnten nicht alle Reste modulo n durch Vielfache von g erzeugt werden. Stattdessen würden nur Vielfache von d erzeugt, da g und n durch d teilbar sind. Das würde bedeuten, dass nur eine Teilmenge von $\{0, 1, 2, \ldots, n-1\}$ erzeugt wird. Die andere Richtung der Äquivalenz betrachten wir später.
3. Die Gruppe $(\mathbb{Z}_n^*, \cdot)$ ist zyklisch, wenn n eine Potenz einer Primzahl p oder $n = 2, 4, p^k$ mit p einer ungeraden Primzahl ist. Wir besprechen dies in Theorem 13.6.3. Zum Beispiel ist $\mathbb{Z}_5^*$ zyklisch und $\mathbb{Z}_8^*$ nicht zyklisch.

Das nächste Theorem fasst einige elementare Eigenschaften von zyklischen Gruppen zusammen.

Theorem 13.2.9 *Sei G eine zyklische Gruppe.*

1. *Für G endlich ist $|G|$ die kleinste positive Zahl n mit $g^n = e$, d. h. $|G| = \mathrm{ord}(G)$.*
2. *Alle zyklischen Gruppen sind Abel'sch.*

Beweis

1. Es sei $\mathrm{ord}(G) = m < \infty$. Dann können wir mit der Division mit Rest jede ganze Zahl $n \in \mathbb{Z}$ schreiben als

$$n = km + r \quad \text{mit} \quad k \in \mathbb{Z} \quad \text{und} \quad r \in \{0, 1, \ldots, m-1\}.$$

Daraus folgt
$$g^n = g^{km+r} = (g^m)^k \cdot g^r = e^k \cdot g^r = g^r$$

und $G = \{g^n \mid n \in \mathbb{Z}\} = \{e, g, \ldots, g^{m-1}\}$. Die Elemente $e, g, \ldots, g^{m-1}$ sind alle verschieden, denn aus $g^k = g^l$ für $0 \leq k < l \leq m-1$ folgt $g^{l-k} = e$ mit $1 \leq l - k \leq m-1$, im Widerspruch zur Definition von m als kleinste positive Zahl mit $g^m = 2$. Somit gilt $|G| = m = \mathrm{ord}(G)$.
2. Die Exponenten einer zyklischen Gruppe sind kommutativ. Somit sind auch die Potenzen des Generators kommutativ.

□

Es gilt, dass jede Untergruppe einer zyklischen Gruppe selbst zyklisch ist. Dies folgt wiederum aus der Kommutativität der Exponenten. Die Einfachheit der zyklischen Gruppen zeigt sich auch, wenn wir die nichtzyklische Gruppe S_3 betrachten. Die Elemente sind in Zyklennotation:

$$S_3 = \{\text{id}, (12), (13), (23), (123), (132)\}.$$

Zuerst bringen wir S_3 in eine bijektive Beziehung zu den Gruppenelementen für das gleichschenklige Dreieck. Bisher haben wir Drehungen betrachtet mit e, d, d^2 den Drehungen um 0, 120, 240°. Neben den Drehungen sind auch die Spiegelungen s_i an an den Seitenhalbierenden Symmetrieoperationen. Es gibt drei solcher Spiegelungen. Betrachten wir die Menge mit den Drehungen und Spiegelungen, besitzt sie die sechs Elemente:

$$e, s_3, s_2, s_1, d, d^2.$$

Schreiben wir die Gruppentafel auf, so ist sie identisch zu S_3. Somit können wir die möglichen Permutationen von drei Zahlen äquivalent als Drehungen oder Spiegelungen betrachten. Wenn wir die Ecken nicht mit A, B, C, sondern 1, 2, 3 beschreiben, dann ist die oben stehende Zyklennotation identisch für die Zyklennotation der Elemente der Drehspiegelungsgruppe: $e = \text{id}$, $s_3 = (12)$, usw. Wie kann man S_3 erzeugen? Da S_3 nicht Abel'sch ist, kann man es nicht mit einem einzigen Element erzeugen. Die Generatoren sind d, s. Es gibt verschiedene Möglichkeiten, wie Potenzen der Generatoren e ergeben. Die Möglichkeiten sind:

$$d^3 = e, \; s^2 = e, \; dsds = e.$$

Das heißt, ein Drehung um 360°, spiegeln und wiederholtes Spiegeln an der gleichen Achse ergeben die Identität. Betrachten wir die letzte Bedingung $dsds = e$. Sie lautet in Zyklenschreibweise

$$(123)(12)(123)(12),$$

wenn wir s_3 wählen. Es gilt $(123)(12) = (321)$, dann $(12)(321) = (312)$ und abschließend $(123)(312) = (123) = e$.

Zusammengefasst, wenn G zyklisch ist, erzeugt genau ein Element g die Gruppe mit der Bedingung $g^n = e$. Wenn G nichtzyklisch ist, benötigt man mehr als ein Element als Generator und es gibt mehrere Bedingungen für die Generatoren als Potenzen die Identität zu erzeugen.

13.2.5 Abbildungen zwischen Gruppen

Man kann Abbildungen zwischen Gruppen G und H definieren.

Definition 13.2.8 *Sei $f : G \to H$ eine Abbildung zwischen den Gruppen G und H, sodass*

13.2 Definitionen Gruppentheorie

$$f(a \circ_G b) = f(a) \circ_H f(b).$$

*Dann heißt f ein **Gruppenhomomorphismus**. Ist f zusätzlich bijektiv, heißt f ein **Gruppenisomorphismus**.*

Wir schreiben nur Homomorphismen, da wir diesen Begriff nur für Gruppen nutzen. Unter einem Homomorphismus unterscheiden sich die Gruppen G und H nicht in ihrer Gruppenstruktur.

Als Beispiel betrachten wir die reellen Zahlen einmal mit der Addition und die positiven reellen Zahlen mit der Multiplikation versehen. Beides sind Gruppen und f sei folgender Homoemorphismus:

$$f : (\mathbb{R}, +) \to (\mathbb{R}_1, \cdot) , \; f : x \to f(x) = e^x,$$

d. h., f ist die Exponentialfunktion.

Die Addition von zwei Zahlen $x + y$ in der additiven Gruppe der reellen Zahlen geht über in $e^{x+y} = e^x \cdot e^y$, die Multiplikation in den positiven reellen Zahlen. Somit gilt die Verträglichkeitsbedingung $f(a + b) = f(a) \circ f(b)$. Das neutrale Element 0 der additiven Gruppe wird zu $e^0 = 1$, d. h. zum neutralen Element in der multiplikativen Gruppe. Das inverse Element der additiven Gruppe $-x$ zu x wird zu $e^{x-x} = e^x e^{-x} = 1$ und somit wird $-x$ zum inversen Element e^{-x} in der multiplikativen Gruppe. Ist f ein Isomorphismus? Wenn $x \neq x'$ ist, dann sind auch die Werte der Exponentialfunktion verschieden. f ist injektiv. Ist f surjektiv? Ja, für jede positive Zahl y gibt es ein x, sodass $e^x = y$ ist. x ist gleich dem natürlichen Logarithmus. Somit ist f bijektiv und ein Gruppenisomorphismus.

Die Eigenschaften der Inversen und der neutralen Elemente im Beispiel gelten allgemein für Homoemorphismen:

Theorem 13.2.10 *Sei $f : M \to N$ ein Homeomorphismus. Dann gelten $f(e_m) = e_n$ und $f(g_M^{-1}) = g_N^{-1}$.*

Der Beweis folgt den Rechnungen für die Exponentialfunktion und ist weggelassen. Die Abbildungen ermöglichen uns die Struktur der zyklischen Gruppen zu bestimmen.

Theorem 13.2.11 *Endliche zyklische Gruppen der Ordnung n sind isomorph zur additiven Gruppe $\mathbb{Z}_n$. Eine unendliche zyklische Gruppe ist isomorph zu $\mathbb{Z}$.*

Die Isomorphie besagt, dass jede endliche zyklische Gruppe der Ordnung n identisch ist zur Restklassengruppe $\mathbb{Z}_n$. Dies ist ein starker Struktursatz.

Beweis Da G zyklisch ist, existiert ein $a \in G$ mit $G = \{a^n : n \in \mathbb{Z}\}$. Sei $f : \mathbb{Z} \to G$ definiert durch $f(n) = a^n$. Die Abbildung ist wohldefiniert, da $a^n \in G$ für alle $n \in \mathbb{Z}$. f ist ein Homomorphismus, denn für $m, n \in \mathbb{Z}$ gilt:

$$f(m+n) = a^{m+n} = a^m a^n = f(m) f(n).$$

Angenommen, f ist *nicht injektiv*. Dann existieren $m, n \in \mathbb{Z}$ mit $m \neq n$, sodass $f(m) = f(n)$. Das bedeutet:

$$a^m = a^n.$$

Wir können ohne Beschränkung der Allgemeinheit $m < n$ annehmen. Es folgt:

$$a^m = a^n \implies a^{-m} a^n = e \implies a^{n-m} = e.$$

Da a ein Erzeuger von G ist, hat a die Ordnung n. Somit ist $n - m$ ein Vielfaches von n. Insbesondere ist $n - m \geq n$, was im Widerspruch zu $m < n$ steht. Daher muss f injektiv sein. Da G zyklisch ist und von g erzeugt wird, nimmt $f(k) = a^k$ für alle $k \in \mathbb{Z}$ alle Elemente von G an. Also ist f auch surjektiv. Damit sind G und $\mathbb{Z}$ isomorph.

Sei nun a von der endlichen Ordnung m. Seien $n, n' \in \mathbb{Z}$, sodass $f(n) = f(n')$ gilt. Dann ist $a^n = a^{n'}$. Damit gilt $a^{n-n'} = e$. Somit ist $n - n'$ ein Vielfaches von m ist. Es gilt also $n \equiv n' \pmod{m}$. Ist umgekehrt $n \equiv n' \pmod{m}$, so ist $a^{n-n'} = e$, also $a^n = a^{n'}$, und damit $f(n) = f(n')$. Das zeigt, dass die Abbildung $g : \mathbb{Z}_m \to G; c_m \mapsto a^n$ wohldefiniert und injektiv ist. Da a die Gruppe G erzeugt, ist g auch surjektiv.

Für alle $n, n' \in \mathbb{Z}$ gilt außerdem (hier müssen wir die Restklassennotation benutzen)

$$g(\bar{n}_m + \bar{n}'_m) = g(\overline{n+n'}_m) = a^{n+n'} = a^n a^{n'} = g(\bar{n}_m) g(\bar{n}'_m).$$

Damit ist g ein Isomorphismus. □

13.3 Satz von Lagrange

Der Satz von Lagrange ist eine Hauptaussage. Wir benötigen zur Formulierung die folgende Definition:

Definition 13.3.1 *Die Anzahl der Linksnebenklassen einer Gruppe G mit Untergruppe U heißt Index und wird $|G : U|$ geschrieben.*

Theorem 13.3.1 *Es seien G eine endliche Gruppe und U eine Untergruppe von G. Dann gilt*

$$|G| = |G : U| |U|.$$

Somit teilen sowohl die Untergruppe $|U|$ als auch $|G : U|$ die Ordnung der Gruppe $|G|$.

13.3 Satz von Lagrange

Beweis Betrachte für jedes $g \in G$ die Linksnebenklasse $gH = \{gh \mid h \in U\}$. $h \mapsto gh$ ist eine Bijektion zwischen U und gU. Die Abbildung ist nach Definition einer Linksnebenklasse surjektiv. Nach der Kürzungsregel

$$gh_1 = gh_2 \Rightarrow h_1 = h_2$$

ist sie auch injektiv. Somit haben alle Linksnebenklassen die gleiche Mächtigkeit wie die Untergruppe U.

Theorem 13.2.8 besagt, dass die Nebenklassen als Äquivalenzklassen eine Partition von G liefern. Da jede Nebenklasse genau $|U|$ Elemente hat und die Anzahl der Nebenklassen gleich $|G : U|$ ist, folgt

$$|G| = |G : U| \cdot |H|.$$

□

Wir betrachten Folgerungen des Satzes von Lagrange. Als Erstes erhalten wir für die Teilbarkeit durch die Ordnung der Elemente direk die Aussage:

Theorem 13.3.2 *(Lagrange für Elemente) Sei G eine endliche Gruppe und $a \in G$. Dann teilt die Ordnung von a die Ordnung von G.*

Mit anderen Worten, für ord(a) und ord(G) $= n$ gilt ord(a) $\mid n$.

Beweis Das Element $a \in G$ erzeugt eine zyklische Untergruppe von G:

$$\langle a \rangle = \{e, a, a^2, a^3, \ldots, a^{k-1}\},$$

wobei $k = $ ord(a) ist. Diese Untergruppe besteht aus genau k verschiedenen Elementen. Nach dem Satz von Lagrange teilt die Ordnung einer Untergruppe die Ordnung der gesamten Gruppe. Die erzeugte zyklische Untergruppe ist eine Untergruppe von G, deren Ordnung $k = $ ord(a) ist. Nach dem Satz von Lagrange muss also g die Ordnung von G teilen. □

Theorem 13.3.3 *Sei G eine endliche Gruppe mit ord(G) $= n$ und $g \in G$ ein beliebiges Element. Es gilt $g^n = e$.*

Beweis Die von g erzeugte zyklische Untergruppe $\langle g \rangle$ hat Ordnung ord(g), die ein Teiler der Gruppengröße n ist nach dem Satz von Lagrange. Das bedeutet, dass es eine Zahl $k \in \mathbb{N}$ gibt, sodass $n = k \cdot $ ord(g). Dann gilt:

$$g^n = g^{k \cdot \mathrm{ord}(g)} = \left(g^{\mathrm{ord}(g)}\right)^k = e^k = e,$$

da $g^{\text{ord}(g)} = e$ per Definition der Ordnung von g ist. □

Theorem 13.3.4 *Eine Gruppe G mit Ordnung p, wobei p eine Primzahl ist, ist eine zyklische Gruppe.*

Beweis Ein Element $g \neq e$ erzeugt eine Untergruppe, dessen Ordnung die Ordnung der Gruppe teilt. □

Theorem 13.3.5 *Die additive Gruppe $(\mathbb{Z}_p, +)$, mit p einer Primzahl, hat nur zwei Untergruppen: die triviale Untergruppe $\{0\}$ und die gesamte Gruppe $\mathbb{Z}_p$.*

Beweis Das Theorem von Lagrange besagt, dass jede Untergruppe von $\mathbb{Z}_p$ eine Ordnung haben muss, die ein Teiler von p ist. Da p prim ist, sind die einzigen Teiler von p die Zahlen 1 und p selbst. □

Betrachten wir in einem längeren Beispiel die Gruppe $G := \mathbb{Z}_{43}^*$. Diese besitzt 42 Elemente. Für ein Element g der Gruppe teilt $\text{ord}(g)$ die Zahl $42 = 2 \cdot 3 \cdot 7$. Somit muss $\text{ord}(g)$ einen der Werte 1, 2, 3, 6, 7, 14, 21, 42 annehmen. Es gilt $g^{42} \equiv 1 \pmod{43}$, denn der Exponent 42 ist ja ein Vielfaches von $\text{ord}(g)$. Wenn g kein Erzeuger von G ist, also eine Ordnung kleiner als 42 besitzt, so teilt diese Ordnung 42 und somit auch $k = 6, 14, 21$. Dann gilt $g^k \equiv 1 \pmod{43}$ für alle k. Gelten die Äquivalenzen nicht, ist g ein Generator von G.

Jetzt berechnen wir die Ordnung $\text{ord}(g)$ der Elemente $g = 2, 3, 7$.

- Wenn $g = 7$ ist, folgt $7^6 \equiv 1 \pmod{43}$, da $7^3 \equiv -1 \pmod{43}$ ist. Somit gilt $\text{ord}(7) = 6$.
- Gleiches folgt für $2^{14} \equiv 1 \pmod{43}$.
- Für $g = 3$ erhalten wir:

$$3^6 \equiv -2 \pmod{43}, \quad 3^{14} \equiv -7 \pmod{43}, \quad 3^{21} \equiv -1 \pmod{43}.$$

Alle Resultate sind ungleich 1. Somit ist die Ordnung von 3 gleich 42 und 3 ist ein Generator der Gruppe G.

Mit dem Generator $g = 3$ können wir Elemente jeder möglichen Ordnung innerhalb der Gruppe $\mathbb{Z}_{43}^*$ erzeugen. Betrachten wir einige Beispiele:

13.3 Satz von Lagrange

$$3^0 = 1 \qquad \text{hat die Ordnung 1,}$$
$$3^{21} \equiv -1 \pmod{43} \qquad \text{hat die Ordnung 2,}$$
$$3^{14} \equiv -7 \pmod{43} \qquad \text{hat die Ordnung 3,}$$
$$3^7 \equiv -6 \pmod{43} \qquad \text{hat die Ordnung 6,}$$
$$3^6 \equiv -2 \pmod{43} \qquad \text{hat die Ordnung 7,}$$
$$3^3 \equiv 27 \pmod{43} \qquad \text{hat die Ordnung 14,}$$
$$3^2 \equiv 9 \pmod{43} \qquad \text{hat die Ordnung 21.}$$

Behauptung Ein Element $g = 3^n$ ist genau dann ein Erzeuger der Gruppe G, wenn $\mathrm{ggT}(n, 42) = 1$ ist.

Beweis Sei $g = 3^n$ mit $\mathrm{ggT}(n, 42) = 1$. Wenn $\mathrm{ord}(g) = k < 42$, hätte man:

$$1 = g^k = (3^n)^k = 3^{n \cdot k} \pmod{43}.$$

Dies würde bedeuten, dass $n \cdot k$ ein Vielfaches von 42 sein muss. Da $\mathrm{ggT}(n, 42) = 1$, ist dies ein Widerspruch. Daher muss $\mathrm{ord}(g) = 42$ sein.

Umgekehrt, wenn $g = 3^n$ ein Erzeuger ist, muss $\mathrm{ggT}(n, 42) = 1$ gelten. Andernfalls hätte g eine Ordnung kleiner als 42 und könnte kein Erzeuger sein. Zusammengefasst ist ein Element der Form $g = 3^n$ genau dann ein Erzeuger von G, wenn $\mathrm{ggT}(n, 42) = 1$ und $1 \le n < 42$. Die Werte von n, die diese Bedingung erfüllen, sind:

$$n \in \{1, 5, 11, 13, 17, 19, 23, 25, 29, 31, 37, 41\}. \qquad \square$$

Zusammengefasst sind die Elemente 3^n mit $\mathrm{ggT}(n, 42) = 1$ sämtliche Erzeuger von $\mathbb{Z}_{43}$ und jeder Erzeuger von $\mathbb{Z}_{43}$ besitzt diese Form.

Diese 12 Elemente sind genau alle teilerfremden Zahlen zur Zahl 42 und dies ist durch die Euler'sche Phi-Funktion $\varphi(42) = 12$ gegeben, welche im Folgenden eine bedeutende Rolle spielen wird. Die Erzeuger von $\mathbb{Z}_{43}^*$ sind folgende Potenzen von 3: (dabei sind die Gleichheiten wie $3^5 = 28$ immer als Resultat von $3^5 \equiv 28 \pmod{43}$ zu verstehen)

$$3^1 = 3, \quad 3^5 = 28, \quad 3^{11} = 30, \quad 3^{13} = 12,$$
$$3^{17} = 26, \quad 3^{19} = 19, \quad 3^{23} = 34, \quad 3^{25} = 5,$$
$$3^{29} = 18, \quad 3^{31} = 33, \quad 3^{37} = 20, \quad 3^{41} = 29.$$

Wir fassen die Eigenschaften für die Restklassengruppen zusammen, indem wir sie für die allgemeine multiplikative Restklassengruppe postulieren.

Theorem 13.3.6

- $(\mathbb{Z}_n^*, \cdot)$ bestehend aus den Elementen von $\{1, 2, \ldots, n-1\}$, *die zu n teilerfremd sind.*

- *Die Anzahl der Untergruppen ist gegeben durch die Anzahl der Teiler von $\varphi(n)$.*
- *Die Ordnung jeder Untergruppe teilt $\varphi(n)$.*

13.4 Kleine Satz von Fermat

Eine Anwendung erfährt der Satz von Lagrange im Beweis des Kleinen Satzes von Fermat. Dieser Satz spielt in der Kryptografie eine entscheidende Rolle. Um den Satz zu motivieren, untersuchen wir die Muster, wenn man für eine Zahl a die Potenzen $a, a^2, a^3, \ldots$ modulo n betrachtet. Seien $a = 10$ und die Primzahl $p = n = 7$ gegeben. Da $10 \equiv 3 \mod 7$ und $10^2 \equiv 2 \pmod 7$ gelten, folgt:

$$10^6 = 10^3 \cdot 10^3 \equiv 6 \cdot 6 \pmod 7 \equiv 1 \pmod 7.$$

Wenn wir $10^7 \mod 7$ betrachten, gilt

$$10^7 = 10^6 \cdot 10 \equiv 1 \cdot 3 \pmod 7 \equiv 3 \pmod 7.$$

Wir vermuten, dass für p eine Primzahl, $10^{p-1} \equiv 1 \pmod p$ gilt. Dies ist der Inhalt des Kleinen Fermat'schen Satzes.

Neben der Anforderung, dass p prim ist, lautet die zweite Anforderung, dass a nicht durch p teilbar ist. Sei $p = 14$, also $p - 1 = 13$ prim. Der ggT von 14 und 10 ist 2. Dann gilt $10^{13} \equiv 10 \not\equiv 1 \pmod{14}$ wie eine direkte Rechnung zeigt.

Aufgabe 13.4.1 *Rechnen Sie die letzte Behauptung nach.*

Theorem 13.4.1 *(Kleiner Satz von Fermat) Es sei p eine Primzahl. Für jede ganze Zahl a, die teilerfremd zu p ist, gilt:*

$$a^{p-1} \equiv 1 \pmod p.$$

Die Potenz $p - 1$ einer beliebigen ganzen Zahl a, die teilerfremd zu einer Primzahl p ist, ergibt bei Division durch p immer Rest 1.

Beweis $\mathbb{Z}_p^*$ ist eine Gruppe mit $p - 1$ Elementen. Nach dem Theorem von Lagrange 13.3.1 besitzt jedes Element $a \in \mathbb{Z}_p^*$ eine Ordnung $\operatorname{ord}_p(a)$, welche $p - 1$ teilt. Da $\operatorname{ord}_p(a)$ die kleinste Zahl ist, für die $a^{\operatorname{ord}_p(a)} \equiv 1 \pmod p$ und $\operatorname{ord}_p(a)$ die Zahl $p - 1$ teilt, existiert eine ganze Zahl k: $k \operatorname{ord}_p(a) = p - 1$. Daraus folgt:

$$a^{p-1} \equiv a^{\operatorname{ord}_p(a)k} \equiv (a^{\operatorname{ord}_p(a)})^k \equiv 1^k \equiv 1 \pmod p.$$

Daher gilt für jedes Element $a \in \mathbb{Z}_p^*$, dass $a^{p-1} \equiv 1 \pmod p$ gilt. □

13.4 Kleiner Satz von Fermat

Jetzt wenden wir den Satz an. Die Zahl 1.000.000.000.000.037 ist eine Primzahl (Woher wissen wir dies?). Dann gilt:

$$2^{1.000.000.000.000.036} \equiv 1 \pmod{1.000.000.000.000.037}.$$

Dies bedeutet, dass die Zahl $2^{1.000.000.000.000.036} - 1$, eine Zahl mit mehr als 300 Billionen stellen, ein Vielfaches von 1.000.000.000.000.037 ist. Da a und p teilerfremd sind, gilt:

$$a^{p-2} \equiv a^{-1} \pmod{p},$$

wie mit Division mit a aus dem Satz von Fermat folgt. Somit ermöglicht der Satz das Inverse alternativ zum erweiterten Euklid'schen Algorithmus zu berechnen. Der Satz ermöglicht auch Berechnungen zu vereinfachen. Um $2^{35} \pmod 7$ zu berechnen, schreiben wir den Exponenten als ein Vielfaches von 6 um, d. h. $35 = 6 \cdot 5 + 5$. Dann gilt:

$$2^{35} = 2^{6 \cdot 5 + 5} = (2^6)^5 \cdot 2^5 \equiv 1^5 \cdot 2^5 \equiv 32 \equiv 4 \pmod 7.$$

Man kann den Satz von Fermat auch mit folgendem elementaren Argument beweisen. Betrachten wir zuerst ein Beispiel. Sei $p = 5$ und $a = 2$, d.h., p und a sind teilerfremd. Betrachten wir die Zahlen

$$1 \cdot 2, 2 \cdot 2, 3 \cdot 2, 4 \cdot 2 = (p-1)2.$$

Modulo 5 sind diese Zahlen gleich 2, 4, 1, 3. Sie sind somit bis auf die Reihenfolge identisch zu den Zahlen $1, 2, 3, 4 \pmod p$. Wenn $a = 10$, $p = 5$ nicht teilerfremd sind, dann sind die Zahlen

$$10, 2 \cdot 10, 3 \cdot 10, 4 \cdot 10$$

modulo 5 alle gleich 0 und somit ungleich $1, 2, 3, 4 \pmod p$. Diese Kürzungseigenschaften gelten allgemein:

Theorem 13.4.2 *Sei p eine Primzahl und $a \neq 0$ teilerfremd zu p. Dann sind die Zahlen*

$$a, 2a, 3a, \ldots, (p-1)a \pmod p$$

und

$$1, 2, 3, \ldots, p-1 \pmod p$$

bis auf die Reihenfolge identisch.

Beweis Die Liste $a, 2a, 3a, \ldots, (p-1)a$ enthält $p-1$ Zahlen. Keine von ihnen ist durch p teilbar. Betrachten wie zwei beliebige Zahlen ja und ka in dieser Liste und nehmen an, dass sie kongruent sind,

$$ja \equiv ka \pmod p.$$

Dann gilt $p \mid (j-k)a$, also $p \mid (j-k)$, da $p \nmid a$ (siehe Theorem 10.3.2). Andererseits gilt $1 < j, k < p - 1$. Somit ist $|j - k| < p - 1$. Es gibt nur eine Zahl mit einem absoluten Wert kleiner als $p - 1$, die durch p teilbar ist, und diese Zahl ist Null. Daher gilt $j = k$. Dies zeigt, dass verschiedene Vielfache in der Liste $a, 2a, 3a, \ldots, (p-1)a$ modulo p verschieden sind. Die Liste $a, 2a, 3a, \ldots, (p-1)a$ enthält somit genau $p - 1$ verschiedene von Null verschiedene Werte modulo p enthält. Diese müssen gleich den Zahlen $1, 2, 3, \ldots, (p-1)$ sein. Daher enthalten die Liste $a, 2a, 3a, \ldots, (p-1)a$ und die Liste $1, 2, 3, \ldots, (p-1)$ dieselben Zahlen modulo p (bis auf die Reihenfolge). □

Mit diesem Theorem folgt der Beweis des Kleinen Satzes von Fermat wie folgt. Die beiden Zahlendarstellungen in Theorem sind äquivalent modulo p. Schreibt man dies hin und klammert a aus, erhalten wir:

$$a^{p-1}(p-1)! \equiv (p-1)! \pmod{p}.$$

Da $(p-1)!$ relativ prim zu p ist, können wir diesen Term kürzen. Fertig ist der Beweis.

Wenn p prim ist und a nicht teilt, gilt der Kleine Satz von Fermat. Was gilt, wenn p nicht prim ist? Gilt $7^9 \equiv 1 \pmod{10}$? Eine Rechnung (Machen Sie diese!) zeigt:

$$7^9 \equiv 7 \pmod{10}.$$

Ein anderes Resultat als im Falle von Primzahlen folgt. Allgemeiner gilt: Für beliebige Moduli und Potenzen gibt es keine vergleichbare Aussage zum Kleinen Satz von Fermat. Wieso begnügen wir uns nicht mit dem Fall einer Primzahl, d. h. dem Kleinen Satz von Fermat? In der Kryptografie kann der Modulus m nicht eine Primzahl, sondern ein Produkt von Primzahlen sein. Dies ist im RSA-Algorithmus der Fall. Dies ist ein praktischer Grund, weshalb die Geschichte weitergehen muss.

Vielleicht existiert aber ein ähnlicher Satz zum Kleinen Fermat'schen Satz, wenn a, m teilerfremd sind? Der nächste Satz von Euler gibt die Antwort.

13.5 Satz von Euler

Für den Fall der Teilerfremdheit der Zahlen a zu m spielt die Euler'sche Phi-Funktion eine zentrale Rolle.

Definition 13.5.1 *Die Anzahl der ganzen Zahlen zwischen 1 und m, die zu m teilerfremd sind, werden durch die Euler'sche Phi-Funktion beschrieben (siehe auch Theorem 13.2.9):*

$$\varphi(m) := |\{a : 1 < a < m \text{ und } \mathrm{ggT}(a,m) = 1\}| = |\mathbb{Z}_m^*|. \tag{13.3}$$

13.5 Satz von Euler

Zum Beispiel ist $\varphi(10) = |\{1, 3, 7, 9\}| = 4$. Diese 4 Zahlen sind teilerfremd zu 10, wobei weder 10 noch 9 Primzahlen sind. Wenn p eine Primzahl ist, sind alle Zahlen kleiner als p teilerfremd zu p und somit gilt:

$$\varphi(p) = p - 1. \tag{13.4}$$

Der Satz von Euler sagt, dass die Euler'sche Phi-Funktion der richtige Exponent ist, um den kleinen Satz von Fermat zu verallgemeinern:

Theorem 13.5.1 *(Satz von Euler) Sind a, m teilerfremd, gilt*

$$a^{\varphi(m)} \equiv 1 \;(\mathrm{mod}\, m).$$

Der Beweis folgt dem Beweis des Kleinen Satzes von Fermat, indem man Theorem 13.4.2 ersetzt durch das Theorem:

Theorem 13.5.2 *Wenn der ggT von a und m gleich 1 ist und alle Zahlen $1 < b_1 < b_2 < \ldots < b_{\varphi(m)} < m$ relativ prim zu m sind, dann sind die Zahlen für ein $a \in \mathbb{Z}$*

$$b_1 a, b_2 a, b_3 a, \ldots, b_{\varphi(m)} a$$

modulo m gleich (bis auf die Ordnung) zu den Zahlen

$$b_1, b_2, b_3, \ldots, b_{\varphi(m)}$$

modulo m.

Diese Kürzungsaussage beweist man in gleicher Weise wie die entsprechende Aussage in Theorem 13.4.2. Wir verzichten deshalb auf die Beweise.

Wir behaupten:

Theorem 13.5.3 *Ist die multiplikative Gruppe $\mathbb{Z}_n$ zyklisch, dann ist jedes Element, dessen Ordnung gleich n ist, ein Erzeuger. Es gibt genau $\varphi(n)$ Erzeuger.*

Beweis Ein Element g in $\mathbb{Z}_n$ hat die Ordnung n genau dann, wenn $\mathrm{ggT}(g, n) = 1$, da dies bedeutet, dass g kein Teiler von n ist. Nach dem Satz von Euler gibt es genau $\varphi(n)$ solche Elemente, wobei φ die Euler'sche Phi-Funktion ist. Jedes dieser Elemente ist ein Erzeuger von $\mathbb{Z}_n$, und somit gibt es genau $\varphi(n)$ Erzeuger in $\mathbb{Z}_n$. □

Die elegante Formel im Satz von Euler hilft uns, komplizierte Potenzen einfach zu berechnen, analog zum Kleinen Satz von Fermat. Damit wir den Satz effizient anwenden können, sind zwei Aufgaben zu lösen. Als Erstes fehlt ein Verfahren, um $\varphi(m)$ für große m effizient zu berechnen. Das zweite Problem, welches direkte Anwendung in der RSA-Verschlüsselung hat, ist: Für p, q große Primzahlen, wie kann man $\varphi(p \cdot q)$ einfach berechnen? Beide Fragen beantworten wir. Dazu müssen wir die Phi-Funktion besser verstehen. Starten wir mit der Abbildung der Phi-Funktion (Abb. 13.3).

Die Abbildung stellt $\varphi(n)$ als Funktion der ganzen Zahlen bis $n = 200$ dar. Die Funktionswerte sind in logarithmischer Skala angezeigt. Anstelle der Funktionswerte werden deren Logarithmen betrachtet. Dies wird dann gewählt, wenn die Funktionswerte auf dem Definitionsbereich stark wachsen. Da die Phi-Funktion immer maximal wird, wenn n eine Primzahl ist, bilden die Primzahlwerte eine obere Schrankenlinie für alle anderen Zahlen. Die Schwankungen der Phi-Funktion sind groß. Zum Beispiel hat 100 genau 40 teilerfremde Zahlen und die nächstfolgende Zahl 101, welche prim ist, hat 100 teilerfremde Zahlen.

Aufgabe 13.5.1 *Plotten Sie die Phi-Funktion in Python in logarithmischer Skala, mit den Primzahlfunktionswerten als rote Kreise und den Funktionswerten als blaue Linie.*

Um die Geheimnisse der Phi-Funktion aufzudecken, gehen wir nach dem klassischen Ansatz der Mathematik vor: Beginne mit dem einfachsten Fall und erweitere diesen Schritt für Schritt auf allgemeinere Fälle. Hier bedeutet dies, dass wir mit Primzahlen starten, dann zu Primzahlpotenzen übergehen und abschließend beliebige Zahlen betrachten, welche nach dem Fundamentalsatz über Primzahlen als Produkt von Primzahlpotenzen dargestellt werden können. Schematisch:

$$p \text{ prim} \to p^k \to n = p^k q^l \ldots,$$

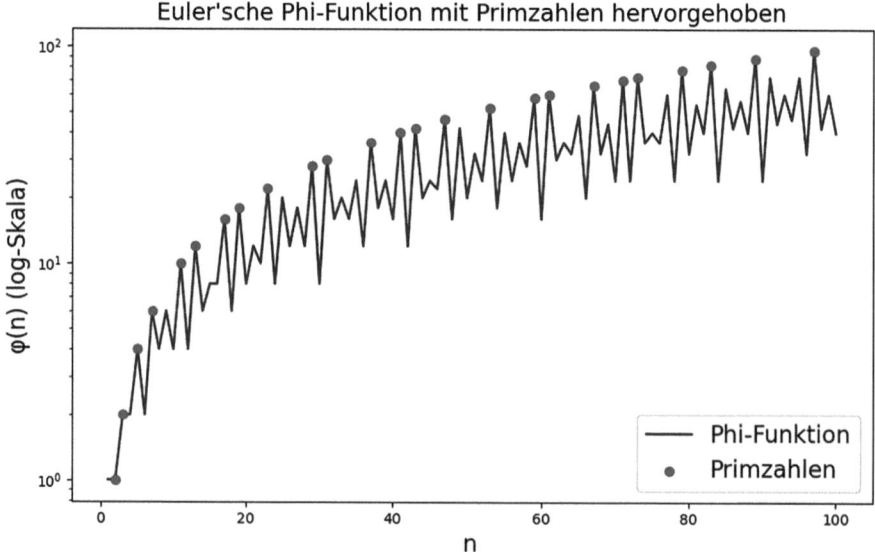

Abb. 13.3 Darstellung der Phi-Funktion

13.5 Satz von Euler

mit p, q Primzahlen und k, l, n natürlichen Zahlen.

Wir wissen, dass für p prim $\varphi(p) = p - 1$ gilt. Der erste Schritt ist erledigt.

Wie berechnet man $\varphi(p^k)$ für eine Potenz k? Anstatt alle Zahlen a zwischen 1 und p^k zu zählen, die zu p^k teilerfremd sind, machen wir die Komplementüberlegung: Wir starten mit allen Zahlen und subtrahieren alle Zahlen a, die nicht teilerfremd zu p^k sind. Wann ist a nicht teilerfremd zu p^k? Da p prim ist, ist dies genau dann der Fall, wenn $p \mid a$ oder wenn a ein Vielfaches von p ist.

$$\begin{aligned}\varphi(p^k) &= \{\text{alle } a \text{ nicht teilerfremd zu } p^k\} \\ &= \{\text{alle Zahlen}\} - \{\text{alle } p - \text{Teiler von } a\} \\ &= p^k - |\{a : 1 < a < p^k \text{ und } p \mid a\}|. \end{aligned} \quad (13.5)$$

Zwischen 1 und p^k sind genau die Vielfachen von p durch p teilbar. Von diesen gibt es p^{k-1} Stück. Dies liefert die Formel:

$$\varphi(p^k) = p^k - p^{k-1} = p^{k-1}(p - 1). \quad (13.6)$$

Zum Beispiel:

$$\varphi(11^8) = \varphi(214.358.881) = 11^8 - 11^7 = 194.871.710,$$

d. h., es gibt 194.871.710 ganze Zahlen, die zu 214.358.881 teilerfremd sind.

Aufgabe 13.5.2 *Wie viele teilerfremde Zahlen gibt es zu 13^5?*

Der nächste Entwicklungsschritt ist, die Phi-Funktion für das Produkt von Potenzen von Primzahlen zu betrachten.

Aufgabe 13.5.3 *Betrachten Sie kleine Primzahlen p, q und kleine Potenzen i, k. Berechnen Sie die Werte $\varphi(p^i q^k)$ und $\varphi(p^i)\varphi(q^k)$ in Python. Können Sie eine Vermutung für das Produkt aufstellen?*

Die Vermutung ist: Wenn $\text{ggT}(m, n) = 1$, dann gilt $\varphi(mn) = \varphi(m)\varphi(n)$. Wir sind bereit, diese Multiplikationsformel für die Euler'sche Phi-Funktion zu beweisen.

Theorem 13.5.4 *(Phi-Funktion-Formeln) Wenn p eine Primzahl ist und $k \geq 1$, dann gilt*

$$\varphi(p^k) = p^k - p^{k-1}.$$

Wenn $\text{ggT}(m, n) = 1$, dann gilt

$$\varphi(mn) = \varphi(m)\varphi(n).$$

Beweis Wir müssen nur noch die Produktformel beweisen. Wir machen dies mit **Zählen**. Wir definieren zwei Mengen und zeigen, dass sie gleichmächtig sind: Die erste Menge A enthält $\varphi(mn)$ Elemente und die zweite Menge B $\varphi(m)\varphi(n)$ Elemente. Dann zeigen wir, dass $|A| = |B|$. Dann gibt es eine Bijektion zwischen A und B. Fertig.

Die erste Menge ist

$$A = \{a : 1 \leq a < mn \text{ und } \gcd(a, mn) = 1\}.$$

mit $\varphi(mn)$ Elementen. Die zweite Menge ist

$$B = \{(b, c) : 1 \leq b < m, \gcd(b, m) = 1 \text{ und } 1 \leq c < n, \gcd(c, n) = 1\}.$$

Wie viele Paare (b, c) befinden sich in B? Es gibt $\varphi(m)$ Möglichkeiten für b nach Definition von $\varphi(m)$ und $\varphi(n)$ Möglichkeiten für c. Also hat das Tupel (b, c) die Mächtigkeit $|\varphi(m)\varphi(n)|$.

Wir betrachten $f : A \to B$:

$$\{a : \gcd(a, mn) = 1\} \to (a \mod m, a \mod n) \in \{(b, c) : \gcd(b, m) = 1, \gcd(c, n) = 1\} \subseteq B.$$

Jeder Zahl $a \in A$ ordnen wir $(b, c) \in B$ zu, wobei

$$a \equiv b \pmod{m} \quad \text{und} \quad a \equiv c \pmod{n}.$$

Wir zeigen, dass f injektiv und surjektiv ist. Seien $a_1 \neq a_2$ und nehmen wir an, dass $f(a_1) = f(a_2)$. Das bedeutet, dass

$$a_1 \equiv a_2 \pmod{m} \quad \text{und} \quad a_1 \equiv a_2 \pmod{n}.$$

Somit ist $a_1 - a_2$ durch m und n teilbar. Da m und n teilerfremd sind, muss $a_1 - a_2$ durch das Produkt mn teilbar sein. Mit anderen Worten,

$$a_1 \equiv a_2 \pmod{mn}.$$

Widerspruch zur Annahme $a_1 \neq a_2$. Dies beweist die Injektivität.

Um die Surjektivität zu zeigen, müssen wir beweisen, dass es für gegebene Werte von b und c mindestens eine ganze Zahl a gibt, die

$$a \equiv b \pmod{m} \quad \text{und} \quad a \equiv c \pmod{n}$$

erfüllt. Die Tatsache, dass diese simultanen Kongruenzen eine Lösung haben, folgt aber aus dem Chinesischen Restsatz 1.9. Angewandt auf unser Problem lautet er:

Seien m und n ganze, teilerfremde Zahlen und seien b und c beliebige ganze Zahlen. Dann haben die simultanen Kongruenzen

$$x \equiv b \pmod{m} \quad \text{und} \quad x \equiv c \pmod{n}$$

genau eine Lösung mit $0 \leq x < mn$.

13.5 Satz von Euler

Dies beweist die Surjektivität. Somit ist f bijektiv und die beiden Mengen A und B sind gleichmächtig. □

Aufgabe 13.5.4 *Ziel der Aufgabe ist $\varphi(mn) = \varphi(m)\varphi(n)$ anzuwenden. Angenommen m ist als Produkt von Primzahlen faktorisiert:*

$$m = p_1^{k_1} p_2^{k_2} \cdots p_r^{k_r},$$

wobei $p_1, p_2, \ldots, p_r$ alle verschieden sind. Wenden Sie zuerst die Multiplikationsformel und dann die Primzahlpotenzformel an, um $\varphi(1512)$ zu berechnen.

Betrachten wir die Zahl $n = 315$. Die Teiler d_i der Zahl sind 1, 3, 5, 7, 9, 15, 21, 35, 45, 63, 105, 315. Jetzt betrachten wir die Summe der $\varphi(d_r)$ und erhalten:

$$\sum_{d_i \mid midn} \varphi(d_i) = 1 + 2 + 4 + 6 + 6 + 8 + 12 + 24 + 24 + 36 + 48 + 144 = 315 = n.$$

Dies ist kein Zufall.

Theorem 13.5.5 *(Summenformel für die Phi-Funktion) Es seien d_i die Teiler der natürlichen Zahl n. Dann gilt:*

$$\sum_{d_i \mid n} \varphi(d_i) = n.$$

Wir verzichten auf den Beweis.

Wir beschließen diesen Abschnitt mit einer nützlichen Darstellung der Phi-Funktion durch die Primfaktoren.

Theorem 13.5.6 *Sei n eine positive ganze Zahl, die in ihre Primfaktoren zerlegt werden kann als:*

$$n = p_1^{e_1} p_2^{e_2} \cdots p_k^{e_k},$$

wobei $p_1, p_2, \ldots, p_k$ verschiedene Primzahlen sind und $e_1, e_2, \ldots, e_k$ ihre jeweiligen Multiplizitäten. Dann gilt:

$$\varphi(n) = n \left(1 - \frac{1}{p_1}\right)\left(1 - \frac{1}{p_2}\right) \cdots \left(1 - \frac{1}{p_k}\right).$$

Aufgabe 13.5.5 *Beweisen Sie das Theorem.*

Zum Beispiel ist $9 = 3^2$. Dann ist

$$\varphi(9) = 9(1 - 1/3) = 6.$$

Oder für $15 = 3 \cdot 5$:

$$\varphi(15) = \varphi(3 \cdot 5) = 15(1 - 1/3)(1 - 1/5) = 8.$$

Wir schließen diesen Abschnitt mit einigen elementaren Aussagen zur Ordnung, der Euler'schen Phi-Funktion und der Teilbarkeit ab.

Theorem 13.5.7

1. *Seien $m \in \mathbb{N}$ und $a \in \mathbb{Z}$ und $\mathrm{ggT}(a, m) = 1$. Dann existiert die Ordnung $\mathrm{ord}_m(a)$ von a modulo m und $\mathrm{ord}_m(a) \mid \varphi(m)$. Wenn $a^k \equiv 1 \pmod{m}$ gilt, folgt $\mathrm{ord}_m(a) \mid k$.*
2. *Hat a Ordnung $\mathrm{ord}_m(a)$, dann hat a^k die Ordnung $\frac{\mathrm{ord}_m(a)}{\mathrm{ggT}(h,k)}$ modulo m.*

Beweis Nach dem Satz von Euler hat man $a^{\varphi(m)} \equiv 1 \pmod{m}$ und somit existiert die Ordnung von a modulo m offensichtlich. Weiter sei $a^k \equiv 1 \pmod{m}$. Dann folgt aus dem Divisionsalgorithmus, dass es ganze Zahlen q und r gibt mit $k = \mathrm{ord}_m(a)q + r$ und $0 \leq r < \mathrm{ord}_m(a)$. Daraus ergibt sich

$$a^k = (a^{\mathrm{ord}_m(a)})^q a^r \equiv a^r \equiv 1 \pmod{m},$$

woraus $r = 0$ folgt. Also haben wir $\mathrm{ord}_m(a) \mid k$ und insbesondere folgern wir, dass $\mathrm{ord}_m(a) \mid \varphi(m)$.

Es gilt $(a^k)^j \equiv 1 \pmod{m}$ genau dann, wenn $h \mid kj$. Aber $\mathrm{ord}_m(a) \mid kj \Leftrightarrow \frac{\mathrm{ord}_m(a)}{\mathrm{ggT}(\mathrm{ord}_m(a),k)} \mid \left(\frac{k}{\mathrm{ggT}(\mathrm{ord}_m(a),k)}\right) \Leftrightarrow \frac{\mathrm{ord}_m(a)}{\mathrm{ggT}(\mathrm{ord}_m(a),k)} \mid j$.

Daraus folgt, dass die kleinste positive ganze Zahl j, für die $(a^k)^j \equiv 1 \pmod{m}$ gilt, $j = \frac{\mathrm{ord}_m(a)}{\mathrm{ggT}(h,\mathrm{ord}_m(a))}$ ist. □

Aufgabe 13.5.6 *Es seien $p = 37$ und $q = 89$ zwei Primzahlen sowie $a = 2494$ und $b = 2987$ natürliche Zahlen mit $1 < a, b < pq$. Zu berechnen ist $x = 2494^{2987} \mod 3293$. Benutzen Sie den Chinesischen Restsatz. Vereinfachen Sie die Module im Restsatz mithilfe des Satzes von Euler.*

13.6 Primitiver Wurzelsatz

Wenn a und p teilerfremd sind mit p prim, besagt der Kleine Fermat'sche Satz:

$$a^{p-1} \equiv 1 \pmod{p}.$$

Es ist möglich, dass eine kleinere Potenz $k < p - 1$ existiert mit $a^k \equiv 1 \pmod{p}$. Zum Beispiel ist $2^3 \equiv 1 \pmod{7}$. Für $p = 7$ und verschiedene $a \nmid p$ sind die kleinsten Exponenten gleich:

13.6 Primitiver Wurzelsatz

- $1^1 \equiv 1 \pmod{7}$
- $2^3 \equiv 1 \pmod{7}$
- $3^6 \equiv 1 \pmod{7}$
- $4^3 \equiv 1 \pmod{7}$
- $5^6 \equiv 1 \pmod{7}$
- $6^2 \equiv 1 \pmod{7}$

An diesem Beispiel fällt auf:

1. Der kleinste Exponent k, sodass $a^k \equiv 1 \pmod{p}$, teilt $p-1$. Die Exponenten $1, 2, 3$ teilen 6.
2. Es gibt immer Zahlen a, die den größten Exponenten $k = p-1$ erfordern. Dies sind die Zahlen $3, 5$.

Weshalb interessieren wir uns für diese Beobachtungen und begnügen uns nicht mit den Sätzen von Fermat und Euler? Dies hat mathematische Gründe betreffend die Effizienz von Berechnungen und Sicherheitsgründe in der Kryptografie, wie wir weiter unten ausführen. Wir beginnen mit der ersten Beobachtung. Der Kleine Fermat'sche Satz impliziert $\operatorname{ord}_p(a) \leq p-1$.

Theorem 13.6.1 *(Ordnungs-Teilbarkeits-Eigenschaft) Sei $a \in \mathbb{Z}$, $p \nmid a$ prim und $a^n \equiv 1 \pmod{p}$. Dann gilt $\operatorname{ord}_p(a) \mid n$, insbesondere $\operatorname{ord}_p(a) \mid (p-1)$.*

Beweis Nach Definition gilt
$$a^{\operatorname{ord}_p(a)} \equiv 1 \pmod{p},$$
und wir nehmen an, dass $a^n \equiv 1 \pmod{p}$. Mit dem Divisionssatz gilt:
$$n = \operatorname{ord}_p(a) \cdot q + r \quad \text{mit } 0 \leq r < \operatorname{ord}_p(a).$$
Einsetzen ergibt:
$$a^n = a^{\operatorname{ord}_p(a) \cdot q + r} \equiv (a^{\operatorname{ord}_p(a)})^q \cdot a^r \equiv 1^q \cdot a^r \equiv a^r \pmod{p}.$$
Da $a^n \equiv 1 \pmod{p}$, folgt $a^r \equiv 1 \pmod{p}$. Aber $r < \operatorname{ord}_p(a)$ und $\operatorname{ord}_p(a)$ ist der kleinste positive Exponent mit $a^{\operatorname{ord}_p(a)} \equiv 1 \pmod{p}$. Somit muss $r = 0$ sein. Daher ist $n = \operatorname{ord}_p(a) \cdot q$: $\operatorname{ord}_p(a) \mid n$. Mit dem Kleinen Fermat'schen Satz folgt für $n = p-1$, dass $\operatorname{ord}_p(a) \mid (p-1$ teilt. □

Angenommen, für ein a gilt $\operatorname{ord}_p(a) = p-1$. Dann müssen alle Potenzen
$$a, a^2, a^3, \ldots, a^{p-3}, a^{p-2}, a^{p-1} \pmod{p}$$

unterschiedlich modulo p sein. Sonst gilt $a^i \equiv a^j \pmod{p}$ für $1 < i < j < p - 1$ oder $a^{j-i} \equiv 1 \pmod{p}$ mit $j - i < p - 1$. Widerspruch.

Definition 13.6.1 *Eine Zahl g mit maximaler Ordnung*

$$ord_p(g) = p - 1$$

heißt **primitive Wurzel** *modulo p.*

Primitive Wurzeln existieren nur modulo Primzahlen p, modulo 2, 4 und modulo Potenzen von ungeraden Primzahlen.

Theorem 13.6.2 *(Satz der primitiven Wurzel) Jede Primzahl p hat genau $\varphi(p-1)$ primitive Wurzeln modulo p.*

Zum Beispiel gibt es $\varphi(10) = 4$ primitive Wurzeln 2, 6, 7 und 8 modulo 11. Der Satz sagt nicht, wie man die primitive Wurzeln modulo p findet. Wir verzichten auf einen detaillierten Beweis und geben die **Beweisskizze**:

Grundlegende Struktur von $\mathbb{Z}_p^*$ und primitiven Wurzeln:

- $\mathbb{Z}_p^* = \{12, \ldots, p - 1\}$ ist unter der Multiplikation eine zyklische Gruppe der Ordnung $p - 1$ mit mindestens einem Generator $g \in \mathbb{Z}_p^*$.
- Ein Element $g \in \mathbb{Z}_p^*$ ist eine primitive Wurzel modulo p, wenn die Ordnung von g gleich $p - 1$ ist.
- Somit durchlaufen die Potenzen $g^k \mod p$ (für $k = 0, 1, \ldots, p-2$) alle $p - 1$ Elemente von $\mathbb{Z}_p^*$ genau einmal.

Kriterium für eine primitive Wurzel:

- Ein Element $g \in \mathbb{Z}_p^*$ ist genau dann eine primitive Wurzel, wenn $g^d \not\equiv 1 \pmod{p}$ für alle d mit $1 \leq d < p - 1$.
- Oder äquivalent dazu, dass die kleinste Zahl d, für die $g^d \equiv 1 \pmod{p}$, $d = p - 1$ ist.

Anzahl der Generatoren:

- Sei $G \subseteq \mathbb{Z}_p^*$ die Menge aller primitiven Wurzeln von $\mathbb{Z}_p^*$.
- Die Ordnung eines Elements $g \in \mathbb{Z}_p^*$ ist ein Teiler von $p - 1$.
- Die Anzahl der Elemente mit einer bestimmten Ordnung d ist gleich $\varphi(d)$.
- Somit ist die Anzahl der primitiven Wurzeln modulo p gleich $\varphi(p - 1)$.

Zyklische Struktur und Eindeutigkeit:

13.6 Primitiver Wurzelsatz

- Da $\mathbb{Z}_p^*$ zyklisch ist, gibt es genau $\varphi(p-1)$ Elemente, die primitive Wurzeln sind.
- Dies ergibt sich aus der Eigenschaft zyklischer Gruppen, dass jedes Element mit der maximalen Ordnung $p-1$ ein Generator ist.

Die Gruppe $\mathbb{Z}_7^*$ besteht aus den Elementen $\{1, 2, 3, 4, 5, 6\}$. Angenommen, $g = 3$ ist eine primitive Wurzel modulo 7. Dann betrachten wir die Potenzen von 3 modulo 7:

$$3^1 \equiv 3 \pmod 7,$$
$$3^2 \equiv 9 \equiv 2 \pmod 7,$$
$$3^3 \equiv 27 \equiv 6 \pmod 7,$$
$$3^4 \equiv 81 \equiv 4 \pmod 7,$$
$$3^5 \equiv 243 \equiv 5 \pmod 7,$$
$$3^6 \equiv 729 \equiv 1 \pmod 7.$$

Wir sehen, dass die Potenzen von 3 modulo 7 alle Elemente $\{1, 2, 3, 4, 5, 6\}$ in $\mathbb{Z}_7^*$ durchlaufen. Daher ist 3 eine primitive Wurzel modulo 7 und die Existenz dieser primitiven Wurzel bedeutet, dass die Gruppe $\mathbb{Z}_7^*$ zyklisch ist. Das heißt, alle Elemente der Gruppe können durch Potenzen eines einzigen Elements (des Generators 3) dargestellt werden.

Der folgende Satz beschreibt abschließend, wann primitive Wurzeln existieren.

Theorem 13.6.3 *Primitive Wurzeln für $\mathbb{Z}_n^*$ existieren für:*

- *Alle Primzahlen $p = n$.*
- *$n = 2, 4, p^k, 2p^k$, wobei p eine ungerade Primzahl ist und $k \geq 1$.*

Wir verzichten auf den Beweis.

Jetzt illustrieren wir den Nutzen der primitiven Wurzeln. Wir nehmen an, dass g eine primitive Wurzel modulo p (einer Primzahl) ist. Betrachten wir die Berechnung von Potenzen. Angenommen, $p = 7$, und $g = 3$ ist eine primitive Wurzel modulo 7. Das bedeutet, dass die multiplikative Gruppe $\mathbb{Z}_7^* = \{1, 2, 3, 4, 5, 6\}$ durch Potenzen von g erzeugt wird. Die Potenzen von $g = 3$ modulo 7 sind:

$$3^1 \equiv 3 \pmod 7, \quad 3^2 \equiv 2 \pmod 7, \quad 3^3 \equiv 6 \pmod 7,$$
$$3^4 \equiv 4 \pmod 7, \quad 3^5 \equiv 5 \pmod 7, \quad 3^6 \equiv 1 \pmod 7.$$

Da g eine primitive Wurzel ist, erzeugen die Potenzen von g alle Elemente von $\mathbb{Z}_7^*$ und der Zyklus wiederholt sich mit Periode 6 (die Ordnung der Gruppe). Wir möchten $3^{10} \mod 7$ berechnen. Ohne primitive Wurzeln müssten wir 3^{10} direkt berechnen und dann den Modulus 7 nehmen. Mit der zyklischen Struktur wissen wir, dass $3^6 \equiv 1 \pmod 7$. Daher:

$$3^{10} = 3^6 \cdot 3^4 \equiv 1 \cdot 3^4 \equiv 4 \pmod{7}.$$

Das erspart Arbeit und nutzt die Eigenschaft der primitiven Wurzel.

Als zweite Anwendung betrachten wir die Berechnung des diskreten Logarithmus. Der diskrete Logarithmus ist die Umkehrung der Potenzfunktion: Für $y = g^k \mod p$ möchten wir k finden.

Für $p = 7$, $g = 3$ und $y = 4$ suchen wir k, sodass:

$$3^k \equiv 4 \pmod{7}.$$

Da $g = 3$ eine primitive Wurzel ist, können wir die Potenzen von 3 modulo 7 systematisch betrachten:

$$3^1 \equiv 3 \pmod{7}, \quad 3^2 \equiv 2 \pmod{7}, \quad 3^3 \equiv 6 \pmod{7}, \quad 3^4 \equiv 4 \pmod{7}.$$

Hier sehen wir direkt, dass $k = 4$, da $3^4 \equiv 4 \pmod{7}$. Die Existenz der primitiven Wurzel garantiert, dass jede Zahl $y \in \mathbb{Z}_7^*$ eindeutig als Potenz von g dargestellt werden kann. Ohne primitive Wurzeln wäre die Analyse der Gruppenelemente unübersichtlich. Primitive Wurzeln bilden die Grundlage des Diffie-Hellman-Schlüsselaustausch und der RSA-Verschlüsselung in der Kryptografie.

Aufgabe 13.6.1 *Zeigen Sie: Die Zahl 7^{480} ist durch 1716 teilbar mit Rest 1.*

Aufgabe 13.6.2 *Was ist die letzte Dezimalstelle von 7^{333}?*

Aufgabe 13.6.3 *Für jede der folgenden Primzahlen p und Zahlen a berechnen Sie a^{-1} (mod p) auf zwei Arten:*

1. *Verwenden Sie den erweiterten Euklid'schen Algorithmus.*
2. *Verwenden Sie den Quadratur-Multiplikation-Algorithmus 10.2 und den Kleinen Satz von Fermat.*

(a) $p = 47$ und $a = 11$.
(b) $p = 587$ und $a = 345$.

Die Implementation in Python ist in Kap. 13 gegeben.

Aufgabe 13.6.4 *g ist ein Generator modulo p, wenn die Potenzen von g alle Nichtnullelemente von $\mathbb{Z}_p^*$ erzeugen. Für welche der folgenden Primzahlen ist 2 ein Generator modulo p?*

(i) $p = 7$

(ii) $p = 13$
(iii) $p = 19$
(iv) $p = 23$

Aufgabe 13.6.5

1. *Sei $p > 2$ prim und $b \in \mathbb{Z}$, sodass $p \nmid b$. Zeigen Sie, dass die quadratische Kongruenz*

$$X^2 \equiv b \pmod{p}$$

entweder zwei oder keine Lösung in $\mathbb{Z}_p$ hat.
2. *Finde alle Wurzeln von b modulo p.*

(i) $(p, b) = (7, 2)$.
(ii) $(p, b) = (11, 5)$
(iii) $(p, b) = (11, 7)$

13.7 Direkte Produkte von Gruppen

Wie kann man zwei oder mehrere Gruppen zu einer neuen Gruppe kombinieren, dem sogenannten direkten Produkt von Gruppen? Da Gruppen Mengen sind, ist das kartesische Produkt die natürlich Wahl. Gruppen besitzen aber auch eine Operation ∘. Diese überträgt sich komponentenweise von den einzelnen Gruppen auf das Produkt.

Definition 13.7.1 *(Direkte Produktgruppe) Seien G_1 und G_2 Gruppen. Die direkte Produktgruppe $G_1 \times G_2$ besteht aus Paaren (g_1, g_2), wobei $g_i \in G_i$ ist. Die Gruppenoperation in $G_1 \times G_2$ wird komponentenweise ausgeführt. Seien (g_1, g_2) und (h_1, h_2) aus $G_1 \times G_2$. Dann gilt*

$$(g_1, g_2) \circ_{G_1 \times G_2} (h_1, h_2) = (g_1 \circ_{G_1} h_1, g_2 \circ_{G_2} h_2)$$

Wenn keine Verwechslung möglich ist, verwenden wir nur ein Symbol ∘ und nicht mehr $\circ_{G_1 \times G_2}, \circ_{G_1}, \circ_{G_2}$.

Betrachten wir $\mathbb{Z}_2 \times \mathbb{Z}_2$. Das direkte Produkt besteht aus allen Paaren von Elementen in $\mathbb{Z}_2$:

$$\mathbb{Z}_2 \times \mathbb{Z}_2 = \{(0, 0), (0, 1), (1, 0), (1, 1)\}$$

Jetzt führen wir die Gruppenoperation der Addition modulo 2 komponentenweise durch. Zum Beispiel:

$$(0, 1) + (1, 0) = (0 + 1, 1 + 0) = (1, 1) \,,\, (1, 1) + (1, 0) = (1 + 1, 1 + 0) = (0, 1).$$

Diese Operation zeigt, dass $\mathbb{Z}_2 \times \mathbb{Z}_2$ eine Gruppe mit vier Elementen ist. Jede Komponente wird unabhängig nach den Regeln von $\mathbb{Z}_2$ berechnet. Man kann sich $\mathbb{Z}_2 \times \mathbb{Z}_2$ als ein zweidimensionales Gitter von Punkten vorstellen, mit den vier Elementen $(0,0), (0,1), (1,0), (1,1)$ als Koordinaten eines Quadrates. Das direkte Produkt besitzt folgende Eigenschaften:

- Neutrale Element: Das neutrale Element des direkten Produkts ist das Paar der neutralen Elemente der Ausgangsgruppen. Zum Beispiel ist $(0,0) \in \mathbb{Z}_2 \times \mathbb{Z}_2$ das neutrale Element.
- Inverses Element: Das inverse Element von (g_1, g_2) ist (g_1^{-1}, g_2^{-1}), also das Inverse in jeder Komponente. In $\mathbb{Z}_2 \times \mathbb{Z}_2$ ist zum Beispiel das Inverse von $(1,0)$ gleich $(1,0)$, da $1+1 = 0$ in $\mathbb{Z}_2$.
- Ordnung:
$$|G_1 \times G_2| = |G_1| \cdot |G_2|$$

Wann ist ein direktes Produkt zyklisch? Es gilt:

Theorem 13.7.1 *Das direkte Produkt zweier zyklischer Gruppen G_1 und G_2 ist genau dann zyklisch, wenn die Ordnungen von G_1 und G_2 **teilerfremd** sind.*

Somit ist $\mathbb{Z}_2 \times \mathbb{Z}_3$ zyklisch und $\mathbb{Z}_2 \times \mathbb{Z}_4$ nicht zyklisch. Zur Beweisidee. Ist $G_1 \times G_2$ zyklisch, dann gibt es einen Generator für die Produktgruppe. Sind G_1 und G_2 zyklisch mit teilerfremden Ordnungen und g_i ein Generator von G_i, dann ist das Paar (g_1, g_2) ein Generator von $G_1 \times G_2$. Das liegt daran, dass das kgV der Ordnungen von g_1 und g_2 das Produkt der Ordnungen der beiden Gruppen ist. Das Paar $(1,1)$ ist ein Generator von $\mathbb{Z}_2 \times \mathbb{Z}_3$, weil die Ordnung von $(1,1)$ das kgV der Ordnungen von g_1 und g_2, also $\text{kgV}(2,3) = 6$ ist, welches der Ordnung der Gruppe $|\mathbb{Z}_2 \times \mathbb{Z}_3| = 6$ entspricht.

Beweis Sei G_i eine zyklische Gruppe der Ordnung n_i. Wir zeigen, dass das direkte Produkt $G_1 \times G_2$ genau dann zyklisch ist, wenn $\text{ggT}(n_1, n_2) = 1$.

$\text{ggT}(n_1, n_2) = 1$ impliziert, dass $G_1 \times G_2$ zyklisch ist. Da G_1 und G_2 zyklische Gruppen sind, existieren Elemente $g_1 \in G_1$ und $g_2 \in G_2$, die die jeweiligen Gruppen erzeugen. Die Elemente von $G_1 \times G_2$ sind Paare der Form (g_1^i, g_2^j) mit $0 \leq i < n_1$ und $0 \leq j < n_2$. Wir suchen ein Element $(g_1^a, g_2^b) \in G_1 \times G_2$, welches das gesamte direkte Produkt erzeugt:

$$G_1 \times G_2 = \langle (g_1^a, g_2^b) \rangle.$$

Das Element (g_1^a, g_2^b) hat die Ordnung $\text{ord}((g_1^a, g_2^b)) = \text{kgV}(\text{ord}(g_1^a), \text{ord}(g_2^b))$, wobei kgV das kleinste gemeinsame Vielfache ist. Die Ordnungen von g_1 und g_2 sind n_1 und n_2, also gilt:

$$\text{ord}((g_1, g_2)) = \text{kgV}(n_1, n_2).$$

Da $\text{ggT}(n_1, n_2) = 1$, folgt, dass $\text{kgV}(n_1, n_2) = n_1 \cdot n_2$. Dies bedeutet, dass die Ordnung von (g_1, g_2) gleich $n_1 \cdot n_2$ ist, was die Ordnung von $G_1 \times G_2$ ist. Daher ist $G_1 \times G_2$ zyklisch und wird von (g_1, g_2) erzeugt.

Umkehrung: $G_1 \times G_2$ zyklisch impliziert $\text{ggT}(n_1, n_2) = 1$. Da $G_1 \times G_2$ zyklisch ist, existiert ein Element $(g_1, g_2) \in G_1 \times G_2$, das $G_1 \times G_2$ erzeugt. Die Ordnung dieses Elements ist $\text{ord}((g_1, g_2)) = \text{kgV}(n_1, n_2)$. Da $G_1 \times G_2$ die Ordnung $n_1 \cdot n_2$ hat, muss $\text{kgV}(n_1, n_2) = n_1 \cdot n_2$ gelten. Dies ist aber nur der Fall, wenn $\text{ggT}(n_1, n_2) = 1$. □

Der Chinesische Restsatz ist ein Beispiel für das direkt Produkt von Gruppen. Angenommen, wir haben eine Gruppe $\mathbb{Z}_M$ und M ist das Produkt paarweise teilerfremder Zahlen m_i, d. h. $M = m_1 m_2 \cdots m_k$. Der Chinesische Restsatz besagt, dass es eine Isomorphie gibt zwischen der Gruppe $\mathbb{Z}_M$ und dem direkten Produkt der Gruppen $\mathbb{Z}_{m_1} \times \mathbb{Z}_{m_2} \times \cdots \times \mathbb{Z}_{m_k}$. Es gilt:

$$\mathbb{Z}_M \cong \mathbb{Z}_{m_1} \times \mathbb{Z}_{m_2} \times \cdots \times \mathbb{Z}_{m_k}.$$

Diese Isomorphie ist das algebraische Äquivalent des Chinesischen Restsatzes. Für $M = 35 = 5 \cdot 7$ sagt der Chinesische Restsatz:

$$\mathbb{Z}_{35} \cong \mathbb{Z}_5 \times \mathbb{Z}_7.$$

Jedes Element in $\mathbb{Z}_{35}$ kann eindeutig durch ein Paar von Elementen in $\mathbb{Z}_5 \times \mathbb{Z}_7$ dargestellt werden.

Für zwei Teilerfremde m, n folgt:

$$\mathbb{Z}_{mn}^* \cong \mathbb{Z}_m^* \times \mathbb{Z}_n^*.$$

Daraus folgt, dass die Anzahl der teilerfremden Zahlen von mn gleich dem Produkt der Teilerfremden Zahlen ist:

$$\varphi(mn) = |\mathbb{Z}_{mn}^*| = |\mathbb{Z}_m^*| \times |\mathbb{Z}_n^*| = \varphi(m)\varphi(n). \tag{13.7}$$

Dies beweist die Produktformel in Theorem 13.5.4 für die Phi-Funktion in einer Zeile. Dies zeigt Ihnen die Mächtigkeit von abstrakten Argumenten, wenn Sie diesen Beweis mit dem langen, rechnerischen Beweis basierend auf dem Zählen vergleichen.

13.8 Operationen von Gruppen auf Mengen

Eine Gruppenoperation beschreibt, wie eine Gruppe auf eine Menge wirkt, und ermöglicht die Anwendung von Gruppentheorie zur Analyse von symmetrischen Strukturen und anderen mathematischen Objekten.

Definition 13.8.1 *Seien G eine Gruppe und M eine Menge. Eine* Operation *von G auf M ist eine Abbildung*

$$\phi : G \times M \to M, \quad (g, x) \mapsto g \cdot x,$$

sodass für alle $g, h \in G$ und $x \in M$ gilt:

1. $e \cdot x = x$, *wobei e das neutrale Element in G ist,*
2. $(gh) \cdot x = g \cdot (h \cdot x)$.

Sei $G = S_3$ die symmetrische Gruppe der Permutationen von drei Elementen und $M = \{1, 2, 3\}$. Die Gruppenoperation ist gegeben durch $(\pi, x) \mapsto \pi(x)$, wobei $\pi \in S_3$ und $x \in M$.

Die Konzepte Bahn und Stabilisator spezifizieren die Wirkung einer Gruppe auf eine Menge. Die Bahn eines Elements zeigt die Menge der „verschobenen" Punkte, und der Stabilisator misst die Symmetrie eines Elements unter der Gruppenoperation.

Definition 13.8.2 *Sei G eine Gruppe, die auf einer Menge M operiert.*

1. *Die* Bahn *eines Elements $x \in M$ ist die Menge*

$$Bahn_G(x) = \{g \cdot x \mid g \in G\}.$$

2. *Der* Stabilisator *eines Elements $x \in M$ ist die Untergruppe*

$$Stab_G(x) = \{g \in G \mid g \cdot x = x\}.$$

Sei $G = S_3$ und $M = \{1, 2, 3\}$. Für $x = 1$ ist die Bahn $Bahn_G(1) = \{1, 2, 3\}$ und der Stabilisator $Stab_G(1)$ ist die Untergruppe aller Permutationen, die 1 fixieren, z. B. $\{id, (2\,3)\}$. Der Bahn-Stabilisator-Satz verbindet die Anzahl der Elemente in der Bahn eines Punktes mit der Größe der Gruppe und der des Stabilisators.

Theorem 13.8.1 *Sei G eine endliche Gruppe, die auf einer Menge M operiert. Für jedes $x \in M$ gilt:*

$$|G| = |Bahn_G(x)| \cdot |Stab_G(x)|.$$

Beweis Die Operation von G auf M definiert eine Äquivalenzrelation: Für $x, y \in M$ gilt $x \sim y$, wenn es ein $g \in G$ gibt mit $y = g \cdot x$. Die Äquivalenzklasse eines Elements $x \in M$ ist die Bahn

$$Bahn_G(x) = \{g \cdot x \mid g \in G\}.$$

13.8 Operationen von Gruppen auf Mengen

Fixieren wir ein $x \in M$. Für jedes $g \in G$ betrachten wir die Linksnebenklasse $g\,\mathrm{Stab}_G(x)$. Die Menge aller Linksnebenklassen $G/\mathrm{Stab}_G(x)$ ist die Menge der Äquivalenzklassen von G bezüglich der Relation $g_1 \sim g_2 \iff g_1^{-1} g_2 \in \mathrm{Stab}_G(x)$. Wir definieren eine Abbildung

$$\phi : G/\mathrm{Stab}_G(x) \to \mathrm{Bahn}_G(x), \quad g\,\mathrm{Stab}_G(x) \mapsto g \cdot x.$$

Diese Abbildung ist wohldefiniert, weil $g_1\,\mathrm{Stab}_G(x) = g_2\,\mathrm{Stab}_G(x)$ impliziert $g_1 \cdot x = g_2 \cdot x$. Für jedes $y \in \mathrm{Bahn}_G(x)$ gibt es ein $g \in G$ mit $y = g \cdot x$. Somit ist y Bild eines Elements von $G/\mathrm{Stab}_G(x)$ unter ϕ und die Abbildung ist surjektiv. Für den Beweis der Injektivität, sei $\phi(g_1\,\mathrm{Stab}_G(x)) = \phi(g_2\,\mathrm{Stab}_G(x))$. Dann gilt $g_1 \cdot x = g_2 \cdot x$. Daraus folgt $g_1^{-1} g_2 \cdot x = x$, also $g_1^{-1} g_2 \in \mathrm{Stab}_G(x)$, und daher $g_1\,\mathrm{Stab}_G(x) = g_2\,\mathrm{Stab}_G(x)$. Da ϕ eine Bijektion ist, gilt

$$|\mathrm{Bahn}_G(x)| = |G/\mathrm{Stab}_G(x)|.$$

Aus der Gruppenordnungsgleichung folgt

$$|G| = |G/\mathrm{Stab}_G(x)| \cdot |\mathrm{Stab}_G(x)|.$$

Daraus ergibt sich

$$|G| = |\mathrm{Bahn}_G(x)| \cdot |\mathrm{Stab}_G(x)|,$$

was zu zeigen war. □

Betrachten wir die symmetrische Gruppe $G = S_3$ und die Menge $M = \{1, 2, 3\}$. Die Gruppe S_3 operiert auf M durch Permutationen. Für $x = 1$ ist

$$\mathrm{Bahn}_G(1) = \{1, 2, 3\} \quad \text{und somit} \quad |\mathrm{Bahn}_G(1)| = 3,$$

da S_3 alle Permutationen von $\{1, 2, 3\}$ umfasst und 1 auf jeden Eintrag von $\{1, 2, 3\}$ abgebildet wird. Der Stabilisator von $x = 1$, d.h. die Permutationen, welche alle Elemente außer 1 vertauschen, ist

$$\mathrm{Stab}_G(1) = \{\mathrm{id}, (2\,3)\} \quad \text{und somit} \quad |\mathrm{Stab}_G(1)| = 2.$$

Die Ordnung der Gruppe S_3 ist $|S_3| = 6$. Nach dem Bahn-Stabilisator-Satz gilt:

$$|G| = |\mathrm{Bahn}_G(1)| \cdot |\mathrm{Stab}_G(1)| : 6 = 3 \cdot 2.$$

Aufgabe 13.8.1 *Betrachten wir die Menge $X = \{1, 2, 3\}$ und die Untergruppe $C_3 = \langle (123) \rangle$ von S_3, die nur aus den Elementen besteht:*

$$C_3 = \{id, (123), (132)\}.$$

Wie wirkt die Untergruppe auf X? Bestimmen Sie die Bahnen und den Stabilisator von C_3.

Betrachten wir die Untergruppe $H \subset S_3$, z. B. $H = \{id, (12)\}$. Dies ist die Untergruppe von S_3, die nur die Identität und die Vertauschung (12) enthält. Wie wirkt die Untergruppe auf X? Bestimmen Sie die Bahnen und den Stabilisator von H.

Der Bahn-Stabilisator-Satz verallgemeinert den Satz von Lagrange, indem er die Wirkung von Gruppen auf Mengen beschreibt. Der Satz von Lagrange besagt, dass wenn H eine Untergruppe von G ist, dann gilt

$$|G| = |H| \cdot [G : H].$$

Für den Stabilisator $\text{Stab}_G(x)$ ist der Index gleich $|\text{Bahn}_G(x)|$. Das Lemma von Burnside hilft, die Anzahl der Bahnen einer Gruppenoperation zu zählen.

Theorem 13.8.2 *(Lemma von Burnside) Sei G eine endliche Gruppe, die auf einer endlichen Menge M operiert. Die Anzahl der Bahnen ist gegeben durch*

$$|M/G| := \{Bahn_G(x) x \in M\} = \frac{1}{|G|} \sum_{g \in G} |Fix(g)|,$$

wobei $Fix(g) = \{x \in M \mid g \cdot x = x\}$ die Menge der Fixpunkte von g ist.

Beweis Für jedes $g \in G$ sei $\text{Fix}(g)$ die Menge der Elemente von M, die von g fixiert werden:

$$\text{Fix}(g) = \{x \in M \mid g \cdot x = x\}.$$

Definieren wir $\chi(x, g)$ als Indikatorfunktion, die 1 ist, wenn $g \cdot x = x$, und 0 sonst. Dann gilt:

$$|\text{Fix}(g)| = \sum_{x \in M} \chi(x, g).$$

Die Gesamtanzahl der Paare $(x, g) \in M \times G$, für die $g \cdot x = x$, ist gegeben durch:

$$\sum_{g \in G} |\text{Fix}(g)| = \sum_{g \in G} \sum_{x \in M} \chi(x, g).$$

Vertauschen der Summationen liefert:

$$\sum_{g \in G} |\text{Fix}(g)| = \sum_{x \in M} \sum_{g \in G} \chi(x, g).$$

Da $\sum_{g \in G} \chi(x, g)$ die Anzahl der Gruppenelemente $g \in G$ zählt, die x fixieren, ist diese Anzahl gleich $|\text{Stab}_G(x)|$. Nach dem Bahn-Stabilisator-Satz gilt $\frac{|G|}{|\text{Stab}_G(x)|} = |G \cdot x|$ für die Anzahl der Elemente in der Bahn von x. Die Summe über alle $x \in M$ zählt jedes Element x genau einmal pro Bahn. Daher ergibt sich:

$$\sum_{g \in G} |\text{Fix}(g)| = |G| \cdot (\text{Anzahl der Bahnen}).$$

Dividieren durch $|G|$ liefert:

$$\text{Anzahl der Bahnen} = \frac{1}{|G|} \sum_{g \in G} |\text{Fix}(g)|.$$
□

Betrachten wir $G = \mathbb{Z}_2 = \{e, \sigma\}$, das auf $M = \{1, 2, 3\}$ operiert, wobei σ die Elemente 1 und 2 vertauscht. Die Fixpunktmengen sind $\text{Fix}(e) = M$ und $\text{Fix}(\sigma) = \{3\}$. Die Anzahl der Bahnen ist:

$$|M/G| = \frac{1}{2}\big(|\text{Fix}(e)| + |\text{Fix}(\sigma)|\big) = \frac{1}{2}(3 + 1) = 2.$$

13.9 Anwendungen Lemma von Burnside

Wir zeigen, wie das Burnside-Lemma hilft, komplizierte Zählprobleme zu lösen.

13.9.1 Halskettenproblem

Wir möchten wissen, wie viele Halsketten es gibt mit sechs Perlen, wobei Perlen in drei Farben zur Verfügung stehen. Naiv betrachtet gibt es 3^6 Möglichkeiten, die sechs Perlen in drei Farben zu färben. Allerdings sind viele dieser Anordnungen identisch, da wir die Halskette drehen oder spiegeln können. Welche der $3^6 = 729$ Halsketten sind identisch? Wir modellieren die Anordnung der Perlen als ein regelmäßiges 6-Eck. Die Symmetrien der Halskette werden durch die Diedergruppe D_{12} beschrieben. Diese Gruppe umfasst alle Symmetrien eines regelmäßigen 6-Ecks und besteht aus:

- 6 Drehungen: Drehungen um den Mittelpunkt um ein Vielfaches von 60° (bzw. $\frac{\pi}{3}$).
- 6 Spiegelungen: Achsenspiegelungen durch Ecken oder Seitenmittelpunkte.

Abb. 13.4 zeigt einige Symmetrien. Insgesamt hat die Gruppe D_{12} genau 12 Elemente. Die k-fache Drehung des 6-Ecks um den Winkel $\frac{2\pi}{6} = \frac{\pi}{3}$ bezeichnen wir mit d_k. Eine Spiegelung an einer festen Achse wird mit s bezeichnet. Die Drehungen d_k bilden eine zyklische Untergruppe, und für die Spiegelung gilt $s^2 = e$ (die zweimalige Anwendung einer Spiegelung führt zur Identität).

Wir wenden das Lemma von Burnside an:

$$\text{Anzahl der unterschiedlichen Halsketten} = \frac{1}{|G|} \sum_{g \in G} \text{Fix}(g)$$

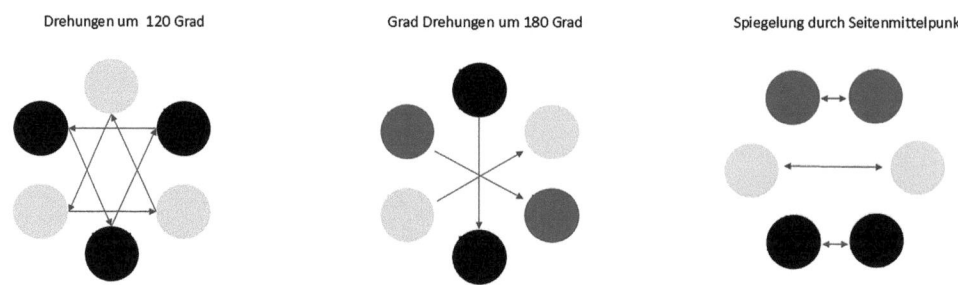

Abb. 13.4 Beispiel von Symmetrien im Perlenkettenproblem

Hier bezeichnet Fix(g) die Anzahl der Halsketten, die unter der Transformation $g \in G$ unverändert bleiben. Wir analysieren die Fixpunkte:

- Identität (e): Jede der 3^6 Halsketten bleibt unverändert:

$$\text{Fix}(e) = 3^6 = 729.$$

- Drehungen (d_k):
  - Für die Drehung um $60°$ (d_1): Nur die drei einfarbigen Halsketten bleiben unverändert:
  $$\text{Fix}(d_1) = 3.$$
  - Die Drehung um $120°$ (d_2) bedeutet, dass jede Perle nach der dritten Drehung an ihrer ursprünglichen Position landet. Somit muss die Anordnung der Perlen periodisch sein. Für diesen Fall können wir die ersten beiden Positionen im Zyklus unabhängig wählen. Daher gibt es $3^2 = 9$ verschiedene Kombinationen für diese alternierenden Muster:
  $$\text{Fix}(d_2) = 3^2 = 9.$$

  Beachten Sie: Die Zahl ist nicht 12, da die 3 einfarbigen Rotationen in den alternierenden enthalten sind.
  - Für die Drehung um $180°$ (d_3) müssen wir die Perlen in drei Gruppen unterteilen:

    Die erste Gruppe besteht aus Perlen 1 und 4, die die gleiche Farbe haben müssen.
    Die zweite Gruppe besteht aus Perlen 2 und 5, die ebenfalls die gleiche Farbe haben müssen.
    Die dritte Gruppe besteht aus Perlen 3 und 6, die ebenfalls die gleiche Farbe haben müssen.

  Da wir 3 Farben zur Verfügung haben und jede der 3 Gruppen unabhängig eine Farbe wählen kann, gibt es für jede Gruppe 3 Möglichkeiten. Daher ergibt sich die Gesamtzahl der möglichen Anordnungen, bei denen die Halskette unter der Drehung um 180° unverändert bleibt, zu:

$$\text{Fix}(d_3) = 3^3 = 27.$$

– Die übrigen Drehungen (d_4, d_5) folgen der gleichen Logik wie d_2 und d_1:

$$\text{Fix}(d_4) = 9, \quad \text{Fix}(d_5) = 3.$$

- Spiegelungen (s):
  – Spiegelung durch zwei Seitenmittelpunkte bleibt für 3^3 Anordnungen invariant (z. B. AAABBB):
  $$\text{Fix}(s) = 27,$$
  weil wir die ersten 3 Perlen frei wählen können und die anderen 3 Perlen automatisch durch die Spiegelung bestimmt sind.
  – Spiegelung durch zwei Ecken bleibt für 3^4 Anordnungen invariant:
  $$\text{Fix}(s') = 81.$$

Die Gruppengröße ist $|G| = 12$. Die Summe der Fixpunkte aller Gruppenelemente ergibt:

$$\sum_{g \in G} \text{Fix}(g) = 729 + 2 \cdot 3 + 2 \cdot 9 + 27 + 3 \cdot 27 + 3 \cdot 81 = 1104.$$

Nach dem Lemma von Burnside ist die Anzahl der unterschiedlichen Halsketten:

$$\text{Anzahl der Halsketten} = \frac{1}{12} \cdot 1104 = 92.$$

Es gibt genau 92 verschiedene Halsketten mit sechs Perlen in drei Farben, wobei Rotationen und Spiegelungen als identisch betrachtet werden. Dies sind bedeutend weniger als die $3^6 = 729$.

13.9.2 Schlüsselproblem

Das Halskettenproblem und die zugrunde liegende Gruppentheorie finden in der Informatik Anwendung, etwa bei der Generierung einzigartiger Muster in kreisförmigen Strukturen. In der Kryptografie wird dies bei der Analyse von Hashfunktionen oder Blockchain-Konsistenzalgorithmen verwendet. Eine typische Frage lautet: Wie viele einzigartige Anordnungen eines Schlüssels oder Bitstrings mit festen Symmetrien existieren? Angenommen, wir haben einen 6-Bit-Schlüssel in kreisförmiger Anordnung. Ein Schlüssel wie 101010 kann durch Rotationen und Spiegelungen mit anderen Schlüsseln identisch sein. Wir wollen die eindeutigen Schlüssel zählen, die unter diesen Transformationen nicht als doppelt gelten. Jede kreisförmige Anordnung entspricht einer Halskette mit 6 Perlen, wobei jede Perle 0 oder 1 sein kann. Da Rotationen und Spiegelungen gleiche Anordnungen erzeugen, wenden wir die Symmetriegruppe D_{12} auf die $64 = 2^6$ möglichen Schlüssel an. Mit Burnsides Lemma zählen wir, wie viele der 64 Schlüssel unter diesen Transformationen eindeutig sind.

Aufgabe 13.9.1 *Zeigen Sie mithilfe des Halskettenproblems, dass es 9 einzigartige Schlüssel gibt.*

13.9.3 Färbung Würfel

Auf wie viele Weisen kann man die sechs Flächen eines Würfels $W \subset \mathbb{R}^3$ färben, wenn n Farben zur Verfügung stehen? Ohne Symmetriebetrachtungen gibt es n^6 Möglichkeiten. Drehungen im Raum verändern W nicht wesentlich; sie sind der Grund für die Symmetrien. Wir suchen daher die Anzahl der Bahnen unter den Drehungen von W.

Drehachse	Winkel	Anzahl Drehungen	Anzahl Fixpunkte
Gegenüberliegende Seitenmittelpunkte	$0°$	1	n^6
Gegenüberliegende Seitenmittelpunkte	$\pm 90°$	6	n^3
Gegenüberliegende Seitenmittelpunkte	$180°$	3	n^4
Gegenüberliegende Kantenmittelpunkte	$180°$	6	n^3
Raumdiagonale	$\pm 120°$	8	n^2

Nach Burnsides Lemma ist die Anzahl der gefärbten Würfel gegeben durch

$$\frac{1}{24}\left(n^6 + 6n^3 + 3n^4 + 6n^3 + 8n^2\right) = \frac{n^2}{24}\left(n^4 + 3n^2 + 12n + 8\right).$$

Für $n = 2$ erhält man die zehn Würfel in Abb. 13.5. Dies sind bedeutend weniger als $2^6 = 64$.

Es gibt $2^{27} 3^{14} 5^3 7^2 11 = 43.252.003.274.489.856.000$ mögliche Zustände oder Konfigurationen des $3 \times 3 \times 3$ Zauberwürfels oder Rubikwürfels, von denen sich aber viele durch räumliche Drehung und Spiegelung ineinander überführen lassen. Mit Burnsides Lemma reduziert sich die Anzahl auf 901.083.404.981.813.616 verschiedene Zustände Damit konnte man zeigen, dass sich jeder Zustand durch höchstens 20 Züge lösen lässt. Mit Burnsides Lemma kann man auch zeigen, dass es 5.472.730.538 verschiedene ausgefüllte 9×9-Sudokus gibt.

13.9 Anwendungen Lemma von Burnside

Abb. 13.5 10 Würfeleinfärbungen mit $n = 2$ Farben, welche nicht äquivalent sind

Kryptografie 14

Inhaltsverzeichnis

14.1 Cäsar-Verschlüsselung 344
14.2 Verschlüsselung und Entschlüsselung 345
14.3 RSA-Algorithmus 346
14.4 Der Diffie-Hellman-Schlüsselaustauschalgorithmus 349
14.5 Zusammenfassung Diffie-Hellman-Schlüsselaustausch und RSA-Algorithmus 351
14.6 Einwegfunktionen 352

Kryptografie bedeutet, sicher zu kommunizieren in einer Welt voller Feinde. Die Hauptziele der Kryptografie sind:

1. Vertraulichkeit (Zugriffsschutz)
2. Integrität (Schutz vor Veränderungen)
3. Authentizität (Schutz vor Fälschungen)
4. Verbindlichkeit (Nichtabstreitbarkeit)

Für das erste Ziel werden Verschlüsselung und Entschlüsselung und für die anderen drei Ziele werden digitale Signaturen verwendet. Während die Ziele über Jahrtausende gleich geblieben sind, hat sich die Technologie zur Zielerreichung verändert. Die Operationalisierung dieser Ziele bedeutet heute, dass man mathematische Probleme definiert, die für Supercomputer schwer zu lösen sind. Die Hauptreferenzen für die Kryptografie sind Goldwasser und Bellare (2001) und Hoffstein, Pipher und Silverman (2014).

Ergänzende Information Die elektronische Version dieses Kapitels enthält Zusatzmaterial, auf das über folgenden Link zugegriffen werden kann https://doi.org/10.1007/978-3-662-71095-1_14.

Wir betrachten die Cäsar- und RSA-Verschlüsselung sowie die Diffie-Hellman-Schlüsseltauschverschlüsselung. Erstere ist einfach, unsicher und wird von Kindern in der Schule verwendet. Die anderen beiden sind Grundlage für die modernen Verschlüsselungen.

14.1 Cäsar-Verschlüsselung

Alice und Bob wollen sich eine Geheimnachricht zu schicken. Alice möchte Bob mitteilen, „Ich liebe Dich". Natürlich möchten sie, dass dies nicht alle in der Klasse erfahren. Der erste Schritt ist jedes Dokument m in Zahlen umzuwandeln, z. B. wird dem Buchstaben A die 1 zugeordnet, B die 2 und so weiter.

In der Cäsar-Verschlüsselung werden die Buchstaben um eine feste Zahl verschoben. Bei einer Verschiebung um 4 wird ein A durch E ersetzt, ein B durch F usw. Durch was wird Z ersetzt? Jetzt kommt die Modularität ins Spiel, d. h., nach 26 beginnt man wieder bei 1. Somit wird ein Z zu einem D. Wir haben hier somit eine (mod 26)-Arithmetik. In dieser Verschlüsselung ist das Geheimnis die Verschiebung s, die nur Alice und Bob bekannt ist. Diese Verschlüsselung ist heute einfach zu knacken durch den Feind Eve. Der Code in Python Kap. 14 zeigt, wie die Verschlüsselung decodiert werden kann mit Brute Force.

Für die verschlüsselte Nachricht „nzohfu gur razl ng avtug" werden alle 25 Verschiebungen s bestimmt (Brute Force). Nur der Text Nummer 13, eine Verschiebung um 13 Buchstaben, ergibt Sinn:

```
...
13 ambush the enemy at night
...
```

Formal ist die Cäsar-Verschlüsselung E eine bijektive Abbildung $M \times S \to \mathbb{Z}_{26}$, in welcher ein Buchstabe $m \in M = \{A, B, C, \ldots, Z\}$ auf $m + s$ (mod 26) abgebildet wird, mit $s \in S$ der geheimen Verschiebung. Das heißt

$$E : M \times S \to C$$

mit C dem Chiffretext. In diesem Beispiel ist $C = M$. Die Decodierung D, die Inverse von E, ist die Abbildung:

$$D : C \times S \to M , \quad D(m, s) \equiv m - s \quad (\text{mod } 26).$$

Die Verknüpfung liefert den Klartext m:

$$D(m, E(m, s)) = m , \quad \forall s \in S, m \in M.$$

Damit D existiert, muss E injektiv sein.

Aufgabe 14.1.1 *Stellen Sie die Abbildungen E, D grafisch dar.*

14.2 Verschlüsselung und Entschlüsselung

Die böse Person, welche unbefugt entschlüsselt, Dokumente verändert oder Schlüssel entwendet, wird immer Eve genannt. Es ist am sichersten anzunehmen, dass Eve die verwendete Methoden, d. h. die Funktionen E, D kennt. Eve kennt aber s nicht. Damit (S, M, C, E, D) eine erfolgreiche Verschlüsselung darstellt, muss sie die folgenden Eigenschaften haben, siehe Hoffstein, Pipher und Silverman (2014):

1. Für jeden Schlüssel $s \in S$ und jeden Klartext $m \in M$ muss es einfach sein, den Chiffretext $E(m, s)$ zu berechnen.
2. Für jeden Schlüssel $s \in S$ und jeden Chiffretext $c \in C$ muss es einfach sein, den Klartext $D(c, s)$ zu berechnen.
3. Angenommen, es gibt eine oder mehrere Chiffretexte c_j, $j = 1, 2, \ldots n$, die unter Verwendung des Schlüssels $s \in S$ verschlüsselt wurden, dann muss es sehr schwierig sein, ohne Kenntnis von s einen der entsprechenden Klartexte $D(c_j, s)$, $j = 1, 2, \ldots n$, zu berechnen.
4. Gegeben seien Paare von Klartexten und ihre entsprechenden Chiffretexte, (m_1, c_1), $(m_2, c_2), \ldots, (m_n, c_n)$, dann muss es schwierig sein, ohne Kenntnis von c einen Chiffretext c zu entschlüsseln, der nicht in der gegebenen Liste enthalten ist. Diese Eigenschaft wird als Sicherheit gegen einen *bekannten* Klartextangriff bezeichnet.
5. Für jede Liste von Klartexten $m_1, \ldots, m_n \in M$, die vom Angreifer ausgewählt wurden, muss es selbst mit Kenntnis der entsprechenden Chiffretexte $E(m_1, s), \ldots, E(m_n, s)$ sehr schwierig sein, einen Chiffretext c zu entschlüsseln, der nicht in der gegebenen Liste enthalten ist, ohne s zu kennen. Dies wird als Sicherheit gegen einen *gewählten* Klartextangriff bezeichnet.

Illustrieren wir die Anforderungen in einem Beispiel. Sei p eine große Primzahl, zum Beispiel $2^{159} < p < 2^{160}$. Alice und Bob wählen die gleiche Mengen:

$$K = M = C = \{1, 2, 3, \ldots, p - 1\} = \mathbb{Z}_p^*.$$

Alice und Bob wählen zufällig einen Schlüssel $s \in S$ und sie entscheiden sich, die folgende Verschlüsselungsfunktion E zu verwenden:

$$E(m, s) \equiv s \cdot m \pmod{p}.$$

Die entsprechende Entschlüsselungsfunktion D ist

$$D(c, s) \equiv s^{-1} \cdot c \pmod{p},$$

wobei s^{-1} das Inverse von s modulo p ist, welches in der Gruppe $\mathbb{Z}_p^*$ existiert. Obwohl p sehr groß ist, kann der Euklid'sche Algorithmus s^{-1} in weniger als $2\log_2 p + 2$ Schritten berechnen. Das Finden von s^{-1} aus s ist somit einfach. Da es ungefähr 2^{160} Möglichkeiten zur Auswahl für s gibt, ist das Erraten von s schwierig. Kann Eve s einfach rekonstruieren, wenn sie den Chiffretext c kennt? Nein. Da

$$E : M \times s \to C$$

für jedes fixe s surjektiv ist, existiert für jedes $c \in C$ und jedes $s \in S$ ein $m \in M$, sodass $E(m, s) = c$. Weiterhin kann jeder gegebene Chiffretext jeden Klartext darstellen, vorausgesetzt, dass der Klartext durch einen geeigneten Schlüssel verschlüsselt wird. Mathematisch kann dies umformuliert werden: Für jeden Chiffretext $c \in C$ und jeden Klartext $m \in M$ existiert ein Schlüssel s mit $E(m, s) = c$. Insbesondere gilt dies für den Schlüssel

$$s \equiv m^{-1} \cdot c \pmod{p}.$$

Dies zeigt, dass die Verschlüsselung von Alice und Bob die Eigenschaften 1. bis 3. erfüllt, da jeder, der den Schlüssel s kennt, leicht verschlüsseln und entschlüsseln kann, es jedoch schwierig ist, zu entschlüsseln, wenn man den Wert von s nicht kennt. Diese Verschlüsselung besitzt jedoch nicht die Eigenschaft 4. Ein einziges Klartext-Chiffretext-Paar (m, c) erlaubt es Eve, den geheimen Schlüssel s mit $s \equiv m^{-1} \cdot c \pmod{p}$ zu rekonstruieren.

14.3 RSA-Algorithmus

Der RSA-Algorithmus ist nach den Mathematikern Rivest, Shamir und Adleman benannt. Das Problem in der Cäsar-Verschlüsselung ist, dass **beide** Parteien den **gleichen Schlüssel** kennen müssen und dadurch unsichere Schlüsselaustausch entsteht. RSA haben ein **antisymmetrisches** Verfahren entwickelt. Es vermeidet das Problem des unsicheren Schlüsselaustausches, da es keinen gleichen Schlüssel gibt, den Alice und Bob kennen müssen. Sie müssen sich nie treffen oder über den Schlüssel kommunizieren. Wie können sie eine Nachricht verschlüsseln und entschlüsseln, wenn es keinen gemeinsamen Schlüssel gibt?

Die Idee ist, dass von je zwei Schlüsseln für Alice und Bob, dem **Public Key** und **Private Key**, der jeweilige Private Key nur einer Person bekannt ist. Alle im Netzwerk kennen alle Public Keys. Alice benutzt den Public Key von Bob, um eine Nachricht zu verschlüsseln. Erhält Bob die verschlüsselte Nachricht, dann kann nur er mit seinem Private Key einfach die Botschaft entschlüsseln: Ohne den privaten Schlüssel ist die Entschlüsselung ein zahlentheoretisches Problem, welches extrem aufwendig ist zu lösen. Aus dem öffentlichen Schlüssel kann man den privaten Schlüssel nicht herleiten.

14.3 RSA-Algorithmus

Tab. 14.1 RSA-Schlüsselerstellung, Verschlüsselung und Entschlüsselung

Bob	Alice
Schlüsselerstellung	
Wählt geheime Primzahlen p und q.	
Berechnet $N = pq$	
Wählt den Verschlüsselungsexponenten e mit $\mathrm{ggT}(e, \varphi(N)) = 1$.	
Veröffentlicht N und e.	
Verschlüsselung	
	Wählt den Klartext m.
	Berechnet mit Bobs öffentlichem Schlüssel $(N, e): c \equiv m^e \pmod{N}$.
	Sendet den Chiffretext c an Bob.
Entschlüsselung	
Berechnet d, das $ed \equiv 1 \pmod{\varphi(N)}$ erfüllt.	
Berechnet $m' \equiv c^d \pmod{N}$.	
Dann ist m' gleich dem Klartext m.	

Um ein schwieriges Problem für alle ohne den privaten Schlüssel zu definieren, sei N eine Zahl mit 600 Dezimalstellen. Dann ist es schwierig, diese Zahl N in ihre Primfaktoren pq zu zerlegen solange es kein systematisches Verfahren gibt, welches schnell dieses **RSA-Faktorisierungsproblem** löst. Dieses Faktorisierungsproblem geht in den RSA-Algorithmus ein. Dieser umfasst vier Schritte: Schlüsselgenerierung, Schlüsselverteilung, Verschlüsselung und Entschlüsselung. Die folgende Tabelle gibt eine Übersicht, wenn Alice Bob eine Nachricht sendet (Tab. 14.1):

Die beiden Zahlen p und q sollen zufällig erzeugt werden und sollten eine ähnliche Länge besitzen, um die Faktorisierung $N = pq$ zu erschweren. N ist das RSA-Modul für den öffentlichen und den privaten Schlüssel. Seine Länge ist die Schlüssellänge. Wir bestimmen die Euler-Phi-Funktion mit der Regel $\varphi(N) = \varphi(pq) = \varphi(p)\varphi(q) = (p-1)(q-1)$. Die Zahl e erfüllt $1 < e < \varphi(N)$ und $\mathrm{ggT}(e, \varphi(N)) = 1$. Der am häufigsten gewählte Wert für e ist $2^{16} + 1 = 65.537$. Das Paar (e, N) bildet den öffentlichen Schlüssel von Bob, den er Alice sendet. Da $\mathrm{ggT}(e, \varphi(N)) = 1$ ist, hat e ein multiplikatives inverses Element d: $e \cdot d \equiv 1 \pmod{\varphi(N)}$. Mit dem erweiterten Euklid'schen Algorithmus lösen wir die lineare Diophant'sche Gleichung $ed + k\varphi(N) = 1$, welche eine Lösung besitzt. Dann bilden (d, N) den privaten Schlüssel von Bob. Aus (e, N) kann man d nur dann finden, wenn man $\varphi(N)$, d. h. p und q, kennt.

Zusammengefasst wird der Klartext m verschlüsselt:

$$c = E(m) \equiv m^e \pmod{N}.$$

Für die Decodierung gilt:
$$D(c) \equiv (E(m))^d \equiv m \pmod{N}.$$

Weshalb gilt
$$\left(m^e\right)^d \equiv m \pmod{N}?$$

Wir wissen, dass
$$ed = k\varphi(N) + 1.$$

Mit dem Satz von Euler gilt:
$$\left(m^e\right)^d = m^{ed} = m^{k\varphi(N)+1} = m^{k\varphi(N)}m = \left(m^{\varphi(N)}\right)^k m \equiv 1^k m \equiv m \pmod{N},$$

wenn m und N teilerfremd sind. Dies ist dann der Fall, wenn die Produkte aller Primzahlen, welche man für die Verschlüsselung des Textes m verwendet, kleiner sind als N. Dann erhalten wir die geforderte Teilerfremdheit. Somit beweist der Satz von Euler die **Korrektheit des RSA-Algorithmus**.

Beispiel: Wir wählen $e = 23$, $p = 11, q = 13$. Die beiden Zahlen $p-1, q-1$ sind teilerfremd zu e und das RSA-Modul is $N = 11 \cdot 13 = 143$. Somit sind $(23, 143)$ der öffentliche Schlüssel. Die Euler'sche φ-Funktion hat den Wert $\varphi(N) = \varphi(143) = (p-1)(q-1) = 120$. Jetzt berechnen wir die Inverse d zu e. Aus
$$e \cdot d + k \cdot \varphi(N) = 1 = \text{ggT}(e, \varphi(N))$$

gilt im Beispiel:
$$23 \cdot d + k \cdot 120 = 1 = \text{ggT}(23, 120).$$

Mit dem erweiterten Euklid'schen Algorithmus berechnet man $d = 47$ und $k = -9$. Somit ist $(47, 143)$ der private Schlüssel. Jetzt soll die Klarnachricht $m = 7$ verschlüsselt werden. Alice rechnet mit dem veröffentlichten Schlüssel von Bob:
$$2 \equiv 7^{23} \pmod{143}$$

Alice schickt Bob die verschlüsselte Nachricht 2 anstelle des Klartextes 7. Bob nimmt seinen privaten Schlüssel und wendet diesen auf die 2 an:
$$7 \equiv 2^{47} \pmod{143}$$

der Klartext 7 von Alice erscheint.

Aufgabe 14.3.1 *Implementieren Sie die RSA-Schritte in Python.*

Aufgabe 14.3.2 *RSA-Schlüsselerstellung*

- *Bob wählt zwei geheime Primzahlen $p = 1223$ und $q = 1987$. Bob berechnet seinen öffentlichen Modul*
$$N = p \cdot q = 1223 \cdot 1987 = 2430101.$$

- *Bob wählt einen öffentlichen Verschlüsselungsexponenten $e = 948047$ mit der Eigenschaft, dass*
$$\operatorname{ggT}(e, (p-1)(q-1)) = \operatorname{ggT}(948047, 2426892) = 1.$$

RSA-Verschlüsselung
- *Alice konvertiert ihren Klartext in eine Ganzzahl*
$$m = 1070777 \quad \text{mit } 1 \leq m < N.$$

Führen Sie alle restlichen Schritte des RSA-Algorithmus durch.

Aufgabe 14.3.3 *Sei N eine große ganze Zahl und sei $K = M = C = \mathbb{Z}/N\mathbb{Z}$. Für jede der folgenden Funktionen $e : K \times M \to C$ beantworten Sie die folgenden Fragen:*

- *Ist e eine Verschlüsselungsfunktion?*
- *Falls e eine Verschlüsselungsfunktion ist, was ist die zugehörige Entschlüsselungsfunktion d?*
- *Falls e keine Verschlüsselungsfunktion ist, können Sie sie in eine Verschlüsselungsfunktion umwandeln, indem Sie eine kleinere, aber dennoch hinreichend große Menge von Schlüsseln verwenden?*

(a) $e_k(m) \equiv k - m \pmod{N}$.
(b) $e_k(m) \equiv k \cdot m \pmod{N}$.
(c) $e_k(m) \equiv (k + m)^2 \pmod{N}$.

14.4 Der Diffie-Hellman-Schlüsselaustauschalgorithmus

Der Diffie-Hellman-Schlüsselaustauschalgorithmus löst das folgende Problem. Alice und Bob möchten einen geheimen Schlüssel für die Verwendung in einer symmetrischen Verschlüsselung teilen, aber ihr einziges Kommunikationsmittel ist unsicher. Wie ist es möglich, dass Alice und Bob einen Schlüssel teilen, ohne ihn Eve zugänglich zu machen?

Der erste Schritt besteht darin, dass Alice und Bob sich auf eine große Primzahl p und eine primitive Wurzel g modulo p einigen. Alice und Bob machen die Werte von p und g öffentlich, d. h., alle kennen die Werte. Sie wählen g so, dass seine Ordnung in $\mathbb{Z}_p^*$ eine große Primzahl ist. Dann wählt Alice eine geheime ganze Zahl a und Bob eine geheime ganze Zahl b aus. Mit diesen Zahlen berechnen sie:

$$A \equiv g^a \pmod{p} \quad \text{(Alice berechnet dies)}$$

$$B \equiv g^b \pmod{p} \quad \text{(Bob berechnet dies)}$$

Sie tauschen dann diese berechneten Werte A, B, welche in einem unsicheren Kommunikationskanal von Eve eingesehen werden können. Schließlich verwenden Bob und Alice erneut ihre geheimen Zahlen und rechnen:

$$A' \equiv B^a \pmod{p} \quad \text{(Alice),}$$

$$B' \equiv A^b \pmod{p} \quad \text{(Bob).}$$

Die berechneten Werte sind gleich: $A' = B'$, da

$$A' \equiv B^a \equiv (g^b)^a \equiv g^{ab} \equiv (g^a)^b \equiv A^b \equiv B' \pmod{p}.$$

Dieser gemeinsame Wert ist ihr ausgetauschter Schlüssel und der beschriebene Algorithmus ist der Diffie-Hellman-Schlüsselaustauschalgorithmus.

Als Beispiel vereinbaren Alice und Bob, die Primzahl $p = 941$ und die primitive Wurzel $g = 627$ zu verwenden. Alice wählt den geheimen Schlüssel $a = 347$ und berechnet $A = 390 \equiv 627^{347} \pmod{941}$. Ähnlich wählt Bob den geheimen Schlüssel $b = 781$ und berechnet $B = 691 \equiv 627^{781} \pmod{941}$. Alice sendet Bob die Zahl 390 und Bob sendet Alice die Zahl 691. Beide Übertragungen erfolgen über einen unsicheren Kanal, sodass sowohl $A = 390$ als auch $B = 691$ als öffentliches Wissen betrachtet werden sollten. Die Zahlen $a = 347$ und $b = 781$ werden nicht übertragen und bleiben geheim. Dann können sowohl Alice als auch Bob die Zahl $470 \equiv 627^{347 \cdot 781} \equiv A^b \equiv B^a \pmod{941}$ berechnen, sodass 470 ihr gemeinsames Geheimnis ist. Angenommen, Eve sieht diesen gesamten Austausch. Sie kann Alices und Bobs gemeinsames Geheimnis rekonstruieren, wenn sie eines der Kongruenzen lösen kann:

$$627^a \equiv 390 \pmod{941}$$

oder

$$627^b \equiv 691 \pmod{941},$$

da sie dann einen ihrer geheimen Exponenten kennt. Soweit bekannt, ist dies der einzige Weg für Eve, den geheimen, gemeinsamen Wert ohne Alices oder Bobs Hilfe zu finden.

Wir haben nicht besprochen, wie man eine primitive Wurzel von $\mathbb{Z}_{941}^*$ findet. Um die primitiven Wurzeln zu bestimmen, müssen wir erst die Ordnung der Gruppe $\mathbb{Z}_{941}^*$ untersuchen und dann eine Zahl finden, deren Ordnung genau $\varphi(941)$ ist, wobei φ die Euler'sche Phi-Funktion bezeichnet. Die Ordnung der Gruppe ist 940, da für eine Primzahl gilt: $\varphi(941) = 941 - 1$. Die Anzahl der primitiven Wurzeln ist gleich $\varphi(940)$. Da $940 = 2^2 \cdot 5 \cdot 47$ gilt, können wir die Phi-Funktion mit den reziproken Primzahlen berechnen:

$$\varphi(940) = 940 \cdot \left(1 - \frac{1}{2}\right) \cdot \left(1 - \frac{1}{5}\right) \cdot \left(1 - \frac{1}{47}\right) = 940 \cdot \frac{1}{2} \cdot \frac{4}{5} \cdot \frac{46}{47} = 368$$

Es gibt also 368 primitive Wurzeln von $\mathbb{Z}_{941}^*$.

Um alle primitiven Wurzeln von $\mathbb{Z}_{941}^*$ zu finden, geht man von einer primitiven Wurzel g aus und verwendet die Tatsache, dass jede primitive Wurzel g^k ist, wobei k teilerfremd zu $\varphi(941) = 940$ ist. Das bedeutet, dass k eine Zahl ist, die mit 940 teilerfremd ist. Um zu testen, ob eine Zahl $g \in \mathbb{Z}_{941}^*$ eine primitive Wurzel ist, müssen wir sicherstellen, dass $g^k \not\equiv 1 \pmod{941}$ für alle Teiler k von 940, außer für $k = 940$. Da die Teiler von 940 wie folgt gegeben sind,

$$940 = 2^2 \times 5 \times 47,$$

müssen wir sicherstellen, dass $g^{470} \not\equiv 1 \pmod{941}$, $g^{188} \not\equiv 1 \pmod{941}$, $g^{235} \not\equiv 1 \pmod{941}$ und so weiter. Dies ist definitiv eine Aufgabe für Python. Im Python Kap. 14 ist der Algorithmus gegeben, welcher die Liste aller 368 primitiven Wurzeln erzeugt. Eine davon ist die im Beispiel gewählte Zahle 627.

Aktuelle Richtlinien empfehlen, dass Alice und Bob eine Primzahl p wählen, die ungefähr 1000 Bit hat (d. h. $p \approx 2^{1000}$), und ein Element g, dessen Ordnung prim und ungefähr $p/2$ ist. Dann wird Eve Mühe haben, die Berechnungen Brute Force durchzuführen.

14.5 Zusammenfassung Diffie-Hellman-Schlüsselaustausch und RSA-Algorithmus

Beiden Themen verwenden Probleme, die nur unter bestimmten Bedingungen effizient lösbar sind.

Diffie-Hellman-Schlüsselaustausch:

- Eine große Primzahl p wird von beiden Parteien vereinbart.
- Wahl einer primitiven Wurzel $g \in \mathbb{Z}_p^*$.
- Diskretes Logarithmusproblem: Wenn $g^a \pmod{p}$ gegeben ist, ist es schwierig den Exponenten a zu berechnen, also $a \equiv \log_g A \pmod{p}$ Mit anderen Worten, die Schwierigkeit ist, den diskreten Logarithmus in einer zyklischen Gruppe zu berechnen. Dies definiert die Sicherheit des Verfahrens.

Diffie-Hellman-Prozess:

- Bob und Alice vereinbaren p und g, wählen je ein a bzw. b, berechnen und tauschen $A = g^a \pmod{p}$ und $B = g^b \pmod{p}$ aus.
- Der gemeinsame Schlüssel K wird dann von Bob als $K = B^a \pmod{p} = g^{ab} \pmod{p}$ und von Alice als $K = A^b \pmod{p} = g^{ab} \pmod{p}$ berechnet.

RSA-Algorithmus:

- Primzahlen p und q: Zwei große Primzahlen werden ausgewählt.
- Modulus $N = p \cdot q$: Das Produkt der beiden Primzahlen.
- Euler'sche Phi-Funktion $\varphi(N) = (p-1)(q-1)$: Wird für die Konstruktion der Schlüssel verwendet.
- Faktorisierungsproblem: Um den privaten Schlüssel d zu berechnen, müsste man $\varphi(N)$ kennen, was durch die Faktorisierung von N ermittelt wird. Das Faktorisierungsproblem ist für große Primzahlen schwierig.

RSA-Prozess:

- Schlüsselgenerierung: Der öffentliche Schlüssel besteht aus dem Paar (N, e), wobei e ein Exponent ist, der relativ prim zu $\varphi(N)$ ist. Der private Schlüssel d ist das Inverse von e modulo $\varphi(N)$.
- Verschlüsselung: Die Nachricht m wird als $c = m^e \mod N$ verschlüsselt.
- Entschlüsselung: Die Entschlüsselung erfolgt durch $m = c^d \mod N$.

14.6 Einwegfunktionen

Wir haben gesehen, dass in der Kryptografie Funktionen wichtig sind, die schnell ausgewertet, aber nur schwer invertiert werden können. Die Idee ist, eine schwer invertierbare Funktion auf die zu verschlüsselnde Information anzuwenden, sodass niemand auf das geheime Urbild schließen kann. Solche Funktionen nennt man **Einwegfunktionen (ohne Falltür)**.. Damit die Empfänger die Nachricht jedoch entschlüsseln können, kommen Einwegfunktionen mit Falltür zum Einsatz, bei denen der Empfänger zusätzliche Parameter kennt, welche die Invertierung ermöglichen. Wir beginnen mit Einwegfunktionen ohne Falltür.

Definition 14.6.1 *Es seien D, W zwei beliebige nichtleere Mengen und $f : D \to W$ sei eine injektive Funktion. Dann heißt f Einwegfunktion ohne Falltür, wenn gilt:*

- $f(x)$ ist für alle $x \in D$ effizient berechenbar,
- $f^{-1}(y)$ ist für alle $y \in f(D)$ schwer berechenbar.

Dabei bezeichnet $f(D) \subseteq W$ das Bild von f. Es ist mathematisch offen, ob es echte Einwegfunktionen gibt. Es gibt aber gute Kandidaten für Einwegfunktionen angesichts der aktuellen Rechenmöglichkeiten. Es sind dies die Multiplikation großer Primzahlen sowie die Potenzfunktion in $\mathbb{Z}_p^*$. Wir erinnern, dass für p eine Primzahl ein Element $g \in \mathbb{Z}_p^*$ primitive Wurzel in $\mathbb{Z}_p^*$ ist, falls

14.6 Einwegfunktionen

$$\mathbb{Z}_p^* = \langle g \rangle = \{g^1, g^2, \ldots, g^{p-1}\}$$

gilt. In $\mathbb{Z}_p^*$ gibt es stets genau $\varphi(p-1)$ primitive Wurzeln.

Eine Einwegfunktion kann man erhalten, indem man als Definitionsbereich der Funktion f die Menge der geordneten Primzahlpaare

$$D := \{(p, q) \in \mathbb{N} \times \mathbb{N} \mid (p < q) \wedge (p, q \text{ grosse Primzahlen})\}$$

definiert und dann f festlegt gemäß

$$f : D \to \mathbb{N}, \quad (p, q) \mapsto p \cdot q.$$

Sucht man das Urbild $f^{-1}(1022117)$, dann ist es nicht einfach, Primzahlen p und q zu finden, sodass $p \cdot q = 1022117$. Dies ist das Faktorisierungsproblem im RSA-Algorithmus. Eine andere Einwegfunktion kann man erhalten, indem man $\mathbb{Z}_{11}^*$ als Definitionsbereich der Funktion f heranzieht und f definiert:

$$f : \mathbb{Z}_{11}^* \to \mathbb{Z}_{11}^*, \quad x \mapsto 7x \pmod{11}.$$

Die Zahl 7 ist eine primitive Wurzel in $\mathbb{Z}_{11}^*$ und somit ist f bijektiv. Jetzt sucht man beispielsweise das Urbild $f^{-1}(6)$, sodass $7x \equiv 6 \pmod{11}$. Je größer die beteiligten Zahlen sind, desto schwieriger wird dieses Diskrete-Logarithmen-Problem (DLP). Dies sind zwei effiziente Verschlüsselungsmechanismen. Sie sind aber sowohl für Alice und Bob als auch Eve gleich schwer zu entschlüsseln. Um diese für Alice und Bob effizient zu machen, wird die Umkehrfunktion f^{-1} mit zusätzlichen Informationen (Parametern) oder Geheimnissen versehen. Nur wer diese Parameter kennt, kann das Urbild effizient mit einem Satz aus der Zahlentheorie berechnen. Dies definiert die Einwegfunktionen mit Falltür. Es gelten die gleichen Bemerkungen zu deren Existenz wie bei den Einwegfunktionen. Betrachten wir die Funktion

$$f : \mathbb{Z}_{1073} \to \mathbb{Z}_{1073}, \quad x \mapsto x^{605} \pmod{1073}.$$

Behauptung: f ist eine Einwegfunktion. Dazu muss die Funktion injektiv sein. f ist injektiv, wenn für alle $x_1, x_2 \in \mathbb{Z}_{1073}$ gilt:

$$f(x_1) = f(x_2) \implies x_1 = x_2.$$

Das bedeutet, aus

$$x_1^{605} \equiv x_2^{605} \pmod{1073}$$

muss $x_1 \equiv x_2 \pmod{1073}$ folgen. Für die Injektivität ist ausreichend, dass die Potenz 605 eine multiplikative Inverse modulo $\varphi(1073)$ hat. Als Erstes berechnen wir $\varphi(1073)$. Da $1073 = 29 \cdot 37$ gilt, ist dies einfach. Der zusätzliche Parameter sind die beiden Primzahlen. Ohne deren Kenntnis ist die Berechnung der Phi-Funktion schwierig. Es gilt:

$$\varphi(1073) = 1008.$$

Da der ggT von 605 und 1008 gleich 1 ist, existiert eine multiplikative Inverse modulo 1008 von 605: Es gibt ein a, sodass: $605 \cdot a \equiv 1 \pmod{1008}$. Somit ist f injektiv, da unterschiedliche Eingabewerte zu unterschiedlichen Ausgabewerten führen.

f ist aber auch surjektiv, wenn für jedes $y \in \mathbb{Z}_{1037}$ ein $x \in \mathbb{Z}_{1037}$ existiert, sodass $f(x) = y$. Für die Surjektivität genügt es ebenfalls zu zeigen, dass 605 eine Inverse hat, da dies bedeutet, dass jede Zahl in $\mathbb{Z}_{1037}$ als x^{605} dargestellt werden kann. Das bedeutet, dass wir für jedes y ein x finden, sodass $f(x) \equiv y \pmod{1073}$. Sucht man zum Beispiel $f^{-1}(97)$, also ein $x \in \mathbb{Z}_{1073}$ mit

$$x^{605} \equiv 97 \pmod{1073},$$

dann wissen wir mit dem Gesagten, dass eine solches x existiert. Es folgt mit dem erweiterten Euklid'schen Algorithmus, dass $a = 5$ die Inverse von 605 ist. Ohne die Kenntnis der beiden Primzahlen kann Eve aus den öffentlich bekannten Zahlen 1073 und 605 nicht auf die Falltür $a = 5$ oder direkt auf das Urbild $f^{-1}(97)$ schließen. Jetzt lässt sich aber die Ursprungsinformation $x \in \mathbb{Z}_{1073}$ mithilfe der Falltür $a = 5$ berechnen. Das gesuchte $x \in \mathbb{Z}_{1073}$ erfüllt nämlich aufgrund seiner Definition als $f^{-1}(97)$ und andererseits aufgrund der Folgerung aus dem Satz von Euler die Gleichung

$$x \equiv (97^{605})^5 \equiv (97)^{605 \cdot 5} \equiv 97 \pmod{1073},$$

da $605 \cdot 5 \equiv 5 \pmod{\phi(1073)}$ ist. Damit ist die gesuchte Zahl $x \in \mathbb{Z}_{1073}$ in eindeutiger Weise gefunden.

Teil IV
Analyse von Algorithmen

Algorithmen 15

Inhaltsverzeichnis

15.1 Definitionen und Klassifikation von Algorithmen 358
15.2 Turing-Maschine 359
15.3 Halteproblem 361
15.4 Berechenbarkeit 363

Wir sind oft auf Algorithmen gestoßen und haben mit diesen gearbeitet, ohne zu definieren, was ein Algorithmus ist. Wir holen dies in diesem Abschnitt nach. Dabei gehen wir zuerst informell vor und anschließend betrachten wir drei abstrakte Themen. Die **Turing-Maschinen** sind ein fundamentales Konzept der theoretischen Informatik und dienen als abstraktes Modell für die Berechnung. Sie wurden von Alan Turing eingeführt, um die Grenzen dessen zu definieren, was mithilfe eines Algorithmus berechenbar ist. Der Sinn von Turing-Maschinen liegt darin, eine formale Grundlage für die Definition und Analyse von Algorithmen zu schaffen und damit die Basis für moderne Computer und Programmiersprachen zu bilden. Das **Halteproblem** ist ein Konzept im Kontext der Turing-Maschinen. Es fragt, ob es möglich ist, für eine beliebige Turing-Maschine und Eingabe zu entscheiden, ob die Maschine jemals anhält oder in eine unendliche Schleife gerät. Alan Turing bewies 1936, dass das Halteproblem unentscheidbar ist, was bedeutet, dass es keinen Algorithmus gibt, der dieses Problem für alle möglichen Maschinen und Eingaben lösen kann. Dieses Ergebnis zeigt, dass es prinzipielle Grenzen für das gibt, was Algorithmen leisten können. Die **Berechenbarkeit** befasst sich mit der Frage, welche Probleme algorithmisch lösbar sind. Sie bildet die Grundlage für die Unterscheidung zwischen berechenbaren und unberechenbaren Problemen. Die Bedeutung dieser Konzepte liegt darin, den Rahmen für die

Ergänzende Information Die elektronische Version dieses Kapitels enthält Zusatzmaterial, auf das über folgenden Link zugegriffen werden kann https://doi.org/10.1007/978-3-662-71095-1_15.

Theorie der Berechnungen, die Entwicklung von Programmiersprachen und die Analyse von Algorithmen zu schaffen. Sie bieten Einblicke in die grundlegenden Fähigkeiten und Grenzen von Computern und prägen damit die gesamte Informatik. Wir werden uns auf wenige Aspekte fokussieren und verweisen für eine tiefere und umfassendere Diskussion auf die Literatur.

15.1 Definitionen und Klassifikation von Algorithmen

Definition 15.1.1 *Ein Algorithmus ist eine Vorschrift zur Lösung einer Klasse von Problemen. Er besteht aus einer **endlichen** Folge von Schritten, mit der aus bekannten Eingangsdaten neue Ausgangsdaten eindeutig berechnet werden können.*

Algorithmen sind unabhängig von der Programmiersprache definiert, welche einer Realisierung der Algorithmen entsprechen. Ein Computerprogramm ist in einer Programmiersprache geschrieben. Ein Algorithmus ist in Pseudocode geschrieben.

Charakteristische Eigenschaften von Algorithmen sind die **Endlichkeit, Eindeutigkeit** und **Allgemeinheit.** Letztere besagt, dass ein Algorithmus nicht nur die Lösung einer speziellen Aufgabe, sondern die Lösung einer Klasse von Problemen (z. B. die Lösung aller quadratischen Gleichungen $ax^2 + bx + c = 0$) beschreiben soll. Die **Determiniertheit** fordert, dass ein Algorithmus bei mehrmaliger Anwendung mit denselben Eingangsdaten immer dieselben Ausgangsdaten liefert. Ein Algorithmus sollte für jede Menge von Eingabewerten die korrekten Ausgabewerte produzieren **(Korrektheit)**. Das Verfahren sollte für alle Probleme der gewünschten Form anwendbar sein, nicht nur für eine bestimmte Menge von Eingabewerten **(Generalisierbarkeit)**. Weiter sollten Algorithmen **effizient** sein. Effizienzmasse für Algorithmen sind die Zeit- und Speicherkomplexität. Sie messen den Ressourcenverbrauch der Maschinen als Funktion der Inputs.

Algorithmen lassen sich in verschiedene Kategorien einteilen, je nach ihrem Anwendungsbereich und ihrer Struktur. Beispiele sind:

- **Sortieralgorithmen:** Algorithmen wie Bubblesort, Mergesort und Quicksort, die Daten in einer bestimmten Reihenfolge anordnen.
- **Suchalgorithmen:** Algorithmen wie Binäre Suche oder Tiefensuche, die darauf abzielen, ein bestimmtes Element in einer Datenstruktur zu finden.
- **Graphenalgorithmen:** Algorithmen wie Dijkstras Algorithmus oder der Algorithmus von Kruskal, die auf Graphenstrukturen arbeiten.
- **Rekursionsalgorithmen:** Algorithmen, die sich selbst aufrufen, wie die Berechnung der Fakultät oder der Fibonacci-Zahlen.
- **Greedy-Algorithmen:** Algorithmen, die lokale Optimierungen wählen, um ein globales Optimum zu erreichen, wie der Algorithmus zur Lösung des Problems des Handlungsreisenden.

- **Dynamische Programmierung:** Algorithmen, die komplexe Probleme durch Zerlegung in einfachere Teilprobleme lösen, wie das Knapsack-Problem oder die Berechnung der Fibonacci-Zahlen.

15.2 Turing-Maschine

Eine Turing-Maschine ist ein mathematisches Modell einer abstrakten Maschine und keine physische Maschine. Diese Maschine formalisiert die Begriffe des Algorithmus und der Berechenbarkeit.

Die Turing-Maschine hat ein Steuerwerk, ein Speicherband und einen programmgesteuerten Lese- und Schreibkopf. Im Steuerwerk befindet sich das Programm. Das Speicherband ist eine unbeschränkte Folge von Feldern, siehe Abb. 15.1. Pro Feld kann genau ein Zeichen aus einem vordefinierten Alphabet, zum Beispiel 0,1 plus ein Leerzeichen B, gespeichert werden. Der Lese- und Schreibkopf bewegt sich in Einerschritten auf dem Speicherband und verändert die Zeichen im Band. Somit benötigt die Turing-Maschine nur drei Operationen (Lesen, Schreiben und Schreib-Lese-Kopf bewegen), um alle Operationen der üblichen Computerprogramme zu simulieren.

Der Lese- und Schreibkopf startet auf dem ersten Symbol der Eingabe und arbeitet entsprechend der Übergangsfunktion der Maschine, die basierend auf dem aktuellen Zustand und dem gelesenen Symbol definiert in welche Richtung der Kopf bewegt wird (links, rechts oder bleibt stehen) und in welchen neuen Zustand die Maschine übergeht.

Ein Zustand q beschreibt den aktuellen Status der Maschine während der Berechnung. Er dient als abstrakte Repräsentation des Fortschritts bei der Verarbeitung der Eingabe. Die Maschine kann sich nur in einem Zustand zur Zeit befinden. Zustände werden verwendet, um festzulegen, wie die Maschine auf das aktuell gelesene Symbol reagiert. Die Zustandsmenge ist endlich und enthält mindestens einen Startzustand q_0, in dem die Maschine beginnt, und einen oder mehrere Endzustände q_f, in denen die Berechnung abgeschlossen ist.

Die Berechnung beginnt im Startzustand q_0 und die Maschine stoppt, wenn ein Endzustand q_f erreicht wird oder kein Übergang definiert ist. Das Band speichert die Eingabe, Zwischenergebnisse und schließlich das Resultat.

Das Programm einer Turing-Maschine wird durch die *Übergangsfunktion* $\delta(q, x) = (q', y, D)$ definiert. Diese gibt an, wie die Maschine auf das aktuelle Symbol x reagiert,

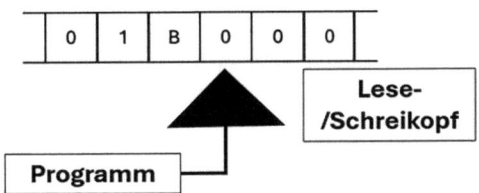

Abb. 15.1 Einfache Turing-Maschine

abhängig vom aktuellen Zustand q. Für jeden Zustand und jedes mögliche Symbol legt δ fest:

- q': Den neuen Zustand nach der Aktion.
- y: Das Symbol, mit dem x überschrieben wird.
- D: Die Bewegungsrichtung des Lese- und Schreibkopfs (R: rechts, L: links, Stay: keine Bewegung).

Der *Steuerkopf* setzt die Anweisungen der Übergangsfunktion physisch um.

Das Zusammenspiel von Programm, Steuerkopf und Zuständen wird am Beispiel der Funktion $x \mapsto x + 1$ verdeutlicht. Die Maschine beginnt im Startzustand q_0 am Anfang des Bandes und bewegt sich nach rechts, um das Ende der Zahl zu finden. Sobald ein Leerzeichen (B) gelesen wird, wechselt sie in den Zustand q_1, um mit der Addition zu beginnen. Im Zustand q_1 wird von rechts nach links gearbeitet, wobei die Addition und das Übertrags-Handling erfolgen. Ist die Berechnung abgeschlossen, erreicht die Maschine den Endzustand q_f. Die Übergangsfunktion für dieses Beispiel lautet:

$$\delta(q_0, 0) = (q_0, 0, R), \quad \delta(q_0, 1) = (q_0, 1, R), \quad \delta(q_0, B) = (q_1, B, L),$$
$$\delta(q_1, 1) = (q_1, 0, L), \quad \delta(q_1, 0) = (q_f, 1, R), \quad \delta(q_1, B) = (q_f, 1, R).$$

Allgemein beschreibt $\delta(q, x) = (q', y, D)$, dass die Maschine im Zustand q das Symbol x liest, dieses durch y ersetzt, den Kopf gemäß D bewegt und in den neuen Zustand q' übergeht. Mit diesem Formalismus können wir Anweisungen für $x \mapsto x + 1$ „gehe zum Ende der Eingabe" und „Addition beschreiben".

Gehe zum Ende der Zahl (rechtes Ende):

- q_0: Wenn 0 gelesen wird, bewege den Kopf nach rechts. $\delta(q_0, 0) = (q_0, 0, R)$.
- q_0: Wenn 1 gelesen wird, bewege den Kopf nach rechts. $\delta(q_0, 1) = (q_0, 1, R)$.
- q_0: Wenn ein Leerzeichen (B) gelesen wird, gehe einen Schritt nach links (L) und wechsle in den Zustand q_1. $\delta(q_0, B) = (q_1, B, L)$.

Finde die erste 0 von rechts:

- q_1: Wenn 1 gelesen wird, schreibe 0, bewege den Kopf nach links (L) und bleibe in q_1. $\delta(q_1, 1) = (q_1, 0, L)$
- q_1: Wenn 0 gelesen wird, schreibe 1, bewege den Kopf nach rechts (R), und gehe in den Endzustand q_f. $\delta(q_1, 0) = (q_f, 1, R)$. $\delta(q_1, B) = (q_f, 1, R)$.

15.3 Halteproblem

Übertrags-Handling:

- q_1: Wenn ein Leerzeichen (B) gelesen wird (alle Stellen waren 1), schreibe 1 und gehe in den Endzustand q_f.

Diese Anweisungen können als Graph dargestellt werden:

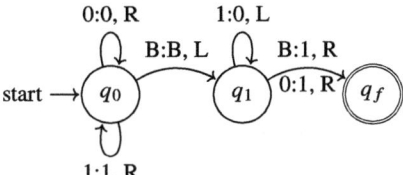

Dabei bedeutet $x : y, A$, dass wenn das Symbol x gelesen wird, dieses mit y überschrieben wird und der Lese- und Schreibkopf sich dann eine Zelle in Richtung A bewegt. Als Beispiel addieren wir $x + 1 = (1011)_2 + 1$ mit dem Resultat 1100_2:

- Ausgangszustand: B1011B
- Die Maschine bewegt den Kopf nach rechts, bis das Leerzeichen (B) erreicht wird.
- Die Maschine ändert die 1 zu 0, dann die nächste 1 zu 0, und schließlich die 0 zu 1.
- Das Ergebnis ist $(1100)_2$.

Aufgabe 15.2.1 *Beschreiben Sie die Anweisungen im Beispiel für die binäre Addition ohne die Zustände zu verwenden, indem Sie die Maschine steuern aufgrund der Symbole in den Feldern, die drei Operationen verwenden und die Übergangsfunktion verbal beschreiben. Der Start in den Anweisungen für das Gehen zum Ende der Zahl ist zum Beispiel: Wenn 0 gelesen wird, gehe zum Schritt (Nummer des entsprechenden Schrittes angeben).*

Aufgabe 15.2.2 *Addieren Sie zur Binärzahl $(101)_2$ die 1.*

15.3 Halteproblem

Das Halteproblem ist eines der bekanntesten Probleme in der Informatik. Es zeigt, dass es ein Problem gibt, das mit keinem Verfahren gelöst werden kann.

Halteproblem: Gibt es eine Turing-Maschine H, welche für jedes Computerprogramm P und jede Eingabe I bestimmt, ob das Programm P bei der Eingabe I anhält oder unendlich weiterläuft?

Alan Turing zeigte, dass ein solches Verfahren nicht existiert.

Behauptung: Es gibt keine Lösung des Halteproblems.

Die Idee lässt sich wie folgt zusammenfassen: Wir konstruieren ein Programm K, welches das Gegenteil dessen tut, was das hypothetische Entscheidungsverfahren H tun soll. Dies führt dazu, dass K sein eigenes Verhalten infrage stellt, was den Kern des Problems darstellt. Indem wir K **gleichzeitig** als Programm und Input in die Hypothese H einführen, d. h., das Programm nimmt sich selbst als Anwendung, folgt ein Widerspruch zur Annahme, dass es ein Verfahren H gibt, das für alle Programme und Eingaben entscheiden kann, ob sie halten oder nicht.

Beweis Der Beweis erfolgt durch Widerspruch.

Angenommen, es gibt ein Verfahren $H(P, I)$, das für jedes Programm P und jede Eingabe I bestimmt, ob P bei der Eingabe I hält oder unendlich weiterläuft. Das heißt:

$$H(P, I) = \begin{cases} \text{„halt"}, & \text{wenn } P \text{ bei Eingabe } I \text{ anhält,} \\ \text{„loop forever"}, & \text{wenn } P \text{ bei Eingabe } I \text{ nicht anhält.} \end{cases}$$

Da Programme als Bitfolgen codiert werden können, kann auch P selbst als Eingabe für H verwendet werden. Das bedeutet, $H(P, P)$ sollte in der Lage sein zu bestimmen, ob P bei Eingabe P hält. Nun konstruieren wir ein neues Programm $K(P)$, welches das Gegenteil von $H(P, P)$ macht:

- Wenn $H(P, P) = $ „loop forever", dann hält $K(P)$.
- Wenn $H(P, P) = $ „halt", dann läuft $K(P)$ für immer weiter.

Nun geben wir K als Eingabe an sich selbst ein. Somit betrachten wir $K(K)$:

- **Fall 1:** Angenommen, $H(K, K) = $ „loop forever". Das bedeutet, dass $K(K)$ gemäß der Definition von H nicht hält. Aber gemäß der Definition von K soll $K(K)$ anhalten, wenn $H(K, K) = $ „loop forever", was einen Widerspruch darstellt.
- **Fall 2:** Angenommen, $H(K, K) = $ „halt". Das bedeutet, dass $K(K)$ gemäß der Definition von H anhält. Aber gemäß der Definition von K soll $K(K)$ weiterlaufen, wenn $H(K, K) = $ „halt", was ebenfalls einen Widerspruch darstellt.

In beiden Fällen erhalten wir einen Widerspruch, daher kann es kein solches Verfahren H geben, das das Halteproblem löst. □

Es gibt scheinbar einfache Algorithmen, bei denen man nicht entscheiden kann, ob der Algorithmus abbricht oder terminiert. Wenn wir aber nicht wissen, ob ein Algorithmus abbricht, können wir auch nicht beweisen, dass er korrekt ist Ein Beispiel ist das sogenannte

Collatz-Problem, welches seit 1937 ein ungelöstes Problem ist. In Form eines Algorithmus lautet das Problem:

```
Algorithmus Collatz(n)
i<-0
while n > 1
    if n gerade
        n <- n/2
    else
        n<- 3n +1
    i <- i+1
return i
```

Der Algorithmus erhält eine natürliche Zahl n und initialisiert auf Null. Dann wird unterschieden, ob n gerade oder ungerade ist. Einmal wird halbiert und einmal mal drei genommen plus 1. Wir haben somit zwei entgegenlaufende Verkleinerungs- bzw. Vergrößerungsschritte. Die Variable i protokolliert, wie oft die While-Schleife für eine Eingabe durchlaufen wird. Für $n = 1$ wird die Schleife nicht durchlaufen, d. h. Collatz(1) = 0. Weiter erhalten wir (rechnen Sie nach):
$$\text{Collatz}(2) = 1, \text{Collatz}(3) = 7$$
mit den Durchläufen $3 \to 10 \to 5 \to 16 \to 8 \to 4 \to 2 \to 1$. Weiter sind Collatz-Zahlen von 25 gleich 23 und für 27 gibt es 9323 Durchläufe. Gibt es eine natürliche Zahl n, sodass der Algorithmus nicht terminiert? Dieses Problem ist ungelöst (Abb. 15.2).

15.4 Berechenbarkeit

Im Alltag ist eine Funktion berechenbar, wenn es ein Programm gibt, das diese Funktion berechnen kann. Um welches Programm handelt es sich dabei? Alan Turing schlug 1936 vor, Berechenbarkeit in Bezug auf ein sehr einfaches Computermodell, der Turing-Maschine, zu definieren. Man könnte annehmen, dass die Turing-Maschine zu einfach ist. Es lässt sich jedoch zeigen, dass einige komplexere Maschine keine größere Rechenkraft haben als die Turing-Maschine.

Eine andere Möglichkeit, die Berechenbarkeit einer Funktion zu definieren, besteht darin, zu prüfen, ob sie durch bestimmte **grundlegende Operationen oder funktionale Eigenschaften** beschrieben werden kann. Dazu beginnen wir mit **Basisfunktionen,** also einfachen Funktionen. Basisfunktionen sind:

- Konstante Funktionen: Diese geben immer denselben Wert zurück, egal was die Eingabe ist. Zum Beispiel:

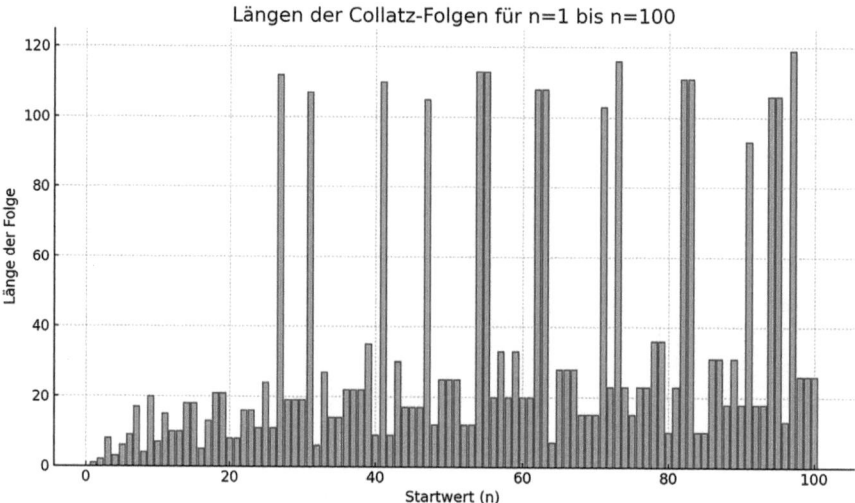

Abb. 15.2 Anzahl der Schleifendurchläufe für natürlichen Zahlen bis 100 im Collatz-Algorithmus

$$f(x) = 3, \ \forall x.$$

- Projektionsfunktionen: Diese Funktionen geben einfach eine der Eingaben zurück. Für zwei Eingaben x und y lautet die Projektion auf x:

$$f_x(x, y) = x$$

- Nachfolgerfunktion: Diese Funktion erhöht die Eingabe um 1, also:

$$s(x) = x + 1$$

Die nächst allgemeineren Funktion sind die primitiv rekursiven Funktionen. Eine Funktion wird **primitiv rekursiv** bezeichnet, wenn sie auf eine der drei folgenden Arten gebildet wird:

1. Sie ist eine Basisfunktion.
2. Komposition: Man kann eine neue Funktion bilden, indem man mehrere primitiv rekursive Funktionen miteinander kombiniert. Zum Beispiel:

$$f(x) = s(s(x))$$

Das bedeutet, wir wenden die Nachfolgerfunktion zweimal an, also $f(3) = 5$.
3. Primitive Rekursion: Zum Beispiel könnte die Addition als rekursive Funktion so definiert werden:

$$\text{add}(x, 0) = x$$

15.4 Berechenbarkeit

$$\text{add}(x, y+1) = s(\text{add}(x, y))$$

Addiert man beispielsweise eine Zahl $y + 1$, nimmt man den Wert der Addition von x und y und wendet dann die Nachfolgerfunktion (also $+1$) darauf an. So entsteht die Definition der Addition. Die Funktion für die Addition lautet:

```
Funktion add (n, x):
if n = 0 then return x
    else return s(add(n - 1, x))
```

Um add(3,5) zu berechnen, wird die Rekursion wie folgt ablaufen:

$$\text{add}(3, 5) = s(\text{add}(2, 5)) \to \text{add}(2, 5) = s(\text{add}(1, 5)) \to \text{add}(1, 5)$$
$$= s(\text{add}(0, 5)) \to \text{add}(0, 5) = 5$$

und daraus folgt:

$$\text{add}(1, 5) = s(5) = 6, \ \text{add}(2, 5) = s(6) = 7, \ \text{add}(3, 5) = s(7) = 8.$$

Als Resultat erhalten wir $\text{add}(3, 5) = 8$

Aufgabe 15.4.1 *Die Multiplikationsfunktion ist definiert durch $mul(n, x) = n \cdot x$. Schreiben Sie die Prozedur für die Multiplikation und berechnen Sie $mul(3, 5)$.*

Die Funktionen der Addition und Multiplikation sind primitiv rekursiv, weil sie nur mit Basisfunktionen arbeiten und ihre Berechnung schrittweise durch Rekursion auf einfachere Fälle zurückführen. Für andere Ansätze, die Berechenbarkeit einer Funktion zu definieren, und eine vertiefte Diskussion, siehe Schöning (2002).

Rekursionsgleichungen 16

Inhaltsverzeichnis

16.1 Lineare, homogene Rekursion 1. Ordnung 368
16.2 Lineare, homogene Rekursion 1. Ordnung, nichtkonstante Koeffizienten 369
16.3 Lineare, homogene Rekursion 2. Ordnung 370
16.4 Lineare, inhomogene Rekursion 1. Ordnung.. 373
16.5 Wie bestimmt man eine Rekursionsgleichung? 375
16.6 Rekursionen in Python 377
16.7 Rekursion und Iteration in der Informatik 378

Oft kann man Probleme mathematisch rekursiv definieren. Diese können mit Simulationen gelöst werden. Es gibt aber einige Rekursionen, welche glücklicherweise in der Informatik oft vorkommen, die eine explizite mathematische Lösung (Formel) besitzen. Das Studium dieser Fälle steht in diesem Abschnitt im Zentrum. Im ganzen Abschnitt bezeichne n eine natürliche Zahl. Wir schreiben für Funktionen $f(n)$ oder äquivalent f_n.

Eine Funktion $f(n)$ ist eine mathematische **Rekursion,** wenn die Berechnung von $f(n)$, für jedes n, sich durch Zugriffe auf Vorgängerwerte $f(n-1), f(n-2), \ldots, f(n-k)$ berechnen lässt. Formal kann eine Rekursion in der Form

$$f(n) = F(f(n-1), \ldots, f(n-m)), \quad f(0) = x_0 \; f(1) = x_1, \ldots, f(m-1) = x_{m-1}$$
(16.1)

geschrieben werden. Dabei ist F eine Funktion, welche beschreibt, in welcher Form die vorangehenden Funktionswerte zum aktuellen Wert $f(n)$ beitragen. Dieser Zusammenhang kann einfach sein, wenn F beispielsweise linear ist, wie bei der Fibonacci-Rekursion $f(n) = f(n-1) + f(n-2)$. Das Ziel ist, (16.1) zu lösen, d. h., eine Funktion f zu finden, welches

---

Ergänzende Information Die elektronische Version dieses Kapitels enthält Zusatzmaterial, auf das über folgenden Link zugegriffen werden kann https://doi.org/10.1007/978-3-662-71095-1_16.

die Rekursionsgleichung und die Startwerte x_j erfüllt. In komplexeren Situationen kann die Rekursion nur numerisch gelöst werden. Das heißt, für gewählte Parameterwerte wird die Lösung der Rekursion in Python simuliert.

Rekursionen werden nach verschiedenen Merkmalen **klassifiziert**. Ein Merkmal ist der Typ der Funktion F. Beispielsweise ist

$$f(n) = F(f(n-1), f(n-2)) = a_{n-1}f(n-1) + a_2 f(n-2)$$

eine lineare Rekursion 2. Grades, da die letzten beiden Funktionswerte rekursiv $f(n)$ bestimmen und dies linear erfolgt. Je höher der Grad einer Rekursion, desto strukturreicher ist die Lösungsfunktion $f(n)$. Deutlich komplexer ist der Fall von nichtlinearen Funktionen F:

$$f(n) = F(f(n-1), f(n-2)) = (a_{n-1}f(n-1) + a_2 f(n-2))^2.$$

Die nächste Charakterisierung betrifft die Koeffizienten a_n. Diese können konstant oder selber von n abhängig sein.. Die letzte Charakteristik betrifft die Homogenität bzw. Inhomogenität. Die Rekursion

$$f(n) + f(n-1) = 0$$

ist homogen und

$$f(n) + f(n-1) = g(n)$$

ist inhomogen mit einer vorgegebenen Funktion $g(n)$ (Inhomogenität). Dabei ist in beiden Fällen die Funktion f gesucht.

Zusammengefasst gelten die Faustregeln: Linear ist einfacher als nichtlinear, homogen ist einfacher als inhomogen, konstante Koeffizienten sind einfacher als variable Koeffizienten und tiefere Ordnung ist einfacher als höhere Ordnung. Für viele grundlegende Algorithmen sind die Rekursionsbeziehungen linear und von einem Grad nicht größer als 2. Wir fokussieren deshalb auf die Theorie der linearen Rekursionsgleichungen, homogen und inhomogen, bis zum Grade 2.

16.1 Lineare, homogene Rekursion 1. Ordnung

Die Rekursion
$$f_n = af_{n-1}, \ f_0 = x, \tag{16.2}$$

ist linear, mit konstantem Koeffizienten $a \in \mathbb{R}$, homogen und erster Ordnung. Durch wiederholtes Einsetzen in sich selber kann man die Rekursion direkt lösen: $f_n = a^n f_0$. Ohne die Anfangsbedingung $f_0 = x$ können die Funktionswerte nicht bestimmt werden. Was ist beispielsweise $f_1 = 3f_0$, wenn f_0 nicht gegeben ist? Somit ist ein Problem nicht vollständig spezifiziert, wenn nicht genügend Anfangs- oder Randbedingungen bekannt sind.

Aufgabe 16.1.1 *Lösen Sie (16.2).*

Gibt es mehrere Lösungen zu (16.2)? Sei eine zweite Lösung $f'(n) \neq f(n)$ gegeben. Setzen wir die Differenz $f' - f$ in die Rekursionsgleichung ein, folgt $f' = f$. Somit sind die Fragen der **Existenz und Eindeutigkeit** von Lösungen für diese Rekursion geklärt und die analytische Lösung existiert.

16.2 Lineare, homogene Rekursion 1. Ordnung, nichtkonstante Koeffizienten

Beginnen wir mit einem Beispiel. Die Fakultäten erfüllen zusammen mit dem Anfangswert $0! = 1$ die Rekursion:
$$n! = (n-1)! \cdot n, \ n \in \mathbb{N}_0$$
Setzen wir $f(n) = n!$, lautet die funktionale Rekursionsgleichung für die Fakultäten:
$$f(n) = nf(n-1), \ f(0) = 1. \tag{16.3}$$
Dies ist eine lineare, homogene Rekursion 1. Ordnung mit nichtkonstanten Koeffizienten $a_{n-1} = n$. Um $f(n)$ zu berechnen, rufen wir $f(n-1)$ wiederholt auf, d. h., durch wiederholtes Anwenden der Rekursionsvorschrift erhalten wir
$$f(n) = nf(n-1) = n(n-1)f(n-2) = n(n-1)(n-2)f(n-3) = \ldots = 1 \cdot 2 \cdot 3 \ldots n = n!$$
als Lösung der Rekursionsgleichung (16.3) die Fakultätsfunktion. Folgendes Prinzip für Rekursionen ist ersichtlich:

- Die Berechnung $f(n) = n!$ ist als Ausgangsproblem komplex, was ist z. B. $f(120) = 120!$?
- Mit der Rekursion $f(n) = nf(n-1)$ wird das Ursprungsproblem solange absteigend vereinfacht, bis das triviale Problem $f(0) = 0! = 1$ erreicht und gelöst wird.
- Dann wird die Berechnung für jedes $n > 1$ **aufsteigend** bestimmt.

Oft sucht man eine Formel für $f(n)$, ohne dass man Rekursionen oder Iterationen benötigt, um die Funktion zu berechnen. Eine Formel erlaubt Schlussfolgerungen über das Verhalten von $f(n)$ zu ziehen, wie: Wohin strebt $f(n)$, wenn n groß wird? Formeln haben auch den Vorteil, leicht überprüfbar zu sein, ob also die Umsetzung mit einem Algorithmus korrekt ist. Nicht immer sind Formeln praktikabel für die Berechnungen. $f(1000) = 1000!$ ist ein Beispiel. Obwohl dies eine einfache Formel darstellt, erfordert die Berechnung das rekursive Absteigen und Aufsteigen.

Aufgabe 16.2.1 *Finden Sie die allgemeine Lösung der linearen homogenen Rekursion 1. Ordnung mit nichtkonstanten Koeffizienten:*

$$f_n = a_n f_{n-1}, \ f_0 = x$$

16.3 Lineare, homogene Rekursion 2. Ordnung

Die Fibonacci-Folge startet mit:

$$0, 1, 1, 2, 3, 5, 8, 13, 21, 34, \ldots$$

Schreiben wir $f(n)$ für die Fibonacci-Funktion, lautet die Rekursionsgleichung:

$$f(n) = f(n-1) + f(n-2), \ \forall n > 1$$

mit den Startwerten

$$f(0) = 0, \ f(1) = 1.$$

Die Rekursionsgleichung ist linear, homogen mit konstanten Koeffizienten und 2. Ordnung. Da die Rekursion 2. Ordnung ist, müssen wir zwei Startwerte vorgeben. Was wäre sonst $f(2) = f(1) + f(0)$? Das wiederholte Einsetzen der Rekursion in sich selber, wie bei der Gleichung 1. Ordnung, ist komplizierter und wird für Gleichungen höherer Ordnung mit konstanten Koeffizienten nicht mehr angewandt.

Es existiert eine eindeutige explizite Lösung für die folgende allgemeine, homogene lineare Gleichung der Ordnung zwei mit konstanten Koeffizienten:

$$f_n = a_1 f_{n-1} + a_2 f_{n-2}, \tag{16.4}$$

mit Anfangsbedingungen $f(0) = x_0$, $f(1) = x_1$.[1] Man findet eine Lösung, indem man (i) einen exponentiellen Ansatz für f ansetzt und (ii) die Superpositionseigenschaft ausnutzt. Dieser Ansatz funktioniert auch für höhere Ordnungen der Gleichung. Die Aussage (i) bedeutet, dass $f_n = \lambda^n$, $\lambda \in \mathbb{R}$, angesetzt wird, mit $\lambda \neq 0$ einer unbekannten Zahl. Setzt man dies in die Rekursion ein, folgt:

$$\lambda^n = a_1 \lambda^{n-1} + a_2 \lambda^{n-2}.$$

Division durch λ^{n-2} ergibt:

$$\lambda^2 - a_1 \lambda - a_2 = 0. \tag{16.5}$$

Anstelle der Rekursionsgleichung 2. Ordnung für f ist jetzt eine quadratische Gleichung, die **charakteristische Gleichung** der Rekursion, in λ zu lösen. Diese Idee, eine Rekursionsgleichung mit einem Ansatz einer Exponentialfunktion in eine algebraischen Gleichung zu transformieren, ist ein mächtiges Instrument und wird in vielen Gebieten der Mathematik angewandt. Die Lösung der quadratischen Gl. (16.5) ist bekannt. Es sind genau zwei reelle, eine reelle oder zwei komplexe Lösungen, je nach Vorzeichen der Diskriminanten, möglich.

---

[1] Man spricht in der Mathematik von **Differenzengleichungen**.

16.3 Lineare, homogene Rekursion 2. Ordnung

Superposition (ii) bedeutet, dass für zwei Lösungen f, g der Rekursion, auch jede **Linearkombination,** d. h.
$$h_n = c_1 f_n + c_2 g_n$$
mit Konstanten c_1, c_2, eine Lösung der Rekursion ist. h ist die allgemeine Lösung. Um dies zu verifizieren, genügt es h in die Rekursion einzusetzen.

Aufgabe 16.3.1 *Verifizieren Sie, dass die Superposition h_n die Gl. (16.4) erfüllt, wenn f, g die Rekursion erfüllen.*

Setzen wir die Schritte um und finden wir die Lösung. Seien λ_1, λ_2 die beiden Lösungen der charakteristischen Gl. (16.5). Dann können die Koeffizienten c_1, c_2 aus den folgenden zwei Gleichungen der Anfangswerte bestimmt werden:
$$x_0 = c_1 \lambda_1^0 + c_2 \lambda_2^0 = c_1 + c_2$$
und
$$x_1 = c_1 \lambda_1^1 + c_2 \lambda_2^1 = c_1 \lambda_1 + c_2 \lambda_2.$$
Auflösen der beiden linearen Gleichungen liefert c_1^*, c_2^*. Mit diesen Werten erhalten wir die allgemeine Lösung der Rekursion 2. Ordnung (16.4) (wir schreiben f und nicht h):

Theorem 16.3.1 *Die allgemeine Lösung der Rekursion (16.4) ist gegeben durch*
$$f_n = c_1^* \lambda_1^n + c_2^* \lambda_2^n. \tag{16.6}$$
Dabei sind die Lambdas die Lösung der quadratischen Gl. (16.5) und die Konstanten c die Lösung des linearen Gleichungssystem
$$x_0 = c_1 + c_2, \quad x_1 = c_1 \lambda_1 + c_2 \lambda_2.$$

Wenden wir dies auf die Fibonacci-Rekursion an. Die charakteristische Gleichung
$$\lambda^2 - \lambda - 1 = 0$$
hat die Lösungen:
$$\lambda_{1,2} = \frac{1}{2}\left(1 \pm \sqrt{5}\right).$$
Die beiden Gleichungen für die Anfangsbedingungen liefern:
$$c_1 = \frac{1}{\sqrt{5}} = -c_2.$$
Daraus folgt die analytische Lösung:

$$f_n = \frac{1}{\sqrt{5}}(\lambda_1^n - \lambda_2^n) = \frac{1}{\sqrt{5}}\left(\left(\frac{1+\sqrt{5}}{2}\right)^n - \left(\frac{1-\sqrt{5}}{2}\right)^n\right). \tag{16.7}$$

Man muss für jedes n nur einen Aufruf tätigen im Programm, um die Populationsgröße f_n zu bestimmen. Rechnen Sie nach, dass die Anfangsbedingungen $f(0) = 0$, $f(1) = 1$ erfüllt sind. Die Größe

$$\varphi = \frac{1+\sqrt{5}}{2} \approx 1{,}6180$$

heißt **Goldener Schnitt** und hat nichts mit der Euler-Funktion zu tun. Der Goldene Schnitt ist die Zerlegung einer Teilstrecke in zwei Teilstrecken, sodass sich die längere Teilstrecke zur kürzeren Teilstrecke verhält wie die Gesamtstrecke zur längeren Teilstrecke. Das Konzept findet häufige Anwendung in der Kunst und Architektur. Wenn $a > b > 0$ die Teilstreckenlängen der Gesamtstrecke $a + b$ sind, dann erfüllt der Goldene Schnitt

$$\frac{a}{b} = \frac{a+b}{a}.$$

Dies führt zu einer quadratischen Gleichung in a. Löst man diese, folgt $\frac{a}{b} = \varphi$. Somit gilt für die Lösung der Fibonacci-Gleichung:

$$f_n \sim 1{,}62^n - (-0{,}62)^n \sim 1{,}6^n, \tag{16.8}$$

da $(-0{,}62)^n$ gegen null strebt. Dies zeigt das exponentielle Wachstum der Hasenpopulation.

Aufgabe 16.3.2 *Verifizieren Sie, dass die analytische Lösung die Fibonacci-Rekursion löst. Um nicht in der Algebra unterzugehen, fassen Sie konstante Größen in der Lösungsformel mit einem Symbol zusammen.*

Aufgabe 16.3.3 *Implementieren Sie die Fibonacci-Rekursion mit Klassen in Python.*

Aufgabe 16.3.4 *Lösen Sie die Rekursionsgleichung:*

$$f_n = -2f_{n-1} + 5f_{n-2}$$

mit $f_0 = 0$, $f_1 = 2$.

Aufgabe 16.3.5 *Lösen Sie die Rekursionsgleichung:*

$$f_n = -2f_{n-1} + 5f_{n-2}$$

mit $f_0 = 0$, $f_1 = 2$.

16.4 Lineare, inhomogene Rekursion 1. Ordnung

Die lineare, inhomogene Rekursion mit konstanten Koeffizienten 1. Ordnung

$$f_n = af_{n-1} + g, \tag{16.9}$$

mit c einer konstanten Inhomogenität, besitzt die Lösung:

$$f_n = a_1 \lambda^{n-1} + \frac{1-\lambda^{n-1}}{1-\lambda}g, \quad \lambda \neq 1. \tag{16.10}$$

Die Konstante a_1 wird durch die Anfangsbedingung $f_0 = x_0$ fixiert und λ bestimmt sich aus der Lösung der dazugehörenden homogenen Gleichung

$$f_n = af_{n-1}. \tag{16.11}$$

Wie löst man die Gleichungen, wenn a, c nicht mehr konstant sind? Das folgende Theorem gibt die allgemeine Formel für eine lineare Rekursion 1. Ordnung mit nichtkonstanten Koeffizienten und nichtkonstanter Inhomogenität:

Theorem 16.4.1 *Die allgemeine Lösung der Rekursion* $f(n) = a_n f(n-1) + g(n)$, $f(0) = x$, *lautet:*

$$f(n) = \left(\prod_{k=1}^{n} a_k\right) \left(f(0) + \sum_{j=1}^{n} \frac{g(j)}{\prod_{k=1}^{j} a_k}\right).$$

Dabei wird $f(0)$ durch die Anfangsbedingung bestimmt.

Das Symbol $\prod_{k=1}^{n} a_k$ ist das Produktzeichen, definiert durch:

$$\prod_{k=1}^{n} a_k := a_1 \cdot a_2 \cdot \ldots \cdot a_n.$$

Das Produkt hat einen Startwert und einen Endwert und es ist egal, wie der Index (hier k) genannt wird. Dies ist gleich wie beim Summenzeichen.

Wenn $a_k = a$ konstant sind, erhalten wir $\prod_{k=1}^{n} a_k = a \cdot a \ldots \cdot a = a^n$. Wenn $g_n = g$ konstant sind und im zweiten Schritt $a_k = a$ konstant sind, vereinfacht sich die Formel zu:

$$\sum_{j=1}^{n} \frac{g(j)}{\prod_{k=1}^{j} a_k} = g \sum_{j=1}^{n} \frac{1}{\prod_{k=1}^{j} a_k} = g \sum_{j=1}^{n} \frac{1}{a^j} = ga\left(\frac{a^n - 1}{a - 1}\right),$$

wobei im letzten Schritt die geometrische Summenformel verwendet wurde.

Beweis Zunächst betrachten wir die homogene Rekursion:

$$f_h(n) = a_n f_h(n-1)$$

Die Lösung der homogenen Rekursion lautet mit iterativem Einsetzen:

$$f_h(n) = f_h(0) \prod_{k=1}^{n} a_k.$$

Für den inhomogenen Teil verwenden wir die **Methode der Variation der Konstanten.** Wir setzen:

$$f(n) = f_h(n) \cdot u(n) = \left(\prod_{k=1}^{n} a_k\right) u(n).$$

Dabei ist $u(n)$ eine unbekannte Funktion. Setzen wir dies in die ursprüngliche Rekursion ein:

$$\left(\prod_{k=1}^{n} a_k\right) u(n) = a_n \left(\prod_{k=1}^{n-1} a_k\right) u(n-1) + g(n).$$

Da $\left(\prod_{k=1}^{n} a_k\right) = a_n \left(\prod_{k=1}^{n-1} a_k\right)$, vereinfacht sich dies zu:

$$\left(\prod_{k=1}^{n} a_k\right) u(n) = \left(\prod_{k=1}^{n} a_k\right) u(n-1) + g(n).$$

Teilen durch $\left(\prod_{k=1}^{n} a_k\right)$ ergibt:

$$u(n) = u(n-1) + \frac{g(n)}{\prod_{k=1}^{n} a_k}.$$

Dies ist eine neue Rekursion für $u(n)$, die wir einfach iterativ lösen können:

$$u(n) = u(0) + \sum_{j=1}^{n} \frac{g(j)}{\prod_{k=1}^{j} a_k}.$$

Setzen wir dies zurück in $f(n) = f_h(n) \cdot u(n)$ ein, erhalten wir:

$$f(n) = \left(\prod_{k=1}^{n} a_k\right) \left(u(0) + \sum_{j=1}^{n} \frac{g(j)}{\prod_{k=1}^{j} a_k}\right).$$

Da $u(0) = f(0)$ (unter der Annahme, dass $u(0)$ so gewählt wird, dass die Anfangsbedingung erfüllt ist), folgt die Behauptung. □

Aufgabe 16.4.1 *Verifizieren Sie, dass (16.10) die Gl. (16.9) löst.*

Aufgabe 16.4.2 *Berechnen Sie die folgenden Produkte (Lösung in Klammern gegeben):*

16.5 Wie bestimmt man eine Rekursionsgleichung?

$\prod_{k=1}^{4} k$ (24) $\prod_{k=1}^{4} 3$ (3^4)

$\prod_{k=1}^{3} (2k-1)$ (15) $\prod_{k=0}^{4} 2^k$ ($2^{\sum_{j=0}^{3} j} = 2^6 = 64$)

$\prod_{k=1}^{2} (k + \sum_{j=1}^{k} j)$ (90) $\prod_{k=1}^{100} (k-3)$ (0)

$\prod_{k=1}^{n} k^2$ (($n!)^2$)

Aufgabe 16.4.3 *Um welchen Gleichungstyp handelt es sich bei folgender Gleichung?*

$$f_n = 2 f_{n-1} + 3 \qquad (16.12)$$

Lösen Sie die Gleichung.

Aufgabe 16.4.4 *Um welchen Gleichungstyp handelt es sich bei folgender Gleichung?*

$$f_n = 2 f_{n-1} \qquad (16.13)$$

Lösen Sie die Gleichung.

Aufgabe 16.4.5 *Um welchen Gleichungstyp handelt es sich bei folgender Gleichung?*

$$f_n = 2 f_{n-1}^2 + 3 \qquad (16.14)$$

Können Sie diese lösen?

16.5 Wie bestimmt man eine Rekursionsgleichung?

Wenn die Lösungsfunktion gegeben ist, stellt dies eine einfache Aufgabe dar. Interessanter ist zu einem gegebenen konkreten Problem das richtige Rekursionsmodell zu definieren.

Wenn die Lösungsfunktion $f(n) = n^2$ gegeben ist, bestimmt man eine Rekursionsgleichung durch Differenzenbildung. Es gilt

$$f(n-1) = (n-1)^2 = n^2 - 2 + 1.$$

Subtraktion ergibt:

$$f(n) - f(n-1) = n^2 - (n^2 - 2n + 1) = 2n - 1,$$

d. h. die Rekursion
$$f(n) = f(n-1) + 2n - 1$$
folgt. Die Anfangsbedingungen sind angepasst an das zu lösende Problem festzulegen.

Aufgabe 16.5.1 *Im letzten Beispiel haben wir die Rekursionsgleichung gefunden. Wir haben aber den Startwert nicht festgelegt. Machen Sie dies, d. h., legen sie fest, für welche natürlichen Zahlen die Rekursionsgleichung gilt, und bestimmen Sie den Anfangswert für die kleinste, zulässige natürliche Zahl n.*

Aufgabe 16.5.2 *Bestimmen Sie die Rekursionen mit den Startwerten für: $f(n) = 2n$, $g(n) = 3$, $h(n) = n^2 + n$, $m(n) = \frac{1}{n}$, $k(n) = \lambda^n$ mit λ einer reellen Zahl.*

Wie findet man eine Rekursionsgleichung, wenn die Lösungsfunktion nicht gegeben ist? Indem man das Informatikproblem versteht und dieses in ein mathematisches Problem abbilden kann.

Gesucht ist eine Rekursionsgleichung für die Anzahl der Möglichkeiten C_n das Produkt von $n + 1$ Zahlen $x_0 \cdot x_1 \cdot x_2 \cdot \ldots \cdot x_n$ zu klammern, um die Reihenfolge der Multiplikation zu bestimmen. Dies scheint eine esoterische Fragestellung der Mathematik zu sein. Ist es aber nicht, wie wir unten besprechen.

Aufgabe 16.5.3 *Zeigen Sie in der folgenden Aufgabe, dass es $C_3 = 5$ Möglichkeiten gibt $x_0 \cdot x_1 \cdot x_2 \cdot x_3$ zu klammern.*

Um eine Rekursionsgleichung für C_n zu erhalten, ist folgende Beobachtung grundlegend: Unabhängig davon, wie wir Klammern im Produkt $x_0 \cdot x_1 \cdot x_2 \cdot \ldots \cdot x_n$ einfügen, es bleibt eine Multiplikation außerhalb aller Klammern übrig. Diese letzte Multiplikation teilt die $n + 1$ Zahlen in zwei Gruppen mit x_k und $x_{n-(k+1)}$ Elementen. Für das Produkt der beiden Gruppen von Zahlen gibt es $C_k C_{n-k-1}$ Möglichkeiten, Klammern einzufügen. Diese Trennung der Zahlen in zwei Gruppen mit dem Index k kann für alle k startend bei $k = 0$ bis $k = n - 1$ erfolgen. Somit gilt

$$C_n = C_0 C_{n-1} + C_1 C_{n-2} + \cdots + C_{n-2} C_1 + C_{n-1} C_0 = \sum_{k=0}^{n-1} C_k C_{n-k-1} \qquad (16.15)$$

mit den Anfangsbedingungen $C_0 = 1$ und $C_1 = 1$. Die Rekursion (16.15) ist nichtlinear, d. h., die erlernten Methoden funktionieren nicht. Die Zahlen C_n heißen Catalan-Zahlen. Wir verzichten auf die Diskussion, wie man eine Lösung erhält. Euler, wer denn sonst, fand in einem geometrischen Problem die Lösung:

$$C_n = \frac{2 \cdots 6 \cdot 10 \cdot (4n-2)}{2 \cdots 3 \cdot 4 \cdot (n+1)} = \frac{1}{n+1} \binom{2n}{n}, \ n \geq 1.$$

Aufgabe 16.5.4 *Berechnen Sie die Catalan-Zahlen in Python und plotten Sie diese in einer logarithmischen Skala.*

Anstelle der Multiplikation im Klammerproblem können auch die Addition, Subtraktion oder Division gewählt werden. Da wir nirgends verwendet haben, dass die Operation assoziativ oder kommutativ sein muss, sondern nur zweistellig, können wir das Klammernproblem auch auf Binärbäume mit Wurzel anwenden. Dabei entspricht jeder Knoten des Binärbaums einer zweistelligen Verknüpfung. Für jeden Knoten entspricht der linke Teilbaum dem linken Ausdruck und der rechte Teilbaum dem rechten Ausdruck der Verknüpfung. Also steht der Elternknoten für die Verknüpfung und linke bzw. rechte Kinder für den linken bzw. rechten Teil der Verknüpfung. Wie viele verschiedene Binärbäume mit n verschiedenen internen Knoten und der Wurzel gibt es? Für $n = 1$ gibt es genau einen Baum, bestehend aus einem Knoten, siehe Abb. 16.1. Für $n = 2$ gibt es zwei Bäume; Elternknoten und linkes Kind bzw. rechtes Kind. Bei $n = 3$ gibt es 5 Möglichkeiten. Da für jedes n der Baum $n + 1$ Blätter hat, d. h. Endknoten ohne Kinder, kann die Fragestellung wie folgt formuliert werden. Wie viele vollständige Binärbäume gibt es, wenn man $n + 1$ Blätter betrachtet? Die Antwort ist die Catalan-Zahl. Vollständig bedeutet, dass jeder innere Knoten keine oder zwei Kinder hat. Das Klammersetzen im Multiplikationsbeispiel entspricht eins zu eins der Wahl der inneren Knoten. Im Extremfall $C_0 C_{n-1}$ hat der Baum nur rechte Kinder: Der Baum ist eine lineare Kette.

Aufgabe 16.5.5 *Auf einem Kreis liegen 2n Punkte. Wie viele verschiedene Möglichkeiten gibt es, diese Punkte paarweise zu verbinden, ohne dass sich die Verbindungsstrecken schneiden? Stellen Sie grafisch die Lösungen für $n = 1, 2, 3$ dar und zeigen Sie, wie das Klammerproblem im Text auf diese geometrische Fragestellung von Euler übertragen werden kann.*

Aufgabe 16.5.6 *Ein Computersystem betrachtet eine Zeichenkette aus Dezimalziffern als ein gültiges Codewort, wenn sie eine gerade Anzahl von 0 enthält. Zum Beispiel ist 10030407869 gültig, während 10209087045608 nicht gültig ist. Sei a_n die Anzahl der gültigen n-stelligen Codewörter. Finden Sie eine Rekursionsgleichung für a_n und lösen Sie diese.*

16.6 Rekursionen in Python

Im Python Kap. 16 sind folgende Beispiele gegeben:

- Numerische Lösung von linearen Rekursionen erster Ordnung, homogen und inhomogen.
- Analytische Lösung der linearen, inhomogenen Rekursion erster und zweiter Ordnung.

Vollständige Binärbäume mit n+1 Blättern

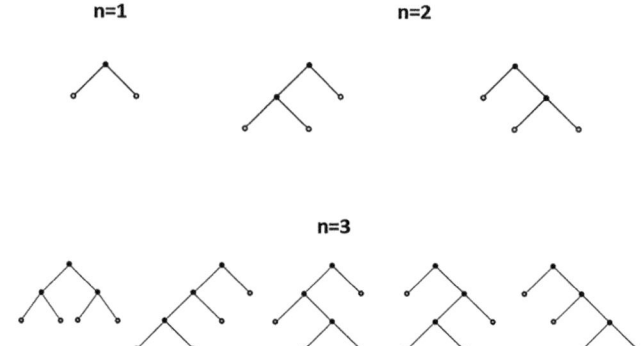

Abb. 16.1 Vollständige Binärbäume für $n = 0, 1, 2$ mit 1, 2, 3 Blättern

- Plot von numerischen Lösungen.
- Ackermann-Funktion.
- Numerische Lösungen der logistischen Gleichung. Dies ist eine nichtlineare Rekursionsgleichung, welche für unterschiedliche Parameterwerte chaotisches Verhalten zeigen kann. Solch ein Verhalten ist für lineare Rekursionen ausgeschlossen.

16.7 Rekursion und Iteration in der Informatik

Das Wort Rekursion hat zwei Bedeutungen in der Informatik. Bei Algorithmen ist dies eine Methode, ein Problem in kleinere Probleme zu zerlegen und zu lösen, um dann die Lösungen wieder zusammenzusetzen. Teile und Herrsche ist das Beispiel dazu. In der Semantik ist dies eine Programmiertechnik, in welcher eine Funktion sich selbst aufruft. Die Anzahl der Aufrufe muss endlich sein. Die mathematische und semantische Definition unterscheiden sich strukturell nicht.

Betrachten wir die Multiplikation von zwei Zahlen $a \cdot b$. Dies ist eine effiziente Schreibweise für $b + b + \ldots + b$ genau a-mal. Damit wir eine Rekursion definieren können, welche sich selber aufruft, schreiben wir:

$$a \cdot b = b + (a - 1) \cdot b$$

„mit einer Funktion geschrieben"

16.7 Rekursion und Iteration in der Informatik

$$f(a, b) = b + f(a - 1, b).$$

Die Rekursion zum Base Case, der Anfangswert der Rekursion, findet statt, indem a sich in jedem Aufruf um 1 reduziert bis zu $a = 1$. Somit lautet das Programm:

```
def f(a, b):
    #Base Case
    if b == 1:
        return a
    else:
        return a + f(a, b-1)
```

Bei einem iterativen Algorithmus werden Arbeitsschritte in Schleifen wiederholt umgesetzt (while, for). Bei jeder Wiederholung werden bekannte Zwischenergebnisse als Basis für Zwischenergebnisse im nächsten Iterationsschritt gebildet. Im Beispiel der Multiplikation:

```
def f_iter(a, b):
    result = 0
    while b > 0:   #Iteration
        result += a    #Zustand plus a
        b -= 1         #Wert Iterationsvariablen
    return result
```

Iteration ermöglicht Lösungen schnell und mit wenig Aufwand zu entwickeln. Der Code ist aber oft länger und weniger elegant als bei der Rekursion. Zahlreiche numerische Berechnungsvorschriften mathematischer Funktionen lassen sich elegant und kompakt in rekursiver Form darstellen und sind damit beweisbar korrekt. Der Code ist in der Regel kurz, übersichtlich und gut nachvollziehbar. Komplizierte Funktionsverläufe, wie schnell wachsende Funktionen für Benchmark-, Hardware- oder Compilertests, lassen sich leicht beschreiben, während Schleifen im iterativen Vorgehen oft schwer verständlich sind. Die Rekursion eröffnet den Zugang zu effizienten Problemlösungsstrategien wie Teile-und-Herrsche-Ansätze und sie erlaubt eine elegante und systematische Analyse und Implementierung großer Datenstrukturen wie Bäumen. Die rekursiven Programme sind ressourcenintensiv und benötigen mehr Speicherplatz und Zeit als nichtrekursive Implementierungen. Sie stellen auch höhere Anforderungen an Compiler und Speicherbereich.

In der Praxis wird häufig mit Iterationen gearbeitet. Oft wird das Problem zunächst rekursiv formuliert, um die Korrektheit des Algorithmus sicherzustellen. Anschließend wird der rekursive Algorithmus in eine iterative Form überführt, da rekursive und iterative Algorithmen semantisch äquivalent sind.

Laufzeiten von Algorithmen 17

Inhaltsverzeichnis

17.1 Laufzeitenanalyse Insertionsort 382
17.2 Asymptotische Analysis 386
17.3 Lösung von Laufzeiten Rekursionen 391
17.4 Anwendungen der Laufzeitenanalyse 397
17.5 Backtracking 405
17.6 Peak Finder 406

Ein Gütekriterium für einen Algorithmus ist seine Laufzeit; die **Zeitkomplexität**. Andere Komplexitäten, wie den Speicherbedarf, werden nicht betrachtet. Genauer ist die Zeitkomplexität eines Problems, die Anzahl der Rechenschritte (Laufzeit) zu bestimmen, die ein Algorithmus zur Lösung dieses Problems benötigt, in Abhängigkeit von der Länge der Eingabe.

Wir wollen dabei unterschiedliche Algorithmen miteinander vergleichen, unabhängig von den verwendeten Maschinen und der Programmiersprache. Uns interessieren schnelle Algorithmen und nicht schnelle Maschinen oder schnelle Programmiersprachen.

Wir beginnen mit einer **genauen** Bestimmung der Laufzeit eines Algorithmus. Die exakte Laufzeit ist dabei oft ein komplizierter Ausdruck. Interessiert uns aber die Laufzeit für große Dateninputs, dann dominieren einige wenige, oft nur ein Term. Die anderen Terme können vernachlässigt werden. Die **asymptotische Analyse** der Laufzeiten macht dies mathematisch präzise: Welcher Teil im Algorithmus dominiert die Laufzeit bei großen Dateninputs?

Das Gegenstück zur asymptotischen Analyse ist die Implementierung des Algorithmus in einer konkreten Programmiersprache und die Messung der CPU-Zeit auf einem konkreten Rechner. Dadurch erhält man keine allgemeingültigen Aussagen, da die Zeiten sich auf eine

---

Ergänzende Information Die elektronische Version dieses Kapitels enthält Zusatzmaterial, auf das über folgenden Link zugegriffen werden kann https://doi.org/10.1007/978-3-662-71095-1_17.

© Der/die Autor(en), exklusiv lizenziert an Springer-Verlag GmbH,
DE, ein Teil von Springer Nature 2025
P. Vanini, *Diskrete Mathematik für Algorithmen*,
https://doi.org/10.1007/978-3-662-71095-1_17

bestimmte Umgebung wie Rechner, Betriebssystem und Compiler beziehen. Weiter lassen sich die Zeiten nur für wenige Eingabewerte ermitteln. Es sind keine **allgemeingültigen** Aussagen über beliebige Eingabewerte möglich.

17.1 Laufzeitenanalyse Insertionsort

Wir leiten für diese Sortierung die exakte Laufzeitfunktion her. Ziel des Algorithmus ist eine Folge von n Zahlen $a_1, a_2, \ldots, a_n$ (Input) der Größe nach zu sortieren (Output). Die zu sortierenden Zahlen werden als Schlüssel (*keys*) bezeichnet. Die Indizes beschreiben die aktuelle Position der Zahlen. Der Input liegt in Form eines statischen Arrays vor, das bedeutet, dass die Anzahl der Elemente n fix ist und sich während der Laufzeit nicht verändert.

Insertionsort funktioniert wie das Sortieren von Jasskarten oder Spielkarten. Beginnen Sie mit einer leeren linken Hand und dem Kartenstapel auf dem Tisch. Nehmen Sie die erste Karte des Stapels in die linke Hand. Nehmen Sie dann mit der rechten Hand eine Karte nach der anderen vom Stapel und legen Sie sie an der richtigen Stelle in der linken Hand. In der linken Hand sind die sortierten Karten und auf dem Tisch ist der Rest der unsortierten Karten. Für den Pseudocode benötigen wir einen Array A mit den zu sortierenden Werten und die Anzahl n der zu sortierenden Werte. Wir schreiben $A[1:j]$ für alle Werte von $A[1]$ bis $A[j]$.

```
Insertionsort(A ,n)
1 for i =2 to n
2     key = A[i]
3     j =i-1
      #Füge A[i] in die sortierte Liste A[1:i-1] ein
4     while j > 0 and A[j]>key
5         A[j+1]=A[j]
6         j=j-1
7     A[j+1]=key
```

Wir haben eine i- und j-Schleife. Für jedes i besteht der Array aus einem **sortierten Subarray** $A[1:i-1]$ und dem verbleibenden **unsortierten Subarray** $A[i+1:n]$. Man vergleicht den Schlüssel $A[i]$ mit dem sortierten Teil so lange paarweise nach unten (links), bis der Schlüssel zu i am richtigen Ort steht, siehe Abb. 17.1. Alle anderen größeren Schlüssel werden um eine Einheit nach rechts verschoben und somit entsteht die sortierte Liste $A[1:i]$. Jetzt kommt $i+1$ dran usw. Wir zeigen im Abschn. 18.1, dass der Algorithmus korrekt ist.

Wie verhält sich die Laufzeit $T(n)$ als Funktion der Inputlänge n für den Algorithmus?

17.1 Laufzeitenanalyse Insertionsort

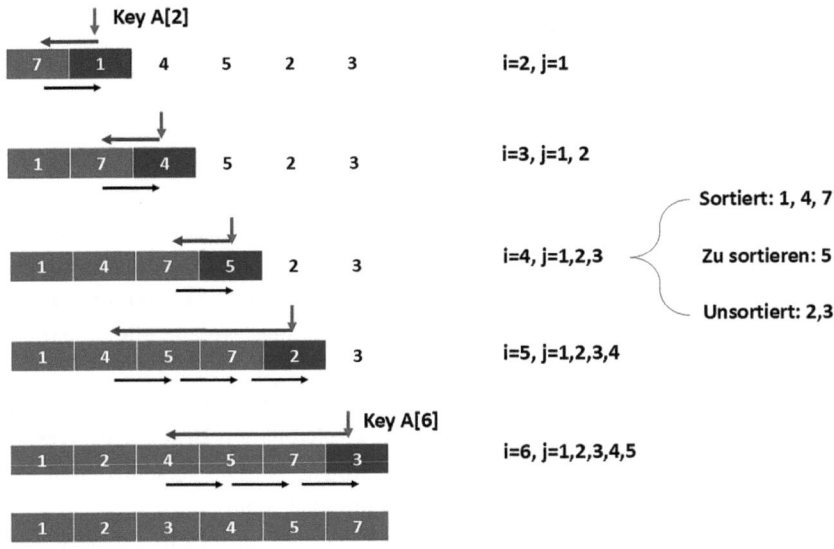

Abb. 17.1 Insertionsort

Die Laufzeit ist gleich $c \times$ Anzahl Operationen, mit c den Kosten pro Operation (Kostenrate), d. h., die Laufzeit ist eine Kostenfunktion. Da in der asymptotischen Analyse Konstanten keine Rolle spielen, setzen wir meistens alle Kostenraten gleich c; unabhängig ob es sich bei der Operation um eine Definition einer Variablen, dem Aufruf einer Funktion etc. handelt.

Beginnen wir mit Zeile 1. i geht von 2 bis n, also $n-1$ Operationen mit Laufzeit $c(n-1)$. Ist ein Schleife beendet, weil der Test im Schleifenkopf FALSE ergibt, wird der Test einmal mehr ausgeführt als die Anzahl der For/While-Operationen. Somit ist die Laufzeit der Zeile 1 gleich cn. Der Schlüssel in Zeile 2 wird $n-1$-mal gesetzt, also Laufzeit $c(n-1)$. Das Gleiche gilt für die Zeilen 3 und 7. Da Kommentare keine Ausführung nach sich ziehen, verursachen sie keine Kosten. Für die While-Schleife in Zeile 4 führen wir folgende Notation für alle i ein:

$$t_i = \text{Anzahl der Ausübungen der while-Schleife für gegebenes } i.$$

Wenn für $i=4$ die While-Schleife 7-mal durchlaufen wird, ist $t_4 = 7$. Somit fallen für jedes i genau so viele Kosten an, wie oft t_i in der While-Schleife für diesen Wert von i ausgeführt wird. Die Laufzeit für Zeile 4 ist dann gleich $c \sum_{i=2}^{n} t_i$. Zeile 5 verursacht genau dann keine Laufzeit, wenn $t_i = 1$ ist. Somit gilt die Laufzeit $c \sum_{i=2}^{n} (t_i - 1)$. Die gleiche Laufzeit gilt auch für 6.

Zählt man alle Laufzeiten zusammen, erhält man:

$$T(n) = cn + c(n-1) + c(n-1) + c\sum_{j=2}^{n} t_j + c\sum_{j=2}^{n}(t_j - 1) + c\sum_{j=2}^{n}(t_j - 1) + c(n-1).$$
(17.1)

Dieser Ausdruck ist kompliziert und es ist schwierig zu entscheiden, wie leistungsfähig der Algorithmus im Vergleich zu einem anderen Sortiermechanismus mit einer entsprechenden komplexen Formel ist: Es gibt zu viele Terme und Faktoren. Die asymptotische Analysis reduziert diese Komplexität radikal auf diejenige Größe, welche alle anderen Größen dominiert.

Wir können aber vorher für verschiedene Extremszenarien in der komplizierten, exakten Analyse Schlussfolgerungen ziehen. Typisch sind die Szenarien **Best Case, Average Case und Worst Case**, wobei der Worst Case der Wichtigste ist. Die verschiedenen Szenarien sind definiert durch unterschiedliche Annahmen über den Input n.

Im **Best Case** ist nach Definition die Inputfolge bereits sortiert. In jedem Schritt in der Zeile 4 ausgeführt gilt $A[i] \geq A[1:i-1]$. Somit endet die While-Schleife immer nach dem Test in Zeile 4. Es gilt für alle $t_i = 0$, d. h., für kein i wird die While-Schleife durchlaufen, da das Einfügen in die sortierte Liste entfällt. Dadurch erhalten wir:

$$T_{\text{best}}(n) = cn + c.$$
(17.2)

mit $a = 5c$ und $b = 4c$. Somit skaliert im Best Case die Laufzeit linear mit der Inputlänge n. Rechnen Sie das Resultat nach!

Wie sieht es im **Worst Case** aus, d. h., der Input ist in umgekehrter Reihenfolge sortiert. Dann gilt in jedem Vergleich $t_i = i$. Jetzt benutzt man die Formeln für arithmetische Summen:

$$\sum_{j=1}^{n} j = \frac{n(n+1)}{2}.$$

Beginnt die Summe bei $j = 2$ wird der Term $j = 1$ in der oben stehenden Formel zu viel gezählt und muss abgezogen werden, d. h. Minus 1. Äquivalent dazu ist die Summe bei 1 zu beginnen bis zu $n - 1$. Um dies zu verstehen, setze in der zweiten Summe $j - 1 = k$ als Summationsindex. Da $j = 2$ der Start ist für das j-Symbol, ist der Start für k-Symbol bei $k = 2 - 1 = 1$. j endet in n. Dann endet k in $k = j - 1 = n - 1$. Somit ist die Summe über j von 2 bis n gleich einer Summe über k von 1 bis $n - 1$. Damit wir nicht zu viele Symbole einführen, schreiben wir nach diesen Überlegungen wiederum j für die Summationsindizes. Zusammengefasst nutzen wir die Formeln

$$\sum_{j=2}^{n} j = \frac{n(n+1)}{2} - 1 \;,\; \sum_{j=2}^{n}(j-1) = \sum_{j=1}^{n-1} j = \frac{n(n-1)}{2}$$

17.1 Laufzeitenanalyse Insertionsort

und erhalten:

$$T_{\text{worst}}(n) = cn^2 + dn + e, \qquad (17.3)$$

wobei c, d, e Konstanten sind, welche die ursprünglichen Konstanten ersetzen.

Aufgabe 17.1.1 *Führen Sie die Rechnungen aus, welche zu (17.3) führen.*

Somit wächst der Worst Case quadratisch wie n^2 mit der Inputlänge n.

Beide Extreme hängen von den fixen Inputformen ab. Man ist auch an einer inputunabhängigen Laufzeit interessiert. Dies ist der **Average Case**. Den Durchschnitt definiert man als Mittelwert über viele Inputs, d.h., jeder Input I_k erscheint mit einer Wahrscheinlichkeit p_k. Dann ist der Durchschnittsinput $E[I]$ gleich

$$E[I] = \sum_{k=1}^{K} p_k I_k,$$

d.h. die Summe der Wahrscheinlichkeiten p_k, dass ein bestimmter Input I_k erscheint. Die K Inputs seien zufällig. Ist die Wahrscheinlichkeit einer Ordnung eines I_k für alle k gleich, gilt $p_k = \frac{1}{K}$. Man macht sich bei Average Case von den beiden Extremsituationen im Best und Worst Case unabhängig. Dafür handelt man sich die unbekannte Abhängigkeit vom Wahrscheinlichkeitsmodell ein.

Die wichtigste Größe ist der **Worst Case**: Unabhängig vom Input und von einem Wahrscheinlichkeitsmodell können die Laufzeiten nur schneller sein. Vergleichen wir den Best mit dem Worst Case, dann sind die Konstanten für kleine Inputgrößen n wichtig. Für große n-Werte werden sie aber **unwichtig**. Dann dominiert derjenige Term mit dem stärksten Wachstumsverhalten in n alle anderen Terme. Als Beispiel sei $T(n) = 100 + n$ und $T'(n) = n^2$. Bis zu einem n_0 definiert durch: $T(n_0) = T'(n_0)$ ist die lineare Laufzeit langsamer. n_0 löst dabei die quadratische Gleichung

$$100 + n_0 = n_0^2.$$

Die Lösung ist ungefähr $n_0 \sim 11$. Somit dominiert ab $n > 11$ die quadratische Funktion die lineare Funktion. Da wir uns für große n interessieren, sollen die „Startschwierigkeiten" der Funktionen bis n_0 keine Rolle spielen. Bei der Definition der Laufzeiten für große n müssen wir immer von $n > n_0$ ausgehen, wobei der Bereich $n \leq n_0$ der endliche Bereich kleiner Inputs in den Algorithmus sind, für welchen der schnellere Algorithmus für große n langsamer ist.

17.2 Asymptotische Analysis

Bis jetzt galt $T(n)$ exakt für alle n mit dem komplizieren Ausdruck für Insertionsort. Jetzt soll n groß werden und $T(n)$ sich dadurch wesentlich vereinfachen.

Wir führen die mathematische Definition für die asymptotische Analyse ein, d. h. das Wachstumsverhalten von $f(n)$ für große n (Wenn wir Mathematik machen, schreiben wir $f(n)$; wenn wir die Laufzeit eines Algorithmus betrachten $T(n)$). Die Mathematik hat für asymptotische Analysis eine eigene Notation eingeführt, welche in der Informatik übernommen und durch weitere Notationen ergänzt wurde. Das wichtigste Symbol ist das Landau-Symbol O (großer lateinischer Buchstabe „O", gesprochen Big-O), mit dem man obere Schranken angeben kann, d. h. den **Worst Case**.

Die Bestimmung einer Funktion f für einen Algorithmus kann von einfach bis schwierig variieren. Die Idee ist, das Wachstumsverhalten von f mit dem einer Funktion g zu vergleichen, deren Wachstum gut bekannt ist. Beispiele für g sind $g(n) = n^2, \log n, 2^n$. Dies motiviert die folgenden Definition:

Definition 17.2.1 *(Definition Big-O-Notation von Landau)* $f \in O(g)$, *genau dann, wenn eine Konstante* $c > 0$ *und ein* $n_0 \in \mathbb{N}$ *existieren, sodass für alle* $n > n_0$ *gilt:*

$$|f(n)| \leq c \cdot g(n).$$

f verhält sich wie Big-O von g, wenn für alle n größer als ein n_0 („Startschwierigkeit") der Rechenaufwand $f(n)$ höchstens um einen konstanten Faktor c von $g(n)$ verschieden ist. Oder, $g(n)$ und $f(n)$ haben ab einer genügend großen Inputmenge n_0 **funktional** das gleiche Wachstumsverhalten bis auf eine Konstante. Die Definition besagt, dass die Größenordnung von Konstanten unwesentlich sind. Man schreibt $f(n) = O(g(n))$, obwohl f ein Element der Menge von Funktionen $O(g(n))$ ist. Dies ist nicht korrekt. Aber alle handhaben dies so. Somit auch wir. Was nicht geht ist $O(g(n)) = f(n)$ zu schreiben, da eine Menge nicht Element eines Elementes der Menge sein kann. Wir gehen bei den Beispielen auf Fehler im Umgang mit der Schreibweise ein. Die Definition ist strukturell verschieden von den bisher angetroffen Definitionen zur Mengenlehre, Arithmetik oder Zahlentheorie. Sie gehört zum Bereich der Analysis, welche das Studium von Grenzwerten beinhaltet, wie in unserem Fall die Untersuchung, wie sich eine Funktion verhält, wenn die Definitionswerte n beliebig zunehmen.

Die Landau-Symbole erlauben, Algorithmen nach ihrer Komplexität in **Komplexitätsklassen** zusammenzufassen. Die folgende Tabelle fasst die wesentlichen Komplexitätsklassen zusammen.

Die Effizienz der Algorithmen nimmt in der Tabelle von oben nach unten ab, da die uns bekannten Eigenschaften gelten: Die Logarithmusfunktion $\log_2 n$ wächst langsamer als jede Potenz $n^q, q > 0$, welche wiederum langsamer wächst als die Exponentialfunktion. Die Zeitkomplexität $T(n) = O(1)$ bedeutet, dass der Aufwand des Algorithmus bei der

17.2 Asymptotische Analysis

Beschreibung	Landau-Notation
konstant	$O(1)$
logarithmisch	$O(\log n)$
linear	$O(n)$
quadratisch	$O(n^2)$
polynomial	$O(n^k), k \geq 1$
exponentiell	$O(d^n), d > 1$
faktoriell	$O(n!)$

Verarbeitung konstant ist. Der Aufwand dauert immer gleich lange, egal wie viele Daten man eingibt. Beispiel ist das Lesen eines Arrays von Namen als Strings. Egal wie viele Indizes im Array bestehen, d. h., wie viele Namen gespeichert sind, es dauert immer gleich lang einen Namen aufzurufen. Bei $O(n)$ verdoppelt sich der Aufwand der Laufzeit bei einer Verdopplung des Inputs. Die Komplexität $O(\log n)$ bedeutet, dass bei einer Verdopplung des Inputs auf $2n$ die Laufzeit nur um einen konstanten Betrag betragt zunimmt, da $\log(2n) = \log 2 + \log n$ und somit

$$O(\log 2n) = O(\log 2 + \log n) = O(\log n).$$

Verzehnfachen wir somit bei einem Algorithmus mit logarithmischer Laufzeit den Dateninput, so ändert sich die Laufzeit nur um einen konstanten Betrag. Die Komplexität $O(n^2)$ kommt zum Beispiel vor, wenn man zwei verschachtelte For-Schleifen durchläuft.

Beispiele:

1. $O(1)$ und $O(2)$ sind asymptotisch gleich, da sie konstantes Wachstum haben. Deshalb schreibt man immer $O(1)$.
2. $2n^2 = O(n^2)$ für $n_0 = 0$ und $c = 2$, da $2n^2 \leq cn^2 = 22^n$ für alle $n \geq 0$.
3. $-2n^2 = O(n^2)$, da nur der Betrag der Funktion in die Definition eingeht.
4. $2n^2 + 3n = O(n^2)$ mit $c = 3$ und $n_0 = 2$, d. h., wir müssen n vergrößern in den Bereich, wo die lineare Funktion nicht mehr größer ist als die quadratische. Um c, n_0 zu finden, betrachten wir $2n^2 + 3n \leq cn^2$. Dies ist äquivalent zu:

$$2n + 3 \leq cn$$

oder $c \geq 3 + \frac{2}{n} \geq 3$, wenn $n > 2$. D.h. für $n_0 = 2, c = 3$ folgt die Behauptung.
5. Die Funktion $3n^2$ wächst absolut stärker als $2n^2 + 3n$ ab $n_0 = 2$. Dies erfolgt aber in einem konstanten Verhältnis $3/2$, somit sind beide Funktion in $O(n^2)$.
6. Für $T(n) = 2n^9 - 6n^4 - n^3 + 5$ ist $T(n) = O(n^9)$.
7. $2^{n+1} = O(2^n)$. Wir müssen die Konstanten c, n_0 finden, sodass

$$0 \leq 2^{n+1} \leq c2^n, \forall n \geq n_0.$$

Da $2^{n+1} = 2 \cdot 2^n$ gilt, genügen $c = 2$, $n_0 = 1$ den Voraussetzungen.

8. Es gilt aber $2^{2n} \neq O(2^n)$. Wir betrachten

$$0 \leq 2^{2n} \leq c2^n, \forall n \geq n_0.$$

Da $2^{2n} = 2^n \cdot 2^n$ gilt, folgt $2^{2n} = 2^n \cdot 2^n \geq c2^n$ für alle $n > \frac{\log c}{2}$. Somit gibt es für jede Konstante c einen Wert n_0, sodass für $n > n_0$ die Ungleichung $2^n \leq c$ gilt.

Es gibt Rechenregeln für die Landau-Symbole. Das folgende Theorem gibt einige Rechenregeln an.

Theorem 17.2.1 1. $O(g(n)) + O(g(n)) = O(g(n))$.
2. Für $f_1 = O(g_1)$, $f_2 = O(g_2)$ gilt:

$$f_1 f_2 = O(g_1 g_2)$$

und

$$f \cdot O(g) = O(fg).$$

3. Für $f_1 = O(g_1)$ und $f_2 = O(g_2)$ gilt:

$$f_1 + f_2 = O(\max(g_1, g_2)).$$

Wir beweisen diese Aussagen, da die Techniken aus der Analysis stammen.

Beweis Zur zweiten Aussage. Da $f_1(n), f_2(n) \in O(g(n))$, gibt es positive Konstanten c_1, c_2, n_1, n_2, sodass:

$$|f_1(n)| \leq c_1 \cdot |g(n)| \quad \text{für alle} \quad n \geq n_1$$

$$|f_2(n)| \leq c_2 \cdot |g(n)| \quad \text{für alle} \quad n \geq n_2$$

Wir beweisen $f_1(n) + f_2(n) \in O(g(n))$. Für die Summe $f_1(n) + f_2(n)$ gilt mit der Dreiecksungleichung:

$$|f_1(n) + f_2(n)| \leq |f_1(n)| + |f_2(n)|.$$

Dann folgt mit der Annahme an das Wachstum der Funktionen:

$$|f_1(n) + f_2(n)| \leq |f_1(n)| + |f_2(n)| \leq c_1 \cdot |g(n)| + c_2 \cdot |g(n)| \leq (c_1 + c_2) \cdot |g(n)|.$$

Wir setzen $c := c_1 + c_2$ und $n_0 = \max(n_1, n_2)$. Dann gilt für alle $n \geq n_0$:

17.2 Asymptotische Analysis

$$|f_1(n) + f_2(n)| \leq c \cdot |g(n)|.$$

Somit ist $f_1(n) + f_2(n) \in O(g(n))$.

Wir beweisen die dritte Beziehung. Seien $f_i(n) \in O(g_i(n))$. Somit existieren positive Konstante c_i, n_i mit:

$$|f_i(n)| \leq c_i \cdot |g_i(n)| \quad \text{für alle} \quad n \geq n_i, \ i = 1, 2.$$

Wir zeigen $f_1(n) + f_2(n) \in O(\max(g_1(n), g_2(n)))$.

Mit der Dreiecksungleichung folgt wiederum

$$|f_1(n) + f_2(n)| \leq |f_1(n)| + |f_2(n)| \leq c_1 \cdot |g_1(n)| + c_2 \cdot |g_2(n)|.$$

Mit den Eigenschaften des Maximums folgt:

$$|f_1(n) + f_2(n)| \leq c_1 \cdot \max(g_1(n), g_2(n)) + c_2 \cdot \max(g_1(n), g_2(n))$$

$$|f_1(n) + f_2(n)| \leq (c_1 + c_2) \cdot \max(g_1(n), g_2(n)) \leq c \cdot \max(g_1(n), g_2(n))$$

mit $c := c_1 + c_2$. Mit $n_0 := \max(n_1, n_2)$ gilt für alle $n \geq n_0$:

$$|f_1(n) + f_2(n)| \leq c \cdot \max(g_1(n), g_2(n))$$

und somit $f_1(n) + f_2(n) \in O(\max(g_1(n), g_2(n)))$. □

Es gibt es in der Informatik noch zwei weitere Definitionen des asymptotischen Verhaltens.

- Wenn $f = \Theta(g)$ („Theta"), dann f wächst genauso schnell wie g.
- Wenn $f = \Omega(g)$ („Omega"), dann wächst f mindestens genauso schnell wie g (untere Schranke), siehe Abb. 17.2.

Die präzisen Definitionen lauten:

Definition 17.2.2 *$f \in \Theta(g)$ genau dann, wenn*

$$\exists c > 0 \ \exists C > 0 \ \exists n_0 > 0 \ \forall n > n_0 : c \cdot |g(n)| \leq |f(n)| \leq C \cdot |g(n)|.$$

$f \in \Omega(g)$ genau dann, wenn

$$\exists c > 0 \ \exists n_0 > 0 \ \forall n > n_0 : c \cdot |g(n)| \leq |f(n)|.$$

Die erste Definition besagt, dass $f(n)$ ab einer Zahl n_0 in einem Korridor um $g(n)$ gehalten wird. Die zweite Definition besagt, dass das Wachstum von f nicht langsamer als das Wachstum von g ist. Deshalb ist g eine untere Wachstumsschranke.

Wir besprechen Beispiele, siehe Abb. 17.2. Die Logarithmusfunktion $10 \cdot \log(n)$ dominiert für kleine n. Für größere n zeigt sich das langsame Wachstum im Vergleich zu den Potenzfunktionen. Der Logarithmus ist somit eine unscharfe unter Schranke: g, $f_1(n)$, $f_2(n)$, $f_4(n) \in \Omega(\log n)$. Analog ist die dritte Potenz eine unscharfe obere Schranke für die zweiten und ersten Potenzen, d.h. $f_1(n)$, $f_4(n) \in O(f_2(n))$. Die beiden Funktionen $g(n) = \frac{n^2}{100}$ und $f_4(n) = \frac{(n-1)^2}{100}$ verhalten sich asymptotisch gleich. Somit ist $f_4(n) \in \Theta(g(n))$.

Die Beziehung zwischen den drei Notationen lässt sich wie folgt zusammenfassen. Wenn $f(n) \in \Theta(g(n))$, dann gilt:

$$f(n) \in O(g(n)) \quad \text{und} \quad f(n) \in \Omega(g(n)),$$

da $\Theta(g(n))$ bedeutet, dass $f(n)$ sowohl asymptotisch durch $g(n)$ nach oben als auch nach unten beschränkt ist. Daher ist es automatisch sowohl $O(g(n))$ als auch $\Omega(g(n))$. Wir können Big-O anstelle von Theta schreiben, wenn wir nur an der oberen Schranke interessiert sind und die Informationen über die untere Schranke in Theta nicht relevant sind. Wenn $f(n) \in O(g(n))$, dann gilt aber nicht unbedingt:

$$f(n) \in \Theta(g(n)),$$

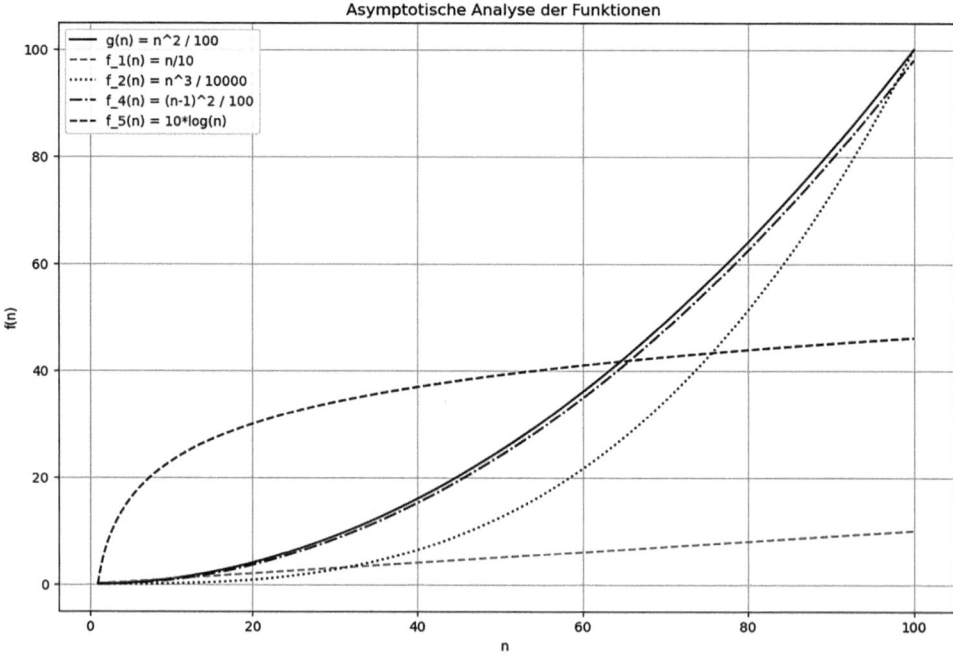

Abb. 17.2 Funktionen für den Vergleich der oberen Schranke O, der unteren Schranke Ω und für das gleiche Wachstum Θ

17.3 Lösung von Laufzeiten Rekursionen

da $O(g(n))$ nur die obere Schranke beschreibt. Es ist möglich, dass $f(n)$ viel langsamer wächst als $g(n)$, z. B. $f(n) = \log n$ und $g(n) = n$. Die folgende Tabelle fasst zusammen:

Gegeben $f(n) \in$	Folgt $f(n) \in$	Gültigkeit	Grund
$\Theta(g(n))$	$O(g(n))$	Wahr	Obere Schranke ist erfüllt
$\Theta(g(n))$	$\Omega(g(n))$	Wahr	Untere Schranke ist erfüllt
$O(g(n))$	$\Theta(g(n))$	Falsch	Keine Garantie für die untere Schranke
$\Omega(g(n))$	$\Theta(g(n))$	Falsch	Keine Garantie für die obere Schranke
$O(g(n)) \cap \Omega(g(n))$	$\Theta(g(n))$	Wahr	Beide Schranken gelten

17.3 Lösung von Laufzeiten Rekursionen

Oft erfüllt die gesuchte asymptotische Laufzeit $T(n)$ eine Rekursionsgleichung. Wie bestimmt man die asymptotische Laufzeit eines Algorithmus? Es gibt mehrere Möglichkeiten:

1. Wenn möglich, löst man die Gleichung mit der mathematischen Theorie der Rekursionsgleichungen.
2. Man benutzt das Master-Theorem für Teile-und-Herrsche-Algorithmen.
3. Man hat eine Vermutung, wie die Laufzeitfunktion aussieht, und überprüft die Vermutung durch Einsetzen in die Rekursion und mittels vollständiger Induktion (Substitutionsmethode).

17.3.1 Substitutionsmethode

Betrachten wir zum Start eine Mergesort-Rekursion, d. h. ein Teile-und-Herrsche-Algorithmus mit Rekursionsgleichung:

$$T(n) = 2T(n/2) + n, \; T(1) = 1.$$

In jedem Schritt n wird das Problem halbiert $n/2$ (divide) und ein Aufwand n für den Merge aufgewendet. In den Teile-und-Herrsche-Problemen treten $n, n/2, n/4, \ldots$ in den Funktionswerten auf, im Unterschied zu den mathematischen Rekursionsgleichungen mit

Argumenten $n, n-1, n-2, \ldots$. Somit sind die Lösungen der Rekursionen in Teile und Herrsche nicht mit den Lösungsformeln für die lineare Rekursionen erster und zweiter Ordnung lösbar. Wir benötigen dazu das Master-Theorem oder die Substitutionsmethode.

Substitutionsmethode: Die Vermutung ist, dass $T(n) = n \log n$ die Lösung ist, d.h. $T(n) = O(n \log n)$. Wie kommt man auf die Vermutung? Erfahrung. Wir müssen beweisen, dass es ein n_0 und c gibt, sodass $T(n) \leq cn \log n$. Dazu drehen wir die Reihenfolge im Induktionsbeweisverfahren um. In diesem Beispiel handelt es sich um Logarithmen zur Basis 2 $\log_2$. Wir lassen den Index für die Basis weg.

Wir beginnen mit dem Induktionsschritt. Nur wenn dieser erfüllt ist, müssen wir uns Gedanken über die Induktionsannahme machen, d.h. die Bestimmung der korrekten Startbedingungen.

Die Aussage $T(n) \leq cn \log n$ sei wahr für alle positiven Zahlen kleiner n. Dann gilt

$$T\left(\frac{n}{2}\right) \leq c\frac{n}{2} \log\left(\frac{n}{2}\right)$$

und:

$$T(n) = 2T\left(\frac{n}{2}\right) + n \leq 2c\frac{n}{2}\log\left(\frac{n}{2}\right) + n = cn\log\left(\frac{n}{2}\right) + n = cn\log n - cn\log 2 + n$$
$$\leq cn\log n$$

für $c \geq 1$. Somit ist der Induktionsschritt bewiesen.
Induktionsannahme:

Für $n = 1$ folgt $T(1) \leq c \log 1 = 0$. Dies macht keinen Sinn, da der Anfangswert $T(1) = 1$ gilt. Wir setzen deshalb $n_0 = 1$, d.h., wir prüfen für $n = 2, 3$ die Induktionsannahme: $T(2) = 2T(1) + 2 = 4$ und für $n = 3$: $T(3) = 2T(1) + 3 = 5$. Damit die Induktionsannahmen gelten, müssen

$$4 \leq c2\log 2 \, , \, 5 \leq c3\log 3$$

gelten. Für $c = 2$ sind die Ungleichungen erfüllt. Somit gilt für alle $n > 1$ die Ungleichung $T(n) \leq 2n \log n$. Dies beweist $T(n) = O(n \log n)$.

Aufgabe 17.3.1 *Es soll die Rekursion*

$$T(n) = 4T\left(\frac{n}{2}\right) + n, T(1) = d$$

mit der Substitutionsmethode gelöst werden.

1. *Nehmen Sie an, $T(n) \in O(n^3)$. Zeigen Sie, dass dies eine Lösung ist.*
2. *Nehmen Sie an, $T(n) \in O(n^2)$. Zeigen Sie, dass diese Verschärfung ebenfalls eine Lösung ist.*

17.3.2 Master-Theorem

Wir betrachten den Rekursionstyp:

$$T(n) = a \cdot T\left(\frac{n}{b}\right) + f(n), \ a \geq 1, b > 1. \tag{17.4}$$

Dies sind typische Teile-und-Herrsche-Laufzeiten und die Variable n ist nicht mehr eine natürliche Zahl. Somit benötigen diese Rekursionsgleichungen eine eigene Theorie. Der Parameter a entspricht der Anzahl der Teilprobleme in der Rekursion, $1/b$ dem Teil des Originalproblems (Anzahl Teile), welches wiederum durch alle Unterprobleme repräsentiert ist und die gegebene Funktion $f(n)$ entspricht den Merge-Kosten bei **Teile-und-Herrsche-Algorithmen**.

Wir illustrieren das Theorem für den Fall, dass $f(n)$ eine Potenzfunktion n^d ist:

$$T(n) = aT\left(\frac{n}{b}\right) + n^d \ . \ a > 0, b > 1, d \geq 0. \tag{17.5}$$

Gesucht ist eine Funktion $T(n)$ als Lösung von (17.5). Je größer a, desto mehr Teilprobleme entstehen bei jeder Teilung, und je kleiner b, desto langsamer geht die Teilung des Problems bis wir $\frac{n}{b} = 1$ erhalten. Je größer d, desto stärker wächst das Polynom n^d und umso länger ist dann die Laufzeit. Zusammengefasst, große b, kleines a und kleines d führen zu kürzeren Laufzeiten des Algorithmus. Das Verhältnis der drei Parameter a, b, d bestimmt das Wachstumsverhalten von $T(n)$. Das Master-Theorem sagt, welche Wachstumsverhalten für entsprechende Verhältnisse der Parameter folgen:

Theorem 17.3.1 *(Master-Theorem Polynomiale Inhomogenität) Es ist (17.5) gegeben. Für die Laufzeit $T(n)$ gilt:*

Fall 1: Wenn $a < b^d$, dann $T(n) = O(n^d)$.
Fall 2: Wenn $a = b^d$, dann $T(n) = O(n^d \log n)$.
Fall 3: Wenn $a > b^d$, dann $T(n) = O(n^{\log_b a})$.

Bevor wir das Theorem beweisen, betrachten wir zwei Beispiele. Zuerst das Mergesort-Problem aus dem letzten Abschnitt: $T(n) = 2T(n/2) + cn$. Dann ist $n^c = \log_2 2 = 1$ und $k = 0$. Somit folgt das bekannte Resultat:

$$T(n) = \Theta(n \log n).$$

Jetzt betrachten wir die Rekursion:

$$T(n) = 4T\left(\frac{n}{2}\right) + n \ .$$

Dann ist $\log_2 4 = 2 > 1 = d$, d.h. wir sind im Fall $O(n^{\log_2 4}) = O(n^2)$. Wenn $a = 4$ zu $a = 2$ wird, d.h., wenn wir nur noch halb so viele Teilprobleme zu lösen haben in jedem Schritt, dann ist $\log_2 2 = 2 = d$ und wir sind im Fall $O(n \log n)$ mit der deutlich kürzeren Laufzeit für $T(n)$. Wird $a = 1$, d.h. nur noch ein Teilproblem pro Schritt, dann wird die Laufzeit zu $O(\log n)$. Für $a = 2, d = 2$ folgt $\log_2 2 = 1 < 2 = d$. Wir sind im Fall $O(n^2)$. Dies zeigt, wie das Verhältnis der drei Parameter das Wachstumsverhalten bestimmt.

Beweis Um Theorem 17.3.1 zu beweisen, zeichnen wir den Rekursionsbaum für jeden Schritt, siehe Abb. 17.3.
Die Abbildung stellt den rekursiven Baum auf jedem Schritt mit der Anzahl der Teilprobleme und dem Aufwand dar. Die maximale Schrittanzahl folgt aus der Frage: „Wie oft kann ich n durch b teilen, bis ich 1 erreiche?" Dies ist gerade $\log_b n$, d.h. die Lösung der Gleichung

$$\frac{b}{n} \to \frac{b}{n^2} \to \frac{b}{n^3} \to \cdots \to \frac{b}{n^k} = 1$$

für die gesuchte Schrittzahl k. Auf dem Level $n = 0$ besteht das Problem aus dem gesamten Problem und der Aufwand für die Lösung ist $O(n^d)$. Im ersten Schritt erhalten wir a Teilprobleme, jedes von der Größe n/b und der Aufwand ist $a \cdot \left(\frac{n}{b}\right)^d$, d.h. $\frac{a}{b^d}n^d$ oder $\frac{a}{b^d}O(n^d)$, da der Vorfaktor unabhängig von n ist. Wir könnten natürlich auch $O(n^d)$ schreiben, da die Konstante $\frac{a}{b^d}$ keine Rolle spielt für das asymptotische Verhalten. Wir wollen aber den gesamten Aufwand für den vollständigen rekursiven Baum summieren. Deshalb benötigen wir die Konstanten. Im i-ten Schritt haben wir a^i Probleme und jedes benötigt $\left(\frac{n}{b^i}\right)^d$ an Aufwand, d.h. $\frac{a}{(b^d)^i}O(n^d)$. Im Schritt $\log_b n$ haben wir $a^{\log_b n}$-mal den konstanten Aufwand $O(1)$. Wir vereinfachen:

$$a \cdot \left(\frac{n}{b}\right)^d \to \frac{a}{b^d}O\left(n^d\right)$$

und erhalten für die gesamte Arbeit über den Rekursionsbaum:

$$T(n) = \sum_{i=0}^{\log_b n} a^i \cdot O\left(\left(\frac{n}{b^i}\right)^d\right)$$

mit a^i der Anzahl der Unterprobleme auf der i-ten Ebene des Baumes und $O\left(\left(\frac{n}{b^i}\right)^d\right)$ der Arbeit für jeden Teilschritt. Dies transformieren wir in eine geometrische Reihe. Erweitern wir zuerst den Ausdruck im O-Notationsterm:

$$T(n) = \sum_{i=0}^{\log_b n} a^i \cdot O\left(n^d \cdot b^{-id}\right) = O\left(n^d \cdot \sum_{i=0}^{\log_b n} \left(a \cdot b^{-d}\right)^i\right).$$

Für die Summe einer geometrische Reihe mit dem Verhältnis $r = a \cdot b^{-d}$ gilt

17.3 Lösung von Laufzeiten Rekursionen

$$\sum_{i=0}^{k} r^i = \frac{1 - r^{k+1}}{1 - r}, \quad \text{für } r \neq 1.$$

In unserem Fall ist $k = \log_b n$. Wir müssen verschiedene Fälle für den Wert von $r = \frac{a}{b^d}$ betrachten, um die Gesamtlaufzeit zu berechnen.

Fall 1: $r < 1$ (also $\frac{a}{b^d} < 1$)
Wenn $r = \frac{a}{b^d} < 1$, dann konvergiert die geometrische Reihe gegen

$$\sum_{i=0}^{\log_b n} \left(\frac{a}{b^d}\right)^i \leq \frac{1}{1 - \frac{a}{b^d}}.$$

Dies bedeutet, dass für $k \to \infty$

$$\frac{1 - r^{k+1}}{1 - r} \to \frac{1}{1 - r},$$

da r^k gegen null geht für r kleiner als 1. Die Summe ist also beschränkt und somit Element von $O(1)$. Damit ergibt sich:

$$T(n) = O\left(n^d \cdot O(1)\right) = O(n^d).$$

Fall 2: $r = 1$ (also $\frac{a}{b^d} = 1$)
Wenn $r = 1$, dann ist $a = b^d$ und in der geometrischen Reihe sind alle Terme gleich 1:

$$\sum_{i=0}^{\log_b n} 1 = \log_b n + 1.$$

Dann ergibt sich:

$$T(n) = O\left(n^d \cdot \log_b n\right).$$

Fall 3: $r > 1$ (also $\frac{a}{b^d} > 1$)
Wenn $r = \frac{a}{b^d} > 1$, dann wächst die geometrische Reihe exponentiell. Die größte Potenz dominiert die Summe:

$$\sum_{i=0}^{\log_b n} \left(\frac{a}{b^d}\right)^i \approx \left(\frac{a}{b^d}\right)^{\log_b n} = a^{\log_b n} \cdot b^{-d \log_b n} = n^{\log_b a - d}.$$

Dann ergibt sich:

$$T(n) = O\left(n^{\log_b a}\right).$$

□

Im vollständigen Master-Theorem werden drei Fälle von Funktionstypen $f(n)$ und Parameterwerte a, b, c, d unterschieden. Wir betrachten nach diesen Vorarbeiten nur einen Typ. Der Inhalt des Master-Theorems bleibt auch gleich, wenn n/b keine ganze Zahl ist, d. h. für die Auf- und Abrundungen, wie beispielsweise:

$$T(n) = aT(\lceil n/b \rceil) + n^d . \tag{17.6}$$

Wir beweisen dies später für den Fall der Binary-Search-Algorithmen.

Theorem 17.3.2 *(Master-Theorem) Sei $f(n) \in \Theta(n^c \log^k n)$ in (17.4). Dann gilt für die Laufzeit:*

$$T(n) = \Theta(n^c \log^{k+1} n).$$

Wir verzichten auf den Beweis, da er der gleichen Logik wie der vorangehende Beweis folgt. Die Bedingung $f(n) \in \Theta(n^c \log^k n)$ bedeutet, dass f von oben und unten beschränkt ist durch $n^c \log^k n$. Wenn $f(n) \in \Theta(n^c \log^k n)$, dann gibt es Konstanten c_1 und c_2, sodass:

$$c_1 \cdot n^c \log^k n \leq f(n) \leq c_2 \cdot n^c \log^k n$$

für alle hinreichend großen n. Das bedeutet, dass $f(n)$ nicht schneller und nicht langsamer als ein Vielfaches von $n^c \log^k n$ wächst. Funktionen, die schneller oder langsamer als $n^c \log^k n$ wachsen, gehören nicht zu dieser Klasse. Dabei ist der kritische Exponent

$$c := \log_b a = \frac{\text{Anzahl der Teilprobleme}}{\text{Grösse der Teilproblem}}.$$

Für $k = 0$ sind wir im Fall von Theorem 17.3.1.

Beispiele

1. $f(n) = 2n^2 \log n$. Hier haben wir $c = 2$ und $k = 1$ und daher ist $f(n) = 2n^2 \log n \in \Theta(n^2 \log n)$.
2. Binary Search: $T(n) = T\left(\frac{n}{2}\right) + c$. Dann ist $n^c = \log_2 1 = 0$ und $k = 0$. Somit folgt:

$$T(n) = \Theta(\log n).$$

3. Binary Tree Traversal: $T(n) = 2T\left(\frac{n}{2}\right) + c$. Dann ist $n^c = \log_2 2 = 1$ und $k = 0$. Somit folgt:

$$T(n) = \Theta(n \log n).$$

4. $T(n) = 2T\left(\frac{n}{2}\right) + 10n$. Es gelten:

$$a = 2, \ b = 2, \ c = 1, \ f(n) = 10n$$

und somit

$$T(n) = \Theta\left(n^{\log_b a} \log^{k+1} n\right) = \Theta\left(n^1 \log^1 n\right) = \Theta(n \log n).$$

5. $f(n) = 5n^3 \log^2 n$. Hier haben wir $c = 3$ und $k = 2$ und daher ist $f(n) = 5n^3 \log^2 n$. $f(n) \in \Theta(n^3 \log^2 n)$
6. $f(n) = n^4 \notin \Theta(n^3 \log^2 n)$, weil es schneller wächst als $n^3 \log^2 n$.
7. $f(n) = n^2 \notin \Theta(n^2 \log n)$, weil es langsamer wächst als $n^2 \log n$ (fehlender log-Faktor).

17.4 Anwendungen der Laufzeitenanalyse

17.4.1 Lineare Laufzeiten

Betrachten wir die Berechnung der Fakultät:

```
1. fak = 1
2. for i=1 to n
3.    fak *= i;
```

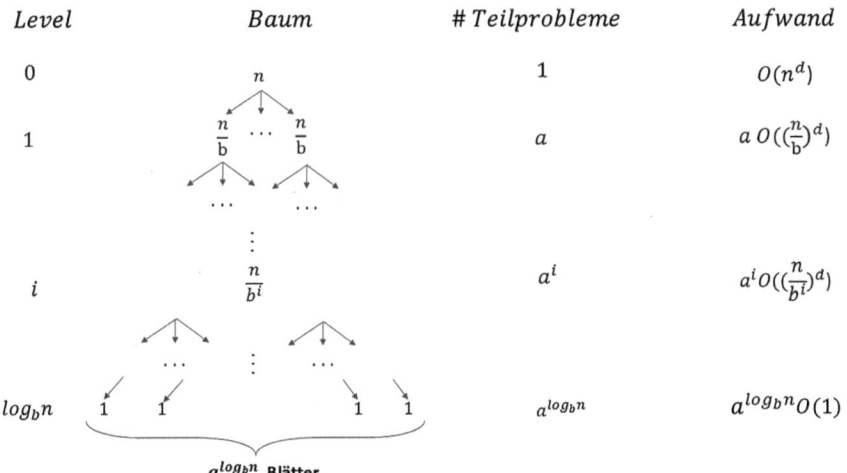

Abb. 17.3 Darstellung der Rekursion als Baum

Schritt 1. benötigt eine konstante Zeit c. Jeder Schritt in der For-Schleife benötigt eine konstante Zeit b. Da die For-Schleife n-mal durchlaufen wird, ist die Gesamtlaufzeit

$$T(n) = nb + c \in O(n), \, T(0) = c.$$

Betrachten wir Summen von n Zahlen in A[n] einmal durch Programmierung der Summenfunktion und das zweite Mal durch Benutzung der Summenformel:

```
Sum(A,n)
1. Starte mit Sum=0              c*1       Zuweisung
2. for i=1 to n                  c*(n+1)   Vergleiche
3.    Sum=Sum+i                  c*2n      Additionen
4. return Sum                    c         Zuweisung
```

wobei $n + 1$ Vergleiche notwendig sind, da der Abbruch im Schritt $n + 1$ mit FALSE erfolgt. Somit gilt insgesamt:

$$T(n) = 3cn + 3c \in O(n).$$

Mit der Summenformel erhalten wir:

```
Sum_Formula(n):
1. s=1/2*(n+1)*n                 c
4. return s                      c
```

Wenn c die gleiche Kostenrate für eine Addition, eine Division, eine Multiplikation und eine Zuweisung ist, erhalten wir

$$T(n) = 4c \in O(1).$$

17.4.2 Quadratische Laufzeiten

Wir betrachten den Selectionsort-Algorithmus für die Sortierung von n Zahlen. Der erste Schritt ist, die kleinste Zahl in A[1:n] zu finden und diese mit dem Element A[1] zu tauschen (swap). Dann sucht man die kleinste Zahl in A[2:n] und swapt diese mit A[2] usw.

17.4 Anwendungen der Laufzeitenanalyse

```
1.Selection-Sort(A,n)
2.    for i=1 to n-1:
3.        smallest = i
4.        for j=i+1 to n
5.            if A[j] < A[smallest]
6.        swap A[i] with A[smallest]
```

Wir betrachten den Worst Case. Das kleinste Element zu finden (Zeile 3) benötigt im Worst Case n Schritte mit Kosten a pro Operation. Dieses Element ist an den Anfang der Liste zu setzen mit dem Zeitbedarf b (Zeile 6). Als Resultat erhalten wir eine Liste mit $A[n-1]$ Elementen, welche sortiert werden muss mit den gleichen beiden a, b-Schritten (Zeilen 4, 5, 6). Somit lautet die Rekursion:

$$T_n = T_{n-1} + an + b, \; T_1 = c.$$

Die Kosten der For-Schleife in 2 treten nicht explizit auf. Sie sind in der Rekursionsvorschrift zwischen T_n und T_{n-1} enthalten. Dies ist eine inhomogene Rekursion 1. Ordnung mit der Lösung, siehe Theorem 16.4.1:

$$T_n = \gamma + a\left(\frac{n(n+1)}{2} - 1\right) + b(n+1) \in O(n^2). \tag{17.7}$$

Aufgabe 17.4.1 *Überprüfen Sie die Korrektheit von (17.7) als Lösung von $T_n = T_{n-1} + an + b, T_1 = c$.*

17.4.3 Exponentielle Laufzeiten

Wir betrachten das Spiel „Die Türme von Hanoi". Das Spiel besteht aus drei gleich großen Stäben A, B und C, auf die n gelochte, verschieden große Scheiben gelegt werden. Zu Beginn liegen alle Scheiben auf Stab A, der Größe nach geordnet, mit der größten Scheibe unten und der kleinsten oben. Ziel des Spiels ist es, den kompletten Scheibenstapel von A nach C zu versetzen. Bei jedem Zug dürfen so viele Scheiben von einem Stab auf einen anderen bewegt werden, dass im Stab mit den neuen Scheiben die Ordnung von groß nach klein eingehalten wird. Folglich sind zu jedem Zeitpunkt des Spieles die Scheiben auf jedem Stab der Größe nach geordnet. Das Spiel besitzt immer eine Lösung. Die Lösung kann wie folgt beschrieben werden:

- Ziel ist, den Turm der Höhe n auf die Zielposition zu bewegen, in einer Laufzeit T_n.

- Beginne mit n Scheiben auf Stab 1. Wir können die obersten $n-1$ Scheiben, gemäß den Regeln des Spiels, in T_{n-1} Zügen auf Stab 3 verschieben. Die größte Scheibe bleibt während dieser Züge an Ort und Stelle.
- Dann benutzen wir einen Zug, um die größte Scheibe auf den zweiten Stab zu verschieben. Schließlich verschieben wir die $n-1$ Scheiben von Stab 3 auf Stab 2 in T_{n-1} Zügen. Dies zeigt, dass wir das Turm-von-Hanoi-Puzzle für n Scheiben mit $2T_{n-1}+1$ Zügen lösen können.

Somit folgt die Rekursion:
$$T_n = 2T_{n-1} + 1 \, , \, T_1 = 1. \tag{17.8}$$

Die Lösung dieser linearen Rekursion 1. Ordnung mit konstanter Inhomogenität lautet mit (16.10):
$$T_n = 2^n \, (T_1 + 1) - 1 \in O(2^n),$$
d.h. exponentielles Wachstum.

Aufgabe 17.4.2 *Ein Paketdienst liefert pro Tag 2000 Pakete aus und optimiert den Weg der Booten mit einem Programm. Der Rechner für die Optimierung soll erneuert werden. Wie viel schneller muss die neue Rechenanlage sein, wenn die Firma um 10 % expandieren möchte und bekannt ist, dass der Optimierungsalgorithmus von der Ordnung $O(n^2)$ ist?*

17.4.4 Logarithmisch-lineare Laufzeiten, Mergesort

Wir sortieren eine Liste $A[1:n]$ mit n Objekten mit dem Mergesort-Algorithmus. Zur Vereinfachung soll n eine Zweierpotenz sein, d.h., wir betrachten Zahlen 2^m, $m=1,2,\ldots$. Teilen wir 2^n durch Potenzen von 2, erhalten wir immer eine Zweierpotenz. Wir vermeiden dadurch, mit den Gauß-Klammern rechnen zu müssen. Der Algorithmus funktioniert wie folgt:

1. Falls $n=1$, sind wir fertig.
2. Rekursive Sortierung der Hälfte $A[1:n/2]$ und $A[n/2+1,n]$.
3. Merge der beiden sortierten Listen.

Betrachten wir zuerst die Merge-Subroutine, siehe Tab. 17.1.

Ausgehend von den beiden rekursiv sortierten Teillisten, vergleichen wir die beiden kleinsten Zahlen in jeder Liste. Die 3 ist das Resultat. Dann streichen wir die 3 und vergleichen 6 mit 12. 6 ist das Resultat und wir streichen die 6 usw. Dies liefert die sortierte Liste A[1:n]. Wenn jeder Vergleich c kostet, dann kosten alle Vergleiche $cn/2$.

Die Rekursion mit Laufzeit T_n lautet, da man beide Schritte Rekursion und Merge durchlaufen muss:

17.4 Anwendungen der Laufzeitenanalyse

Tab. 17.1 Subroutine Merge. Im linken Teil sind die beiden sortierten Hälften der Daten dargestellt. Durch paarweisen Vergleich werden die Daten zu einer gemeinsamen, sortierten Liste zusammengefügt

Liste 1	Liste 2	
23	22	6<3 ? → 3
14	18	6<12 ? → 6
9	12	9<12 ? → 9
6	3	14<12 ? → 12
		14<16 ? → 14
		23<16 ? → 16
		23<22 ? → 22

$$T_n = 2T_{n/2} + cn \, , \; T_1 = c. \tag{17.9}$$

Dabei haben wir cn anstelle von $cn/2$ geschrieben, d. h., die Konstante 2 wurde in c integriert. Wir müssten noch die Konstante c für die Prüfung des ersten Schrittes hinzufügen. Diese spielt aber für die Überlegungen keine Rolle und wurde deshalb weggelassen. Wir lösen die Rekursion dreifach: algebraisch, mit dem Master-Theorem und mit einer Baumstruktur.

Beginnen wir mit der algebraischen Lösung. Wir setzen $n = 2^m$, um den Gauß-Klammern zu entgehen und

$$T_{2^m} = 2T_{2^{m-1}} + c2^m \, , \; T_1 = c. \tag{17.10}$$

Jetzt müssen wir rechnen! Entfalten wir die Rekursion schrittweise:

$$T_{2^m} = 2T_{2^{m-1}} + c \cdot 2^m$$
$$T_{2^{m-1}} = 2T_{2^{m-2}} + c \cdot 2^{m-1}$$
$$T_{2^{m-2}} = 2T_{2^{m-3}} + c \cdot 2^{m-2}$$
$$\vdots$$
$$T_{2^1} = 2T_{2^0} + c \cdot 2^1.$$

Nun setzen wir von unten aufsteigend T_{2^0}, T_{2^1} usw. in die jeweils oben stehende Gleichung ein und erhalten (Rechnen Sie dies nach!):

$$T_{2^m} = 2^m T_1 + c(2^m + 2^{m-1} + \cdots + 2).$$

Die Summe $2^m + 2^{m-1} + \cdots + 2$ ist eine geometrische Reihe:

$$\sum_{k=1}^{m} 2^k = 2(2^m - 1).$$

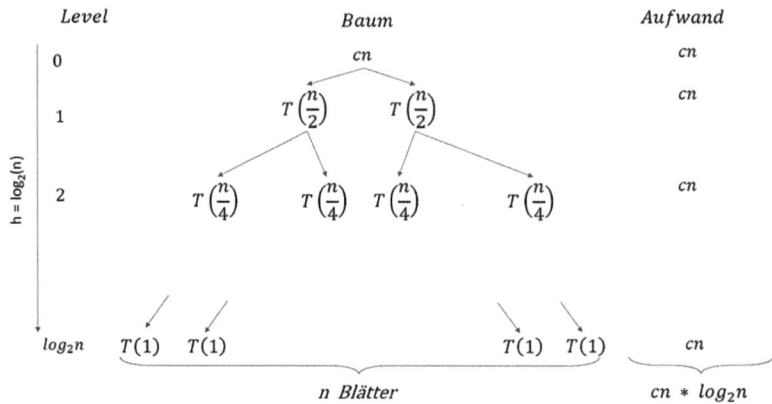

Abb. 17.4 Darstellung der Rekursion in Mergesort als Rekursionsbaum

Damit wird die Lösung:

$$T_{2^m} = 2^m c + c \cdot 2(2^m - 1) = 2^m c + 2c(2^m - 1).$$

Die allgemeine Lösung für T_{2^m} ist nun:

$$T_{2^m} = c \cdot (2^{m+1} - 2).$$

Da $2^m = n$ ist (also $m = \log n$), können wir die Laufzeit in Bezug auf n ausdrücken:

$$T(n) = c \cdot (2 \cdot n - 2) = O(n \log n).$$

Mit dem Master-Theorem haben wir Rekursion schon gelöst. Zur Wiederholung, für $a = 2, b = 2$ und $f(n) = cn$ folgen $\log_b a = 1$ und auf einen Schlag $T(n) = O(n \log n)$.

Jetzt zur rekursiven Baumlösung, siehe Abb. 17.4, welches wir ebenfalls beim Beweis des Master-Theorems benutzt haben. Wir starten mit der Rekursion und schreiben im ersten Level den Merge-Teil cn als Wurzel des Baumes und die beiden Äste $T(n/2)$. Zählen wir die drei Knoten zusammen, erhalten wir $T(n)$. Jetzt halbieren wir $T(n/2)$, dies ergibt den zweiten Level usw. Am Ende haben wir $T(1)$ bei den Endknoten oder Blättern. Davon gibt es n Stück. Der Arbeitsaufwand ist auf jedem Level gleich cn und die Tiefe des Baumes h ist gleich $\log n$. Somit verhält sich der Gesamtaufwand wie $cn \log n$: $T(n) = O(n \log n)$.

Wie gut ist Mergesort im Vergleich zu Insertion- oder Selectionsort? Wir nehmen an, dass eine Grundoperation 10 ns benötigt.

17.4 Anwendungen der Laufzeitenanalyse

Eingabegröße n	4 Bytes pro Zahl	$T(n) = 10n \log n$	n^2
$2^{10} \sim 10^3$	4 KB	$10 \cdot 10 \cdot 2^{10} \cdot 2^{-9}\,s \sim 0{,}1\,\text{ms}$	1 ms
$2^{20} \sim 10^6$	4 MB	$10 \cdot 20 \cdot 2^{20} \cdot 2^{-9}\,s \sim 0{,}2\,\text{s}$	16.7 min
$2^{30} \sim 10^9$	4 GB	$10 \cdot 30 \cdot 2^{30} \cdot 2^{-9}\,s \sim 5.4\,\text{min}$	31.7 y
$2^{40} \sim 10^{12}$	4 TB	$10 \cdot 40 \cdot 2^{40} \cdot 2^{-9}\,s \sim 122\,\text{h}$	mehr als 107 y

17.4.5 Euklid'scher Algorithmus

Die asymptotische Analyse des Euklid'schen Algorithmus benötigt Arbeit. Es sei $T(a,b)$ die Anzahl der Schritte zur Berechnung von $g := \text{ggT}(a,b)$. Da g der ggT von a und b ist, gibt es Zahlen m und n: $a = mg, b = ng$. Die Zahlen m und n müssen teilerfremd sein, sonst ist g nicht der ggT von a, b. Dann gilt:

$$T(a,b) = T(m,n).$$

Dies folgt, wenn man alle Schritte des Euklid'schen Algorithmus durch g dividiert. Gleich folgt, dass $T(a,b) = T(wa, wb)$ mit w einer natürlichen Zahl. Deshalb kann T stark variieren zwischen benachbarten Zahlenpaaren, wie beispielsweise $T(a,b)$ und $T(a, b+1)$ in Abhängigkeit der Größe der beiden ggTs.

Die rekursive Natur des Euklid'schen Algorithmus ergibt eine weitere Gleichung mit r_k den Resten:

$$T(a,b) = 1 + T(b, r_0) = 2 + T(r_0, r_1) = \ldots = N + T(r_{N-2}, r_{N-1}) = N + 1,$$

wobei $T(a, 0) = 0$ gilt nach Annahme.

Mit diesen Vorbereitungen, betrachten wir den Worst Case.

Theorem 17.4.1 *Wenn der Euklid'sche Algorithmus N Schritte für ein Paar natürlicher Zahlen $a > b > 0$ benötigt, sind die kleinsten Werte von a und b, für die dies gilt, die Fibonacci-Zahlen f_{N+2} bzw. f_{N+1}, d.h. $a \geq f_{N+2}, b \geq f_{N+1}$.*

Ich denke, dass Sie überrascht sind, die Fibonacci-Zahlen in diesem Zusammenhang wieder anzutreffen (so wie ich es das erste Mal war). Dies kann durch Induktion gezeigt werden.

Beweis Verankerung: Wenn $N = 1$ ist, teilt b a ohne Rest; die kleinsten natürlichen Zahlen, für die dies gilt, sind $b = 1$ und $a = 2$, also f_2 bzw. f_3.

Induktionsschritt: Nehmen wir nun an, dass das Ergebnis für alle Werte von N bis zu $M - 1$ gilt. Der erste Schritt des M-Schritt-Algorithmus ist $a = q_0 b + r_0$ und der Euklid'sche Algorithmus benötigt $M - 1$ Schritte für das Paar $b > r_0$. Durch die Induktionshypothese gilt

$$b \geq f_{M+1}, \ r_0 \geq f_M.$$

Daher ist
$$a = q_0 b + r_0 \geq b + r_0 \geq f_M + 1 + f_M = f_M + 2,$$

welches die gewünschte Ungleichung ist. Dieser Beweis aus dem Jahre 1844 von Gabriel Lame stellt den Beginn der Komplexitätstheorie dar. □

Dieses Ergebnis reicht aus, um zu zeigen, dass die Anzahl der Schritte in Euklids Algorithmus niemals mehr als das Fünffache der Anzahl seiner Ziffern (zur Basis 10) betragen kann. Wenn der Algorithmus N Schritte erfordert, dann ist b größer oder gleich $f_{N+1} \geq \varphi^{N-1}$, wobei φ der Goldene Schnitt ist. Da $b \geq \varphi^{N-1}$ ist, folgt

$$N - 1 \leq \log_\varphi b.$$

Mit dem Basiswechsel im Logarithmus gilt $\log_{10} \varphi > 1/5$ und es ist

$$(N - 1)/5 < \log_{10} \varphi \log_\varphi b = \log_{10} b.$$

Somit ist $N \leq 5 \log_{10} b$. Der Euklid'sche Algorithmus benötigt also immer weniger als $O(h)$ Divisionen, wobei h die Anzahl der Ziffern der kleineren Zahl b ist.

17.4.6 Binary Search

Der Binary Search besteht nur aus dem Teilen, ohne den Merge-Teil, im Mergesort-Problem. Somit erwarten wir $O(\log_2 n)$. Wir nehmen an, dass n von der Form 2^m ist.

1. Gegeben ist ein **sortierter** Array von n Zahlen $x_0 \leq x_1 \leq x_2 \leq \ldots \leq x_{n-1}$ mit $x_k \in \mathbb{Z}$.
2. Gesucht ist ein $j \in \{0, 1, \ldots, n-1\}$ mit $x_j = y$.

Wir teilen die Daten in zwei Teile. Falls $y < x_k/2$ gilt, kann das gesuchte j nur in der ersten Teilmenge sein; wir vergessen die andere Teilmenge. Dann teilen wir die erste Teilmenge wieder und prüfen nach, ob $y < x_k/2^2$ usw. In jedem Schritt werden wir die Hälfte der Daten los bis wir die Position gefunden haben. Insgesamt benötigen wir maximal

$$1 + 2 + 2^2 + \ldots + 2^k = \frac{2^{k+1} - 1}{2 - 1} = 2^{k+1} - 1 = n$$

Schritte k. Auflösen ergibt $k + 1 = \log_2(n + 1)$, d.h., in $k \in O(\log_2 n)$ sind wir im Worst Case fertig. Im Gegensatz zu Mergesort müssen nur rekursiv die einzelnen Teilprobleme gelöst werden und am Ende ist kein Merge notwendig. Wenn wir mit $T(m)$ die Anzahl der Iterationen bezeichnen, die höchstens für eine Menge der Größe m erforderlich ist, erhalten wir die Rekursion für den Worst Case:

17.5 Backtracking

$$T(k) = \begin{cases} 1, m = 1 \\ 1 + T(k/2), \text{sonst.} \end{cases} \quad (17.11)$$

Die Lösung dieser Rekursion ist mit dem Master-Theorem

$$T(k) = O(\log_2 n).$$

Im Mergesort hatten wir $O(n \log_2 n)$, die lineare Zeit für den Merge entfällt.

17.4.7 Potenzen berechnen

Wir möchten x^n berechnen, mit x reell und n ganz. Nach Definition ist $x \cdots x \cdots x = x^n$. Man benötigt n Multiplikationen, d.h. $O(n)$. Jetzt machen wir die Multiplikation mit Teile und Herrsche schneller. Wir teilen n durch 2, d.h. $x^n = x^{n/2} x^{n/2}$, welches für n gerade wahr ist. Dies benötigt eine Rekursion, um $x^{n/2}$ zu berechnen, dann wird das Resultat quadriert. Wenn n ungerade ist die Teilung $x^n = x^{(n-1)/2} x^{(n-1)/2} x$, d.h. eine rekursive Aufrufung und dann zwei Multiplikationen:

$$T(n) = T(n/2) + O(1)$$

mit $O(1)$ für die Quadrierung des Ergebnisses der Rekursion. Mit dem Master-Theorem ist $T(n) \in O(\log_2 n)$ anstelle $O(n)$.

17.5 Backtracking

Wir betrachten die Laufzeit des 4×4-Sudoku. In einem 4×4-Sudoku gibt es 16 Zellen, die gefüllt werden müssen. Jede Zelle kann eine Zahl zwischen 1 und 4 enthalten, also gibt es für jede Zelle 4 mögliche Kandidaten.

Im schlimmsten Fall muss der Algorithmus für jede Zelle alle 4 Möglichkeiten durchprobieren, bevor er feststellt, ob eine Zahl passt oder nicht. Das bedeutet, der Algorithmus könnte bis zu 4^{16} mögliche Kombinationen überprüfen müssen.

$$4^{16} = 4.294.967.296$$

Das sind also mehr als 4 Mrd. Kombinationen im schlimmsten Fall.

Der Backtracking-Algorithmus überprüft jedoch frühzeitig, ob eine teilweise gefüllte Lösung gültig ist. Wenn eine ungültige Situation erkannt wird, *backtrackt* der Algorithmus, um eine andere Möglichkeit auszuprobieren. Dies reduziert die Anzahl der tatsächlich zu überprüfenden Kombinationen erheblich. In der Praxis kann dies die Laufzeit drastisch reduzieren, insbesondere wenn das Raster bereits teilweise gefüllt ist und viele Zahlen ausgeschlossen werden können. Die tatsächliche Laufzeit hängt stark davon ab, wie viele

Zellen bereits vorgegeben sind und wie die vorgegebenen Zahlen verteilt sind. In vielen Fällen, insbesondere bei einfacheren Rätseln, kann der Algorithmus die Lösung sehr schnell finden.

Im Worst Case ist die Laufzeit exponentiell, nämlich $O(4^n)$, wobei n die Anzahl der Zellen ist. Für ein 4 × 4-Sudoku beträgt $n = 16$, also ist die Komplexität $O(4^{16})$. Für größere Sudoku-Raster, wie das klassische 9 × 9-Raster, wäre die Laufzeit $O(9^{81})$, was für naive Backtracking-Ansätze unpraktikabel ist.

17.6 Peak Finder

In einer Dimension ist ein Peak Finder ein Algorithmus, welcher auf einen Array von Zahlen wirkt und ein lokales oder globales Maximum findet. Die Zahlen im Array mit mit n Zahlen werden mit $A[1\ldots n]$ dargestellt, mit $A[j]$ die Zahl an Position j. Wir wollen **einen** Peak – ein **lokales** Maximum – der Zahlen finden.

Definition 17.6.1 *Die Zahl $a[J]$ an der Position J ist genau dann ein Peak, wenn $A[j] \geq A[j-1]$ und $A[j] \geq A[j+1]$ ist.*

Für die Randzahlen im Array findet nur ein Vergleich statt.

Aufgabe 17.6.1 *In der Definition wurde $\geq$ verwendet. Was würde sich ändern, wenn man die Relation $>$ benützen würde? Existiert ein Peak?*

Wie viele Peaks hat:

$$4\ 3\ 9\ 10\ 14\ 8\ 7\ 2\ 2\ 2$$

Wie viele Peaks hat:

$$2\ 2\ 2\ 2\ 2\ 2$$

Welches ist die Worst-Case-Zeitkomplexität einen Peak zu finden für eine Liste $A[1\ldots n]$ mit n Zahlen und $A[j]$ der Zahl an Position j? Das heißt, wir möchten den Peak möglichst schnell finden für den schlechtestmöglichen Input in den Algorithmus.

17.6.1 Brute Force

Betrachten wir dazu zuerst den Brute-Force-Ansatz:

1. Scannen der Liste von links nach rechts.
2. Vergleich aller $A[i]$ mit den Nachbarn.
3. Stop, wenn ein Peak gefunden ist.

17.6 Peak Finder

```
for i in range(1,n):
    if A[i-1]<=A[i]>=A[i+1]
    return i
```

Die Schlaufe ist im schlimmsten Fall n-mal zu durchlaufen, wenn der Peak die letzte Zahl in der Liste ist. Der Worst-Case-Aufwand ist dann $O(n)$.

Wie ändert sich die Laufzeit mit Brute Force, wenn wir das globale Maximum suchen?

```
m=0
for i in range(1,n):
    if A[i]>=A[m]
        m=i
    return m
```

Aufgabe 17.6.2 *Weshalb findet der Algorithmus das globale Maximum?*

Der Algorithmus ist wieder von der Ordnung $O(n)$.

17.6.2 Teile und Herrsche

Mit diesem Algorithmus kann die Laufzeit von Brute Force wesentlich verkleinert werden. In unserem Fall bedeutet dies, dass man die mittlere Zahl $A[n/2]$ betrachtet. Wir nehmen n ungerade an. Dann vergleicht man diese Zahl mit dem linken Nachbarn. Ist $A[n/2] < A[n/2 - 1]$, dann betrachten wir im Folgenden nur die linke Hälfte von A und vergessen die rechte Hälfte. Dies ist zulässig, da $A[n/2 - 1]$ ein Peak ist oder falls nicht, ein Peak in $A[1 : n/2 - 2]$ liegen muss. Falls $A[n/2] < A[n/2 + 1]$, behalten wir nur die rechte Seite. Wenn keine Bedingung erfüllt ist, ist der Peak $n/2$ gefunden. Dieses Vorgehen definiert den **Binary Search Algorithm**. mit der Rekursion:

$$T(n) = T(n/2) + O(1)$$

und der Lösung mit dem Master-Theorem:

$$T(n) = O(\log_2 n).$$

17.6.3 2-dimensionaler Peak Finder

Jetzt betrachten wir den zweidimensionalen (2d) Peak Finder. Die folgende Matrix ist ein Beispiel:

$$A = \begin{pmatrix} 1 & 5 & 8 & 3 \\ 2 & 1 & 8 & 9 \\ 3 & 1 & 1 & 2 \\ 7 & 7 & 8 & 10 \\ 2 & 1 & 1 & 1 \end{pmatrix}$$

Wie definiert man einen lokalen Peak in 2d? Eine Zelle $A[ij]$, mit i dem Index der Zeilen und j dem Spaltenindex, ist ein Peak, wenn die nächsten Nachbarn nicht größer sind als die Zelle. Wir suchen immer einen **lokalen Peak**.

Aufgabe 17.6.3 *Schreiben Sie die Definition eines 2d-Peaks formal auf.*

Die Dimension der Matrix ist $m \times n$ für m Zeilen und n Spalten. Der Brute-Force-Algorithmus liefert $O(n \times m)$, da man im schlimmsten Fall $n \times m$ Vergleiche machen muss.

Jetzt suchen wir bessere Algorithmen. Eine erste Idee ist das 2d-Problem in 1d-Probleme zu zerlegen. Dazu gehen wir jede Spalte von A durch und suchen das globale Maximum in jeder Spalte. Dies ergibt eine Zeile von globalen Spaltenmaxima:

$$7\ 7\ 8\ 10 =: A^*[1], A^*[2], A^*[3], A^*[4].$$

Auf diese Zeile wenden wir den Binary-Search-Algorithmus an. Das globale Maximum in jeder Spalte zu finden, ist $O(m)$. Das müssen wir n-mal machen, d. h., wir erhalten wiederum $O(nm)$. Obwohl der Algorithmus ineffizient ist, ist er korrekt, d. h., er löst die Aufgabe wie gefordert. Um dies zu prüfen, sei A^* die Zeile, welche aus den globalen Maxima aller Spalten gebildet wurde. Sei $A^*[j]$ das globale Maximum dieser Zeile. Diese ist nicht kleiner als alle $A^*[j-1]$ und $A^*[j+1]$, d. h., dies ist das größte Element in der Zeile der größten Elemente jeder Spalte. Da für jedes k $A^*[k]$ nicht kleiner als jedes Element der k-ten Spalte ist, sonst erhielten wir einen Widerspruch, dass $A^*[k]$ das globale Maximum der Spalte k ist. Somit ist $A^*[j]$ nicht kleiner als irgendein Element der Spalten $A^*[j-1], A^*[j], A^*[j+1]$. Dies beinhaltet aber alle Nachbarn von $A^*[j]$ in A. Deshalb ist $A^*[j]$ ein Peak.

Eine Idee, den 1d-Algorithmus effizient auf 2d zu verallgemeinern, geht wie folgt. Wir fixieren die mittlere Spalte und nennen diese $j = m/2$. Dann suchen wir in dieser Spalte einen **lokalen Peak**. Ausgehend von diesem Peak (i, j) suchen wir in der Zeile i mit Teile und Herrsche einen Peak. Dieser Algorithmus ist effizient, da er $O(\log_2(mn))$ ist, aber **nicht korrekt**.

17.6 Peak Finder

Aufgabe 17.6.4 *Denken Sie sich eine 3 × 3-Matrix aus, in welchem der obere Algorithmus nicht korrekt ist.*

Der folgende Algorithmus ist korrekt und effizient. Er besteht aus einem Teile und Herrsche und einem rekursiven Teil. Jetzt zum Algorithmus:

1. Teilen der Matrix in der Mitte: Beginnen Sie mit der mittleren Spalte, d. h. $j = \frac{m}{2}$.
2. Finde des globalen Maximums in dieser Spalte: Suchen Sie das maximale Element in der Spalte j und speichern Sie dessen Position (i, j).
3. Vergleichen mit den horizontalen Nachbarn: Vergleichen Sie das Element (i, j) mit seinen horizontalen Nachbarn $(i, j-1)$ und $(i, j+1)$:

   - Wenn $(i, j-1) > (i, j)$, wählen Sie die linke Hälfte der Matrix, d. h. die Spalten links von j.
   - Wenn $(i, j+1) > (i, j)$, wählen Sie die rechte Hälfte der Matrix, d. h. die Spalten rechts von j.
   - Wenn keiner der Nachbarn größer ist, ist (i, j) ein 2d-Peak.

4. Wiederholen des Verfahrens rekursiv: Wenn eine der Bedingungen für die Nachbarn erfüllt ist, wiederhole das Verfahren auf der entsprechenden Hälfte der Matrix.
   Das Verfahren wird rekursiv angewendet, bis nur noch eine Spalte übrig bleibt.
5. Finden des Maximums in der letzten Spalte: Wenn nur eine Spalte übrig ist, suche das globale Maximum dieser Spalte. Dieses Element ist garantiert ein Peak.

Laufzeitenanalyse:

- Das Finden des globalen Maximums in einer Spalte benötigt $O(n)$, da in jeder Spalte n Zeilen durchlaufen werden.
- Bei jedem rekursiven Schritt wird die Anzahl der Spalten halbiert. Da es $\log_2(m)$ Schritte gibt, um die Spalten zu reduzieren, ergibt dies insgesamt $O(n \log_2(m))$ für den gesamten Algorithmus.

Aufgabe 17.6.5 *Implementieren Sie den 2d-Peak-Finder-Algorithmus in Python. Gehen Sie für die folgende Matrix A den Algorithmus durch und finden sie den Peak, indem Sie in der zweiten Spalte beginnen.*

$$A = \begin{pmatrix} 10 & 8 & 10 & 10 \\ 14 & 13 & 12 & 11 \\ 15 & 9 & 11 & 21 \\ 16 & 17 & 19 & 20 \end{pmatrix}$$

Erzeugen Sie mit der Library random eine Matrix der Dimension n × n. Erstellen Sie dann eine 5 × 5-Matrix und finden Sie den Peak.

Aufgabe 17.6.6 *Die verschachtelten Schleifen sind gegeben:*

```
nested_loop(A,n;B,m)
1.  for y in A:
2.      for x in B:
3.          print(y, x)
```

Bestimmen Sie die Laufzeiten im Worst Case.

Aufgabe 17.6.7 *Der Best, Worst und Average Case der Laufzeit für die* **lineare Suche** *in einer Liste A[n] mit n Elementen ist gesucht.*

```
linear_search(A,n)
1.  number = A[1:n]
2.  for i=1 to n:
3.      if A[i] == number:
4.          print: "True"
5.      end if
6.      else:
7.          print: "False"
8.      end if
```

Aufgabe 17.6.8 *Schreiben Sie einen Python-Code für linear search mit einer Liste für den Input* 1, 2, 3, 4, 5, 6, 7, 8

Aufgabe 17.6.9 *Ordnen Sie die folgenden Laufzeiten der Größe nach:*

$$9n \log n, \ 7\sqrt{n}, \ n^2, \ n \log^2(n), \ \sqrt{n} \cdot \log n, \ n \log \log n.$$

Korrektheit von Algorithmen

18

Inhaltsverzeichnis

18.1	Korrektheit	411
18.2	Korrektheit der Division	413
18.3	Korrektheit Insertionsort	414
18.4	Korrektheit der Ägyptischen Multiplikation	415

18.1 Korrektheit

Die Korrektheit eines Algorithmus bezeichnet die Eigenschaft, dass er für jede zulässige Eingabe eine korrekte Ausgabe liefert und dabei seine Spezifikation erfüllt. Dies kann besonders herausfordernd sein, da viele Algorithmen variable Abläufe haben, etwa durch Schleifen wie while. Sie wird in der Informatik üblicherweise durch zwei Aspekte geprüft: partielle Korrektheit und terminierende Korrektheit. Die partielle Korrektheit bedeutet, dass der Algorithmus, falls er terminiert, immer eine korrekte Lösung erzeugt. Die terminierende Korrektheit stellt sicher, dass der Algorithmus unabhängig von der Eingabe tatsächlich endet. Ein Algorithmus ist total korrekt, wenn sowohl die partielle Korrektheit gilt als auch die Termination gewährleistet ist. Der Nachweis der Korrektheit erfolgt oft mithilfe von formalen Techniken wie Schleifeninvarianten, die für iterative Algorithmen verwendet werden, oder mathematischer Induktion, die sich besonders für rekursive Algorithmen eignet. Die Vor- und Nachbedingung sind dabei Schlüsselkonzepte. Die Vorbedingung beschreibt die Anforderungen an die Eingaben oder den Anfangszustand des Algorithmus. Sie legt fest, unter welchen Voraussetzungen der Algorithmus korrekt arbeiten kann. Die Nachbedingung

Ergänzende Information Die elektronische Version dieses Kapitels enthält Zusatzmaterial, auf das über folgenden Link zugegriffen werden kann https://doi.org/10.1007/978-3-662-71095-1_18.

beschreibt die Eigenschaften, die das Ergebnis nach der Ausführung des Algorithmus erfüllen muss. Sie definiert, was der Algorithmus leisten soll. Bei komplexen Systemen wird die Korrektheit zunehmend durch automatisierte Werkzeuge wie Modellprüfungen oder formale Verifikationsmethoden überprüft.

Formal lautet die Definition der Korrektheit wie folgt. Sei A ein Algorithmus und I_A die Menge aller verarbeitbaren Eingaben für A. Sei $O = A(I)$ die Ausgabe von A auf I, falls sie existiert. Sei α_A eine Vorbedingung und β_A eine Nachbedingung von A; wenn I die Vorbedingung erfüllt, schreiben wir $\alpha_A(I)$ und wenn O die Nachbedingung erfüllt, schreiben wir $\beta_A(O)$. Dann lautet die partielle Korrektheit von A bezüglich der Vorbedingung α_A und der Nachbedingung β_A:

$$(\forall I \in I_A)[(\alpha_A(I) \wedge \exists O(O = A(I))) \to \beta_A(A(I))].$$

Für jede verarbeitbare Eingabe $I \in I_A$, welche die Vorbedingung $\alpha_A(I)$ erfüllt und eine Ausgabe $O(O = A(I))$ produziert, folgt, dass die Eingabe auch die Nachbedingung $\beta_A(A(I))$ erfüllt. Die Korrektheit folgt mit der Behauptung, dass für alle $I \in I_A$ $A(I)$ terminiert, sodass $O = A(I)$).

Ein grundlegender Begriff in der Analyse von Algorithmen ist die **Schleifeninvariante**. Diese ist eine Aussage, die nach jeder Ausführung einer While- oder For-Schleife wahr bleibt. Wenn der Algorithmus terminiert, ist die Schleifeninvariante eine Aussage, die hilft, die Implikation $\alpha_A(I) \to \beta_A(A(I))$ zu beweisen. Mit anderen Worten, das Kriterium einer Schleifeninvariante hilft die Nachbedingung zu beweisen. Präziser ist eine Schleifeninvariante eine Eigenschaft, die vor und nach jedem Durchlauf einer Schleife gilt. Innerhalb einer Schleife kann sie verletzt sein. Sie beginnt mit der Initialisierung. Man zeigt, dass die Schleifeninvariante zu Beginn der Schleife gilt. Nachher zeigt man, dass die Schleifeninvariante nach Ausführung der Schleife wahr ist. Abschließend zeigt man, dass die Schleifeninvariante unter Berücksichtigung der Abbruchbedingung wahr ist.

Der Beweis einer Schleifeninvariante verwendet dieselbe Struktur wie ein Induktionsbeweis. Der Initialisierungsschritt entspricht dem Base Case. Der zweite Schritt beim Schleifendurchlauf entspricht dem Induktionsschritt. Der Termination-Schritt verbindet die Schleifeninvariante mit dem Ergebnis des Algorithmus.

Betrachten wir Beispiele zu den Schleifeninvarianten:

1. Summation der ersten n natürlichen Zahlen. Die Schleifeninvariante lautet:

$$S = \sum_{k=1}^{i-1} k,$$

wobei i der aktuelle Schleifenindex ist.

2. Finde das Maximum in einem Array. Die Schleifeninvariante ist:

$$\max = \max(A[1], A[2], \ldots, A[i-1]),$$

wobei i der aktuelle Schleifenindex ist.
3. Überprüfung auf sortiertes Array. Die Schleifeninvariante: ist: $A[1] \leq A[2] \leq \cdots \leq A[i-1]$, wobei i der aktuelle Schleifenindex ist.

Schleifeninvarianten sind eine spezialisierte Methode, die auf die Verifikation von Schleifen zugeschnitten ist. Vollständige Induktion hingegen ist ein allgemeiner Ansatz, der sich auf mathematische Aussagen und Strukturen bezieht. In der algorithmischen Praxis verwendet man Schleifeninvarianten, weil sie präziser, direkter und weniger abstrakt sind, während die vollständige Induktion bei Problemen außerhalb von Schleifen und bei rekursiven Algorithmen nützlich ist. Genug der Abstraktion!

18.2 Korrektheit der Division

Die Division von x durch y kann mit dem Division-mit-Rest-Satz als $x = qy + r$ geschrieben werden.

```
Vorbedingung: x >= 0 AND y > 0 AND x, y in N
1: q ← 0
2: r ← x              # Start mit x=r
3: while y <= r do    #Solange y kleiner als Rest, ziehen wir y ab
4:   r ← r-y
5:   q ← q+1
6: end while
7: return q, r
Nachbedingung: x = (q · y) + r AND 0 <= r<y
```

Um die Korrektheit zu beweisen, behaupten wir, dass $x = qy + r \wedge r \geq 0$ eine Schleifeninvariante ist. Das heißt, $x = qy + r \wedge r \geq 0$ ist wahr als Vorbedingung in 1. und 2. und der Ausdruck bleibt wahr in jedem Schleifenschritt der While-Schleife.

Induktionsanfang: Vor der Linie 3 gilt $q = 0, r = x$. Somit sind $x = qy + r = 0y + x = x$ und $x = r \geq 0$. Die Schleifeninvariante ist wahr.

Induktionsschritt: Angenommen $x = (q \cdot y) + r \wedge r \geq 0$ sei wahr und wir durchlaufen die Schleife ein weiteres Mal. Seien q' und r' die neuen Werte von q und r, die in den Zeilen 4 und 5 des Algorithmus berechnet werden. Da wir die Schleife einmal mehr durchlaufen haben, folgt, dass $y \leq r$ (dies ist die Bedingung, die in Zeile 3 des Algorithmus überprüft wird). Und da $r' = r - y$, haben wir $r' \geq 0$. Somit gilt:

$$x = (q \cdot y) + r = ((q+1) \cdot y) + (r - y) = (q' \cdot y) + r'.$$

Daher erfüllen q' und r' weiterhin die Schleifeninvariante. Falls der Algorithmus terminiert, gilt die Nachbedingung des Divisionsalgorithmus, wenn die Vorbedingung erfüllt ist. Dies ist trivial, da die Schleife endet, wenn $y \leq r$ nicht mehr wahr ist, d. h., wenn $r < y$ wahr ist.

Andererseits gilt die Schleifeninvariante nach jeder Iteration, insbesondere nach der letzten Iteration. Durch die Kombination der Schleifeninvariante und $r < y$ erhalten wir unsere Nachbedingung und damit die partielle Korrektheit.

Dass der Algorithmus terminiert scheint offensichtlich. Wie zeigt man dies mathematisch? Die Reste $r_0 = x, r_1, r_2, \ldots$ bilden eine streng absteigende Folge positiver ganzer Zahlen, da $r_{i+1} = r_i - y$ und $y > 0$. Der Algorithmus betritt die While-Schleife nur, wenn $y \leq r$ gilt. Somit sind die Reste positiv und der Algorithmus terminiert für $y < r$. Da die Menge der natürlichen $\{r_i \mid i = 0, 1, 2, \ldots\}$ endlich ist und jede Teilmenge der natürlichen Zahlen ein kleinstes Element hat, terminiert der Algorithmus. Damit haben wir die vollständige Korrektheit des Divisionsalgorithmus gezeigt.

18.3 Korrektheit Insertionsort

Wir beweisen die Korrektheit des Insertionsort-Algorithmus, siehe auch Abschn. 17.1:

```
Insertionsort(A ,n)
1 for i =2 to n
2     key = A[i]
3     j =i-1
      #Füge A[i] in die sortierte Liste A[1:i-1] ein
4     while j > 0 and A[j]>key
6         A[j+1]=A[j]
7         j=j-1
8     A[j+1]=key
```

Um die Korrektheit des Insertionsort-Algorithmus zu beweisen, definieren wir die Schleifeninvarianten für die äußere und innere Schleife und zeigen, dass diese bei jedem Durchlauf der Schleifen erhalten bleiben. Wir erinnern, der Insertionsort-Algorithmus sortiert ein Array A der Länge n durch schrittweises Einfügen eines Elements in die bereits sortierte Teilliste.

Schleifeninvariante für die äußere Schleife (Zeile 1):
Vor jedem Durchlauf der äußeren Schleife ist das Teilarray $A[1 : i − 1]$ sortiert.
Beweis der Schleifeninvariante:

1. Induktionsanfang: Vor dem ersten Durchlauf der äußeren Schleife ist $i = 2$. Das Teilarray $A[1 : i − 1] = A[1 : 1]$ besteht nur aus einem einzigen Element, das sortiert ist. Die Invariante ist daher vor dem ersten Durchlauf wahr.
2. Induktionsschritt: Angenommen, die Schleifeninvariante gilt vor dem k-ten Durchlauf der äußeren Schleife. Somit ist $A[1 : k − 1]$ sortiert. Im k-ten Durchlauf wird das Element $A[k]$ in das sortierte Teilarray $A[1 : k − 1]$ eingefügt. Dies geschieht durch die innere

Schleife, die das Element $A[k]$ an die richtige Stelle innerhalb des sortierten Teilarrays $A[1 : k - 1]$ verschiebt. Nach dem Einfügen von $A[k]$ in die richtige Position ist das Teilarray $A[1 : k]$ sortiert. Die Invariante bleibt daher erhalten.

3. Terminierung: Wenn $i = n + 1$, ist die äußere Schleife beendet. Nach der Schleifeninvariante ist das $A[1 : n]$ sortiert. Dies ist der gesamte Array.

Schleifeninvariante für die innere Schleife (Zeile 4):
Schleifeninvariante: Während jedes Durchlaufs der inneren Schleife ist $A[1 : j]$ sortiert und jedes Element in $A[j + 1 : i]$ ist größer als key.

1. Induktionsanfang: Vor dem ersten Durchlauf der inneren Schleife ist $j = i - 1$ und $key = A[i]$. Das Teilarray $A[1 : j] = A[1 : i - 1]$ ist nach der Invariante der äußeren Schleife sortiert. Da $A[j] = A[i - 1]$ und $key = A[i]$, ist $A[j + 1 : i] = A[i]$. Da das Element key in das sortierte Teilarray $A[1 : i - 1]$ eingefügt wird, ist jedes Element in $A[j + 1 : i]$ (d. h. $A[i]$) größer als key. Die Invariante ist daher vor dem ersten Durchlauf der inneren Schleife wahr.
2. Induktionsschritt: Angenommen, die Schleifeninvariante gilt vor dem k-ten Durchlauf der inneren Schleife. M.a.W., $A[1 : j]$ ist sortiert und jedes Element in $A[j + 1 : i]$ ist größer als key).
Wenn $A[j] > key$, wird $A[j + 1] = A[j]$ gesetzt und j um 1 verringert. Dadurch wird key weiter nach links verschoben und $A[1 : j-1]$ bleibt sortiert. Nach der Aktualisierung bleibt jedes Element in $A[j + 1 : i]$ größer als key. Die Invariante bleibt daher erhalten.
3. Terminierung: Die innere Schleife endet, wenn $j \leq 0$ oder $A[j] \leq key$. Dann wird key in $A[j + 1]$ eingefügt, wodurch $A[1 : i]$ sortiert bleibt.

Durch den Nachweis, dass beide Schleifeninvarianten korrekt sind und dass sie bei jedem Durchlauf der jeweiligen Schleifen erhalten bleiben, haben wir gezeigt, dass der Insertionsort-Algorithmus korrekt ist.

18.4 Korrektheit der Ägyptischen Multiplikation

Das alternative Multiplikationsverfahren, auch bekannt als Russische Bauernmultiplikation, lässt sich wie folgt veranschaulichen für die Multiplikation $11 \cdot 26$:

11	26
22	13
44	6
88	3
176	1

Die Liste wird wie folgt erstellt:

1. Links verdoppeln, rechts ganzzahlig halbieren, bis rechts 1 erreicht wird.
2. Jede Zeile mit einer geraden Zahl in der zweiten Spalte wird gestrichen. Es werden die erste und dritte Zeile gestrichen.
3. Die verbleibenden Zahlen auf der linken Seite werden addiert. $22 + 88 + 176 = 286$ ist das Resultat der Multiplikation.

Das Verdoppeln und Halbieren sind einfach zu berechnen und der Algorithmus kann effizient im Dualsystem umgesetzt werden:

- Verdoppeln: Left Shift. Halbieren: Right Shift. Ist eine Zahl gerade? Prüfen des letzten Bits.
- Beispiel für Left Shift: $9 = (01001)_2 \rightarrow (10010)_2 = 18$
- Beispiel für Right Shift: $9 = (01001)_2 \rightarrow (00100)_2 = 4$

Wir bilden das Verfahren funktional ab. Falls $b > 1$ und $a \in \mathbb{N}$, gilt:

$$a \cdot b = \begin{cases} 2a \cdot \frac{b}{2}, & \text{falls } b \text{ gerade,} \\ a + 2a \cdot \frac{b-1}{2}, & \text{falls } b \text{ ungerade.} \end{cases}$$

Das Verfahren terminiert, falls:

$$a \cdot b = \begin{cases} a, & \text{falls } b = 1, \\ 2a \cdot \frac{b}{2}, & \text{falls } b \text{ gerade,} \\ a + 2a \cdot \frac{b-1}{2}, & \text{falls } b \text{ ungerade.} \end{cases}$$

Zusammengefasst lautet die rekursive funktionale Formulierung:

$$f(a, b) = \begin{cases} a, & \text{falls } b = 1, \\ f\left(2a, \frac{b}{2}\right), & \text{falls } b \text{ gerade,} \\ a + f\left(2a, \frac{b-1}{2}\right), & \text{falls } b \text{ ungerade.} \end{cases} \tag{18.1}$$

Beweis Gegeben sei die Funktion $f(a, b)$ in (18.1). Zu zeigen ist: $f(a, b) = a \cdot b$ für $a \in \mathbb{N}, b \in \mathbb{N}^+$. Die Korrektheit wird mit Induktion bewiesen: Sei $a \in \mathbb{N}$. Zu zeigen ist $f(a, b) = a \cdot b$ für alle $b \in \mathbb{N}^+$.
Induktionsanfang:

Für $b = 1$ gilt:
$$f(a, 1) = a = a \cdot 1.$$

18.4 Korrektheit der Ägyptischen Multiplikation

Induktionsschritt:

Angenommen, $f(a, b') = a \cdot b'$ für alle $0 < b' \leq b$. Wir zeigen nun, dass die Induktionsannahme für b auch für $b+1$ gilt:

$$f(a, b+1) = \begin{cases} f\left(2a, \frac{b+1}{2}\right), & \text{falls } b+1 \text{ gerade,} \\ a + f\left(2a, \frac{b}{2}\right), & \text{falls } b+1 \text{ ungerade.} \end{cases}$$

Falls $b+1$ ungerade und $b > 0$ ist, folgt aus der Induktionsannahme:

$$f(a, b+1) = a + f\left(2a, \frac{b}{2}\right) = a + \left(2a \cdot \frac{b}{2}\right) = a \cdot (b+1).$$

Damit ist die Behauptung bewiesen: $f(a, b+1) = a \cdot (b+1)$. □

Der Pseudocode lautet:

```
def aegyptische_multiplikation(a, b):
    # Initialisiere das Ergebnis
    ergebnis = 0

    # Solange b grösser als 0 ist, führen wir den Algorithmus durch
    while b > 0:
        # Wenn b ungerade ist, addiere den aktuellen Wert von a
        zum Ergebnis
        if b % 2 != 0:
            ergebnis += a

        # Verdopple a und halbiere b ganzzahlig
        a = a * 2
        b = b // 2

    # Gib das Endergebnis zurück
    return ergebnis
```

Aufgabe 18.4.1 *Betrachten Sie folgenden Algorithmus:*

```
def f(A, i=0):
    """
    Rekursive Funktion, die einen Wert aus dem Array A berechnet.

    Parameter:
    A (list of int): Ein Feld mit natürlichen Zahlen.
    i (int): Der aktuelle Index, standardmässig 0.

    Rückgabewert:
    int: Ein Wert, der mit A zusammenhängt.
    """
    # Basisfall: Wenn i der letzte Index ist, gebe A[i] zurück
    if i == len(A) - 1:
        return A[i]

    # Rekursive Berechnung für den Rest des Arrays
    k = f(A, i + 1)

    # Vergleiche und gebe den grösseren Wert zurück
    if k > A[i]:
        return k
    else:
        return A[i]

# Beispielnutzung
A = [3, 1, 4, 1, 5, 9]
result = f(A)
print(f"Das Ergebnis ist: {result}")
```

1. Beschreiben Sie in einem Satz, was der Algorithmus macht.
2. Beweisen Sie die Korrektheit des Algorithmus.
3. Geben Sie einen Algorithmus an, der äquivalent zu doSomethingSimple ist, ohne Rekursionen zu verwenden.
4. Geben Sie eine Schleifeninvariante für Ihren inkrementellen Algorithmus an.
5. Beweisen Sie die Korrektheit Ihres Algorithmus mit der von Ihnen aufgestellten Schleifeninvariante.

Die Lösung der Aufgabe ist im Python-File gegeben.

18.4 Korrektheit der Ägyptischen Multiplikation

Aufgabe 18.4.2 *Betrachten Sie folgenden Algorithmus:*

```python
def fakultaet(k):
    """
    Berechnet die Fakultät einer Zahl k iterativ.

    Parameter:
    k (int): Eine natürliche Zahl, deren Fakultät berechnet
    werden soll.

    Rückgabewert:
    int: Die Fakultät von k.
    """
    f = j = k
    while j > 1:
        j -= 1       # j um 1 verringern
        f *= j       # f mit j multiplizieren
    return f

# Beispielnutzung
zahl = 5
ergebnis = fakultaet(zahl)
print(f"Die Fakultät von {zahl} ist {ergebnis}.")
```

1. Geben Sie eine geeignete Invariante an.
2. Zeigen Sie mithilfe der aufgestellten Invariante die Korrektheit des Algorithmus.

Die Lösung der Aufgabe ist im Python-File gegeben.

Teil V
Wahrscheinlichkeitsrechnung und Lineare Algebra

19 Wahrscheinlichkeit und Kombinatorik

Inhaltsverzeichnis

19.1 Wahrscheinlichkeitsrechnung 423
19.2 Arten von Wahrscheinlichkeiten 423
19.3 Modell der Wahrscheinlichkeitstheorie 425
19.4 Diskrete Zufallsvariable und Verteilungen 445
19.5 Binomialverteilung 450
19.6 Anwendungen 454
19.7 Ungleichungen 462
19.8 Anwendungen 467
19.9 Binomialkoeffizienten 486

19.1 Wahrscheinlichkeitsrechnung

Wahrscheinlichkeiten treten bei Zufallsexperimenten auf. Ein Zufallsexperiment kann das Ausfüllen des Lottozettels, ein Würfelspiel, die Struktur der Dateninputs in ein Programm, der Ausfall einer Serverinfrastruktur, die Entwicklung von Aktienkursen, die richtige Klassifikation bei Gebäudezutritten und vieles mehr beschreiben. Die Wahrscheinlichkeitstheorie bietet Modelle über den Zufall für die Modellierung dieser Experimente an.

19.2 Arten von Wahrscheinlichkeiten

Es gibt drei Sichtweisen auf die Wahrscheinlichkeitsrechnung.

Ergänzende Information Die elektronische Version dieses Kapitels enthält Zusatzmaterial, auf das über folgenden Link zugegriffen werden kann https://doi.org/10.1007/978-3-662-71095-1_19.

Die **objektive Wahrscheinlichkeitstheorie** tritt oft bei Spielen auf. Die Wahrscheinlichkeit von Kopf beim Münzwurf ist 1/2. Über dieses Ergebnis gibt es keine Diskussion. Der Münzwurf ist das Standardmodell für objektive Wahrscheinlichkeitstheorie. Diese Art der Wahrscheinlichkeitsbetrachtung ist oft bei alltäglichen Entscheidungsfindungen nicht nützlich, da eine objektive Wahrscheinlichkeit fehlt. Dies führt zur **empirischen Wahrscheinlichkeit** oder den relativen Häufigkeiten. Die Definition der Wahrscheinlichkeit basiert auf Daten. Bevor beispielsweise die Firma Roche ein neues Medikament auf den Markt bringen kann, muss sie eine Reihe von Tests an Patienten durchführen. Gesucht ist die Wahrscheinlichkeit, dass dieses neue Medikament wirkt und mit geringer Wahrscheinlichkeit zu akzeptablen Nebenwirkungen führt. Auf der Grundlage der Daten ermittelt man die Wahrscheinlichkeiten als empirische Häufigkeiten der Tests. Wenn es keine Daten gibt, greift die Definition der **subjektiven Wahrscheinlichkeit**. Experten schätzen zum Beispiel die Wahrscheinlichkeit ein, dass ein IT-System gehackt wird.

Im Alltag verwenden wir oft den Begriff der „Wahrscheinlichkeit". Dabei ist oft nicht klar, was wir genau mit diesem Begriff meinen. Die mathematische Wahrscheinlichkeitstheorie definiert und quantifiziert diesen Begriff in allen drei Sichtweisen.

Wir betrachten die Quantifizierung im Rahmen des empirischen Ansatzes genauer. Ein Paar kann sich nicht entscheiden, in welchem Land der nächste Urlaub stattfinden soll. Eine Person möchte nach Italien, die andere nach Finnland. Sie entscheiden, dass ein Münzwurf die Entscheidung fällen soll. Dies machen sie, weil keiner von ihnen Kopf oder Zahl vorhersagen kann und sie annehmen, dass die Münze fair ist: Die Chancen sind für beide Realisierungen gleich. Die Wahrscheinlichkeitstheorie wird somit bei Fragen verwendet, die nicht vorhersehbar sind. Dies ist deutlich verschieden zu Fragestellungen der Algebra oder Zahlentheorie.

Die beiden Personen sind ein wenig speziell und werfen die Münze 25-Mal: Die Mehrheit an Kopf oder Zahl gewinnt. Wir haben somit 25 Datenpunkte. Dies ermöglicht uns, die empirische Wahrscheinlichkeit, dass „Zahl" kommt, zu messen:

$$p_Z := \frac{\text{Anzahl Zahl erscheint}}{\text{Anzahl der Würfe}} \in [0, 1].$$

Dabei wird angenommen, dass die Wahrscheinlichkeiten, in einem Wurf Kopf oder Zahl zu erhalten, konstant sind. Die Gegenwahrscheinlichkeit von Kopf ist p_K, welche gleich definiert ist. Daraus folgt, dass sich die Wahrscheinlichkeiten auf 1 addieren:

$$p_K + p_Z = 1.$$

Objektiv erwarten wir $p_K = p_Z = \frac{1}{2}$ bei einer fairen Münze. Welchen Wert liefert die Empirie? Wenn wir die Münze 25-mal werfen, könnten wir folgenden Sequenz erhalten:

K K Z Z K Z K Z K Z Z Z Z Z K Z K K Z Z Z Z K K K.

14-mal Zahl und 11-mal Kopf. Dann gilt für die Häufigkeiten

$$p_Z = \frac{\text{Anzahl der Zahlwürfe}}{\text{Anzahl der Versuche}} = \frac{14}{25} = 56\,\%.$$

19.3 Modell der Wahrscheinlichkeitstheorie

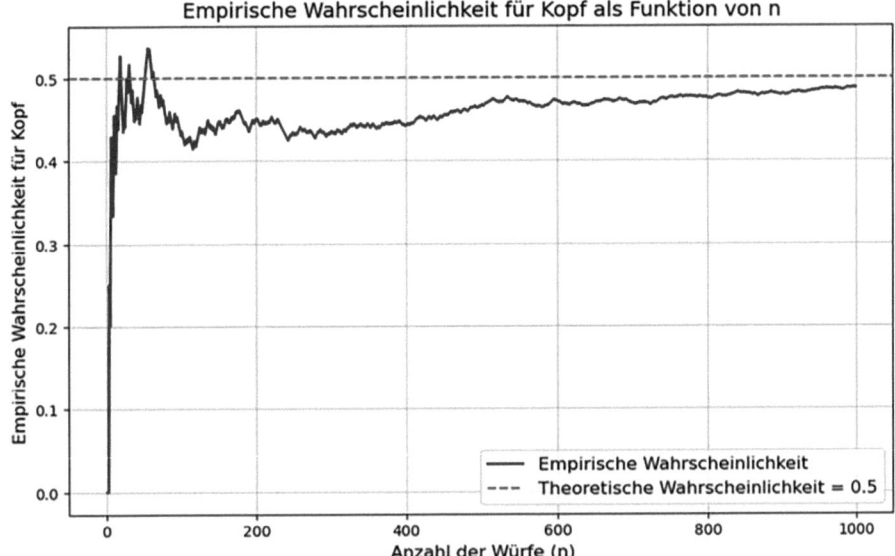

Abb. 19.1 Empirische Münzwurfexperimente

und $p_K = 100 - 56 = 44\,\%$. Dies ist ungleich dem Wert von 0,5, welchen wir objektiv erwarten würden. Wiederholen wir das Experiment für 100 und 10.000 Würfe, nähert sich der empirische Wert dem objektiven an, siehe Abb. 19.1. Somit stehen objektive Modellwahrscheinlichkeiten mit Wiederholungen von gleichen empirischen Experimenten im Zusammenhang. Unser Experiment zeigt ein typisches Verhalten für zufällige Phänomene: In einer langen Folge von Versuchen nähert sich die Häufigkeit eines bestimmten „Erfolges" einem Wert und schwankt leicht um diesen Wert. Diesen Wert nennen wir die Wahrscheinlichkeit des Ereignisses des Münzwurfes. Eine weitere objektive Größe ist der Erwartungswert. Beim wiederholten Werfen eines Würfels erwarten wir im Schnitt den Wert 3,5. Dies ist das Mittel aller Augenzahlen ist, gewichtet mit der objektiven Wahrscheinlichkeit von 1/6 für jede Augenzahl. Dieser Wert ist aber nicht beobachtbar.

Die Umsetzung empirischer Experimente ist im Python-Kap. 19 besprochen.

19.3 Modell der Wahrscheinlichkeitstheorie

Wir konstruieren das Modell für die objektiven Wahrscheinlichkeiten des Münzwurfexperimentes. Wir lassen das Wort „objektiv" im Folgenden weg. Beginnen wir mit einem Modell für den einmaligen Münzwurf. Wir können zwei Ergebnisse beobachten: Kopf ω_1 und Zahl ω_2 („omega"). Diese beiden **beobachtbaren oder elementaren Ereignisse** bilden die Menge der Ereignisse Ω („Omega"). Eine Wahrscheinlichkeitsfunktion P weist

„Ereignissen" Wahrscheinlichkeiten im Intervall [0, 1] zu. Es gelten

$$P(\emptyset) = 0 \,, \; P(\{\text{Zahl}\}) = 1 - P(\{\text{Kopf}\}) \,, \; P(\Omega) = 1.$$

Dabei ist $\emptyset$ das unmögliche Ereignis und Ω das sichere Ereignis; eine der beiden Möglichkeiten im Münzwurf wird mit Sicherheit eintreten. Für die Funktion P haben wir den Wertebereich bestimmt, aber den Definitionsbereich offengelassen. Dies holen wir nach, indem wir jetzt den zweifachen Münzwurf betrachten. Wenn wir zweimal werfen, sind vier elementare Ereignisse möglich:

$$\omega_1 = \{K, K\} \,, \; \omega_2 = \{K, Z\} \,, \; \omega_1 = \{Z, K\} \,, \; \omega_1 = \{Z.Z\} \,, \; \Omega = \bigcup_{j=1}^{4} \omega_j.$$

Wir unterscheiden die Reihenfolge des Auftretens von Kopf oder Zahl. Wenn wir annehmen, dass alle beobachtbaren Ereignisse gleiche Wahrscheinlichkeit besitzen, erhalten wir mit $|\Omega| = 4$ und den Quotienten „günstig durch möglich":

$$P(\omega_j) = \tfrac{1}{4} \,, \; j = 1, 2, 3, 4.$$

Wir können aber auch nach den Wahrscheinlichkeiten für komplexere Ereignisse fragen. Zum Beispiel:

$$A_1 = \{\text{Mindestens einmal Kopf erscheint}\} \,, \; A_2 = \{\text{Genau einmal erscheint Kopf}\} \,.$$

Die A_j sind **nicht beobachtbar**. Sie sind Mengen bestehend aus den beobachtbaren ω und somit Teilmengen von Ω. Wir bezeichnen mit $\mathcal{A}$ das Mengensystem der Teilmengen $A \subseteq \Omega$. Wenn Ω aus endlich vielen beobachtbaren Ereignissen besteht, setzen wir oft $\mathcal{A} = \mathcal{P}(\Omega)$. Somit hat $\mathcal{A}$ die Mächtigkeit $2^{|\Omega|}$. Wenn es abzählbar oder überabzählbar viele elementare Ereignisse gibt, wird die Theorie schwieriger als im endlichen Fall. Wir beschränken uns auf den endlichen Fall. Da $\omega \in A$, ist die Wahrscheinlichkeitsfunktion definiert auf $\mathcal{A}$ mit Werten in [0, 1]:

$$P : \mathcal{A} \to [0, 1].$$

$A \in \mathcal{A}$ sind die **Ereignisse**. Zusammengefasst haben wir eine Funktion P, die Menge Ω der elementaren Ereignisse und die Ereignisse $A \in \mathcal{A}$.

Kolmogorov formulierte die Axiome für die Wahrscheinlichkeitstheorie:

1. Für jedes Ereignis $A \in \mathcal{A}$ ist die Wahrscheinlichkeit A eine reelle Zahl $0 \leq P(A) \leq 1$.
2. Das sichere Ereignis $\Omega \in \mathcal{A}$ hat die Wahrscheinlichkeit 1: $P(\Omega) = 1$.

19.3 Modell der Wahrscheinlichkeitstheorie

3. Die Wahrscheinlichkeit einer Vereinigung abzählbar vieler disjunkter Ereignisse A_j ist gleich der Summe der Wahrscheinlichkeiten der einzelnen Ereignisse. Es gilt daher:

$$P(A_1 \cup A_2 \cup \cdots) = \sum_i P(A_i). \tag{19.1}$$

Theorem 19.3.1 *Es gelten die Kolmogorov-Axiome.*

1. *Komplementäre Ereignisse haben komplementäre Wahrscheinlichkeiten:* $P(\Omega \setminus A) = 1 - P(A)$.
2. $P(\emptyset) = 0$.
3. *Seien zwei Ereignisse A, B gegeben:*

$$P(A \cup B) = P(A) + P(B) - P(A \cap B).$$

Beweis Zur ersten Aussage. Es gilt $(\Omega \setminus A) \cup A = \Omega$ und $(\Omega \setminus A) \cap A = \emptyset$. Aus (19.1) folgt $P(\Omega \setminus A) + P(A) = P(\Omega)$ und dann $P(\Omega \setminus A) + P(A) = 1$.

Zweite Aussage. Da $\emptyset \cup \Omega = \Omega$ und $\emptyset \cap \Omega = \emptyset$ gilt, folgt aus (19.1) der Sigma-Additivität:

$$P(\emptyset) + P(\Omega) = P(\Omega)$$

und somit die Behauptung. Der Beweis der dritten Aussage ist eine Aufgabe. □

Aufgabe 19.3.1 *Machen Sie sich die dritte Aussage mit einem Venn-Diagramm klar und beweisen Sie die Aussage. Geben Sie Beispiele von disjunkten und nichtdisjunkten Ereignissen in Zufallsexperimenten in der Informatik.*

Aufgabe 19.3.2 *Beschreiben Sie die Ereignismenge für n-fachen Münzwurf. Wie viele Ereignisse gibt es? Wie viele Elemente hat die Menge*

$$A = \{Wie\ oft\ kommt\ mindestens\ eine\ 4\ vor\ beim\ zweimaligen\ Würfeln?\}$$

Beim Münzwurf, beim Würfel und beim Kartenspiel haben alle Elementarereignisse die gleiche Wahrscheinlichkeit. Dies definiert ein Laplace-Experiment.

Definition 19.3.1 *(Laplace-Experiment) Es seien $\Omega, \mathcal{A}, P$ gegeben mit $|\Omega| = n$. Falls $P(\omega_j) = \frac{1}{n}$ für alle j, handelt es sich um ein Laplace-Experiment. Dann gilt für alle Ereignisse $A \in \mathcal{A}$ die Laplace-Formel:*

$$P(A) = \frac{|A|}{|\Omega|} = \frac{m}{n} = \frac{Günstig}{Möglich}. \tag{19.2}$$

Die Berechnung der Wahrscheinlichkeiten bei Laplace-Experimenten reduziert sich auf das möglicherweise komplizierte Zählen von Elementen in zwei Mengen.

19.3.1 Beispiele

Eine Urne besitzt drei rote und drei blaue Kugeln. Jetzt ziehen wir dreimal eine Kugel mit **Zurücklegen**. Wie groß ist die Wahrscheinlichkeit für ein beliebiges Elementarereignis $\omega = (x_1, x_2, x_3)$? Dabei bezeichnet x_i die Kugel im Zug i. Diese kann rot oder blau sein und die Reihenfolge der x_i wird unterschieden. Somit sind die Kugeln nummeriert. Alle Elementarereignisse ω_j, bestehend aus drei gezogenen Kugeln, sind gleich wahrscheinlich:

$$P(\omega_j) = \frac{1}{|\Omega|^3} = \frac{1}{6^3} = \frac{1}{216}, \ \forall j.$$

Jetzt werden die Kugeln nicht mehr zurückgelegt. Wir erhalten alle gleichwahrscheinlichen Elementarereignisse:

$$P(\omega_j) = \frac{1}{6 \cdot 5 \cdot 4} = \frac{1}{120}, \ \forall j.$$

Wir wechseln zu einer Urne mit drei roten, zwei blauen und einer grünen Kugel. Wie groß ist $P(A)$ für

$$A = \{\text{dreimal erscheint rot beim dreimaligen Ziehen einer Kugel}\},$$

mit Zurücklegen bzw. ohne Zurücklegen? Es gilt mit Zurücklegen:

$$P(A) = \frac{3}{6} \cdot \frac{3}{6} \cdot \frac{3}{6} = \frac{1}{8},$$

da es in jedem Zug 3 günstige und 6 mögliche Ereignisse gibt. Ohne Zurücklegen gilt:

$$P(A) = \frac{3}{6} \cdot \frac{2}{5} \cdot \frac{1}{4} = \frac{1}{20},$$

da die Anzahl der günstigen und möglichen mit jedem Zug um 1 Kugel abnimmt. Das Urnenmodells wird beim Lottospiel, der Bestimmung gemeinsamer Geburtstage, im Machine Learning, der Durchführung statistischer Tests, für Simulationen im Risikomanagement, Prozessoptimierungen, der Netzwerkanalyse, bei Hashfunktionen und Warteschlangenalgorithmen verwendet.

Wir fassen die verschiedenen Möglichkeiten im nächsten Theorem zusammen. Die Urne besitzt mehrere Kugeln mit verschiedenen Farben. Die gezogenen Kugeln x_i sind unterscheidbar. Wir unterscheiden das Ziehen mit und ohne Zurücklegen und mit und ohne Berücksichtigung der Reihenfolge. Mit Zurücklegen kann $x_i = x_j$ sein, d.h., die gleiche Kugel wird im Zug i und j gezogen. Ohne Zurücklegen gilt $x_i \neq x_j$. Wenn die Reihenfolge

19.3 Modell der Wahrscheinlichkeitstheorie

nicht zählt, sind (x_i, x_j) und (x_j, x_i) ununterscheidbar. Für jede der vier Möglichkeiten besteht die Ergebnismenge Ω aus einem unterschiedlichen Ausdruck.

Theorem 19.3.2 *Gegeben sei eine Urne mit N Kugeln und sei $n \leq N$. Dann wird die Anzahl der Möglichkeiten Ω für die Auswahl von n Kugeln aus dieser N-elementigen Urne gegeben durch:*

Ω	Ohne Reihenfolge	Mit Reihenfolge
Ohne Zurücklegen	$\binom{N}{n}$	$\binom{N}{n} \cdot n!$
Mit Zurücklegen	$\binom{N+n-1}{n}$	N^n

Beweis Ohne Zurücklegen, mit Reihenfolge.
Die Grundmenge Ω lautet:

$$\Omega = \{(x_1, \ldots, x_n) : x_n \in \{1, \ldots, N\}, x_i \neq x_j\}.$$

Da die gezogenen Kugeln unterschiedlich sind, können wir diese Menge auch als Menge aller Abbildungen

$$f : \{1, \ldots, n\} \to \{1, \ldots, N\}$$

einer Menge mit n in eine Menge mit N Elementen beschreiben, wobei die Funktion f injektiv ist, da $x_i \neq x_j$ gilt. Wir haben diese Anzahl an Injektionen in Theorem 7.5.3 bereits bestimmt:

$$|\Omega| = P(N, n) = N \times (N-1) \cdot (N-2) \cdot \ldots \cdot (N-n+1) = \frac{N!}{(N-n)!}.$$

Hierbei ist $n!$ die Anzahl aller möglichen Permutationen der n Objekte, und $(N-n)!$ ist die Anzahl der Permutationen der verbleibenden $N-n$ Objekte, die wir nicht ausgewählt haben.

Ohne zurücklegen, ohne Reihenfolge.
Es gibt genau $\binom{N}{n}$ Möglichkeiten ohne Zurücklegen, ungeordnet n Kugeln in N Schachteln zu verteilen.

Mit Zurücklegen, mit Reihenfolge.
Es gibt N Möglichkeiten, das erste Element x_1 auszuwählen. Da wir Wiederholungen von Elementen in der Auswahl erlauben, gibt es danach immer noch N Möglichkeiten, das zweite Element x_2 auszuwählen usw. Nach der Produktregel gibt es:

$$\underbrace{N \cdot N \cdot \ldots \cdot N}_{n\text{-mal}} = N^n$$

Möglichkeiten, eine geordnete Folge $(x_1, x_2, \ldots, x_n)$ aus n Elementen von N Elementen auszuwählen.

Mit Zurücklegen, ohne Reihenfolge. In diesem Fall behaupten wir:

$$\Omega = \{(x_1, \ldots, x_n) : x_n \in \{1, \ldots, N\}, x_1 \leq x_2 \ldots \leq x_n\}.$$

Da wir mit Zurücklegen ziehen, kann ein Ball mehrmals gezogen werden. Da wir ohne Reihenfolge ziehen, achten wir nur darauf, wie oft jeder Ball gezogen wurde. Angenommen, wir haben $N = 3$ Bälle und $n = 2$ Ziehungen. Dann ist $(1, 1)$ möglich, da wir zurücklegen. Die Elemente $(2, 1)$ und $(1, 2)$ werden aber nicht unterschieden und sind somit identisch. Stellen wir die Möglichkeiten als Matrix dar:

$$\begin{pmatrix} (1,1) & (1,2) & (1,3) \\ x & (2,2) & (2,3) \\ x & x & (3,3) \end{pmatrix}$$

folgt, dass $x_1 \leq x_2 \ldots \leq x_n$ die identischen Fälle eliminiert. Wie viele Elemente hat die Menge Ω der ungeordneten n-elementigen Teilmengen von $\{1, \ldots, N\}$, wobei Wiederholungen der Elemente in der Teilmenge erlaubt sind? Oder, wie viele Möglichkeiten gibt es n Kugeln in N Schachteln zu platzieren, wobei die Kugeln nicht unterscheidbar sind? Wir stellen die Frage als „String" dar, mit x für eine Kugel und | für eine Schachtelwand. Zum Beispiel ist

$$xxx|x|xxx|x||xx$$

eine Verteilung von 10 Kugeln auf 6 Schachteln mit 3 Kugeln in der ersten Schachtel, 1 Kugel in der zweiten Schachtel, keine Kugel in der fünften Schachtel usw. Insgesamt haben wir n Kugeln und $N - 1$ Trennwände, also $n + N - 1$ Elemente insgesamt. Aus diesen Elementen müssen wir n Elemente auswählen, d. h., wir erhalten

$$\binom{n + N - 1}{n} = \binom{n + N - 1}{N - 1},$$

wobei die Gleichheit aus der Definition der Binomialkoeffizienten folgt. Dieser letzte Fall ist kein Laplace-Experiment. Für den Fall $N = 3$ Bälle und $n = 2$ Ziehungen hat das elementare Ereignis $(1, 1)$ die Wahrscheinlichkeit $1/3^2$. Das elementare Ereignis $(1, 2)$ hat aber die Wahrscheinlichkeit $2/3^2$, da $(1, 2)$ und $(2, 1)$ identisch sind. □

Sie können das Theorem in den nächsten Aufgaben einüben.

Aufgabe 19.3.3 *In einer Urne befinden sich drei rote, eine grüne und zwei blaue Kugeln.*

19.3 Modell der Wahrscheinlichkeitstheorie

1. *Wie groß ist die Wahrscheinlichkeit beim Ziehen von drei Kugeln ohne Beachtung der Reihenfolge für die möglichen Kugelkombinationen?*
2. *Wie groß ist die Wahrscheinlichkeit beim Ziehen von drei Kugeln ohne Zurücklegen und ohne Beachtung der Reihenfolge für die möglichen Kugelkombinationen?*
3. *Wie groß ist die Wahrscheinlichkeit, beim einmaligen Ziehen aus der Beispielurne eine rote oder grüne Kugel zu erhalten?*
4. *Wie groß ist die Wahrscheinlichkeit, dass eine rote, eine grüne und eine blaue Kugel in dieser Reihenfolge gezogen werden, bei einer Ziehung mit Zurücklegen bzw. ohne Zurücklegen?*
5. *Wie groß ist die Wahrscheinlichkeit, drei verschiedenfarbige Kugeln zu ziehen ohne Betrachtung der Reihenfolgen mit Zurücklegen bzw. ohne Zurücklegen?*

Aufgabe 19.3.4

1. *In einem Raum gibt es n Plätze. Der Raum wird von k Studenten betreten, welche die Plätze besetzen. Auf einem Platz kann maximal ein Student sitzen. Wie viele Sitzmöglichkeiten gibt?*
2. *Wie groß ist die Wahrscheinlichkeit, beim Lotto mit 45 Kugeln sechs richtige zu ziehen? Angenommen, nach 30 Jahren und 2000 Ziehungen werden die gleichen Gewinnerzahlen ein zweites Mal gezogen. Ist dies ein außerordentliches Ereignis oder liegt es in den Erwartungen?*
3. *Wie viele Möglichkeiten gibt es, eine Zahl k als Summe von n Summanden zu schreiben? Dabei spielt die Reihenfolge der Summanden eine Rolle und alle Ziffern sind möglich.*
4. *Sie würfeln 6-mal mit einem fairen Würfel. Wie groß ist die Wahrscheinlichkeit, dass alle 6 Augenzahlen paarweise verschieden sind?*

Das Zählen der beobachtbaren Ereignisse in einer komplexen Ereignismenge kann schwierig sein. Eine Strategie ist, wenig überraschend, die Ereignismengen in einfachere Mengen zu zerlegen. Am liebsten ist uns eine Zerlegung eines Ereignisses in paarweise disjunkte Ereignisse $A_1, A_2, \ldots, A_k$, da dann die Wahrscheinlichkeit des Gesamtereignisses die Summe der Wahrscheinlichkeiten der einzelnen Ereignisse ist. Ein zweites Vorgehen bei komplexen Ereignissen ist das „Gegenereignis" zu betrachten, falls dieses eine einfachere Struktur besitzt. Dann nutzen wir die Formel:

$$P(A) = 1 - P(\Omega \setminus A). \tag{19.3}$$

Aufgabe 19.3.5 *In einer Urne befinden sich drei rote, eine grüne und zwei blaue Kugeln.*

1. *Wie groß ist die Wahrscheinlichkeit, dass zweimal eine Kugel der gleichen Farbe gezogen wird ohne Zurücklegen*

2. Wie groß ist die Wahrscheinlichkeit, dass bei zweimaligen Ziehen ohne Zurücklegen keine grüne Kugel gezogen wird?

Aufgabe 19.3.6 *Wie groß ist die Wahrscheinlichkeit, beim zweimaligen Wurf von zwei Würfeln, für das Ereignis:*

$$A = \{Augensumme\ grösser\ als\ 7\}$$

19.3.2 Bedingte Wahrscheinlichkeiten

Unter einer bedingten Wahrscheinlichkeit versteht man die Wahrscheinlichkeit für das Eintreten eines Ereignisses A unter der Voraussetzung, dass das Eintreten eines anderen Ereignisses B bereits bekannt ist, welche nicht unmöglich sein darf. Man schreibt $P(A|B)$. Bedingte Wahrscheinlichkeiten gehorchen den **gleichen Gesetzen** wie die Wahrscheinlichkeiten, d. h.

$$0 \leq P(A|B) \leq 1, \ P(B|B) = 1$$

und wenn A_j paarweise disjunkt sind, gilt die Additivitätsformel:

$$P(A_1 \cup \cdots \cup A_k | B) = P(A_1|B) + \cdots + P(A_k|B).$$

Achtung: $P(A|B \cup C) = P(A|B) + P(A|C)$ oder ähnliche Umformungen für die Mengen, auf welche bedingt wird, sind **nicht definiert**. Die Berechnung der bedingten Wahrscheinlichkeit ist definiert durch:

$$P(A|B) = \frac{P(A \cap B)}{P(B)}. \tag{19.4}$$

Somit verändert das Ereignis B die Eintretenswahrscheinlichkeit des Ereignisses A. Der Zähler berücksichtigt nur beobachtbare Ereignisse, welche unter A und B möglich sind. Der Nenner normiert das Resultat auf das Ereignis B. Um die Normierung zu verstehen, betrachten Sie 100 Studierende, wovon 50 Informatik machen. Von diesen sind 5 Frauen. Im zweiten Fall sind es nur 10 Informatikstudierende; der Rest der Informationen ist gleich. Berechnen Sie für beide Fälle die bedingten Wahrscheinlichkeiten korrekt und ein zweites Mal ohne die Normierung.

Für das Rechnen mit bedingten Wahrscheinlichkeiten sind der Multiplikationssatz und das Gesetz der totalen Wahrscheinlichkeit wesentlich.

Theorem 19.3.3 *Multiplikationssatz:*

$$P(A_1 \cap A_2 \cap \cdots \cap A_n) = P(A_1) \cdot P(A_2 \mid A_1) \cdot P(A_3 \mid A_1 \cap A_2) \cdots P\left(A_n \mid A_1 \cap \cdots \cap A_{n-1}\right).$$

Gesetz der totalen Wahrscheinlichkeit: Gegeben seien paarweise disjunkte Mengen A_j, $j = 1, \ldots, J$, mit $P(A_j) > 0$ für alle j, die eine Partition der Ergebnismenge Ω sind. Dann

19.3 Modell der Wahrscheinlichkeitstheorie

gilt:
$$P(A) = \sum_j P(A \mid A_j) \cdot P(A_j).$$

Beweis Für den Multiplikationssatz beweisen wir die Formel durch schrittweise Anwendung der Definition bedingter Wahrscheinlichkeiten. Wir beginnen mit

$$P(A_1 \cap A_2 \cap \cdots \cap A_n) = P(A_1) \cdot P(A_2 \cap A_3 \cap \cdots \cap A_n \mid A_1).$$

Wenden wir nun die Definition der bedingten Wahrscheinlichkeit auf $P(A_2 \cap A_3 \cap \cdots \cap A_n \mid A_1)$ an:

$$P(A_1 \cap A_2 \cap \cdots \cap A_n) = P(A_1) \cdot P(A_2 \mid A_1) \cdot P(A_3 \cap \cdots \cap A_n \mid A_1 \cap A_2).$$

Indem wir diesen Prozess fortsetzen, erhalten wir

$$P(A_1 \cap A_2 \cap \cdots \cap A_n) = P(A_1) \cdot P(A_2 \mid A_1) \cdot P(A_3 \mid A_1 \cap A_2) \cdots P(A_n \mid A_1 \cap \cdots \cap A_{n-1}),$$

was den Multiplikationssatz beweist.

Für das Gesetz der totalen Wahrscheinlichkeit betrachten wir eine Ereignismenge A und eine Partition der Ergebnismenge Ω in paarweise disjunkte Ereignisse A_j mit $j = 1, \ldots, n$, sodass $\Omega = \bigcup_{j=1}^{n} A_j$ und $P(A_j) > 0$ für alle j. Da die A_j eine Partition bilden, gilt

$$A = A \cap \Omega = A \cap \left(\bigcup_{j=1}^{n} A_j \right) = \bigcup_{j=1}^{n} (A \cap A_j).$$

Da die A_j paarweise disjunkt sind, sind auch die Mengen $A \cap A_j$ paarweise disjunkt. Nach dem Additionssatz der Wahrscheinlichkeiten ergibt sich somit

$$P(A) = \sum_{j=1}^{n} P(A \cap A_j).$$

Mit der Definition der bedingten Wahrscheinlichkeit gilt $P(A \cap A_j) = P(A \mid A_j) \cdot P(A_j)$. Daraus folgt das Gesetz der totalen Wahrscheinlichkeit:

$$P(A) = \sum_{j=1}^{n} P(A \mid A_j) \cdot P(A_j). \qquad \square$$

Der Multiplikationssatz wird trivial, wenn die Ereignisse **stochastisch unabhängig** sind:

Definition 19.3.2 *Die Ereignisse A und B heißen stochastisch unabhängig, wenn*

$$P(A \cap B) = P(A) \cdot P(B)$$

gilt.

Die Definition verallgemeinert auf n Ereignisse. Stochastisch unabhängige Ereignisse vereinfachen die Analyse wesentlich, da keine komplizierten Strukturen in der Schnittmenge berücksichtigt werden müssen. Beispiele und Bemerkungen sind:

- Betrachtet man das Ziehen von Kugeln aus einer Urne mit Zurücklegen, dann sind die sequenziellen Ereignisse unabhängig. Zieht man hingegen ohne Zurücklegen, so sind die Ereignisse nicht unabhängig, da mit jedem Zug das Experiment verändert wird.
- Hat ein Ereignis A die Wahrscheinlichkeit 1 oder 0, sind A und ein beliebiges Ereignis B immer unabhängig und umgekehrt.
- Disjunkte Ereignisse sind nur dann unabhängig, wenn eines der Ereignisse die Wahrscheinlichkeit 0 hat, da $P(A \cap B) = P(\emptyset) = 0 = P(A)P(B)$. Mit anderen Worten, wenn $P(A), P(B) > 0$ sind, dann sind disjunkte Ereignisse **nie** stochastisch unabhängig. Disjunkte Ereignisse und stochastische Unabhängigkeit sind unterschiedliche Konzepte.

Hingegen geltend die folgenden Charakterisierung der stochastischen Unabhängigkeit:

Theorem 19.3.4 *Zwei Ereignisse A, B mit $P(A), P(B) > 0$ sind genau dann stochastisch unabhängig, wenn*

$$P(A|B) = P(A)$$

oder dazu äquivalent

$$P(A|B) = P(A|\bar{B}).$$

Aufgabe 19.3.7 *Beweisen Sie den Satz.*

Wir betrachten Beispiele zu den bedingten Wahrscheinlichkeiten.

- Es wird eine Karte aus 32 Karten gezogen. Es seien

  $A = \{\text{Ziehen einer Herz-Karte}\}, \quad B = \{\text{Es ist eine rote Karte}\}.$

  Dann gelten:

  $$P(A \cap B) = \frac{8}{32} = \frac{1}{4}, \; P(B) = \frac{16}{32} = \frac{1}{2} \Longrightarrow P(A|B) = \frac{P(A \cap B)}{P(B)} = \frac{\frac{1}{4}}{\frac{1}{2}} = \frac{1}{2}.$$

- Es wird eine Karte aus 32 Karten gezogen. Es seien

  $A = \{\text{Es ist ein König}\}, \quad B = \{\text{Es ist eine Herz-Karte}\}.$

19.3 Modell der Wahrscheinlichkeitstheorie   435

Dann ist $A \cap B$ das Ereignis ‚Die gezogene Karte ist Herz-König'. Da $P(A) = \frac{4}{32} = \frac{1}{8}$ und $P(B|A) = \frac{1}{4}$, ist dann

$$P(A \cap B) = P(A) \cdot P(B|A) = \frac{1}{8} \cdot \frac{1}{4} = \frac{1}{32}.$$

- Von 120 Schüler/innen einer Schule sind 15 % männlich. Zwei Schüler/innen davon werden für die Teilnahme an einem Wettbewerb ausgelost. Wie groß ist die Wahrscheinlichkeit, dass es zwei Knaben sind? Dies entspricht zweimaligem Ziehen ohne Zurücklegen. Wir stellen uns eine Urne mit 120 Kugeln vor und 15 % von 120 Schüler/innen sind 18. Beim ersten Ziehen ist die Wahrscheinlichkeit, einen Knaben zu ziehen 18/120, beim zweiten Ziehen 17/119. Die bedingte Wahrscheinlichkeit beträgt für „K" als Platzhalter für „Knaben":

$$P(2\,K|\,1\,K) = \frac{17}{119}.$$

Die gesuchte Wahrscheinlichkeit, dass beide gezogenen Schüler Knaben sind, berechnet sich als Produkt der beiden Wahrscheinlichkeiten:

$$P(2\,K) = P(1\,K)P(2\,K|1\,K) = \frac{18}{120}\frac{17}{119} = 0{,}021.$$

- Eine Urne enthält 100 Kugeln. 70 Kugeln bestehen aus Holz und 30 Kugeln aus Kunststoff. 25 der Holzkugeln sind rot und 45 sind grün. 10 der Kunststoffkugeln sind rot und 20 sind grün. Folgende Ereignisse werden definiert:

$$A = \{\text{Die Kugel ist aus Holz}\}, B = \{\text{Die Kugel ist rot.}\}.$$

In Abb. 19.2 sind alle Daten eingetragen. Im ersten Zug wird eine Kunststoffkugel gezogen. Wie groß ist die Wahrscheinlichkeit, dass die Kugel grün ist? In der Tabelle der Abbildung lässt sich die gesuchte Wahrscheinlichkeit nicht ablesen. Es wird die bedingte Wahrscheinlichkeit $P(\bar{B}|\bar{A})$ gesucht. Wir benutzen dazu eine Baumstruktur. Die Wahrscheinlichkeiten sind multiplikativ im Baum, d. h.,

$$P(A)P(B|A) = P(A \cap B)$$

gilt im obersten Pfad, welches der Definition der bedingten Wahrscheinlichkeit entspricht. Also ist

$$P(\bar{B}|\bar{A}) = \frac{P(\bar{A} \cap \bar{B})}{P(\bar{A})} = \frac{\frac{4}{20}}{\frac{3}{10}} = \frac{2}{3}.$$

- Wahrscheinlichkeiten bei Zwillingsgeburten. Folgende Daten sind gegeben für Knaben (K) und Mädchen (M):

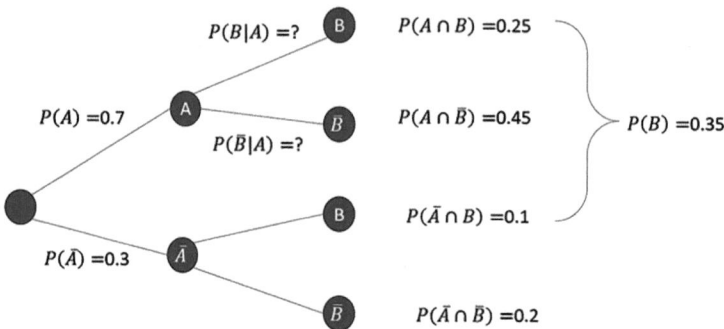

Abb. 19.2 Daten des Experimentes und Baumdarstellung der bedingten Wahrscheinlichkeiten

1. $P(K_1) = P(K_2) = 0{,}51$
2. $P((K_1 \cap K_2) \cup (M_1 \cap M_2)) = 0{,}64$
3. $P(K_1 \cap M_2) = P(M_1 \cap K_2)$

Die erste Bedingung steht für die Wahrscheinlichkeit, dass das erste und zweite Kind Knaben, aber keine Zwillinge, sind. Knaben haben somit eine leicht höhere Eintretenswahrscheinlichkeit als Mädchen. Weiter ist

$$P((K_1 \cap K_2) \cup (M_1 \cap M_2)) = P(K_1 \cap K_2) + P(M_1 \cap M_2) = 0{,}64$$

die Wahrscheinlichkeit, dass die Zwillinge gleichgeschlechtlich sind. Setzen wir $P(K_1 \cap K_2) = x = P(M_1 \cap M_2)$ folgt:

$$2x = 0{,}64 \implies x = 0{,}32$$

Für die gemischten Geschlechter gilt:

$$P(K_1 \cap M_2) + P(M_1 \cap K_2) = 1 - P((K_1 \cap K_2) \cup (M_1 \cap M_2)) = 1 - 0{,}64 = 0{,}36$$

Wir können sequenzielle Wahrscheinlichkeitsexperimente und die bedingten Wahrscheinlichkeiten in einem Baum als Folge von Experimenten darstellen. Für bedingte Wahrscheinlichkeiten gilt:

19.3 Modell der Wahrscheinlichkeitstheorie

- Die Verteilung $p_1, \ldots, p_n$ des ersten Schrittes sei bekannt.
- Die Verteilung des k-ten Schrittes sei bekannt unter der Bedingung, dass Ergebnisse der Schritte $1, \ldots, k-1$ vorliegen. Dies ist eine rekursive Bedingung.

Das Modell liefert Wahrscheinlichkeiten für spezifische Ergebnisfolgen. Es gelten:

- Jede Kante ist eine Wahrscheinlichkeit oder bedingte Wahrscheinlichkeit.
- Elementarereignisse ω sind die Wege von der Wurzel des Baumes zu einem Blatt.
- Das Gewicht $P\{\omega\}$ eines Weges ω ist das Produkt der Gewichte seiner Kanten. Dies folgt aus dem Multiplikationssatz für Wahrscheinlichkeiten.
- Ereignisse A sind Teilmengen der Wege.
- $P\{A\}$ ist die Summe der Gewichte der zu A gehörenden Wege.

Betrachten wir zuerst ein Beispiel einer Sequenz von unabhängigen Experimenten. Eine nichtfaire Münze habe Wahrscheinlichkeit 0,4 für Kopf. Die Münze wird viermal geworfen. Wir stellen das Experiment als Binärbaum dar:

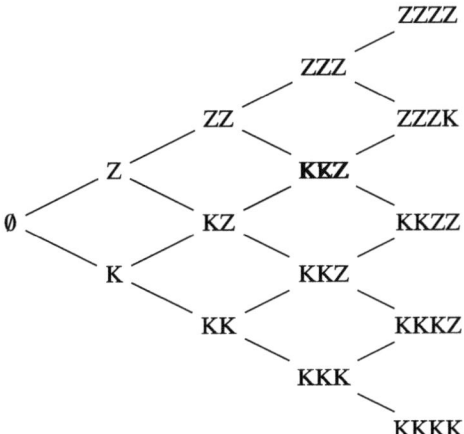

Jetzt interessieren wir uns für:

$$P(A) = \{\text{genau zweimal Kopf und zweimal Zahl}\}).$$

Dazu sind alle Wege von der Wurzel bis zum Endknoten $KKZZ$ zu zählen. Es gibt 6 Wege. Diese Zahl ist gleich $\binom{4}{2} = \frac{4!}{2!2!} = 6$. Dies ist kein Zufall. Drehen Sie in Gedanken den Baum um 90° im Uhrzeigersinn. Dann betrachten Sie das Pascal'sche Dreieck. Die Anzahl der Wege in vier Würfen ist von unten nach oben gleich 1, 4, 6, 4, 1. Also ist

$$P(A) = 6 \cdot \left(\frac{4}{10}\right)^2 \left(\frac{6}{10}\right)^2 = 0{,}34$$

Abb. 19.3 Binärbaum für das zweifache Ziehen von schwarzen und weißen Kugeln

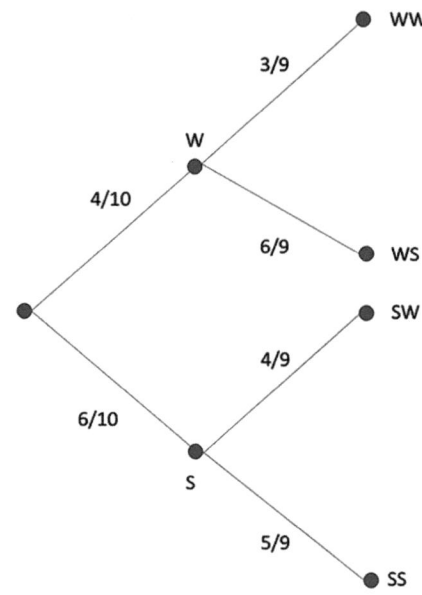

oder strukturell:

$$P(A) = \text{Anzahl Wege} \times \text{Wahrscheinlichkeit Wege}.$$

Die Wege, welche zu einem Endknoten führen, haben alle gleiche Wahrscheinlichkeit, da die Anzahl der Wahrscheinlichkeiten, nach oben und unten zu gehen, in jedem Weg gleich sein muss. Die unterschiedlichen Wege entstehen nur durch die unterschiedliche Reihenfolge der Up- und Down-Bewegungen.

Aufgabe 19.3.8 *Können Sie die Wahrscheinlichkeit berechnen, dass in 7 Würfen mit der unfairen Münze genau dreimal Kopf kommt?*

Jetzt zu einem Beispiel mit bedingten Wahrscheinlichkeiten. Eine Box enthalte 4 weiße (W) und 6 schwarze (S) Kugeln. Wir ziehen zweimal ohne Zurücklegen. Der Wahrscheinlichkeitsraum ist $\Omega = \{WW, WS, SW, SS\}$, siehe Abb. 19.3.

Im ersten Schritt wird die weiße Kugel mit Wahrscheinlichkeit $\frac{4}{10}$ gezogen. Die Wahrscheinlichkeit, dass die zweite Kugel auch weiß wird, nachdem die erste gezogene Kugel weiß war, ist gleich $\frac{3}{9}$. Deshalb ist

$$P\{WW\} = \left(\frac{4}{10}\right) \cdot \left(\frac{3}{9}\right) = \frac{2}{15}.$$

Für $i = 1, 2$ betrachten wir die Ereignisse

19.3 Modell der Wahrscheinlichkeitstheorie

$W_i = \{i - \text{te Kugel weiss}\}$, $S_i = \{i - \text{te Kugel schwarz}\}$.

Nach dem Multiplikationssatz für Wahrscheinlichkeiten gilt:

$$P\{W_1 \cap W_2\} = P\{W_1\} \cdot P\{W_2|W_1\} = \frac{4}{10} \cdot \frac{3}{9} = \frac{2}{15}$$

und

$$P\{W_2\} = P\{W_2 \cap W_1\} + P\{W_2 \cap S_1\} = P\{W_1\} \cdot P\{W_2|W_1\} + P\{S_1\} \cdot P\{W_2|S_1\}$$
$$= \frac{4}{10} \cdot \frac{3}{9} + \frac{6}{10} \cdot \frac{4}{9} = \frac{36}{90} = \frac{4}{10} = P\{W_1\}.$$

Aufgabe 19.3.9

- Seien zwei Ereignisse A, B gegeben. Schreiben Sie den Multiplikationssatz für diese Ereignisse auf und stellen Sie diesen in einem Binärbaum dar, indem die Wurzel nicht spezifiziert ist und im ersten Schritt die Wahrscheinlichkeiten von A oder B verwendet werden und im zweiten Schritte die bedingten Wahrscheinlichkeiten. Wie sieht der Binärbaum aus, wenn man drei Ereignisse betrachtet? Wir kann man mit diesem Baum rechnen?
- Zeigen Sie, dass aus dem Gesetz der totalen Wahrscheinlichkeit für zwei Ereignisse folgt:

$$P(A) = P(A \mid B) \cdot P(B) + P\left(A \mid \bar{B}\right) \cdot P\left(\bar{B}\right).$$

Interpretieren Sie das Resultat.

19.3.3 Anwendungen

Serie- und Parallelschaltung

Ein elektrisches Gerät besteht aus zwei Bauteilen T_1 und T_2, bei denen stochastisch unabhängig voneinander Defekte auftreten können. Wir betrachten die unabhängigen Ereignisse $A_1 = $ Bauteil T_1 funktioniert mit $P(A_1) = p_1$ und $A_2 = $ Bauteil T_2 funktioniert mit $P(A_2) = p_2$.

Eine Serienschaltung der beiden Bauteile funktioniert nur dann, wenn beide Bauteile funktionieren (AND-Verknüpfung). Die Wahrscheinlichkeit, dass das Gerät funktioniert, ist daher für $p_1 = p_2 = 0{,}9$:

$$P(A_1 \cap A_2) = P(A_1) \cdot P(A_2) = p_1 \cdot p_2 = 0{,}9 \cdot 0{,}9 = 0{,}81.$$

Eine Parallelschaltung der beiden Bauteile funktioniert, wenn entweder T_1 oder T_2 oder beide funktionieren. Die Wahrscheinlichkeit, dass das Gerät funktioniert, ist:

$$P(A_1 \cup A_2) = 1 - P(\overline{A_1} \cap \overline{A_2}) = 1 - (1 - p_1)(1 - p_2),$$

Da das Komplementärereignis $\overline{A_1 \cup A_2}$ mit der Regel von De Morgan gleich

$$\overline{A_1 \cup A_2} = \overline{A_1} \cup \overline{A_2}$$

ist und die beiden Ereignisse unabhängig sind, folgt:

$$P(\overline{A_1} \cap \overline{A_2}) = P(\overline{A_1}) \cdot P(\overline{A_2}) = (1 - p_1)(1 - p_2) = 1 - 0{,}01 = 0{,}99.$$

Hashing und Collusion

Beim Hashing sind aufgrund der Abbildung von einem hoch- in einen niedrigdimensionalen Raum Kollisionen zu erwarten. Genauer gesagt bildet eine Hashfunktion $H : S \to A$ Daten oder Schlüssel S, welche Teilmenge einer großen Eingabemenge von Schlüsseln K ist, auf eine Menge von Speicheradressen A, mit $|A| \sim |S| << |K|$, die **Hashwerte**, ab. Mit welcher Wahrscheinlichkeit ist mit Kollisionen zu rechnen? Diese Fragestellung ist in der Wahrscheinlichkeitsrechnung als Geburtstagsparadoxon bekannt: Gefragt ist nach der Wahrscheinlichkeit, dass in einer Klasse mit m Schülern alle verschiedene Geburtstage n haben. Gleiche Geburtstage entsprechen den Kollisionsereignissen beim Hashing.

Das Tupel $\omega = (x_1, \ldots, x_m)$ der m Geburtstage definiert das beobachtbare Ereignisse, wobei jedes x_j ein Geburtstag darstellt, $j = 1, 2, \ldots, 365 = n$. Dann ist der Ereignisraum das m-fache kartesische Produkt:

$$\Omega := \{(x_1, \ldots, x_m) : x_i \in \{1, \ldots, n\}\}.$$

Uns interessiert das Ereignis

$$A = \{\text{alle Geburtstage } x_1, \ldots, x_m \text{ sind verschieden}\}$$
$$= \{(x_1, \ldots, x_m) \in \Omega : x_i \neq x_j \text{ für alle } i \neq j\}.$$

Die Mächtigkeit von A ist:

$$|A| = n(n-1)\ldots(n-m+1),$$

da dem ersten Schüler alle Tage n zur Verfügung stehen, dem zweiten $n-1$ usw. Da es sich um ein Laplace-Experiment handelt, folgt:

$$P(A) = \frac{|A|}{|\Omega|} = \frac{n(n-1)\ldots(n-m+1)}{n^m} = \frac{n^m(1-\frac{1}{n})\ldots(1-\frac{m-1}{n})}{n^m} = \prod_{i=1}^{m-1}\left(1 - \frac{i}{n}\right). \tag{19.5}$$

19.3 Modell der Wahrscheinlichkeitstheorie

Jetzt benötigen wir ein Resultat aus der Differenzialrechnung für die Approximation der Exponentialfunktion um einen Punkt durch ein Polynom. Für x nahe bei null gilt:

$$e^x \sim 1 + x + \frac{x^2}{2}, \; e^{-x} \sim 1 - x + \frac{x^2}{2}.$$

In erster Ordnung verhält sich e^{-x} wie $1 - x$ für kleine x. Überzeugen Sie sich davon, indem Sie kleine Werte von x einsetzen. Setzen wir $x = i/n$, erhalten wir

$$\prod_{i=1}^{m-1} \left(1 - \frac{i}{n}\right) \approx \prod_{i=1}^{m-1} e^{-\frac{i}{n}} = \exp\left(-\sum_{i=1}^{m-1} \frac{i}{n}\right) = \exp\left(-\frac{m(m-1)}{2n}\right),$$

wobei in der letzten Zeile die arithmetische Summenformel verwendet wurde. Somit gilt:

$$P(A) \approx \exp\left(-\frac{m(m-1)}{2n}\right).$$

Für $m = 1 + \sqrt{2n}$ ist diese Wahrscheinlichkeit durch e^{-1} nach oben beschränkt und fällt dann für wachsendes m schnell gegen null. Für $m = 1 + \sqrt{2n}$ gilt:

$$\exp\left(-\frac{m(m-1)}{2n}\right) = \exp\left(-\frac{(1+\sqrt{2n})(\sqrt{2n})}{2n}\right) = \exp\left(-1 - \frac{1}{\sqrt{2n}}\right) < e^{-1}.$$

Diese Abschätzung drückt das Geburtstagsphänomen aus: In einer Gruppe von $m = 1 + \sqrt{2 \cdot 365} \approx 28$ Leuten haben zwei denselben Geburtstag mit einer Wahrscheinlichkeit größer als $1 - e^{-1} \approx 63\,\%$. Dies ist erstaunlich, wenn man bedenkt, dass den 28 Personen 365 Tage zur Verfügung stehen.

Aufgabe 19.3.10 *Interpretieren Sie die Resultate für das Hashing. Es seien $|S| = m$, $|A| = n$.*

Monty Hall
In einer Spielshow ist hinter einer von drei Türen zufällig ein Hauptpreis verborgen. Ein Zuschauer rät hinter welcher Tür der Hauptpreis ist. Der Showmaster öffnet dann eine andere Tür, hinter der sich aber der Hauptpreis nicht verbirgt. Der Zuschauer erhält jetzt die Möglichkeit, seine ursprüngliche Wahl zu ändern. Sollte er dies tun? Wir nehmen an:

1. Der Hauptpreis ist mit gleicher Wahrscheinlichkeit $\frac{1}{3}$ hinter jeder der drei Türen verborgen. Der Showmaster weiß, wo der Preis ist.
2. Der Zuschauer wählt zuerst eine der drei Türen mit gleicher Wahrscheinlichkeit $\frac{1}{3}$.
3. Der Showmaster öffnet die möglichen Türen ohne Preis mit gleicher Wahrscheinlichkeit $\frac{1}{2}$, falls der Zuschauer die Tür mit Hauptpreis gewählt hat, und mit 1 sonst.

Wir betrachten zwei Ereignisse:

$$R = \{\text{Zuschauer wählt die richtige Tür}\}$$

und

$$W = \{\text{Zuschauer gewinnt, wenn er die Tür stets wechselt}\}.$$

Dann gilt:

$$P(W) = P(R) \cdot P(W|R) + P(\bar{R}) \cdot P(W|\bar{R}) = \frac{1}{3} \cdot 0 + \frac{2}{3} \cdot 1 = \frac{2}{3}$$

und damit

$$P(\bar{W}) = 1 - P(W) = \frac{1}{3}.$$

Der Zuschauer sollte seine Wahl stets ändern.

Das Monty-Hall.Problem führte zu Beginn der 1990er-Jahre zu großen und heftigen öffentlichen Debatten. Ausgelöst wurde die Debatte im Jahr 1990 durch einen Leserbrief von Marilyn vos Savant, welche die Aufgabe erstmals mit Ziegen und Türen formulierte (deshalb auch oft das Ziegenproblem genannt). Frau Savant galt zu dieser Zeit als Mensch mit dem höchsten IQ. Ihre Antwort war richtig. Dies löste eine Flut von Kommentaren von Laien und von Professoren der Statistik aus, welche ihr recht gaben oder „zeigten", dass sie falsch lag: Es macht keinen Unterschied, ob der Kandidat wechselt oder nicht, war ihre „Lösung". Das Argument war, dass es noch zwei geschlossene Türen gibt, hinter denen ein Auto und eine Ziege stehen, und deshalb die Gewinnwahrscheinlichkeit für beide Türen gleich hoch sei. Weshalb ist dieses Argument falsch?

Aufgabe 19.3.11 *Monty-Hall-Problem mit faulem Moderator. Der Moderator bevorzugt beim Öffnen der Tür immer die, bei welcher er möglichst wenig weit laufen muss. O. b. d. A. steht er neben Tür 3, wobei die Türen 1, 2, 3 von rechts nach links orientiert sind. Dann öffnet er immer die Tür mit der höchsten Zahl.*

Die daran angepasste Regel 2 lautet: Der Moderator muss nun eine der beiden verbleibenden Türen öffnen. Hinter der von ihm geöffneten Tür muss sich eine Ziege befinden. Falls sich hinter beiden Türen eine Ziege befindet, öffnet er immer die Tür mit der höchsten Zahl. Soll der Kandidat nach dem Öffnen einer Tür durch den Moderator seinen ursprünglichen Entscheid ändern?

Spielers Ruin und Collusion

Anna spielt in einem Casino Roulette mit Gewinnwahrscheinlichkeit $0 < p \leq \frac{1}{2}$. Anna kann in jedem Schritt CHF 1 auf schwarz oder rot setzen. Kommt die richtige Farbe, gewinnt sie CHF 1, sonst verliert sie den Einsatz. Ihr Startkapital ist CHF n und sie möchte im Casino CHF m gewinnen. Tritt dies ein, hört Anna auf zu spielen. Oder sie hört auf, wenn sie alles verloren hat. Wir lassen jetzt die Währung weg.

19.3 Modell der Wahrscheinlichkeitstheorie

Sei $N = n + m$ das gewünschte Endvermögen, und sei $x_n = P(N|n)$ die Wahrscheinlichkeit, dass Anna mit Anfangskapital n das erwünschte Endvermögen erreicht. Sie verliert sicher mit null Startkapital, $x_0 = 0$, und sie gewinnt sicher mit N Startkapital, $x_N = 1$. Interessant ist der Fall $0 < n < N$. Nach der n-ten Runde sind zwei Ereignisse möglich:

- Anna hat mit Wahrscheinlichkeit p gewonnen. Das Kapital steigt auf $n + 1$ und sie hat eine höhere Gewinnwahrscheinlichkeit x_{n+1}.
- Anna verliert mit der Gegenwahrscheinlichkeit $q = 1 - p$. Das neue Kapital ist $n - 1$ und die tiefere Gewinnwahrscheinlichkeit lautet x_{n-1}.

Die Gewinn- bzw. Verlustwahrscheinlichkeiten p, q sind konstant über das gesamte Spiel. Insgesamt beträgt die Gewinnwahrscheinlichkeit in jedem Schritt

$$x_n = p x_{n+1} + q x_{n-1},$$

da gilt: Die Gewinnwahrscheinlichkeit in n ist gleich den beiden Wahrscheinlichkeiten eine Runde später. Dies ist eine lineare, homogene Rekursionsgleichung 2. Ordnung. Umformen ergibt

$$p x_{n+1} - x_n + q x_{n-1} = 0$$

und mit dem Ansatz $x_n = \lambda^n$ mit $\lambda > 0$ erhalten wir die charakteristische Gleichung

$$p \lambda^{n+1} - \lambda^n + \lambda^{n-1} q = 0.$$

Division durch λ^{n-1} ergibt die quadratische Gleichung

$$p z^2 - z + (1 - p) = 0$$

mit den Lösungen:

$$\lambda_{1,2} = \frac{1 \pm \sqrt{1 - 4p(1-p)}}{2p} = \frac{1 \pm (1 - 2p)}{2p} = \begin{cases} \frac{1-p}{p}, 1 & p \neq \frac{1}{2} \\ 1 & p = \frac{1}{2}. \end{cases}$$

Damit ergeben sich zwei Fälle: $p < \frac{1}{2}$ (Diskriminante strikt positiv) und $p = \frac{1}{2}$ (Diskriminante gleich null).

Fall 1: $p < \frac{1}{2}$ In diesem Fall haben wir zwei spezielle Lösungen $y_1 := \frac{1-p}{p}$ und $y_2 := 1$. Mit dem Superpositionsprinzip ist die allgemeine Lösung

$$x_n := a \cdot y_1^n + b \cdot 1$$

für beliebige a und b. Die Parameter a und b bestimmen sich aus den Randbedingungen:

$$0 = x_0 = a + b, \quad 1 = x_N = a \cdot y_1^N + b.$$

Lösen dieses Gleichungssystems ergibt

$$b = -a, \quad a = \frac{1}{y_1^N - 1},$$

und somit für die allgemeine Lösung der Rekursion:

$$x_n = \frac{y_1^n - 1}{y_1^N - 1}.$$

Fall 2: $p = \frac{1}{2}$

Dieser Fall entspricht der Lösung der charakteristischen Gleichung mit Diskriminante null, d.h., die Gleichung $p\lambda^2 - \lambda + q = 0$ hat nur eine Lösung $y_1 = 1$. Die allgemeine Lösung der Rekursionsgleichung in diesem Fall ist

$$x_n = any_1^n + by_1^n = an + b.$$

Dies folgt aus der Theorie der Rekursionsgleichungen. Mit den Randbedingungen folgen $b = 0$ und $a = \frac{1}{N}$ und die allgemeine Lösung:

$$x_n = \frac{n}{N} = \frac{n}{n+m}.$$

Damit ergibt sich folgende Aussage über die Gewinnwahrscheinlichkeit in jeder Spielrunde $0 < p \leq \frac{1}{2}$:

1. Die Gewinnwahrscheinlichkeit im fairen Spiel $p = \frac{1}{2}$ ist $\frac{n}{n+m}$.
2. Die Gewinnwahrscheinlichkeit im unfairen Spiel für Anna ist $x_n = \frac{y_1^n - 1}{y_1^N - 1}$. Da $y_1 > 1$ ist, wächst y_1^N für zunehmende N über alle Grenzen und diese Größe dominiert y_1^n, da n nie größer als N sein kann. Wählt Anna somit N groß bei gegebenem Startkapital, dann geht ihre Gewinnchance schnell gegen null. Man kann zeigen, dass die Gewinnwahrscheinlichkeit kleiner als e^{-m} ist.

Betrachten wir das faire Spiel. Wenn Anna unbeschränkt gierig ist, d.h., m wird beliebig groß, dann geht $\frac{n}{n+m}$ gegen null. Die Wahrscheinlichkeit mit endlichem Startkapital beliebig reich zu werden ist null. Wenn Anna beliebig reich ist zu Beginn, d.h. n beliebig groß, dann ist die Wahrscheinlichkeit m dazuzugewinnen 1. Wenn Anna verdoppeln möchte, ist die Wahrscheinlichkeit dies zu erreichen genau 50 %. Wenn sie mit 500 startet und 100 dazugewinnen will, erreicht sie dies mit einer Wahrscheinlichkeit von 5/6, d.h. ungefähr 83 %. Erhöht Anna das Startkapital und bleibt bei einem Gewinnziel von 100, erhöht sich die Wahrscheinlichkeit weiter. Im unfairen Fall sieht die Situation verschieden aus. Die Schranken e^{-m} für den Gewinn sind unabhängig vom Startkapital. Das heißt, man kann mit höherem Startkapital länger spielen, das Endresultat wird aber dasselbe sein: Je höhere das Gewinnziel m, desto geringer die Chancen. Da diese mit einem negativen Exponenten abnehmen, nehmen die Gewinnchancen sehr schnell exponentiell ab. Wir betrachten diese Anwendung weiter in Python-Kap. 19. In der Realität spielt Anna ein unfaires Spiel, da bei der Zahl Null die Einsätze an die Bank gehen.

19.4 Diskrete Zufallsvariable und Verteilungen

Vielfach sind die Ergebnisse von Zufallsexperimenten keine Zahlenwerte: Kopf oder Zahl beim Münzwurf, das Ziehen von Spielkarten oder der Ausfall von Servern. Wir möchten diesen Experimenten Zahlen zuordnen, damit wir rechnen können. Dies geschieht mithilfe von Zufallsvariablen X. Jedem Ergebnis $\omega \in \Omega$ wird eine reelle Zahl $X(\omega)$ als Wert der Zufallsvariblen zugeordnet. Die Anforderung ist, dass sich der Zufallscharakter der elementaren Ereignisse ω_i auf die Funktionswerte der Zufallsvariablen überträgt: Die Zufälligkeit überträgt sich vom Wahrscheinlichkeitsmodell auf die reellen Zahlen. Um dies zu verstehen, betrachten wir ein Zufallsexperiment mit ω_1 und ω_2. Mithilfe der Funktion X können wir nun eine „zufällige Variable" definieren, die berücksichtigt, ob ω_1 oder ω_2 eingetroffen ist. Wir definieren die Zufallsvariable $X : \Omega \to \mathbb{R}$:

$$X(\omega) = \begin{cases} x_1 & \text{wenn } \omega = \omega_1, \\ x_2 & \text{wenn } \omega = \omega_2. \end{cases}$$

wobei die Werte $x_1, x_2 \in \mathbb{R}$ vom Experiment abhängen. Sie werden Realisierungen der Zufallsvariable genannt. Die Realisierungen treten mit entsprechenden Wahrscheinlichkeiten auf, welche von den Wahrscheinlichkeiten der elementaren Ereignissen abgeleitet sind. Diesen Zusammenhang haben wir gesucht. Eine Zufallsvariable X ist eine Funktion und keine Variable; ungeachtet des Namens.

Definition 19.4.1 *Es seien* $\Omega, \mathcal{A}, P$ *gegeben. Eine Abbildung* $X : \Omega \to \mathbb{R}$ *mit Werten* $X(\omega_i) = x_i$ *heißt diskrete Zufallsvariable, wenn*

$$P[X = x_i] := P[X^{-1}(x_i)] = P\{\omega \in \Omega \mid X(\omega) = x_i\} \tag{19.6}$$

für alle i *gilt.*

Die Bedingung (19.6) stellt sicher, dass die Zufälligkeit des Experimentes auf $\Omega, \mathcal{A}, P$ mit der Zufallsvariablen X auf die reellen Zahlen übertragen wird. Die Wahrscheinlichkeit $P[X = x_i]$, dass X den Wert x_i annimmt, ist gleich der Wahrscheinlichkeit, dass ein Ergebnis $\omega \in \Omega$ so gewählt wird mit $X(\omega) = x_i$. Dabei ist X^{-1} das Urbild der Funktion X. Die unbekannte Wahrscheinlichkeit wird definiert, indem man Realisierung der Zufallsvariablen auf den Raum Ω zurückzieht mit dem Urbild. Eigentlich müssten wir P_X schreiben für die Wahrscheinlichkeitsfunktion über der Zufallsvariablen. Wir verzichten aber auf diese zusätzliche Notation.

Jetzt erweitern wir die Definition für Ereignisse E in den reellen Zahlen, d. h. für Mengen, welche aus den elementaren Realisierungen x_i zusammengesetzt sind. E entspricht den Ereignissen A in Ω. Wir definieren:

$$P[X \in E] := P[X^{-1}(E)] = P\{\omega \in \Omega \mid X(\omega) \in E\}.$$

Wir wenden für E die gleiche Logik an, wie für die Elementarereignisse x_i.

Mit den Zufallsvariablen haben wir neben dem Experimentenmodell $\Omega, \mathcal{A}, P$ ein Wahrscheinlichkeitsmodell auf den reellen Zahlen konstruiert. Dieses besteht aus $\mathbb{R}$ (entspricht Ω), Ereignissen E (entsprechen Ereignissen $A \in \mathcal{A}$) und der Wahrscheinlichkeit P (eigentlich P_X), welche der Funktion P auf dem Experimentmodell entspricht.

Betrachten wir den zweifachen Würfelwurf. Das heißt, $\Omega = \{1, \ldots, 6\} \times \{1, \ldots, 6\}$. Als Zufallsvariable X betrachten wir die Summe

$$X(i, j) := i + j,$$

der beiden Augenzahlen. Daraus folgt der Wertebereich $W_X = \{2, 3, \ldots, 11, 12\}$ und einige Urbilder:

$$X^{-1}(2) = \{(1, 1)\},$$
$$X^{-1}(3) = \{(1, 2), (2, 1)\},$$
$$X^{-1}(7) = \{(1, 6), (2, 5), (3, 4), (4, 3), (5, 2), (6, 1)\},$$
$$X^{-1}(11) = \{(5, 6), (6, 5)\}.$$

Somit ist

$$P(X = 2) = P(\{(1, 1)\} = \frac{1}{36},$$

da es nur 1 günstiges Ereignis gibt im Laplace-Experiment. Weiter gilt:

$$P(X = 3) = P(\{(1, 6), (2, 5), (3, 4), (4, 3), (5, 2), (6, 1)\}) = \frac{6}{36},$$

da es sechs mögliche Ereignisse gibt.

Jetzt können wir die numerischen Eigenschaften der Werte der Zufallsvariablen analysieren. Die Dichtefunktion drückt aus, wie wie häufig bestimmte Werte x_i im Vergleich zu anderen x_j angenommen werden.

Definition 19.4.2 *Eine Funktion* $f : [0, 1] \to \mathbb{R}$ *mit*

$$f(x) := P[X = x]$$

heißt Dichtefunktion oder kurz Dichte von X.

19.4 Diskrete Zufallsvariable und Verteilungen

Wenn wir nicht an den Wahrscheinlichkeiten der einzelnen Realisierungen interessiert sind, sondern an den kumulativen Wahrscheinlichkeiten der Zufallsvariablen, dann leistet die Verteilungsfunktion $F(x)$ das Gewünschte. Diese drückt aus, dass die Zufallsvariable X einen Wert annimmt, der kleiner oder gleich einer Schranke x ist.

Definition 19.4.3 *Eine Funktion* $F : \mathbb{R} \to [0, 1]$ *mit*

$$F(x) := P[X \leq x]$$

heißt diskrete Verteilungsfunktion oder Verteilung von X.

Betrachten wir den zweifachen Wurf des Würfels. Da es insgesamt 36 mögliche Ergebnisse gibt, ist die Wahrscheinlichkeit $P(X = k)$ gegeben durch

$$P(X = k) = \frac{\text{Anzahl der Möglichkeiten, } X = k \text{ zu erreichen}}{36}.$$

Die Dichtefunktion $f(k)$ für $k \in \{2, 3, \ldots, 12\}$ ist also:

$$f(k) = \begin{cases} \frac{1}{36} & \text{für } k = 2 \text{ oder } k = 12, \\ \frac{2}{36} = \frac{1}{18} & \text{für } k = 3 \text{ oder } k = 11, \\ \frac{3}{36} = \frac{1}{12} & \text{für } k = 4 \text{ oder } k = 10, \\ \frac{4}{36} = \frac{1}{9} & \text{für } k = 5 \text{ oder } k = 9, \\ \frac{5}{36} & \text{für } k = 6 \text{ oder } k = 8, \\ \frac{6}{36} = \frac{1}{6} & \text{für } k = 7. \end{cases}$$

Daraus können wir die folgende Formel für die Dichte ablesen:

$$f(7 \pm i) = \frac{6 - i}{36}.$$

Wenn wir die Verteilungen einer Zufallsvariablen kennen, berechnet man Kennzahlen. Die erste Kennzahl ist der Erwartungswert.

Definition 19.4.4 *Der Erwartungswert einer diskreten Zufallsvariablen* X *lautet:*

$$E[X] := \sum_{x \in W_X} P[X = x] \cdot x = \sum_{i=1}^{N} p_i \cdot x_i = \sum_{i=1}^{N} f(x_i) \cdot x_i$$

mit $p_i = P(X = x_i)$.

Dieser Wert stellt den „Durchschnitt" der Wahrscheinlichkeitsverteilung von X dar. Er wird berechnet, indem wir die möglichen Werte von X mit ihren jeweiligen Wahrscheinlichkeiten gewichten. Sind die Wahrscheinlichkeiten alle gleich, zum Beispiel $1/N$ bei N Realisierungen, folgt

$$E[X] = \frac{1}{N} \sum_{i=1}^{N} x_i,$$

d. h., der Erwartungswert wird zum Mittelwert. Für den zweifachen Wurf der Würfel erhalten wir:

$$E[X] = f(7) \cdot 7 + \sum_{i=1}^{5} f(7-i) \cdot (7-i) + \sum_{i=1}^{5} f(7+i) \cdot (7+i)$$
$$= f(7) \cdot 7 + 7 \sum_{i=1}^{5} (f(7-i) + f(7+i)) = 7.$$

Man kann sich die Rechnung sparen, wenn man die Symmetrieeigenschaft $f(7-i) = f(7+i)$ der Dichtefunktion berücksichtigt. Aus dieser folgt sofort $E[X] = 7$. Der Erwartungswert erfüllt folgende Eigenschaften:

Theorem 19.4.1 *Es seien X, Y diskrete Zufallsvariable.*

1. *Aus $X(\omega) \leq Y(\omega)$ für alle ω folgt $E[X] \leq E[Y]$.*
2. *Erwartungswerte sind linear:*

$$E[aX + bY] = aE[X] + bE[Y].$$

Wir verzichten auf die Beweise.

Für Zufallsvariable existiert der Begriff der bedingten Zufallsvariablen $X|A$, mit A einem Ereignis in $\mathcal{A}$. Dies führt dazu, dass die Begriffe Dichte, Verteilung, Erwartungswert durch die entsprechenden bedingten Größen ersetzt werden. Wir verzichten auf eine Darstellung, da wir diese nicht benötigen in unseren Anwendungen. Zufallsvariable können als Funktionen verknüpft werden. Eine Zufallsvariable $X : \Omega \to \mathbb{R}$ und eine Funktion $g : \mathbb{R} \to \mathbb{R}$ können zu einer neuen Zufallsvariablen $Y(\omega) := (g \circ X)(\omega) = g(X(\omega))$ zusammengesetzt werden. Es gilt:

$$E[Y] = \sum_{y \in W_Y} P[Y = y] y = \sum_{y \in W_Y} y \sum_{x: g(x) = y} P[X = x] = \sum_{(x,y): g(x) = y} P[X = x] y$$
$$= \sum_{x \in W_X} P[X = x] g(x).$$

19.4 Diskrete Zufallsvariable und Verteilungen

Für die Zufallsvariablen ist das Konzept der (stochastischen) Unabhängigkeit wie folgt definiert:

Definition 19.4.5 *Die Zufallsvariablen $X_1, \ldots, X_n$ heißen unabhängig, genau dann, wenn für alle $(x_1, \ldots, x_n) \in W_{X_1} \times \cdots \times W_{X_n}$ gilt:*

$$P[X_1 = x_1, \ldots, X_n = x_n] = P[X_1 = x_1] \cdots \Pr[X_n = x_n].$$

Neben dem Erwartungswert ist die **Varianz** eine zweite wichtige Kennzahl. Sie ist ein Streumaß.

Definition 19.4.6 *Es seien $\Omega, \mathcal{A}, P$ gegeben und X eine Zufallsvariable auf Ω mit Erwartungswert $E[X] := \mu$. Dann ist die Varianz $\mathrm{Var}(X)$ definiert durch:*

$$\mathrm{var}(X) := E\left[(X - \mu)^2\right] = \sum_k (k - \mu)^2 p(k).$$

Die Varianz ist die zu erwartende quadratische Abweichung einer Zufallsvariablen von ihrem Erwartungswert. Äquivalent dazu ist, dass die Varianz von X der Erwartungswert der Zufallsvariablen $(X - \mu)^2$ ist.

Existiert die Varianz, gilt $\mathrm{var}(X) \geq 0$. Es gibt Verteilungen, für welche der Erwartungswert und/oder die Varianz nicht definiert sind.

Sei $A \in \mathcal{A}$ eine Ereignis und

$$\chi_A : \Omega \to \mathbb{R}$$

eine bernoulliverteilte Zufallsvariable, definiert durch

$$\chi_A(\omega) = \begin{cases} 1, & \text{falls } \omega \in A \\ 0, & \text{falls } \omega \notin A \end{cases}.$$

Die Funktion χ („chi") heißt Indikatorfunktion. Diese einfache Zufallsvariable mit binären Werten spielt eine zentrale Rolle in der Wahrscheinlichkeitstheorie und ihren Anwendungen. Es gilt folgender Zusammenhang zwischen Erwartungswerten und Wahrscheinlichkeiten:

$$E(\chi_A) = P(A), \tag{19.7}$$

da

$$E(\chi_A) = P(A) \times 1 + (1 - P(A)) \times 0.$$

Jetzt können Sie die verschiedenen Themen einüben.

Aufgabe 19.4.1 *Zeigen Sie, dass die Varianz die folgende Beziehung erfüllt:*

$$E\left((X - \mu)^2\right) = E(X^2) - \mu^2.$$

Aufgabe 19.4.2 *Seien A, B Ereignisse von $\mathcal{A}$. Beweisen und interpretieren Sie die folgenden Aussagen für die Indikatorfunktion:*

$$\chi_{A \cap B} = \min\{\chi_A, \chi_B\} = \chi_A \cdot \chi_B,$$
$$\chi_{A \cup B} = \max\{\chi_A, \chi_B\} = \chi_A + \chi_B - \chi_A \cdot \chi_B,$$
$$\chi_{A^\complement} = 1 - \chi_A.$$

19.5 Binomialverteilung

Nach dem vorigen Abschnitt mit vielen Definition betrachten wir jetzt eine konkrete Verteilung. Neben der Gleichverteilung, welche in Laplace-Experimente eingeht, gibt es viele weitere Verteilungen. Die Binomialverteilung und die Bernoulli-Verteilung sind zwei wichtige Vertreter. Die Binomialverteilung dient als Modell für ein Experiment, das aus n unabhängigen Versuchen besteht, wobei jeder Versuch genau zwei mögliche Ausgänge hat: „Erfolg" mit Wahrscheinlichkeit p und „Fehlschlag" mit Wahrscheinlichkeit $q = 1 - p$. Das Ziel ist es, die Wahrscheinlichkeit zu berechnen, dass genau k dieser n Versuche erfolgreich sind. Für ein bestimmtes Ergebnis mit genau k Erfolgen und $n - k$ Fehlschlägen beträgt die Wahrscheinlichkeit:

$$p^k \cdot q^{n-k}.$$

Da jedoch die k Erfolge in beliebiger Reihenfolge unter den n Versuchen auftreten können, müssen wir diese Wahrscheinlichkeit noch mit der Anzahl der möglichen Anordnungen multiplizieren, in denen genau k Erfolge vorkommen. Diese Anzahl entspricht der Anzahl der k-elementigen Teilmengen einer n-elementigen Menge und wird durch den Binomialkoeffizienten $\binom{n}{k}$ gegeben. Die Wahrscheinlichkeit, bei n unabhängigen Versuchen genau k Erfolge zu erzielen, lautet also:

$$P(X = k) = \binom{n}{k} \cdot p^k \cdot q^{n-k}.$$

Man sagt, dass X einer Binomialverteilung mit den Parametern n und p folgt und schreibt dafür $X \sim \text{Bin}(n, p)$. Wir können X schreiben als

$$X = \sum_{j=1}^{n} X_j,$$

wobei die X_j alle i.i.d. bernoulliverteilt sind. Dabei steht i.i.d. für Identically Independent Distributed.

19.5 Binomialverteilung

Definition 19.5.1 *Zufallsvariablen sind i. i. d. verteilt, genau dann, wenn alle Zufallsvariablen die gleiche Verteilung besitzen und die Zufallsvariablen alle voneinander unabhängig sind.*

Jedes X_j beschreibt ein einzelnes Zufallsexperiment, das nur zwei mögliche Ausgänge 1 oder 0 hat mit den Wahrscheinlichkeiten p und $1-p$.

Aufgabe 19.5.1 *Sei X bernoulliverteilt mit Parameter p. Zeigen Sie: $E(X) = p$, $\mathrm{Var}(X) = p \cdot (1-p)$.*

Die Dichtefunktion der Binomialverteilung für $k \in \{0, 1, \ldots, n\}$ ist definiert durch:

$$B(k \mid p, n) = \binom{n}{k} p^k (1-p)^{n-k}. \tag{19.8}$$

Es gilt die $0^0 := 1$. Damit dies ein Dichte ist, muss die Summe für alle möglichen Werte k den Wert 1 ergeben. Es gilt mit dem binomischen Satz:

$$\sum_{k=0}^{n} \binom{n}{k} p^k (1-p)^{n-k} = (p + (1-p))^n = 1^n = 1.$$

Eine mit einer Dichte $B(\cdot \mid p, n)$ verteilte Zufallsgröße X besitzt die Verteilungsfunktion:

$$F(x) = P(X \leq x) = \sum_{k=0}^{\lfloor x \rfloor} \binom{n}{k} p^k (1-p)^{n-k}.$$

Die Abb. 19.4 zeigt, dass die Dichtefunktion für $p = 0{,}5$ symmetrisch verteilt um den Mittelwert 10 ist. Siehe unten für den Beweis, dass $E[X] = np = 0{,}5 \times 20 = 10$ gilt. Die Masse der Verteilung fällt schnell ab um den Mittelwert. Der Mittelwert wird mit einer Wahrscheinlichkeit von 17,5 % angenommen. Die Verteilungsfunktion kumuliert oder zählt die Balken der Dichtefunktion von links nach rechts zusammen. Zu Beginn sind diese klein und beginnen in der Nähe des Mittelwertes schnell groß zu werden. Deshalb steigt die Verteilungsfunktion dort stark an. Weiter rechts fallen die Zuwächse wieder ab und die Verteilungsfunktion nähert sich dann langsam dem Grenzwert 1. Ist das Experiment nicht mehr fair, d. h. $p = 0{,}7$, so verschiebt sich die Dichte nach rechts und der Mittelwert liegt bei 14.

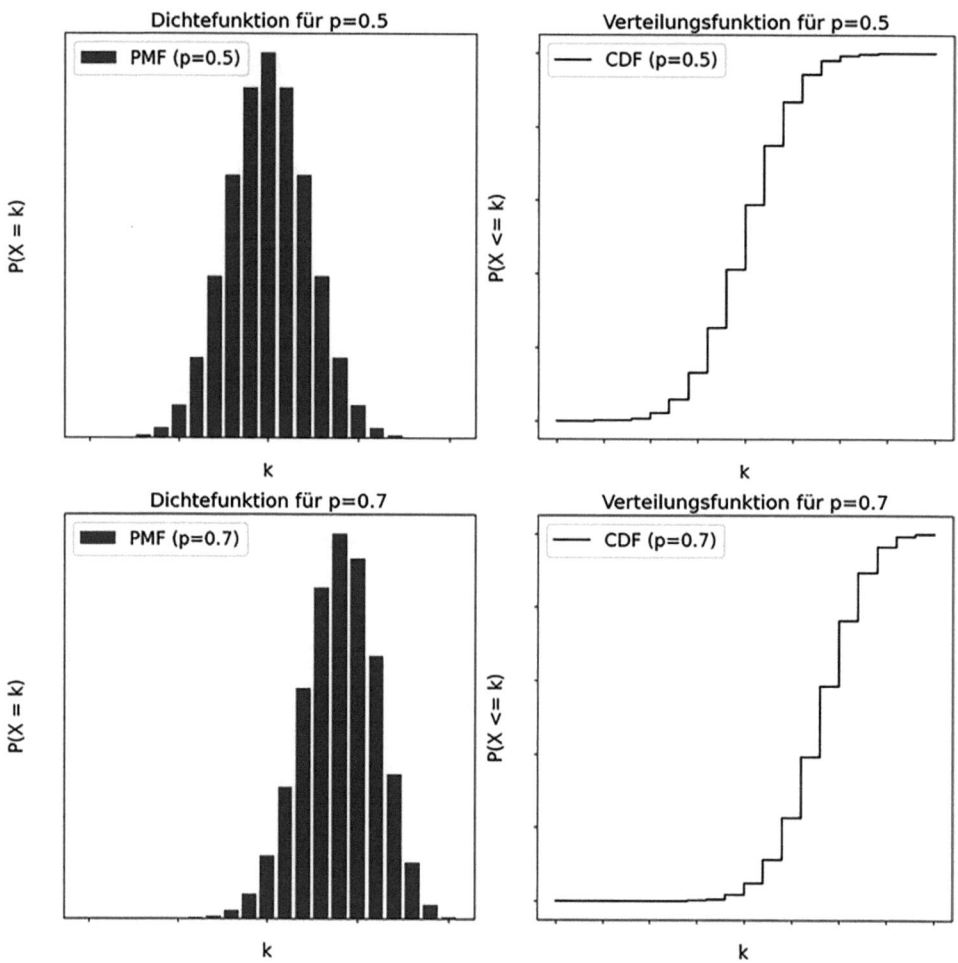

Abb. 19.4 Binomialverteilungsdichte und Verteilungsfunktion für verschiedene Werte von p und $n = 20$. Der Code findet sich in Python-Kap. 19

Es gelten:

Theorem 19.5.1 *Es seien* $X \sim Bin(n, p)$ *und* $Y \sim Bin(m, p)$.

1. $E[X] = np$.
2. $\text{var}(X) = np(1 - p)$.
3. $Z = X + Y$ *ist binomialverteilt mit Parametern* $(n + m, p)$.

19.5 Binomialverteilung

Beweis

$$E(X) = \sum_{k=0}^{n} k \binom{n}{k} p^k (1-p)^{n-k}$$

$$= np \sum_{k=0}^{n} k \frac{(n-1)!}{(n-k)!k!} p^{k-1}(1-p)^{(n-1)-(k-1)}$$

$$= np \sum_{k=1}^{n} \frac{(n-1)!}{(n-k)!(k-1)!} p^{k-1}(1-p)^{(n-1)-(k-1)}$$

$$= np \sum_{k=1}^{n} \binom{n-1}{k-1} p^{k-1}(1-p)^{(n-1)-(k-1)}$$

$$= np \sum_{\ell=0}^{n-1} \binom{n-1}{\ell} p^\ell (1-p)^{(n-1)-\ell} \quad \text{mit } \ell := k-1$$

$$= np \sum_{\ell=0}^{m} \binom{m}{\ell} p^\ell (1-p)^{m-\ell} \quad \text{mit } m := n-1$$

$$= np \, (p + (1-p))^m = np.$$

$$\text{var}[X] = \sum_{k=0}^{n} k^2 \cdot P(X=k) - (np)^2$$

$$= \sum_{k=0}^{n} k^2 \cdot \binom{n}{k} p^k (1-p)^{n-k} - n^2 p^2$$

$$= n^2 p^2 - np^2 + np - n^2 p^2$$

$$= np(1-p) \geq 0.$$

$$P(Z=k) = \sum_{i=0}^{k} \left[\binom{n_1}{i} p^i (1-p)^{n_1-i} \right] \left[\binom{n_2}{k-i} p^{k-i}(1-p)^{n_2-k+i} \right]$$

$$= \binom{n_1+n_2}{k} p^k (1-p)^{n_1+n_2-k} \quad (k=0,1,\ldots,n_1+n_2).$$

$\square$

Aufgabe 19.5.2

1. *Eine Urne enthält M schwarze und N − M weiße Bälle. Die Wahrscheinlichkeit einen schwarzen Ball zu ziehen ist p. Es werden nacheinander zufällig n Bälle entnommen, ihre Farbe bestimmt und wieder zurückgelegt. Berechnen Sie die Wahrscheinlichkeit p_k,*

genau k schwarze Bälle zu ziehen. Wie groß ist die Wahrscheinlichkeit mit einem fairen Würfel bei 10 Würfen nie die 6 zu würfeln. Wie groß ist die Wahrscheinlichkeit genau 2 mal die 6 zu würfeln?
2. *16 Kugeln in einer Urne mit 80 Kugeln sind rot. Es wird 7-mal eine Kugel entnommen und anschließend wieder zurückgelegt. Wie groß ist die Wahrscheinlichkeit, dass dabei genau 3-mal eine rote Kugel gezogen wird?*
3. *Wie groß ist die Wahrscheinlichkeit, dass von 10 Kindern in einem Jahr genau 0, 3 oder 6 an einem Wochenende Geburtstag haben. Die Wahrscheinlichkeit, dass eine Person an einem Wochenende Geburtstag hat, betrage 2/7.*
4. *Eine Firma stellt Computertastaturen her, von denen 2 % Ausschuss sind. Bestimmen Sie die Anzahl der Tastaturen, die mindestens produziert werden müssen, damit mit 90 % Wahrscheinlichkeit zumindest eine defekte dabei ist.*

19.6 Anwendungen

19.6.1 Angriff auf Passwörter

Wir wenden das Binomialmodell auf die Erfolgschancen von Passwortangriffen an. Die Wahrscheinlichkeit, ein Passwort korrekt zu erraten, hängt sowohl von der Länge und der Komplexität des Passworts als auch von der Anzahl der möglichen Angriffsversuche ab. Die Binomialverteilung quantifiziert, wie wahrscheinlich ein Passwort bei einer bestimmten Anzahl an Versuchen geknackt wird, wenn jeder Versuch unabhängig und mit einer bestimmten Erfolgswahrscheinlichkeit p durchgeführt wird. Angenommen, ein Angreifer versucht, ein Passwort für ein Konto durch *Brute Force* zu knacken:

- Der Angreifer kennt die Länge des Passworts und den möglichen Zeichensatz. Dies legt die Anzahl der möglichen Passwörter N fest.
- Jeder Versuch, ein Passwort korrekt zu erraten, hat Wahrscheinlichkeit $p = \frac{1}{N}$.
- Der Angreifer darf maximal n Versuche unternehmen.

Die Wahrscheinlichkeit, dass der Angreifer das Passwort innerhalb dieser n Versuche errät, folgt einer Binomialverteilung. Sei X die binomialverteilte Zufallsvariable, welche die Anzahl der erfolgreichen Passwort-Hack-Versuche darstellt:

$$X \sim \text{Bin}(n, p).$$

Die Wahrscheinlichkeit, dass der Angreifer genau k Erfolge in n Versuchen erzielt, ist:

$$P(X = k) = \binom{n}{k} p^k (1-p)^{n-k}.$$

Im Fall eines Passwortangriffs sind wir interessiert, dass **mindestens ein Versuch** erfolgreich ist (also $X \geq 1$). Diese Wahrscheinlichkeit lässt sich durch die Gegenwahrscheinlichkeit berechnen:

$$P(X \geq 1) = 1 - P(X = 0)$$

mit $P(X = 0)$ die Wahrscheinlichkeit, dass kein einziger Versuch erfolgreich ist:

$$P(X = 0) = (1 - p)^n.$$

Somit ist:

$$P(X \geq 1) = 1 - (1 - p)^n.$$

Angenommen, ein Passwort besteht aus 8 Zeichen und jedes Zeichen kann ein Großbuchstabe, ein Kleinbuchstabe oder eine Zahl sein, was 62 mögliche Zeichen ergibt ($26 + 26 + 10 = 62$). Dann ist die Gesamtanzahl möglicher Passwörter:

$$N = 62^8 \approx 2{,}18 \times 10^{14}.$$

Die Wahrscheinlichkeit, bei einem Versuch das richtige Passwort zu erraten, beträgt daher:

$$p = \frac{1}{N} \approx 4{,}6 \times 10^{-15}.$$

Falls der Angreifer eine Milliarde Versuche, $n = 10^9$, unternimmt, ist die Wahrscheinlichkeit, dass mindestens ein Versuch erfolgreich ist:

$$P(X \geq 1) = 1 - (1 - p)^n \approx 1 - (1 - 4{,}6 \times 10^{-15})^{10^9}$$

Da p sehr klein ist, können wir die Näherung $(1 - p)^n \approx e^{-np}$ aus der Differenzialrechnung anwenden. Somit erhalten wir:

$$P(X \geq 1) \approx 1 - e^{-10^9 \cdot 4{,}6 \times 10^{-15}} \approx 1 - e^{-4{,}6 \times 10^{-6}} \approx 4{,}6 \times 10^{-6},$$

wobei wir die Approximation $e^{-x} \sim 1 - x$ für kleine x angewandt haben. Diese Wahrscheinlichkeit ist extrem klein. Obwohl der Angreifer eine Milliarde Versuche macht, hat er kaum Chancen, das Passwort zu knacken. Dies ist einer der Gründe, warum lange und komplexe Passwörter die Sicherheit in Netzwerken signifikant erhöhen.

19.6.2 E-Mail-Spam-Klassifikation

Wir möchten ein Modell entwickeln, das E-Mails automatisch als „Spam" oder „Nicht-Spam" klassifiziert. Dafür verwenden wir ein binäres Klassifikationsverfahren, das den Satz von Bayes und die Binomialverteilung nutzt. Unser Ziel ist, für eine E-Mail E die Wahrscheinlichkeit „Spam" bzw. „Nicht-Spam" zu berechnen. Es sei $P(\text{Spam} \mid E)$, also die bedingte Wahrscheinlichkeit, dass die E-Mail Spam ist, gegeben, dass in der E-Mail gewisse Wörter wie Casino, Gewinn, Sex etc. auftreten, welche im Ereignis E zusammengefasst sind.

Nach dem **Satz von Bayes** gilt:

$$P(\text{Spam} \mid E) = \frac{P(E \mid \text{Spam}) \cdot P(\text{Spam})}{P(E)}.$$

Dabei sind $P(E \mid \text{Spam})$ die Wahrscheinlichkeit, dass die E-Mail die Eigenschaften E aufweist, wenn sie Spam ist, $P(\text{Spam})$ die A-priori-Wahrscheinlichkeit, dass eine E-Mail Spam ist, und $P(E)$ die Gesamtwahrscheinlichkeit, dass eine E-Mail die Eigenschaften E aufweist (Spam oder Nicht-Spam). Den Satz von Bayes benutzen wir, da die Zielwahrscheinlichkeit $P(E \mid \text{Spam})$ unbekannt ist und wir Informationen über $P(E \mid \text{Spam})$ besitzen. Jedes der Wörter in E tritt mit einer Wahrscheinlichkeit p in einer Spam-E-Mail auf. Angenommen, n repräsentiert die Anzahl der Vorkommen dieser Schlüsselwörter in einer E-Mail. Dann modellieren wir $P(E \mid \text{Spam})$ als eine Binomialverteilung:

$$P(E \mid \text{Spam}) = \binom{n}{k} p^k (1-p)^{n-k}$$

mit k der Anzahl der Wörter, die tatsächlich in der E-Mail erscheinen, und p der Wahrscheinlichkeit, dass ein bestimmtes Wort in einer Spam-E-Mail vorkommt. Wir berechnen für eine E-Mail mit den beobachteten Eigenschaften E die Wahrscheinlichkeit, dass sie Spam ist. Falls wir zusätzlich $P(E \mid \text{Nicht-Spam})$ und $P(\text{Nicht-Spam})$ kennen, können wir die Gesamtwahrscheinlichkeit $P(E)$ bestimmen:

$$P(E) = P(E \mid \text{Spam}) \cdot P(\text{Spam}) + P(E \mid \text{Nicht-Spam}) \cdot P(\text{Nicht-Spam}).$$

Theoretisch können wir den Satz von Bayes anwenden. Praktisch ist aber $P(E|\text{Spam})$ zu komplex und wir brauchen weitere Annahmen. Ein Naive-Bayes-Klassifikator, ein Algorithmus, trifft eine Annahme bezüglich der **bedingten Unabhängigkeit**. Formal, wenn $w_1, w_2, \ldots, w_n$ die Wörter in der E-Mail sind, dann gilt unter der Annahme der Unabhängigkeit:

$$P(E \mid \text{Spam}) = \prod_{i=1}^{n} P(w_i \mid \text{Spam}).$$

Dadurch können wir für jede neue E-Mail berechnen, ob sie eher Spam oder Nicht-Spam ist:

$$P(\text{Spam} \mid E) > P(\text{Nicht-Spam} \mid E) \Rightarrow \text{Klassifikation als Spam}$$

Wir sehen, dass die Klassifikation einem Wahrscheinlichkeitsargument folgt. Dies ist charakteristisch für Machine Learning. Somit ist es möglich, dass E-Mails falsch klassifiziert werden.

Wir haben den zentralen Satz von Bayes verwendet. Wir betrachten diesen Satz allgemein losgelöst von einer Anwendung:

19.6 Anwendungen

Theorem 19.6.1 *(Satz von Bayes) Für zwei Ereignisse A, B mit $P(B) > 0$ gilt:*

$$P(A \mid B) = \frac{P(B \mid A) \cdot P(A)}{P(B)}.$$

Bei endlich vielen Ereignissen lautet der Satz von Bayes:
Wenn A_i, $i = 1, \ldots, N$ eine disjunkte Zerlegung der Ergebnismenge $\mathcal{A}$ ist, dann gilt für die A-posteriori-Wahrscheinlichkeit

$$P(A_i \mid B) = \frac{P(B \mid A_i) \cdot P(A_i)}{P(B)} = \frac{P(B \mid A_i) \cdot P(A_i)}{\sum_{j=1}^{N} P(B \mid A_j) \cdot P(A_j)}.$$

Der Satz gilt auch für eine Zerlegung von Ω in paarweise disjunkte Ereignisse.

Beweis Der Satz folgt aus der Definition der bedingten Wahrscheinlichkeit:

$$P(A \mid B) = \frac{P(A \cap B)}{P(B)} = \frac{\frac{P(A \cap B)}{P(A)} \cdot P(A)}{P(B)} = \frac{P(B \mid A) \cdot P(A)}{P(B)}.$$

Die letzte Behauptung folgt aus dem Gesetzt der totalen Wahrscheinlichkeit. □

Betrachten wir eine Datenübertragung, in welcher ein Bit 0 oder 1 über einen fehleranfälligen Kanal übertragen wird. Für $i = 0, 1$ gelten die folgenden Ereignisse:

- S_i : Bit i wird gesendet.
- R_i : Bit i wird empfangen.

Gegeben sind die Wahrscheinlichkeiten $P(S_0) = 0{,}3$, $P(S_1) = 0{,}7$ und die Fehlerwahrscheinlichkeiten:

$$P(R_1 \mid S_0) = 0{,}3,$$
$$P(R_0 \mid S_1) = 0{,}1.$$

Wir groß ist die Wahrscheinlichkeit für einen Übertragungsfehler? Das Ereignis ist:

$$\text{Übertragungsfehler} = (S_1 \cap R_0) \cup (S_0 \cap R_1).$$

Wir suchen somit

$$P(\text{Übertragungsfehler}) = P((S_1 \cap R_0) \cup (S_0 \cap R_1)).$$

Da sich die beiden Ereignisse ausschließen, gilt:

$$P((S_1 \cap R_0) \cup (S_0 \cap R_1)) = P(S_1 \cap R_0) + P(S_0 \cap R_1).$$

Mit der Definition der bedingten Wahrscheinlichkeit erhalten wir:

$$P(S_1 \cap R_0) = P(R_0 \mid S_1) \cdot P(S_1), \quad P(S_0 \cap R_1) = P(R_1 \mid S_0) \cdot P(S_0).$$

Setzen wir die Werte ein:

$$P(\text{Übertragungsfehler}) = P(R_0 \mid S_1) \cdot P(S_1) + P(R_1 \mid S_0) \cdot P(S_0)$$
$$= 0{,}1 \cdot 0{,}7 + 0{,}3 \cdot 0{,}3 = 0{,}16$$

Analog berechnen wir $P(R_1)$:

$$P(R_1) = P(R_1 \mid S_0) \cdot P(S_0) + P(R_1 \mid S_1) \cdot P(S_1).$$

Mit $P(R_1 \mid S_1) = 1 - P(R_0 \mid S_1)$, also $P(R_1 \mid S_1) = 1 - 0{,}1 = 0{,}9$:

$$P(R_1) = 0{,}3 \cdot 0{,}3 + 0{,}9 \cdot 0{,}7 = 0{,}09 + 0{,}63 = 0{,}72.$$

Daraus erhalten wir:

$$P(R_0) = 1 - P(R_1) = 1 - 0{,}72 = 0{,}28.$$

Die bedingte Wahrscheinlichkeit $P(S_1 \mid R_1)$ ergibt sich zu:

$$P(S_1 \mid R_1) = \frac{P(R_1 \mid S_1) \cdot P(S_1)}{P(R_1)}.$$

Setzen wir die Werte ein, folgt:

$$P(S_1 \mid R_1) = \frac{0{,}9 \cdot 0{,}7}{0{,}72} = \frac{0{,}63}{0{,}72} \approx 0{,}875.$$

Gegeben sind drei Münzen, von denen zwei fair und eine gefälscht ist. Für die gefälschte Münze gilt $P(K) = \frac{2}{3}$, wobei K Kopf und Z Zahl bedeutet. Die Münzen werden zufällig ausgewählt und in einer festen Reihenfolge geworfen. Für $i = 1, 2, 3$ definieren wir folgende Ereignisse:

$$E_i = \text{Münze } i \text{ ist die gefälschte Münze.}$$

Die Wahrscheinlichkeiten der Ereignisse sind:

$$P(E_i) = \frac{1}{3} \quad \text{für alle } i.$$

Der Ergebnisraum ist:

$$\Omega = \{K, Z\}^3$$

19.6 Anwendungen

und das beobachtete Ergebnis sei:

$$B = \{(K, K, Z)\}.$$

Wir berechnen die Wahrscheinlichkeit, dass die erste Münze die gefälschte Münze ist (E_1), also $P(E_1 \mid B)$. Unter der Annahme, dass eine bestimmte Münze gefälscht ist, gelten die folgenden Wahrscheinlichkeiten:

$$P(B \mid E_1) = \frac{2}{3} \cdot \frac{1}{2} \cdot \frac{1}{2} = \frac{1}{6}, \quad P(B \mid E_2) = \frac{1}{2} \cdot \frac{2}{3} \cdot \frac{1}{2} = \frac{1}{6}, \quad P(B \mid E_3) = \frac{1}{2} \cdot \frac{1}{2} \cdot \frac{1}{3} = \frac{1}{12}.$$

Mit der Bayes'schen Regel berechnen wir:

$$P(E_1 \mid B) = \frac{P(B \mid E_1) \cdot P(E_1)}{\sum_{i=1}^{3} P(B \mid E_i) \cdot P(E_i)}.$$

Setzen wir die Werte ein:

$$P(E_1 \mid B) = \frac{\frac{1}{6} \cdot \frac{1}{3}}{\frac{1}{6} \cdot \frac{1}{3} + \frac{1}{6} \cdot \frac{1}{3} + \frac{1}{12} \cdot \frac{1}{3}} = \frac{\frac{1}{18}}{\frac{4}{36} + \frac{1}{36}} = \frac{2}{5}.$$

Die Wahrscheinlichkeit, dass die erste Münze die gefälschte Münze ist, beträgt:

$$P(E_1 \mid B) = \frac{2}{5}.$$

19.6.3 Anstellungsproblem

Sie möchten eine bestehende Stelle neu besetzen. Eine Agentur schickt Ihnen täglich eine Kandidatin. Nach jedem Vorstellungsgespräch entscheiden Sie, ob Sie die Person einstellen oder nicht. Für jedes Gespräch zahlen Sie eine kleine Gebühr. Das Einstellen einer ungeeigneten Person ist teurer, da Sie die aktuelle Person auf der Stelle entlassen und eine hohe Vermittlungsgebühr zahlen müssen. Ihr Ziel ist immer die am besten qualifizierte Person für die Stelle zu haben. Deshalb entscheiden Sie, nach jedem Gespräch die aktuelle Person zu entlassen und eine neue Person einzustellen, wenn diese besser qualifiziert ist. Sie möchten die Kosten dieser Strategie abschätzen.

Im folgenden Pseudocode werden die Kandidatinnen in einer festen Reihenfolge 1 bis n interviewt. Dabei wird angenommen, dass nach jedem Gespräch festgestellt werden kann, ob die aktuelle Person die bislang beste ist.

```
f(n)
1 best = 0 // Kandidatin Null
2 for i = 1 to n
3     interview Kandiatin i
4     if Kandidatin i besser als Kandidatin best
5         best = i
6         stelle Kandidatitin i ein
```

Die geringen Interviewkosten werden vernachlässigt. Mit m der Anzahl der eingestellten Personen sind die Gesamtkosten von der Ordnung $O(m)$. Diese Kosten sind maximal, wenn die Qualität der Kandidatinnen strikt aufsteigend ist. Im Worst Case gilt $m = n$ und Gesamtkosten $O(n)$.

Da die Reihenfolge der Kandidatinnen unkontrollierbar und unbekannt ist, ist es sinnvoll, den durchschnittlichen Fall zu betrachten, in welchem die Kandidatinnen zufällig erscheinen. Die folgende Analyse unter Einbezug der Unsicherheit über die Qualitätsverteilung der Kandidatinnen wird zu deutlich tieferen erwarteten Kosten führen.

Dazu nehmen wir an, dass dieEingabeverteilung der Kandidatinnenqualität unbekannt ist. Wir erzeugen die Zufälligkeit direkt im Algorithmus: Aus der Liste der n Kandidatinnen wählen wir täglich zufällig eine Kandidatin aus. Wir erzwingen somit eine zufällige Reihenfolge. Dies definiert einen randomisierten Algorithmus. Der Zufallszahlengenerator `rand(a, b)` gibt gleichwahrscheinlich eine ganze Zahl im Intervall a und b zurück. Zum Beispiel ergibt `rand(2, 10)` die Zahlen 3, 4, ..., 9, jede mit Wahrscheinlichkeit 1/7. Die Endpunkte gehören nicht mehr dazu. Die Zahlen sind i. i. d. erzeugt. Bei der Analyse der Laufzeit eines randomisierten Algorithmus betrachten wir den Erwartungswert der Laufzeit über die Verteilung der vom Zufallszahlengenerator gelieferten Werte.

Aufgabe 19.6.1 *Sei $A[i]$ ein Array mit n Einträgen. Ziel ist, einen gleichverteilten, zufälligen Permutationsalgorithmus zu designen. Dies soll in place erfolgen, d. h., in der i-ten Iteration wird $A[i]$ zufällig gewählt aus den Elementen $A[i \ldots n]$ und nach dieser Iteration bleibt $A[i]$ unverändert. Der folgende Algorithmus permutiert den Array $A[1 \ldots n]$ in place in $\Theta(n)$:*

```
1.    for i= 1 to n
2.        swap A[i] mit A[rand(i,n)]
```

Behauptung: Der Algorithmus erzeugt eine gleichverteilte, zufällige Permutation. Um dies zu beweisen, zeigen Sie, dass die folgende Beschreibung eine Schleifeninvariante definiert:

19.6 Anwendungen

Schleifeninvariante: Bevor der i-ten Iteration der For-Schleife und für jede $(i-1)$-Permutation der n Elemente, enthält das Teilarray $A[1\ldots i-1]$ diese $(i-1)$-Permutation mit einer Wahrscheinlichkeit $\frac{(n-i+1)!}{n!}$.

Zeigen Sie, dass diese Invariante vor der ersten Schleifeniteration wahr ist, dass jede Iteration der Schleife die Invariante aufrechterhält und dass die Schleife terminiert.

Wir nehmen an, dass die Kandidatinnen zufällig im obigen Sinne zum Interview kommen und berechnen den Erwartungswert $E[X]$ mit

$$X = X_1 + X_2 + \ldots + X_n,$$

wobei

$$X_i = \begin{cases} 1, & \text{Kandidatin } i \text{ wird eingestellt} \\ 0, & \text{sonst.} \end{cases}$$

Kandidatin i wird genau dann eingestellt, wenn Kandidatin i besser qualifiziert ist als alle Kandidatinnen 1 bis $i-1$. Da die Kandidatinnen i.i.d. verteilt erscheinen, ist Kandidatin i mit Wahrscheinlichkeit $1/i$ besser qualifiziert als ihre Vorgängerinnen 1 bis $i-1$. Somit gilt:

$$E[X_i] = \frac{1}{i}.$$

Somit gilt:

$$E[X] = E\left[\sum_{i=1}^{n} X_i\right] = \sum_{i=1}^{n} E[X_i] = \sum_{i=1}^{n} \frac{1}{i}.$$

Jetzt sind wir auf die interessante **harmonische Summe**

$$\sum_{i=1}^{n} \frac{1}{i}$$

gestoßen. Diese Summe taucht oft in der Mathematik und bei Algorithmen auf. Ungeachtet ihrer formalen Einfachheit, besteht keine einfache Formel für den Summenwert. Diese Summe ist asymptotisch gleich:

$$A := \sum_{i=1}^{n} \frac{1}{i} = \log n + \gamma + O\left(\frac{1}{n}\right)$$

mit $\gamma \sim 0{,}5772$ der Euler-Mascheroni-Konstante. Der Beweis der Beziehung kann elegant mit Analysis durchgeführt werden; Induktionsbeweise sind hier möglich, aber unübersichtlich. Obwohl uns die Analysis nicht zur Verfügung steht, kann die Einfachheit der Beweisidee illustriert werden. Betrachten Sie die Abb. 19.5. Die Summe $\sum_{i=1}^{n} \frac{1}{i}$ kann als Summe der Rechtecke mit Höhe $1/i$ und Breite 1 betrachtet werden. Weiter sind die Rechtecke für die Funktion $f(x) = \frac{1}{x}$ eingezeichnet, wobei die Höhe der Rechtecke immer in der Mitte zweier natürlichen Zahlen ausgewertet wird. Die Fläche F_- dieser Rechtecke ist kleiner als A. Addieren wir zu allen Rechtecken F_- die Zahl 1 hinzu, so erhalten wir eine Fläche $F_+ = F_- + 1 > A$, welche größer als A ist. Somit gilt:

$$F_- < A < F_+.$$

Jetzt lassen wir die Rechtecke der Fs feiner und feiner werden. Wir werten $1/x$ nicht nur bei 2,5 aus, sondern bei k-Zwischenwerten im Intervall $[2, 3]$ und lassen k schließlich gegen unendlich streben. Dann werden die Rechtecke von F_- exakt gleich der Fläche unterhalb der Kurve $1/x$. Diese Fläche ist gleich $\log n$ (Analysis). Somit erhalten wir

$$\log n < A \log n + 1.$$

Aus dieser Geometrie folgt, dass die führende Ordnung der harmonischen Summe $\log n$ ist. Somit stellen wir mit der Strategie, wenn wir n Personen interviewen, im Durchschnitt nur ungefähr $\ln n$ von ihnen ein. Dies ist deutlich besser als der Worst Case mit Kosten $O(n)$.

Abb. 19.5 Beweisidee harmonische Summe

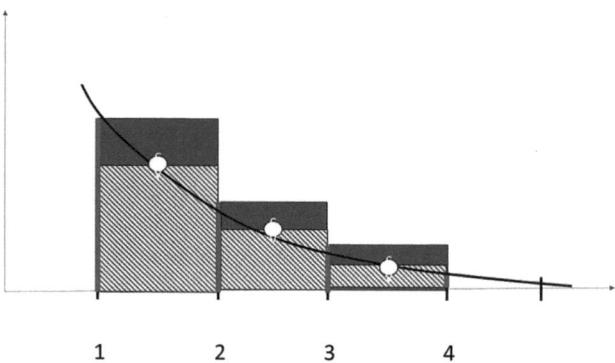

19.7 Ungleichungen

Ungleichungen werden verwendet, um Aussagen im Machine Learning, in randomisierten Algorithmen, der Statistik oder anderen Gebieten zu beweisen. Im gesamten Abschnitt ist X eine diskrete Zufallsvariable. Wir beginnen mit einer Definition:

19.7 Ungleichungen

Definition 19.7.1 *Eine reellwertige Funktion heißt konkav, wenn ihr Graph oberhalb jeder Verbindungsstrecke zweier seiner Punkte liegt.*

Formal können wir dies wie folgt schreiben. Wenn f konkav ist, gilt für alle x, y im Definitionsbereich und für $\lambda \in [0, 1]$:

$$f(\lambda x + (1 - \lambda)y) \geq \lambda f(x) + (1 - \lambda)f(y).$$

Beispiele konkaver Funktionen sind lineare Funktionen, die Funktion $f : \mathbb{R} \to \mathbb{R} : x \mapsto -x^2$, die Wurzelfunktion und der natürliche Logarithmus. Zum Beispiel ist $25 = 0{,}5 \cdot 18 + 0{,}5 \cdot 32$ eine Streckenpunkt zwischen 18 und 32. Dann gilt:

$$\sqrt{25} = 5 > \sqrt{0{,}5}\sqrt{2}\sqrt{9} + \sqrt{0{,}5}\sqrt{2}\sqrt{16} = \frac{1}{\sqrt{2}}(3 + 4) \sim 4{,}94.$$

Die Konkavitätsdefinition verallgemeinert sich auf n Variablen. f ist konkav, wenn:

$$f(\sum_{j=1}^{n} a_j x_j) \geq \sum_{j=1}^{n} a_j f(x_j),$$

wenn $a_j \geq 0, \sum_j a_j = 1$ gilt.

Theorem 19.7.1 *(Jensen-Ungleichung) Sei X eine diskrete Zufallsvariable mit Erwartungswert $E[X]$ und sei f eine konkave Funktion auf einem Intervall, das den Wertebereich von X enthält. Dann gilt:*

$$f(E[X]) \geq E[f(X)].$$

Beweis Wir setzen $x = E[X]$ und für die Werte x_i die Wahrscheinlichkeiten $p_i = P(X = x_i)$. Es gilt nach Definition:

$$E[X] = \sum_i p_i x_i.$$

Da f konkav ist, gilt:

$$f\left(\sum_i p_i x_i\right) \geq \sum_i p_i f(x_i).$$

Dies ist genau die Behauptung der Jensen-Ungleichung:

$$f(E[X]) \geq E[f(X)]. \qquad \square$$

Angenommen, ein Algorithmus hat eine Laufzeit, die von der Eingabegröße abhängt, und die Laufzeit $T(X)$ ist eine konkave Funktion einer Zufallsvariablen X, die die Eingabegröße beschreibt. Wenn X zufällig verteilt ist, gibt die Jensen-Ungleichung eine Abschätzung:

$$T(E[X]) \leq E[T(X)].$$

Wenn die Eingabegröße $n = X$ eine Zufallsgröße ist, dann ist die erwartete Laufzeit des Algorithmus im Durchschnitt größer ist als die Laufzeit bei der mittleren Eingabegröße $E[X]$.

Theorem 19.7.2 *(Ungleichung von Markov) Für $X \geq 0$ und für alle $t > 0$ gilt die Ungleichung*

$$P[X \geq t] \leq \frac{E[X]}{t}.$$

Die Wahrscheinlichkeit für eine nichtnegative Zufallsvariable ihren Erwartungswert um den Faktor t zu überschreiten ist durch $\frac{1}{t}$ beschränkt. Dies ist eine nützlicher Zusammenhang zwischen dem Erwartungswert und der Wahrscheinlichkeit einer Zufallsvariablen.

Beweis Wir zerlegen den Erwartungswert in disjunkte Bereiche $X \geq t$ und $X < t$:

$$E[X] = E[X|X \geq t] \cdot P[X \geq t] + E[X|X < t]P[X < t] \geq t \cdot P[X \geq t] + 0,$$

wobei wir im zweiten Schritt benutzt haben, dass für $X \geq t$ per Definition jedes $x \geq t$ gilt und somit $E(X|X \geq t) \cdot P(X \geq t) \geq t$ abgeschätzt werden kann. Da wir nach unten abschätzen, ignorieren wir den zweiten Term, d. h., setzen in gleich null. Auflösen der Ungleichung nach $P[X \geq t]$ liefert die Behauptung. □

In einem verteilten System messen wir die Auslastung eines Servers als Zufallsvariable X. Diese misst die Anzahl der Anfragen pro Zeiteinheit. Wir wissen, dass die erwartete Anzahl von Anfragen $E[X]$ gleich 10 ist und wir möchten die Wahrscheinlichkeit abschätzen, dass der Server mehr als 20 Anfragen in einer Zeiteinheit erhält:

$$P(X \geq 20) \leq \frac{E[X]}{20} = \frac{10}{20} = 0{,}5.$$

Die Markov-Ungleichung gibt hier eine einfache, grobe Abschätzung der Wahrscheinlichkeit für das Auftreten von Überlastungen. Die folgenden Ungleichungen sind präziser als diejenige von Markov.

Theorem 19.7.3 *(Chebychev-Ungleichung) Für ein X und für alle $t > 0$ gilt die Ungleichung*

$$P[|X - (X)| \geq t] \leq \frac{Var[X]}{t^2}.$$

19.7 Ungleichungen

Die Wahrscheinlichkeit, dass die absolute Abweichung einer Zufallsvariablen von ihrem Erwartungswert mindestens das t-fache ihrer Standardabweichung beträgt, ist also durch $\frac{1}{t^2}$ beschränkt.

Beweis Wir wenden die Markov'sche Ungleichung auf die Zufallsvariable $(X - E(X))^2$ an:

$$P[|X - E(X)| \geq t] = P[(X - E(X))^2 \geq t^2] \leq \frac{E((X - E(X))^2)}{t^2} = \frac{\text{Var}[X]}{t^2}.$$

□

Die nächste Ungleichung stellt Annahmen an die Art der Zufallsvariablen.

Theorem 19.7.4 (*Chernoff-Schranken*) *Seien $X_1, \ldots, X_n$ unabhängige Zufallsvariablen, die jeweils bernoulliverteilt sind mit Erfolgswahrscheinlichkeit p. Sei $Z := \frac{1}{n}(X_1 + \cdots + X_n)$ der empirische Mittelwert. Dann gilt für alle $0 \leq \delta \leq 1$:*

$$P[Z \geq E(Z) + \delta] = P[Z \geq p + \delta] \leq e^{-2\delta^2 n}.$$

Es gelten die ähnlichen Ungleichungen:

$$P[Z \leq p - \delta] \leq e^{-2\delta^2 n}, \quad P[|Z - p| \geq \delta] \leq 2e^{-2\delta^2 n}.$$

Da $e^{-2\delta^2 n}$ mit wachsendem n in exponentieller Geschwindigkeit gegen null konvergiert, sind empirische Schätzungen für die Erfolgswahrscheinlichkeit p schon bei moderaten Stichprobengrößen n mit großer Wahrscheinlichkeit sehr genau.

Beweis Der Erwartungswert von Z ergibt sich aus der Linearität des Erwartungswerts:

$$E(Z) = E\left[\frac{1}{n} \sum_{i=1}^{n} X_i\right] = \frac{1}{n} \sum_{i=1}^{n} E(X_i) = p.$$

Um die Schranke zu beweisen, wenden wir die exponentielle Transformation an. Sei $t > 0$, dann gilt:

$$P(Z \geq p + \delta) = P\left(e^{tZ} \geq e^{t(p+\delta)}\right).$$

Dies gilt, da die Exponentialfunktion monoton ist und die beiden Ereignisse für die gleichen Werte von Z erfüllt werden. Mit der Markov-Ungleichung folgt:

$$P(Z \geq p + \delta) \leq \frac{E[e^{tZ}]}{e^{t(p+\delta)}}.$$

Da $Z = \frac{1}{n} \sum_{i=1}^{n} X_i$, erhalten wir:

$$E(e^{tZ}) = E\left(e^{\frac{t}{n}\sum_{i=1}^{n} X_i}\right).$$

Da die X_i unabhängig sind, kann der Erwartungswert faktorisiert werden:

$$E(e^{tZ}) = \prod_{i=1}^{n} E\left[e^{\frac{t}{n} X_i}\right].$$

Da X_i bernoulliverteilt ist, gilt:

$$E\left[e^{\frac{t}{n} X_i}\right] = pe^{\frac{t}{n}} + (1-p).$$

Dies folgt aus folgenden Überlegungen. Der Erwartungswert einer Funktion $g(X_i)$ für eine diskrete Zufallsvariable X_i ist definiert als:

$$E[g(X_i)] = \sum_{x \in \text{Wertebereich von } X_i} P(X_i = x) \cdot g(x).$$

Da X_i bernoulliverteilt ist, nimmt X_i nur die Werte 0 und 1 an. Daher gilt:

$$E\left[e^{\frac{t}{n} X_i}\right] = P(X_i = 1) \cdot e^{\frac{t}{n} \cdot 1} + P(X_i = 0) \cdot e^{\frac{t}{n} \cdot 0}.$$

Setzen wir die Wahrscheinlichkeiten ein, folgt:

$$E\left[e^{\frac{t}{n} X_i}\right] = p \cdot e^{\frac{t}{n}} + (1-p) \cdot 1.$$

Somit ergibt sich:

$$E(e^{tZ}) = \left(pe^{\frac{t}{n}} + (1-p)\right)^n.$$

Wir setzen $t = 2n\delta$ und nutzen . für kleine Werte von $\frac{t}{n}$ die Näherung aus der Differenzialrechnung $e^x \leq 1 + x + \frac{x^2}{2}$, um $pe^{\frac{t}{n}} + (1-p)$ zu approximieren:

$$pe^{\frac{t}{n}} + (1-p) \leq 1 + p\frac{t}{n} + \frac{p}{2}\left(\frac{t}{n}\right)^2.$$

Einsetzen von $t = 2n\delta$ liefert:

$$E(e^{tZ}) \leq \left(1 + 2p\delta + 2p\delta^2\right)^n.$$

19.8 Anwendungen

Ersetzen des Erwartungswertes mit dieser Abschätzung und Vereinfachen ergibt die Behauptung:

$$P(Z \geq p + \delta) \leq e^{-2\delta^2 n}.\qquad \square$$

Angenommen, ein System verteilt m Aufgaben zufällig auf n Server. Wie gleichmäßig werden die Aufgaben auf die Server verteilt? Insbesondere interessiert uns die Wahrscheinlichkeit, dass ein Server mehr als $(1 + \delta)E[X]$ Aufgaben erhält, wobei $E[X] = \frac{m}{n}$ die durchschnittliche Anzahl der Aufgaben pro Server ist. Wir nehmen an, dass jede Aufgabe zufällig einem der n Server zugewiesen wird. Sei X die Anzahl der Aufgaben, die einem bestimmten Server zugewiesen werden. Dann ist

$$X \sim \text{Binomial}\left(m, \frac{1}{n}\right),$$

mit:

$$E[X] = \frac{m}{n}.$$

Die Wahrscheinlichkeit, dass ein Server mehr als $(1 + \delta)E[X]$ Aufgaben erhält, wird durch die Chernoff-Schranke begrenzt:

$$P\left(X \geq (1+\delta)\frac{m}{n}\right) \leq \exp\left(-\frac{\delta^2}{2+\delta} \cdot \frac{m}{n}\right).$$

Für große m und n wird die Wahrscheinlichkeit exponentiell klein. Das zeigt, dass die Lastverteilung mit hoher Wahrscheinlichkeit gleichmäßig ist. Dies ist relevant für *Load-Balancing-Algorithmen*, bei denen die Last möglichst gleichmäßig auf Server verteilt werden soll.

19.8 Anwendungen

19.8.1 Hashing

Eine Hashfunktion $h : K \to A$ bildet eine große Eingabemenge von Schlüsseln (Daten) K auf eine kleinere Menge von Hashwerten (slots oder Adressraum) in einer Tabelle A ab mit $|A| < |K|$. Mit dem Pre-Hashing kann A als Menge der natürlichen Zahlen gewählt werden, d.h. $A = \{0, \ldots, m-1\}$. Der Fall

$$k \neq k' \wedge h(k) = h(k'), \; k, k' \in K$$

wird als Kollision bezeichnet.

Es gibt zwei Fragestellungen. Sei U die Menge aller Daten und $S \subset U$ eine Teilmenge von U, die viel kleiner als U ist, d.h.

$$|A| \sim |S| << |U|.$$

Wenn der Fokus auf S liegt, müssen Hashverfahren sicherstellen, dass die Elemente in S effizient gespeichert und abgefragt werden können, ohne dass die Größe von U direkt die Speicherkomplexität beeinflusst. Wenn man vom Universum U ausgeht, ohne eine spezifische Teilmenge S zu betrachten, verschiebt sich der Fokus zur allgemeinen Eignung und Effizienz des Hashverfahrens in Bezug auf das gesamte Universum U. Wir werden zu Beginn den Fall $S \subset U$ betrachten.

Die Hashverfahren können hinsichtlich ihres Dateninputs und ihrer Funktionsannahmen in zwei Klassen unterteilt werden:

Annahme 19.8.1

1. *Die Eingabedaten sind zufällig. Die Schlüsselmenge K ist zufällig und gleichverteilt in U.*
2. *Die Hashfunktionen sind zufällig. Die benutzten Hashfunktionen $h \in H$ sind gleichverteilt auf der Menge der möglichen Hashfunktionen H.*

Unter 1. fallen Verkettungsverfahren (Chaining Hashing), offene Hashverfahren, dynamische Verfahren, Double Hashing und Uniformes Hashing. Die Methoden in 2. werden universelles Hashing genannt.

19.8.2 Chaining Hashing

Betrachten wir Chaining Hashing, siehe Abb. 19.6. Die Hashfunktion h bildet die Schlüssel 7, 11, 13 in die Tabelle der Slots von 0 bis $m - 1$ ab. Die Schlüssel 11 und 13 werden auf den gleichen Slot i abgebildet; eine Kollision.

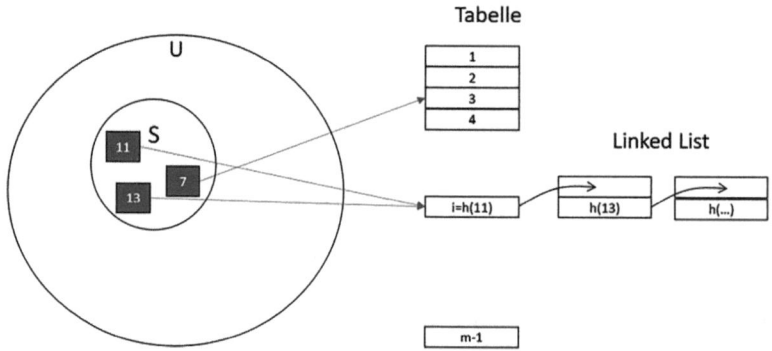

Abb. 19.6 Hashfunktion und Linked List

19.8 Anwendungen

Um die Kollision aufzuheben, werden alle Elemente im gleichen Slot als verlinkte Liste abgespeichert. Im Worst Case werden alle $|S| = n$ Schlüssel in den gleichen Slot abgebildet. Um einen Schlüssel zu finden in der verlinkten Liste, dauert es $O(n)$. Im Average Case greifen wir auf die Inputannahme zurück, dass die Schlüssel unabhängig und gleichwahrscheinlich in einen Slot abgebildet werden. Die Listenlänge einer Hashtabelle mit Verkettung ist die Anzahl der Schlüssel $k \in S$, die in einem bestimmten Slot i der Tabelle gespeichert sind:

$$\text{Listenlänge für Slot } i = L_i = \sum_{j=1}^{n} \chi_{h(k_j)=i},$$

wobei $\chi_{h(k_j)=i}$ eine Indikatorfunktion ist. Wir arbeiten mit der Annahme:

Annahme 19.8.2 *Unter der Annahme des einfachen uniformen Hashing hat jeder der m Slots die gleiche Wahrscheinlichkeit $\frac{1}{m}$ einen Schlüssel zu enthalten, $P(h(k) = i) = \frac{1}{m}$ für alle $k \in S$, und die Schlüssel sind unabhängig voneinander.*

Die Hashfunktion verteilt die Schlüssel unabhängig und gleichwahrscheinlich auf die m Buckets abgebildet. Ein Bucket repräsentiert den Speicherbereich, der einem einzelnen Slot zugeordnet ist, um Kollisionen zu verwalten. Bei Chaining Hashing ist der Bucket eine verkettete Liste, der alle Schlüssel enthält, die auf denselben Slot gemappt wurden. Der Erwartungswert von L_i ist gleich:

$$E(L_i) = \sum_{j=1}^{n} E(\chi_{h(k_j)=i}) = \frac{1}{m} \sum_{j=1}^{n} = \frac{n}{m} =: \alpha$$

mit α der durchschnittlichen Länge einer Liste. Da dies das Verhältnis zwischen den gespeicherten Elementen und der Tabellengröße ist, wird die Größe auch Auslastung (Load Factor) genannt. Das nächste Theorem fasst die Analyse für die verschiedenen Operationen zusammen.

Theorem 19.8.3 *(Operationen verkettete Liste Hashfunktionen) Unter der Annahme des einfachen uniformen Hashings durchsucht beim Hashing mit Verkettung eine*

1. *erfolglose Suche erwartet α Elemente.*
2. *erfolgreiche Suche erwartet höchstens $1 + \frac{1}{2}\alpha$ Elemente.*

Die Operationen des Löschens und Einfügens laufen alle in erwarteter konstanter Zeit ab, falls $n = O(m)$.

Beweis Die erste Aussage folgt aus den Rechnungen vor dem Theorem. Wir zeigen die zweite Aussage. Bei einer erfolgreichen Suche wird ein spezifischer Schlüssel x, der bereits in die Hashtabelle eingefügt wurde, gesucht. Für $L[h(x)]$ werden die Schlüssel in der Reihenfolge ihres Einfügens durchsucht.

Da die Hashfunktion die Schlüssel gleichmäßig auf die m verkettete Liste verteilt, gilt:

$$E[|L[h(k)]|] = \alpha = \frac{n}{m}.$$

Bei einer erfolgreichen Suche durchsuchen wir X:

$X =$ die Anzahl der Elemente, die **zeitlich nach** k in $L[h(k)]$ eingefügt wurden.

Es gilt

$$X = |L[h(k)]| + 1.$$

Wie groß ist $|L[h(k)]|$? Es seien $k_1, k_2, \ldots, k_n$ die Folge der Schlüssel in der Reihenfolge des Einfügens. Die Länge der Liste $L[h(k)]$ ist proportional zur Anzahl der Kollisionen mit k. Für jeden Schlüssel k_j mit $j > i$ (nach k_i eingefügt), definieren wir die Indikatorvariable:

$$\chi_{ij} = \begin{cases} 1, & \text{falls } h(k_i) = h(k_j), \\ 0, & \text{sonst.} \end{cases}$$

Die Annahme des einfachen, uniformen Hashings impliziert:

$$E(\chi_{ij}) = \frac{1}{m}.$$

Dann gilt:

$$\begin{aligned}
E(X) &= E(1 + |L[h(k)]|) \\
&= E(1) + E(|L[h(k)]|) \\
&= \frac{1}{n}\sum_{i=1}^{n} + \frac{1}{n}\sum_{i=1}^{n} E(\text{Anzahl } k_j, j > i : h(k_i) = h(k_j)) \\
&= 1 + \frac{1}{n}\sum_{i=1}^{n}\sum_{j=1+i}^{n} E(\chi_{ij}) \\
&= 1 + \frac{1}{n}\sum_{i=1}^{n}\sum_{j=1+i}^{n} \frac{1}{m} \\
&= 1 + \frac{1}{nm}\sum_{i=1}^{n}\sum_{j=1+i}^{n} 1.
\end{aligned}$$

Jetzt gilt es noch die Doppelsumme zu berechnen. Die Summe $\sum_{j=1+i}^{n}$ besteht aus $n - i$ Elementen. Somit ist

$$\sum_{i=1}^{n}\sum_{j=1+i}^{n} 1 = \sum_{i=1}^{n}(n-i) = n\sum_{i=1}^{n} - \sum_{i=1}^{n} i = n^2 - \frac{n(n+1)}{2}.$$

19.8 Anwendungen

Alles zusammengesetzt:

$$E(X) = 1 + \frac{1}{nm}\left(n^2 - \frac{n(n+1)}{2}\right) = 1 + \frac{n^2 - n}{2nm} = 1 + \frac{\alpha}{2} - \frac{1}{2m} < 1 + \frac{\alpha}{2}.$$

□

Betrachten wir weitere Ereignisse. Sei

$$Y = \{\text{Anzahl der Slots mit genau einem Schlüssel.}\}$$

Dann gilt:

$$Y = Y_1 + Y_2 + \cdots + Y_n,$$

wobei Y_j die Indikatorvariable für das Ereignis „Der j-te Slot enthält genau einen Schlüssel" ist. Das Ereignis $Y_j = 1$ tritt genau dann ein, wenn der k-te Schlüssel in den j-ten Slot zugeordnet wird und die verbleibenden $k-1$ Schlüssel diesen Slot vermeiden. Deshalb gilt:

$$E(Y_j) = P(Y_j = 1) = \sum_{i=1}^{m} P(\text{Nur Schlüssel } i \text{ geht in Slot } j).$$

Da jeder Schlüssel mit Wahrscheinlichkeit $\frac{1}{n}$ in einen bestimmten bestimmten Slot gelangt und die anderen $k-1$ Schlüssel die Slots mit Wahrscheinlichkeit $\left(1 - \frac{1}{n}\right)$ vermeiden, ergibt sich:

$$E(Y_j) = m \cdot \frac{1}{n} \cdot \left(1 - \frac{1}{n}\right)^{m-1}.$$

Somit gilt:

$$E(Y) = \sum_{j=1}^{n} E(Y_j) = n \cdot E(Y_j) = m \cdot \left(1 - \frac{1}{n}\right)^{m-1}.$$

Für große n und m, durch eine Approximation mit der Exponentialfunktion, ergibt sich:

$$E(Y) \sim m e^{-\frac{m-1}{n}}.$$

Wir fassen zusammen:

Theorem 19.8.4 *Es gelte das einfache, uniforme Hashing, $|A| = m$, $|S| = n$. Das Ereignis*

$$Y = \{\text{Anzahl der Slots mit genau einem Schlüssel}\}.$$

hat den Erwartungswert:

$$E(Y) = \sum_{j=1}^{n} E(Y_j) = n \cdot E(Y_j) = m \cdot \left(1 - \frac{1}{n}\right)^{m-1} \sim e^{-\frac{m-1}{n}} \quad m, n \text{ gross.}$$

Angenommen, j Slots der m Slots sind bereits besetzt mit mindestens einem Schlüssel. Wie lange müssen wir warten, bis ein Schlüssel einem leeren Slot zugeordnet wird? Sei T_j die entsprechende Zufallsvariable:

$$T_j = \{\text{Anzahl der Versuche, bis ein Schlüssel in einen leeren Slot landet}\}.$$

Die erwartete Anzahl der Würfe $E(T_j)$ ergibt sich durch:

$$E(T_j) = \sum_{i=0}^{\infty} P(\text{Anzahl der Versuche} > i).$$

Da die Wahrscheinlichkeit, dass alle ersten i Schlüssel in besetzten Slots landen, gleich $\left(\frac{j}{n}\right)^i$ ist, folgt:

$$E(T_j) = \sum_{i=0}^{\infty} \left(\frac{j}{n}\right)^i.$$

Dies eine geometrische Reihe, da sie unendlich viele Glieder besitzt. Welchen Wert nimmt sie an? Die geometrische Summe lautet:

$$\sum_{i=0}^{j} \left(\frac{k}{n}\right)^i = \frac{\left(\frac{k}{n}\right)^{j+1} - 1}{\frac{k}{n} - 1}.$$

Da $j/n < 1$ ist, wird $\left(\frac{j}{n}\right)^{j+1}$ für wachsendes j beliebig schnell klein. Wenn j gegen unendlich strebt, sollte intuitiv dieser Term gegen null streben. Tatsächlich gilt:

$$E(T_j) = \frac{1}{1 - \frac{j}{n}} = \frac{n}{n - j}.$$

Weshalb ist dies kein Beweis? Obwohl die Potenzen im Zähler schnell kleiner werden, könnte es sein, dass die Summe dieser kleinen Terme trotzdem über alle Grenzen wächst. Die Analysis befasst sich ernsthaft damit. Als Warnung dient die harmonische Reihe $\sum_{j=1}^{\infty} \frac{1}{j}$. Obwohl die Summanden schnell klein werden, wächst sie über alle Grenzen. Wir wissen, dass die harmonische Summe sich wie $\log n$ verhält. Dies strebt langsam gegen unendlich.

Wir haben noch kein Beispiel einer Hashfunktion betrachtet. Eine oft verwendete sollen Sie in der nächsten Aufgabe betrachten.

Aufgabe 19.8.1 *Eine einfache, oft verwendete Hashfunktion ist*

$$h(k) = k \mod m.$$

Lösen Sie folgende Aufgaben.

19.8 Anwendungen

1. *Berechnen Sie die Hashwerte der Schlüssel $k \in \{12, 27, 34, 49, 58\}$, wenn $m = 5$.*
2. *Gegeben ist $m = 7$. Finden Sie alle Schlüssel aus der Menge $\{10, 17, 24, 31, 38, 45\}$, die zu einer Kollision führen.*
3. *Zeigen Sie, dass bei $m = 2^k$ die Hashfunktion $h(k) = k \mod m$ äquivalent zur Wahl der letzten k Bits der Binärdarstellung von k ist.*
4. *Zeigen Sie, dass für beliebige Schlüssel k die Hashfunktion $h(k) = k \mod m$ bei m als Primzahl eine gleichmäßigere Verteilung der Schlüssel auf m Buckets liefert als bei m als Potenz von 2.*
5. *Angenommen, wir verwenden $h(k) = k \mod 7$ und eine separate Verkettung. Skizzieren Sie, wie die folgende Schlüsselfolge in die Hashtabelle eingefügt wird: $\{3, 10, 17, 20, 31\}$.*
6. *Beschreiben Sie, wie die Hashfunktion $h(k) = k \mod m$ in einer Datenbank für eine Hash-Join-Operation verwendet werden könnte.*
7. *Ein Lastverteiler verwendet $h(k) = k \mod m$, um $n = 100$ Anfragen gleichmäßig auf $m = 10$ Server zu verteilen. Ein neuer Server wird hinzugefügt ($m = 11$). Beschreiben Sie, wie sich die Hashfunktion auf die bestehende Verteilung auswirkt.*

Die Datenstruktur für einzelne Knoten in der verknüpften Liste werden mit der Klasse Node aufgesetzt und die Hashtabelle mit der Klasse HashTable. Der Code lautet:

```
class Node:
    def __init__(self, key, value):
        self.key = key
        self.value = value
        self.next = None
class HashTable:
    def __init__(self, size):
        self.size = size
        self.slots = [None] * size   # Array von Zeigern auf head
        der Listen
```

Aufgabe 19.8.2 *Als Hashfunktion wählen wir die einfache Modulo-Funktion:*

```
function hashFunction(key):
    return key % size
```

Fügen Sie die folgenden Operationen in class HashTable ein:

1. *Einfügen eines neuen Schlüssels und Wertes.*
2. *Überprüfen, ob der Schlüssel bereits existiert.*
3. *Neuer Schlüssel am Anfang der Liste einfügen.*
4. *Suchen eines Schlüssels.*
5. *Durchsuchen der Liste der Schlüssel.*
6. *Löschen eines Schlüssels.*

19.8.3 Universelles Hashing

Jetzt werden die Hashfunktionen h zufällig aus endlichen Mengen von Hashfunktionen gezogen.

Definition 19.8.1 *H ist eine endliche Menge von Hashfunktionen. Dabei bildet jedes Element alle möglichen Schlüssel auf eine Hashadresse ab. Dann H heiß universell, wenn für je zwei verschiedene Schlüssel $x, y \in K$ gilt:*

$$\frac{|\{h \in H : h(x) = h(y)\}|}{|H|} \leq \frac{1}{m}.$$

Mit anderen Worten, H ist universell, wenn für jedes Paar von zwei verschiedenen Schlüsseln höchstens der m-te Teil aller Funktionen der Klasse zu einer Adresskollision für die Schlüssel des Paares führen. Betrachten wir ein beliebiges, festes Paar von zwei verschiedenen Schlüsseln x und y. Dann ist die Wahrscheinlichkeit dafür, dass x und y von einer zufällig aus H gewählten Funktion h auf dieselbe Hashadresse abgebildet werden, höchstens $1/m$. Denn höchstens $1/m$ der Funktionen aus H führen zu einer Adresskollision bei x und y.

Wir definieren eine Funktion δ, die für zwei Schlüssel x und y aus K und eine Hashfunktion $h \in H$ anzeigt, ob eine Kollision vorliegt:

$$\delta(x, y, h) = \begin{cases} 1 & \text{falls } h(x) = h(y) \text{ und } x \neq y, \\ 0 & \text{sonst.} \end{cases}$$

19.8 Anwendungen

Man kann δ wie folgt auf Mengen $Y \subseteq K$ von Schlüsseln und auf ganz H ausdehnen:

$$\delta(x, Y, h) = \sum_{y \in Y} \delta(x, y, h), \quad \delta(x, y, H) = \sum_{h \in H} \delta(x, y, h).$$

H ist universell, wenn für je zwei beliebige $x, y \in K$ mit $x \neq y$ gilt:

$$\delta(x, y, H) \leq \frac{|H|}{m}.$$

Sei $S \subset K$ eine Menge von gespeicherten Schlüsseln und jetzt soll der Schlüssel x eingefügt werden.

$$E(\delta(x, S, h)) = \frac{1}{|H|} \sum_{h \in H} \sum_{y \in S} \delta(x, y, h) = \frac{1}{|H|} \sum_{y \in S} \sum_{h \in H} \delta(x, y, h)$$

$$= \frac{1}{|H|} \sum_{y \in S} \delta(x, y, H) \leq \frac{1}{|H|} \sum_{y \in S} \frac{|H|}{m} = \frac{|S|}{m}$$

Man kann also erwarten, dass ein $h \in H$ eine beliebige, noch so einseitig gewählte Folge von Schlüsseln des Universums K, so gleichmäßig wie möglich über die zur Verfügung stehenden Adressen verteilt. Wir zeigen, dass universelle Klassen von Hashfunktionen existieren. Dazu nehmen wir an, dass alle Schlüssel nichtnegative ganze Zahlen sind und $|S| = p$ mit p einer großen Primzahl. Für zwei beliebige Zahlen $a \in \{1, \ldots, p-1\}$ und $b \in \{0, \ldots, p-1\}$ sei die Funktion $h_{a,b} : K \to \{0, \ldots, m-1\}$ wie folgt definiert:

$$h_{a,b}(x) = ((ax + b) \mod p) \mod m.$$

Die Intuition dieser Definition ist die folgende. Die Größe x ist der Schlüssel, welcher gehasht werden soll, a, b sind Konstanten, welche oft zufällig gewählt werden, p ist eine große Primzahl größer als x und m ist die Anzahl der Buckets in der Hashtabelle. Die lineare Transformation $ax + b$ des Eingabewerts x hilft, den Wert x zu mischen, sodass ähnliche Eingabewerte (z. B. x und $x+1$) unterschiedliche Ergebnisse erzeugen. Bei $(ax+b) \mod p$ wird der Wert aufgefaltet, sodass er innerhalb des Bereichs $[0, p-1]$ liegt. Die Wahl einer großen Primzahl p reduziert Kollisionen und sorgt für gleichmäßigere Verteilungen. Bei $((ax + b) \mod p) \mod m$ wird der Wert eingeschränkt, um ihn in den Zielbereich $[0, m-1]$ der Anzahl der Buckets zu legen. Zusammengefasst sorgt die Funktion dafür, dass Eingaben x, die ähnlich oder regelmäßig verteilt sind, in einen scheinbar zufälligen Bereich gemappt werden. Rechnen Sie nach, dass für $a = 3, b = 5, p = 17, m = 6, x = 10$ das Resultat $h_{a,b}(x) = 1$ ist. Mit dieser Funktion gilt:

Theorem 19.8.5 *Die Klasse $H = \{h_{a,b} \mid 1 \leq a < p \text{ und } 0 \leq b < p\}$ ist eine universelle Klasse von Hashfunktionen.*

Beweis Um die Universalität von H zu zeigen, prüfen wir, wie oft zwei verschiedene Schlüssel $x \neq y$ auf dieselbe Hashadresse abgebildet werden, also $h_{a,b}(x) = h_{a,b}(y)$. Für $r = (ax + b)$ mod p und $q = (ay + b)$ mod p durchlaufen die Paare (r, q) bei Wahl von a und b aus ihren jeweiligen Bereichen den gesamten möglichen Wertebereich $\{(r, q) \mid 0 \leq r, q < p, r \neq q\}$. Dies gilt, da: 1. Die Linearkombinationen $r \equiv ax + b$ mod p und $q \equiv ay + b$ mod p wegen $x \neq y$ eindeutig nach a und b auflösbar sind (da p prim ist). 2. Jede Wahl von a und b ein gültiges Paar (r, q) mit $r \neq q$ erzeugt. Zwei Zahlen r und q fallen genau dann in dieselbe Restklasse modulo m, wenn $r \equiv q$ mod m. Für festes q gibt es höchstens $\frac{p-1}{m}$ Zahlen $r \neq q$, die diese Bedingung erfüllen. Daher gilt für die Gesamtanzahl solcher Paare:

$$|\{h \in H : h(x) = h(y)\}| \leq \frac{p \cdot (p-1)}{m} = \frac{|H|}{m}.$$

Da diese Schranke der Definition der Universalität entspricht, ist H eine universelle Klasse von Hashfunktionen. □

Jetzt berechnen wir die Kollisionseigenschaften in einem universellen Hashing-Modell.

Theorem 19.8.6 *Es ist ein universelles Hashing-Modell gegeben. Die Hashfunktionen seien i.i.d. verteilt, Kollisionen sind gleich wahrscheinlich und unabhängig von der Schlüsselmenge und es gibt n Schlüssel, die in $m > n$ Buckets verteilt werden. Dann gilt:*

$$P(\text{genau eine Kollision}) = \binom{n}{2} \cdot \frac{1}{m} \cdot \prod_{i=0}^{n-3}\left(1 - \frac{i}{m}\right).$$

Beweis Gegeben sind n Elemente $S = \{x_1, x_2, \ldots, x_n\}$, deren Hashwerte mit der universellen Hashfunktion h in m Buckets abgebildet werden. Für ein Paar (x_i, x_j), $i \neq j$, gilt wegen der universellen Eigenschaft der Hashfunktion:

$$P(h(x_i) = h(x_j)) = \frac{1}{m}.$$

Die Wahrscheinlichkeit, dass sie nicht kollidieren, ist:

$$P(h(x_i) \neq h(x_j)) = 1 - \frac{1}{m}.$$

Es gibt $\binom{n}{2} = \frac{n(n-1)}{2}$ mögliche Paare. Damit keine Kollision auftritt, müssen die n Elemente unterschiedliche Hashwerte erhalten. Dies entspricht der Wahrscheinlichkeit:

$$P(\text{keine Kollisionen}) = \prod_{i=0}^{n-1}\left(1 - \frac{i}{m}\right),$$

19.8 Anwendungen

da für jedes neue Element $i + 1$ noch $m - i$ mögliche Hashwerte verfügbar sind.

Für genau eine Kollision wählen wir ein Paar (x_i, x_j) aus, was auf $\binom{n}{2}$ Arten möglich ist. Die Wahrscheinlichkeit, dass dieses Paar kollidiert, beträgt:

$$P(h(x_i) = h(x_j)) = \frac{1}{m}.$$

Die übrigen $n - 2$ Elemente dürfen keine weiteren Kollisionen erzeugen, was mit:

$$P(\text{keine weiteren Kollisionen}) = \prod_{i=0}^{n-3} \left(1 - \frac{i}{m}\right)$$

beschrieben wird. Die Wahrscheinlichkeit für genau eine Kollision folgt dann. □

Expliziter ausgeschrieben lautet das Resultat:

$$P(\text{genau eine Kollision}) = \frac{n(n-1)}{2} \cdot \frac{1}{m} \cdot \prod_{i=0}^{n-3} \left(1 - \frac{i}{m}\right).$$

In der folgenden Aufgabe können Sie das Resultat in den Griff bekommen, indem Sie unterschiedliche Fragestellungen angehen.

Aufgabe 19.8.3

1. *Leiten Sie eine allgemeine Formel für die Wahrscheinlichkeit her, dass genau k Kollisionen in n Schlüsseln und m Buckets auftreten.*
2. *Was passiert mit der Wahrscheinlichkeit P(genau eine Kollision), wenn $n \to m$ und $n > m$ sind?*
3. *Zeigen Sie, dass für $n \ll m$ die Wahrscheinlichkeit einer Kollision näherungsweise durch $\binom{n}{2} \frac{1}{m}$ beschrieben werden kann.*
4. *Finden Sie die minimal erforderliche Größe m der Buckets, sodass bei $n = 100$ Schlüsseln die Wahrscheinlichkeit für genau eine Kollision kleiner als 1 % ist.*

Aufgabe 19.8.4 *Definiere eine Python-Implementierung, die mit einem kurzen deutschen Text startet. Dieser Text soll in eine binäre Darstellung umgewandelt werden. Anschließend wird dieser Text durch Schlüssel (z. B. die ASCII-Werte der Buchstaben) repräsentiert. Wähle eine Anzahl an Slots m für den Hash Table. Wende dann sowohl die einfache Modulo-Hashfunktion als auch die universelle Hashfunktion auf die Schlüssel an.*

Aufgabe 19.8.5 *Wir sind davon ausgegangen, dass die Schlüssel positive Zahlen sind. Ist dies nicht gegeben, wird eine Pre-Hashing-Funktion $ph : K \to \mathbb{N}$ verwendet, welches Schlüssel aus der Schlüsselmenge K auf positive ganze Zahlen abbildet. Wieso ist dies* *immer möglich? Beim Pre-Hashing für Strings wird ein String* $s = s_1 s_2 \ldots s_l$ *auf einen Schlüssel abgebildet durch die Funktion:*

$$\psi(s) = \left(\sum_{i=0}^{l-1} s_{l-i} \cdot b^i \right) \mod 2^w,$$

wobei:

- *b ein Basiswert ist, der so gewählt wird, dass unterschiedliche Strings möglichst unterschiedliche Schlüssel erhalten,*
- $w = 32$ *oder* 64 *Bits die Wortgröße des Systems,*
- s_i *die ASCII-Werte der Zeichen von s sind.*

Durch $\mod 2^w$ *wird sichergestellt, dass der Hashwert in den Wertebereich der Zielarchitektur passt. Es seien* $b = 31, w = 32$. *Bestimmen Sie in Python:* ψ(Lina) $\to$? *und* ψ(Apfelbaum) $\to$?. *Für die Lösung siehe Python-Kap. 19.*

19.8.4 Einführung in das Machine Learning

Machine-Learning-Theorie ist mathematische Statistik. Grundlage für die Statistik ist die Wahrscheinlichkeitsrechnung. Was ist der Unterschied zwischen Wahrscheinlichkeitsrechnung und Statistik? Betrachten wir eine Urne. In der Wahrscheinlichkeitsrechnung ist das Wahrscheinlichkeitsmodell bekannt. Die Resultate der Ziehung sind unbekannt. In der Statistik sind die Resultate eine Ziehung oder die Daten bekannt, z. B. dreimal rot und einmal schwarz. Die Verteilung, das Modell, ist unbekannt. Sind die Daten gegeben, versucht die Statistik Rückschlüsse zu ziehen, was ist in der Urne enthalten ist und wie sicher wir darüber sein können. Machine Learning löst Probleme im Sinne der Statistik.

Wir betrachten ein Beispiel zur Klassifikation von Äpfeln in süß oder sauer. Der Algorithmus soll anhand von **Features** (Merkmalen) der Äpfel eine Klassifikation vornehmen. Für die Maschine repräsentieren zwei Merkmale einen Apfel:

- Gewicht (in Gramm)
- Durchmesser (in cm)

Zu jedem Zeitpunkt $t = 1, 2, \ldots$ wird ein zufällig ausgewählter Apfel x_t der Maschine gezeigt. Die Maschine liest die Features ein und sagt das **Label** $\hat{y}_t = \pm 1$ (süß oder sauer) voraus. Anschließend wird der wahre Wert $y_t = \pm 1$ offengelegt. Ziel ist es, möglichst wenige Fehler zu machen, also oft $\hat{y}_t = y_t$ zu erreichen. Um die Klassifikation zu verbessern, teilen wir die Daten in:

19.8 Anwendungen

- **Trainingsdaten:** Die Maschine erhält Feedback, ob ihre Klassifikation korrekt war. Dies nennt man Supervised Learning.
- **Testdaten:** Diese Daten sind unbekannt und dienen zur Überprüfung der Leistungsfähigkeit des Klassifikationsmethode.

Der Zusammenhang zwischen Features und Labels wird durch eine Hypothese $h : X \to Y$ beschrieben. Dabei enthält h gegebenenfalls unbekannte Parameter, die auf den Trainingsdaten optimiert werden, welche aus einer Länge für das Durchmesserintervall und einer Breite für das Gewichtsintervall der Äpfel bestehen,

Das Ziel ist nicht, auf den Trainingsdaten perfekt zu sein, sondern eine Hypothese zu erlernen, die auch auf den unbekannten Testdaten gut funktioniert. Dies erfordert Generalisierung. Die folgende Betrachtung führt in das formale Modell ein, wobei „Lernender", „Algorithmus" und „Maschine" die gleiche Bedeutung haben.

Beginnen wir das Modell aufzubauen. Das Modell besteht aus:

- X: der Menge der Features
- Y: der Menge der Labels

Die Trainingsdaten bestehen aus Paaren:

$$S = \{(x_1, y_1), \ldots, (x_n, y_n)\} \subseteq X \times Y.$$

Diese Daten werden zufällig aus einer Gesamtmenge gezogen. Die Vorhersage erfolgt durch eine Funktion $h : X \to Y$, die den Zusammenhang zwischen Features und Labels modelliert. Warum braucht es eine Hypothese?

1. Modellierung komplexer Zusammenhänge: Hypothesen h dienen als vereinfachte Modelle, die komplexe Zusammenhänge zwischen Features und Labels mathematisch oder algorithmisch abbilden.
2. Generalisierung: Sie ermöglichen, auch Datenpunkte zu klassifizieren, die nicht in den Trainingsdaten enthalten sind.
3. Strukturierter Suchraum: Der Hypothesenraum H definiert die Menge möglicher Modelle $h \in H$, die untersucht werden können. Ohne diese Struktur wäre die Modellauswahl ineffizient.
4. Nachvollziehbarkeit: Hypothesen bieten klare Regeln zur Verarbeitung von Eingaben, machen Entscheidungen interpretierbar und erleichtern Modellverbesserungen.
5. Vermeidung von Overfitting: Eine gut gewählte Hypothese verhindert, dass das Modell übermäßig kompliziert wird und auf Testdaten versagt.

Angenommen, es gibt eine endliche Anzahl von Äpfeln. Die Maschine könnte alle Klassifizierungen auswendig lernen. Dies verstehen wir nicht als Lernen. Wenn wir einen neuen Apfel zeigen, hat die Maschine durch das Auswendiglernen nichts gelernt, um den neuen

Apfel zu klassifizieren. Nehmen wir eine unendliche Anzahl von Äpfeln an. Ohne zusätzliche Informationen über eine Hypothese könnte der Lernende bei der Klassifikation **immer** falsch liegen. Der Lernende benötigt Vorwissen, um erfolgreich zu sein.

Wir gehen von einer **unbekannten Verteilung** D auf X aus, die beschreibt, wie wahrscheinlich bestimmte Wertepaare (x, y) auftreten. Die Labels Y werden durch eine **unbekannte Funktion** $f : X \to Y$ bestimmt, die den Zusammenhang zwischen Features und Labels beschreibt. Die Trainingsdaten S entstehen durch i.i.d. gezogene Stichproben aus D.

Der **Generalisierungsfehler** misst, wie gut eine Hypothese h auf neuen, ungesehenen Testdaten abschneidet. Er ist definiert als:

$$\text{err}(h) := P_{x \sim D}[h(x) \neq f(x)] = E_{x \sim D}[|h(x) - f(x)|].$$

Dabei gilt:

- $P_{x \sim D}$: Wahrscheinlichkeit, dass $h(x)$ nicht dem tatsächlichen Label $f(x)$ entspricht.
- $E_{x \sim D}$: Erwartungswert der Abweichung zwischen $h(x)$ und $f(x)$.

Wir fassen zusammen:

Definition 19.8.2 *Ein* **statistisches Lernmodell** *ist ein Tupel*

$$\{X, Y, S, D\},$$

wobei:

- *X: Wertebereich der Features, Y: Menge der Labels,*
- *S: Trainingsdatensatz $\{(x_i, y_i) \in X \times Y \mid |S| = n\}$,*
- *D: unbekannte Verteilung auf X.*

Ein Lernalgorithmus erzeugt auf den Daten und dem Hypothesenraum H eine Hypothese $h : X \to Y$. Die Menge H ist die Klasse der Hypothesen h, welche wir a priori für das Lernproblem berücksichtigen.

Jetzt spezifizieren wir das Modell auf unser Apfel-Klassifikationsproblem. Die Menge H der Hypothesen kann aus allen linearen Funktionen, Polynomen, allen möglichen Dreiecken, allen Quadraten usw. bestehen. Wir müssen H einschränken, um Overfitting zu vermeiden, siehe Abb. 19.7. Eine einfache Klasse von Hypothesen ist:

$$H = \{\text{achsenparallele Rechtecke auf dem Gitter } G\}$$

19.8 Anwendungen

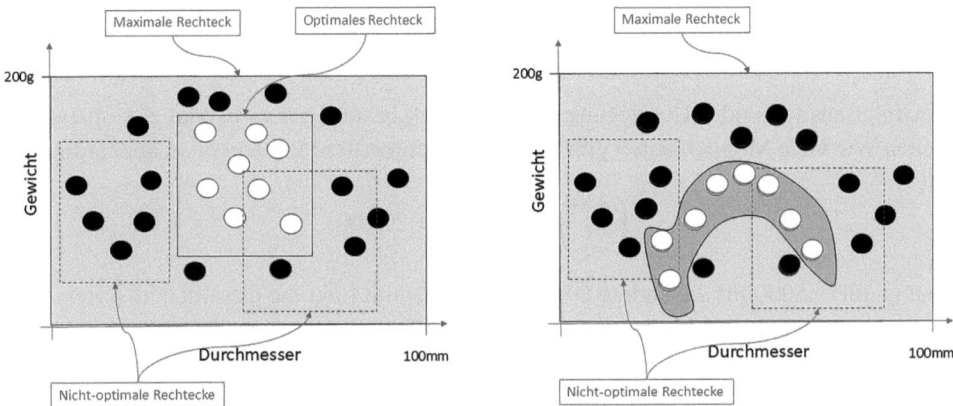

Abb. 19.7 (a) Optimaler Rechteck-Klassifikator. Schwarz repräsentiert saure Äpfel, weiß süße Äpfel. (b) Es gibt keinen optimalen Klassifikator. Das optimale gelbe Gebiet ist kein Rechteck. Diese Region kann zusätzliche Äpfel kaum korrekt klassifizieren. Eine Überklassifikation analog zu Overfitting tritt auf: Der optimale Algorithmus für das gelbe Gebiet lässt sich nur schwer auf Äpfel verallgemeinern, die noch nicht klassifiziert wurden

wobei Dabei hat das Gitter Gitterpunktabstand von jeweils einem Gramm bzw. einem Zentimeter. Die Intuition ist, dass in einem Bereich süßer Äpfel andere, leicht größere oder schwerere Äpfel immer noch süß sind. Entfernen wir uns aber zu weit vom Bereich, dann treffen wir auf saure Äpfel. Diese Restriktion des Hypothesenraumes basiert auf dem A-priori-Verständnis der Menschen über das Problem. Bis jetzt ist das Gitter H unbeschränkt. Wir machen H zu einer endlichen Menge, indem wir annehmen: Es gibt ein maximales Rechteck von 200 g und 100 mm. Daher besteht H aus **endlich** vielen Rechtecken, die kleiner als das maximale Rechteck sind. Die Endlichkeit vereinfacht die Mathematik.

Bei der Restriktion von H besteht das Risiko, dass wir zu stark eingeschränkt haben und die Hypothese nicht leistungsfähig verallgemeinert. Deshalb treffen wir die Annahme, dass es in der Menge aller Rechtecke mindestens ein Rechteck gibt, das die Äpfel **perfekt** in süße und saure trennt. Diese Annahme heißt Realisierungsannahme. Diese Annahme ist weniger einschränkend als befürchtet. Viele Ergebnisse aus dem maschinellen Lernen mit der Realisierungsannahme können auch ohne diese Annahme verallgemeinert werden. Daher behalten wir die Annahme bei, da sie unser Leben einfacher macht. Die Realisierungsannahme bedeutet, dass es ein Rechteck gibt, welches den unbekannten Datenzusammenhang perfekt widerspiegelt: Es existiert ein $h \in H$ mit $\text{err}_D(h) = 0$.

Zusammengefasst ist die Klassifikationsregel h ein Rechteck mit dem Wert $h(x) = 1$, falls x ein Element des Inneren des Rechtecks ist, ansonsten $h(x) = -1$. Der Lernende kennt H, aber nicht das beste Elementrechteck h. Er sucht nach diesem Rechteck.

Die endliche Menge H ist immer noch groß. Es gilt:

$$|H| = \binom{200}{2}\binom{100}{2} 2 \leq \mathbf{200\ Mio}.$$

Dies folgt aus folgender Überlegung. Ein Rechteck besteht aus zwei Mal zwei parallelen Linien. Wie viele Möglichkeiten gibt es, 2 Linien unter 200 Möglichkeiten anzuordnen?

$$\binom{200}{2} = \frac{200!}{2!198!} \approx 20.000.$$

Analog gilt $\sim$ 5000 für die andere Dimension und somit folgt die Gesamtzahl. Kriegen Sie raus, woher der Faktor 2 im Ausdruck für $|H|$ steht?

Nach dieser Vorbereitung wenden wir uns den Hauptaufgaben für die Lernenden zu:

- Wie findet man theoretisch das beste Rechteck h?
- Wie überprüft man in der Praxis die Leistungsfähigkeit des Algorithmus, welcher das optimale Dreieck auswählt?

Wir suchen das Rechteck, die Empirical-Risk-Minimization-Hypothese (ERM-Hypothese), welches einen minimalen Fehler auf den Trainingsdaten besitzt und für die Generalisierung auf den Testdaten verwendet werden kann. Der empirische Fehler einer Hypothese h auf den Trainingsdaten S ist:

$$\text{err}_S(h) := \frac{1}{n} \sum_{i=1}^{n} \chi_{h(x_i) \neq y_i}.$$

In der ERM-Hypothese ist dies das Rechteck $h_{\text{ERM}} \in H$, welches den empirischen Fehler minimiert:

$$h_{\text{ERM}} = \arg\min_{h \in H} \text{err}_S(h) = \text{Wähle } h \in H \text{ mit minimalem err}_{S(h)}.$$

Es folgt, dass die Hypothese $h \in H$ für die endliche Menge der Rechtecke mit der Realisierungsannahme vom ERM-Algorithmus **lernbar** ist. Der folgende Satz macht dies präzis.

Theorem 19.1 (Lernen) *Im statistischen Lernmodell sei* $f : X \to Y$ *realisierbar, H endlich und h_{ERM} auf S definiert. Dann gilt für* $|S| \geq \frac{1}{\varepsilon} \ln \frac{|H|}{\delta}$, *für alle* $\varepsilon, \delta > 0$, *dass mit Wahrscheinlichkeit* $1 - \delta$

$$err_D(h_{ERM}) \leq \varepsilon.$$

Der Satz besagt, dass für eine genügend große i.i.d.-Stichprobe $|S| \geq \frac{1}{\varepsilon} \ln \frac{|H|}{\delta}$ der ERM-Algorithmus auch bei Daten, die noch nicht gesehen wurden, gut klassifiziert (generalisiert), d.h., für $\text{err}_D(h_{\text{ERM}}) \leq \varepsilon$ gilt mit einer hohen Wahrscheinlichkeit $1 - \delta$. Der Satz ist sehr allgemein. Er ist insbesondere unabhängig von der unbekannten Wahrscheinlichkeit D. Die erforderliche Stichprobengröße von S wächst nur logarithmisch mit der Anzahl der Hypothesen. Zum Beispiel gilt im Apfelklassifikationsproblem:

19.8 Anwendungen

$$\ln|H| \approx \ln(2 \cdot 10^8) = 8 \cdot \ln 20 \leq 20, \quad \delta = 0{,}01, \quad \varepsilon = 0{,}01.$$

Dann können wir die Stichprobengröße auf

$$|S| = 100 \ln(2 \cdot 10^8 \cdot 100) \leq 2500$$

setzen. Das heißt, obwohl es ungefähr 200 Mio. Rechtecke gibt, genügen 2500 Testdaten für den Algorithmus, um ungesehen Äpfel mit einer Wahrscheinlichkeit von 99 % korrekt zu klassifizieren.

Was bedeuten die komplizierten ε, δ Beziehungen im Satz und weshalb sind sie sinnvoll? Der Wert $\varepsilon > 0$ definiert eine obere Schranke für die wahre Fehlerwahrscheinlichkeit der gefundenen Hypothese h_{ERM}. Der wahre Fehler auf allen Daten ist

$$\text{err}_D(h_{\text{ERM}}) = P_{x \sim D}[h_{\text{ERM}}(x) \neq f(x)].$$

Somit legt ε fest, wie genau wir erwarten, dass die Hypothese h_{ERM} die Daten generalisiert. Je kleiner wir ε wählen, desto kleiner ist die Fehlerwahrscheinlichkeit, die wir zulassen. Wenn dieser Wert gegen null geht, wächst die erforderliche Trainingsdatenmenge $|S|$ über alle Grenzen: Es ist nicht möglich, eine perfekte Klassifikation auf allen Daten zu erhalten. Die Größe $\delta > 0$ gibt die Wahrscheinlichkeit an, mit welcher der Learning-Ansatz versagt: Der wahre Fehler der Hypothese h_{ERM} ist größer als ε. Damit ist $1 - \delta$ die Wahrscheinlichkeit, dass der Fehler tatsächlich kleiner als ε bleibt. Geht Delta gegen null, wächst die Trainingsdatenmenge wiederum über alle Grenzen. Zusammengefasst macht ε eine Aussage, wie präzis die Hypothese sein muss und δ ist eine Aussage, wie wahrscheinlich die Präzision ist.

Beweis Wir erinnern an die Definitionen:

$$\text{err}_D(h) = P_{x \sim D}[h(x) \neq f(x)]$$

$$\text{err}_S(h) = \frac{|\{(x, y) : h(x_i) \neq y_i\}|}{|S|}.$$

Wir möchten beweisen:

$$P_D[\text{err}_D(h_{\text{ERM}}) > \varepsilon] < \delta,$$

d. h., die Wahrscheinlichkeit, mit der der empirische Risikominimierer (h_{ERM}) auf der Verteilung D einen Fehler größer als ε macht, ist kleiner als δ. Um dies zu erreichen, analysieren wir die Wahrscheinlichkeit eines bestimmten Problems:

1. Problemstellung: Es existiert mindestens eine Hypothese h, die auf den Trainingsdaten S perfekt ist, d. h. $\text{err}_S(h) = 0$), aber auf der wahren Verteilung D einen Fehler $\text{err}_D(h) > \varepsilon$ aufweist.

2. Analyse der Hypothesenmengen: Wir betrachten zwei kritische Mengen von Hypothesen:

- H_{bad}: Die Menge aller Hypothesen, deren Fehler auf der wahren Verteilung D größer als ε ist, also
$$H_{\text{bad}} = \{h \in H \mid \text{err}_D(h) > \varepsilon\}.$$

- $H_{\text{misleading}}$: Die Menge aller Hypothesen, die auf den Trainingsdaten S perfekt sind, also
$$H_{\text{misleading}} = \{h \in H \mid \text{err}_S(h) = 0\}.$$

Die problematischen Hypothesen befinden sich in der Schnittmenge dieser beiden Mengen, also in
$$H_{\text{bad}} \cap H_{\text{misleading}}.$$
Dies sind die Hypothesen, welche perfekt auf den Trainingsdaten aber schlecht auf den Testdaten sind, d. h. nicht generalisieren.

3. Argumentation: Wir zeigen, dass die Wahrscheinlichkeit einer Hypothese aus $H_{\text{bad}} \cap H_{\text{misleading}}$ auf allen Trainingsdaten S korrekt zu sein, d. h. $\text{err}_S(h) = 0$, klein ist.

4. Schlussfolgerung: Dadurch ist die Wahrscheinlichkeit klein, dass eine solche problematische Hypothese h als h_{ERM} ausgewählt wird. Folglich ist die Wahrscheinlichkeit, dass h_{ERM} einen signifikanten Fehler ($\text{err}_D(h_{\text{ERM}}) > \varepsilon$) auf der wahren Verteilung macht, kleiner als δ.

Wir behaupten: Wenn $\text{err}_D(h_{\text{ERM}}) > \varepsilon$, dann gilt $H_{\text{bad}} \cap H_{\text{misleading}} \neq \emptyset$. Um dies zu beweisen, sei der wahre Fehler der ERM-Hypothese h_{ERM} größer als ε. Es gilt:

$$h_{\text{ERM}} \in H_{\text{bad}},$$

da $\text{err}_D(h_{\text{ERM}}) > \varepsilon$. Die ERM-Hypothese minimiert den empirischen Fehler auf der Stichprobe S. Falls $\text{err}_S(h_{\text{ERM}}) = 0$, gilt:

$$h_{\text{ERM}} \in H_{\text{misleading}}.$$

Da h_{ERM} sowohl in H_{bad} als auch in $H_{\text{misleading}}$ liegt, folgt:

$$h_{\text{ERM}} \in H_{\text{bad}} \cap H_{\text{misleading}}.$$

Damit ist die Schnittmenge nicht leer.

Dann gilt

$$P(H_{\text{bad}} \cap H_{\text{misleading}} \neq \emptyset) = P\left[\bigcup_{h \in H_{\text{bad}}} \text{err}_S(h) = 0\right] \leq \sum_{h \in H_{\text{bad}}} P[\text{err}_S(h) = 0]$$

gemäß dem Vereinigungsprinzip $P(A \cup B) \leq P(A) + P(B)$. Sei $M = |S|$. Wir können jetzt wie folgt abschätzen:

$$\sum_{h \in H_{\text{bad}}} P[\text{err}_S(h) = 0] = \sum_{h \in H_{\text{bad}}} P[(h(x_i) = y_i) \wedge \cdots \wedge (h(x_M) = y_M)]$$

$$= \sum_{h \in H_{\text{bad}}} \prod_{i=1}^{M} P[h(x_i) = y_i] \quad \text{Beispiele sind i.i.d. gezogen}$$

$$\leq \sum_{h \in H_{\text{bad}}} (1-\varepsilon)^M = |H_{\text{bad}}|(1-\varepsilon)^M$$

$$\leq |H|e^{-\varepsilon M} \quad (1-\varepsilon)^M < e^{-\varepsilon M} \text{ Differenzialrechnung, } |H_{\text{bad}}| \leq |H|$$

$$\leq |H|e^{-\varepsilon \frac{1}{\varepsilon} \ln \frac{|H|}{\delta}} \quad \text{da } |S| = M \geq \frac{1}{\varepsilon} \ln \frac{|H|}{\delta}$$

$$= |H|e^{-\ln \frac{|H|}{\delta}} = |H| \cdot \delta/|H| = \delta.$$

Somit ist die Wahrscheinlichkeit, unter den Annahmen eine schlechte Hypothese zu ziehen, kleiner als δ. Das heißt, der Lernende kann unter den angegebenen Wahrscheinlichkeiten die richtige Hypothese finden. □

Dieser Satz kann in verschiedenen Richtungen verallgemeinert werden. Man kann beispielsweise auf die Realisierungsannahme verzichten. Wir verweisen auf die Literatur.

19.8.5 Machine Learning Use Case

In dieser Aufgabe sollen Sie das Machine-Learning-Modell von A bis Z anwenden. Die Antworten sind in Python-Kap. 19 gegeben. Um einen praktischen Kontext zu schaffen, können wir einen Datengenerierungsprozess entwerfen, der mit den Voraussetzungen des Theorems übereinstimmt. Hier ist ein strukturierter Aufbau.

Angenommen, wir wollen vorhersagen, ob ein Kunde ein Produkt kaufen wird, und zwar auf der Grundlage seines Online-Suchverhaltens. Die Aufgabe ist ein binäres Klassifikationsproblem: $Y = \{0, 1\}$, wobei 1 für „Kauf" und 0 für „kein Kauf" steht. Der Raum X besteht aus x_1, der Anzahl der besuchten Seiten, x_2 der Verweildauer auf den Seiten und x_3 der Anzahl vorangegangener Einkäufe. Die Hypothesenmenge H besteht aus den Klassifikatoren:

$$h(x) = \text{sign}(w_1 x_1 + w_2 x_2 + w_3 x_3 - b) = \begin{cases} 1, & \text{wenn } w_1 x_1 + w_2 x_2 + w_3 x_3 - b \geq 0, \\ 0, & \text{sonst,} \end{cases}$$

mit unbekannten Gewichten w_i. Diese sollen erlernt werden auf der Trainingsmenge. Weiter soll $|H| < \infty$ sein. Interpretieren Sie die Funktion h. Die Daten werden synthetisch generiert:

1. Ziehen Sie x_1, x_2, x_3 zufällig aus gleichverteilten oder sinnvollen Bereichen, z. B.:

$$x_1 \in [1, 10], \quad x_2 \in [1, 20], \quad x_3 \in [0, 5].$$

2. Labeln Sie die Datenpunkte mithilfe von $h(x)$.

Aufgabenstellung: Gegeben sind S, der Datensatz und die Hypothesenkategorie H. Die Aufgabe besteht darin, eine Hypothese h_{ERM} auszuwählen, die den empirischen Fehler auf S minimiert. Formulieren Sie eine Hypothese, ob h_{ERM} auf ungesehene Daten generalisieren wird, basierend auf $|S|$, ϵ und δ.

Übungsfragen

1. Überprüfung der theoretischen Schranke: Für ein gegebenes ϵ und δ, berechnen Sie $|S|$. Überprüfen Sie, ob die bereitgestellte Größe $|S|$ diese Schranke erfüllt.
2. Berechnen Sie err(h_{ERM}) auf einem Testdatensatz und überprüfen Sie, ob es die theoretischen Schranken einhält.

19.9 Binomialkoeffizienten

Die Binomialkoeffizienten $\binom{m}{i}$, definiert durch

$$\binom{m}{i} = \frac{m!}{i!(m-i)!},$$

sind uns oft begegnet. Wir formulieren und beweisen mit diesem Koeffizienten das **Inklusions-Exklusions-Prinzip**, welches grundlegend für die Bestimmung der Kardinalität bei der Vereinigung von Mengen ist, siehe (1.3) und Theorem 1.5.3. Die Formel für 3 Mengen lautet:

$$|M \cup N \cup K| = |M| + |N| + |K| - |M \cap N| - |M \cap K| - |N \cap K| + |M.$$

Wir benötigen die Verallgemeinerung dieser Formel auf n Mengen. Gedanklich kommt nichts Neues hinzu: Die Kardinalität einer beliebigen Vereinigung von Mengen ist gleich der Summe der Einzelkardinalitäten abzüglich alle Korrekturen für Mehrfachzählungen auf den vielen Schnittmengen. Wir benötigen die Summenschreibweise, damit die Formel übersichtlich aufgeschrieben werden kann. Seien $\{A_j : 1 \leq j \leq n\}$ Mengen mit endlicher Kardinalität $|A_j|$. Wenn die Mengen disjunkt sind, gilt:

19.9 Binomialkoeffizienten

$$\left| \bigcup_{j=1}^{n} A_j \right| = \sum_{j=1}^{n} |A_j|.$$

Der Beweis ist klar: Jedes Element in der Vereinigung der Mengen gehört genau zu einer Menge A_j. Man muss nicht um mehrfach gezählte Elemente korrigieren. Wenn die Mengen nicht disjunkt sind, erhalten wir:

Theorem 19.9.1 *(Inklusions-Exklusions-Prinzip) Seien $\{A_j : 1 \leq j \leq n\}$ Mengen mit endlicher Kardinalität. Dann gilt:*

$$\left| \bigcup_{j=1}^{n} A_j \right| = \sum_{i_1=1}^{n} |A_{i_1}| - \sum_{i_1 < i_2} |A_{i_1} \cap A_{i_2}| \quad (19.9)$$
$$+ \sum_{i_1 < i_2 < i_3} |A_{i_1} \cap A_{i_2} \cap A_{i_3}| + \cdots + (-1)^{n-1} |A_1 \cap A_2 \cap \cdots \cap A_n|,$$

wobei die Indizes i_k über $\{1, \ldots, n\}$ laufen.

Der erste Term auf der rechten Seite (19.9) ist die Summe über alle Kardinalitäten der Einzelmengen. Sind die Mengen disjunkt, dann ist der Rest der rechten Seite gleich null. Im zweiten Term rechts werden alle doppelt gezählten Elemente in allen paarweisen Schnittmengen abgezählt. Ausgeschrieben lautet die Formel:

$$\sum_{i_1 < i_2} |A_{i_1} \cap A_{i_2}| = \sum_{i_2=1}^{n} \sum_{i_1=1}^{i_2-1} |A_{i_1} \cap A_{i_2}|.$$

Dies ist eine Doppelsumme. Man summiert über alle i_2 von 1 bis n und für jedes i_2 über alle i_1 von 1 bis $i_2 - 1$. Stellt man sich die beiden Summen als Tabelle oder Matrix vor, wobei i_2 die Spalten und i_1 die Zeilen nummeriert, dann entspricht dies der Summe über alle Elemente, welche oberhalb der Diagonalen liegen, siehe Abb. 19.8. Der dritte Term korrigiert um alle Elemente, welche im Durchschnitt dreier Mengen liegen und zu viel in der Doppelsumme abgezählt worden sind. Die Dreifachsumme ist über alle Indizes in einem Würfel, wobei jeweils die „untere Hälfte plus die Diagonale" weggeschnitten sind wie im Fall der Doppelsumme in Abb. 19.8. Die Korrekturen setzen sich fort bis zum letzen Term von n-Schnittmengen. Dabei ändert sich in jeder Korrektur das Vorzeichen, da $(-1)^j$ gleich 1 ist für j gerade und sonst -1. Diese Hinzufügen bzw. Wegzählen in jedem Schritt ist das Inklusions-Exklusions-Prinzip.

Beweis Sei k die Anzahl der Mengen A_i, die ein Element x enthalten. Ohne Einschränkung ist x Element in den ersten Mengen $A_1, A_2, \ldots, A_k$. Das Element x trägt 1 zur Zählung auf der linken Seite von (19.9) bei. Sein Beitrag zur rechten Seite ist:

Abb. 19.8 Summationsbereich (hell) der Doppelsumme $\sum_{i_1 < i_2} |A_{i_1} \cap A_{i_2}|$

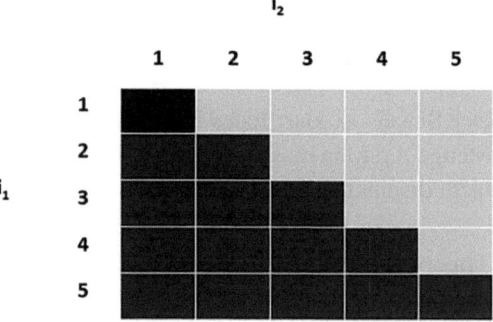

$$k - \binom{k}{2} + \binom{k}{3} - \cdots + (-1)^{k-1}\binom{k}{k} = \sum_{j=1}^{k}(-1)^{j-1}\binom{k}{j}.$$

Das heißt, es kommt in allen k Mengen vor, abzüglich aller paarweiser Mengen mit x als Element, zuzüglich aller zu viel abgezogener Dreifachdurchschnitte usw. Der Binomialsatz liefert, indem man künstlich $x = y = 1$ hinzufügt:

$$\sum_{j=0}^{k}(-1)^{j}\binom{k}{j} = (1-1)^{k} = 0.$$

Dies ergibt:

$$\sum_{j=1}^{k}(-1)^{j-1}\binom{k}{j} = -\sum_{j=0}^{k}(-1)^{j}\binom{k}{j} + 1 = 1.$$

Somit sind die linke und rechte Seite in (19.9) gleich. Da k beliebig war, gilt die Formel für alle k. □

Jetzt beweisen wir die Formel für die Stirling-Koeffizienten 2. Art $S(n, m)$, das heißt Theorem 7.4:

$$S(n, m) = \frac{1}{m!} \sum_{j=0}^{m-1}(-1)^{j}\binom{m}{j}(m-j)^{n}.$$

Beweis Der Beweis wird durch das Zählen auf zwei Arten der Anzahl der Abbildungen von $A = \{1, 2, \ldots, n\}$ auf $B = \{1, 2, \ldots, m\}$ erreicht. Die erste Art verwendet die Stirling-Zahlen, und die zweite Form das Inklusions-Exklusions-Prinzip. Durch Gleichsetzen der Resultate erhalten wir den Beweis der Formel.

Um eine surjektive Abbildung f zu erzeugen, partitionieren wir die Menge A in m disjunkte, nichtleere Teile C_i und definieren dann f durch $f(x) = i$ für $x \in C_i$. Dies kann auf $S(n, m)$-Arten erfolgen. Jede solche Partition erzeugt $m! \times S(n, m)$ surjektive

19.9 Binomialkoeffizienten

Abbildungen durch Permutieren der m Mengen C_i. Es folgt:

$$|f : A \to B \text{ surjektiv}| = m! \times S(n, m).$$

Das Inklusions-Exklusions-Prinzip wird nun verwendet, um eine zweite Zählweise der surjektiven Abbildungen $f : A \to B$ zu produzieren. Sei X die Menge aller Abbildungen $f : A \to B$. Es gilt $|X| = m^n$. Der Wert des Bildes für jedes Element in A hat genau m Auswahlmöglichkeiten. Für jedes i im Bereich $1 \leq i \leq m$ definieren wir:

$$X_i = \{f : A \to B : f \text{ lässt } i \text{ in seinem Bild aus}\}.$$

Dann gilt:

$$|f : A \to B \text{ surjektiv}| = \left| X - \bigcup_{i=1}^{m} X_i \right| = m^n - \left| \bigcup_{i=1}^{m} X_i \right|.$$

Mit der Notation $[n] = \{1, 2, \ldots, n\}$ gilt:

$$|X_i| = |\{f : [n] \to [m-1]\}| = (m-1)^n.$$

Ähnlich folgt:

$$|X_{i_1} \cap X_{i_2} \cap \cdots \cap X_{i_j}| = |\{f : [n] \to [m-j]\}| = \binom{m}{j}(m-j)^n.$$

Das Inklusions-Exklusions-Prinzip ergibt:

$$|f : A \to B \text{ surjektiv}| = m^n - \left(\sum_{j=1}^{m} (-1)^{j-1} \binom{m}{j}(m-j)^n \right) = \sum_{j=0}^{m} (-1)^j \binom{m}{j}(m-j)^n.$$

Der Vergleich beider Berechnungen liefert das Ergebnis. □

Lineare Algebra 20

Inhaltsverzeichnis

20.1	2-mal-2-Gleichungssysteme	492
20.2	Lösung linearer Gleichungen mit dem Gauß'schen Verfahren	497
20.3	Matrizenarithmetik	505
20.4	Anwendungen Matrixalgebra	515
20.5	Lineare Algebra	524
20.6	Vektorräume über endlichen Körpern	537
20.7	Determinante und Inverse	545

Die lineare Algebra steht als mathematische Disziplin im Zentrum beim maschinellen Lernen, der Darstellung von Graphen und Netzwerken, dem Lösen von großen linearen Gleichungssystemen in der Logistik und vielen mehr.

Was ist das Geheimnis für den Erfolg der linearen Algebra? Lineare Probleme treten oft auf: Der Output einer Summe von Inputs ist gleich der Summe der einzelnen Outputs und der Output eines Vielfachen des Inputs ist gleich dem Vielfachen des Outputs. Mit den mächtigen Instrumenten der linearen Algebra modelliert man solche Probleme. Wir zeigen, dass zu jeder linearen Abbildung eine Matrix assoziiert werden kann und umgekehrt. In diesem Sinne verallgemeinert die lineare Algebra das Rechnen mit einzelnen Zahlen auf das Rechnen mit Tabellen von Zahlen oder Matrizen. Die Matrixalgebra definiert die Regeln, wie man mit Matrizen rechnen kann.

Wir beschränken uns auf die lineare Algebra in endlichen Dimensionen und die Zahlen seien immer reell.

In den ersten Abschnitten gehen wir kleine lineare Gleichungssysteme an. An einfachen Beispielen analysieren wir das Lösungsverhalten, führen Matrizen ein und besprechen den Gauß-Algorithmus. Im zweiten Teil lernen wir Matrizen rechnen; die Matrixalgebra. Der

Ergänzende Information Die elektronische Version dieses Kapitels enthält Zusatzmaterial, auf das über folgenden Link zugegriffen werden kann https://doi.org/10.1007/978-3-662-71095-1_20.

© Der/die Autor(en), exklusiv lizenziert an Springer-Verlag GmbH, DE, ein Teil von Springer Nature 2025
P. Vanini, *Diskrete Mathematik für Algorithmen*,
https://doi.org/10.1007/978-3-662-71095-1_20

dritte Teil behandelt die linearen Abbildungen auf Vektorräumen und deren Zusammenhang mit Matrizen.

20.1 2-mal-2-Gleichungssysteme

Betrachten wir die beiden linearen Gleichungen

$$x + y = 1 \quad \text{(I)} \tag{20.1}$$
$$x - y = 2 \quad \text{(II)} \tag{20.2}$$

mit den zwei Unbekannten x, y, welche linear in die Gleichungen eingehen, sowie den gegebenen Werten 1, 2. Wir lösen die Gleichung. Im Substitutionsansatz wird eine Gleichung nach einer Variablen aufgelöst und das Ergebnis in die andere Gleichung eingesetzt. Dieser Ansatz aus der Schule ist ineffizient. Stellen Sie sich vor, dass Sie ein Systems mit 1000 Gleichungen und Unbekannten auf diese Art lösen müssten.

Der effizientere Weg ist, Variablen systematisch zu eliminieren. Dies erreichen wir, indem wir I von II subtrahieren mit dem Resultat

$$-2y = 1$$

und somit $y = -\frac{1}{2}$ erhalten. Setzt man dieses Ergebnis in I ein, erhält man $x = \frac{3}{2}$. Die Subtraktion eines Vielfachen einer Gleichung von einer anderen ist eine der **drei elementaren Operationen**, um das Gleichungssystem soweit zu vereinfachen, dass die Lösung direkt abgelesen werden kann. Dabei müssen wir zeigen, dass sich die **die Lösungsmenge** eines Systems nicht ändert unter solchen Operationen. Ist dies sichergestellt, definieren die Operationen den **Gauß-Algorithmus** zur Lösung linearer Gleichungen.

Schreiben wir das obige System in allgemeiner Form:

$$a_{11}x + a_{12}y = b_1 \tag{20.3}$$
$$a_{21}x + a_{22}y = b_2$$

mit a_{ij}, b_j gegebenen, reelle Zahlen. Die Lösung dieses Systems lautet:

$$x = \frac{1}{\det A}(a_{22}b_1 - a_{12}b_2), \quad y = \frac{1}{\det A}(a_{11}b_2 - a_{21}b_1), \tag{20.4}$$

wobei

$$\det A := a_{11}a_{22} - a_{12}a_{21}$$

für die Determinante von A steht.

Aufgabe 20.1.1 *Leiten Sie die Lösung von (20.3) her.*

20.1 2-mal-2-Gleichungssysteme

Wie viele Lösungen hat (20.3)? Da jede Gleichung eine Gerade repräsentiert, können sich die beiden Geraden schneiden (eine Lösung), parallel sein (keine Lösung) oder identisch sein (unendlich viele Lösungen). Die Lösung (20.4) zeigt, dass die Zahlen a und b bestimmen, welcher Fall eintritt. Betrachten wir die Determinante genauer. Das Gleichungssystem lautet in Geradengleichungsform:

$$y = -\frac{a_{11}}{a_{12}}x - \frac{b_1}{a_{12}} \qquad (20.5)$$
$$y = -\frac{a_{21}}{a_{22}}x - \frac{b_2}{a_{22}}.$$

Damit keine oder unendlich viele Lösungen existieren, müssen die beiden Steigungen gleich sein. Setzen wir die Steigungen gleich, folgt det $A = 0$. Damit unendlich viele Lösungen folgen, müssen auch die beiden Achsenabschnitte gleich sein. Setzt man die Achsenabschnitte gleich, erhalten wir det $B := b_1 a_{22} - b_2 a_{12}$. Sind die Determinanten von A, B null, gibt es unendlich viele Lösungen. Für det $A \neq 0$ existiert immer genau eine Lösung.

Wir betrachten eine weitere Charakterisierung der Lösbarkeit und definieren die beiden Spaltenvektoren

$$a_1 = \begin{pmatrix} a_{11} \\ a_{21} \end{pmatrix}, \ a_2 = \begin{pmatrix} a_{12} \\ a_{22} \end{pmatrix}.$$

Eine Linearkombination zweier Vektoren a_1, a_2 ist eine Form $L = c_1 a_1 + c_2 a_2$ mit den c_i reelle Zahlen. Setzen wir die Linearkombination der beiden Spaltenvektoren gleich null, gilt:

$$L := c_1 a_1 + c_2 a_2 = \begin{pmatrix} c_1 a_{11} + c_2 a_{12} \\ c_1 a_{21} + c_2 a_{22} \end{pmatrix} = \begin{pmatrix} 0 \\ 0 \end{pmatrix}, \ c_i \in \mathbb{R}.$$

Lösen wir die erste Gleichung nach c_1 auf und setzen dies in die zweite ein, folgt:

$$c_2 \det A = 0.$$

Wenn det $A \neq 0$ ist, dann müssen die Konstanten $c_1 = c_2 = 0$ sein, damit $L = 0$ folgt. Ist die Determinante jedoch gleich null (det $A = 0$), können die c_i beliebige Werte annehmen. Dies tritt genau dann ein, wenn die beiden Vektoren a_1 und a_2 Vielfache voneinander sind, d. h., $a_1 = \lambda a_2$ mit einer skalaren Zahl λ. In diesem Fall sind die Vektoren a_1 und a_2 linear abhängig. Sind die beiden Vektoren a_1 und a_2 jedoch nicht parallel oder antiparallel, ist die Determinante ungleich null (det $A \neq 0$) und die Konstanten c_1 und c_2 müssen gleich null gewählt werden, damit $L = 0$. In diesem Fall heißen die Vektoren a_1 und a_2 **linear unabhängig**. Somit ist ein Kriterium, ob das Gleichungssystem eine Lösung besitzt, durch die Linearkombination

$$L := c_1 a_1 + c_2 a_2 = 0, \ c_i \in \mathbb{R}$$

gegeben, wobei 0 ein Spaltenvektor mit zwei Einträgen ist. Gibt es $c_i \neq 0$, sodass die Gleichung erfüllt ist, dann gibt es keine Lösung oder unendlich viele Lösungen, siehe Abb. 20.1.

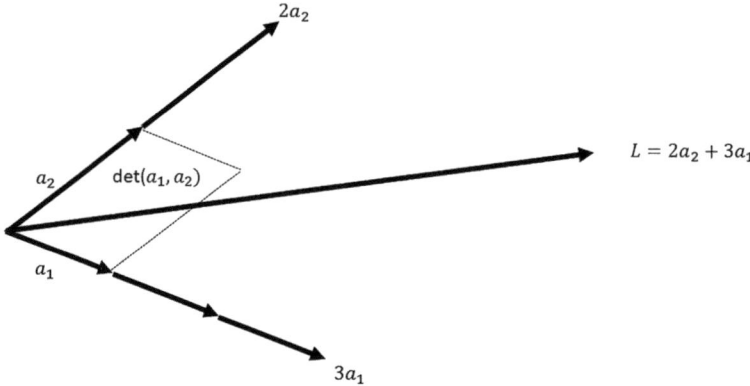

Abb. 20.1 Lineare abhängige Vektoren, Linearkombination und die Determinante als Fläche

Ist $c_i = 0$ die einzige Möglichkeit für eine Lösung, dann hat das System eine einzige Lösung. Geometrisch besitzt das System eine Lösung, genau dann, wenn die beiden Vektoren a_1, a_2 die Ebene aufspannen (linear unabhängig). Spannen sie nur eine Gerade auf, existiert keine oder unendlich viele Lösungen (linear abhängig). Die Diskussion zeigt, dass wir die Zahlen a, b von den Variablen x, y im linearen System **trennen** können, um das Lösungsverhalten zu bestimmen.

Wenn wir m Gleichungen und n Unbekannte haben, benötigen wir einen Formalismus, um die Gleichungen effizient zu beschreiben und zu analysieren. Die Matrizen und Matrizenalgebra stellen eine effektive und effiziente Methode dar, um lineare Systeme von **beliebiger** Dimension zu betrachten. Wir schreiben in unserem Fall

$$A = \begin{pmatrix} a_{11} & a_{12} \\ a_{21} & a_{22} \end{pmatrix}$$

als eine 2×2-Matrix und

$$b = \begin{pmatrix} b_1 \\ b_2 \end{pmatrix}$$

als eine 2×1-Matrix; ein Spaltenvektor. Somit sind Vektoren spezielle Matrizen. Allgemein besteht eine $m \times n$-Matrix aus m Zeilen und n Spalten. In linearen Gleichungssystemen sind dies m Gleichungen und n Unbekannte. Eine 1×1-Matrix ist eine Zahl. Mit der Schreibweise

$$w = \begin{pmatrix} x \\ y \end{pmatrix}$$

für die Variablen schreiben wir das 2×2-Gleichungssystem kompakt als

$$Aw = b.$$

20.1 2-mal-2-Gleichungssysteme

Dies macht Sinn, wenn wir das Produkt Aw, eine Matrixmultiplikation, **definieren** können. Angenommen dies ist möglich und es existiert auch eine Matrix A^{-1}, die **Inverse** von A, sodass von links multipliziert gilt:

$$A^{-1}Aw = \mathbb{I}w = w = A^{-1}b,$$

wobei $\mathbb{I}$ das Einselement der Matrizenrechnung ist. Dann lautet die Lösung des Gleichungssystems

$$w = A^{-1}b.$$

Dies ist analog zur Lösung einer linearen Gleichung $ax = b$ (skalarer Fall): $x = a^{-1}b$ für $a \neq 0$. Wir wissen, dass es im 2×2-Fall Gleichungen ohne Lösung gibt. Somit muss es Matrizen geben, die nicht invertierbar sind. Zusammengefasst müssen wir die Arithmetik für Matrizen definieren und inverse Matrizen, sowie deren Berechnung, betrachten. Der Gauß-Jordan-Algorithmus wird ein effizienter Algorithmus sein, um die Inversion einer Matrix umzusetzen.

Wir gehen auf die erwähnten elementaren Operationen ein. Betrachten wir das System (20.3) mit der Lösung (20.4). Wir behaupten, dass die Lösung dieses linearen Gleichungssystems **durch die folgenden drei Arten elementarer Zeilenoperationen nicht verändert wird:**

- Vertauschen der Positionen zweier Zeilen.
- Multiplizieren einer Zeile mit einem von null verschiedenen Skalar.
- Addition eines Vielfachen einer Zeile zu einer anderen Zeile.

Beweis Prüfen wir die Behauptungen nach. Wenn wir die beiden Zeilen vertauschen ändert sich die Lösung trivialerweise nicht. Für den zweiten Fall multiplizieren wir die erste Gleichung mit einer Zahl λ. Somit werden $a_{11} \to \lambda a_{11}$, $a_{12} \to \lambda a_{12}$ und $b_1 \to \lambda b_1$. Diese Transformation impliziert

$$\det A' = \lambda \det A,$$

wobei $\det A'$ den transformierten Ausdruck bezeichnet. Da im neuen Zähler durch die Transformation λ ausgeklammert werden kann, kürzt sich λ im Zähler und Nenner und wir erhalten

$$x' = x, \; y' = y.$$

Für den letzten Fall, addieren wir ein Vielfaches λ der zweiten Zeile zur ersten Zeile:

$$\begin{aligned} a_{11}x' + a_{12}y' + \lambda(a_{21}x' + a_{22}y') &= b_1 + \lambda b_2 \; \text{(I)} \\ a_{21}x' + a_{22}y' &= b_2. \; \text{(II)} \end{aligned} \quad (20.6)$$

Vereinfachen:

$$(a_{11} + \lambda a_{21})x' + (a_{12} + \lambda a_{22})y' = b_1 + \lambda b_2 \text{ (I)} \tag{20.7}$$
$$a_{21}x' + a_{22}y' = b_2. \text{ (II)}$$

Die Lösung des Systems ist:

$$x' = \frac{1}{\det A'}(a_{22}(b_1 + \lambda b_2) - (a_{12} + \lambda a_{22})b_2) = x, \ y = \frac{1}{\det A'}((a_{11} + \lambda a_{21})b_2 - a_{21}b_1 + \lambda b_2) = y,$$

da
$$\det A' = (a_{11} + \lambda a_{21})a_{22} - (a_{12} + \lambda a_{22})a_{21} = a_{11}a_{22} - a_{12}a_{21} = \det A.$$

Die elementaren Zeilenoperationen verändern die Lösungsmenge das System nicht. □

Dies verallgemeinert auf beliebige lineare Gleichungssysteme und auch auf beliebige Mehrfachanwendungen der Operationen. Wir nutzen dies, um das Gleichungssystem auf folgende Form zu bringen:

$$x + 0 = \tilde{b}_1 \tag{20.8}$$
$$0 + y = \tilde{b}_2.$$

Dabei sind die $\tilde{b}_i$ Zahlen, welche aus der Transformation entstehen. Die Lösung des Systems kann direkt abgelesen werden. Diese Transformation ist die Idee des Gauß-Algorithmus. Angenommen wir erhalten nach den elementaren Operationen das System

$$x + 0 = \tilde{b}_1 \tag{20.9}$$
$$0 + 0 = \tilde{b}_2$$

mit $b_2 \neq 0$. Dann hat das System keine Lösung. Somit widerspiegeln sich die Fälle der Lösungsmöglichkeiten im Resultat dieser elementaren Operationen.

Abschließend definieren wir:

Definition 20.1.1

1. *Eine **lineare Gleichung** in den Variablen $x_1, x_2, \ldots, x_n$ ist eine Gleichung der Form $a_1x_1 + a_2x_2 + \cdots + a_nx_n = b$.*
2. *Ein $m \times n$ **lineares Gleichungssystem** bestehend aus m Gleichungen und n Unbekannten lautet:*

$$a_{11}x_1 + a_{12}x_2 + \cdots + a_{1n}x_n = b_1$$
$$a_{21}x_1 + a_{22}x_2 + \cdots + a_{2n}x_n = b_2$$
$$\ldots\ldots\ldots\ldots\ldots\ldots\ldots\ldots\ldots\ldots\ldots\ldots\ldots$$
$$a_{m1}x_1 + a_{m2}x_2 + \cdots + a_{mn}x_n = b_m.$$

3. Eine **Lösung** dieses Systems ist eine Menge von Werten für $x_1, x_2, \ldots, x_n$, sodass jede Gleichung erfüllt ist.
4. Sind alle $b_i = 0$, sprechen wir von einem **homogenen Gleichungssystem**.
5. Eine reelle $m \times n$-**Matrix** A ist ein rechteckiges Zahlenschema mit m Zeilen und n Spalten. Die Zahl $a_{ij} = (A)_{ij}$ ist der Eintrag in die i-te Zeile und j-te Spalte von A. Die Menge der reellen $m \times n$-Matrizen wird mit $\mathbb{M}(m, n)$ bezeichnet.

20.2 Lösung linearer Gleichungen mit dem Gauß'schen Verfahren

Wir beginnen mit der Idee des Gauß'schen Lösungsverfahrens:

- Schritt 1: Durch elementare Zeilenumformungen die erweiterte Matrix auf obere Dreiecksform, die **Zeilenstufenform,** bringen (Eliminationsverfahren):

$$\begin{pmatrix} a_{11} & a_{12} & a_{13} & a_{14} & | & b_1 \\ a_{21} & a_{22} & a_{23} & a_{24} & | & b_2 \\ a_{31} & a_{32} & a_{33} & a_{34} & | & b_3 \\ a_{41} & a_{42} & a_{43} & a_{44} & | & b_4 \end{pmatrix} \longrightarrow \begin{pmatrix} a_{11} & a_{12} & a_{13} & a_{14} & | & b_1 \\ 0 & a'_{22} & a'_{23} & a'_{24} & | & b'_2 \\ 0 & 0 & a'_{33} & a'_{34} & | & b'_3 \\ 0 & 0 & 0 & a'_{44} & | & b'_4 \end{pmatrix}$$

- Schritt 2: Von unten her auflösen:

Die rechte erweiterte Koeffizientenmatrix entspricht dabei dem Gleichungssystem

$$a_{11}x_1 + a_{12}x_2 + a_{13}x_3 + a_{14}x_4 = b_1,$$
$$a'_{22}x_2 + a'_{23}x_3 + a'_{24}x_4 = b'_2,$$
$$a'_{33}x_3 + a'_{34}x_4 = b'_3,$$
$$a'_{44}x_4 = b'_4.$$

Das obige System kann nun ausgehend von der vierten Zeile direkt rückwärts gelöst werden.

20.2.1 Zeilenoperationen

Wir erinnern daran, dass es drei Arten von elementaren Zeilenoperationen gibt, die auf die Zeilen einer Matrix angewendet werden können:

A) Vertauschen Sie die Positionen zweier Zeilen.
B) Multiplizieren Sie eine Zeile mit einem von null verschiedenen Skalar.
C) Addieren Sie ein skalares Vielfaches einer anderen Zeile zu einer Zeile.

Wenn eine Matrix einem System von linearen Gleichungen zugeordnet ist, ändern diese Operationen die Lösungsmenge nicht (was noch zu zeigen ist). Wir gehen dabei wie folgt vor:

- Wir transformieren die Ursprungsmatrizen in Zeilenstufenform.
- Lesen aus dieser Zeilenstufenform die Lösbarkeit der linearen Gleichung $Ax = b$ ab und konstruieren die Lösungen.
- Wir zeigen algorithmisch, dass jede Matrix A auf Zeilenstufenform gebracht werden kann.
- Wir zeigen, dass sich die Lösungsmenge unter diesen Operationen nicht ändert.

Mit diesen Schritten sind wir in der Lage, beliebige lineare Gleichungen zu lösen.

Der erste Schritt in der Lösung des Gleichungssystem ist, die Matrizen in Zeilenstufenform zu bringen. Für jede Nicht-Null-Zeile in einer Matrix wird der äußerste, links stehende Nicht-Null-Eintrag als das führende Element (oder **Pivot**) dieser Zeile bezeichnet. Wenn zwei führende Elemente in derselben Spalte stehen, kann man mit einer Zeilenoperation vom Typ C) eines dieser Elemente auf null setzen. Durch diese Operation und Vertauschungen kann man die Zeilen immer so anordnen, dass für jede Nicht-Null-Zeile die Pivots eine Treppe von oben nach unten nach rechts bilden. Dann ist die Matrix in **Zeilenstufenform.** Zum Beispiel ist die folgende Matrix in Zeilenstufenform, und ihre führenden Elemente sind unterstrichen dargestellt:
$$\begin{pmatrix} 0 & \underline{2} & 1 & -1 \\ 0 & 0 & \underline{3} & 1 \\ 0 & 0 & 0 & 0 \end{pmatrix}.$$

Wir können das Problem noch weiter vereinfachen. Eine Matrix befindet sich in **reduzierter Zeilenstufenform**, wenn außerdem alle führenden Elemente gleich 1 sind (was durch die elementare Zeilenoperation vom Typ B) erreicht werden kann) und in jeder Spalte, die ein führendes Element enthält, alle anderen Einträge in dieser Spalte gleich null sind (was durch elementare Zeilenoperationen vom Typ C) erreicht werden kann). Hier ein Beispiel:
$$\begin{pmatrix} 1 & 0 & a_1 & 0 & b_1 \\ 0 & 1 & a_2 & 0 & b_2 \\ 0 & 0 & 0 & 1 & b_3 \end{pmatrix}.$$

In dieser Form können die Lösungen, falls sie existieren, direkt abgelesen werden.

Betrachten wir ein beliebiges, lineares Gleichungssystem $Ax = b$ mit A einer $m \times n$-Matrix (n Unbekannte x_i, m Gleichungen). Dann sieht die Zeilenstufenform der **erweiterten Matrix** $(A|b)$, d. h. wir hängen an die Matrix A rechts außen noch die zusätzliche Spalte b an, wie folgt aus:

20.2 Lösung linearer Gleichungen mit dem Gauß'schen Verfahren

$$(A \mid b) = \begin{pmatrix} a_{11} & \star & \star & \star & \star & \star & b_1 \\ & a_{22} & \star & \star & \star & \star & b_2 \\ \vdots & & \ddots & & \vdots & \vdots & \vdots \\ & \cdots & & a_{rr} & \star & \star & b_r \\ 0 & \cdots & & 0 & 0 & 0 & b_{r+1} \\ \vdots & & & & \vdots & \vdots & \vdots \\ 0 & \cdots & & 0 & 0 & 0 & b_m \end{pmatrix} \qquad (20.10)$$

mit $a_{11} \neq 0, \ldots, a_{rr} \neq 0$. Die Sterne stehen für beliebige reelle Zahlen. Ohne Einschränkung der Allgemeinheit stehen die Pivots in den ersten r Spalten. Wenn die Zahlen $b_{r+1}, \ldots, b_m$ nicht null sind, dann hat das System keine Lösung, da beispielsweise die Zeile b_{r+1} als Gleichung geschrieben nur dann eine Lösung

$$0 \cdot x_1 + \cdots + 0 \cdot x_n = b_{r+1} \neq 0$$

hat, wenn $b_{r+1} = 0$ ist. Somit ist die Zahl r maßgebend, ob ein Gleichungssystem eine Lösung hat. Ist $r = m$, d. h., es gibt keine Nullzeilen in der Matrix A, dann besitzt das Gleichungssystem Lösungen. Wir konstruieren diese. Dabei ist zwischen zwei Arten von Variablen zu unterscheiden:

- $x_{r+1}, \ldots, x_n$ sind freie Variablen, welche beliebige Werte annehmen können. Diese Variablen existieren genau dann, wenn der letzte Pivot in der Zeilenstufenform der Matrix a_{rr} nicht gleich a_{nn} ist. D. h. wenn es $k = n - r$ Variablen gibt, welche keine Zeile mit Pivot bilden.
- $x_1, \ldots, x_r$ sind gebundene Variablen, welche für die Werte der freien Variablen einen eindeutigen Wert annehmen. Sie sind eindeutig festgelegt, wenn die Werte der freien Variablen gewählt sind.

Gibt es keine freien Variablen, dann hat das Gleichungssystem $Ax = b$ genau eine Lösung. Existiert mindestens eine freie Variable, besitzt das System unendlich viele Lösungen, da für eine Variable x_j beliebige Zahlenwerte eingesetzt werden können. Zusammengefasst spielen zwei Zahlen bei der Frage der Lösbarkeit des Gleichungssystems eine Rolle:

1. Die Zahl r, welche bestimmt, ob das System eine Lösung hat.
2. Die Zahl k, welche bestimmt, ob das System genau eine oder unendlich viele Lösungen hat.

Indem wir die Matrixdarstellung der linearen Gleichungen mit der Theorie der linearen Abbildungen verbinden, lassen sich diese beiden Zahlen direkt und einfach im Ursprungsgleichungssystem charakterisieren und bestimmen – also ohne die Transformation in die Zeilenstufenform.

Wie besprochen, ist es anschaulich immer möglich, eine Matrix A in eine reduzierte Zeilenstufenform oder Zeilenstufenform zu bringen. Kann man dies beweisen?

Theorem 20.2.1 *Jede Matrix kann durch elementare Zeilenoperationen in genau eine reduzierte Zeilenstufenform überführt werden.*

Wir zeigen dies mit einem Algorithmus. Der folgende Algorithmus beginnt mit einer beliebigen Matrix und endet nach endlich vielen Schritten in einer reduzierter Zeilenstufenform. Wir formalisieren für den Algorithmus die elementaren Operationen A), B) und C):

- E_{ij}: Die elementare Operation vertauscht die i-te und j-te Zeile der Matrix.
- $E_i(c)$: Die elementare Operation multipliziert die i-te Zeile mit der von null verschiedenen Konstante c.
- $E_{ij}(d)$: Die elementare Operation addiert das d-fache der j-ten Zeile zur i-ten Zeile.

Aufgabe 20.2.1 *Zeigen Sie, dass jede der drei elementaren Operationen rückgängig gemacht werden kann.*

Der Input ist die $m \times n$-Matrix $A = [a_{ij}]$ und der Output die reduzierte Zeilenstufenform der Matrix $R = [r_{ij}]$.

```
1. Setze p = 1, q = 1, R = A.
2. Solange p<=m und q<=n:
3.     Suche nach einem Index i=>p mit r_{iq} \neq 0.
4.     Falls keiner gefunden wird, setze q = q + 1.
5.     Sonst tausche Zeilen i und p mit E_{ip}.
6.     Wandle das (p, q)-te Element in 1 um mit E_{p \to 1/r_{pq}}.
7.     Setze die Elemente oberhalb und unterhalb des (p, q)-ten
       Eintrags auf null.
8.     Setze p = p + 1, q = q + 1.
9. Ende der Schleife.
```

Der Algorithmus terminiert nach endlich vielen Schritten und ersetzt die Matrix A durch eine reduzierte Zeilenstufenform E. Wir kommentieren den Pseudocode:

1. p und q sind Zeilen- und Spaltenindizes, die zunächst beide auf 1 gesetzt werden. R wird als Kopie der Matrix A initialisiert, an der die Zeilenoperationen durchgeführt werden.
2. Die Schleife läuft, solange p die maximale Zeilenanzahl m und q die maximale Spaltenanzahl n nicht überschreiten.

20.2 Lösung linearer Gleichungen mit dem Gauß'schen Verfahren

3. Suche in der aktuellen Spalte q nach einer Zeile i ab der Position p, in welcher der Eintrag r_{iq} ungleich null ist. Diese Suche findet eine Pivotposition.
4. Falls die Spalte q nur aus Nullen besteht, wird die Spalte übersprungen, indem q um 1 erhöht wird, und die Schleife wird mit der nächsten Spalte fortgesetzt.
5. Falls ein Nicht-Null-Eintrag gefunden wird, wird die Zeile i mit der aktuellen Zeile p vertauscht. Das stellt sicher, dass die Pivotposition in Zeile p liegt.
6. Der Pivot-Eintrag r_{pq} wird durch Multiplikation der gesamten Zeile p durch $1/r_{pq}$ auf 1 gesetzt.
7. Nun wird die gesamte Spalte q „gesäubert", indem geeignete Vielfache der Zeile p zu den anderen Zeilen addiert oder von diesen subtrahiert werden, um alle anderen Einträge in der Spalte q auf null zu setzen. Dies gewährleistet, dass der einzige Nicht-Null-Eintrag in dieser Spalte der Pivoteintrag ist.
8. Der Zeilenindex p und der Spaltenindex q werden beide um 1 erhöht, um zur nächsten Zeile und Spalte für die nächste Iteration der Schleife überzugehen.
9. Die Schleife endet, wenn entweder alle Zeilen oder alle Spalten verarbeitet wurden. Das Ergebnis ist eine Matrix R in reduzierter Zeilenstufenform.

Die Hauptschleife des Algorithmus läuft, solange $p \leq m$ und $q \leq n$ gilt. Dadurch wird sichergestellt, dass alle Zeilen und Spalten, die für die Umformung benötigt werden, durchlaufen werden. Die Schleifeninvariante für den Nachweis der Korrektheit lautet:

- Zu Beginn jeder Iteration der Schleife erfüllen die obersten $p - 1$ Zeilen der Matrix R die Zeilenstufenform. Insbesondere gilt:
  - Jede Zeile von 1 bis $p - 1$ beginnt an der j-ten Stelle mit einer 1 und alle Elemente in der Spalte j oberhalb und unterhalb dieser führenden Eins sind null.
  - Die Zeilen p bis m sind noch nicht vollständig transformiert und können jede Form annehmen.

Mit dem Algorithmus können wir jede erweiterte Matrix $A(|b)$ eines beliebigen Gleichungssystem eindeutig auf reduzierte Zeilenstufenform R bringen. Wir behaupten, dass $(A|b)$ und R die gleiche Lösungsmenge besitzen. Dies ist klar bei der Vertauschung von Zeilen. Für die skalare Multiplikation sei $\sum_j a_{ij} x_j = b_i$ die i-te Zeile der Ursprungsgleichungen. Die x_j seien eine Lösung des Ursprungssystems. Multipliziert man diese Zeile mit eine Zahl $\lambda \neq 0$, dann verändert sich die Lösung nicht, da man man das λ kürzen kann. Für die dritte Operation der Addition eines Vielfachen, betrachten wir zwei Zeilen im Ursprungssystem:

$$\sum_j a_{ij} x_j = b_i$$

$$\sum_j a_{kj} x_j = b_k$$

mit dem Vektor x einer Lösung. Addieren wir zur k-ten Zeile ein Vielfaches der i-ten Zeile, erhalten wir das System:

$$\sum_j a_{ij} x_j = b_i$$

$$\sum_j (a_{kj} + \lambda a_{ij}) x_j = b_k + \lambda b_i.$$

Der Vektor x erfüllt die erste Gleichung. Klammern wir die zweite Gleichung aus,

$$\sum_j a_{kj} x_j + \lambda \sum_j a_{ij} x_j = b_k + \lambda b_i,$$

erfüllt der Vektor x den ersten und dritten Term und den zweiten und vierten Term. Somit gilt der Hauptsatz für die Lösungsmengen von linearen Gleichungssystemen:

Theorem 20.2.2 *Das lineare Gleichungssystem mit erweiterter Matrix* $(A|b)$ *besitzt die gleiche Lösungsmenge wie deren reduzierte Zeilenform R.*

Jetzt wenden wir die Theorie an.

Beispiel

$$2x + y - z = 8 \quad (L_1)$$
$$-3x - y + 2z = -11 \quad (L_2)$$
$$-2x + y + 2z = -3 \quad (L_3)$$

Dieses schreiben wir zunächst als erweiterte Koeffizientenmatrix:

$$\begin{pmatrix} 2 & 1 & -1 & | & 8 \\ -3 & -1 & 2 & | & -11 \\ -2 & 1 & 2 & | & -3 \end{pmatrix}.$$

Wir machen den Eintrag a_{11} zu 1, indem wir L_1 mit $\frac{1}{2}$ multiplizieren. Anschließend eliminieren wir die x-Terme in L_2 und L_3: $E_{21}(3): L_2 = L_2 + 3 \cdot L_1$, $E_{31}(2): L_3 = L_3 + 2 \cdot L_1$.

$$\begin{pmatrix} 2 & 1 & -1 & | & 8 \\ -3 & -1 & 2 & | & -11 \\ -2 & 1 & 2 & | & -3 \end{pmatrix} \xrightarrow{E_1(\frac{1}{2})} \begin{pmatrix} 1 & \frac{1}{2} & -\frac{1}{2} & | & 4 \\ -3 & -1 & 2 & | & -11 \\ -2 & 1 & 2 & | & -3 \end{pmatrix} \xrightarrow{E_{21}(3)} \begin{pmatrix} 1 & \frac{1}{2} & -\frac{1}{2} & | & 4 \\ 0 & \frac{1}{2} & \frac{1}{2} & | & 1 \\ -2 & 1 & 2 & | & -3 \end{pmatrix}$$

$$\xrightarrow{E_{31}(2)} \begin{pmatrix} 1 & \frac{1}{2} & -\frac{1}{2} & | & 4 \\ 0 & \frac{1}{2} & \frac{1}{2} & | & 1 \\ 0 & 2 & 1 & | & 5 \end{pmatrix}.$$

20.2 Lösung linearer Gleichungen mit dem Gauß'schen Verfahren

Jetzt machen wir den Eintrag a_{22} zu 1, indem wir L_2 mit 2 multiplizieren. Dann eliminieren wir den y-Term in L_3: $E_{32}(-2) : L_3 = L_3 - 2 \cdot L_2$, und wir bringen den Eintrag a_{33} auf 1, indem wir L_3 mit -1 multiplizieren:

$$\xrightarrow{E_2(2)} \begin{pmatrix} 1 & \frac{1}{2} & -\frac{1}{2} & | & 4 \\ 0 & 1 & 1 & | & 2 \\ 0 & 2 & 1 & | & 5 \end{pmatrix} \xrightarrow{E_{32}(-2)} \begin{pmatrix} 1 & \frac{1}{2} & -\frac{1}{2} & | & 4 \\ 0 & 1 & 1 & | & 2 \\ 0 & 0 & -1 & | & 1 \end{pmatrix} \xrightarrow{E_3(-1)} \begin{pmatrix} 1 & \frac{1}{2} & -\frac{1}{2} & | & 4 \\ 0 & 1 & 1 & | & 2 \\ 0 & 0 & 1 & | & -1 \end{pmatrix}.$$

Wir eliminieren den z-Term in L_1 und L_2: $L_1 = L_1 + \frac{1}{2} \cdot L_3, L_2 = L_2 - L_3$:

$$\xrightarrow{E_{13}\left(\frac{1}{2}\right)} \begin{pmatrix} 1 & \frac{1}{2} & 0 & | & \frac{7}{2} \\ 0 & 1 & 1 & | & 2 \\ 0 & 0 & 1 & | & -1 \end{pmatrix} \xrightarrow{E_{23}(-1)} \begin{pmatrix} 1 & \frac{1}{2} & 0 & | & \frac{7}{2} \\ 0 & 1 & 0 & | & 3 \\ 0 & 0 & 1 & | & -1 \end{pmatrix}.$$

Schließlich eliminieren wir den y-Term in L_1: $E_{12}\left(-\frac{1}{2}\right): \quad L_1 = L_1 - \frac{1}{2} \cdot L_2$. Die reduzierte Zeilenstufenform der erweiterten Matrix ist nun:

$$\begin{pmatrix} 1 & 0 & 0 & | & 2 \\ 0 & 1 & 0 & | & 3 \\ 0 & 0 & 1 & | & -1 \end{pmatrix}.$$

Daraus ergibt sich die Lösung des Gleichungssystems:

$$x = 2, \quad y = 3, \quad z = -1.$$

Für das quadratisches System $n = m = 3$ mit gleich vielen Gleichungen wie Unbekannten ist $r = 3$, es gibt eine Lösung, da die transformierte A-Matrix keine Nullerzeilen besitzt und $k = 0$ ist, alle Variablen sind gebunden. Der Prozess der Zeilenreduktion bis zur reduzierten Form wird als Gauß-Jordan-Elimination bezeichnet, um ihn von der Beendigung nach Erreichen der Zeilenstufenform zu unterscheiden.

Beispiel

$$x + 3y - 2z = 5 \quad (L_1)$$
$$3x + 5y + 6z = 7 \quad (L_2)$$
$$2x + 4y + 3z = 8 \quad (L_3)$$

Erste Spalte eliminieren:

- Subtrahiere zuerst $3 \cdot L_1$ von L_2 ($E_{21}(-3)$) und dann $2 \cdot L_1$ von L_3 ($E_{31}(-2)$):

$$x + 3y - 2z = 5 \quad (L_1)$$
$$0 - 4y + 12z = -8 \quad (L_2)$$
$$0 - 2y + 7z = -2 \quad (L_3)$$

Zweite Spalte eliminieren:

- Multipliziere L_2 mit $-\frac{1}{4}$ $E_2(-\frac{1}{4})$ und addiere $2 \cdot L_2$ zu L_3 ($E_{32}(2)$):

$$x + 3y - 2z = 5 \quad (L_1)$$
$$0 + y - 3z = 2 \quad (L_2)$$
$$0 + 0 + z = 2 \quad (L_3)$$

Rückwärtseinsetzen liefert (rechnen Sie nach) die Lösung des Gleichungssystems:

$$x = -15, \quad y = 8, \quad z = 2.$$

Beispiel
Betrachten wir die erweiterte Matrix eines linearen Systems mit drei Gleichungen und den Variablen x, y, z, w. Die fünfte Spalte repräsentiert die rechte Seite b der erweiterten Matrix. Nach Anwendung elementarer Zeilenoperationen gelte:

$$\begin{pmatrix} 1 & 2 & 0 & -1 & 2 \\ 0 & 0 & 1 & 3 & 0 \\ 0 & 0 & 0 & 0 & 0 \end{pmatrix}.$$

Die erste und die dritte Spalte enthalten Pivotelemente, die zweite und vierte jedoch nicht:

$$\begin{pmatrix} x & y & z & w & b \\ 1 & 2 & 0 & -1 & 2 \\ 0 & 0 & 1 & 3 & 0 \\ 0 & 0 & 0 & 0 & 0 \end{pmatrix}.$$

Die zwei nichttrivialen Gleichungen lauten:

$$x + 2y - w = 2, \quad z + 3w = 0.$$

Wir verwenden die erste Gleichung um x und die zweite um z zu berechnen und erhalten die allgemeine Lösung:

$$x = 2 - 2y + w, \quad z = -3w,$$

wobei y und w frei sind. Dieses System besitzt unendlich viele Lösungen.

20.3 Matrizenarithmetik

Aufgabe 20.2.2 *Lösen Sie das Gleichungssystem:*

$$x + 2y + z = 2, \quad 2x + 6y + z = 7, \quad x + y + 4z = 3.$$

Aufgabe 20.2.3 *Lösen Sie das System:*

$$x + y + z = 4, \quad 2x + 2y + 4z = 11, \quad 4x + 6y + 8z = 24.$$

Aufgabe 20.2.4 *Betrachten Sie das System:*

$$y + 4z = a, \quad 3x - y + 2z = b, \quad x + y + 6z = c,$$

mit drei Gleichungen und drei Unbekannten. Für welche Werte der Parameter a, b, c hat das System genau eine bzw. keine Lösung?

20.3 Matrizenarithmetik

Wir betrachten ausschließlich reelle Matrizen. Die **Elemente oder Zellen** einer Matrix A werden mit a_{ij} oder $(A)_{ij}$ bezeichnet, wobei i die entsprechende Zeile und j die entsprechende Spalte der Matrix angibt. Mit $M(m, n)$ wird die Menge der reellen $m \times n$-Matrizen bezeichnet.

20.3.1 Matrixaddition

Wenn die Dimensionen übereinstimmen, können zwei Matrizen **elementweise** addiert oder subtrahiert werden. Seien A und B zwei $m \times n$-Matrizen. Dann ist $C = A \pm B$ und es gilt:

$$c_{ij} := a_{ij} \pm b_{ij}, \quad \forall i, j.$$

Beispiel:

$$\begin{pmatrix} 1 & 3 & 1 \\ 1 & 0 & 0 \end{pmatrix} + \begin{pmatrix} 0 & 0 & 5 \\ 7 & 5 & 0 \end{pmatrix} = \begin{pmatrix} 1+0 & 3+0 & 1+5 \\ 1+7 & 0+5 & 0+0 \end{pmatrix} = \begin{pmatrix} 1 & 3 & 6 \\ 8 & 5 & 0 \end{pmatrix}.$$

Aufgabe 20.3.1 *Wählen Sie zwei 3×3-Matrizen A, B aus und addieren Sie diese. Wählen Sie zwei 2×4 Matrizen C, D aus und addieren und subtrahieren Sie diese. Implementieren Sie Ihre Matrizen in Python und überprüfen Sie Ihre schriftlichen Rechnungen.*

20.3.2 Skalare Multiplikation

Das Produkt einer Matrix A mit einer Zahl λ, $C = \lambda A$, ist elementweise definiert:

$$c_{ij} = \lambda a_{ij}, \ \forall i, j.$$

Beispiel:
$$2 \cdot \begin{pmatrix} 1 & 8 & -3 \\ 4 & -2 & 5 \end{pmatrix} = \begin{pmatrix} 2 & 16 & -6 \\ 8 & -4 & 10 \end{pmatrix}.$$

Aufgabe 20.3.2 *Verwenden Sie Ihre Matrizen C, D aus der letzten Aufgabe, wählen Sie einen Skalar λ und multiplizieren Sie Ihre Matrizen mit dem Skalar. Überprüfen Sie Ihre Rechnungen in Python.*

20.3.3 Transposition

Die Transponierte einer $m \times n$-Matrix A ist eine $n \times m$-Matrix A'. Sie entsteht durch das Spiegeln der Zeilen und Spalten an der Diagonalen der Matrix. Es gilt für die Elemente:

$$(a_{i,j})' = a_{j,i}, \ \forall i, j.$$

Eine schiefsymmetrische Matrix ist eine Matrix mit Elementen $a_{ij} = -a_{ji}$. Die Diagonalelemente einer schiefsymmetrischen Matrix sind null. Eine Matrix A mit $A' = A$ heißt symmetrische Matrix.

Beispiel:
$$\begin{pmatrix} 1 & 2 & 3 \\ 0 & -6 & 7 \end{pmatrix}' = \begin{pmatrix} 1 & 0 \\ 2 & -6 \\ 3 & 7 \end{pmatrix}.$$

Ein Zeilenvektor hat eine Zeile und n Spalten:

$$v = \begin{pmatrix} v_1 & v_2 & v_3 & \ldots & v_n \end{pmatrix}.$$

Der transponierte Vektor ist ein Spaltenvektor v' mit n Zeilen und einer Spalte:

$$v' = \begin{pmatrix} v_1 \\ v_2 \\ v_3 \\ \vdots \\ v_n \end{pmatrix}.$$

Somit gilt $v \in M(1, n)$, $v' \in M(n, 1)$.

20.3 Matrizenarithmetik

Theorem 20.3.1 *(Rechenregeln Addition, Subtraktion und skalare Multiplikation) Für beliebige $m \times n$-Matrizen A, B, C und beliebige Skalare $r, k \in \mathbb{R}$ gilt:*

1. *Assoziativgesetz:* $A + (B + C) = (A + B) + C$
2. *Kommutativgesetz:* $A + B = B + A$
3. $A + 0 = A$, $A + (-A) = 0$
4. $(kA)' = kA'$
5. $(A + B)' = A' + B'$

Die Regeln folgen unmittelbar aus den Definitionen. Aus den Regeln folgt unmittelbar:

Theorem 20.3.2 *Die Menge $M(m, n)$ der $m \times n$-Matrizen ist unter der Addition eine additive Gruppe.*

Das Inverse von A ist $-A$ und das Einselement ist die Nullmatrix 0. Wir führen die Identitätsmatrix $\mathbb{I}$ ein, mit Einsen auf der Diagonalen und Nullen sonst:

$$\mathbb{I} = \begin{pmatrix} 1 & 0 & 0 & \ldots & 0 \\ 0 & 1 & 0 & \ldots & 0 \\ \vdots & \vdots & \vdots & \ddots & \vdots \\ 0 & 0 & 0 & \ldots & 1 \end{pmatrix}.$$

20.3.4 Matrixmultiplikation

Die Matrizenmultiplikation ist anspruchsvoller. Zwei Matrizen können nur dann multipliziert werden, wenn die Anzahl der Spalten der ersten Matrix gleich der Anzahl der Zeilen der zweiten Matrix ist. Sei A eine $m \times n$-Matrix und B eine $n \times q$-Matrix. Das Resultat der Multiplikation $C = AB$ ist eine $m \times q$-Matrix mit den Komponenten c_{ij}. Es gilt für alle i, j:

$$c_{ij} := \sum_{k=1}^{n} a_{ik} b_{kj}.$$

Im Beispiel ergeben alle unterstrichenen Zahlen links vom Gleichheitszeichen die unterstrichene Zahl im Matrixprodukt:

$$\begin{pmatrix} 2 & \underline{3} & \underline{4} \\ 1 & 0 & 0 \end{pmatrix} \begin{pmatrix} 0 & 1000 \\ 1 & \underline{100} \\ 0 & \underline{10} \end{pmatrix} = \begin{pmatrix} 3 & \underline{2340} \\ 0 & 1000 \end{pmatrix}.$$

Mit dem Matrixprodukt lassen sich lineare Gleichungssysteme durch Matrizen darstellen. Es sei:

$$\begin{aligned} x_1 + x_2 + x_3 &= 4 \\ 2x_1 + 2x_2 + 5x_3 &= 11 \\ 4x_1 + 6x_2 + 8x_3 &= 24 \end{aligned} \qquad (20.11)$$

Definieren wir

$$x = \begin{pmatrix} x_1 \\ x_2 \\ x_3 \end{pmatrix}, \quad b = \begin{pmatrix} 4 \\ 11 \\ 24 \end{pmatrix}, \quad \text{und} \quad A = \begin{pmatrix} 1 & 1 & 1 \\ 2 & 2 & 5 \\ 4 & 6 & 8 \end{pmatrix},$$

so können wir das Gleichungssystem in der Form $Ax = b$ schreiben:

$$Ax = \begin{pmatrix} 1 & 1 & 1 \\ 2 & 2 & 5 \\ 4 & 6 & 8 \end{pmatrix} \begin{pmatrix} x_1 \\ x_2 \\ x_3 \end{pmatrix} = \begin{pmatrix} 4 \\ 11 \\ 24 \end{pmatrix} = b.$$

Rechnen Sie Ax aus und überzeugen Sie sich, dass dies das ursprüngliche Gleichungssystem darstellt.

Beachten Sie, dass im Allgemeinen $AB \neq BA$ gilt: Matrizen vertauschen nicht unter der Multiplikation. Wählen Sie zwei beliebige Matrizen A, B und überprüfen Sie, ob $AB = BA$ gilt. Falls ja, haben Sie „Glück" gehabt.

Aufgabe 20.3.3 *Wählen Sie zwei quadratische Matrizen A, B und berechnen Sie AB, BA, $A\mathbb{I}$ und $\mathbb{I}A$. Überprüfen Sie Ihre Rechnungen in Python.*

Die Rechenregeln für die Multiplikation lauten:

Theorem 20.3.3 *(Rechenregeln für die Matrixmultiplikation) Für Matrizen A, B, C passender Ordnung gilt:*

1. $A(B + C) = AB + AC$
2. $(AB)C = A(BC)$
3. $(AB)' = B'A'$
4. $A\mathbb{I} = A$ bzw. $\mathbb{I}A = A$

Da die Regeln nicht offensichtlich aus den Definitionen folgen, beweisen wir diese.

20.3 Matrizenarithmetik

Beweis

zu 1) Sei A eine $m \times n$-Matrix, B eine $n \times p$-Matrix und C von der Ordnung $n \times p$. Dann gilt mit $B + C =: D = (b_{jk} + c_{jk}) = (d_{jk})$ für das Element $(AD)_{ik}$:

$$(AD)_{ik} = \sum_{j=1}^{n} a_{ij} d_{jk} = \sum_{j=1}^{n} a_{ij}(b_{jk} + c_{jk})$$
$$= \sum_{j=1}^{n} a_{ij} b_{jk} + \sum_{j=1}^{n} a_{ij} c_{jk} = (AB)_{ik} + (AC)_{ik}.$$

Dies gilt für alle i, k und somit ist $A(B + C) = AB + AC$ gezeigt.

zu 2) Sei A von der Ordnung $m \times n$, B von der Ordnung $n \times p$ und C von der Ordnung $p \times q$. Dann ist $AB =: D$ eine $m \times p$-Matrix und $BC =: E$ eine $n \times q$-Matrix und es gelten:

$$(d_{ik}) = \sum_{j=1}^{n} a_{ij} b_{jk} \,, \quad (e_{js}) = \sum_{k=1}^{p} b_{jk} c_{ks}.$$

Damit folgt:

$$((AB)C)_{is} = \sum_{k=1}^{p} d_{ik} c_{ks} = \sum_{k=1}^{p} \left(\sum_{j=1}^{n} a_{ij} b_{jk} \right) c_{ks} = \sum_{j=1}^{n} a_{ij} \left(\sum_{k=1}^{p} b_{jk} c_{ks} \right) = (A(BC))_{is}.$$

zu 3) Seien A, B wie in der letzten Aufgabe. Es gilt:

$$(AB)_{ij} = \sum_{k} a_{ik} b_{kj}. \tag{20.12}$$

Dieses Element ist auch das Element in der j-ten Zeile und i-ten Spalte von $(AB)'$. Andererseits sind die j-te Zeile von B' und die i-te Spalte von A' gegeben durch

$$b := (b_{1j}, b_{2j}, \ldots, b_{nj}) \,, \quad a' := \begin{pmatrix} a_{i1} \\ a_{i2} \\ \vdots \\ a_{in} \end{pmatrix}.$$

Also ist das Element in der j-ten Zeile und i-ten Spalte von $B'A'$ das Produkt AB, also (20.12). Daraus folgt die Behauptung.

zu 4) Die Behauptung ist offensichtlich. □

Aufgabe 20.3.4 *Folgende Matrizen sind gegeben:*

$$A = \begin{pmatrix} 2 & 3 \\ 0 & 1 \end{pmatrix}, B = \begin{pmatrix} 1 & 1 \\ 1 & 0 \end{pmatrix}.$$

Berechnen Sie AB und BA. Was folgern Sie? Berechnen Sie A^2, B^2, B^3.

20.3.5 Rang und Nullraum

Der Rang und der Nullraum sind zwei Kennzahlen, welche bei der Bestimmung der Lösungsmenge von linearen Gleichungen eine Rolle spielen.

Definition 20.3.1 *Der Rang einer Matrix A, Rang A, ist die Anzahl der von Null verschiedenen Zeilen in der reduzierten Zeilenstufenform R von A. Die Nullraum einer Matrix A, N(A), ist die Anzahl der Spalten der reduzierten Zeilenstufenform R von A, die keinen führenden Eintrag enthalten.*

Beachten Sie, dass sich die Definitionen auf die reduzierte Form R von A beziehen! Falls A die $m \times n$-Koeffizientenmatrix eines linearen Gleichungssystems ist, können wir den Rang von A als die Anzahl r der gebundenen Variablen des Systems und den Nullraum von A als die Anzahl $n - r$ der freien Variablen des Systems interpretieren. Die von Null verschiedenen r Zeilen in der reduzierten Zeilenstufenform sind linear unabhängig, siehe (20.10), da keine Zeile ein Vielfaches der anderen ist: Unter den Pivots $a_{11}, \ldots, a_{rr}$ stehen Nullen unterhalb und oberhalb in den folgenden Zeilen. Die Matrix A muss aber auch genau r linear unabhängige Zeilenvektoren besitzen: Hätte sie mehr linear unabhängige Zeilenvektoren als r, dann könnte diese auf eine Matrix mit mehr als $n - r$ Nullzeilen transformiert werden und wäre somit nicht kompatibel mit der reduzierten Zeilenform. Somit kann der Rang einer Matrix auch als maximale Anzahl linear unabhängiger Zeilenvektoren der **Ursprungsmatrix** definiert werden.

Die Matrix $A = \begin{pmatrix} 1 & 1 & 2 \\ 2 & 2 & 5 \\ 3 & 3 & 2 \end{pmatrix}$ kann durch elementare Zeilenoperationen umgeformt werden zu:

$$\begin{pmatrix} 1 & 1 & 2 \\ 2 & 2 & 5 \\ 3 & 3 & 2 \end{pmatrix} \to \begin{pmatrix} 1 & 1 & 0 \\ 0 & 0 & 1 \\ 0 & 0 & 0 \end{pmatrix}.$$

Aus der reduzierten Zeilenstufenform von A folgt, dass Rang $A = 2$ und $N(A) = 1$.

Theorem 20.3.4 *Sei A eine $m \times n$-Matrix. Dann gilt:*

1. $0 \leq$ Rang $A \leq \min\{m, n\}$.

2. Rang A + N(A) = n.

Beweis Per Definition kann es nicht mehr führende Einträge als Zeilen geben in einer reduzierten Matrix. Daher gilt Rang $A \leq m$. Außerdem ist jeder führende Eintrag einer Matrix in reduzierter Zeilenstufenform das einzige Nicht-Null-Element in seiner Spalte. Daher kann es nicht mehr führende Einträge als Spalten n geben. Da Rang A kleiner oder gleich sowohl m als auch n ist, ist sie kleiner oder gleich ihrem Minimum. Die Anzahl der Pivot-Spalten ist gleich Rang A und die Anzahl der Nicht-Pivotspalten ist N(A). Die Summe dieser Zahlen ist n. □

20.3.6 Inverse einer Matrix

Wir definieren zuerst die Inverse und betrachten Eigenschaften der Inversen. Bei der Berechnung der Inversen im zweiten Schritt gibt es mehrere Möglichkeiten. Wir besprechen den Ansatz über die Lösung von linearen Gleichungssystemen mit den elementaren Operationen.

Definition 20.3.2 *Sei A eine quadratische $n \times n$-Matrix. Dann ist eine Inverse von A eine quadratische $n \times n$-Matrix B, sodass $AB = \mathbb{I} = BA$ gilt. Existiert eine solche Matrix B, nennt man A invertierbar und schreibt $B = A^{-1}$.*

Theorem 20.3.5 *Eine nichtquadratische Matrix ist nicht invertierbar.*

Beweis Sei $A \in \mathbb{R}^{m \times n}$ eine Matrix. Eine Matrix A ist invertierbar, wenn es eine Matrix B gibt, sodass:
$$AB = \mathbb{I}_n \quad \text{und} \quad BA = \mathbb{I}_m,$$
wobei $\mathbb{I}_n$ und $\mathbb{I}_m$ die Einheitsmatrizen der Größen $n \times n$ bzw. $m \times m$ sind. Falls A nicht quadratisch ist, gilt $m \neq n$. Für $AB = \mathbb{I}_n$ müsste B die Dimension $n \times m$ haben. Das Produkt AB wäre dann eine Matrix der Dimension $m \times m$. Dies widerspricht der Forderung, dass $AB = \mathbb{I}_n$, da $\mathbb{I}_n$ eine Matrix der Dimension $n \times n$ ist und $m \neq n$. Ebenso kann BA nicht die Einheitsmatrix $\mathbb{I}_m$ sein, da BA die Dimension $n \times n$ hat, während $\mathbb{I}_m$ die Dimension $m \times m$ hat. Somit existiert keine Matrix B, die sowohl $AB = \mathbb{I}_n$ als auch $BA = \mathbb{I}_m$ erfüllt. Damit ist A nicht invertierbar. □

Nicht jede quadratische Matrix besitzt eine Inverse.

Aufgabe 20.3.5 *Zeigen Sie, dass $B = \begin{pmatrix} 1 & 1 \\ 1 & 2 \end{pmatrix}$ eine Inverse für $A = \begin{pmatrix} 2 & -1 \\ -1 & 1 \end{pmatrix}$ ist.*

In der nächsten Aufgabe, sollen Sie die Inversen einer allgemeinen 2×2-Matrix bestimmen.

Aufgabe 20.3.6 *Es seien die Matrizen A und B gegeben:*

$$A = \begin{pmatrix} a & b \\ c & d \end{pmatrix}, \quad B = \begin{pmatrix} x & y \\ w & z \end{pmatrix}$$

mit beliebige Zahlen für die Matrixeinträge der Matrix A. Diejenigen der Matrix B sind zu bestimmen, sodass B die Inverse von A ist. Arbeiten Sie mit der Definition der Inversen und lösen Sie die entstehenden Gleichungssysteme. Die Lösung ist

$$B = A^{-1} = \frac{1}{\det A} \begin{pmatrix} d & -c \\ -b & a \end{pmatrix}$$

mit $\det A = ac - bd$. *Wenn die Determinante ungleich null ist, existiert diese Inverse und die Lösung des Gleichungssystems* $Aw = b$ *ist* $w = A^{-1}b$. *Verifizieren Sie diese Eigenschaft.*

Die letzte Aufgabe zeigt, dass die Berechnung der allgemeinen Inversen aus der Definition kompliziert ist. Die 2×2-Inversenberechnungsmethode kann nicht effizient für beliebig große Matrizen benutzt werden. Wir brauchen einen anderen Ansatz für die Berechnung einer Inversen. Die Rechnung zeigt, dass für die Determinante gleich null die Inverse nicht existiert. Dies ist gleichbedeutend damit, dass die Spalten von A linear abhängig sind, da aus der linearen Abhängigkeit der Matrix A folgt, dass $a = \lambda c$, $b = \lambda d$, mit λ einer Zahl. Eliminieren von λ impliziert $\det A = 0$. Die gleiche Schlussfolgerung folgt, wenn man die Zeilenvektoren betrachtet. Dies kann allgemein für $n \times m$-Matrizen bewiesen werden:

Theorem 20.3.6 *Die Anzahl der linear unabhängigen Spalten einer $n \times m$-Matrix ist gleich der Anzahl der linear unabhängigen Zeilen.*

Sind die Zeilen einer $n \times n$-Matrix linear abhängig, dann ist die Determinante der Matrix null und die Inverse existiert nicht.

Wir verzichten auf den Beweis. Jetzt fassen wir die Rechenregeln für die Inverse zusammen.

Theorem 20.3.7 *(Rechenregeln Inversen) Seien A, B und C Matrizen geeigneter Größe, sodass die folgenden Multiplikationen definiert sind und sei $c \in \mathbb{R}$. Dann gilt:*

1. *Ist die Matrix A invertierbar, dann hat sie genau eine Inverse A^{-1}.*
2. *Wenn A invertierbar ist, dann ist $\left(A^{-1}\right)^{-1} = A$.*
3. *Sind zwei der drei Matrizen A, B und AB invertierbar, dann ist auch die dritte Matrix invertierbar, und es gilt $(AB)^{-1} = B^{-1}A^{-1}$.*
4. *Wenn A invertierbar ist und $c \neq 0$, dann ist $(cA)^{-1} = \frac{1}{c}A^{-1}$.*
5. *Ist A invertierbar, dann ist $(A')^{-1} = (A^{-1})'$.*
6. *Sei A invertierbar. Wenn $AB = AC$ oder $BA = CA$, dann gilt $B = C$.*

20.3 Matrizenarithmetik

7. Wenn A invertierbar ist, dann ist $\text{Rang}(A) = n$ und die reduzierte Zeilenstufenform von A ist $\mathbb{I}_n$, d. h. die $n \times n$-Identitätsmatrix.

Wir beweisen einige der Aussagen.

Beweis Angenommen, B und C sind Inversen der Matrix A. Die Assoziativ- und Identitätsgesetze der Matrizen ergeben

$$B = B\mathbb{I} = B(AC) = (BA)C = \mathbb{I}C = C.$$

Somit ist die Inverse eindeutig.

Aus

$$AA^{-1} = \mathbb{I} = A^{-1}A$$

folgt, dass A eine Inverse von A^{-1} ist. Daher gilt $(A^{-1})^{-1} = A$.

Es seien A und B invertierbar, dann gilt:

$$AB(B^{-1}A^{-1}) = A(BB^{-1})A^{-1} = AIA^{-1} = AA^{-1} = \mathbb{I}$$

und

$$(B^{-1}A^{-1})AB = B^{-1}(A^{-1}A)B = B^{-1}IB = B^{-1}B = \mathbb{I}.$$

Somit ist die Matrix $B^{-1}A^{-1}$ die Inverse der Matrix AB.

Das Gesetz der Transponierung von Produkten impliziert:

$$(A^{-1})'A' = \mathbb{I}' = \mathbb{I} = A'(A^{-1})'.$$

Das zeigt, $(A')^{-1} = (A^{-1})'$.

Wenn A invertierbar ist und $AB = AC$, multiplizieren Sie beide Seiten dieser Gleichung von links mit A^{-1}:

$$A^{-1}(AB) = (A^{-1}A)B = B = A^{-1}(AC) = (A^{-1}A)C = C,$$

was die gewünschte Kürzung ist.

Wenn A eine $n \times n$ invertierbare Matrix mit der Inversen B ist, dann gilt $AB = \mathbb{I}$, also $n = \text{Rang}\,\mathbb{I} \leq \text{Rang}\,A \leq n$. Folglich gilt $\text{Rang}\,A = n$; aber die einzige $n \times n$-Matrix mit voller Rangstufe in reduzierter Zeilenstufenform ist $\mathbb{I}$, also muss dies die reduzierte Zeilenstufenform von A sein. □

Aufgabe 20.3.7 *Stellen Sie die elementaren Zeilenoperationen E_{ij}, $E_i(c)$, $E_{ij}(d)$ als Matrizen dar. Konstruieren Sie zu jeder dieser Matrizen eine Inverse.*

Aus der Übung folgt, dass alle elementaren Zeilenoperationen als Matrizenmultiplikationen dargestellt werden können. Nutzen wir dies. Die Matrix

$$A = \begin{pmatrix} 1 & 2 & 1 \\ 2 & 6 & 1 \\ 1 & 1 & 4 \end{pmatrix}$$

soll auf reduzierte Zeilenstufenform gebracht werden. Wir definieren drei elementare Operationen -- ziehe zweimal die erste von der zweiten Zeile ab, ziehe einmal die erste von dritten Zeile ab und addiere die Hälfte der zweiten Zeile zur dritten Zeile -- als Matrizen:

$$E_1 = \begin{pmatrix} 1 & 0 & 0 \\ -2 & 1 & 0 \\ 0 & 0 & 1 \end{pmatrix}, \quad E_2 = \begin{pmatrix} 1 & 0 & 0 \\ 0 & 1 & 0 \\ -1 & 0 & 1 \end{pmatrix}, \quad E_3 = \begin{pmatrix} 1 & 0 & 0 \\ 0 & 1 & 0 \\ 0 & \frac{1}{2} & 1 \end{pmatrix}.$$

Dann erhalten wir die Zeilenstufenform

$$E_3 E_2 E_1 A = U = \begin{pmatrix} 1 & 2 & 1 \\ 0 & 2 & -1 \\ 0 & 0 & \frac{5}{2} \end{pmatrix}.$$

Das Resultat ist eine obere Dreiecksmatrix U, d. h., unterhalb der Diagonalen stehen nur Nullen. Wie in der Aufgabe gezeigt, existieren die inversen Operationsmatrizen L:

$$L_1 = \begin{pmatrix} 1 & 0 & 0 \\ 2 & 1 & 0 \\ 0 & 0 & 1 \end{pmatrix}, \quad L_2 = \begin{pmatrix} 1 & 0 & 0 \\ 0 & 1 & 0 \\ 1 & 0 & 1 \end{pmatrix}, \quad L_3 = \begin{pmatrix} 1 & 0 & 0 \\ 0 & 1 & 0 \\ 0 & -\frac{1}{2} & 1 \end{pmatrix}.$$

Es gilt für alle i die Inversenbeziehung $L_i E_i = \mathbb{I}$. Das Produkt der inversen Matrizen bildet eine untere Dreiecksmatrix L:

$$L = L_1 L_2 L_3 = \begin{pmatrix} 1 & 0 & 0 \\ 2 & 1 & 0 \\ 1 & -\frac{1}{2} & 1 \end{pmatrix}.$$

Da das Matrixprodukt assoziativ ist, erhalten wir durch Matrizenmultiplikationen:

$$LU = (L_1 L_2 L_3)(E_3 E_2 E_1 A) = (L_1 L_2)(L_3 E_3)(E_2 E_1 A) =) = (L_1 L_2)\mathbb{I}(E_2 E_1 A) = \ldots = A.$$

Wir haben somit die Koeffizientenmatrix A in das Produkt $A = LU$ einer unteren Dreiecksmatrix L und einer oberen Dreiecksmatrix U zerlegt. Diese Zerlegung gilt generell für invertierbare $n \times n$-Matrizen:

Theorem 20.3.8 *Eine quadratische Matrix A ist genau dann invertierbar, wenn sie sich faktorisieren lässt als*

$$A = LU,$$

20.4 Anwendungen Matrixalgebra

wobei alle Diagonaleinträge von L gleich 1 sind und U eine obere Dreiecksmatrix ist, deren Diagonaleinträge den Pivotelementen von A entsprechen. Die von Null verschiedenen außendiagonalen Einträge l_{ij} für $i > j$ in L beschreiben die elementaren Zeilenoperationen, die A in eine obere Dreiecksmatrix überführen.

In der Praxis wendet man zur Bestimmung der LU-Zerlegung einer quadratischen Matrix A den üblichen Gauß'schen Eliminationsalgorithmus an, um A in ihre obere Dreiecksgestalt U zu überführen. Die Einträge von L können während der Berechnung mit den negativen Vielfachen der in den elementaren Zeilenoperationen verwendeten Faktoren gefüllt werden.

Aufgabe 20.3.8 *Berechnen Sie die LU-Faktorisierung der Matrix*

$$A = \begin{pmatrix} 2 & 1 & 1 \\ 4 & 5 & 2 \\ 2 & -2 & 0 \end{pmatrix}.$$

Aufgabe 20.3.9 *Die Matrix einer zweidimensionalen Drehung um einen Winkel α im Gegenuhrzeigersinn ist gegeben durch:*

$$A(\alpha) = \begin{pmatrix} \cos\alpha & -\sin\alpha \\ \sin\alpha & \cos\alpha \end{pmatrix}.$$

Sei $e_1 = (1, 0)$ der Einheitsvektor. Welchen Vektor erhalten Sie mit einer Drehung um $90°$: $A(\pi/2)e_1'$? Welche Matrix ergibt $A(\pi/2)^4$? Die Inverse einer Rotationsmatrix ist gleich:

$$A^{-1}(\alpha) = \begin{pmatrix} \cos\alpha & \sin\alpha \\ -\sin\alpha & \cos\alpha \end{pmatrix}.$$

Leiten Sie dies her, indem Sie für die Inverse einer Rotation um α eine Rotation um $-\alpha$ betrachten und indem Sie Grundeigenschaften der trigonometrischen Funktionen benutzen. Sei $A(\beta)$ eine Rotation um einen Winkel β. Berechnen Sie $A(\alpha)A(\beta)$ und welche trigonometrischen Folgerungen ziehen Sie aus der Berechnung. Zeigen Sie, dass zwei Drehungen kommutieren.

20.4 Anwendungen Matrixalgebra

20.4.1 Graphen

Betrachten wir den ungerichteten Graphen in Abb. 20.2 mit sechs Knoten und neun Kanten. Die Adjazenzmatrix des Graphen ist:

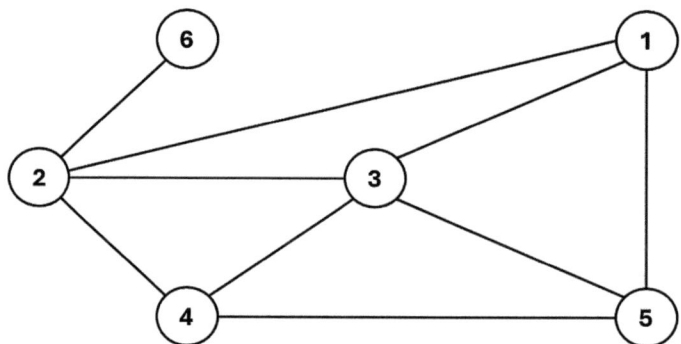

Abb. 20.2 Ungerichteter Graph mit sechs Knoten und neun Kanten

$$A = \begin{pmatrix} 0 & 1 & 1 & 0 & 1 & 0 \\ 1 & 0 & 1 & 1 & 0 & 1 \\ 1 & 1 & 0 & 1 & 1 & 0 \\ 0 & 1 & 1 & 0 & 1 & 0 \\ 1 & 0 & 1 & 1 & 0 & 0 \\ 0 & 1 & 0 & 0 & 0 & 0 \end{pmatrix}$$

Da es keine Schleifen gibt, stehen in der Diagonalen Nullen. Die Matrix ist symmetrisch $A' = A$. Dies zeigt, dass der Graph ungerichtet ist. Wir multiplizieren jetzt die Matrix mit sich selber, A^2, und erhalten:

$$A^2 = \begin{pmatrix} 3 & 1 & 2 & 3 & 1 & 1 \\ 1 & 4 & 2 & 1 & 3 & 0 \\ 2 & 2 & 4 & 2 & 2 & 1 \\ 3 & 1 & 2 & 3 & 1 & 1 \\ 1 & 3 & 2 & 1 & 3 & 0 \\ 1 & 0 & 1 & 1 & 0 & 1 \end{pmatrix}$$

Wiederum ist A^2 symmetrisch. Das Resultat trägt wichtige Informationen über den Graphen:

Theorem 20.4.1 *Die Diagonalelemente a_{jj}^2 sind gleich dem Grad des Knotens j, und a_{ij}^2 ist die Anzahl der Wege mit 2 Kanten zwischen dem Knoten v_i und dem Knoten v_j im Graphen.*

Der Knoten v_1 hat drei Kantenverbindungen und somit Grad 3. Dies ist gleich $a_{11}^2 = 3$. $a_{14}^2 = 3$ bedeutet, dass es drei zweikantige Verbindungen zwischen v_1 und v_4 gibt: je eine über die Kanten v_2, v_3, v_5. Wir beweisen unten den Satz für allgemeine Potenzen. Das Element a_{jj}^2 ist definiert durch:

$$a_{jj}^2 = \sum_k a_{jk} a_{kj} = \sum_k a_{jk}^2$$

20.4 Anwendungen Matrixalgebra

d. h. die Multiplikation der j-ten Zeile mit der j Spalte von A. Da A symmetrisch ist, gilt $a_{jk} = a_{kj}$. Das Produkt $a_{jk}a_{kj}$ ist 1, wenn es eine Kante zwischen den Knoten j und k gibt, und 0 andernfalls. Daher summiert a_{jj}^2 über alle Knoten k, die mit j verbunden sind, und gibt somit die Anzahl der Kanten, die vom Knoten j ausgehen.

Aufgabe 20.4.1 *Berechnen Sie A^2 von Hand und in Python auf zwei verschiedene Weisen, wobei Sie einmal das numpy.linalg-Modul verwenden und einmal die Matrixmultiplikation ohne dieses Modul definieren.*

Der Satz verallgemeinert sich auf höhere Potenzen der Adjazenzmatrix:

Theorem 20.4.2 *Sei A die Adjazenzmatrix eines ungerichteten Graphen und A^n die n-te Potenz dieser Matrix. Dann gilt für die Einträge von A^n:*

1. *Die Diagonalelemente a_{jj}^n geben die Anzahl der Wege der Länge n zurück, die vom Knoten v_j zum Knoten v_j führen, also die Anzahl der geschlossenen Wege (Kreise), die bei v_j starten und nach n Schritten zu v_j zurückkehren.*
2. *Die Elemente a_{ij}^n, für $i \neq j$, geben die Anzahl der verschiedenen Wege der Länge n von Knoten v_i zu Knoten v_j an.*

Beweis Wir beweisen die Aussage durch Induktion über n. Der Induktionsanfang für $n = 1$ folgt aus der Definition der Adjazenzmatrix. Wir gehen davon aus, dass die Annahme für n richtig ist und machen den Schritt auf $n + 1$. Wir gehen von i zu einem beliebigen Knoten k in einem Schritt und dann in n Schritten von k zum Endknoten j. Somit gilt:

$$\begin{aligned}\text{Anzahl Wege von } i \text{ nach } j \text{ mit Länge } n+1 \\ = \sum_{\text{Knoten } k} A_{(i,k)} \cdot (A^n)_{(k,j)} \\ = A \cdot (A^n)_{(i,j)} \\ = (A^{n+1})_{(i,j)}.\end{aligned}$$
□

Diese Theoreme haben viele Anwendungen in der Informatik. Stellen wir uns ein einfaches soziales Netzwerk mit vier Benutzern vor, die als Knoten in einem Graphen dargestellt sind. Eine Verbindung 1 zwischen zwei Benutzern zeigt an, dass diese direkt miteinander verbunden sind. Sei die Adjazenzmatrix A für das soziale Netzwerk gegeben durch:

$$A = \begin{pmatrix} 0 & 1 & 1 & 0 \\ 1 & 0 & 1 & 1 \\ 1 & 1 & 0 & 0 \\ 0 & 1 & 0 & 0 \end{pmatrix}$$

Um die Anzahl der indirekten Verbindungen (über genau einen Zwischenschritt, also Wege der Länge 2) zwischen Benutzern zu berechnen, quadrieren wir die Adjazenzmatrix A:

$$A^2 = \begin{pmatrix} 2 & 1 & 1 & 1 \\ 1 & 3 & 2 & 0 \\ 1 & 2 & 2 & 1 \\ 1 & 0 & 1 & 0 \end{pmatrix}$$

Zum Beispiel bedeutet der Eintrag $a_{1,4}^2 = 1$, dass es genau einen indirekten Freundschaftspfad von Benutzer 1 zu Benutzer 4 gibt. Der Eintrag $a_{2,3}^2 = 2$ bedeutet, dass es zwei verschiedene indirekte Freundschaftspfade zwischen Benutzer 2 und Benutzer 3 gibt. Ein System würde Benutzer 1 und Benutzer 4, welche nur indirekt über Benutzer 2 verbunden sind, vorschlagen, sich zu verbinden.

20.4.2 Berechnung Fibonacci-Zahlen

Seien f_n die Fibonacci-Zahlen definiert durch die Rekursion $f_n = f_{n-1} + f_{n-2}$ mit den Anfangswerten $f_0 = 0$ und $f_1 = 1$. Wir wissen, dass eine direkte Berechnung der Fibonacci-Zahlen mit der Lösungsformel (16.7) dieser Rekursionsformel eine **exponentielle** Laufzeit hat: $f_n \in O(\phi^n)$, wobei $\phi > 1$ der Goldene Schnitt ist. Eine effiziente Alternative zur Berechnung der Fibonacci-Zahlen bietet die Darstellung der Fibonacci-Zahlen durch Matrizen.

Theorem 20.4.3 *Für $n \geq 1$ können die Fibonacci-Zahlen mithilfe einer Matrixpotenzierung berechnet werden:*

$$\begin{pmatrix} f_{n+1} & f_n \\ f_n & f_{n-1} \end{pmatrix} = \begin{pmatrix} 1 & 1 \\ 1 & 0 \end{pmatrix}^n. \tag{20.13}$$

Durch Multiplikation dieser Matrix mit sich selbst n-mal erhalten wir die Fibonacci-Zahlen in den Einträgen der resultierenden Matrix. Wir betrachten die Komplexität der Matrixmultiplikation. Für zwei $n \times n$-Matrizen A und B berechnen wir das Element c_{ij} des Produkts $C = A \cdot B$ als

$$c_{ij} = \sum_{k=1}^{n} a_{ik} b_{kj} \quad \forall i, j = 1, \ldots, n.$$

Da es n Multiplikationen und Summationen für jedes Element c_{ij} gibt und C insgesamt n^2 Elemente enthält, ist die Zeitkomplexität einer Matrixmultiplikation von $O(n^3)$, deutlich besser als exponentiell.

Die Berechnung der Fibonacci-Zahlen mithilfe der Matrizenpotenzierung wird durch die Anzahl der erforderlichen Potenzierungen bestimmt. Die Berechnung der n-ten Potenz einer

Matrix lässt sich effizient mittels des Teile-und-Herrsche-Ansatzes beschleunigen. Die Idee ist, die Potenz in Teilschritte zu zerlegen:

1. falls n gerade ist, gilt: $M^n = (M^{n/2})^2$.
2. Falls n ungerade ist, gilt: $M^n = M \cdot M^{n-1} = M \cdot (M^{(n-1)/2})^2$.

Durch diesen Ansatz halbiert sich die Anzahl der benötigten Multiplikationen in jedem Schritt. Statt die Matrix n-mal zu multiplizieren, reduzieren wir die Anzahl der Schritte auf $O(\log n)$. Insgesamt ergibt sich so eine Zeitkomplexität von $O(\log n)$ für die Berechnung der n-ten Fibonacci-Zahl. Wenn der Exponent n gerade ist, gilt $M^n = M^{2k} = (M^k)^2$, d.h., wir berechnen die Matrix nur bis zur Potenz k und quadrieren dann. Daher sind die Anzahl der Schritte und die Anzahl der benötigten Multiplikationen proportional zur Anzahl der Halbierungen von n, welche sich logarithmisch in n verhalten.

Aufgabe 20.4.2 *Beweisen Sie das Theorem zu den Fibonacci-Zahlen mit vollständiger Induktion. Dies ist eine einfache Rechnung.*

20.4.3 Laufzeitenanalyse Matrixmultiplikation

Seien $A = (a_{ik})$ und $B = (b_{jk})$ quadratische $n \times n$-Matrizen und C das Matrixprodukt mit den Elementen:

$$c_{ij} = \sum_{k=1}^{n} a_{ik} \cdot b_{kj}.$$

Die Berechnung der Matrix C erfordert die Berechnung von n^2 Matrixeinträgen, von denen jeder die Summe aus n paarweisen Produkten von Eingabeelementen aus A und B ist. Die Diskussion folgt der Darstellung von Corman et al. (2017). Der folgende Multiplikationsalgorithmus implementiert dies auf einfache Weise und verallgemeinert das Problem geringfügig. Er nimmt drei $n \times n$-Matrizen A, B und C als Eingabe und addiert das Matrixprodukt $A \cdot B$ zu C und speichert das Ergebnis in C. Daher berechnet er $C = C + A \cdot B$ anstatt nur $C = A \cdot B$. Der Grund $C = C + A \cdot B$ zu berechnen ist der folgende Strassen-Algorithmus. Die zusätzliche Initiierung von C benötigt zusätzliche $O(n^2)$ Zeit, welche von der Asymptotik der Matrixmultiplikation dominiert werden und somit asymptotisch keine Rolle spielen. Der Pseudocode lautet:

```
1 for i = 1 to n      // Einträge jeder Zeile i berechnen
2     for j = 1 to n    // n Einträge in Zeile i berechnen
3         for k = 1 to n
4             c_{ij} = c_{ij} + a_{ik} * b_{kj}
```

Die Schleife von 1 bis 4 berechnet die Einträge jeder Zeile i und innerhalb einer gegebenen Zeile i berechnet die Schleife in Zeilen 2 bis 4 jeden der Einträge c_{ij} für jede Spalte j. Dies sind dreifach verschachtelte Schleifen, welche genau n-mal ausgeführt werden. Jede Ausführung von Zeile 4 besitzt konstante Zeit und somit ist die Laufzeit $O(n^3)$ – genauso wie im Fibonacci-Beispiel.

Jetzt berechnen wir das Matrixprodukt $A \cdot B$ mit Teile und Herrsche. Für $n > 1$ teilen wir die $n \times n$-Matrizen in vier $\frac{n}{2} \times \frac{n}{2}$-Untermatrizen. n sei eine Zweierpotenz, sodass wir ganzen Zahlen für die Matrixdimensionen erhalten. Dadurch zerlegen wir die Matrizen in vier Matrixblöcke:

$$A = \begin{pmatrix} A_{11} & A_{12} \\ A_{21} & A_{22} \end{pmatrix}, \quad B = \begin{pmatrix} B_{11} & B_{12} \\ B_{21} & B_{22} \end{pmatrix}, \quad C = \begin{pmatrix} C_{11} & C_{12} \\ C_{21} & C_{22} \end{pmatrix}.$$

Multiplikation der Matrizen:

$$\begin{pmatrix} C_{11} & C_{12} \\ C_{21} & C_{22} \end{pmatrix} = \begin{pmatrix} A_{11} \cdot B_{11} + A_{12} \cdot B_{21} & A_{11} \cdot B_{12} + A_{12} \cdot B_{22} \\ A_{21} \cdot B_{11} + A_{22} \cdot B_{21} & A_{21} \cdot B_{12} + A_{22} \cdot B_{22} \end{pmatrix}.$$

Aus diesem Resultat können wir die vier Gleichungen für die einzelnen C-Blöcke ablesen:

$$C_{11} = A_{11} \cdot B_{11} + A_{12} \cdot B_{21} \tag{20.14}$$
$$C_{12} = A_{11} \cdot B_{12} + A_{12} \cdot B_{22}$$
$$C_{21} = A_{21} \cdot B_{11} + A_{22} \cdot B_{21}$$
$$C_{22} = A_{21} \cdot B_{12} + A_{22} \cdot B_{22}.$$

Diese Gleichungen beinhalten acht $n/2 \times n/2$-Multiplikationen und vier $n/2 \times n/2$-Additionen. Wir können diesen Schritt mit einer Teile-und-Herrsche-Strategie wie folgt umsetzen, wobei wir $C = C + A \cdot B$ berechnen:

20.4 Anwendungen Matrixalgebra

```
RecMult(A, B, C, n)
1  if n == 1
2    // Basisfall
3    c_{11} = c_{11} + a_{11} \cdot b_{11}
4    return
5  // Teile
6  teile A, B und C in n/2 \times n/2 Untermatrizen
     A_{11}, A_{12}, A_{21}, A_{22}; B_{11}, B_{12}, B_{21}, B_{22};
     und C_{11}, C_{12}, C_{21}, C_{22}
7  // Herrsche
8  RecMult(A_{11}, B_{11}, C_{11}, n/2)
9  RecMult(A_{11}, B_{12}, C_{12}, n/2)
10 ...
15 RecMult(A_{22}, B_{22}, C_{22}, n/2)
```

Wir leiten für den Pseudocode eine Rekursionsgleichung her, mit $T(n)$ der Worst-Case-Zeit, um zwei $n \times n$-Matrizen mit dieser Prozedur zu multiplizieren. Der Basisfall ist $T(1) = O(1)$, da nur eine skalare Multiplikation und eine skalare Addition durchgeführt werden müssen, welche beide genau in konstanter Zeit $O(1)$ ablaufen. Wir nehmen an, dass das Teilen der Matrizen in ihre Blöcke ebenfalls in $O(1)$ abläuft. Die Multiplikationen in Zeilen 8 bis 15 rufen 8-mal die Funktion RecMult auf. Da jeder Aufruf zwei $n/2 \times n/2$-Matrizen multipliziert und somit $T(n/2)$ zur gesamten Laufzeit beiträgt, beträgt die Zeit für alle acht rekursiven Aufrufe $8T(n/2)$. Da C an Ort und Stelle aktualisiert wird, gibt es keinen Merge-Schritt. Die gesamte Zeit für den rekursiven Fall ist somit die Summe aus der Partitionierungszeit und der Zeit für alle rekursiven Aufrufe:

$$T(n) = 8T(n/2) + O(1),$$

wobei die Laufzeit für den Base Case weggelassen werden kann, da wir uns für $n > 1$ interessieren. Mit dem Master-Theorem folgt: $T(n) = \Theta(n^3)$, d.h. die gleiche asymptotische Laufzeit wie die einfache, erste Prozedur. Im Vergleich zu Mergesort mit Laufzeit $\Theta(n \log n)$, welches zusätzlich einen Merge in $O(n)$ beinhaltet, ist die schlechte Laufzeit für die Matrixmultiplikation erstaunlich. Der Unterschied liegt in $8T(n/2)$ versus $2T(n/2)$ bei Mergesort. In der Baumdarstellung hat der Knoten bei der Matrixmultiplikation auf jedem Level 8 Kinder. Der Baum besitzt nach k Schritten $8^k = (2^k)^3$ Endknoten. Für $k = 10$ hat der Binärbaum in Mergesort 1024 Blätter; der Baum in der Matrixmultiplikation mehr als 1 Mrd.

Strassen hat 1969 einen Algorithmus entwickelt, welcher nach der gleichen Methode des Teile und Herrsche funktioniert, aber weniger Blätter erzeugt und somit eine Laufzeit kleiner als $\Theta(n^3)$ besitzt. Sein Resultat ist

$$\Theta(n^{\log 7}) \sim \Theta(n^{2.8073\ldots}).$$

Der Unterschied zum Exponenten 3 scheint klein. Wenn aber eine Matrix mit $n = 10^6$ Zeilen multipliziert wird, so benötigt der Strassen-Algorithmus 93 % weniger Operationen als die vorangehenden Algorithmen. Der Algorithmus von Strassen führt anstelle von acht rekursiven Multiplikationen nur sieben aus. Dies war die geniale Einsicht von Strassen. Strassen eliminierte eine Matrixmultiplikation, indem er diese durch Additionen und Subtraktionen der Blockmatrizen ersetzte, welche alle in konstanter Zeit möglich sind. Um die Idee von Strassen zu beschreiben, betrachten wir zwei Zahlen x und y. Um $x^2 - y^2$ zu berechnen, benötigt man zwei Multiplikationen und eine Subtraktion. Schreibt man aber $x^2 - y^2 = (x+y)(x-y)$, so sind nur eine Multiplikation und zwei Additionen/Subtraktionen notwendig. Wenn x, y Matrizen sind, dann sind die Kosten der zusätzlichen Multiplikation deutlich höher als die der zusätzlichen Subtraktion. Strassens Algorithmus verwendet wiederum Teile und Herrsche um $C = C + A \cdot B$. Der Algorithmus berechnet wiederum die vier Untermatrizen C_{11}, C_{12}, C_{21} und C_{22} von C wie in (20.14). Wir analysieren die Kosten von $T(n)$:

1. Der Base Case $n = 1$ ist unverändert $\Theta(1)$ und die Partition der Matrizen A, B, C in Blockmatrizen benötigt ebenfalls $\Theta(1)$.
2. Berechne sieben $\frac{n}{2} \times \frac{n}{2}$-Matrizen $M_1, M_2, \ldots, M_7$ als Produkte von den S, A, B Matrizen. Alle 7 Matrizen können in $\Theta(n^2)$-Zeit erzeugt werden. Im Detail gilt:

$$\begin{aligned} M_1 &= (A_{11} + A_{22}) \times (B_{11} + B_{22}) \\ M_2 &= (A_{21} + A_{22}) \times B_{11}; \\ M_3 &== A_{11} \times (B_{12} - B_{22}) \\ M_4 &== A_{22} \times (B_{21} - B_{11}) \\ M_5 &== (A_{11} + A_{12}) \times B_{22} \\ M_6 &== (A_{21} - A_{11}) \times (B_{11} + B_{12}) \\ M_7 &== (A_{12} - A_{22}) \times (B_{21} + B_{22}). \end{aligned}$$

Die C-Matrix kann wie folgt geschrieben werden:

$$\begin{pmatrix} C_{11} & C_{12} \\ C_{21} & C_{22} \end{pmatrix} = \begin{pmatrix} M_1 + M_4 - M_5 + M_7 & M_3 + M_5 \\ M_2 + M_4 & M_1 - M_2 + M_3 + M_6 \end{pmatrix}.$$

3. Verwende die Untermatrizen aus Schritt 1, um rekursiv jedes der sieben Matrixprodukte M_i zu berechnen. Dies benötigt $7T\left(\frac{n}{2}\right)$-Zeit.
4. Aktualisiere die vier Untermatrizen C_{11}, C_{12}, C_{21} und C_{22} der Ergebnismatrix C, indem d verschiedene P_i-Matrizen addiert oder subtrahiert werden, was $\Theta(n^2)$-Zeit möglich ist.

20.4 Anwendungen Matrixalgebra

Die Rekursionsgleichung lautet:

$$T(n) = 7T\left(\frac{n}{2}\right) + \Theta(n^2),$$

wobei der letzte Term für die Schritte 1, 2 und 4 steht. Mit dem Master-Theorem folgt:

$$T(n) = (n^{\log 7}).$$

20.4.4 Laufzeitenanalyse Gauß-Jordan-Elimination

Wie viel Arbeit erfordert es, ein lineares Gleichungssystem zu lösen, und wie wächst der Arbeitsaufwand mit der Dimension des Systems? Eine Arbeitseinheit ist ein *Flop* (Floating-Point Operation). Jede Grundrechenoperationen koste einen Flop. Der Aufwand ein Vielfaches einer Zeile zu einer anderen Zeile hinzuzufügen, wenn die Zeilen n Elemente enthalten, beträgt $2n$. Einen Eintrag b durch $b + \lambda a$ zu ersetzen beträgt zwei Flops. Da es n Einträge zu berechnen gibt, ist der gesamte Aufwand $2n$ Flops.

Wir nehmen ein quadratisches $n \times n$-Gleichungssystem an mit Rang n der Matrix A und wir berücksichtigen keine Zeilenvertauschungen, da sie keine Flops erfordern. Nun betrachten wir den Aufwand, die Einträge unter dem ersten Pivot zu eliminieren. Die erweiterte Matrix sieht etwa so aus, wobei ein $\star$ einen Eintrag bezeichnet, der eventuell nicht null ist, und ein **x** ein Pivot-Element ist:

$$\begin{pmatrix} \mathbf{x} & \star & \cdots & \star \\ \star & \star & \cdots & \star \\ \vdots & \vdots & \ddots & \vdots \\ \star & \star & \cdots & \star \end{pmatrix} \xrightarrow{n-1 \text{ elementare Operationen}} \begin{pmatrix} \mathbf{x} & \star & \cdots & \star \\ 0 & \mathbf{x} & \cdots & \star \\ \vdots & \vdots & \ddots & \vdots \\ 0 & \star & \cdots & \star \end{pmatrix}.$$

Jede elementare Operation beinhaltet das Addieren eines Vielfachen der ersten Zeile zu den folgenden $n-1$ Zeilen. Nach dem obigen Beispiel kostet jede dieser Operationen $2(n-1)$ Flops. Mit dem Flop für die Berechnung des Multiplikators folgt $2n - 1$. Der gesamte Aufwand zur Eliminierung der ersten Spalte beträgt somit $(n-1)(2n-1)$ Flops. Jetzt wiederholt sich dies für den unteren Block mit reduzierten Zeilen- und Spaltendimensionen. Der Aufwand für die nächste Phase beträgt $(n-2)(2(n-1)+1)$ Flops. Führen wir dieses Verfahren fort, erhalten wir folgende Summe für die Anzahl der Flops (welches mit vollständiger Induktion bewiesen werden kann):

$$\sum_{j=2}^{n}(j-1)(2j-1) = \sum_{j=1}^{n}(j-1)(2j-1) = \sum_{j=1}^{n}(2j^2 - 3j + 1) = 2\frac{n^3}{3} - \frac{n^2}{2} - \frac{n}{6} \sim 2\frac{n^3}{3} \in O(n^3).$$

Somit ist der Arbeitsaufwand der Gauß-Jordan-Elimination einer Matrix $n \times n$ durch $O(n^3)$ gegeben.

20.5 Lineare Algebra

Neben den Matrizen bilden die Struktur des Vektorraumes und der linearen Abbildungen auf Vektorräumen das Herzstück der linearen Algebra. Wir führen in diese Themen ein und stellen den Zusammenhang zu den Matrizen her.

20.5.1 Vektorraum

Aus der Schule sind Sie vertraut mit dem Konzept eines Vektors. Diese sind die Elemente von Vektorräumen. Wir beschränken uns auf reellwertige Vektorräume und schreiben Vektorraum und nicht „reellwertiger Vektorraum". Vektoren kann man addieren und skalar multiplizieren. Die folgende Definition macht dies präzis fest.

Definition 20.5.1 *(Vektorraum) Es sei V eine Menge mit einem Element $0 \in V$ und zwei Abbildungen*

$$+ : V \times V \to V, (u, v) \to u + v, \cdot : \mathbb{R} \times V \to V, (s, v) \to s \cdot v.$$

V ist ein Vektorraum, wenn für $r, s \in \mathbb{R}, u, v, w \in V$ gelten:

1. $u + v = v + u, (u + v) + w = u + (v + w)$,
2. $v + 0 = v$,
3. *Zu jedem v gibt es ein $z = -v$ mit $v + z = 0$,*
4. $1u = u$,
5. $r(su) = (rs)u, r(u + v) = ru + rv, (r + s)u = ru + su$.

Die Elemente in einem Vektorraum heißen Vektoren und die Zahlen r, s Skalare.

Die Verknüpfung $+$ ist die Vektoraddition und $\cdot$ die Skalarmultiplikation. V ist eine additive Gruppe unter der Addition mit dem Nullvektor 0 als neutrale, Element und dem inversen Element $-v$ zu v.

Die Menge $\mathbb{R}^n$ mit den Vektoren $x = (x_1, \ldots, x_n)$ und der komponentenweisen Addition von Vektoren und $s(x_1, \ldots, x_n) = (sx_1, \ldots, sx_n)$ ist ein Vektorraum. Wir stellen uns als Standardvektorräume in der Theorie oft $\mathbb{R}^2$ oder $\mathbb{R}^3$ vor. Die Elemente kann man als Zeilen- oder Spaltenvektoren schreiben. Die Menge $M(m, n)$ der $m \times n$-Matrizen ist ebenfalls ein Vektorraum mit der Matrixaddition und der skalaren Multiplikation von Matrizen. Das Einselement ist die Einheitsmatrix und die Inverse von A ist $-A$.

Beim Lösen von Gleichungssystemen spiele Untervektorräume von Vektorräumen ein wichtige Rolle. Untervektorräume sind selbst Vektorräume:

20.5 Lineare Algebra

Definition 20.5.2 *Es ist V ein Vektorraum. Eine Teilmenge $U \subseteq V$ heißt Untervektorraum, wenn*
$$0 \in U, \ \forall u, v \in U, s \in \mathbb{R} \Longrightarrow u + v \in U, \ su \in U.$$

Die Gerade, welche $y = 1$ schneidet und parallel zur x-Achse ist, ist kein Untervektorraum, da 0 nicht Element der Geraden ist. Geraden und Ebenen sind Untervektorräume von $\mathbb{R}^3$, genau dann, wenn 0 Element dieser Mengen ist. Wenden wir dies auf homogene lineare Gleichungssysteme an:
$$Ax = 0, \ A \in M(m.n), x \in \mathbb{R}^n. \tag{20.15}$$

Theorem 20.5.1 *Die Menge der Lösungen von (20.15) bilden einen Untervektorraum von $\mathbb{R}^n$. Ein homogenes, lineares Gleichungssystem hat genau eine oder unendlich viele Lösungen.*

Somit kann man zwei homogene Lösungen addieren oder eine homogene Lösung skalar multiplizieren und bleibt innerhalb der Lösungsmenge des homogenen Gleichungssystems.

Beweis Der Nullvektor ist eine Lösung jeder einzelnen homogenen Gleichung. Sind x, y zwei Lösungen des homogenen Systems, $Ax = 0, Ay = 0$, dann gilt dies auch für deren Summe aufgrund der Linearität der Matrixaddition $A(x+y) = Ax + Ay = 0$ und analog für die skalare Multiplikation. Wenn wir die reduzierte Zeilenform eines homogenen, linearen Gleichungssystems durchführen, dann gibt es keine Zeilen von der Form
$$0x_1 + 0x_2 \ldots + 0x_n + b_i,$$
da alle b gleich null sind. Somit ist der Fall ausgeschlossen, dass keine Lösung existiert. □

Vektorräume können durch Vektoren erzeugt werden. Die drei Vektoren
$$e_1 = \begin{pmatrix} 1 \\ 0 \\ 0 \end{pmatrix}, \ e_2 = \begin{pmatrix} 0 \\ 1 \\ 0 \end{pmatrix}, \ e_3 = \begin{pmatrix} 0 \\ 0 \\ 1 \end{pmatrix}$$
spannen den Raum $\mathbb{R}^3$ auf: Jeder Vektor $v \in \mathbb{R}^3$ kann eindeutig als Linearkombination dieser drei Vektoren geschrieben werden:
$$v = \sum_i a_i e_i.$$

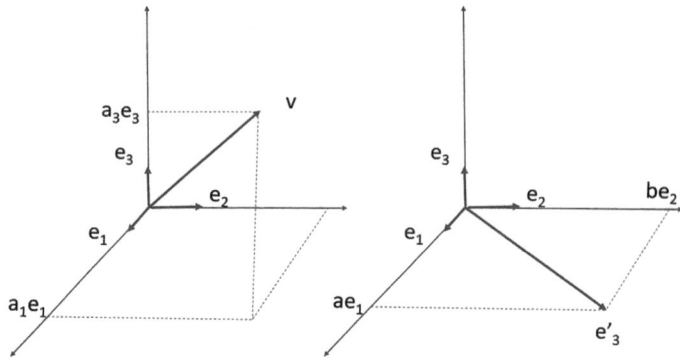

Abb. 20.3 Illustration Basen im $\mathbb{R}^3$

Weiter gilt:

1. Diese drei Vektoren sind notwendig. Lassen wir einen weg, spannen wir nur noch den $\mathbb{R}^2$ auf.
2. Diese drei Vektoren sind hinreichend. Jeder zusätzlich hinzugefügte Vektor ist überflüssig.

Dies liegt an der linearen Unabhängigkeit der drei Vektoren und deren Anzahl. Es gilt

$$\sum_{i=1}^{3} c_i e_i = \begin{pmatrix} c_1 \\ c_2 \\ c_3 \end{pmatrix} = \begin{pmatrix} 0 \\ 0 \\ 0 \end{pmatrix}$$

hat nur die Lösung $c_i = 0$ für alle i, siehe Abb. 20.3. Angenommen, wir ersetzen e_3 durch

$$e_3' = \begin{pmatrix} a \\ b \\ 0 \end{pmatrix},$$

dann erzeugen e_1, e_2, e_3' den Raum $\mathbb{R}^3$ nicht mehr. Die drei Vektoren sind nicht mehr linear unabhängig: e_3' kann als Linearkombination von e_1, e_2 geschrieben werden. Die „dritte Dimension" wird nicht mehr erreicht.

In beschriebenen Sinne bilden die drei Vektoren e_1, e_2, e_3 ein minimales Erzeugendensystem, d. h. eine **Basis**. Wir nennen die Basis von $\mathbb{R}^n$ mit n Vektoren $e_1, \ldots, e_n$, die **Standardbasis** des $\mathbb{R}^n$, wenn für jeden Vektor e_j eine 1 an der Stelle j und sonst Nullen stehen. Wir fassen zusammen:

Theorem 20.5.2 *Sei V ein Vektorraum. Für Vektoren $v_1, v_2, \ldots, v_n \in V$ sind äquivalent:*

1. *Die Vektoren bilden eine Basis.*
2. *Die Vektoren bilden ein minimales Erzeugendensystem, d. h., sobald man einen Vektor weglässt, liegt kein Erzeugendensystem mehr vor.*
3. *Für jeden Vektor $u \in V$ gibt es genau eine Darstellung*

$$u = a_1 v_1 + \cdots + a_n v_n.$$

4. *Die Vektoren sind maximal linear unabhängig, d. h., nimmt man einen Vektor hinzu, ist die Familie der Vektoren nicht mehr linear unabhängig. Die Vektoren $v_1, v_2, \ldots, v_n \in V$ sind nach Definition linear unabhängig, wenn die einzige mögliche Darstellung des Nullvektors*

$$a_1 v_1 + a_2 v_2 + \cdots + a_n v_n = 0$$

mit reellen Zahlen a_j nur für $a_j = 0$ für alle j möglich ist. Sonst sind die Vektoren linear abhängig.

Wenn ein Vektorraum eine Basis (v_i) mit n Vektoren besitzt, dann besteht jede andere Basis w_i ebenfalls aus n Vektoren. Wir können die v_i durch Vektoren w_i teilweise oder ganz austauschen. Dazu benötigen wir den Austauschsatz:

Theorem 20.5.3 *(Austauschsatz) Es sei V ein Vektorraum mit Basis $b_1, \ldots, b_n$. Ferner seien $u_1, \ldots, u_k$ linear unabhängige Vektoren in V mit $k \leq n$. Dann gibt es eine Teilmenge*

$$J = \{i_1, i_2, \ldots, i_k\} \subseteq \{1, \ldots, n\} = I$$

derart, dass $u_1, \ldots, u_k$ zusammen mit den übrigen Basisvektoren b_i für $i \notin J$ eine Basis von V bilden. Insbesondere ist $k \leq n$.

Sie können von den n ursprünglichen Basisvektoren k-Stück durch die neuen, linear unabhängigen Vektoren ersetzen und erhalten dann, indem sie für die fehlenden $n - k$ die alten Vektoren hinzufügen, eine neue Basis von V. Dies ist einer der vielen Sätze der linearen Algebra, in welchem der Formalismus kompliziert ist; die Aussage aber intuitiv klar ist.

Beweis Induktionsbeweis über k. Für $k = 0$ ist nichts zu zeigen. Die Aussage gelte für k. Jetzt zeigen wir dies für $k + 1$. Es seien $k + 1$ linear unabhängige Vektoren $u_1, \ldots, u_k, u_{k+1}$ gegeben. Die Induktionsvoraussetzung angewandt auf $u_1, \ldots, u_k$ ergibt eine eine Teilmenge $J = \{i_1, i_2, \ldots, i_k\} \subseteq \{1, \ldots, n\}$, sodass $u_1, \ldots, u_k, b_i, i \in I \setminus J$, eine Basis ist und somit kann man schreiben:

$$u_{k+1} = \sum_{j=1}^{k} c_j u_j + \sum_{i \in I \setminus J} d_i b_i.$$

Wären alle Koeffizienten $d_i = 0$, entsteht ein Widerspruch zur linearen Unabhängigkeit der $u_j, j = 1, \ldots, k+1$. Es gibt also ein $i \in I \setminus J$ mit $d_i \neq 0$. Setzen wir $i_{k+1} := i$, dann ist

$J' = \{i_1, i_2, \ldots, i_k, i_{k+1}\}$ eine $(k+1)$-elementige Teilmenge von $\{1, \ldots, n\}$. Jetzt tauschen wir $b_{i_{k+1}}$ durch u_{k+1} aus und erhalten eine Basis $u_1, \ldots, u_k, u_{k+1}, b_i, i \in I \setminus J'$. □

Ob zwei Systeme von Vektoren Basen eines gleichen Vektorraumes sind, hängt von der linearen Unabhängigkeit und der gleichen Anzahl der Basisvektoren ab. Somit ist die Anzahl unabhängig von der gewählten Basis. Diese Invariante des Raumes wird **Dimension eines Vektorraumes** genannt.

Definition 20.5.3 *Die Anzahl der Vektoren einer Basis eines Vektorraumes V heißt Dimension $\dim(V)$ des Vektorraumes.*

Da $\mathbb{R}^n$ eine Basis aus n Vektoren besitzt, hat der Raum Dimension n. Es ist klar, dass ein Unterraum eines Vektorraumes nicht größere Dimension als der Vektorraum selber besitzen kann:

Theorem 20.5.4 *Es sei V ein Vektorraum mit Dimension n und $U \subseteq V$ ein Untervektorraum. Dann gilt* $\dim U \leq \dim V$.

Sei V ein Vektorraum und $U_1, \ldots, U_n \subseteq V$ Untervektorräume. Wir definieren die Summe dieser Untervektorräume durch

$$U_1 + \cdots + U_n = \{u_1 + \cdots + u_n \mid u_i \in U_i\}.$$

Jetzt gilt der Dimensionssatz:

Theorem 20.5.5 *Es seien V ein Vektorraum und $U_1, U_2 \subseteq V$ Untervektorräume. Dann gilt:*

$$\dim(U_1) + \dim(U_2) - \dim(U_1 + U_2) = \dim(U_1 \cap U_2). \qquad (20.16)$$

Dieses Satz hat die gleiche Struktur wie der Kardinalitätssatz für die Vereinigung von Mengen: Die Dimension der Summe (Vereinigung) ist gleich der Einzeldimension der Unterräume minus die Dimension des Durchschnittes (sonst wird doppelt gezählt).

Aufgabe 20.5.1 *Beweisen Sie den letzten Satz. Hinweis. Starten Sie von einer Basis des Durchschnittes, ergänzen Sie diese zu Basen der beiden Unterräume und zeigen Sie das Resultat mithilfe der linearen Unabhängigkeit.*

Als direkte Folgerung des Theorems erhalten wir:

Theorem 20.5.6 *Es seien V ein Vektorraum und $U_1, U_2 \subseteq V$ Untervektorräume der Dimensionen $n - k_1, n - k_2$. Dann gilt:*

$$\dim(U_1 \cap U_2) \geq n - k_1 - k_2. \qquad (20.17)$$

Beweis Dies folgt aus:

$$\begin{aligned}
\dim(U_1 \cap U_2) &= \dim(U_1) + \dim(U_2) - \dim(U_1 + U_2) \\
&= n - k_1 + n - k_2 - \dim(U_1 + U_2) \\
&\geq n - k_1 + n - k_2 - n \\
&= n - k_1 - k_2.
\end{aligned}$$

□

20.5.2 Lineare Abbildungen

Neben Basen, linearer Abhängigkeit und Dimensionen der Vektorräume sind wir auch an den linearen Abbildungen zwischen Vektorräumen interessiert.

Definition 20.5.4 *Es seien V, W Vektorräume. Eine Abbildung $f : V \to W$ ist linear, genau dann, wenn:*

$$f(x + y) = f(x) + f(y), \quad f(c \cdot x) = c \cdot f(x)$$

mit $x, y \in V, c \in \mathbb{R}$.

Die Bedeutung dieser Definition für die Mathematik und andere Wissenschaften kann kaum überschätzt werden. Die Linearität macht Probleme einfach und berechenbar. Lineare Abbildungen in der Informatik bieten eine elegante und effiziente Möglichkeit, komplexe Probleme zu modellieren und zu lösen.

Wenn V, W Vektorräume sind, dann ist auch die Menge $L(V, W)$ aller linearen Abbildungen zwischen V und W ein Vektorraum. Somit können zwei lineare Abbildung addiert und skalar multipliziert werden. Wenn wir drei Vektorräume V, W, X und lineare Abbildungen $f : V \to W, g : W \to X$ betrachten, dann können mit $g \circ f$ die linearen Abbildung verknüpft werden (Multiplikation). Diese Multiplikation ist assoziativ, distributiv aber nicht kommutativ.

Um die Eigenschaften von linearen Abbildungen aufzudecken, beginnen wir mit dem Zusammenhang zwischen Basisvektoren und linearen Abbildungen. Da ein Vektor eindeutig durch seine Basisvektoren aufgespannt wird, genügt es bei linearen Abbildungen deren Wirkung auf die Basisvektoren zu betrachten:

Theorem 20.5.7 *Sei $v_1, \ldots, v_n$ eine Basis von V und $w_1, \ldots, w_n$ eine Basis von W. Dann gibt es genau eine lineare Abbildung $f : V \to W$ mit $f(v_i) = w_i$ für alle $1 \leq i \leq n$.*

Mit anderen Worten, wenn Basen v, w in V, W gegeben sind, legen die Daten der Basen die lineare Funktion eindeutig fest.

Beweis Da $v_1, \ldots, v_n$ eine Basis von V ist, kann jeder Vektor $v \in V$ eindeutig als Linearkombination der Basisvektoren geschrieben werden:

$$v = a_1 v_1 + a_2 v_2 + \cdots + a_n v_n,$$

wobei $a_1, \ldots, a_n$ die Koeffizienten bezüglich der Basis $v_1, \ldots, v_n$ sind. Wir definieren nun eine Abbildung $f : V \to W$ durch Festlegung auf den Basisvektoren:

$$f(v_i) = w_i \quad \textit{für alle}\, i = 1, \ldots, n.$$

Da f linear sein soll, gilt:

$$f(v) = f(a_1 v_1 + a_2 v_2 + \cdots + a_n v_n) = a_1 f(v_1) + a_2 f(v_2) + \cdots + a_n f(v_n)$$
$$= a_1 w_1 + a_2 w_2 + \cdots + a_n w_n.$$

Dies zeigt, dass $f(v)$ eindeutig durch die Koeffizienten $a_1, \ldots, a_n$ und die Bilder $w_1, \ldots, w_n$ bestimmt ist. Somit ist f wohldefiniert und linear.

Um die Eindeutigkeit zu zeigen, nehmen wir an, es gäbe eine zweite lineare Abbildung $g : V \to W$ mit $g(v_i) = w_i$ für alle $i = 1, \ldots, n$. Für jeden Vektor $v = a_1 v_1 + a_2 v_2 + \cdots + a_n v_n$ gilt dann:

$$g(v) = a_1 g(v_1) + a_2 g(v_2) + \cdots + a_n g(v_n) = a_1 w_1 + a_2 w_2 + \cdots + a_n w_n.$$

Da $f(v) = g(v)$ für alle $v \in V$ gilt, folgt $f = g$. Damit ist die Eindeutigkeit der Abbildung f gezeigt. □

Wenden wir dies auf den Vektorraum $L(V, W)$ aller linearen Abbildungen von V nach W an. Wir behaupten:

$$\dim L(V, W) = \dim(V) \cdot \dim(W).$$

Um dies zu verstehen, nutzen wir, dass eine lineare Abbildung $f : V \to W$ durch die Bilder einer Basis von V eindeutig bestimmt wird. Sei $\{v_1, v_2, \ldots, v_n\}$ eine Basis von V. Dann gibt es genau $n = \dim(V)$ Basisvektoren in V und für jeden Basisvektor von V kann $f(v_i)$ ein beliebiger Vektor in W sein. Dann gibt es $m = \dim(W)$ Freiheitsgrade für die Wahl jedes Bildes. Die Anzahl der unabhängigen Parameter, die benötigt werden, um f vollständig zu beschreiben, ist daher $n \cdot m$. Daraus folgt, dass $\dim L(V, W) = \dim(V) \cdot \dim(W)$.

Welcher Zusammenhang besteht zwischen linearen Abbildungen und Matrizen? Der Zusammenhang ist denkbar einfach. Jede lineare Abbildung $f : V \to W$, kann eindeutig als Matrix A dargestellt werden, wenn Basen in den Vektorräumen gewählt werden und umgekehrt.

20.5 Lineare Algebra

Um dies zu verifizieren, seien zwei Basen $v \in V$, $w \in W$ und eine lineare Abbildung $f: V \to W$ gegeben. Da f eindeutig bestimmt ist durch die Bilder von $f(v_j)$, gilt:

$$f(v_j) = \sum_{i=1}^{m} a_{ij} w_i, \quad j = 1, 2, \ldots, n.$$

Andererseits gilt für die Darstellung jedes Vektors $v \in V$ $v = \sum_{j=1}^{n} c_j v_j$ und die Darstellung des Bildes $f(v) = \sum_{i=1}^{m} d_i w_i$ in der Basis von W. Dabei sind c bzw. d die die **Koordinaten** in den beiden Basen. Wir erhalten somit:

$$f(v) = f\left(\sum_{j=1}^{n} c_j v_j\right) = \sum_{j=1}^{n} c_j f(v_j) = \sum_{j=1}^{n} c_j \sum_{i=1}^{m} a_{ij} w_i = \sum_{j=1}^{n} \left(\sum_{i=1}^{m} a_{ij} c_j\right) w_i$$

und den folgenden Zusammenhang zwischen den Koordinaten:

$$d_i = \sum_{j=1}^{n} a_{ij} c_j \text{ (Koordinatenform)}, \quad d = Ac \text{ (Matrixform)}. \tag{20.18}$$

Wir fassen zusammen.

Theorem 20.5.8 *Seien (v_j) und (w_i) zwei Basen. Dann wird die die lineare Abbildung $f: V \to W$ vollständig durch die $m \times n$-Matrix*

$$A = (a_{ji})_{i=1,2,\ldots,m, j=1,2,\ldots m}$$

beschrieben. In der k-ten Spalte von A stehen die Koordinaten von $f(v_k)$ bezüglich der Basis (w_i):

$$f(v_j) = \sum_{i=1}^{m} a_{ij} w_i.$$

Als Beispiel sei $V = \mathbb{R}^2$, $W = \mathbb{R}^3$ und die Basen seien die Standardbasen. Gegeben sei die lineare Abbildung $f: \mathbb{R}^2 \to \mathbb{R}^3$:

$$f(x, y) = (2x + y, x - y, 3y).$$

Die Bilder der Basisvektoren von V unter f sind:

$$f(e_1) = f(1, 0) = (2, 1, 0), \quad f(e_2) = f(0, 1) = (1, -1, 3).$$

Diese bilden die Spalten der Matrixdarstellung A:

$$A = \begin{pmatrix} 2 & 1 \\ 1 & -1 \\ 0 & 3 \end{pmatrix}.$$

Sei A eine Matrix der Form:

$$A = \begin{pmatrix} 1 & 2 & 3 \\ 4 & 5 & 6 \end{pmatrix}$$

Nun definieren wir die lineare Abbildung $f : \mathbb{R}^3 \to \mathbb{R}^2$ durch:

$$f(x) = A \cdot \mathbf{x} = \begin{pmatrix} 1 & 2 & 3 \\ 4 & 5 & 6 \end{pmatrix} \cdot \begin{pmatrix} x_1 \\ x_2 \\ x_3 \end{pmatrix}$$

Berechnen wir das Ergebnis der Matrix-Vektor-Multiplikation:

$$f(x) = \begin{pmatrix} 1x_1 + 2x_2 + 3x_3 \\ 4x_1 + 5x_2 + 6x_3 \end{pmatrix} = \begin{pmatrix} x_1 + 2x_2 + 3x_3 \\ 4x_1 + 5x_2 + 6x_3 \end{pmatrix}$$

Aufgabe 20.5.2 *Die lineare Abbildung*

$$f(x, y) = (x + 3y, 2x + 5y, 7x + 9y)$$

ist gegeben. Welche Dimensionen haben die Vektorräume, auf welchen f definiert ist? Zeigen Sie, dass die Matrixdarstellung bezüglich der Standardbasis gegeben ist durch:

$$A = \begin{pmatrix} 1 & 3 \\ 2 & 5 \\ 7 & 9 \end{pmatrix}.$$

Oft kann ein Problem einfacher gelöst werden, wenn man die Basisvektoren neu wählt. Wie verhält sich die lineare Abbildung, wenn Sie von der einen in die andere Basis wechseln?

Theorem 20.5.9 *(Basiswechsel) Seien $v_1, \ldots, v_n$ und $v'_1, \ldots, v'_n$ zwei Basen des Vektorraumes V, mit den zugehörigen Darstellungsmatrizen A und B einer linearen Abbildung $f : V \to W$ bezüglich dieser Basen. Sei T die Transformationsmatrix, die die Basis $\{v'_1, \ldots, v'_n\}$ in die Basis $\{v_1, \ldots, v_n\}$ überführt. Es gilt: $B = TAT^{-1}$, wobei T die Basisvektoren v_j als Linearkombination von v'_k darstellt (Basistransformation):*

$$v_j = \sum_{k=1}^{n} t_{kj} v'_k.$$

20.5 Lineare Algebra

Beweis Einerseits gilt:

$$f(v_j) = \sum_i a_{ij} v_i = \sum_i a_{ij} \sum_k t_{ki} v'_k = \sum_i \sum_k a_{ij} t_{ki} v'_k$$

und andererseits:

$$f(v_j) = f\left(\sum_p t_{pj} v'_p\right) = \sum_p t_{pj} f\left(v'_p\right) = \sum_p \sum_k b_{kp} t_{pj} v'_k.$$

Daraus folgt:

$$\sum_i \sum_k a_{ij} t_{ki} = \sum_p \sum_k b_{kp} t_{pj},$$

oder in Matrixschreibweise $TA = BT$. Multiplikation mit T^{-1} ergibt die Behauptung. □

Die folgenden Basen und die folgende Matrix sind gegeben:

$$v_1 = \begin{pmatrix} 1 \\ 0 \end{pmatrix}, \; v_2 = \begin{pmatrix} 0 \\ 1 \end{pmatrix}, \; v'_1 = \begin{pmatrix} 1 \\ 1 \end{pmatrix}, \; v'_2 = \begin{pmatrix} -1 \\ 1 \end{pmatrix}, \; A = \begin{pmatrix} 2 & 1 \\ 3 & 4 \end{pmatrix}.$$

Wir berechnen zuerst die Transformationsmatrix T. Die Basisvektoren v'_1 und v'_2 lassen sich als Linearkombination der Basisvektoren v_1 und v_2 darstellen:

$$v'_1 = v_1 + v_2, \quad v'_2 = -v_1 + v_2.$$

Daher gilt:

$$T = \begin{pmatrix} 1 & -1 \\ 1 & 1 \end{pmatrix}.$$

Jetzt berechnen wir B mit der Formel $B = TAT^{-1}$. Zuerst berechnen wir das Inverse von T:

$$T^{-1} = \frac{1}{\det(T)} \begin{pmatrix} 1 & 1 \\ -1 & 1 \end{pmatrix}.$$

Der Determinante von T ist:

$$\det(T) = 1 \cdot 1 - (-1) \cdot 1 = 2.$$

Also ist:

$$T^{-1} = \frac{1}{2} \begin{pmatrix} 1 & 1 \\ -1 & 1 \end{pmatrix}.$$

Jetzt berechnen wir B:

$$B = TAT^{-1} = \begin{pmatrix} 1 & -1 \\ 1 & 1 \end{pmatrix} \begin{pmatrix} 2 & 1 \\ 3 & 4 \end{pmatrix} \frac{1}{2} \begin{pmatrix} 1 & 1 \\ -1 & 1 \end{pmatrix} = \begin{pmatrix} 1 & -2 \\ 0 & 5 \end{pmatrix}.$$

Zwei Untervektorräume besitzen bei linearen Abbildungen eine ausgezeichnete Rolle.

Definition 20.5.5 *Es sei $f : V \to W$ eine lineare Abbildung.*

$$\ker f := f^{-1}(0) = \{v \in V \mid f(v) = 0\}$$

heißt Kern von f. Die Menge

$$\text{im}(S) = \{f(v) \mid v \in S \subseteq V\}$$

ist ein Untervektorraum von W und heißt das Bild von f.

Somit besteht der Kern aus allen Vektoren im Definitionsbereich, welche auf Null abgebildet werden und das Bild aus allen Vektoren in der Zielmenge W, welche unter f angenommen werden. Wenn f in Anwendungen eine Übertragungsfunktion ist, dann stellt der Kern die Menge an Informationen dar, welche verlorengehen, und das Bild sind die übertragenen Informationen.

Bemerkungen:

1. Der Kern ist ein Untervektorraum von V.
2. Sei A eine $m \times n$-Matrix. Dann ist der Kern der linearen Abbildung

   $$\mathbb{R}^n \longrightarrow \mathbb{R}^m, \, x \longmapsto Ax$$

   gleich dem Lösungsraum des homogenen, linearen Gleichungssystems $Ax = 0$.
3. f ist injektiv, genau dann, wenn der Kern von f nur aus dem Nullvektor besteht.
4. f ist surjektiv, genau dann, wenn das Bild von f den gesamten Vektorraum W aufspannt.

Aufgabe 20.5.3 *Beweisen Sie die letzten beiden Aussagen.*

Jetzt können wir den Dimensionssatz formulieren:

Theorem 20.5.10 *(Dimensions- oder Rangsatz) Sei $f : V \to W$ eine lineare Abbildung mit $\dim V = n$. Dann gilt:*

$$\dim V = \dim \ker f + \dim \text{im} f.$$

Dieser Satz ist der Schlüssel für das Verständnis der Lösungsmengen von linearen Gleichungen. Er macht aber auch eine Aussage über die Dimension der beiden Unterräume Kern und Bild. Abb. 20.4 illustriert den Dimensionssatz für eine lineare Abbildung $f : \mathbb{R}^3 \to \mathbb{R}^2$.

Abb. 20.4 Illustration des Dimensionssatzes für $f : \mathbb{R}^3 \to \mathbb{R}^2$

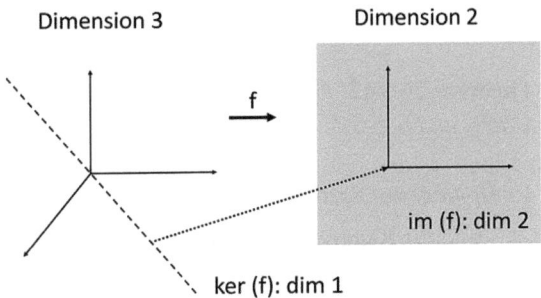

Beweis Wir konstruieren eine Basis für den Kern und eine Basis für das Bild der Abbildung f und zeigen die Dimensionsrelation. Der Kern ker f werde durch eine Basis $\{v_1, v_2, \ldots, v_k\}$ erzeugt. Ergänzen wir diese Basis auf eine Basis des gesamten Raums V, erhalten wir eine Basis $\{v_1, v_2, \ldots, v_k, v_{k+1}, \ldots, v_n\}$ von V, wobei die Vektoren $v_{k+1}, \ldots, v_n$ linear unabhängig von den Vektoren in ker f sind. Da die Vektoren $v_{k+1}, \ldots, v_n$ linear unabhängig sind und nicht im Kern von f liegen, sind die Vektoren $f(v_{k+1}), \ldots, f(v_n)$ linear unabhängig in im f. Diese Vektoren bilden daher eine Basis des Bildes von f mit Dimension $r = n - k$. Zusammengefasst ergibt sich:

$$\dim V = n = k + r = \dim \ker f + \dim \operatorname{im} f. \qquad \square$$

Der Zusammenhang zwischen linearen Abbildungen und Matrizen ergibt unmittelbar den Dimensionssatz in Matrizenform. Da der Rang einer Matrix gleich der Anzahl der unabhängigen Spaltenvektoren ist und diese das Bild der linearen Abbildung aufspannen, gilt der Rangsatz für eine $m \times n$-Matrix A:

$$\operatorname{Rang}(A) + \dim(\ker(A)) = n.$$

Mit $\operatorname{Rang}(A) = k$ der Anzahl der linear unabhängigen Spalten von A, $\dim(\ker(A))$ der Dimension des Lösungsraums von $Ax = 0$ und n der Anzahl der Spalten von A folgt:

Theorem 20.5.11 *Sei $Ax = 0$ gegeben mit A einer $m \times n$-Matrix. Dann ist die Dimension des Lösungsraumes des Systems mindestens gleich $n - k$.*

Beweis Aus dem Rangsatz folgt:

$$\dim(\ker(A)) = n - \operatorname{Rang}(A).$$

Da $\operatorname{Rang}(A) = k$ ist:

$$\dim(\ker(A)) = n - k.$$

Dies beweist die Aussage. $\qquad \square$

Die Lösbarkeit von linearen Gleichungssystemen ist wie folgt charakterisiert.

Theorem 20.5.12 *(Lösungsstruktur von linearen Gleichungssystemen) Sei* $A \in \mathbb{R}^{m \times n}$ *eine Matrix und* $b \in \mathbb{R}^m$.

1. **Homogenes System** *(Ax = 0)*:
   - *Falls* $\text{Rang}(A) = n$, *gilt* $\ker(A) = \{0\}$, *und die einzige Lösung ist* $x = 0$.
   - *Wenn* $\text{Rang}(A) < n$ *gilt, ist* $\dim(\ker(A)) > 0$. *Die Lösungen bilden einen Vektorraum, der durch Linearkombinationen einer Basis von* $\ker(A)$ *beschrieben wird.*

2. **Inhomogenes System** *(Ax = b)*:
   - *Lösbarkeit: Das System* $Ax = b$ *ist genau dann lösbar, wenn*
   $$\text{Rang}(A) = \text{Rang}(A, b).$$
   Falls zusätzlich $n = \text{Rang}(A)$, *ist die Lösung eindeutig. Für* $\text{Rang}(A) < n$ *gibt es unendlich viele Lösungen.*
   - *Nichtlösbarkeit:* $Ax = b$ *ist nicht lösbar, wenn* $\text{Rang}(A) \neq \text{Rang}(A, b)$.

Beweis Die Aussagen zu $Ax = 0$ haben wir bewiesen. Das inhomogene System $Ax = b$ soll eine Lösung haben. Somit muss b im Bild von A liegen. Da die Dimension des Bildes gerade der Rang von A ist, bedeutet dies, dass die Anzahl der linear unabhängigen Spalten von A die gleiche sein muss wie die Anzahl der linear unabhängigen Spalten der erweiterten Matrix: $\text{Rang}(A) = \text{Rang}(A, b)$. Ist diese Bedingung nicht erfüllt, dann liegt b außerhalb des Bildraums von A, und das System ist nicht lösbar. Falls eine Lösung existiert, ist sie nicht notwendigerweise eindeutig. Die Lösungsmenge eines inhomogenen Gleichungssystems ist gegeben durch $x = x_p + x_h$, wobei x_h eine Lösung der homogenen Gleichung ist. Falls A Rang n hat, dann ist der Kern der Nullvektor und es gibt genau eine Lösung. Ist der Rang von A kleiner als n, dann gibt es unendlich viele Lösungen. □

Wir haben mit der Struktur der linearen Abbildungen Einsichten in die Lösbarkeit von linearen Gleichungen gewonnen, ohne mit den Operationen der Zeilenstufenform arbeiten zu müssen.

Betrachten wir die Matrix

$$A = \begin{pmatrix} 0 & 1 & 1 \\ 0 & 2 & 2 \\ 1 & 3 & 4 \\ 2 & 4 & 6 \end{pmatrix}$$

der linearen Abbildung

20.6 Vektorräume über endlichen Körpern

$$f:\mathbb{R}^3 \longrightarrow \mathbb{R}^4, \begin{pmatrix}x\\y\\z\end{pmatrix} \longmapsto A\begin{pmatrix}x\\y\\z\end{pmatrix} = \begin{pmatrix}y+z\\2y+2z\\x+3y+4z\\2x+4y+6z\end{pmatrix}.$$

Der Kern ist Lösung von $Ax = 0$:

$$\begin{pmatrix}y+z\\2y+2z\\x+3y+4z\\2x+4y+6z\end{pmatrix} = \begin{pmatrix}0\\0\\0\\0\end{pmatrix}.$$

Die Lösung ist:

$$\ker(A) = \begin{pmatrix}x\\y\\z\end{pmatrix} = z\begin{pmatrix}-1\\-1\\1\end{pmatrix}, \quad z \in \mathbb{R}.$$

Somit hat der Kern die Dimension 1. Betrachten wir jetzt das Bild. Da die erste und zweite Spalte der Matrix A die dritte ergeben, ist der Rang von A gleich 2. Die ist eine Gerade. Somit hat der Kern Dimension 1 und das Bild Dimension 2.

20.6 Vektorräume über endlichen Körpern

In diesem Abschnitt betrachten wir Vektorräume, die nicht über den reellen Zahlen $\mathbb{R}$ definiert sind, sondern über endliche Mengen, welche Körper genannt werden. Solche Vektorräume sind besonders in der Codierungstheorie von Bedeutung. Ein Körper K ist eine Menge, auf der die Operationen der Addition und Multiplikation die folgenden Axiome erfüllen:

- Die Addition ist assoziativ und kommutativ auf K. Es gibt ein neutrales Element $0 \in K$ und für jedes $a \in K$ existiert ein Inverses $-a \in K$.
- Die Multiplikation ist assoziativ und kommutativ. Es existiert ein neutrales Element $1 \in K$. Außerdem existiert für jedes $a \in K$ ein Inverses $a^{-1} \in K$.
- Die Multiplikation ist distributiv bezüglich der Addition:

$$a \cdot (b+c) = a \cdot b + a \cdot c \quad \text{für alle } a, b, c \in K.$$

Definition 20.6.1 *Ein Körper K ist eine Menge, die mit einer Addition $+$ und einer Multiplikation $\cdot$ ausgestattet ist, welche die oben genannten Eigenschaften erfüllen.*

Ein *endlicher Körper* K enthält eine endliche Anzahl von Elementen, deren Anzahl durch $q = p^n$ bestimmt wird. Hierbei ist p eine Primzahl und $n \geq 1$. Die Zahl q bezeichnet die Anzahl der Elemente im Körper.

Der wichtigste Körper für uns ist F_q, mit q einer Primzahl. Dieser Körper ist identisch zu $\mathbb{Z}_p$. Dieser Körper besteht aus den Restklassen $\{0, 1, 2, \ldots, p-1\}$ mit den üblichen Rechenoperationen der Addition und Multiplikation modulo p. Die Existenz der Inversen bezüglich mit der Addition und Multiplikation folgt aus der Tatsache, dass p eine Primzahl ist.

Ein Vektorraum F_q^k besteht aus k-Tupeln $(v_1, \ldots, v_k)$, wobei $v_i \in F_q$ für $i = 1, \ldots, k$. Vektoren werden in der Codierungstheorie als **Zeilenvektoren** geschrieben. In F_q^k sind Addition und Skalarmultiplikation komponentenweise definiert. Die Eigenschaften folgen direkt aus der Körperstruktur von F_q. Zum Beispiel gelten im Körper $F_2 = \{0, 1\}$:

- Die Addition ($\oplus$) entspricht der XOR-Operation:

$$x \oplus y = \begin{cases} 0, & \text{wenn } x = y, \\ 1, & \text{wenn } x \neq y. \end{cases}$$

- Die Multiplikation in F_2 entspricht der logischen UND-Operation:

$$1 \cdot x = x, \quad \text{und} \quad 0 \cdot x = 0 \quad \forall x \in F_2.$$

Der Vektorraum F_2^3 hat insgesamt $2^3 = 8$ Vektoren der Form (x_1, x_2, x_3) mit $x_i \in F_2$:

$$F_2^3 = \{(0,0,0), (1,0,0), (0,1,0), (0,0,1), (1,1,0), (1,0,1), (0,1,1), (1,1,1)\}.$$

Diese Elemente können als Hamming-Würfel dargestellt werden. Eine Basis für F_2^3 ist die Standardbasis:

$$e_1 = (1,0,0), \quad e_2 = (0,1,0), \quad e_3 = (0,0,1).$$

Jeder Vektor $v \in F_2^3$ kann eindeutig als Linearkombination dieser Basisvektoren dargestellt werden. Eine lineare Abbildung $T : F_2^3 \to F_2^3$ wird vollständig durch die Bilder der Basisvektoren e_1, e_2, e_3 definiert:

$$T(e_1) = (1,0,1), \quad T(e_2) = (0,1,1), \quad T(e_3) = (0,0,1).$$

Die Abbildung T kann durch ihre Matrixdarstellung T_m beschrieben werden, wobei die Spalten der Matrix die Bilder der Basisvektoren sind:

$$T_m = \begin{pmatrix} 1 & 0 & 0 \\ 0 & 1 & 1 \\ 1 & 1 & 1 \end{pmatrix}.$$

20.6 Vektorräume über endlichen Körpern

Für einen Vektor $v = (x_1, x_2, x_3) \in F_2^3$ berechnet sich $T(v)$ durch Matrixmultiplikation:

$$T(v) = T_m \cdot v.$$

Der Kern $T(v) = 0$ einer linearen Abbildung T ist explizit gleich

$$\begin{pmatrix} 1 & 0 & 0 \\ 0 & 1 & 1 \\ 1 & 1 & 1 \end{pmatrix} \cdot \begin{pmatrix} x_1 \\ x_2 \\ x_3 \end{pmatrix} = \begin{pmatrix} 0 \\ 0 \\ 0 \end{pmatrix}.$$

Aufgabe 20.6.1 *Lösen Sie das Gleichungssystem und verifizieren Sie den Dimensionssatz.*

Aufgabe 20.6.2 *Beschreiben Sie die Mächtigkeit, die Standardbasis und die Untervektorräume von F_2^2.*

Als Aufgabe zählen wir die Anzahl der Untervektorräume U eines Vektorraumes F_q^n. Diese ist durch die Summe der q-Binomialkoeffizienten gegeben:

$$\sum_{k=0}^{n} \binom{n}{k}_q,$$

wobei der q-Binomialkoeffizient definiert ist als:

$$\binom{n}{k}_q = \frac{(q^n - 1)(q^{n-1} - 1) \cdots (q^{n-k+1} - 1)}{(q^k - 1)(q^{k-1} - 1) \cdots (q - 1)}.$$

Um dies zu verstehen, bemerken wir, dass es für jedes k (mit $0 \leq k \leq n$) genau $\binom{n}{k}_q$ Untervektorräume der Dimension k in F_q^n gibt. Dies folgt daraus, dass ein Untervektorraum durch eine Basis eindeutig bestimmt wird. Der q-Binomialkoeffizient berechnet also, wie viele verschiedene Basen möglich sind, und korrigiert Mehrfachzählungen durch Division im Nenner.

Die Intuition des Zählens der Basen ist wie folgt. Der q-Binomialkoeffizient berechnet die Anzahl der k-dimensionalen Untervektorräume durch Zählen der möglichen Basen und Berücksichtigung von Permutationen. Der erste Vektor kann beliebig sein. Da F_q^n genau q^n Vektoren besitzt, gibt es für $F_q^n \setminus \{0\}$ genau $q^n - 1$ Möglichkeiten, einen Vektor zu wählen. Der zweite Vektor muss linear unabhängig vom ersten sein. Er darf nicht im Vektorraum, eine Gerade, des ersten Vektor liegen. Diese Gerade kann mit genau q-Werten skaliert werden, d. h. av, mit $a \in F_q$ und v dem gewählten Vektor im ersten Schritt, besitzt genau q a-Werte. Diese q Vektoren sind von q^n zu subtrahieren für die Wahl des zweiten Vektors. Somit erhalten wir $q^n - q = q(q^{n-1} - 1)$ für den zweiten Vektor. Da wir q-Vielfache des ersten Vektors ausschließen, verbleiben $q^{n-1} - 1$ mögliche Vektoren für den zweiten Vektor. Dies setzt man fort. Die Auswahl basiert zunächst auf einer Basis des Unterraums. Jede k-dimensionale Basis kann auf $q^n - 1), q^{n-1} - 1, \ldots$ normiert werden, weil sie auch durch andere, linear abhängige Basen dargestellt werden könnte. Daher ist der Nenner notwendig, um doppelte Zählungen zu vermeiden. Die Gesamtanzahl der Untervektorräume ergibt sich schließlich durch Summation über alle Dimensionen. Für F_2^3 ($q = 2, n = 3$) gilt:

$$\binom{3}{k}_2 = \text{Anzahl der Untervektorräume der Dimension } k.$$

Berechnung:

- Dimension 0: Es gibt genau einen Untervektorraum der Dimension 0 (der Nullraum).

$$\binom{3}{0}_2 = 1.$$

- Dimension 1: Es gibt 7 Untervektorräume der Dimension 1.

$$\binom{3}{1}_2 = \frac{2^3 - 1}{2 - 1} = 7.$$

- Dimension 2: Es gibt 7 Untervektorräume der Dimension 2 (jeder entspricht einer Ebene durch den Ursprung).

$$\binom{3}{2}_2 = \frac{(2^3 - 1)(2^2 - 1)}{(2^2 - 1)(2 - 1)} = 7.$$

- Dimension 3: Es gibt genau einen Untervektorraum der Dimension 3 (F_2^3 selbst).

$$\binom{3}{3}_2 = 1.$$

Die Gesamtanzahl der Untervektorräume ist:

$$1 + 7 + 7 + 1 = 15.$$

Untervektorräume können kombiniert werden, um den gesamten Vektorraum aufzuspannen. Neben der Summe spielt die direkte Summe von Untervektorräumen eine Rolle.

Definition 20.6.2 *Seien U und V zwei Untervektorräume von F_2^p mit $U \cap V = \{0\}$. Die direkte Summe von U und V, bezeichnet als $U \oplus V$, ist definiert als die Menge aller Vektoren, die als eindeutige Summe eines Vektors aus U und eines Vektors aus V dargestellt werden können:*

$$U \oplus V = \{u + v \mid u \in U, v \in V\}.$$

20.6 Vektorräume über endlichen Körpern

Die direkte Summe ist nur dann wohldefiniert, wenn $U \cap V = \{0\}$, d. h., die beiden Untervektorräume haben nur den Nullvektor gemeinsam. Bei der Summe von Untervektorräumen fehlt diese Bedingung. In F_2^3 sei $U = \text{span}\{(1, 0, 0)\}$ und $V = \text{span}\{(0, 1, 0)\}$. Dann ist:

$$U \oplus V = \{(x, y, 0) \mid x, y \in F_2\}.$$

Untervektorräume und somit der gesamte Vektorraum können durch die **Generatorenmatrix** erzeugt werden. Die Idee ist einfach. Seien $e_1 = (0, 1, 1)'$, $e_2 = (1, 1, 0)'$ zwei Basisvektoren, welche einen Untervektorraum von F_2^3 erzeugen. Dann kann jeder Vektor x im Untervektorraum als eindeutige Linearkombination der beiden Basisvektoren geschrieben werden. Setzen wir die Basen ein, folgt die Darstellung als Matrizen:

$$x = \begin{pmatrix} 0 & 1 \\ 1 & 1 \\ 1 & 0 \end{pmatrix} a = \tilde{G} a$$

mit G der Generatorenmatrix und $a = (a_1, a_2)$. Da in der Codierungstheorie Spalten- als Zeilenvektoren geschrieben werden, lautet die Beziehung:

$$x = aG, \quad G = \begin{pmatrix} 0 & 1 & 1 \\ 1 & 1 & 0 \end{pmatrix}. \tag{20.19}$$

Diese definiert einen zweidimensionalen Untervektorraum von F_2^3. In der Generatorenmatrix stehen die Basisvektoren in Zeilenform geschrieben. Allgemein gilt, wenn G eine $k \times p$-Matrix ist, dann repräsentiert jeder Vektor $v = m \cdot G$ mit $m \in F_2^k$ einen Vektor im Unterraum. In der Kanalcodierung wird eine Generatorenmatrix verwendet, um Codewörter eines linearen Codes zu erzeugen. Ein Codewort ist das Ergebnis der Multiplikation eines Informationsvektors m mit der Generatorenmatrix G. Die Codewörter sind:

$$\text{Codewörter} = \{m \cdot G : m \in F_2^2\}.$$

Für $m = (1, 0)$ ist das Codewort $(1, 0, 1)$, und für $m = (1, 1)$ ist das Codewort $(1, 1, 0)$.

20.6.1 Geometrie der Vektorräume

Aus der Geometrie kennen wir den Begriff der Orthogonalität von Vektoren. Zwei Untervektorräume U und W von V heißen orthogonal, wenn für alle $u \in U$ und $w \in W$ gilt (Zeilenvektoren):

$$\langle u, w \rangle = 0,$$

wobei $\langle u, w \rangle$ das Skalarprodukt ist, welches in der Standardbasis (e_j) wie folgt definiert ist:

$$\langle u, w \rangle = \sum_i u_u e_i \sum_j w_j e_j = \sum_{i,j} u_i w_j e_i e_j = \sum_i u_i w_i = u'w, \qquad (20.20)$$

da $e_i e_j$ nur einen Beitrag 1 für $i = j$ ergibt und sonst null. Diese Eigenschaft eliminiert eine Summation. Die Länge eines Vektors x ist definiert durch:

$$||x|| = \sqrt{x_1^2 + \ldots + x_n^2} = \sqrt{\langle x, x \rangle}.$$

Die Standardbasisvektoren haben alle Länge 1, $||e_i|| = 1$ gilt für alle i, und sie sind orthogonal $\langle e_i, e_j \rangle = 0, \forall i$. Man nennt eine solche Basis eine Orthonormalbasis.

Die nächste Aufgabe handelt von Rechnungen, welche oft benutzt werden. Wir formulieren diese deshalb als Theorem.

Aufgabe 20.6.3 *Theorem 20.1 Es seien $x, y, w \in \mathbb{R}^n$ und $A \in M(n, n)$. Dann gelten:*

1.
$$\langle Ax, Ay \rangle = \langle x, A'Ay \rangle.$$

2. Parallelogrammidentität:

$$\langle x, y \rangle = \frac{1}{4} \left(||x + y||^2 - ||x - y||^2 \right)$$

3. $\langle x + w, y \rangle = \langle x, y \rangle + \langle w, y \rangle$ und $\langle cx, y \rangle = c \langle x, y \rangle$.
4. $\langle x, y \rangle = 0$ genau dann, wenn x und y senkrecht stehen.

1. Beweisen sie das Theorem.
2. Berechnen Sie $\langle x, y \rangle$ für $x = (1, 2, 3), y = (0, 3, -2)$.
3. Berechnen Sie $\langle Ax, y \rangle$ für

$$A = \begin{pmatrix} 0 & 1 & 1 \\ -1 & 1 & 1 \\ 1 & -1 & 0 \end{pmatrix}.$$

4. Berechnen Sie $\langle Ax, Ax \rangle$.

Beispiele

- F_2^3: Sei $U = \text{span}\{(1, 1, 0)\}$ und $V = \text{span}\{(1, 0, 1)\}$. Die beiden Räume sind orthogonal, da:
$$\langle (1, 1, 0), (1, 0, 1) \rangle = 1 \cdot 1 + 1 \cdot 0 + 0 \cdot 1 = 0.$$

- $\mathbb{R}^n$: Es sei $(e_i), i = 1, 2, \ldots, n$ die Standardbasis und Sei $U = \text{span}\{e_1, \ldots, e_m\}$ und $V = \text{span}\{e_{m+1}, \ldots, e_n\}$ seien zwei Untervektorräume. Zwei Vektoren u, v aus U, V sind dann orthogonal, da jeder Vektor als Linearkombination von e_i aus zwei disjunkten Mengen geschrieben werden kann, welche im Skalarprodukt alle senkrecht aufeinander stehen.

20.6 Vektorräume über endlichen Körpern

Aufgabe 20.6.4 *Führen Sie Rechnungen zur letzten Aussage durch.*

Wir schreiben $x \perp y$ für zwei orthogonal stehende Vektoren. Dies ist äquivalent zu $\langle x, y \rangle = 0$. Wenn $V \subseteq \mathbb{R}^n$ eine Vektorraum ist, dann besteht das orthogonale Komplement $V^\perp$ aus allen Vektoren, welche senkrecht auf V stehen:

$$V^\perp = \{y \in \mathbb{R}^n : \langle y, x \rangle = 0, \forall x \in V\}.$$

Es folgt unmittelbar aus der Definition, dass $V^\perp$ ebenfalls ein Untervektorraum ist. Da der gesamte Vektorraum W als direkte Summe eines Untervektorraumes und seines orthogonalen Komplementes geschrieben werden kann,

$$W = V \oplus V^\perp,$$

kann ein Vektor $x \in W$ immer eindeutig in eine Komponente $x_1 \in V$ und eine Komponente $x_2 \in V^\perp$ zerlegt werden. Weiter gilt, dass $(V^\perp)^\perp = v$ ist. Für Vektorraum F_2^p lautet die Definition des orthogonalen Vektorraumes explizit:

$$V^\perp = \{y \in F_2^p : \langle y, x \rangle = \sum_{j=1}^{p} y_j x_j \mod 2 = 0, \forall x \in V\}.$$

Da die Zeilen einer Generatorenmatrix eine Basis eines Untervektorraumes $V \subseteq F_2^p$ bilden, sind die Elemente von $V^\perp$ definiert durch alle Vektoren, welche senkrecht auf G stehen:

$$x \in V^\perp \iff Gx' = 0.$$

Die Vektoren in V können entsprechend charakterisiert werden:

$$x \in V \iff xG^\perp = 0.$$

Wie lautet die Generatorenmatrix $G^\perp$ für $V^\perp$? Wir wissen aus (20.19), dass

$$x = aG, \; a \in F_2^k,$$

für G eine $k \times p$-Matrix. Diese erzeugt einen k-dimensionalen Untervektorraum $V \subseteq F_2^p$. Die Bedingung

$$\langle y, x \rangle = \langle y, aG \rangle = 0, \forall a \in F_2^k$$

garantiert $y \in V^\perp$ und y muss somit senkrecht auf jeden Zeilenvektor von G stehen. Um $G^\perp$ zu konstruieren, betrachten wir $G : F_2^p \to F_2^k$ als lineare Abbildung. Dann ist $V^\perp$ gleich dem Kern von G:

$$V^\perp = \ker(G) = \{y \in F_2^p : Gy' = 0\}.$$

Um den Nullraum von G zu finden, führen wir den Gauß-Jordan-Algorithmus über F_2 auf die transponierte Matrix G' durch. Dabei suchen wir die Basisvektoren, die den Nullraum von G aufspannen. Die Dimension des orthogonalen Unterraums $V^\perp$ ist gleich

$$\dim(V^\perp) = \dim(F_2^p) - \dim(V) \implies \dim(V^\perp) = p - k.$$

Daher ist $G^\perp$ eine $(p-k) \times p$-Matrix und die Zeilen von $G^\perp$ sind die Basisvektoren des Nullraumes von G.

Praktisch bestimmt man die Matrix mithilfe des Gauß-Jordan-Algorithmus, siehe nächsten Abschnitt, wie folgt. Wenn G in der systematischen Form gegeben ist, das heißt:

$$G = \begin{bmatrix} \mathbb{I}_k \mid P \end{bmatrix},$$

wobei $\mathbb{I}_k$ die $k \times k$-Einheitsmatrix und P ein $k \times (p-k)$-Matrixblock ist, dann kann man $G^\perp$ direkt bestimmen, indem man:

- die Zeilen von P^T (Transponierte von P) nimmt
- und sie mit der $(p-k) \times (p-k)$-Einheitsmatrix kombiniert.

Das resultierende $G^\perp$ ist dann:

$$G^\perp = \begin{bmatrix} P^T \mid \mathbb{I}_{p-k} \end{bmatrix}.$$

Illustrieren wir dies für eine Generatorenmatrix bei Hamming-Codes. Sei

$$Gy' = \begin{pmatrix} 1 & 0 & 0 & 0 & 0 & 1 & 1 \\ 0 & 1 & 0 & 0 & 1 & 0 & 1 \\ 0 & 0 & 1 & 0 & 1 & 1 & 0 \\ 0 & 0 & 0 & 1 & 1 & 1 & 1 \end{pmatrix} \cdot \begin{pmatrix} y_0 \\ y_1 \\ \vdots \\ y_6 \end{pmatrix} = \begin{pmatrix} 0 \\ 0 \\ \vdots \\ 0 \end{pmatrix}$$

ein vierdimensionaler Unterraum von F_2^7. Die Matrix G wurde bereits bearbeitet, dass sie von der Form $(\mathbb{I}, P)$ ist. Mit der Dimensionsformel ist die Dimension des Lösungsraumes $Gy' = 0$ dreidimensional Basis für den Orthogonalraum $V^\perp$ erhalten wir die Generatorenmatrix:

$$G^\perp = \begin{pmatrix} 0 & 1 & 1 & 1 & 1 & 0 & 0 \\ 1 & 0 & 1 & 1 & 0 & 1 & 0 \\ 1 & 1 & 0 & 1 & 0 & 0 & 1 \end{pmatrix}.$$

Vergleicht man $G^\perp$ mit der systematischen Form von G folgt: Wir müssen die Spalten von G, die rechts neben der Einheitsmatrix stehen, als Zeilen notieren und das Ergebnis anschließend um die Einheitsmatrix ergänzen. Dann erhalten wir $G^\perp$.

20.7 Determinante und Inverse

Die Determinante ist grundlegend für die mathematische Definition der Inversen einer Matrix.

Definition 20.7.1 *Die Determinante einer 2×2-Matrix ist definiert als*

$$\det A = \begin{vmatrix} a & b \\ c & d \end{vmatrix} = ad - bc.$$

Die Betragsstriche in einer Matrix stehen für die Determinantenfunktion. Der Betrag der Determinante der beiden Vektoren ist gleich der Fläche des Parallelogramms, welches durch die beiden Vektoren (a, b), (c, d) aufgespannt wird. Wir führen die Matrix A und die beiden Spaltenvektoren a_1, a_2 ein:

$$A = \begin{pmatrix} a & c \\ b & d \end{pmatrix} = (a_1, a_2).$$

Wir haben gezeigt: Sind die beiden Vektoren linear abhängig, ist die Determinante gleich null. Vertauschen wir a_1, a_2, ändert die Determinante das Vorzeichen. Fassen wir zusammen:

1. Das Vertauschen zweier Zeilen oder Spalten ändert das Vorzeichen der Determinante.
2. Das Multiplizieren einer Zeile mit einer Konstante multipliziert die gesamte Determinante mit dieser Konstante.
3. Die Determinante ist **linear** in jeder Zeile. Betrachtet man die Determinante als Funktion $\det : M^{2 \times 2} \to \mathbb{R}$, dann gilt:

$$\det(ma_i + nb, a_j) = m \det(a_i, a_j) + n \det(b, a_j)$$

für jede Zeile oder Spalte. Rechnen Sie diese Bedingung nach.

Die Theorie der Determinanten für beliebige Dimensionen von Matrizen ist kompliziert. Sie kann dann verwendet werden, um die Inverse einer Matrix zu berechnen. Da wir eine algorithmische Alternative für die Berechnung der Inversen nutzen - der folgende Gauss-Jordan Algorithmus - verweisen wir auf die Literatur für das Studium der Determinanten.

Die Inversen können effizient mit dem Gauß-Jordan-Algorithmus berechnet werden. Hierzu wird zunächst die Koeffizientenmatrix A um die Einheitsmatrix $\mathbb{I}$ erweitert und man schreibt dann

$$(A \mid I) = \begin{pmatrix} a_{11} & \ldots & a_{1n} & 1 & & 0 \\ \vdots & & \vdots & & \ddots & \\ a_{n1} & \ldots & a_{nn} & 0 & & 1 \end{pmatrix}.$$

Nun wird die Matrix A mithilfe elementarer Zeilenumformungen auf obere Dreiecksgestalt gebracht, wobei die Einheitsmatrix mit umgeformt wird:

$$(D\,|\,B) = \begin{pmatrix} * \cdots * & * \cdots * \\ & \ddots & \vdots & \vdots & \vdots \\ 0 & & * & * \cdots * \end{pmatrix}$$

Die Matrix A besitzt eine Inverse, genau dann, wenn die Matrix D keine Null auf der Hauptdiagonalen enthält. Dann kann die Matrix D mit weiteren elementaren Zeilenumformungen zunächst auf Diagonalgestalt gebracht werden und dann durch entsprechende Skalierungen in die Einheitsmatrix überführt werden. Schließlich erhält man die Form

$$(I\,|\,A^{-1}) = \begin{pmatrix} 1 & & 0 & \hat{a}_{11} \cdots \hat{a}_{1n} \\ & \ddots & & \vdots & \vdots \\ 0 & & 1 & \hat{a}_{n1} \cdots \hat{a}_{nn} \end{pmatrix},$$

wobei auf der rechten Seite dann die gesuchte Inverse A^{-1} steht.

Die Inverse von

$$A = \begin{pmatrix} 1 & 2 \\ 2 & 3 \end{pmatrix}$$

ergibt sich zu:

$$\begin{pmatrix} 1 & 2 & | & 1 & 0 \\ 2 & 3 & | & 0 & 1 \end{pmatrix} \to \begin{pmatrix} 1 & 2 & | & 1 & 0 \\ 0 & -1 & | & -2 & 1 \end{pmatrix} \to \begin{pmatrix} 1 & 0 & | & -3 & 2 \\ 0 & -1 & | & -2 & 1 \end{pmatrix} \to \begin{pmatrix} 1 & 0 & | & -3 & 2 \\ 0 & 1 & | & 2 & -1 \end{pmatrix} \to A^{-1} = \begin{pmatrix} -3 & 2 \\ 2 & -1 \end{pmatrix}.$$

Aufgabe 20.7.1 *Berechnen Sie die Inverse von:*

$$A = \begin{pmatrix} 1 & 2 & 0 \\ 2 & 4 & 1 \\ 2 & 1 & 0 \end{pmatrix}.$$

21 Anwendungen der Linearen Algebra

Inhaltsverzeichnis

21.1 Lineare Regressionsanalyse 547
21.2 Websuche mit PageRank 552
21.3 Lineare Codierung 556
21.4 Computergrafik-Drehgruppen 559

21.1 Lineare Regressionsanalyse

21.1.1 Lineare Regression

Die lineare Regression ist eine Supervised-Learning-Methode im Machine Learning. Nehmen wir an, dass Sie die Hauspreise in Napoli vorhersagen wollen, siehe Abb. 21.1. Wir betrachten nur ein Feature, die Größe der Häuser in Quadratmetern. Die Preise der Häuser sind in Tausend Euro (Label). Sie möchten ein Haus mit einer Fläche von 200 m^2 verkaufen. Wie viel können Sie für das Haus bekommen? Der Lernalgorithmus könnte versuchen, eine gerade Linie durch die Trainingsdaten zu legen

$$\hat{y} = h(x) = \theta_0 + \theta_1 x$$

mit x der Featuregröße, $\hat{y}$ dem vorhergesagten Hauspreis, θ_0 dem unbekannten Achsenabschnitt und θ_1 der unbekannten Steigung der Geraden. Bestimmen wir die unbekannten Größen, dass ist das Lernziel in diesem Abschnitt, dann sagt die Funktion voraus, dass Sie das Haus für 300.000 EUR verkaufen könnten. Dies ist ein zu hoher Preis. Wir können den Datenfit verbessern, indem wir ein Polynom zweiter Ordnung als Hypothese annehmen:

$$\hat{y} = \theta_0 + \theta_1 x + \theta_2 x^2.$$

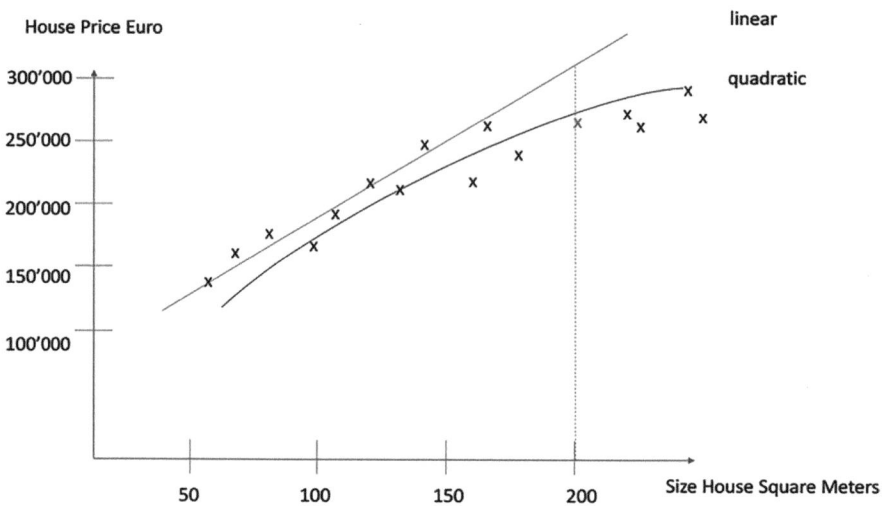

Abb. 21.1 Hauspreis in Napoli als Funktion der Merkmalsgröße

Dann liegt die Vorhersage der Hauspreise bei etwa 250.000 EUR, was näher an den tatsächlichen Preisen liegt.

Bei der Preisbildung für Häuser werden in der Realität mehr als 20 Features verwendet – Alter des Hauses, Zentralität, Aussicht, Baustandard, Entfernung zur nächsten öffentlichen Verkehrsstation usw. Nehmen wir an, dass bei der Vorhersage des Hauspreises in Neapel zusätzliche Merkmale die Anzahl der Zimmer, das Alter des Hauses und die Anzahl der Stockwerke sind. Wir schreiben $x = (x_1, \ldots, x_n)' \in X$ für den n-dimensionalen Spaltenvektor von n Merkmalen mit x' der Transponierung des Vektors x. Die Labels werden mit $y \in Y$ bezeichnet und $\hat{y}$ ist der vorhergesagte Hauspreis. Eine Hypothese $h : X \to Y$ ordnet den Features ein Label zu. Gesucht ist h, d. h. in unserem Fall die optimalen Parameter θ einer linearen Funktion, sodass die Abweichungen zwischen $\hat{y}$ und y minimal sind. Ist h linear und $y \in Y = \mathbb{R}$, dann ist h eine **lineare Regression**. Ist y diskret, nennt man h eine **Klassifikation**.

Die Anzahl der Trainingsdaten sei m. $x_j^{(k)}$ bezeichnet Feature j im Trainingsdatensatz k. Betrachtet man die sechs Datensätze in 21.1, dann lautet die **Designmatrix X** und ihre Transponierte $\mathbf{X}'$:

$$\text{Designmatrix } \mathbf{X} = \begin{pmatrix} 1 & 5 & 1 \\ 1 & 3 & 2 \\ 1 & 2 & 2 \\ 1 & 4 & 1 \\ 1 & 5 & 3 \\ 1 & 4 & 1 \end{pmatrix}, \quad \mathbf{X}' = \begin{pmatrix} 1 & 1 & 1 & 1 & 1 & 1 \\ 5 & 3 & 2 & 4 & 5 & 1 \\ 1 & 2 & 2 & 1 & 3 & 1 \end{pmatrix}.$$

21.1 Lineare Regressionsanalyse

Tab. 21.1 Hypothetische Daten für die Features

Nr	x_1 (# Zimmer)	x_2 (# Stockwerke)	x_3 (Alter)	y
1	5	1	22	350
2	3	2	16	250
3	2	2	12	290
4	4	1	20	300
5	5	3	30	390
6	4	1	21	330

Die $m \times (n+1)$-Designmatrix $\mathbf{X}$ besteht aus allen Einträgen $x_j^{(k)}$ plus einer ersten Spalte mit Einsen für den Parameter des Feature $x_0^{(k)}$. Diese Matrix enthält alle Informationen zu den Features über alle Testdaten hinweg. Die Features sind oft von unterschiedlicher numerischer Größe. Damit sie vergleichbar sind, werden sie normalisiert.

21.1.2 Learning

Wir suchen nach einem Algorithmus, der den Parametervektor θ in der linearen Regression so wählt, dass die vorhergesagten Hauspreise möglichst wenig von den wahren Werten abweichen. Lernen bedeutet hier ein mathematisches Optimierungsproblem zu lösen. Formal sind die Parameter θ so zu wählen, dass der Fehler $y - \hat{y} = h(x) = \theta_0 + \theta_1 x$ klein wird. Da wir nicht wollen, dass positive Abweichungen negative ausgleichen, wird die quadratische Fehlerfunktion $J = (\hat{y} - y)^2$ minimiert. Die Differenz sollte über alle Trainingsdatensätze hinweg minimal sein. Die folgende **empirische Kosten- oder Fehlerfunktion** J misst den durchschnittlichen Grad der Abweichungen auf dem Trainingsdatensatz mit m Datenpunkten:

$$J(\theta) = \frac{1}{2m} \sum_{k=1}^{m} \left(h_\theta(x^{(k)}) - y^{(k)} \right)^2 = \frac{1}{2m} \sum_{k=1}^{m} \left(\theta' x^{(k)} - y^{(k)} \right)^2 \quad (21.1)$$

$$= \frac{1}{2m} \sum_{k=1}^{m} \left(\sum_{j=1}^{n} x_j^{(k)} \theta_j - y^{(k)} \right)^2.$$

In Matrixschreibweise:

$$J(\theta) = \frac{1}{2m} (\mathbf{X}\theta - y)'(\mathbf{X}\theta - y), \; \theta \in \mathbb{R}^{n+1}, x \in \mathbb{R}^n, \mathbf{X} \in M(n+1, n+1). \quad (21.2)$$

Ausgeschrieben gilt:

$$\mathbf{X}\theta = \begin{pmatrix} 1 & x_1^{(1)} & \dots & x_n^{(1)} \\ \vdots & \vdots & \ddots & \vdots \\ 1 & x_1^{(k)} & \dots & x_n^{(k)} \end{pmatrix} \begin{pmatrix} \theta_0 \\ \vdots \\ \theta_n \end{pmatrix} = \begin{pmatrix} \theta_0 + x_1^{(1)}\theta_1 + \dots + x_n^{(1)}\theta_n \\ \vdots \vdots \ddots \vdots \\ \theta_0 + x_1^{(k)}\theta_1 + \dots + x_n^{(k)}\theta_n \end{pmatrix}.$$

Damit wir die Geometrie der Verlustfunktion verstehen, soll diese nur von zwei Variablen abhängen:

$$J = \theta_0 x_1^2 + \theta_1 x_2^2 + \theta_2 x_1 x_2.$$

Dies beschreibt eine Fläche in drei Dimensionen, welche einer Vase ähnlich ist, siehe Abb. 21.2. Die Niveaukurven, dort wo J konstant ist, sind Ellipsen. Je dichter die Niveaulinien beieinander liegen, desto steiler ist die entsprechende Kostenfunktion. Das Ziel des Learnings ist, das Minimum x^* der Kostenfunktion, das heißt den Boden der Vase, zu finden. Am schnellsten findet der Algorithmus das Minimum, wenn er sich entlang der Richtung der Vektoren bewegt, welche senkrecht zu den Niveaulinien stehen. Der Vektor heißt **Gradient**. Je steiler das Gebiet, desto größer dieser Vektor.

Abb. 21.3 zeigt, dass der Fall eines globalen Minimums, wie in unserem Beispiel, der angenehmste Fall ist. Ein Graph einer Funktion kann mehrere Maxima, Minima oder Sattelpunkte besitzen kann. Dies sind kritische Punkte, d. h. Punkte, an denen die Funktion J eine **flache Steigung** der Tangente hat.

Ob ein kritischer Punkt ein globales Minimum ist, hängt vom globalen Verhalten der Funktion ab. Eine Analyse der kritischen Punkte erfordert die Mathematik der Differenzialrechnung und eine Bestimmung der kritischen Punkte ist in der KI und im Machine Learning eine schwierige Aufgabe.

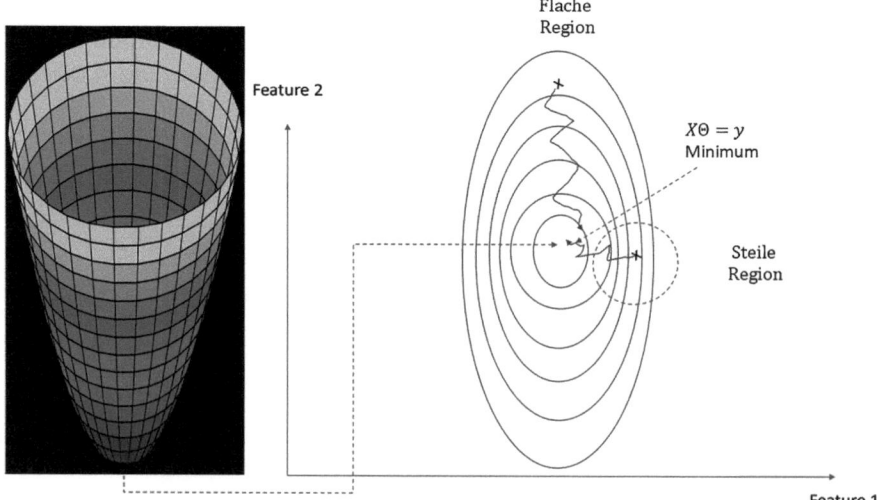

Abb. 21.2 Niveaukurven und Gradienten in zwei Dimensionen

21.1 Lineare Regressionsanalyse

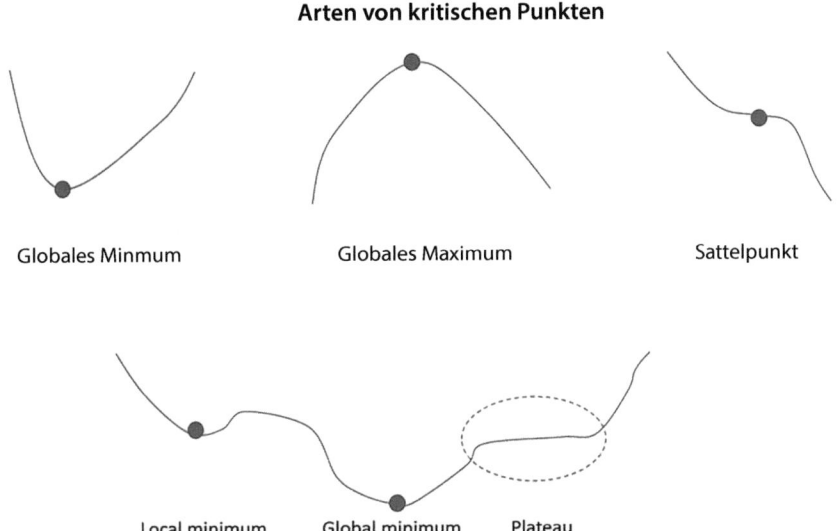

Abb. 21.3 Drei Arten von kritischen Punkten und die Schwierigkeit, das globale Minimum zu finden, wenn eine Funktion mehrere kritische Punkte hat

Erfreulicherweise hat unsere Fehlerfunktion nur ein globales Minimum: Theoretisch kann der Algorithmus irgendwo auf der Fläche starten, solange wir uns in Richtung fallender Werte bewegen, werden wir das Minimum finden. Der Algorithmus nutzt dabei die Gradienten und heißt Gradientenabstiegsalgorithmus. Gradienten können mit Differenzialrechnung berechnet werden. Wir können das Vorgehen aber intuitiv verstehen. Der Algorithmus passt jeden Parameter $\theta_{j,n}$ in Schritt n im Folgeschritt wie folgt an:

$$\theta_{j,n+1} = \theta_{j,n} - \sim \frac{(\theta_n + \theta_{j,n}) - J(\theta_n)}{\theta_{j,n}}. \tag{21.3}$$

Die Schreibweise $\frac{\partial J(\theta_n)}{\partial \theta_{j,n}}$ misst den Einfluss auf die Kostenfunktion, wenn man am Parameterwert $\theta_{j,n}$ wackelt. Das heisst die Steigung der Funktion J am Punkt θ_n, wenn dieser ein wenig in Richtung j um $\theta_{j,n}$ ausgelenkt wird, wird gemessen. Numerisch wird dieser mit dem Gradienten berechnet. Dies wird durch das Symbol ausgedrückt. Also ändert der Algorithmus einen Parameterwert $\theta_{j,n}$, indem er den aktuellen Wert nimmt und diesen um die Sensitivität des Parameterwertes auf die Kostenfunktion anpasst. Ist $\frac{\partial J(\theta_n)}{\partial \theta_{j,n}}$ groß, so wird der Parameter um einen großen Betrag aktualisiert. Wir befinden uns in einem steilen Bereich der Funktion, wenn der Gradient gross ist. Wenn

$$\frac{\partial J(\theta_n)}{\partial \theta_{j,n}} = 0.$$

ist, befinden wir uns auf dem optimalen Kostenniveau. Mit Differenzialrechnung kann man den Gradienten berechnen und erhalten für den Algorithmus:

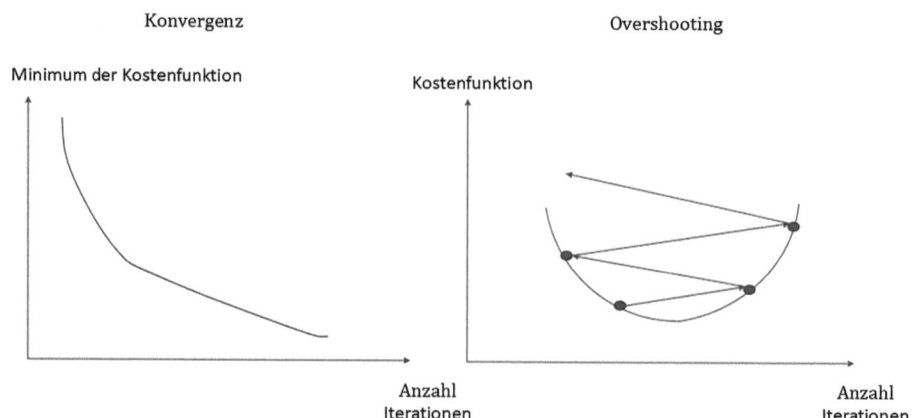

Abb. 21.4 Darstellung der Kostenfunktion in Abhängigkeit von der Anzahl der Iterationen. (a) Konvergenz. (a) Überschießen, wenn der Lernparameter z. B. zu groß gewählt wird

$$\theta_{j,n+1} = \theta_{j,n} - \alpha \underbrace{\frac{1}{m} \sum_{k=1}^{m} \left(\theta_n' x^{(k)} - y^{(k)} \right) x_j^{(k)}}_{\text{Komponente des Gradienten}}, \ j = 1, \ldots, n. \quad (21.4)$$

Beim Gradientenabstieg muss eine Lernrate α eingeführt werden. Je größer α, desto stärker ändern sich die Parameterwerte in den Iterationen. Wählt man α zu groß, überschießt man, siehe Abb. 21.4. Wie kann man sicherstellen, dass der Gradientenabstieg richtig funktioniert und wie wird die Lernrate α gewählt? Eine leistungsfähige Methode besteht darin, die Kostenfunktionen gegen die Anzahl der Iterationen aufzutragen, indem man einen Wert für α wählt. Wenn das Diagramm wie in Abb. 21.4 aussieht, dann sind Sie auf dem richtigen Weg.

Nach jeder Iteration erhält man immer einen Wert θ_n, den man in die Kostenfunktion einsetzt und die Kosten berechnet. Wenn der Gradientenabstieg richtig funktioniert, sollte die Kostenfunktion nach jeder Iteration abnehmen. Wann hören wir auf, d. h., wann terminiert der Algorithmus? Dazu definieren Sie eine kleine Zahl ϵ, sagen wir 1/3000. Wenn sich die Werte der Kostenfunktionen bei Erhöhung der Iterationszahl weniger als ϵ verändern, brechen Sie ab.

21.2 Websuche mit PageRank

PageRank (PR) ist ein Algorithmus, der von der Google-Suchmaschine verwendet wird, um Webseiten in den Suchergebnissen zu bewerten. PageRank ist eine Methode zur Messung der Wichtigkeit von Webseiten. Laut Google:

PageRank funktioniert, indem die Anzahl und Qualität der Links zu einer Seite gezählt werden, um eine grobe Schätzung der Wichtigkeit der Webseite zu erhalten. Die zugrunde

21.2 Websuche mit PageRank

liegende Annahme ist, dass wichtigere Webseiten wahrscheinlich mehr Links von anderen Webseiten erhalten.

Der PageRank-Algorithmus beschreibt eine Wahrscheinlichkeitsverteilung, die angibt, mit welcher Wahrscheinlichkeit eine Person, die zufällig Links anklickt, auf einer bestimmten Webseite landet. Der Algorithmus kann für beliebig viele Webseiten berechnet werden.

Ziel ist es, den PageRank (PR) einer Webseite durch die Anzahl der eingehenden Links zu definieren. Dabei ergeben sich zwei Probleme: Erstens haben Seiten, die auf viele andere Seiten verlinken, einen übermäßigen Einfluss. Dieses Problem wird gelöst, indem das Gewicht einer Seite gleichmäßig auf alle verlinkten Seiten verteilt wird. Zweitens sollen manche Seiten mehr Gewicht erhalten als andere, was durch die Gewichtung der „Stimmkraft" einer Seite mit ihrem eigenen PageRank erreicht wird.

Ein Beispiel mit vier Webseiten A, B, C und D illustriert den Prozess, siehe Abb. 21.5. Zu Beginn wird allen Seiten der gleiche PR-Wert, z. B. 0,25, zugewiesen. Links von einer Seite zu sich selbst werden ignoriert und mehrere Links zwischen denselben Seiten werden als ein einziger behandelt. Der PR wird dann gleichmäßig auf die ausgehenden Links verteilt: Seite B gibt die Hälfte ihres Werts (0,125) an A und die andere Hälfte an C. Seite C überträgt ihren gesamten Wert (0,25) an A. Seite D verteilt ihren Wert (0,25) auf drei ausgehende Links, wovon ein Drittel an A geht. Dadurch ergibt sich für A ein PR-Wert von etwa 0,458:

$$PR(A) = \frac{PR(B)}{2} + PR(C) + \frac{PR(D)}{3} \approx 0{,}458.$$

Mit A der Adjazenzmatrix erhalten wir:

$$A = \begin{pmatrix} 0 & 0{,}25 & 0{,}25 & 0{,}25 & 0{,}25 \\ 0{,}5 & 0 & 0 & 0{,}5 & 0 \\ 0{,}33 & 0 & 0 & 0{,}33 & 0{,}33 \\ 1 & 0 & 0 & 0 & 0 \\ 0 & 0 & 0 & 1 & 0 \end{pmatrix}.$$

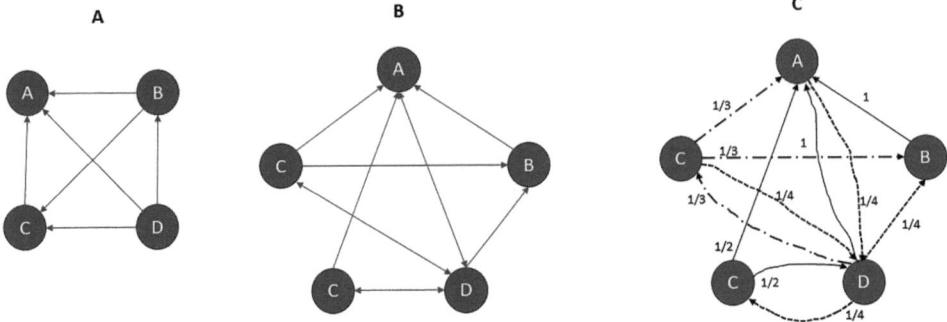

Abb. 21.5 Beispiele für PageRank-Berechnungen

Der PR, der von einem ausgehenden Link übertragen wird, entspricht dem eigenen PR-Wert der Seite, geteilt durch die Anzahl der ausgehenden Links L:

$$PR(A) = \frac{PR(B)}{L(B)} + \frac{PR(C)}{L(C)} + \frac{PR(D)}{L(D)}.$$

Im allgemeinen Fall kann der PR-Wert für eine beliebige Seite u ausgedrückt werden als:

$$PR(u) = \sum_{v \in B_u} \frac{PR(v)}{L(v)}.$$

Der PR-Wert für eine Seite u hängt von den PR-Werten für jede Seite v die auf Seite u verlinken, geteilt durch die Anzahl der Links von Seite v.

Die Theorie hinter dem PageRank-Algorithmus geht davon aus, dass ein imaginärer Surfer, der zufällig Links anklickt, irgendwann aufhört, Links zu folgen. Die Wahrscheinlichkeit, dass die Person bei jedem Schritt weiterhin Links folgt, wird durch den Dämpfungsfaktor d beschrieben. Die Wahrscheinlichkeit, stattdessen zu einer beliebigen Seite zu springen, beträgt $1 - d$. Empirisch hat sich $d = 0{,}85$ als geeigneter Wert erwiesen. Die allgemeine Gleichung lautet:

$$PR(A) = \frac{1-d}{N} + d\left(\frac{PR(B)}{L(B)} + \frac{PR(C)}{L(C)} + \frac{PR(D)}{L(D)} + \cdots\right).$$

Seiten ohne ausgehende Links, sogenannte „Sinks", würden den zufälligen Surfprozess unterbrechen. Um dies zu vermeiden, wird angenommen, dass solche Seiten auf alle anderen Seiten verlinken. Dadurch werden ihre PageRank-Werte gleichmäßig auf alle anderen Seiten verteilt. Die endgültige Gleichung für den PageRank lautet:

$$PR(p_i) = \frac{1-d}{N} + d \sum_{p_j \in M(p_i)} \frac{PR(p_j)}{L(p_j)}, \qquad (21.5)$$

wobei $p_1, p_2, \ldots, p_N$ die betrachteten Seiten darstellen, $M(p_i)$ die Menge aller Seiten ist, die auf p_i verlinken, $L(p_j)$ die Anzahl der ausgehenden Links von Seite p_j angibt und N die Gesamtzahl der Seiten repräsentiert. Die Gl. (21.5) für p_i definiert ein lineares System, das für alle Seiten gemeinsam gelöst werden kann, um ihre jeweiligen PageRank-Werte zu berechnen. Wir definieren den PR-Vektor:

$$R = \begin{pmatrix} PR(p_1) \\ PR(p_2) \\ \vdots \\ PR(p_N) \end{pmatrix}.$$

Dann ist für alle Webseiten R die Lösung der PR-Gleichung

21.2 Websuche mit PageRank

$$R = \begin{pmatrix} \frac{1-d}{N} \\ \frac{1-d}{N} \\ \vdots \\ \frac{1-d}{N} \end{pmatrix} + d \begin{pmatrix} \ell(p_1,p_1) & \ell(p_1,p_2) & \cdots & \ell(p_1,p_N) \\ \ell(p_2,p_1) & \ddots & & \vdots \\ \vdots & & \ell(p_i,p_j) & \\ \ell(p_N,p_1) & \cdots & & \ell(p_N,p_N) \end{pmatrix} R \quad (21.6)$$

wobei die Adjazenzfunktion $\ell(p_i, p_j)$ das Verhältnis der Anzahl der ausgehenden Links von Seite j zu Seite i zur Gesamtzahl der ausgehenden Links von Seite j ist. Die Adjazenzfunktion ist 0, wenn Seite p_j nicht auf Seite p_i verlinkt, und wird so normalisiert, dass für jedes j

$$\sum_{i=1}^{N} \ell(p_i, p_j) = 1.$$

21.2.1 Berechnung des PageRank

PageRank kann entweder iterativ oder theoretisch analytisch berechnet werden. Wir betrachten nur die erstere Methode. Zu Beginn, bei $t = 0$, wird der gleichmäßige Startwert gewählt:

$$PR(p_i; 0) = \frac{1}{N},$$

wobei $(p_i; 0)$ die Seite i zur Zeit 0 darstellt. Bei jedem Zeitschritt ergibt die Berechnung:

$$PR(p_i; t+1) = \frac{1-d}{N} + d \sum_{p_j \in M(p_i)} \frac{PR(p_j; t)}{L(p_j)}$$

oder in Matrizenform:

$$R(t+1) = d\mathcal{M}R(t) + \frac{1-d}{N}\mathbb{I},$$

wobei $R_i(t) = PR(p_i; t)$ und $\mathbb{I}$ der Spaltenvektor der Länge N ist, der nur Einsen enthält. Die Matrix $\mathcal{M}$ ist definiert als:

$$\mathcal{M}_{ij} = \begin{cases} \frac{1}{L(p_j)}, & \text{wenn } j \text{ auf } i \text{ verlinkt} \\ 0, & \text{sonst} \end{cases}$$

d. h.,

$$\mathcal{M} := (K^{-1}A)^T,$$

wobei A die Adjazenzmatrix des Graphen ist, der die Webseiten darstellt, und K die diagonale Matrix mit den Ausgraden auf der Diagonalen.

Die Wahrscheinlichkeitsberechnung wird für jede Seite zu einem bestimmten Zeitpunkt durchgeführt und dann für den nächsten Zeitpunkt wiederholt. Die Berechnung endet, wenn für ein kleines ϵ

$$|R(t+1) - R(t)| < \epsilon,$$

d. h., wenn die iterierten Wertunterschiede kleiner als der vordefinierte Fehler sind.

Aufgabe 21.2.1 *Betrachten Sie das Internet im Panel B, das in Abb. 21.5 gezeigt ist. Berechnen Sie die PageRank-Vektoren in zwei Iterationen, beginnend mit dem gleichgewichteten Vektor. Welche Webseiten haben den höchsten PageRank und warum ergibt dies Sinn? Überprüfen Sie, dass die Summe aller fünf PageRank-Werte gleich 1 ist und geben Sie eine Interpretation.*

Aufgabe 21.2.2 *Implementieren Sie das PageRank-Lineare-Algebra-System 11.5.1 und den Graphen in Abb. 21.5. Berechnen Sie 10 Iterationen der PageRank-Vektoren.*

21.3 Lineare Codierung

Die Codierungstheorie ist ein wichtiges Anwendungsgebiet der linearen Algebra über endlichen Körpern. Ausgangslage ist der Empfang eines Strings $x = (x_1, \ldots, x_n)$, der sich möglicherweise in bis zu r Positionen vom Codewort $y \in C \subset B^n = \{0, 1\}^n$ unterscheidet. Ziel ist die Originalnachricht y eindeutig aus x zu rekonstruieren. Folgende Begriffe und Resultate haben wir besprochen. Die Hamming-Distanz $d(x, y)$ zwischen zwei Strings $x, y \in \{0, 1\}^n$:

$$d(x, y) = |\{i \mid x_i \neq y_i\}|.$$

Ein Code $C \subseteq \{0, 1\}^n$ heißt r-fehlerkorrigierend, falls seine minimale Distanz $d(C)$, die Blockcodedistanz, die Bedingung erfüllt:

$$d(C) := \min\{d(x, y) \mid x, y \in C, x \neq y\} \geq 2r + 1.$$

Dies stellt sicher, dass jede Hamming-Kugel $B(x, r)$ um ein empfangenes Wort x höchstens ein Codewort enthält.

Da während der Übertragung bis zu r Fehler auftreten können, liegt das ursprüngliche Codewort y, das gesendet wurde, innerhalb der Hamming-Kugel $B(x, r)$ um den empfangenen Vektor x. Aufgrund der Konstruktion der Codewörter ist y das einzige gültige Codewort in $B(x, r)$. Das Ziel ist es, dieses eindeutige Codewort y zu identifizieren.

Eine Möglichkeit wäre, für alle Vektoren $z \in B(x, r)$ Brute Force zu testen, ob $z \in C$ liegt. Die Anzahl der Elemente der Hamming-Kugel $B(x, r)$ in einem n-dimensionalen Vektorraum F_2^n lässt sich berechnen zu:

$$|B(x, r)| = \sum_{i=0}^{r} \binom{n}{i},$$

21.3 Lineare Codierung

wobei $\binom{n}{i}$ die Anzahl der Möglichkeiten angibt, i Positionen aus n auszuwählen, an denen Fehler auftreten können. Für r deutlich kleiner als n, dominiert der größte Binomialkoeffizient:

$$|B(x,r)| = \sum_{i=0}^{r} \binom{n}{i} \sim \binom{n}{r} = \frac{n^r}{r!}.$$

Diese Anzahl an Vektoren muss mit der Anzahl $|C|$ verglichen werden. Also müssen $|C|\frac{n^r}{r!}$ Vergleiche durch den Empfänger gemacht werden. Dies ist nur praktikabel, wenn r und n klein sind. Betrachten wir als Beispiel einen Code $C \subseteq F_2^5$, mit $n=5$ und $r=1$. Die Kardinalität der Hamming-Kugel $B(x,1)$ ist:

$$|B(x,1)| = \binom{5}{0} + \binom{5}{1} = 1 + 5 = 6.$$

Die Hamming-Kugel enthält also maximal 6 Elemente. Jeder Vektor in F_2^5 hat 5 Koordinaten und jede Koordinate kann unabhängig entweder 0 oder 1 sein. Somit ist die Gesamtzahl der Vektoren: $|F_2^5| = 2^5 = 32$ und der Empfänger muss höchstens $6 \cdot 32$ Prüfungen durchführen, um das Codewort y zu finden, falls $r=1$. In Mobilfunksystemen wie 5G verwendet man F_2^{1024} mögliche Nachrichten. Diese enorme Anzahl an Möglichkeiten stellt sicher, dass ein effektiver Schutz vor Übertragungsfehlern gewährleistet ist, es macht aber auch die Brute-Force-Methode unmöglich.

Mit linearen Codes der linearen Algebra können wir die Aufgabe effizient lösen. Genauer können wir die folgenden Anforderungen an die Konstruktion von fehlerkorrigierenden Codes C erfüllen:

1. C sollte groß genug sein, d. h., die Anzahl der Codewörter $|C|$ sollte möglichst groß sein.
2. Es muss $d(C) > 2r + 1$ gelten, damit der Code bis zu r Fehler korrigieren kann.
3. Die Codierung und Decodierung sollten effizient durchführbar sein.

Betrachten wir lineare Codes in F_2^n als mögliche Codes, welche die Eigenschaften erfüllen. Zur Konstruktion solcher Codes betrachten wir die Nachrichten als Vektoren im Vektorraum F_2^n. Als Code wählen wir einen Vektorraum $C \subseteq F_2^n$, der folgende Eigenschaften erfüllt:

1. Die Dimension $\dim(C) = k$ ist groß genug, sodass $|C| = 2^k$ ebenfalls groß ist.
2. Jeder Vektor $x \in C$, $x \neq 0$ hat mindestens $2r+1$ von null verschiedene Komponenten.

Die Bedingung 2. ist äquivalent zu $d(C) > 2r + 1$. Dies ergibt sich aus der folgenden Aussage:

Theorem 21.3.1 *Sei $C \subseteq F_2^n$ ein linearer Code mit $|C| > 2$. Sei das minimale Hamming-Gewicht*

$$w(C) = \min\{|x| : x \in C, x \neq 0\}.$$

Dann gilt:
$$d(C) = w(C).$$

Beweis. 1. $d(C) \leq w(C)$: Sei $x \in C$, $x \neq 0$, mit $|x| = w(C)$. Da $0 \in C$ und $x \neq 0$, haben wir:
$$d(C) \leq d(x, 0) = |x| = w(C).$$

2. $d(C) \geq w(C)$: Seien $x, y \in C$ zwei verschiedene Vektoren mit $d(x, y) = d(C)$. Da C ein Vektorraum ist, gehört auch der Vektor $z = x \oplus y$ zu C, wobei XOR oder $\oplus$ für die Addition modulo 2 steht. Da $x \oplus y \neq 0$ (weil $x \neq y$), gilt:
$$d(C) = d(x, y) = |x \oplus y| \geq w(C).$$

Daraus folgt $d(C) = w(C)$. □

Es bleibt also nur zu zeigen, wie man mithilfe eines linearen Codes C effizient codieren und decodieren kann. Dazu benutzt man die Generator- und Kontrollmatrizen. Wir wissen aus (20.19), dass die Generatorenmatrix G des Codes eine $k \times n$-Matrix ist, deren Zeilen eine Basis von C bilden. Es gilt:
$$C = \{y'G : y \in F_2^k\}.$$

Das orthogonale Komplement heißt Kontrollmatrix oder Prüfmatrix) H des Codes. Dies ist nach der Dimensionsformel eine $(n-k) \times n$-Matrix, deren Zeilen eine Basis von $C^\perp$ bilden. Es gilt:
$$C = \{x \in F_2^n : Hx = 0\}.$$

Die Zeilen von G und H sind paarweise orthogonal. Daraus folgt, dass $x \in C$ genau dann, wenn $H \cdot x = 0$ und Codewörter sind genau die Vektoren, die senkrecht zu allen Zeilen von H liegen.

Ist die Generatorenmatrix G gegeben, so ist die Codierung für die Senderin einfach:

- Die Senderin codiert ihre Nachricht $v \in F_2^k$ durch die Multiplikation von v' mit der Generatormatrix G:
$$y = v' \cdot G.$$

- Der Empfänger erhält einen Vektor $x \in F_2^n$, der sich möglicherweise in bis zu r Positionen vom ursprünglichen Codewort y unterscheidet. Er berechnet das Syndrom von x:
$$s(x) := H \cdot x.$$

Das Syndrom $s(x)$ hilft, die ursprüngliche Nachricht y zu rekonstruieren.

Es gilt der Hauptsatz:

Theorem 21.3.2 *Sei $d(x, C) = \min\{d(x, y) : y \in C\}$. Für jedes $x \in F_2^n$ mit $d(x, C) \leq r$ gibt es genau einen Vektor $a \in B(0, t)$, sodass:*

$$s(x) = s(a) \quad \text{und} \quad x \oplus a \in C.$$

Beweis. 1. Existenz: Da höchstens r Fehler vorliegen, gibt es mindestens einen Vektor $a \in B(0, t)$, sodass $x \oplus a \in C$. Es gilt:

$$0 = H(x \oplus a) = Hx \oplus Ha.$$

Da wir in F_2 arbeiten, folgt $Hx = Ha$.

2. Eindeutigkeit: Nehmen wir an, es existiert ein weiterer Vektor $b \in B(0, t)$, $b \neq a$, mit $x \oplus b \in C$. Setzen wir:

$$u = x \oplus a, \quad v = x \oplus b.$$

Da C linear ist, liegt auch der Vektor $u \oplus v = b \oplus a$ in C. Da $b \oplus a \neq 0$, gilt nach der Definition eines r-fehlerkorrigierenden Codes:

$$d(b \oplus a, 0) > 2r + 1.$$

Andererseits gilt nach der Dreiecksungleichung:

$$d(b \oplus a, 0) = d(b, a) \leq d(b, 0) + d(0, a) \leq 2r,$$

ein Widerspruch zu $d(C) > 2r + 1$. Damit ist die Eindeutigkeit gezeigt. □

Dieses Theorem beschreibt ein zentrales Prinzip der Fehlerkorrektur in der linearen Codierungstheorie: Für ein Empfangswort x existiert ein Vektor a innerhalb der Hamming-Kugel, sodass das Syndrom $s(x)$ mit $s(a)$ übereinstimmt und der korrigierte Codewortkandidat $x \oplus a$ ein gültiges Codewort C ist. Dies bedeutet, dass Fehler, die innerhalb der Korrekturfähigkeit des Codes liegen, zuverlässig erkannt und korrigiert werden können, indem der Fehlervektor a anhand des Syndroms bestimmt wird. Damit sichert das Theorem die Funktionsweise von linearen Codes in der Fehlerkorrektur.

21.4 Computergrafik-Drehgruppen

Bei Computergrafiken spielen Bewegungen wie Translationen und Drehungen der Objekte eine wesentliche Rolle. Letztere werden durch die Drehgruppen mathematisch dargestellt, welche wiederum Gruppen mit speziellen Matrizen als Elementen sind. Wir gehen auf diese Matrizenstrukturen ein. Wir betrachten Drehungen in der Ebene und führen folgende Gruppe ein:

Definition 21.4.1 *Die orthogonale Gruppe* $O(2)$ *des* $\mathbb{R}^2$ *ist definiert durch:*

$$O(2) = \{A \in M(2,2) : A^{-1} = A'\}.$$

Somit bilden alle reellen 2×2-Matrizen, bei denen die Inverse und Transponierte gleich sind, die orthogonale Drehgruppe. Wir werden gleich sehen, was diese Gruppe mit Drehungen zu tun hat. Wir erinnern an das Skalarprodukt $\langle x, y \rangle = \sum_i x_i y_j = x'y$ und nutzen im Folgenden die einfachen Eigenschaften:

Theorem 21.4.1 *Es sind äquivalent:*

1. $A \in O(2)$.
2. $AA' = \mathbb{I} = A'A$.
3. $\langle Ax, Ay \rangle = \langle x, y \rangle$ *für alle* $x, y \in \mathbb{R}^2$.
4. $\|Ax\| = \|x\|, \forall x \in \mathbb{R}^2$.

Beweis. 1. impliziert 2. folgt aus der Definition von $O(2)$. 2. impliziert 3, da mit Theorem 20.1 gilt:

$$\langle Ax, Ay \rangle = \langle x, A'Ay \rangle = \langle x, y \rangle.$$

3. impliziert 4. folgt aus der Definition. 4. impliziert 3. folgt aus der Parallelogrammidentität in Theorem 20.1:

$$\langle x, y \rangle = \frac{1}{4}\left(\|x+y\|^2 - \|x-y\|^2\right) = \langle Ax, Ay \rangle.$$

Um 3. impliziert 2 zu zeigen, folgt aus

$$\langle A'Ax - x, y \rangle = 0$$

die Gleichung $A'Ax = x$. □

Dies zeigt, dass Matrizen aus $O(2)$ die Länge von Vektoren unverändert lassen, da $\|Ax\| = \|x\|$ gilt. Dies ist ein erstes Indiz, dass es sich um Drehungen handeln könnte. Da $AA' = \mathbb{I}$ gilt, folgt mit den Determinantenregeln $\det AB = \det A \det B$ und $\det A = \det A'$, dass $\det(AA') = \pm 1$. Das heißt, die Menge $O(2)$ zerfällt in zwei Komponenten; den Drehungen und den Spiegelungen, wie wir unten sehen werden. Wir betrachten zuerst Drehungen:

Definition 21.4.2 *Die spezielle orthogonale Gruppe* $SO(2)$ *des* $\mathbb{R}^2$ *ist definiert durch:*

$$SO(2) = \{A \in O(2) : \det A = +1\}.$$

Aufgabe 21.4.1 *Zeigen Sie:* $O(2), SO(2)$ *sind Gruppen.*

21.4 Computergrafik-Drehgruppen

Jetzt beginnen wir die Matrizen der Gruppen zu spezifizieren mithilfe der oben beschriebenen Eigenschaften. Es seien $e_1 = (1,0)'$, $e_2 = (0,1)'$ die Standardbasen des $\mathbb{R}^2$ und $A \in O(2)$. Dann sind $A(e_1) = (a,b)$, $A(e_2) = (c,d)$ die Bilder der Standardbasen, d.h.

$$A = \begin{pmatrix} a & c \\ b & d \end{pmatrix}.$$

Da $AA' = \mathbb{I}$ gilt, folgt:

$$AA' = \begin{pmatrix} a^2 + c^2 & ab + cd \\ ab + cd & b^2 + d^2 \end{pmatrix} = \begin{pmatrix} 1 & 0 \\ 0 & 1 \end{pmatrix}.$$

Wenn $a \neq 0$ gilt, dann folgt $b = -(cd)/a$ und $(cd)^2/a^2 + d^2 = 1$. d^2 ausklammern impliziert $d^2 = a^2$ oder $d = \pm a$. Aus der Bedingung $ab + cd = 0$ folgt für $d = a$: $a(b + c) = 0$, d.h. $b = -c$. Analog folgt für $d = -a$ die Bedingung $b = c$. Somit gelten für A:

$$A = \begin{pmatrix} a & \mp b \\ b & \pm a \end{pmatrix}, a^2 + b^2 = 1.$$

Wenn $a = 0$ gilt, folgen $cd = 0$, $c^2 = 1$ und somit $c = \pm 1$. Insgesamt erhalten wir die folgenden vier Matrizen:

$$A \in \left\{ \begin{pmatrix} 0 & 1 \\ 1 & 0 \end{pmatrix}, \begin{pmatrix} 0 & -1 \\ 1 & 0 \end{pmatrix}, \begin{pmatrix} 0 & -1 \\ -1 & 0 \end{pmatrix}, \begin{pmatrix} 0 & 1 \\ -1 & 0 \end{pmatrix} \right\}.$$

Aus den beiden Fallunterscheidungen folgt, dass die Menge der orthogonalen Transformationen aus folgenden Matrizen besteht:

$$O(2) = \left\{ \begin{pmatrix} a & \mp b \\ b & \pm a \end{pmatrix} \right\}, a^2 + b^2 = 1 \right\}.$$

Da $a^2 + b^2 = 1$ gilt, folgt dass es einen Winkel $0 \leq \phi \leq 2\pi$ gibt, sodass

$$a = \cos\phi, b = \sin\phi.$$

Somit ist (a, b) ein Einheitsvektor, siehe Abb. 21.6. Da die Matrizen durch die Bilder angewandt auf die Basis beschrieben werden, betrachten wir die beiden Möglichkeiten $Ae_2 = (-b, a)$, $Ae_2 = (b, -a)$. Im ersten Fall ist, siehe Abb. 21.6, folgt die Matrix bezüglich der Vektoren e_1, e_2:

$$A = \begin{pmatrix} a & -b \\ b & a \end{pmatrix} = \begin{pmatrix} \cos\phi & -\sin\phi \\ \sin\phi & \cos\phi \end{pmatrix}.$$

Somit ist A eine Drehung im Gegenuhrzeigersinn um den Winkel ϕ. Da $\det A = 1$ gilt, folgt $A \in SO(2)$. Im Fall $Ae_2 = (b, -a)$ erhalten wir:

$$A = \begin{pmatrix} a & b \\ b & -a \end{pmatrix} = \begin{pmatrix} \cos\phi & \sin\phi \\ \sin\phi & -\cos\phi \end{pmatrix}.$$

Jetzt betrachten wir die andere Komponente mit $\det A = -1$. Es gilt $A^2 = \mathbb{I}$. Somit führt eine zweifache Anwendung der Matrix zum Ursprung zurück. Dies kann keine Drehung sein. Führen wir den Vektor

$$x_1 = (\cos\phi/2, \sin\phi/2)'$$

ein. Dann gilt $Ax_1 = x_1$. Wir berechnen Ax_1:

$$Ax_1 = \begin{pmatrix} \cos\phi & \sin\phi \\ \sin\phi & -\cos\phi \end{pmatrix} \begin{pmatrix} \cos(\phi/2) \\ \sin(\phi/2) \end{pmatrix} = \begin{pmatrix} \cos\phi \cdot \cos(\phi/2) + \sin\phi \cdot \sin(\phi/2) \\ \sin\phi \cdot \cos(\phi/2) - \cos\phi \cdot \sin(\phi/2) \end{pmatrix}.$$

Wir verwenden die Additionstheoreme der Trigonometrie:

$$\cos(\alpha + \beta) = \cos\alpha \cos\beta - \sin\alpha \sin\beta, \quad \sin(\alpha + \beta) = \sin\alpha \cos\beta + \cos\alpha \sin\beta.$$

Für den ersten Eintrag:

$$\cos\phi \cdot \cos(\phi/2) + \sin\phi \cdot \sin(\phi/2) = \cos(\phi - \phi/2) = \cos(\phi/2).$$

Für den zweiten Eintrag:

$$\sin\phi \cdot \cos(\phi/2) - \cos\phi \cdot \sin(\phi/2) = \sin(\phi - \phi/2) = \sin(\phi/2).$$

Daher gilt:

$$Ax_1 = \begin{pmatrix} \cos(\phi/2) \\ \sin(\phi/2) \end{pmatrix} = x_1.$$

Weiter gilt für

$$x_2 = (-\sin\phi/2, \cos\phi/2)'$$

die Gleichung $Ax_2 = -x_2$ mit einer analogen Rechnung. Die beiden Vektoren x_1, x_2 stehen orthogonal aufeinander und bilden somit eine Basis von $\mathbb{R}^2$. Bezüglich dieser neuen Basis lautet die orthogonale Matrix:

$$A = \begin{pmatrix} 1 & 0 \\ 0 & -1 \end{pmatrix}.$$

Es gilt $A^2 = \mathbb{I}$. Wenden wir A auf einen beliebigen Vektor x an, welchen wir in der Basis $x = c_1 x_1 + c_2 x_2$ aufspannen, erhalten wir:

$$Ax = c_1 Ax_1 + c_2 Ax_2 = c_1 x_1 - c_2 x_2.$$

Dies definiert eine orthogonale Spiegelung an der Geraden $\{cx_1 : c \in \mathbb{R}\}$, siehe Abb. 21.6. Es gilt

$$Tx = x - 2\langle x, x_2 \rangle x_2.$$

21.4 Computergrafik-Drehgruppen

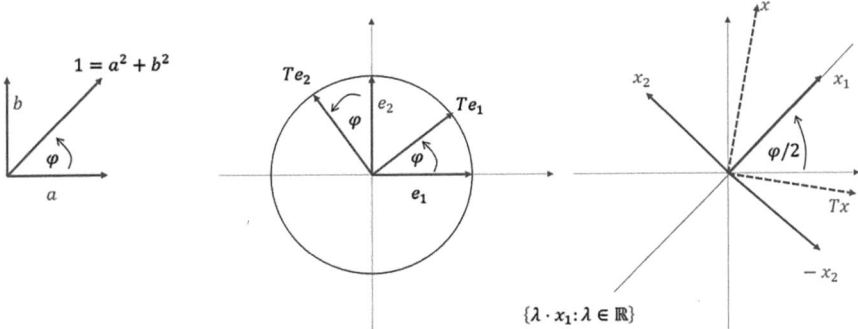

Abb. 21.6 (a) Parametrisierung des Vektors (a, b) mit dem Winkel ϕ. (b) Rotation der beiden Basisvektoren e_1, e_2. (c) Spiegelung des Vektors x an der Achse λx_1

Wir erhalten somit unser Hauptresultat:

Theorem 21.4.2 *Jedes $A \in O(2)$ ist entweder eine Drehung oder eine Spiegelung.*

Somit kann die Menge der orthogonalen Transformationen in der Ebene wie folgt beschrieben werden:

$$O(2) = \left\{ \underbrace{\begin{pmatrix} \cos\phi & -\sin\phi \\ \sin\phi & \cos\phi \end{pmatrix}}_{\text{Drehungen Uhrzeigersinn Winkel } \phi, SO(2)} , \underbrace{\begin{pmatrix} \cos\phi & \sin\phi \\ \sin\phi & -\cos\phi \end{pmatrix}}_{\text{Spiegelungen an } \{c\cos\phi/2, \sin\phi_2\}} \right\} \quad (21.7)$$

Die Analyse kann auf die Gruppen $O(n), SO(n)$ im n-dimensionalen Raum $\mathbb{R}^n$ erweitert werden.

Teil VI
Datenstrukturen und Algorithmen

Datenstrukturen und Algorithmen

Inhaltsverzeichnis

22.1 Abstrakte Datentypen (ADT) und Datenstrukturen (DS) 567

Wir haben mehrfach Algorithmen analysiert. Die Struktur des Dateninputs spielte dabei oft keine explizite Rolle; wir haben einfach eine bestimmte Datenstruktur gewählt, ohne die Vor- und Nachteile der Wahl zu besprechen. In diesem Abschnitt stehen Datenstrukturen und Algorithmen im Zentrum der Darstellung.

22.1 Abstrakte Datentypen (ADT) und Datenstrukturen (DS)

Eine abstrakte Datenstruktur (Abstract Data Type, ADT) bezeichnet die logischen Operationen und das Verhalten der Datenstruktur, ohne die konkrete Implementierung zu spezifizieren. Eine ADT legt fest, **was** Sie tun wollen. Datenstrukturen (DS) sind die konkreten Implementierungen dieser ADTs in einer Programmiersprache, mit Algorithmen und der Speicherung. Sie sagen, **wie** man das ADT-Problem löst. Das Konzept der ADT hat mehrere Vorteile. Erstens programmiert der Nutzer gegen ein Schnittstelle. Zweitens ist die verwendete DS der Implementation versteckt und kann jederzeit ausgetauscht werden. Drittens erlaubt eine ADT komplexe Sachverhalte zu abstrahieren. Zu einem ADT-Problem gibt es im Allgemeinen verschiedene Datenstrukturlösungen mit unterschiedlichen Algorithmen, welche sich in den Laufzeiten, dem benötigten Speicherplatz usw. unterscheiden.

Ergänzende Information Die elektronische Version dieses Kapitels enthält Zusatzmaterial, auf das über folgenden Link zugegriffen werden kann https://doi.org/10.1007/978-3-662-71095-1_22.

22.1.1 Sequenz-ADT

Eine **Sequenz-ADT** ist eine Sammlung von Elementen $x_1, x_2, \ldots, x_n$, die in einer vorgegebenen Reihenfolge gespeichert sind, wobei jedes Element eine bestimmte Position in der Folge hat, die durch den Index bestimmt ist. Insbesondere gibt es einen ersten und einen letzten Eintrag in der Sequenz. Eine Sequenz ADT ist eine Verallgemeinerung von Arrays und Listen. Operationen in der Sequenz ADT sind:

1. Container: `build(X)`, `len()`.
2. Statische Operationen: Gespeicherten items einzeln in der Reihenfolge zurückgeben, `iter_seq()`, das i-te Element zurückgeben, `get_(i)`, das i-te Element mit x ersetzen, `set_(i,x)`.
3. Dynamische Operationen: x an die i-te Stelle hinzufügen, `insert_(i,x)`, das erste und letzte Element wegnehmen bzw. x dort einzufügen, z. B. `insert_first(x)`, das i-te Element löschen, `remove_(i)`.

Aufgabe 22.1.1 *Eine Sequenz-ADT lässt sich in Python implementieren, indem man eine Klasse definiert, die die grundlegenden Eigenschaften und Operationen der Sequenz abstrahiert. Implementieren Sie diese ADT für die Operationen* `size()`, `is_empty()`, `get_at(i)`, `insert_at(i, x)`, `remove_at(i)`, `get_first()` *und* `get_last()`. *Prüfen Sie die Implementierung, indem Sie A and die Position 0, B an die Position 1 und C and die Positionen 2 setzen. Prüfen Sie die Zugriffsoperationen, das Entfernen von C.*

Die Tab. 22.1 gibt eine Übersicht über die Laufzeiten, wenn man die Operationen als Array oder als Linked List umsetzt. Wir zeigen, wie man die Laufzeit $O(1)$ von `get_(i)` für Arrays erhält.

- Arrays speichern ihre Elemente in einem kontinuierlichen Speicherbereich im Arbeitsspeicher.
- Um auf das i-te Element zuzugreifen, wird die Adresse des ersten Elements $A[0]$ als Basisadresse B verwendet.
- Das i-te Element kann direkt berechnet werden durch:

$$\text{Adresse}(A[i]) = B + i \cdot \text{sizeof(element)}.$$

- Diese Berechnung benötigt konstante Zeit $O(1)$, da B bekannt ist, der Index direkt gegeben ist und die Größe eines Elements sizeof(element) konstant ist.

Der Zugriff auf das i-te Element in einem Array erfolgt somit in $O(1)$-Zeit. Die Laufzeit von `insert_first(x)` für Linked Lists ist $O(1)$. Die Funktionsweise ist:

22.1 Abstrakte Datentypen (ADT) und Datenstrukturen (DS)

Tab. 22.1 Laufzeitanalyse der Sequenz-ADT für Arrays und Linked Lists. Beide Strukturen haben $O(n)$-Operationslaufzeiten, wenn die Struktur „ihren Kernprinzipien widerspricht": Arrays sind effizient für direkten Zugriff, ineffizient für Änderungen an der Struktur; Linked Lists sind flexibel bei Einfügen/Löschen, aber langsam bei Zugriffen. Das bedeutet, dass bei Operationen wie Einfügen oder Entfernen von Elementen (außer am Ende) die nachfolgenden Elemente in einem Array verschoben werden müssen, um Platz zu schaffen oder Lücken zu schließen. Linked Lists haben hingegen keine direkte Adressierung wie Arrays. Um auf ein bestimmtes Element zuzugreifen, muss die Liste von Anfang an traversiert werden, was $O(n)$-Zeit kostet

Operation	Array (Laufzeit)	Linked List (Laufzeit)
1. Container-Operationen		
`build(X)`	$O(n)$	$O(n)$
`len()`	$O(1)$	$O(1)$
2. Statische Operationen		
`iter_seq()`	$O(n)$	$O(n)$
`get_(i)`	$O(1)$	$O(n)$
`set_(i, x)`	$O(1)$	$O(n)$
3. Dynamische Operationen		
`insert_(i, x)`	$O(n)$	$O(n)$
`insert_first(x)`	$O(n)$	$O(1)$
`insert_last(x)`	$O(n)$	$O(n)$
`delete_(i)`	$O(n)$	$O(n)$
`delete_first()`	$O(n)$	$O(1)$
`delete_last()`	$O(n)$	$O(n)$

- In einer verketteten Liste enthält jedes Knotenobjekt v mindestens zwei Felder:
  - v.data: Das gespeicherte Element.
  - v.next: Ein Zeiger auf das nächste Element.

- Um ein Element x an den Anfang der Liste einzufügen:
  1. Ein neuer Knoten v wird erstellt $O(1)$.
  2. Das Feld v.data wird auf x gesetzt $O(1)$.
  3. Das Feld v.next wird auf den aktuellen Kopf der Liste gesetzt $O(1)$.
  4. Der neue Knoten v wird zum neuen Kopf der Liste gemacht $O(1)$.

Alle Schritte erfordern konstante Zeit, sodass die Gesamtlaufzeit für `insert_first(x)` in einer Linked List $O(1)$ beträgt.

Betrachten wir das Einfügen eines Elements in einen Array $(x_0, x_1, x_2, \ldots, x_{n-1})$, dessen Anzahl an Elementen fest vorgegeben ist, konkret $(x_0, x_1, x_2, x_3, x_4)$. Das Einfügen eines neuen Elements x an Position 3 führt zu $(x_0, x_1, x_2' = x, x_3' x_4')$, wobei die neuen Indizes $x_j' = x_{j+1}$ für $j > 2$ sind. Einfügen bedeutet also Verschieben. Die Worst-Case-Laufzeit in statischen Arrays insert und delete ist $O(n)$: Wenn wir am Anfang einfügen, müssen wir n Elemente verschieben. Wenn wir am Ende einfügen, haben wir das Problem, dass die Größe des statischen Arrays fest ist und wir das alte Array in ein neues mit $n+1$ Elementen kopieren müssen. Statische Arrays sind also schlecht für dynamische Operationen. Bei verknüpften Listen verhält es sich fast umgekehrt. Wir können sehr effizient in konstanter Zeit $O(1)$ am Anfang der Liste einfügen und löschen. Alle anderen Operationen sind langsam. Will man das i-te Element in einer verknüpften Liste finden, muss man dem Zeiger i-mal folgen, d. h. get_at und set_at sind $O(n)$ im Worst Case. Verknüpfte Listen sind somit effizient für dynamische Operationen am Ende.

Aufgabe 22.1.2 *Die folgende Aufgabe soll in Python gelöst werden. Seien $x_1, x_2, \ldots, x_n$ die Elemente der Sequenz-ADT. Können Sie eine Lösung für folgende Aufgaben geben?*

1. *Schreiben Sie Funktionen, um:*

   – *Die Länge der Sequenz zurückzugeben.*
   – *Das erste und letzte Element der Sequenz abzurufen.*
   – *Testen Sie diese Funktionen mit Beispielsequenzen.*

2. *Implementieren Sie eine Funktion, die eine Sequenz umkehrt, ohne die ursprüngliche Sequenz zu verändern.*
3. *Implementieren Sie eine zirkuläre Sequenz, bei der das Ende der Sequenz wieder mit dem Anfang verbunden ist. Unterstützen Sie die folgenden Operationen:*

   – `next(index)`: *Gibt das nächste Element in der Sequenz zurück.*
   – `previous(index)`: *Gibt das vorherige Element in der Sequenz zurück.*

4. *Implementieren Sie eine Funktion, die einen bestimmten Wert in der Sequenz sucht und den Index zurückgibt (oder -1, wenn der Wert nicht vorhanden ist). Testen Sie die Funktion auf:*

   – *Sequenzielle Sequenzen*
   – *Zufällige Sequenzen*

5. *(Schwieriger) Implementieren Sie die Sequence ADT sowohl mit einem dynamischen Array als auch mit einer doppelt verketteten Liste. Vergleichen Sie die Laufzeit der*

Operationen (z. B. Einfügen, Löschen) für beide Implementierungen bei unterschiedlichen Sequenzgrößen.

Die Aufgaben sind in Python-Kap. 22 besprochen.

22.1.2 Set-(Mengen)-ADT

Ein **Set-ADT** besteht aus Elementen x, wobei jedes Element x mit einem eindeutigen Schlüssel $x.key$ verbunden ist. Im Gegensatz zur Sequenz-ADT enthält ein Set keine Informationen über die Reihenfolge der Elemente. Stattdessen basiert die interne Struktur des Sets auf dem Schlüssel. Die Operationen sind:

1. Container: `build(X)`, `len()`
2. Statische Operationen: Auffinden und die Ausgabe des Schlüssel k mit `find(k)`
3. Dynamische Operationen: x zu der Menge hinzuzufügen mit `insert(x)` und einen Schlüssel zu löschen und auszugeben mit `delete(k)`.
4. Ordnungsoperationen. Finde den kleinsten, größten, nachfolgenden, vorangehenden Schlüssel mit `find_min()`, `find_next(k)` etc. sowie die Iteration durch die Schlüssel mit `iter_ord()`.

Beispiele für Implementierungen sind Hashtabellen oder balancierte Bäume.

22.1.3 Graph-ADT

Ein Graph besteht aus Knoten (Vertices) und Kanten (Edges). Operationen:

- Hinzufügen/Entfernen von Knoten und Kanten
- Nachbarn eines Knotens finden

Beispiele für Implementierungen sind die Adjazenzmatrix oder die Adjazenzliste.

22.1.4 Modulo-ADT

Die ADT und DS für mathematische Theorien wie der modulare Arithmetik sind oft in den Programmiersprachen implementiert, sind (nativ) und die ADT-Operationen durch die mathematischen Operationen bestimmt. Beispielsweise definieren die Modulo-Operationen der Arithmetik der Addition, Subtraktion, Multiplikation und Division die Operationen in einer ADT. Die Korrektheit der Operationen folgt aus der Korrektheit der mathematischen Aussagen. Eine DS der modularen Arithmetik in Python in der ADT class lautet:

```
class Modulo:
    def __init__(self, modulus):
        self.modulus = modulus
    def add(self, a, b):
        return (a + b) % self.modulus
    def subtract(self, a, b):
        return (a - b) % self.modulus
    def multiply(self, a, b):
        return (a * b) % self.modulus
    def divide(self, a, b):
        if b == 0:
            raise ValueError("Division by zero")
        inverse = self.modular_inverse(b)
        return (a * inverse) % self.modulus
    def modular_inverse(self, a):
        for i in range(1, self.modulus):
            if (a * i) % self.modulus == 1:
                return i
        raise ValueError("Modulare Inverse existiert nicht.")
```

Aufgabe 22.1.3 *Implementieren Sie die modulare Arithmetik in der Klasse Module. Definieren Sie für den Modulus 7 die Addition von 3 und 5, die Subtraktion von 4 und 2, die Multiplikation von 3 und 4, die Division von 6 und 2 und die Inverse von 2.*

22.1.5 RAM als ADT

Im Kontext von Datenstrukturen gehen wir von einem **Random-Access-Machine**-Modell (RAM) aus, bei dem angenommen wird, dass der Computer zu jedem gespeicherten Eintrag, unabhängig vom Index, **Zugang in konstanter Zeit** $O(1)$ hat. Konkret bedeutet dies, dass jede Speicherzelle in einer Zeiteinheit sowohl gelesen als auch beschrieben werden kann. Dabei ignorieren wir die Auswirkungen von Speicherhierarchien, was in vielen Fällen eine vernünftige Annahme darstellt, um die Zeitkomplexität der Speicherzugriffe zu analysieren. Um dieses Modell konkret zu machen, betrachten wir eine ADT, die direkt auf das Verhalten einer RAM-Speicherzelle abzielt, und implementieren sie in einer Datenstruktur. Eine RAM-Speicherzelle ADT wird durch folgende Operationen definiert:

22.1 Abstrakte Datentypen (ADT) und Datenstrukturen (DS)

- write(address, value): Speichert einen Wert in der angegebenen Speicheradresse.
- read(address): Gibt den Wert an der angegebenen Speicheradresse zurück.
- initialize(size): Initialisiert den Speicher mit einer bestimmten Größe und setzt alle Werte auf einen Standardwert (z. B. 0).

Dabei gelten die Spezifikationen, dass address ein ganzzahliger Index für den Zugriff auf den Speicher ist, value der gespeicherte Wert und size die Anzahl der Speicherzellen ist. In Python kann die RAM-Speicherzelle durch eine Liste implementiert werden. Eine Liste bietet direkten Zugriff auf jeden Index $O(1)$, was dem RAM-Modell entspricht.

Aufgabe 22.1.4 *Implementieren Sie die RAM-ADT-Operationen in einer Python-Liste. Testen Sie dies mit einer RAM bestehend aus 10 Speicherzellen, den Werten (0,42) und (5,99). Lesen Sie die Werte aus der RAM und zeigen Sie den Zustand der RAM an.*

Beispiele 23

Inhaltsverzeichnis

23.1 Linked List 575
23.2 Statische und dynamische Datenstrukturen 577
23.3 Linked List und Warteschlange 579
23.4 Josephus-Kreis 580
23.5 Aufgaben in Python 583

23.1 Linked List

Die ADT Linked List legt die Operationen fest wenn die Reihenfolge der Elemente durch Zeiger und nicht durch Indizes wie in einem Array bestimmt ist. Typische Operationen für eine Linked List als ADT sind:

- `add_first(element)`: Fügt ein Element an den Anfang der Liste ein.
- `add_last(element)`: Fügt ein Element an das Ende der Liste ein.
- `remove_first()`: Entfernt das erste Element der Liste.
- `remove_last()`: Entfernt das letzte Element der Liste.
- `get_first()`: Gibt das erste Element der Liste zurück.
- `get_last()`: Gibt das letzte Element der Liste zurück.
- `is_empty()`: Prüft, ob die Liste leer ist.
- `size()`: Gibt die Anzahl der Elemente in der Liste zurück.

Ergänzende Information   Die elektronische Version dieses Kapitels enthält Zusatzmaterial, auf das über folgenden Link zugegriffen werden kann https://doi.org/10.1007/978-3-662-71095-1_23.

© Der/die Autor(en), exklusiv lizenziert an Springer-Verlag GmbH,
DE, ein Teil von Springer Nature 2025
P. Vanini, *Diskrete Mathematik für Algorithmen*,
https://doi.org/10.1007/978-3-662-71095-1_23

Die Datenstruktur Linked List ist eine konkrete Implementierung. Sie besteht aus einer Kette von Knoten, wobei jeder Knoten einen Datenwert und einen Zeigen enthält.

Die folgende Implementation in Python der ADT legt fest, was die Liste tun soll, aber nicht, wie es umgesetzt wird.

```python
class LinkedListADT:
    def add_first(self, element):
        """Fügt ein Element an den Anfang der Liste ein."""
    def add_last(self, element):
        """Fügt ein Element ans Ende der Liste ein."""
    def remove_first(self):
        """Entfernt das erste Element der Liste."""
    def is_empty(self):
        """Prüft, ob die Liste leer ist."""
```

Die Datenstruktur in Python lautet:

```python
class Node:
    def __init__(self, data):
        self.data = data
        self.next = None

class LinkedList:
    def __init__(self):
        self.head = None
        self.size = 0

    def add_first(self, element):
        new_node = Node(element)
        new_node.next = self.head
        self.head = new_node
        self.size += 1

    def remove_first(self):
        if self.head is None:
            raise ValueError("Die Liste ist leer.")
        removed_data = self.head.data
        self.head = self.head.next
        self.size -= 1
        return removed_data

    def is_empty(self):
        return self.head is None
```

23.2 Statische und dynamische Datenstrukturen

Tabelle 23.1 gibt eine Übersicht über die Laufzeiten im Worst Case für statische und dynamische Arrays und Linked Lists. Bei * handelt es sich um eine amortisierte Laufzeit. Diese beschreibt die durchschnittliche Laufzeit einer Operation über eine Reihe von Operationen, anstatt die Laufzeit einer einzelnen Operation isoliert zu betrachten. Um von einem statischen zu einem dynamischen Array zu gelangen, muss die fixe Größe n des Arrays angepasst werden bei `insert_last(x)`, wenn der Array voll ist. Wie erfolgt die Anpassung effizient? Die Idee ist, dass der Speicherbereich ungefähr (im Sinne von asymptotisch) verdoppelt wird.

Definition 23.2.1 *Sei eine Sequenz* $(x_0, x_1, \ldots, x_n)$ *gegeben mit Länge* $n + 1$. *Die Länge des Arrays heißt* **size**.

Wenn der statische Array Länge $n =$ size hat, ordnen wir einen Array mit neuer doppelter Länge zu, d. h. $\tilde{n} = 2n$. Wann müssen wir die Größe erneut ändern? Angenommen, wir fügen n Elemente am Ende ein. Wenn $n = 1$ ist, müssen wir die Größe unmittelbar ändern, da wir zwei Array-Zellen haben: eine gefüllte statische Zelle plus eine neue, d. h. $\tilde{n} = 2$. Bei $n = 2$ ist $\tilde{n} = 4$, d. h., wir müssen die Größe auf 4 ändern, dann auf 8 usw. Das bedeutet, dass die Kosten für die Größenänderung für n Elemente wie folgt aussehen (*log* ist hier zur Basis 2)

$$1 + 2 + 2^2 + \ldots + 2^j = \sum_{j=0}^{\log n} 2^j = \frac{2^{\log n + 1} - 1}{2 - 1} = 2^{\log n + 1} - 1$$

mit $c = 1$ dem konstantem Kostensatz. Aus $2^{j_{\max}} = n$ folgt $j_{\max} = \log n$. Die Kosten sind also

$$O(2^{\log n + 1}) = O(2^{\log n}) = O(n).$$

Wir haben für n Operationen eine lineare Gesamtzeit für die gesamte Größenänderung. Die amortisierte Laufzeit bezieht sich auf die durchschnittliche Laufzeit einer Operation über eine Reihe von Operationen. Auch wenn das Verdoppeln $O(n)$ Zeit benötigt, passiert dies nur selten. Wenn man eine Reihe von n. Einfügungen betrachtet, wird das Verdoppeln nur logarithmisch oft durchgeführt. Die Gesamtzeit für alle Einfügungen ist also in der Größenordnung von $O(n)$ für n Einfügungen und die amortisierte Zeit für jede Einfügung ist daher $O(1)$ (Tab. 23.1). Dies zeigt den vorteil der dynamischen Struktur zu den statischen Arrays und Linked List.

Als Beispiel sei eine Sequenz-ADT D mit vier grundlegende $O(1)$-Operationen gegeben: `D.insert_first(x)`, `D.delete_first()`, `D.insert_last(x)`, `D.delete_last()`. Wir implementieren Algorithmen auf der Basis dieser vier Operationen. Die erste Operation ist `swap_ends(D)`, welche das erste und das letzte Element der Folge in D in $O(1)$-Zeit vertauscht. Das Vertauschen des ersten und des letzten Eintrags in der Liste kann durch einfaches Löschen der beiden Enden in $O(1)$-Zeit und anschließendes

Tab. 23.1 Die statischen Operationen sind get und set; die anderen Operationen sind dynamisch

Datenstruktur	get_(i)	set_(i, x)	insert_first(x) delete_first()	insert_last(x) delete_last()	insert_(i, x)	delete_(i)
Array	$O(1)$	$O(1)$	$O(n)$	$O(n)$	$O(n)$	$O(n)$
Linked List	$O(n)$	$O(n)$	$O(1)$	$O(n)$	$O(n)$	$O(n)$
Dyn. Array	$O(1)$	$O(1)$	$O(n)$	$O(1)$ *	$O(n)$	$O(n)$

Einfügen in umgekehrter Reihenfolge, ebenfalls in $O(1)$-Zeit, durchgeführt werden. Dieser Algorithmus ist aufgrund der Definitionen dieser Operationen korrekt.

```
def swap_ends(D):
    x_first = D.delete_first()
    x_last = D.delete_last()
    D.insert_first(x_last)
    D.insert_last(x_first)
```

Der zweite Algorithmus shift_left(D, k) verschiebt die ersten k Elemente der Sequenz an das Ende der Sequenz n in $O(k)$-Zeit. Um shift_left(D, 1) zu implementieren, löschen Sie das erste Element und fügen es an der letzten Position in $O(1)$ Zeit ein. Die Liste behält die relative Reihenfolge aller Elemente in der Sequenz bei, mit der Ausnahme, dass das erste Element hinter alle anderen verschoben wurde, sodass shift_left(D, 1) korrekt ist. Um shift_left(D, k) zu implementieren, verschiebt man das erste Element wie oben an die letzte Position und ruft dann rekursiv shift_left(D, k - 1) auf, bis man den Basisfall shift_left(D, 1) erreicht. Wenn shift_left(D, k - 1) korrekt ist, wird die Korrektheit durch Induktion wiederhergestellt, indem das erste Element an die letzte Position verschoben wird. shift_left(D,k) läuft in $O(k)$-Zeit, weil es $O(k)$ rekursive Aufrufe macht, bis es den Basisfall erreicht, wobei pro Aufruf konstante Arbeit geleistet wird. Der Python-Code lautet.

```
def shift_left(D, k):
    if (k < 1) or (k > len(D) - 1):
        return
    x = D.delete_first()
    D.insert_last(x)
    shift_left(D, k - 1)
```

Die Laufzeitenanalyse des Code ist:

- if (k < 1) or (k > len(D) - 1): return. Dies ist eine Basisfall-Überprüfung und kostet $O(1)$.

- `x = D.delete_first()`. Dies entfernt das erste Element in der Datenstruktur D. Bei einer einfach verketteten Liste würde dies in $O(1)$ geschehen, da der Zugriff auf den Kopf konstant ist. Für eine allgemeine Liste hängt die Implementierung von D ab, aber wir nehmen hier an, dass der Zugriff $O(1)$ beträgt.
- `D.insert_last(x)`. Dies fügt ein Element am Ende der Datenstruktur D hinzu. Für eine doppelt verkettete Liste oder eine Liste mit einem Zeiger auf das letzte Element kostet dies $O(1)$. Falls jedoch nur eine Referenz auf den Kopf der Liste vorliegt, würde das Einfügen am Ende $O(n)$ erfordern. Hier gehen wir von $O(1)$ aus.
- `shift_left(D, k - 1)`. Der rekursive Aufruf reduziert k in jedem Schritt um 1, sodass der Rekursionsbaum eine Tiefe von k erreicht. Jede Rekursionsebene hat konstante Kosten von $O(1)$, solange `delete_first()` und `insert_last()` jeweils $O(1)$ sind.
- Da jede Ebene $O(1)$ Zeit benötigt und der Rekursionsaufruf k-mal erfolgt, ergibt sich eine Gesamtkomplexität von $O(k)$.

23.3 Linked List und Warteschlange

Hans fährt mit ihrem Eiswagen zur Grundschule, und sofort bilden $2n$ Kinder eine lange Schlange vor ihm. Da es zu viele Kinder sind, bringt Lina einen zweiten Eiswagen und stellt diesen an das Ende der Schlange. Sie einigen sich darauf, dass die hintere Hälfte der Schlange, die letzten n Kinder in umgekehrter Reihenfolge zu Lina gehen. So wird das letzte Kind bei Hans auch das letzte Kind bei Lina sein.

Die Warteschlange ist mit einer Linked List der Namen der $2n$ Kinder in der Reihenfolge der ursprünglichen Schlange beschrieben. Wir suchen einen Algorithmus, der in $O(n)$-Zeit die Linked List so verändert, dass die Reihenfolge der letzten Hälfte der Liste umgekehrt wird, um Eis bei Lina zu kaufen. Der Algorithmus sollte während seiner Ausführung keine neuen verketteten Listenknoten erzeugen oder neue Datenstrukturen von nicht konstanter Größe instanziieren. Wir kehren die Reihenfolge in der zweiten Hälfte der Ursprungswarteschlange $n + 1, \ldots, 2n$ in drei Schritten um (Abb. 23.1):

- Suche den n-ten Knoten, der Endknoten in Hans' Warteschlange nach der Trennung der Kinder. Wir können n berechnen, indem wir die Größe der Liste halbieren. Den Endknoten nennen wir a.
- Für jeden Knoten x zwischen dem $(n + 1)$-ten Knoten b und dem $(2n)$-ten Knoten c wird der nächste Zeiger von x so verändert, dass er auf den Knoten vor ihm in der ursprünglichen Folge zeigt.
- Änderung des nächsten Zeigers von a und b, sodass er auf c bzw. None zeigt.

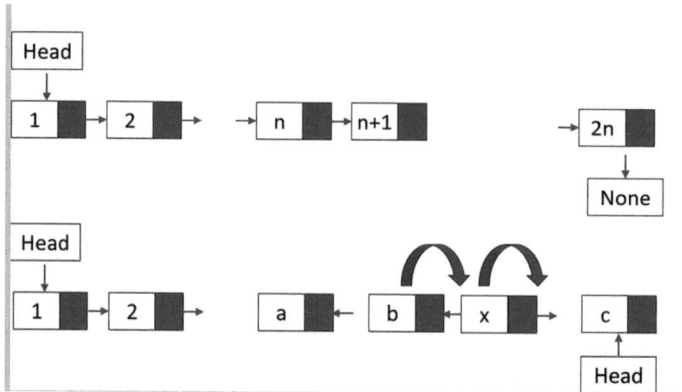

Abb. 23.1 Linked List oben für die Warteschlange von Hans zu Beginn. Der Startknoten heißt Head und der Endknoten None. Jeder Knoten besteht aus einem Datenteil, hier die Nummer der Schüler, und einem Pointer. Die untere Linked List beschreibt das Entstehen der umgekehrten zweiten Hälfte mit den drei Schritten

Um den n-ten Knoten zu finden, müssen die nächsten Zeiger $(n-1)$-mal vom Head der Liste aus durchlaufen werden. Dies dauert $O(n)$. In der zweiten Hälfte ändern wir die Verknüpfung zwischen jedem Knoten x_p und seinem Nachfolger x. Durch n-maliges Wiederholen werden alle n Knoten in der letzten Hälfte der Sequenz in $O(n)$-Zeit neu verknüpft. Während der Algorithmus die Liste durchläuft, bedeutet dies, dass das Ändern der nächsten Zeiger am Anfang und am Ende der letzten Hälfte der Liste $O(1)$ dauert, was insgesamt zu einem Algorithmus mit $O(n)$-Zeit führt. Der Python-Code und die Laufzeitanalyse sind im Python-File 20 gegeben.

23.4 Josephus-Kreis

Das Josephus-Problem geht auf den römischen Historiker Flavius Josephus zurück. Während des römisch-jüdischen Konflikts im Jahr 67 n. Chr. nahmen die Römer die Stadt Jotapata ein, die Josephus befehligte. Er und 40 Gefährten entkamen und wurden in einer Höhle eingeschlossen. Aus Angst vor Gefangennahme beschlossen sie, sich das Leben zu nehmen. Josephus und ein Freund waren mit diesem Vorschlag jedoch nicht einverstanden, wagten aber nicht, ihre Ablehnung offen zu zeigen. Sie schlugen daher vor, sich in einem Kreis aufzustellen und immer in derselben Richtung zu zählen, wobei jeder dritte Mann getötet werden sollte, bis nur ein Überlebender übrig war, der sich dann selbst töten würde. Durch die Wahl der Positionen 31 und 16 im Kreis retteten Josephus und sein Gefährte ihr Leben.

23.4 Josephus-Kreis

Um das Problem zu formulieren, nummerieren wir die n Positionen im Kreis mit $0, 1, 2, \ldots, n-1$ und beginnen bei Position 0 zu zählen. Die Funktion, mit k die Schrittlänge beim zählen,

$$J(n,k) \; n \geq 1, k \geq 1$$

beschreibt die Überlebenden. Es gibt bis heute keine Formel für diese Funktion J, außer für $k = 2$ und $k = 3$, d.h. der nächste und übernächste Soldat wird getötet. Betrachten wir zuerst ein Beispiel mit $n = 7$ Soldaten und $k = 3$ Schrittlänge. Die Nummern der Soldaten sind $0, 1, \ldots, 6$. Startend mit 0. fällt zuerst die 2, dann die 5, 1, 6, 4, 0 weg und übrig bleibt die Nummer 3.

Wenn die Funktion $J(n,k)$ die Person beschreibt im Kreis mit n Personen, welche überlebt, wenn jede k-te Person weggenommen wird, dann behaupten wir:

$$J(7,3) \equiv (J(6,3) + 3) \pmod{7}.$$

Um dies einzusehen, starten wir beim ersten Soldaten an der Position Null. Die Person, k Stellen vom ersten Soldaten an der Position Null entfernt, ist an der Position

$$(k-1) \mod n.$$

Nachdem diese k-te Person weggenommen wurde, verbleibt ein Kreis von $n-1$ Personen. Das Zählen wird mit der Person fortgesetzt, deren Nummer im ursprünglichen Problem

$$(k-1 \mod n) + 1$$

war. Die Position des Überlebenden im verbleibenden Kreis ist $J(n-1, k)$, wenn das Zählen bei 0 beginnt. Um dies anzupassen, sodass der Startpunkt $k-1 \mod n+1$ ist, ergibt sich die Rekursionsrelation:

$$J(n,k) \equiv (J(n-1,k) + k) \pmod{n}, \quad \text{mit} \quad J(1,k) = 0.$$

Wir implementieren einen Algorithmus, welcher das Josephus-Problem löst. Der Algorithmus ist nicht effizient.

```
def J(n, k):
    class Node:
        def __init__(self, data=None):
            self.data = data
            self.next = None

    # Erstelle zirkuläre, verlinkte Liste mit n Knoten
    head = Node(0)
    prev = head
    for i in range(1, n):
        node = Node(i)
        prev.next = node
        prev = node
    prev.next = head  # Verlinke letzten Knoten mit dem ersten

    # Initialisiere die Eliminierungssequenz und beginne die
    Simulation
    result = []
    current = head
    prev = None

    # Durchlaufe und eliminiere jeden k-ten Knoten bis nur einer
    übrig bleibt
    while current.next != current:
        # Durchlaufe die Liste bis zum k-ten Knoten
        for _ in range(m - 1):
            prev = current
            current = current.next

        # Entferne den k-ten Knoten aus der zirkulären Liste
        result.append(current.data)
        prev.next = current.next
        current = current.next

    # Füge den letzten verbleibenden Knoten zur Ergebnisliste hinzu
    result.append(current.data)
    return result

# Beispielausgabe
print(J(6, 3))
```

Der Algorithmus hat Komplexität $O(n \cdot k)$. Verbesserte Algorithmen haben Laufzeiten $O(k \log n)$. Wir lassen es hier gut sein und verweisen auf die Literatur für weiterführende mathematische und algorithmische Arbeiten.

23.5 Aufgaben in Python

Aufgabe 23.51 *Gegeben ist ein sortierter Array von n verschiedenen ganzen Zahlen, wobei jede ganze Zahl im Bereich von 0 bis m − 1 liegt und m > n. Finde die kleinste Zahl, die im Array fehlt.*

Aufgabe 23.52 *Wir haben zwei sortierte Arrays der Länge m und n. Wir müssen die beiden Arrays mit $O(1)$-Zusatzspeicherraum so zusammenführen, dass sich die ursprünglichen Zahlen nach vollständiger Sortierung im ersten Array und die restlichen Zahlen im zweiten Array befinden.*

Aufgabe 23.53

1. *Erzeuge Klasse Node*
2. *Erzeuge Klasse LinkedList*
3. *Implementiere insert am Anfang, in der Mitte, am Ende*
4. *Implementiere Update eines Knotens*
5. *Implementiere delete Index am Anfang, in der Mitte, am Ende; delete Node*
6. *Implementiere size für LinkedList*
7. *Erzeuge LinkedList mit Knoten a, b, c, d, g. Hinzufügen der Knoten zu leeren Liste*

   a. *insert at end a*
   b. *insert at end b*
   c. *insert at start c*
   d. *insert at end d*
   e. *at Index = 2 g*

8. *Drucke die LinkedList*
9. *Delete Knoten, drucke das Resultat*

Aufgabe 23.54 *Implementieren Sie die Klasse für dynamische Arrays mit den Operationen: Add_at_the_end, remove_last(), double_size_of_array, shrink_size_array, add_(i), remove_(i).*

Testen Sie den Code für einen Array mit 9 Elementen 1, 2, . . . , 9.

Binäre Suchbäume   24

Inhaltsverzeichnis

24.1 Motivation 585
24.2 Binärbäume 587
24.3 Heaps 602

Binäre Suchbäume sind eine Datenstruktur, die dazu verwendet wird, Daten effizient zu speichern, zu durchsuchen, einzufügen und zu löschen. Jeder Knoten in einem Binären Suchbaum enthält einen Schlüssel sowie zwei Unterbäume – einen linken und einen rechten –, wobei zim Beispiel der linke Unterbaum nur Knoten mit Schlüsseln enthält, die kleiner als der Schlüssel des aktuellen Knotens sind, und der rechte Unterbaum nur Knoten mit größeren Schlüsseln. Diese Ordnungseigenschaft ermöglicht eine effiziente Suche, da bei jedem Schritt die Hälfte der verbleibenden Elemente ausgeschlossen wird, was eine durchschnittliche Zeitkomplexität von $O(\log n)$ bei ausgeglichenen Bäumen ergibt, d. h., der linke und rechte Teilbaum sind ähnlich groß. Binäre Suchbäume bilden die Grundlage vieler Algorithmen und Anwendungen, da sie eine intuitive und flexible Struktur für das Verwalten hierarchischer Daten darstellen. Sie sind eine der am **häufigsten verwendeten Datenstrukturen**.

24.1 Motivation

Bei Listen fehlt die Möglichkeit, effizient nach bestimmten Elementen zu suchen. Ein Ansatz für effizientes Suchen besteht darin, zuerst die Zahlen $x_0, x_1, \ldots, x_{n-1}$ aus einem Array zu ordnen und dann mit Binary Search zu suchen. Wir schreiben x_j anstelle $A[j]$, da die erste

---

Ergänzende Information Die elektronische Version dieses Kapitels enthält Zusatzmaterial, auf das über folgenden Link zugegriffen werden kann https://doi.org/10.1007/978-3-662-71095-1_24.

Notation für das Auge deutlich angenehmer ist. Wir nehmen an, dass die Zahlen **sortiert** sind, d. h. $x_{j-1} \leq x_j$ für alle j. Wie man den Array mit Mergesort sortiert und wie man mit Binary Search ein Element sucht, haben wir bereits besprochen. Dabei haben wir immer angenommen, dass die Zahlen Potenzen von 2 sind, um die Gaußklammern zu vermeiden. Jetzt führen wir die Analyse allgemein durch. Wir erwarten die bekannten Resultate. Dies ist somit eine Übung im Rechnen mit Rundungsfunktionen.

Aufgabe:

1. Gegeben ist ein sortierter Array von n Zahlen $x_0 \leq x_1 \leq x_2 \leq \ldots \leq x_{n-1}$, mit $x_k \in \mathbb{Z}$.
2. Gesucht ist ein $j \in \{0, 1, \ldots, n-1\}$ mit $x_j = y$.

Falls für ein k, $y < x_k$ gilt, kann das gesuchte j nur in der Menge $\{0, 1, \ldots, k-1\}$ liegen. Falls $y \geq x_k$, $y \neq x_k$, suchen wir in $\{k+1, \ldots, n-1\}$. Da n nicht durch 2 teilbar sein kann, nutzen wir die Gaußklammern $\lfloor x \rfloor$, $\lceil x \rceil$. Die folgenden Ungleichungen sind grundlegend und klar:
$$\lfloor x \rfloor \leq x < \lfloor x \rfloor + 1 \,,\, \lceil x \rceil - 1 < x \leq \lceil x \rceil.$$

Jetzt setzen wir $k = \lceil n/2 \rceil$, um die Daten in der Mitte zu teilen. Wir führen das Teilen und Prüfen iterativ mit Binary Search durch. Es sei m_i die Länge der Daten im Array nach der i-ten Iteration. Da die Daten in jeder Iteration halbiert werden, erhalten wir die exponentielle Abnahme der Datenmenge:

$$m_i \leq \left\lceil \frac{m_{i-1}}{2} \right\rceil \leq \left\lceil \frac{\lceil m_{i-1} \rceil}{2} \right\rceil = \left\lceil \frac{m_{i-2}}{2^2} \right\rceil \leq \ldots \left\lceil \frac{m_0}{2^i} \right\rceil.$$

Seien $I(m)$ die Anzahl der Iterationen, welche höchstens für eine Menge der Größe m erforderlich ist. Dann erhalten wir die Rekursion:

$$I(m) \leq \begin{cases} 1, m = 1 \\ 1 + I(\lceil \frac{m}{2} \rceil), \text{sonst.} \end{cases} \tag{24.1}$$

Die Lösung dieser Rekursion ist

$$I(m) \leq 1 + \log n.$$

Somit ist die Laufzeitenkomplexität $O(\log n)$.

Aufgabe 24.1.1 *Verifizieren Sie mit der Substitutionsmethode, dass dies tatsächlich die Lösung ist.*

Die Abb. 24.1 zeigt das Zugriffsmuster des Algorithmus.

24.2 Binärbäume

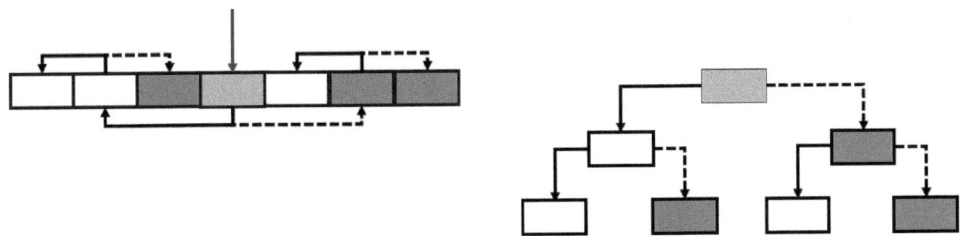

Abb. 24.1 Zugriffsmuster der binären Suche auf Einträge des zu durchsuchenden Arrays. Rechts sind die Einträge nach der Iterationszahl eingeteilt, die erforderlich sind, um sie zu erreichen

Er beginnt bei dem mittleren Element. Abhängig davon, ob $x_k \leq y$ oder, wird dann entweder dem linken oder rechten Pfeil gefolgt, bis das gesuchte Element gefunden ist. Stellt man die Iterationen hierarchisch dar, folgt eine Baumstruktur. Dabei entspricht die i-te Iteration dem i-ten Level des Baumes. Der Baum ist die dynamische Datenstruktur. Sie ist nichtlinear. Bei Listen oder Arrays können wir auf das das erste oder letzte Element zugreifen. Dies ist nicht möglich im Baum. Wenn wir das Verhalten einer binären Suche in einer dynamischen Datenstruktur reproduzieren wollen, müssen wir in jedem Knoten des Baumes die Möglichkeit haben, je nach Ergebnis der Prüfung des jeweils aktuellen Knotens, zum mittleren Knoten der linken oder rechten Hälfte der Datenmenge zu wechseln. Egal in welchem Teilbaum wir sind, wir müssen jetzt Zugriff auf den mittleren Knoten haben, an welchem der Rest des Baumes angehängt ist. Weiter müssen wir nach einem Vergleich mit diesem mittleren Knoten ungefähr die Hälfte der zu durchsuchenden Datenmenge ausschließen. Diese Ziele erreichen wir durch Abänderung der bekannte Listenstruktur. Anstelle eines Zeigers auf das unmittelbar folgende Element in der Liste, verwenden wir jetzt zwei Zeiger auf die linke Hälfte und auf die rechte Hälfte der Daten zu einem mittleren Knoten. Wir machen diese Aussagen jetzt präzis indem wir zuerst binäre Bäume und dann Suchbäume einführen.

24.2 Binärbäume

Definition 24.2.1 *(Binärbaum) Ein Binärbaum ist ein Wurzelbaum, in dem jeder Knoten höchstens zwei Kinder hat.*

Wir wiederholen einige Begriffe und fügen neue hinzu. Abb. 24.2 illustriert diese. Binärbäume stehen im Vergleich zu den Bäumen in der Natur auf dem Kopf.

- Vorläuferknoten heißen **Eltern**, nachfolgende Knoten **Kinder**. Die **Wurzel** ist der Knoten ohne Eltern.

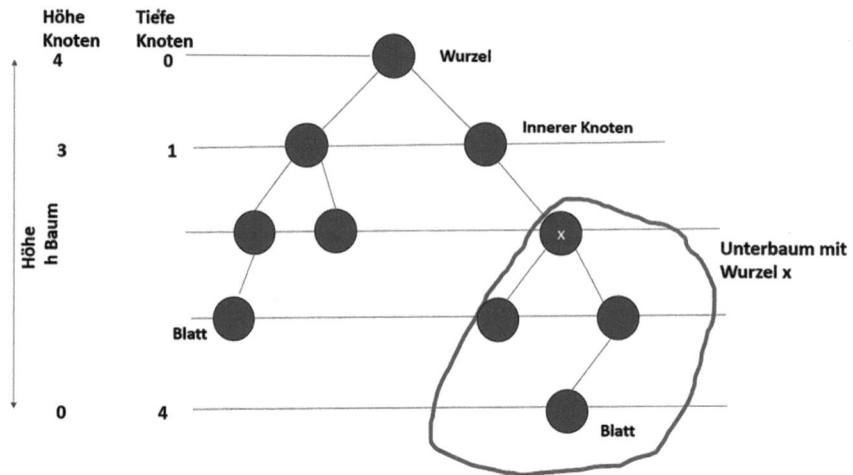

Abb. 24.2 Nomenklatur für Binärbäume

- Ein eindeutiger Pfad verläuft von der Wurzel zu jedem Knoten. Ein Binärbaum hat nie einen geschlossenen Pfad oder Kreis. Es können keine Endlosschleifen auftreten. Somit müssen in einer Baumstruktur die besuchten Knoten nicht markiert werden.
- Ein Knoten ohne Kinder heißt **Blatt**.
- Ein Binärbaum ist **vollständig**, genau dann, wenn jeder Knoten 0 oder 2 Kinder hat.
- Die **Tiefe** eines Knotens x gibt an, wie lang der Pfad zur Wurzel ist. Die Wurzel hat Tiefe 0. Knoten mit der gleichen Tiefe werden zum gleichen **Level** zusammengefasst. Die **Höhe** h eines Binärbaums ist die maximale Knotentiefe $h = \max\{\text{levels}\}$. Die Höhe wird von unten nach oben, die Tiefe in der anderen Richtung gemessen.
- Bei einem **perfekten** Binärbaum haben alle inneren Knoten zwei Kinder und alle Blätter die gleiche Tiefe. Ein perfekter Binärbaum ist ein vollständiger Binärbaum, aber der Umkehrschluss ist falsch (Beispiel?).

In einem **vollständigen** binären Baum hat jedes Level die maximale Anzahl an Knoten und Binärbäume sind vollständig, genau dann, wenn alle Blätter die gleiche Tiefe haben. Wir beweisen einige elementare Eigenschaften von Binärbäumen:

Theorem 24.2.1

- *Die Anzahl der Knoten n in einem vollständigen Binärbaum ist mindestens $2h + 1$ und höchstens $2^{h+1} - 1$.*
- *Die Anzahl der Blattknoten L in einem perfekten Binärbaum ist $L = (n + 1)/2$.*
- *Bei gegebenen n Knoten ist die minimal mögliche Baumhöhe $h_{min} = \log_2(n + 1) - 1$. Dann ist der Binärbaum ein vollständiger oder perfekter Baum.*

24.2 Binärbäume

Somit ist die Anzahl der Knoten in einem vollständigen Binärbaum höchsten gleich der Anzahl der Knoten in einem perfekten Binärbaum.

Beweis Wir beweisen die erste Aussage. Die geringste Anzahl von Knoten erhält man, indem man nur zwei Kinderknoten pro Höhe hinzufügt, also $2h + 1$ (plus 1 steht für den Wurzelknoten). Die maximale Anzahl von Knoten erhält man, indem man die Knoten auf jeder Ebene vollständig auffüllt, d. h., es handelt sich um einen perfekten Baum (geometrische Reihe):
$$1 + 2 + 4 + \ldots + 2^h = 2^{h+1} - 1.$$
Für die zweite Aussage gilt: Weil $n = 2^{h+1} - 1$ und die Anzahl der Blätter 2^h ist, folgt
$$n = 2 \cdot 2^h - 1 = 2L - 1 \Longrightarrow L = (n+1)/2.$$
Jetzt gehen wir zu dritten Aussage. Bei einer gegebenen Höhe h kann die Anzahl der Knoten $2^{h+1} - 1$ nicht überschreiten. Also $n \leq 2^{h+1} - 1 \Longrightarrow h \geq \log(n+1) - 1$. □

Aufgabe 24.2.1 *Es sind 7 Knoten gegeben. Zeichnen Sie einen Binärbaum mit maximaler und minimaler Höhe. Berechnen Sie die Höhen.*

Aufgabe 24.2.2 *Betrachten Sie den Baum in Abb. 24.3.*

- *Handelt es sich um einen Binärbaum?*
- *Bestimmen Sie die Wurzel, die inneren Knoten, Levels und die Blätter.*
- *Bestimmen Sie die Höhe des Baumes.*

24.2.1 Binäre Suchbäume und Traversierung

Aufbauend auf den Binärbäumen, interessieren uns binäre Suchbäume und die Traversierung von Bäumen. Binärbäume sind ein mathematisches Modell, bei dem jeder Knoten höchstens zwei Kinder hat (linkes und rechtes Kind). Es gibt keine weiteren Einschränkungen auf die Anordnung der Elemente oder deren Werte. Bei einem binären Suchbaum besitzen die Knoten eine Struktur aus Daten und Schlüsseln, und die Verweise zwischen den Knoten werden durch Zeiger (Pointers) realisiert.

Oft ist es notwendig, alle Knoten eines Baumes der Reihe nach zu besuchen. Bei linearen Datenstrukturen gibt es nur eine Richtungssuche. Diese kann im Worst Case $O(n)$ dauern. Bäume sind nicht linear und verschiedene Durchlaufordnungen oder **Traversierungen** sind möglich. Drei Arten der Traversierung sind die **Preorder-Reihenfolge**, die **Postorder-Reihenfolge** und die **Inorder-Reihenfolge (InT)**. Die Bezeichnungen verdeutlichen, ob ein

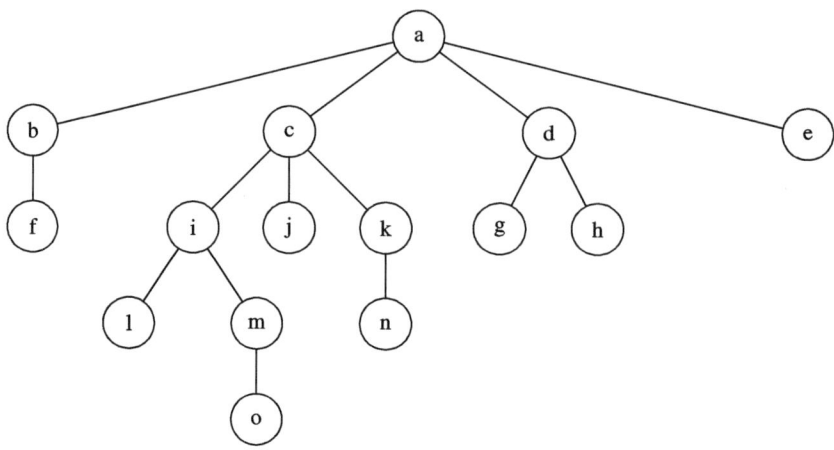

Abb. 24.3 Beispiel für Aufgabe 24.2.2

Knoten **vor, nach** oder **zwischen** seinen Teilbäumen besucht wird. Inorder-Traversierung ist nur bei binären Bäumen möglich. Sie ist aber die wesentliche Traversierungsart bei binären Suchbäumen.

Wir führen einige geometrische Begriffe für binäre Suchbäume ein, welche auf den Pointern basieren. Sei X ein Knoten. Mit **X.left** bezeichnen wir den Pointer auf das linke Kind und analog für das rechte Kind. Der Punkt in der Notation X.left zeigt an, dass auf das Attribut oder die Eigenschaft left des Objekts X zugegriffen wird. In Python wird der Punktoperator verwendet, um auf Attribute oder Methoden eines Objekts zuzugreifen. Die folgenden Definitionen gelten:

Definition 24.2.2 *1. Sei X ein Knoten. Ein Unterbaum subtree (X) besteht aus X und all seinen Nachfolgern. Die Darstellung erfolgt als Dreieck mit X der oberen Ecke und die Fläche des Dreiecks umfasst alle Nachfolger von X.*
2. depth(X) misst die Anzahl Kanten im Pfad von X zum Wurzelknoten root von oben nach unten. Es gilt depth(root)=0.
3. height(X) ist die maximale Tiefe depths in einem subtree(X). Alle Blätter haben height null.
4. Mit h=height(root)=height(tree) bezeichnen wir Höhe des gesamten Baumes.

24.2 Binärbäume

Sie können die Begriffe in der nächsten Aufgabe einüben.

Aufgabe 24.2.3 *Betrachten Sie den Baum in Abb. 24.4a.*

- *Bestimmen sie alle X.left- und X.right-Knoten, wobei $X \in \{A, B, C, D, E\}$ ist.*
- *Bestimmen Sie alle Elternknoten.*
- *Bestimmen Sie subtree(A), subtree(B), subtree(F) = $\{F\}$ und height (A), height(E), depth(A), depth(D).*

Basierend auf dem Schlüssel key(X) eines Knoten X definieren wir die Eigenschaften, die einen Binärbaum zu einem **binären Suchbaum** machen:

1. Jeder Schlüssel im linken Teilbaum eines Knotens ist kleiner als der Schlüssel im Knoten selbst.
2. Jeder Schlüssel im rechten Teilbaum eines Knotens ist größer oder gleich dem Schlüssel im Knoten selbst.

Wir nehmen als Schlüssel numerische Werte an, sodass die Ordnung durch $\leq$ gegeben ist. Daraus folgt, dass bei der Inorder-Reihenfolge der Knoten die Schlüssel in **aufsteigender** Reihenfolge besucht werden.

Definition 24.2.3 *Bei der Inorder-Reihenfolge gilt für einen Knoten X:*

1. Knoten X.left sind vor X
2. Knoten X.right sind nach X zu besuchen.

Das gilt für alle Knoten.

Dies ist eine rekursive Formulierung. Betrachten Sie Abb. 24.4. Beginnen wir mit der Wurzel $X = A$. Dann sind alle Knoten links davon, subtree.left(A), vor A und alle Knoten rechts davon, subtree.right(A)=C, nach A. A hat Höhe 0. Auf Level 1 ist im subtree.left(A) der Knoten B im Teilbaum. Wiederum sind alle Knoten im subtree.left(B) links von B, wie in der linearen Liste ersichtlich. E ist rechts von B. Die anderen Levels folgen analog. In der Inorder-Reihenfolge entsteht eine **lineare Ordnung** der Knoten, in welcher ein Knoten immer **zwischen** seinen Kindern erscheint:

$$F, D, B, E, A, C.$$

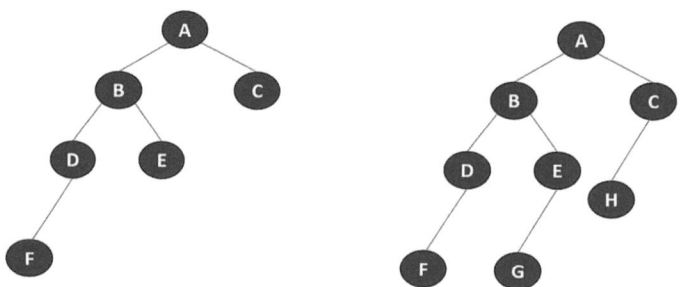

Abb. 24.4 Binärbäume

Diese lineare Reihenfolge existiert nur in unseren Gedanken. Sie wird nie implementiert, da dies zu teuer ist- $O(n)$. Nur der Binärbaum wird gespeichert. Wir nutzen die lineare Ordnung für das Verständnis. Wir definieren noch die anderen beiden Traversierungen:

Definition 24.2.4 *Preorder-Reihenfolge: Bei der Preorder-Reihenfolge wird ein Knoten jeweils vor seinem linken und rechten Teilbaum durchlaufen.*

Postorder-Reihenfolge: Bei dieser Reihenfolge wird ein Knoten nach seinen Kindern durchlaufen.

Die Preorder-Reihenfolge wird also zuerst die Wurzel des Baumes besuchen. Danach wird rekursiv der linke Teilbaum und dann der rechte Teilbaum durchlaufen. Es entsteht eine lineare Ordnung der Knoten, bei der die Elternknoten immer vor ihren Kindern besucht werden. Die Preorder-Reihenfolge ist dann nützlich, wenn die Berechnung für einen Knoten vor der Berechnung seiner Kinder stattfinden muss. Die Postorder-Reihenfolge liefert beim Durchlaufen eines Baumes eine lineare Ordnung der Knoten, bei dem die Elternknoten immer nach ihren Kindern besucht werden.

Aufgabe 24.2.4 *Bestimmen Sie für den Binärbaum in Abb. 24.5 die Durchlaufordnung nach der Inorder-Reihenfolge.*

Aufgabe 24.2.5 *Betrachten Sie Abb. 24.6.*

1. *Schreiben Sie für den binären Suchbaum in A die Durchlaufordnungen für die Preorder-, Postorder- und die Inorder-Reihenfolge auf.*
2. *Konstruieren Sie einen binären Suchbaum mit n Knoten und Höhe n, welcher der InT folgt. Welche Merkmale hat ein solcher „Baum"? Wie lange dauert im Worst Case das Suchen von Elementen? Mit welcher anderen Datenstruktur ist der Baum identisch?*

Abb. 24.5 Inorder-
Traversierung
gesucht

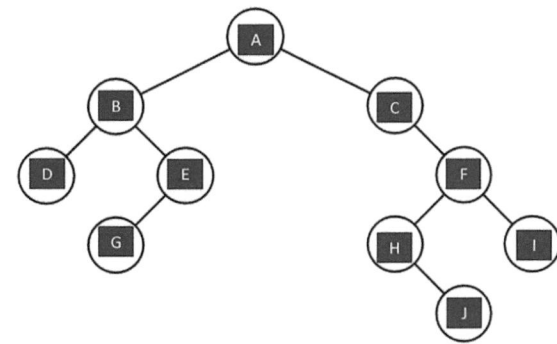

3. *Gegeben ist der binäre Suchbaum B. Geben Sie für B die Inorder-Reihenfolge an und bestimmen Sie die Nachfolger der Knoten 5, 9 und 16 mithilfe der Inorder-Reihenfolge.*

24.2.2 Operationen in binären Suchbäumen mit Inorder-Reihenfolge

Wir betrachten zuerst die Operationen des Finden eines **Teilbaumes** und des **Nachfolgerknotens** in binären Suchbäumen mit Inorder-Reihenfolge. Eine Anforderung ist, dass für alle Operationen die Inorder-Reihenfolge **erhalten** bleibt.

Dabei ist für einen Knoten X subtree_first(X) der erste Knoten in der Inorder-Traversierungsordnung in subtree(X). Dies ist das am weitesten links unten liegende Knoten (Blatt) in subtree(X): Wir iterieren im Unterbaum node=node.left so weit wie möglich nach links, bis wir aus dem subtree rausfallen (node=None).

Aufgabe 24.2.6 *Wie sieht der binäre Suchbaum aus, wenn subtree_first(X) für alle Knoten X im Baum der Knoten root ist?*

Der Nachfolgeknoten successor(X) von X in der Inorder-Reihenfolge ist in der linearen Liste des Baumes einfach abzulesen, siehe Abb. 24.4a: successor(F)= D, successor(D)= B: Interessanter ist es, den Nachfolgeknoten **direkt** im Baum zu finden. successor(A)=C, da er ein rechtes Kind von A ist und somit nach A kommt. Angenommen E hat ein linkes Kind G und im rechten Teilbaum von C gibt es weitere Knoten H als linkes Kind, siehe 24.4b. Dann ist der successor(A) der äußerste linke Knoten im subtree(A), d.h. successor(A)= subtree_first(A.right)= subtree_first(H). Wenn X kein rechtes Kind hat, gibt es zwei Möglichkeiten für den successor.

Abb. 24.6 Graphen A und B

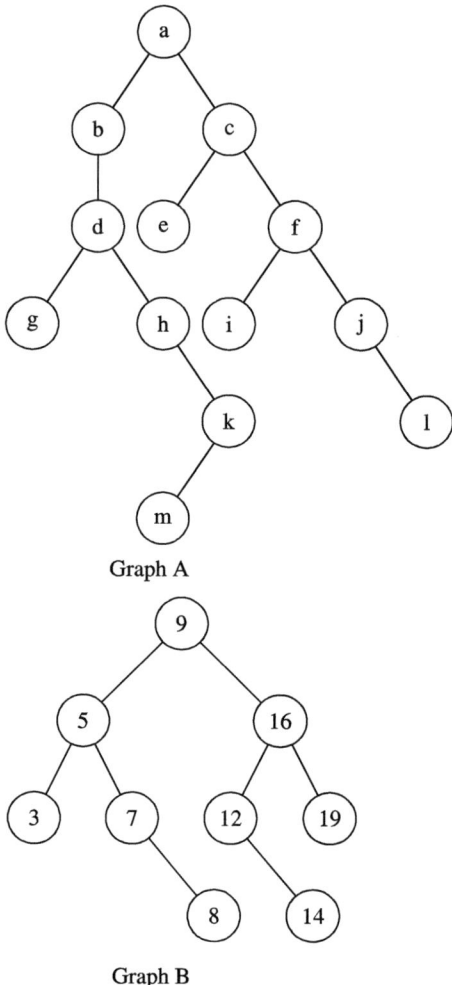

1. Ist Y das linke Kind von X, dann ist successor(Y) =X, d. h., der Elternknoten ist der succesor.
2. Hat der Knoten keine Kinder, wie Knoten E in Abb. 24.4a, dann ist der Elternknoten B nicht der successor von E, da er vorher kommt. Es gilt successor(E)=A, da subtree(B)=A.left linkes Kind von A ist. Man steigt den Baum solange hoch bis zu einem Knoten, von welchem aus die Traversierung nach unten links ist. Die Iteration X=X.parent.left liefert mit X den successor(X).

Jetzt betrachten wir Operationen, welche neue Knoten **hinzufügen** oder **wegnehmen**. Das Einfügen eines neuen Knotens new **nach** einem Knoten X ist die erste Operation. In Abb. 24.4b hat E keine rechten Kinder. Somit setzen wir new als rechtes Kind von E

24.2 Binärbäume

new=E.right ein. Der Knoten A hat ein rechtes Kind C und new muss nach A, aber vor C sein: new= C.left. Dort ist aber bereits der Knoten H. Somit geht die Suche für den Platz von new weiter, indem wir im subtree(C) den äußersten linken Knoten subtree_first (C) suchen. Dieser Knoten ist der successor von A und ist H. An diesen hängt man new als linkes Kind an. Dann ist new nach A, da es im rechten Teilbaum ist, aber vor C und H, da es der äußerste linke Knoten im subtree von C ist, und somit gleich dem successor von A.

1. Falls X kein rechtes Kind hat, mache den neuen Knoten new zum rechten Kind.
2. Sonst wird new zum linken Kind vom Nachfolger von X, d. h. von new=successor(X).left.

Aufgabe 24.2.7 *Bestimmen Sie den Algorithmus für subtree_insert_before(node_new).*

Beim **Entfernen** eines Knotens ist die Erhaltung der Ordnungsstruktur des binären Suchbaums mit Inorder-Reihenfolge schwieriger. Betrachten wir die Bäume in Abb. 24.7. Abb. 24.7a zeigt, dass man die Wurzel 5 mit zwei Kindern beim Entfernen nicht einfach durch das linke Kind (2) oder das rechte Kind (9) als neue Wurzel ersetzen kann. Setzen wir 2 als neue Wurzel, dann ist 4 im linken Teilbaum von 2. Aber 4 ist größer als 2 und müsste im rechten Teilbaum der Wurzel 2 sein. Mit der 9 als neue Wurzel ist die 7 im falschen Teilbaum platziert. Um dieses Problem zu lösen, muss zuerst ein geeigneter Nachfolger bestimmt werden. Dieser befindet sich im rechten Teilbaum des zu entfernenden Knotens. Es ist derjenige Knoten, welcher im rechten Teilbaum am weitesten links steht (Knoten 7), d. h. subtree_first(5) oder succesor(5). Dieser Knoten wird gelöscht und ersetzt den zu löschenden Knoten. Ist der zu löschende Knoten ein Blatt, so wird dieses gelöscht, indem der Pointer vom Elternknoten gelöscht wird. Zusammengefasst:

1. Falls der zu löschende Knoten X ein Blatt ist, lösche X.
2. Falls X ein innerer Knoten mit einem Kind ist, lösche X und ersetze ihn durch sein Kind.
3. Fall X zwei Kinder hat, finde den Knoten subtree_first(X), lösche diesen Knoten und trage ihn anstelle von X ein und gehe den Binärbaum rekursiv durch.

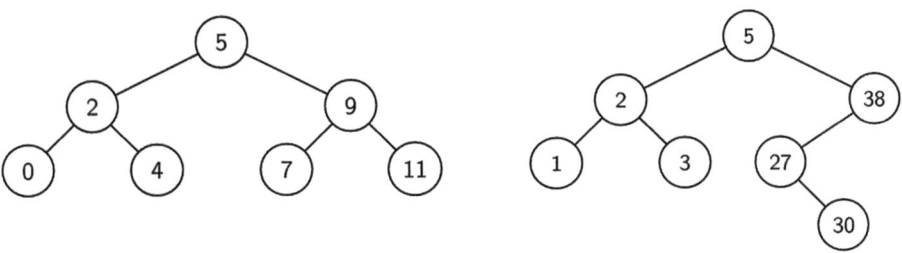

Abb. 24.7 Die Graphen A und B

Aufgabe 24.2.8 *Löschen Sie im rechten Baum in Abb. 24.7b die Knoten 38 bzw. 27 bzw. 5.*

Aufgabe 24.2.9 *Gegeben ist der Baum in Abb. 24.8. Entfernen Sie die Knoten mit den folgenden Schlüsseln in der gegebenen Reihenfolge: 7, 49, 10, 15, 58, 27, 33, 18. Geben Sie an, welchen Fall Sie benutzen.*

Aufgabe 24.2.10 *Gegeben ist ein leerer binärer Suchbaum. Fügen Sie die folgenden Knoten in der gegebenen Reihenfolge ein, sodass ein binärer Suchbaum entsteht:*

Reihenfolge	Knoten	Schlüssel
1.	a	27
2.	b	7
3.	c	10
4.	d	33
5.	e	27
6.	f	31
7.	g	27
8.	h	0

Abb. 24.8 Baum für Aufgabe 24.2.9

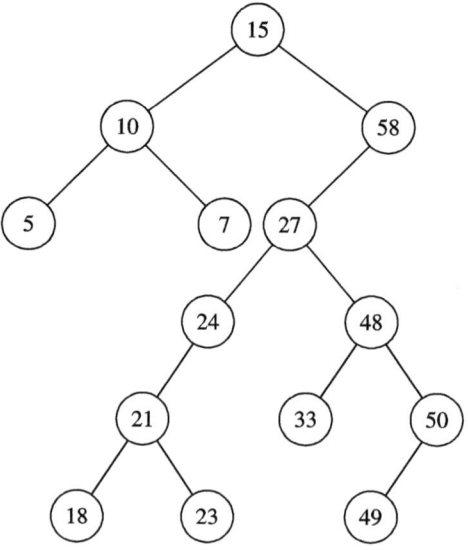

24.2 Binärbäume

Implementieren Sie einen Binärbaum mit Inorder-Traversierung in Python zusammen mit den Operationen der Suche des Nachfolgers, Vorgängers, des Einfügen von Knoten und des Löschen von Knoten. Die Umsetzung ist in Python-Kap. 23.

24.2.3 Balancierte Binäre Suchbäume

Bis jetzt sind die meisten Operationen wie Suchen, Einfügen oder Ersetzen von der Ordnung $O(h)$, mit h der Höhe des binäres Suchbaumes. Wenn der binäre Suchbaum perfekt ist, d. h., alle inneren Knoten haben zwei Kinder, dann besitzen der linke und rechte Teilbaum zur Wurzel etwa die gleiche Anzahl an Knoten und die Höhe der beiden Teilbäume ist nicht stark abweichend von $h - 1$. Der Baum ist balanciert. Suchen wir in einem solchen Baum ein Element, dann ist dies mit Teile und Herrsche in $O(h) = O(\log n)$ möglich: Wir müssen höchsten h Stufen nach unten rekursiv vorgehen und da der Baum sortiert ist, können wir in jedem Vergleich die Hälfte der Daten weglassen. Dies gibt dann $O(c \log n)$ mit c der Arbeit im Vergleich.

Wenn der Baum aber im Extremfall die Höhe $h = n - 1$ hat, indem zum Beispiel jeder Knoten ein linkes Kind hat, dann ist die Laufzeit $O(n)$. Dieser Baum ist nicht balanciert – er besitzt eine lineare Struktur. Kann man einen **beliebigen** binären Suchbaum in einen balancierten Baum transformieren, ohne die **Inorder-Reihenfolge zu zerstören**?

Es gibt verschiedene Balancierungsmethoden. Wir betrachten die AVL-Bäume nach deren Erfindern **Adelson-Velskij und Landis**. Diese sind höhenbalancierte binäre Suchbäume. Das heißt, es wird eine Bedingung an die Höhen von Teilbäumen gestellt.

Definition 24.2.5 *Ein binärer Suchbaum ist ein AVL-Baum, wenn für alle Knoten X des Baumes gilt, dass sich die Höhe des linken Teilbaumes $h_L(X)$ von X höchstens um 1 von der Höhe des rechten Teilbaumes $h_R(X)$ unterscheidet. D. h. für den **Balance-Faktor BF** gilt:*

$$BF(X) = h_R(X) - h_L(X) \in \{-1, 0, 1\}.$$

Man kann beweisen, dass diese Definition des AVL-Baumes die Höhe des Baumes mit folgender Ungleichung beschränkt:

$$\log(n + 1) \leq h(X) < c \log(n + 2) + b$$

mit $c := \frac{1}{\log_2 \Phi} \approx 1{,}440$, $b := \frac{c}{2} \log 5 - 2 \approx -0$ und $\Phi := \frac{1+\sqrt{5}}{2} \approx 1{,}618$ dem harmonischen Mittel. Die untere Schranke kommt vom vollständigen Binärbaum und die obere vom Fibonacci-Baum, der bei gegebener Höhe einen AVL-Baum mit kleinster Knotenanzahl darstellt und somit bei gleicher Knotenzahl die größte Höhe hat. Dieser Baum ist in Bezug auf die Höhe am schlechtesten balanciert. Weshalb tauchen hier die Fibonacci-Zahlen auf? Die minimale Anzahl von Knoten $n(h)$ in einem AVL-Baum der Höhe h erfüllt die Rekursionsgleichung:

$$n(h) = n(h-1) + n(h-2) + 1$$

mit $n(0) = 1$, Dies entspricht der Fibonacci-Folge, wenn man eine Verschiebung um 2 berücksichtigt. Der Wert $n(h)$ ist also äquivalent zu $n(h) = f_{h+2} - 1$, mit f_k die k-te Fibonacci-Zahl.

Ist der Höhenunterschied im Absolutbetrag größer als 1, ist das AVL-Kriterium verletzt. Mithilfe von **Rotationen** kann man diesen Baum balancieren. Abb. 24.9 zeigt die drei Möglichkeiten, bei denen eine Rebalancierung notwendig ist. Der unausgeglichene Knoten ist mit p gekennzeichnet. Einer der beiden Teilbäume von p hat eine größere Höhe als der andere. Die Wurzel dieses höheren Teilbaumes sei der Knoten v. In Situation 1 haben die Balance-Faktoren $BF(p), BF(v)$ das gleiche Vorzeichen (negativ). Bei der spiegelbildlichen Variante sind beide Vorzeichen positiv. In der Situation 2 gelten $BF(p) = -2$ und im Spielbild ist das Vorzeichen positiv. In der Situation 3 haben $BF(v)$ und $BF(p)$ unterschiedliche Vorzeichen. Durch eine Baumrotation wird das Niveau von einigen Knoten verkleinert und von anderen vergrößert. Somit wandern erstere im Baum nach **oben** und letztere nach **unten**, um die Balance des Baumes wieder herzustellen. Nach dem Einfügen eines Knotens kann die Balance immer mit genau einer Baumrotation wiederhergestellt werden. Beim Löschen können jedoch mehrere Baumrotationen notwendig sein, vom jeweiligen Knoten aus bis hinauf zur Wurzel.

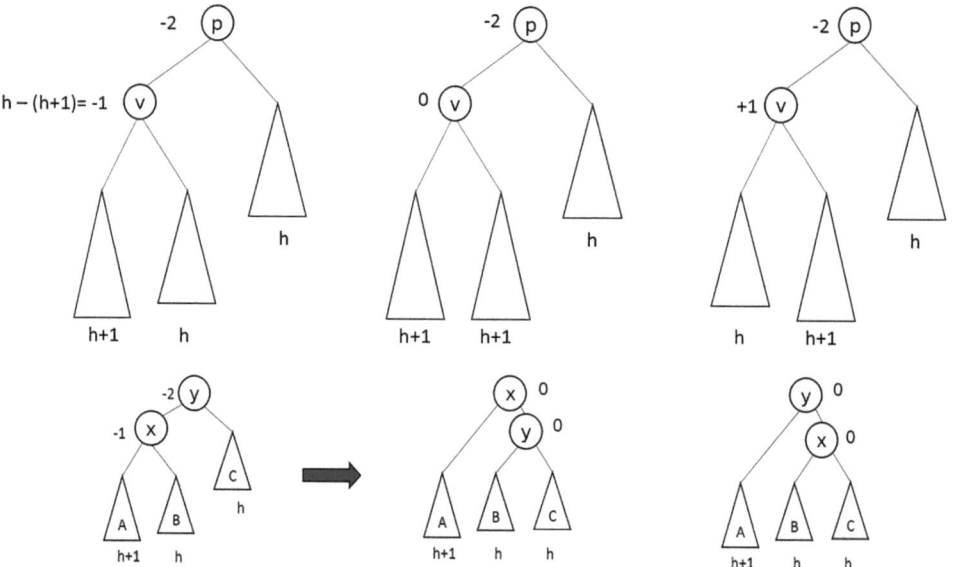

Abb. 24.9 (a) Die drei möglichen Situationen eines unausgeglichenen Baumes. **(b)** Eine einfache Rotation nach rechts um den unausgeglichenen Knoten mit Schlüssel y wieder in die Balance zu bringen und eine Rotation, welche die Inorder-Reihenfolge verletzt. Neben den Balance-Faktoren sind auch die Höhen der Teilbäume eingetragen

24.2 Binärbäume

Um diese abstrakten Beschreibungen mit Inhalt zu füllen, betrachten wir den unausgeglichenen Baum in Abb. 24.9. Dieser entspricht der Situation 1. Der linke Teilbaum ist im Vergleich zum rechten Teilbaum zu hoch. Mit einer Rechtsrotation wird der linke Teilbaum angehoben und der rechte abgesenkt, um die Differenz zu reduzieren. Eine einfachen Rotation nach rechts am unausgeglichenen Knoten mit Schlüssel y hebt den hohen Teilbaum A und der Knoten mit Schlüssel x an. Der Teilbaum C und der Knoten mit Schlüssel y werden abgesenkt. Im resultierenden Baum ist die Balance wieder hergestellt. Zusammengefasst, wenn die Lastigkeit aufgrund des linken Teilbaums herrscht, muss eine einfache Rechts-Rotation durchgeführt werden, sonst muss eine einfache Linksrotation ausgeführt werden. Wenn das AVL-Kriterium verletzt ist, genügt eine einfache Rotation, wenn in einen linken Teilbaum ein linkes Kind eingefügt wird (einfache Rechtsrotation) oder in einen rechten Teilbaum ein rechtes Kind hinzugefügt wird (einfache Linksrotation). Der Balance-Faktor muss durch eine doppelte Rotation kuriert werden, um sein Symmetrieproblem zu lösen, wenn in einen linken Teilbaum ein rechtes Kind eingefügt wird (Links-Rechts-Rotation) oder in einen rechten Teilbaum ein linkes Kind hinzugefügt wird (Rechts-Links-Rotation).

Aufgabe 24.2.11 *Erklären Sie: Wenn der BF im oberen Knoten 2 und im unteren Knoten 1 ist, genügt eine Rechts-Rotation. Wenn der BF im oberen Knoten −2 und im unteren Knoten −1 ist, genügt eine Links-Rotation. Wenn der BF im oberen Knoten −2 und im unteren Knoten +1 ist, genügt eine Rechts-Links-Rotation. Wenn der BF im oberen Knoten +2 und im unteren Knoten −1 ist, genügt eine Links-Rechts-Rotation.*

Aufgabe 24.2.12 *Weshalb lassen Rotationen die Inorder-Traversierung in Binären Suchbäumen unverändert? Bestimmen Sie die lineare Inorder-Traversierung in Abb. 24.9 bei einer einfachen Rotation nach rechts vor und nach der Rotation. Zeigen Sie, dass die Inorder-Traversierungen identisch sind.*

Im Allgemeinen wird bei einer **einfachen Rechtsrotation** der kleinste Knoten im linken Teilbaum zum neuen Wurzelknoten des Baumes und der ursprüngliche Wurzelknoten wird zum rechten Kind des neuen Wurzelknotens. Bei der **einfachen Links-Rotation** wird der größte Knoten im rechten Teilbaum zum neuen Wurzelknoten des Baumes und der ursprüngliche Wurzelknoten wird zum linken Kind des neuen Wurzelknotens. Dies führt dazu, dass der Baum wieder gerade und ausbalanciert ist.

Betrachten wir den Binären Suchbaum Abb. 24.10: Für den Knoten 7 sind die linke und rechte Höhe 1 und somit ist
$$BF(7) = 0.$$
Für die Knoten auf dem nächsten Level, 2 und 24, sind die Höhen null und der BF-Wert wiederum null. Der Baum ist ALV-balanciert. Wenn nun die 15 gelöscht wird und man eine 73 einfügt, dann ergibt sich ein Balance-Faktor von −2 bei der Abb. 24.11. Zur Balancierung führen wir eine Links-Rechts-Rotation durch. Die 42 rückt nach links oben und wird zum

Abb. 24.10 Startbaum mit Balance-Faktoren

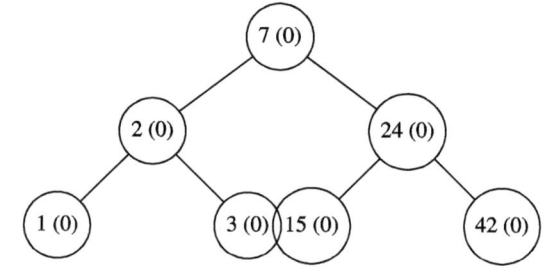

Abb. 24.11 Baum mit Balance-Faktoren

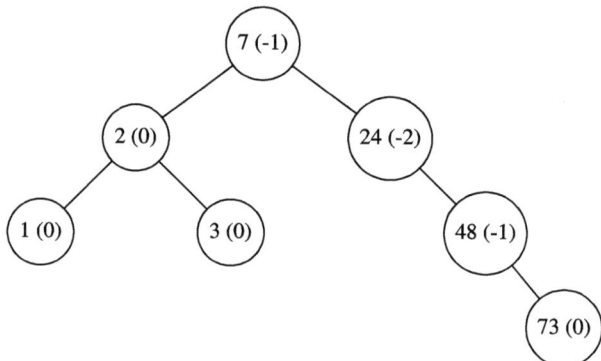

rechten Kind von 7. Die 24 rutscht dabei nach links unten und wird zum linken Kind von 42 und die 73 zum rechten Kind, siehe Abb. 24.12. Löscht man im Startbaum Abb. 24.10 zunächst die 1 und die 3, ergibt sich kein Problem. Fügt man jetzt die 15 als linkes Kind zu 24 hinzu, ergibt sich ein $BF(7) = -2$, $BF(42) = +1$, $BF(24) = +1$. Dies verletzt die AVL-Bedingung. In diesem Fall muss bezüglich der Fallunterscheidung eine Rechts-Links-Rotation vorgenommen werden. Zuerst wird eine Rechtsrotation mit der 24 durchgeführt. Danach folgt die Linksrotation des oberen Knotens 7 mit dem neuen Kindknoten 24. Doch jetzt hätte die 24 ja drei Kinder, was in einem Binärbaum nicht möglich ist. Das mittlere Kind – die 15 – wird als Kinderknoten der Wurzel an die linke Seite unter die 7 umgehängt und wir sind fertig. Der Baum ist wieder balanciert.

Wie beweist man mit Induktion, dass in einem balancierten Baum die Operation Suchen mit $O(\log n)$ im Worst Case skaliert? Wir geben eine Beweisskizze.

Annahme: Nehmen wir an, dass wir einen balancierten Baum mit n Knoten haben.

Im Basisfall $n = 1$ ist der Baum mit einem Knoten trivialerweise balanciert und die Suche nach einem Element erfolgt in $O(1)$.

Induktionsannahme: Wir nehmen an, dass die Suche in einem balancierten Baum mit k Knoten in $O(\log k)$ Zeit erfolgt, wobei $k < n$.

24.2 Binärbäume

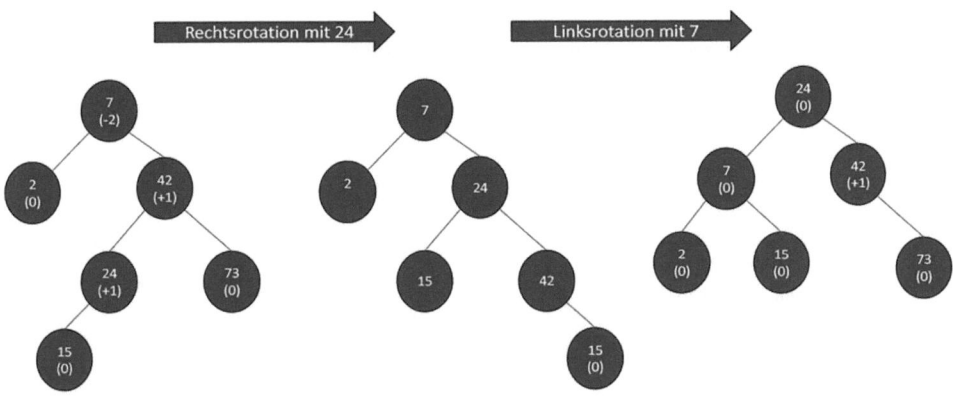

Abb. 24.12 Doppelrotation

Induktionsschritt: Jetzt betrachten wir einen balancierten Baum mit n Knoten.

1. Wir beginnen die Suche an der Wurzel des Baums und vergleichen das gesuchte Element mit dem Wert des Wurzelknotens.
2. Da der Baum balanciert ist, können wir den Suchraum in etwa zur Hälfte reduzieren, indem wir entweder den linken oder den rechten Teilbaum durchsuchen. Dies ist möglich, da in einem balancierten Baum die Anzahl der Knoten in den linken und rechten Teilbäumen ungefähr gleich ist.
3. Wir setzen die Suche im ausgewählten Teilbaum fort.
4. Dieser Schritt wird wiederholt, bis das gesuchte Element gefunden oder festgestellt wird, dass es nicht im Baum vorhanden ist.

Aufgrund der Induktionsannahme wissen wir, dass die Suche in einem balancierten Baum mit k Knoten in $O(\log k)$ Zeit erfolgt. In unserem Fall haben wir n Knoten, und wir haben veranschaulicht, dass die Suche aufgrund der gleichmäßigen Aufteilung des Suchraums in $O(\log n)$ Zeit abgeschlossen ist.

Aufgabe 24.2.13 *Entfernen Sie den Knoten mit Schlüssel 2 aus dem AVL-Baum in Abb. 24.13B. Berechnen Sie die Balance-Faktoren des neuen Baumes. Ist der resultierende Baum noch AVL-ausgeglichen?*

Aufgabe 24.2.14 *Fügen Sie im AVL-Baum C in Abb. 24.13 zuerst einen Knoten mit Schlüssel 4 ein. Entfernen Sie danach den Knoten mit Schlüssel 9. Bestimmen Sie nach den einzelnen Operationen jeweils die Balance-Faktoren des neu entstehenden Baumes. Sind Umstrukturierungen notwendig?*

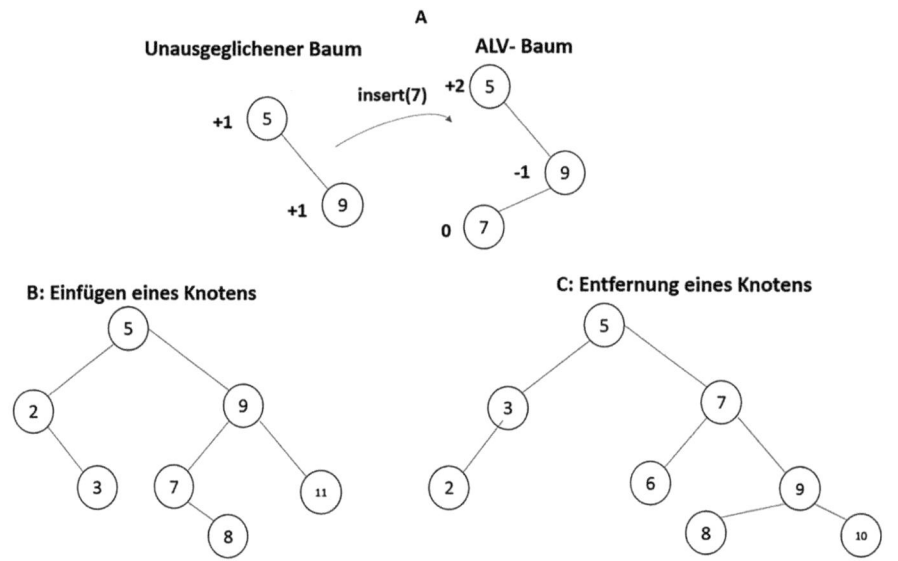

Abb. 24.13 Der linke AVL-Baum wird durch das Einfügen des Knotens mit Schlüssel 7 zum unausgeglichenen rechten Suchbaum. Der rechte Suchbaum ist nicht mehr höhenbalanciert, da der Balance-Faktor des Knotens mit Schlüssel 5 nun +2 ist

Aufgabe 24.2.15 *Der unausgeglichene binäre Suchbaum in Abb. 24.13C ist durch Entfernen des Knotens mit Schlüssel 2 entstanden. Zeichnen Sie die Balance-Faktoren ein und Führen Sie auf dem Suchbaum die notwendige einfache Rotation aus, um ihn wieder auszugleichen.*

24.3 Heaps

Ein Heap (deutsch Haufen oder Halde) stellt eine Datenstruktur in der Informatik dar, die sich besonders für das Sortieren von Daten, als Prioritätswarteschlange oder in Graphenalgorithmen wir Dijkstra eignen. Der Sinn und Zweck ist die allgemeine Speicherung von Mengen. Dadurch können Heaps verschiedene Operationen unterstützen, wie beispielsweise das Einfügen und Entfernen von Elementen. Ein Heap lässt sich sowohl als Baum als auch als Array darstellen.

Definition 24.3.1 *Ein Heap ist ein binärer Baum, welcher bis auf die letzte Ebene vollständig ist. Allfällige Lücken in der letzten Ebene befinden sich auf der rechten Seite. Weiter gilt:*

- *Min-Heap: Der Wert eines Knotens ist kleiner oder gleich den Werten seiner Kinder.*
- *Max-Heap: Der Wert eines Knotens ist größer oder gleich den Werten seiner Kinder.*

24.3 Heaps

Somit ist beim Min-Heap die Wurzel eine Minimum und beim Max-Heap ein Maximum. Heaps werden meist als nahezu vollständig gefüllten Binärbäume implementiert und in Arrays gespeichert. Deshalb sind sie balanciert. Das Einfügen und Entfernen haben die Zeitkomplexität $O(\log n)$. Betrachten wir diese Aussagen im Detail.

Die Höhe $H(n)$ eines Heaps mit n Knoten bestimmt sich wie folgt. Auf der i-ten Ebene eines Binärbaums befinden sich höchstens 2^i Knoten. Bis auf die letzte Ebene sind alle Ebenen eines Heaps vollständig aufgefüllt.

$$H(n) = \min\{h \in \mathbb{N} : \sum_{i=0}^{h-1} 2^i \geq n\} = \min\{h \in \mathbb{N} : 2^h \geq n+1\},$$

wobei wir die Formel für die geometrische Summe verwendet haben:

$$\sum_{i=0}^{h-1} 2^i = 2^h - 1.$$

Daraus folgt mit Logarithmieren:

$$h \geq \log_2(n+1)$$

ist die kleinste Zahl h, da der Logarithmus monoton ist. Jetzt müssen wir nur noch berücksichtigen, dass h eine ganze Zahl sein soll:

$$H(n) = \lceil \log_2(n+1) \rceil.$$

Wir besprechen verschiedene Operationen auf Heaps.

Einfügen eines neuen Elementes

- Ziel: Ein neues Element in einen bestehenden Max-Heap oder Min-Heap integrieren, sodass die Heap-Eigenschaft erhalten bleibt.
- Vorgehen:
  1. Füge das Element an das Ende des Heaps als neues Blatt.
  2. Verschiebe das Element nach oben, indem es mit seinen Elternknoten verglichen und ggf. vertauscht wird, bis die Heap-Eigenschaft wiederhergestellt ist.

Heapify-Algorithmus

- Ziel: Die Heap-Eigenschaft für einen Teilbaum wiederherstellen, wenn der Wurzelknoten nicht der größte (bzw. kleinste) ist.

- Vorgehen:

  1. Vergleiche die Wurzel mit ihren Kindern.
  2. Tausche die Wurzel mit dem größten (bzw. kleinsten) Kind, falls die Heap-Eigenschaft verletzt ist.
  3. Wende Heapify rekursiv auf den betroffenen Teilbaum an.

Aufbau-Heap-Algorithmus

- Ziel: Ein Array in einen vollständigen Max-Heap oder Min-Heap umwandeln.
- Vorgehen:

  1. Beginne mit dem letzten Nicht-Blatt-Knoten (Index $\lfloor n/2 \rfloor$).
  2. Wende den Heapify-Algorithmus auf alle Knoten von unten nach oben an.

- Effizienz: Läuft in $O(n)$-Zeit, da kleinere Teilbäume weniger Operationen erfordern.

Heapsort-Algorithmus

- Ziel: Ein Array in aufsteigender (oder absteigender) Reihenfolge sortieren.
- Vorgehen:

  1. Wandle das Array in einen Max-Heap um *(Aufbau-Heap-Algorithmus)*.
  2. Entferne iterativ das größte Element (Wurzel) und setze es ans Ende des Arrays.
  3. Wende Heapify auf die verbleibenden Elemente an, um die Heap-Eigenschaft zu erhalten.

- Effizienz: Läuft in $O(n \log n)$-Zeit.

Dabei nutzt der *Aufbau-Heap-Algorithmus* den *Heapify-Algorithmus*, um ein Array in einen Heap zu verwandeln. Der *Heapsort-Algorithmus* kombiniert den Aufbau eines Heaps und die wiederholte Anwendung von *Heapify*, um ein Array zu sortieren. Alle Prozesse basieren auf der zentralen Heap-Eigenschaft, bei der ein Knoten stets größer (Max-Heap) oder kleiner (Min-Heap) als seine Kinder ist.

24.3.1 Einfügen einer Zahl

Der folgende Baum stellt einen Max-Heap dar, in welchem wir die Zahl 23 einfügen wollen.

24.3 Heaps

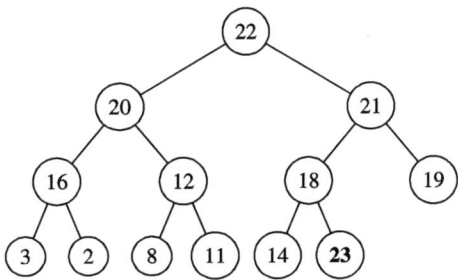

Wir führen das neue Element 23 an die erste freie Stelle im Heap ein. An dieser Stelle ist die Heap-Eigenschaft aber zerstört. Die Zahl muss nach oben. Dazu tauscht sie mit 18 den Platz, dann mit 21 und schließlich mit der 22. Der neue Binärbaum besitzt dann wiederum die Heap-Struktur. Da wir in jedem Schritt eine Stufe nach oben kommen und der tieferliegende Teil wieder die Heap Struktur besitzt, sind wir im schlechtesten Fall nach

$$O(\log n)$$

Schritten fertig. Der folgende Algorithmus beschreibt das Vorgehen. Es sei ein Array A mit mindestens m Elementen und Max-Heap-Struktur auf $A[1, \ldots, m-1]$ gegeben. Gesucht ist ein Array A mit Max-Heap-Struktur auf $A[1, \ldots, m]$. Der Ablauf des Algorithmus ist wie folgt:

Initialisierung:

- Sei $v = A[m]$, das neue Element, das in den Heap eingefügt werden soll.
- c bezeichnet den aktuellen Index des Knotens, initialisiert mit m.
- p ist der Index des Elternknotens von c, berechnet als $p = \lfloor c/2 \rfloor$.

Vergleiche und Umsortieren: Solange $c > 1$, also nicht an der Wurzel ist, und $v > A[p]$, das neue Element ist größer als sein Elternknoten, wird:

- Der Wert des Elternknotens $A[p]$ wird in die Position des aktuellen Knotens $A[c]$ verschoben.
- Der aktuelle Index c wird auf den Wert des Elternknotens p gesetzt.
- Der Index des Elternknotens p wird aktualisiert als $p = \lfloor c/2 \rfloor$.

Abschluss: Sobald die Schleife endet, wird v (das ursprüngliche Element $A[m]$) in die Position $A[c]$ eingefügt. Dies ist die korrekte Position, um die Max-Heap-Eigenschaft wiederherzustellen.

Pseudocode:

```
v <- A[m]                  # Wert
c <- m                     # derzeitiger Knoten
p <- Abrunden(c/2)         # Elternknoten zuordnen
while c > 1 and v > A[p] do
    A[c] <- A[p]           # Wert Elternknoten wird derzeitiger Knoten
    c <- p                 # Elternknoten wird derzeitiger Knoten
    p <- Abrunden(c/2)
A[c] <- v                  # Wert wird Wurzel des (Teil-)Baumes}
```

Der beschriebene Algorithmus integriert ein neues Element in den Heap, indem es von unten nach oben steigt.

24.3.2 Max-Heapify-Algorithmus

Der Algorithmus beginnt bei einem bestimmten Knoten und „sinkt" entlang des Baumes ab. Die Schritte sind:

1. Identifikation der Kindknoten: Für einen Knoten an Index i berechne die Indizes der linken ($2i$) und rechten ($2i + 1$) Kindknoten.
2. Vergleich mit Kindknoten:

   - Vergleiche den Wert am Index i mit den Werten seiner Kindknoten.
   - Bestimme das größte der drei Elemente.

3. Tausch bei Verletzung der Eigenschaft:
   - Falls einer der Kindknoten größer ist als der aktuelle Knoten i, tausche i mit dem größten Kind.
   - Wiederhole den Vorgang rekursiv für den Knoten, der verschoben wurde.

4. Abbruch:
   - Beende die Rekursion, wenn die Max-Heap-Eigenschaft erfüllt ist oder ein Blattknoten erreicht wurde.

Pseudocode für den Max-Heapify(A,i,n) mit i den Knotenindex und n der Größe des Heaps:

24.3 Heaps

```
Max-Heapify(A, i, n):
    left <- 2 * i           # Index des linken Kindes
    right <- 2 * i + 1      # Index des rechten Kindes
    largest <- i            # Der grösste Wert beginnt am aktuellen
    Knoten

    # Existiert linke Kindknoten? Ist er und grösser?
    if left <= n and A[left] > A[largest]:
        largest <- left

    # Existiert rechte Kindknoten? Ist er grösser?
    if right <= n and A[right] > A[largest]:
        largest <- right

    # Ist der grösste Wert ungleich i, dann swape
    if largest != i:
        Swap(A[i], A[largest])
        # Rekursiver Aufruf des  Subtree-Heapify
        Max-Heapify(A, largest, n)
```

Sei $T(n)$ die Worst-Case-Laufzeit des Algorithmus für einen Teilbaum mit höchstens n Knoten. Der Algorithmus arbeitet auf einem Teilbaum, der an einem gegebenen Knoten i verwurzelt ist, und korrigiert die Heap-Eigenschaft, falls sie verletzt wurde. Die Laufzeit setzt sich aus zwei Teilen zusammen:

- Einem konstanten Aufwand $\Theta(1)$, um die Werte der Elemente A[largest], A[left] und A[right] zu vergleichen und ggf. die Positionen zu tauschen.
- Der Laufzeit für einen rekursiven Aufruf von Max-Heapify auf einem der Kindknoten von i, falls ein solcher Aufruf notwendig ist. Dieser Teilbaum enthält höchstens $\lfloor n/2 \rfloor$ Knoten.

Behauptung: Die Teilbäume der Kindknoten haben jeweils eine Größe von höchstens $2n/3$.

Aufgabe 24.3.1 *Beweisen Sie die letzte Aussage. Benutzen Sie: Der Teilbaum, der an einem Kind der Wurzel (links oder rechts) verankert ist, enthält:*

$$\left\lfloor \frac{n-1}{2} \right\rfloor \text{ oder } \left\lceil \frac{n-1}{2} \right\rceil$$

Knoten.

Daher kann die Laufzeit von Max-Heapify durch die folgende Rekursionsgleichung beschrieben werden:

$$T(n) = T\left(\frac{2n}{3}\right) + c.$$

Die Gleichung beschreibt die Laufzeit eines Divide-and-Conquer-Algorithmus, bei dem die Problemgröße in jedem Schritt um den Faktor $\frac{2}{3}$ reduziert wird. Gemäß dem Master-Theorem gilt:

$$T(n) = O(\log n).$$

Jetzt betrachten wir Heapsort. Der Heapsort-Algorithmus besteht aus zwei Hauptphasen: dem Aufbau des Max-Heaps und der Sortierung. Betrachten wir den Array

$$A = [4, 10, 3, 5, 1].$$

Das Array wird in die folgende Max-Heap-Struktur umgeordnet:

$$A = [10, 5, 3, 4, 1]$$

Jetzt tauschen wir die Wurzel mit dem letzten Element

$$A = [1, 5, 3, 4, 10]$$

und stellen die Heap-Eigenschaft wieder her mit Max-Heapify wird auf dem reduzierten Heap:

$$A = [5, 4, 3, 1, 10].$$

Wiederholen des Vorgangs für den reduzierten Heap: Tauschen der Wurzel mit dem letzten Element und Aufrufen von Max-Heapify. Wir wiederholen diesen Vorgang, bis die Heap-Größe 1 beträgt:

$$A = [4, 1, 3, 5, 10] \quad \text{(nach der zweiten Iteration)},$$

$$A = [3, 1, 4, 5, 10] \quad \text{(nach der dritten Iteration)},$$

$$A = [1, 3, 4, 5, 10] \quad \text{(Endgültiges sortiertes Array)}$$

Das endgültige sortierte Array ist:

$$A = [1, 3, 4, 5, 10].$$

- Heap-Aufbau:

    - *Initialisierung:* Die `heap-size` von A wird auf n gesetzt, um die Anzahl der zu berücksichtigenden Elemente im Heap zu definieren.
    - *Iterative Durchführung:* Der Algorithmus durchläuft die inneren Knoten des Arrays von $\lfloor n/2 \rfloor$ bis 1 in absteigender Reihenfolge. Blätter (ab $\lfloor n/2 \rfloor + 1$) erfüllen bereits die Max-Heap-Eigenschaft und müssen nicht überprüft werden. Für jeden inneren

24.3 Heaps

Knoten i wird `Max-Heapify(A, i)` aufgerufen, um sicherzustellen, dass die Max-Heap-Eigenschaft für den Teilbaum gilt.

- Sortierung: Das größte Element des Heaps (Wurzel $A[1]$) wird mit $A[n]$ getauscht und aus dem Heap entfernt, indem die `heap-size` dekrementiert wird. Falls die Max-Heap-Eigenschaft verletzt wird, wird sie durch `Max-Heapify(A, 1)` wiederhergestellt. Dieser Vorgang wird iterativ wiederholt, bis der Heap auf zwei Elemente reduziert ist.

Der Algorithmus arbeitet effizient, da der Aufbau des Max-Heaps in $O(n)$ Zeit erfolgt. Die Sortierung benötigt $O(n \log n)$, da `Max-Heapify` für $n - 1$ Elemente aufgerufen wird, wobei jeder Aufruf logarithmische Zeit benötigt. Der vollständige Algorithmus ist in der Prozedur `Heapsort(A, n)` implementiert.

```
Heapsort(A,n)
1 Build-Max-Heap(A,n)
2 for i=n downto 2
3     swap A[1] mit A[i]
4     A.heap-size = A.heap-size - 1
5 Max-Heapify(A,1)
```

Sortieren 25

Inhaltsverzeichnis

25.1   Permutationen 611
25.2   Anforderungen an die Sortierung 612
25.3   Selectionsort 614
25.4   Insertionsort 615
25.5   Mergesort 616

25.1 Permutationen

Das Datenmodell ist ein statischer Array bestehend aus n Elementen, welcher sortiert werden soll. Die n Elemente $e_1, \ldots, e_n$ besitzen alle einen einen **Schlüssel** key(e_i), welcher die Position des Elementes angibt. Auf den Schlüsseln ist die **Ordnungsrelation** $\leq$ gegeben. Die Eingabesequenz wird gemäß der Ordnungsrelation ihrer Schlüssel sortiert. Zur Vereinfachung der Notation schreibt man $e \leq e'$ für key(e) $\leq$ key(e') und j für e_j.

Da beim Sortieren die n Elemente e_j vertauscht werden, ist Sortieren eine bijektive Abbildung, d. h. eine **Permutation** π. Formal gilt mit

$$\pi : \{e_1, e_2, \ldots, e_n\} \to \{e_1, e_2, \ldots, e_n\}, \ \pi(e_j) = e_{\pi(j)}$$

für die sortierte Datenfolge:

$$e_{\pi(1)} \leq e_{\pi(2)} \leq \ldots \leq e_{\pi(n)}.$$

Ergänzende Information Die elektronische Version dieses Kapitels enthält Zusatzmaterial, auf das über folgenden Link zugegriffen werden kann https://doi.org/10.1007/978-3-662-71095-1_25.

Wenig überraschend ist die Sortierung direkt auf der Menge der Permutationen mit Brute Force ineffizient, da die Menge S_n der Permutationen $n!$ Elemente besitzt. Kann man diese Aussage quantifizieren? Die Stirling-Formel gibt für große n eine Approximation für die Fakultäten:

$$n! \sim \sqrt{2\pi n}\left(\frac{n}{e}\right)^n, \; n\text{gross}.$$

$n!$ wächst wie n^n. Ein Beweis benötigt Analysis. Wir können aber mit einer einfachen Überlegung eine Abschätzung erhalten. Nehmen wir den Logarithmus, gilt:

$$\ln n! = \ln 1 + \ln 2 + \ldots + \ln n \leq n \ln n.$$

Exponentieren liefert $n! \leq n^n$. Betrachten wir jetzt den Algorithmus, welcher alle Permutationen durchgeht:

```
1 def permutation_sort(A):
2     for B in permutations(A):      # O(n!)
3         if is_sorted(B):           # O(n)
4             return B               # O(1)
```

Der Algorithmus ist korrekt, da er alle möglichen Permutation prüft. Die Laufzeit ist $O(n! \cdot n)$ – unbrauchbar.

Aufgabe 25.1.1 *Sortieren Sie die Schlüssel $(7, 3, 1, 4)$ mit der Relation $<$. Geben Sie die Outputfolge analytisch an als Permutation und stellen Sie die Sortierung grafisch dar.*

25.2 Anforderungen an die Sortierung

Beim Sortieren können zusätzliche Anforderungen wie **Stabilität** oder **Ordnungsverträglichkeit** verlangt werden.

Definition 25.2.1 *Das Sortieren einer Folge von n Elementen heißt **stabil**, genau dann, wenn die Reihenfolge von Elementen mit gleichem Schlüssel unverändert bleibt, d. h.*

$$\forall 1 \leq i \leq n : e_{\pi(i)} = e_{\pi(i+1)} \Longrightarrow e_{\pi(i)} < e_{\pi(i+1)}.$$

Sind zwei Schlüssel gleich ($e_{\pi(i)} = e_{\pi(i+1)}$), bleibt die Reihenfolge erhalten, $e_{\pi(i)} < e_{\pi(i+1)}$, d. h. „$i$ vor $i + 1$".

Aufgabe 25.2.1 *1. Geben Sie ein Beispiel, wo die Stabilität in der Sortierung wichtig ist. 2. Wir haben ein Inputfolge von Schlüsseln $1, 2, 2, 1$. Der erste Algorithmus liefert:*

$$\pi(1) = 4, \pi(2) = 1, \pi(3) = 3, \pi(4) = 2.$$

25.2 Anforderungen an die Sortierung

Der zweite Algorithmus liefert

$$\pi(1) = 1, \pi(2) = 4, \pi(3) = 2, \pi(4) = 3.$$

Weshalb sortiert der erste Algorithmus nicht stabil; der zweite hingegen ist stabil?
3. *Stellen Sie die beiden Algorithmen grafisch dar und leiten Sie ein grafische Bedingung ab, welche Stabilität des Algorithmus impliziert.*

Die **Ordnungsverträglichkeit** steht im Zusammenhang mit der Sortierdauer. Einige Algorithmen reagieren auf eine vorsortierte Menge mit einer schnelleren Geschwindigkeit. Dieses Verhalten nennt man Ordnungsverträglichkeit. Andere Algorithmen sortieren unbeeindruckt von Vorsortierungen mit gleicher Geschwindigkeit bzw. gleichem Zeitaufwand (z. B. Heapsorts und Mergesorts). Um Ordnungsverträglichkeit zu definieren, wird zuerst die **Unordnung** in einer Folge quantifiziert.

Liegen zu einem Element i m_i Elemente, die kleiner sind als i, rechts von i und k_i Elemente, die größer sind als i links davon, so wird m_i als Anzahl der oberen Fehlstellungen, k_i als Anzahl der unteren Fehlstellungen von Feld[i] bezeichnet. Die Summen

$$m_1 + m_2 + \ldots + m_n, \ k_1 + k_2 + \ldots + k_n$$

werden als **Inversionszahl** oder **Fehlstand** bezeichnet.

Beispiel: Betrachten wir die Folge 9, 3, 1, 4. Dann erhalten wir:

Zahl	m_i	k_i
9	3	0
3	1	1
1	0	1
4	0	1
Summe	4	4

Der linke und rechte Fehlstand sind gleich. Dies gilt allgemein:

Theorem 25.2.1

$$m_1 + m_2 + \ldots + m_n = k_1 + k_2 + \ldots + k_n.$$

Aufgabe 25.2.2 *Beweisen Sie die Aussage mit vollständiger Induktion.*

Da die obere und untere Inversionszahl gleich sind, können wir uns bei der Definition auf eine Zahl beschränken und definieren:

Definition 25.2.2 *Für jede Permutation π von n Elementen ist die Menge der Fehlstände der Permutation gegeben durch:*

$$\mathrm{inv}(\pi) = \{(i,j) \in \{1,\ldots,n\}^2 \mid i < j \text{ und } \pi(i) > \pi(j)\}.$$

Die Anzahl der Fehlstände $|\mathrm{inv}|$ heißt Inversions- oder Fehlstandszahl.

Die Menge der Fehlstände der Permutation

$$\pi = \begin{pmatrix} 1 & 2 & 3 & 4 & 5 \\ 3 & 5 & 1 & 2 & 4 \end{pmatrix}$$

besitzt Inversionszahl 5 mit den Fehlständen:

$$\mathrm{inv}(\pi) = \{(1,3), (2,3), (1,4), (2,4), (2,5)\}.$$

Man findet die Fehlstände, indem man in der zweiten Zeile für jede Zahl von 1 bis $n-1$ alle Zahlen sucht, die größer sind und links von der Zahl stehen. Im Beispiel sind dies die Paare (3, 1), (5, 1), (3, 2), (5, 2), (5, 4). Die Fehlstände sind dann die jeweils zugehörigen Zahlenpaare der ersten Zeile. Beispielsweise ist der zu dem Paar (5, 1) zugehörige Fehlstand das Paar (2, 3), da über der 5 die Zahl 2 und über der 1 die Zahl 3 steht. Also, 1. Größenvergleich der Schlüssel in 2. Zeile, 2. Ablesen der Items in 1. Zeile.

Aufgabe 25.2.3 *Zeigen Sie, dass die Folgen 7, 4, 3, 1 bzw. 7, 3, 1, 4 die Inversionszahlen 6 bzw. 4 besitzen. Stellen Sie grafisch die Permutationen für die Sortierungen dar (Pfeile) und leiten Sie eine Regel ab, wie aus der Grafik die Inversionszahl abgelesen werden kann.*

Aufgabe 25.2.4 *Bestimme alle Elemente der Permutationen von 3 Elementen, die Fehlstände und die Inversionszahlen.*

In den nächsten Abschnitten betrachten wir Sortieralgorithmen. Wir halten uns kurz, da wir schon die meiste Arbeiten erledigt haben.

25.3 Selectionsort

Dieser einfache Algorithmus ist nur für kleine Zahlenmengen effektiv. Wir haben ihn ausführlich in Kap. 17 besprochen. Die Worst-Case-Laufzeit ist $O(n^2)$.

Selectionsort ist nicht stabil. Die Instabilität entsteht, weil der Algorithmus Elemente direkt vertauscht, ohne zu prüfen, ob sie den gleichen Schlüssel haben. Stabilität könnte erreicht werden, indem beim Einfügen darauf geachtet wird, dass die Reihenfolge gleichwertiger

25.4 Insertionsort

Die folgende Liste von Zahlen soll sortiert werden:

$$4\ 6\ 3\ 9\ 2\ 7$$

Insertionsort beginnt links bei 6, da die 4 per Definition sortiert ist. Der erste Schlüssel ist also bei 6. Dann wird 6 mit 4 verglichen, da 4 < 6 ist, bleibt 6 stehen. Durch die numerischen Vergleiche wandert der **Pointer** nach rechts zur 3. Da 3 < 6 und 3 < 4 ist, vertauscht 3 zweimal zu:

$$3\ 4\ 6\ 9\ 2\ 7.$$

Die nächste unsortierte Zahl ist 9, da 6 < 9 ist folgt kein swap. Jetzt zur 2. Die 2 ist kleiner als 9, 6, 4, 3 usw. bis zu

$$2\ 3\ 4\ 6\ 7\ 9.$$

Der Algorithmus läuft asymptotisch nicht schneller als Selectionsort, da verschachtelte If-Schlaufen durchlaufen werden müssen. Eine Analyse liefert wiederum $O(n^2)$.

Pseudocode:

```
AKE = Aktuelles Element
1.  Funktion insertionSort(array):
2.      Für i von 1 bis Länge des Arrays - 1:
3.          AKE = array[i]
4.          j = i - 1
5.          Solange j >= 0 und array[j] > AKE:
6.              array[j + 1] = array[j]
7.              j = j - 1
8.          Ende Solange
9.          array[j + 1] = AKE
10.     Ende Für
11. Ende Funktion
```

Insertionsort ist stabil. Der Algorithmus bewahrt die relative Reihenfolge von gleichwertigen Elementen. Wenn also zwei Elemente denselben Schlüssel haben, bleibt ihre Reihenfolge in der sortierten Liste dieselbe wie in der ursprünglichen Liste. Dies liegt daran, dass Insertionsort beim Einfügen eines Elements nur dann Elemente vertauscht, wenn das neue Element tatsächlich kleiner ist als die zu vergleichenden Elemente. Wenn die Elemente gleich sind, bleibt das ursprüngliche Element vor dem neuen Element. Insertionsort ist ordnungsverträglich, weil der Algorithmus tatsächlich so funktioniert, dass er die Elemente

25.5 Mergesort

Teile und Herrsche ist der Ansatz für den Algorithmenentwurf mit den drei Schritten:

- Teile: Ein Problem wird in mehrere kleinere Probleme zerlegt.
- Beherrsche: Die Teilprobleme werden gelöst.
- Verbinde: Die Lösungen der Teilprobleme werden zur Lösung für das größere Problem zusammengesetzt.

Der Algorithmus hat Komplexität $n(\log_2 n)$.

Aufgabe 25.5.1 *Gehen Sie den gesamten Algorithmus in Abbildung 25.1 durch, so dass Sie in der Lage sind diesen anderen Studierenden zu erklären.*

Mergesort benötigt im Gegensatz zu Insertionsort einen temporären Speicherraum, d. h. ein Kopie des Array A. Dieser Raum ist von der Größe $O(n)$. In einem In-Place-Sortieralgorithmus wie bei Insertionsort ist laut Definition der temporäre Speicherplatz konstant $O(1)$. Pseudocode für Mergesort:

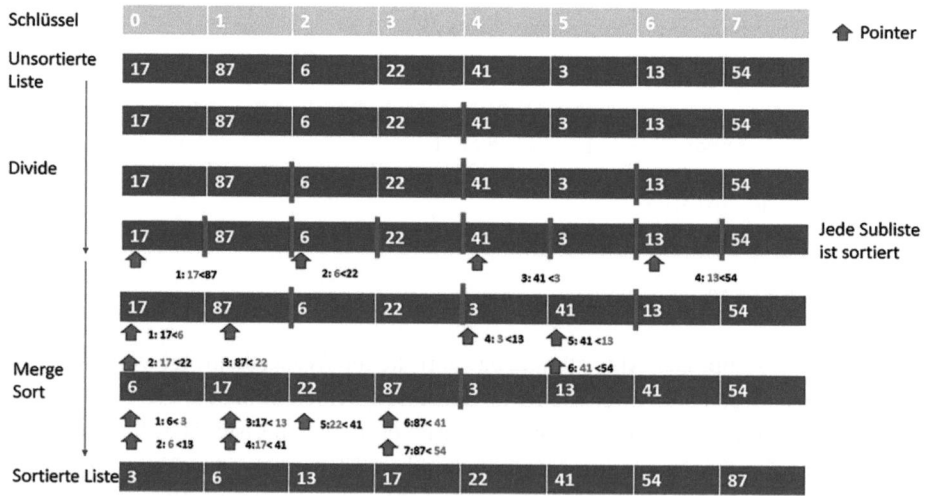

Abb. 25.1 Mergesort-Beispiel

25.5 Mergesort

```
LEFT = Linke Hälfte
RIGHT = Rechte Hälfte
1.  Funktion mergeSort(array):
2.      Wenn Länge des Arrays <= 1:
3.          Gib array zurück
4.      Sonst:
5.          Mitte = Länge des Arrays // 2
6.          LEFT = mergeSort(array[0 bis Mitte - 1])
7.          RIGHT = mergeSort(array[Mitte bis Ende])
8.          SortierteArray = merge(LEFT, RIGHT)
9.          Gib SortierteArray zurück
10.     Ende Wenn
11. Ende Funktion
```

```
1.  Funktion merge(links, rechts):
2.      Ergebnis = leeres Array
3.      i = 0
4.      j = 0
5.      Solange i < Länge von links und j < Länge von rechts:
6.          Wenn links[i] <= rechts[j]:
7.              Hänge links[i] an Ergebnis an
8.              i = i + 1
9.          Sonst:
10.             Hänge rechts[j] an Ergebnis an
11.             j = j + 1
12.         Ende Wenn
13.     Füge restliche Elemente von links an Ergebnis an
14.     Füge restliche Elemente von rechts an Ergebnis an
15.     Gib Ergebnis zurück
16. Ende Funktion
```

Mergesort ist ein stabiler Algorithmus. Beim Mischen werden die Elemente aus den beiden Teilarrays zusammengefügt. Wenn zwei Elemente gleichwertig sind, wird zuerst das Element aus dem linken Teilarray in das Ergebnisarray geschrieben, bevor das aus dem rechten Teilarray hinzugefügt wird. Dies bewahrt die ursprüngliche Reihenfolge gleichwertiger Elemente. Mergesort ist nicht ordnungsverträglich, weil er immer dieselben Schritte durchläuft, unabhängig davon, ob die Eingabedaten vollständig sortiert, teilweise sortiert oder unsortiert sind. Die Laufzeit bleibt immer $O(n \log n)$, selbst wenn die Eingabe vollständig sortiert ist.

Aufgabe 25.5.2 *Ziel der Aufgabe ist die Laufzeiten der Algorithmen Selectionsort, Insertionsort und Mergesort für eine große Inputzahl von natürlichen Zahlen in Python zu messen.*

1. *Implementieren Sie die drei Algorithmen in Python.*
2. *Erzeugen Sie einen große Input A von zufälligen, ungeordneten natürlichen Zahlen n.*
3. *Messen Sie die Laufzeiten für die drei Sortieralgorithmen.*

Die Lösung ist im Python-File 25.

26 Suchen in Graphen

Inhaltsverzeichnis

26.1 Darstellung von Graphen 621
26.2 Breadth-First Search (BFS) 624
26.3 Depth-First-Search (DFS) 627

Wenn wir uns große Netzwerke wie das Internet oder soziale Netzwerke vorstellen, führen Aufgaben wie Web Crawling, Freunde finden, Spiele umsetzen, Nachrichten zu verbreiten oder die Validierung von mathematischen Aussagen zu Suchproblemen in Graphen.

Zur Auffrischung dienen die folgenden Aufgaben.

Aufgabe 26.0.1 *Betrachten Sie die Graphen A und B in Abb. 26.1. Beschreiben Sie die Knoten- und Kantenmenge der Graphen. Welche Graphen sind Bäume? Weshalb sind D und E Wälder? Bestimmen Sie den Grad der einzelnen Knoten. Sind die Graphen zusammenhängend? Haben sie Zyklen (Kreise)? Zeichnen Sie (falls möglich) einen Weg und einen Kreis in den Graphen ein. Charakterisieren Sie den Graphen C in Abb. 26.1.*

Bis jetzt sind die Graphen immer natürlich entstanden, entweder als Modelle von Netzwerken, geografischen Karten, sequenziellen Wahrscheinlichkeitsaufgaben oder von logischen Ausdrücken. Graphen können aber auch als abstraktes Modell entstehen. Betrachten wir den Pocket Cube, d.h. die $2 \times 2 \times 2$-Variante des Rubik-Zauberwürfel. Jede der sechs Seitenflächen besteht aus vier Quadraten und der Würfel besteht aus acht Teilstücken.

Was hat dies mit Graphen zu tun? Wir zeigen, wie man zur Bestimmung der Lösung des Würfels über den Konfigurationsraum zu einer Graphenformulierung kommt. Der

---

Ergänzende Information Die elektronische Version dieses Kapitels enthält Zusatzmaterial, auf das über folgenden Link zugegriffen werden kann https://doi.org/10.1007/978-3-662-71095-1_26.

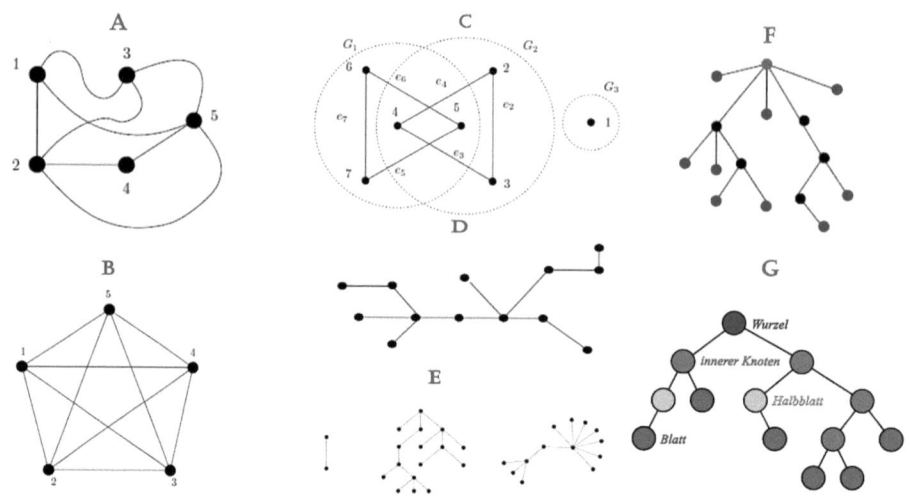

Abb. 26.1 Ungerichtete Graphenbeispiele

Konfigurationsraum umfasst alle möglichen Zustände, die durch erlaubte Drehungen erreicht werden können. Jede Würfelkonfiguration, definiert einen **Zustand**. Zählen wir zuerst die Anzahl der Zustände. Beim Pocket Cube sind nur die Eckstücke vorhanden. Um die Anzahl dieser Zustände zu berechnen, müssen wir die möglichen Permutationen und Orientierungen der Ecksteine analysieren. Der Pocket Cube hat 8 Ecken, die in beliebiger Reihenfolge permutiert werden können. Es gibt also:

$$8! = 40.320 \quad \text{mögliche Permutationen.}$$

Allerdings kann nicht jede Permutation durch mögliche Drehungen erreicht werden, da der Würfel durch mechanische Einschränkungen nur gerade Permutationen zulässt. Daher gibt es:

$$\frac{8!}{2} = 20.160 \quad \text{mögliche Permutationen.}$$

Jeder Eckstein hat 3 mögliche Orientierungen (entsprechend den 3 möglichen Drehrichtungen). Für 8 Ecken gibt es zunächst:

$$3^8 = 6561 \quad \text{potenzielle Orientierungen.}$$

Da die Orientierung der letzten Ecke durch die anderen 7 Ecken bestimmt ist, aufgrund der mechanischen Beschränkungen des Würfels, reduzieren sich die möglichen Orientierungen auf:

$$3^7 = 2187 \quad \text{mögliche Orientierungen.}$$

Um die Zählung auf den tatsächlichen Konfigurationsraum zu beschränken, fixieren wir eine Referenzposition:

- Die absolute Orientierung und Position eines Ecksteins (z. B. das Eckstück oben vorne links) bleibt fest.
- Dies reduziert die Permutationen um einen Faktor 8 und die Orientierungen um einen Faktor 3, da wir den Würfel relativ zu dieser Referenzposition betrachten.

Die Gesamtzahl der möglichen Zustände ergibt sich durch Multiplikation der Permutationen und Orientierungen:

$$\text{Anzahl der Zustände} = \frac{(8!/2) \cdot 3^7}{8 \cdot 3} = 7! \cdot 3^6 = 3.674.160.$$

Aufgabe 26.0.2 *Wie viele Möglichkeiten hat der Pocket Cube, wenn man die Zustände ohne die Anzahl der Restriktionen berechnet? Die Lösung ist im Python-File 26.*

Jeder **Zustand** wird jetzt als **Ecke** $v \in V$ in einem Graphen $G = (V, E)$ und jeder Zug, welcher von einem Zustand zu einem neuen Zustand führt, als Kante $(v, w) \in E$ dargestellt. Gesucht ist, startend von einer beliebigen Anfangskonfiguration v, ein möglichst kurzer Weg in den Endzustand v^*, welcher den gelösten Würfel darstellt. Abb. 26.2 stellt die Suchaufgabe schematisch dar. Startend vom Endknoten v^* gibt es einen Layer von Knoten, welche mit einem Zug zur Lösung führen. Dann folgt der Layer mit 2 Zügen usw. Es kann mathematisch bewiesen werden, dass **unabhängig** vom Startzustand **nie** mehr als 11 Züge notwendig sind beim Pocket Cube. 2019 wurde mit Computern gezeigt, dass im $3 \times 3 \times 3$ Würfel die minimale Anzahl von Zügen, egal wo wir starten, 20 ist. Für alle anderen, größeren Würfel ist diese Zahl unbekannt. Um diese kürzesten Pfade zur Lösung zu finden, startet man vom Endpunkt v^* und berechnet dann jeden Layer rückwärts. Das Wachstum in den Layer-Schritten in der Berechnung ist eine Herausforderung. Die Anzahl der Zustände der Layer nimmt ab einer gewissen Stufe ab: Am Anfang gibt es im ersten Layer vorwärts nur wenige mögliche neue Zustände für jeden Anfangszustand. Das Suchen des kürzesten Lösungspfades, bei gegebener Anfangsstellung, in dieser Menge an Pfaden ist eine Herausforderung. Bevor wir Suchalgorithmen untersuchen, besprechen wir die Darstellung von Graphen.

26.1 Darstellung von Graphen

Graphen müssen als Inputs für Algorithmen **brauchbar** dargestellt werden. Wir stellen drei Methoden vor: **Kantenliste, Adjazenzmatrix und Adjazenzliste.**

Kantenliste

Eine Kantenliste ist eine einfache Methode, die oft nur zur Veranschaulichung verwendet wird, wenn man sich auf die Algorithmen und nicht auf die Implementierung des Graphen konzentrieren möchte. Jede Kante wird durch eine **Tabelle** zwischen paarweisen

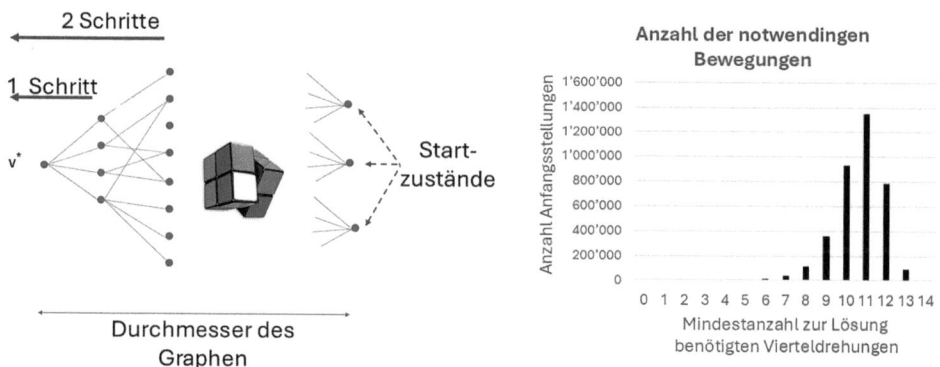

Abb. 26.2 Suche im $2 \times 2 \times 2$ Pocket Cube

Knotenlisten dargestellt, siehe Abb. 26.3 für einen gerichteten Graphen. Jede Zeile dieser Tabelle steht für eine Kante.

Aufgabe 26.1.1

- *Wie stellt man einen ungerichteten Graphen als Liste von Kanten dar?*
- *Definieren Sie für die Adjacency List eine Level- oder Frontier-Struktur. Bestimmen Sie diese in Abb. 26.3.*
- *Wenn Sie ausgehend von 0 jeden Knoten genau einmal besuchen müssen, wie erzeugen Sie die Adjacency Liste.*

Die Lösung ist im Python-File 26.

Die Vorteile der Listendarstellung ist ihre Einfachheit, sie ist nicht effizient in der Umsetzung und wird nie implementiert.

Adjazenzmatrix

Eine Adjazenzmatrix ist einfach zu verstehen und zu implementieren. Sie verwendet eine $n \times n$-Matrix zur Darstellung eines Graphen mit n Knoten, siehe Abb. 26.3. In die Zellen der Matrix wird eine Null eingetragen, wenn es keine Verbindung zwischen den Knoten gibt, welche als Zeilen starten und als Spalten enden. Sonst wird eine 1 bei ungewichteten Graphen eingetragen; bei gewichteten Graphen das Gewicht. Dies kann ein Kostensatz sein (Transportkosten), eine Kapazität (Übertragungskapazität), ein Ertrag in einer Währung (Zahlungsstrom) und vieles mehr. Bei ungerichteten Graphen ist die Matrix symmetrisch.

Die Vorteile sind die geringe Nachschlagezeit – man kann in $O(1)$ feststellen, ob eine Kante existiert oder um Kanten hinzuzufügen bzw. zu entfernen. Die Nachteile sind der

26.1 Darstellung von Graphen

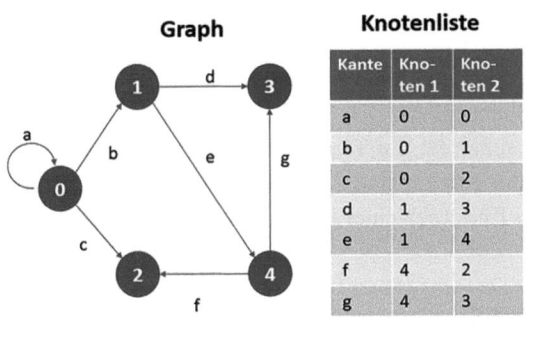

Abb. 26.3 Darstellung von Graphen durch Knotenlisten, Adjacency Matrizen und Adjacency Matrix

Speicherplatzbedarf $O(n^2)$ der Matrix, es ist kostspielig benachbarte Knoten eines ausgewählten Knotens zu finden ($O(n)$) und einen Graphen zu durchlaufen ($O(n^2)$), sowie die Kanten aufzuzählen ($O(n^2)$).

Adjazenzliste

Eine Adjazenzliste ist die effizienteste Art, einen Graphen zu speichern. Sie erfordert nur die **vorhandenen** Kanten zu speichern, im Gegensatz zu einer Adjazenzmatrix, die **alle** möglichen Kanten speichert. Die Adjazenzmatrix besteht aus n^2 Elementen mit n der Knotenanzahl, während die Adjazenzliste nur $n + e$ Elemente enthält mit e der Kantenanzahl. Dies ist platzsparender, wenn ein Graph nicht dicht ist, d. h. eine geringe Anzahl von Kanten besitzt und somit die Adjazenzmatrix viele Nullen besitzt.

Eine Adjazenzliste ist aber im Vergleich zur Adjazenzmatrix schwieriger zu verstehen. Die einfache lineare Struktur und die mächtigen Werkzeuge der linearen Algebra entfallen. Für jede Ecke $u \in V$ im Graphen G, ist $Adj(u)$ die Menge aller **Nachbarknoten** von u, d. h. die Menge aller Knoten, welche von u in einem Schritt erreicht werden können. Dies sind alle Nachbarn (in ungerichteten Graphen) bzw. Nachfolger (in gerichteten Graphen). Formal gilt in einem gerichteten Graphen:

$$Adj(u) := \{v \in V : (u, v) \in E\}.$$

Aufgabe 26.1.2 *Zeichnen Sie Graphen, um die Definition zu illustrieren. Wie lautet die Definition in einem ungerichteten Graphen?*

Die Adjazenzlisten lässt sich mit verknüpften Listen realisieren.

In Adjazenzlisten ist es günstig, benachbarte Knoten eines ausgewählten Knotens zu finden ($O(1)$), für dünn besetzte Graphen ist die Traversierung effizient und die Kosten für die Kennzeichnung/Aufzählung der Kanten sind $O(E + V)$. Nachteilig sind die hohe Suchzeit und die hohen Kosten für das Entfernen einer Kante, beides skaliert wie $O(E + V)$.

26.2 Breadth-First Search (BFS)

Zwei klassische Vorgehensweisen der Suche in Graphen und Bäumen sind die Depth-First-Search- und Breadth-First-Search-Algorithmen, siehe Abb. 26.4. In BFS geht man Schicht-für-Schicht durch den Graphen durch. Leiten Sie aus den Beispielen in 26.4 die Regeln ab, wie DFS bzw. BFS definiert werden. In DFS geht man Pfad-für-Pfad durch. Vom Start geht man solange in die Tiefe, bis keine Knoten mehr vorhanden sind. Dann geht man im Pfad zurück zum ersten Knoten, welcher noch unbesuchte Kanten hat und geht von dort wieder in die Tiefe und so weiter.

Ein Graph G sei als Adjacency-Liste dargestellt. Betrachten wir Breadth-First Search (BFS), die Breitensuche. Beginnen wir bei einem Knoten v^*. Dann besucht der BFS-Algorithmus zunächst alle Nachbarn des Knotens v^* in der Reihenfolge, die in der Adjazenzliste angegeben ist. Als Nächstes werden die untergeordneten Knoten dieser Nachbarn in Betracht gezogen und so weiter.

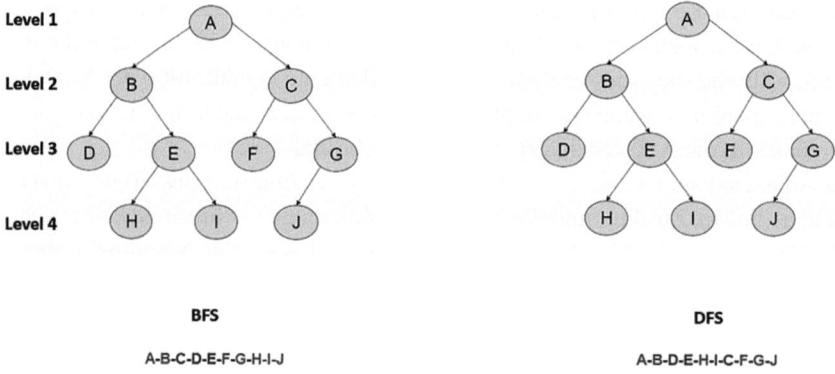

Abb. 26.4 DFS und BFS

26.2 Breadth-First Search (BFS)

```
1.  Funktion bfs(graph, startknoten):
2.     Erstelle leere Warteschlange
3.     Füge Startknoten zur Warteschlange hinzu
4.     Solange die Warteschlange nicht leer ist:
       // Entferne den vordersten Knoten aus der Warteschlange
5.        AktuellerKnoten = Dequeue(Queue)
6.        Wenn AktuellerKnoten noch nicht besucht wurde:
7.           Markiere AktuellerKnoten als besucht
8.           Gib AktuellerKnoten aus
9.           Für jeden Nachbarn des AktuellerKnoten:
10.             Wenn Nachbar nicht besucht wurde:
// Füge Nachbar zur
// Warteschlange hinzu
11.                Enqueue(Queue, Nachbar)
12.    Ende Solange
13. Ende Funktion
```

Dieser Algorithmus kann sowohl für die Durchquerung des gesamten Graphen als auch für die Suche nach einem kürzesten Weg zwischen zwei Knoten (Start- und Zielknoten) verwendet werden. Obwohl BFS nicht der effizienteste Algorithmus für die Lösung großer Probleme ist – Algorithmen wie der Dijkstra-Algorithmus sind ihm überlegen – spielt er eine wichtige Rolle in Anwendungen. Die BFS-Laufzeitanalyse des BFS-Pseudocodes lautet für einen zusammenhängenden Graphen mit $|V|$ Knoten und $|E|$ Kanten und einer Warteschlange (Queue):

1. Initialisierung der Warteschlange (Zeile 2): Die Warteschlange wird initialisiert, was in $O(1)$ Zeit geschieht.
2. Hinzufügen des Startknotens zur Warteschlange (Zeile 3): Das Hinzufügen des Startknotens erfordert $O(1)$.
3. Schleife (Zeile 4): Die Schleife läuft so lange, bis die Warteschlange leer ist. Dies entspricht genau der Anzahl der besuchten Knoten, da jeder Knoten maximal einmal in die Warteschlange eingefügt wird. Die Anzahl der Iterationen der Schleife ist $O(|V|)$, da maximal $|V|$ Knoten besucht werden.
4. Entfernen eines Knotens aus der Warteschlange (Zeile 5): Das Entfernen eines Knotens erfolgt in $O(1)$. Insgesamt wird diese Operation für jeden der $|V|$ Knoten einmal ausgeführt. Gesamtkosten: $O(n)$.
5. Überprüfung, ob der Knoten besucht wurde (Zeile 6): Das Markieren eines Knotens als besucht erfolgt mit einer geeigneten Datenstruktur (z. B. einem Array) in $O(1)$. Gesamtkosten: $O(|V|)$, da jeder Knoten einmal überprüft wird.
6. Ausgabe des Knotens (Zeile 8): Die Ausgabe eines Knotens benötigt $O(1)$. Gesamtkosten: $O(|V|)$.
7. Iterieren über Nachbarn des aktuellen Knotens (Zeile 9): Für jeden Knoten v werden seine Nachbarn besucht. Die Anzahl der Nachbarn eines Knotens entspricht seiner *Gradzahl*.

Die Summe aller Nachbarn über alle Knoten entspricht der Anzahl der Kanten $|E|$. Gesamtkosten für die Schleife über Nachbarn: $O(|E|)$.

8. Überprüfung, ob ein Nachbar besucht wurde (Zeile 10): Dies erfolgt in $O(1)$ pro Nachbar, also insgesamt $O(|E|)$.
9. Hinzufügen eines Nachbarn zur Warteschlange (Zeile 11): Das Hinzufügen zur Warteschlange erfolgt in $O(1)$ pro Nachbar, also insgesamt $O(|E|)$.

Da der Graph zusammenhängend ist (ansonsten wird BFS nur auf einem Teilgraphen ausgeführt), folgt: Die Laufzeit des BFS-Algorithmus ist linear in der Summe der Knoten v und der Kanten v, also $O(|V| + v)$. Bei der Implementierung von BFS verwenden wir in der Regel eine First-In-First-Out-(FIFO)-Warteschlangenstruktur, um Knoten zu speichern, die als Nächstes besucht werden sollen.

Ein Beispiel ist in Abb. 26.5 dargestellt.

Aufgabe 26.2.1

1. *Analysieren Sie das Beispiel in Abb. 26.5, Panel A.*
2. *Nach welcher Regel wird der Graph traversiert?*
3. *Schreiben Sie einen Pseudocode.*
4. *Bestimmen Sie die Adjacency-Matrix.*

Die Lösung ist im Python-File 26.

Aufgabe 26.2.2

1. *Gegeben ist der Graph in 26.5 Panel B. Schreiben Sie einen BFS-Algorithmus für den Graphen mit folgender Anleitung.*
2. *Implementieren Sie den Graphen mit dem Dictionary-Datenformat.*
3. *Benutzen Sie eine Queue zur Traversierung in welcher die Knoten gespeichert werden, welche besucht wurden. Starten Sie in A, d. h., fügen Sie diesen Knoten zur Queue.*
4. *While-Schleife. Entfernen Sie A aus der Warteschlange, die benachbarten Knoten werden sortiert in die Queue gespeichert und die Knoten werden auch zur Liste der besuchten Knoten hinzugefügt.*
5. *Entfernen Sie den alphabetischen Nachfolger von A aus der Queue und sortieren Sie alle benachbarten Knoten, welche nicht schon besucht wurden, in die Warteschlange ein. Addieren Sie die noch nicht besuchten Knoten zur Liste der besuchten Knoten.*
6. *Fahren Sie fort mit dem alphabetisch ersten Knoten in der Queue etc.*

Die Lösung ist im Python-File 26.

26.3 Depth-First-Search (DFS)

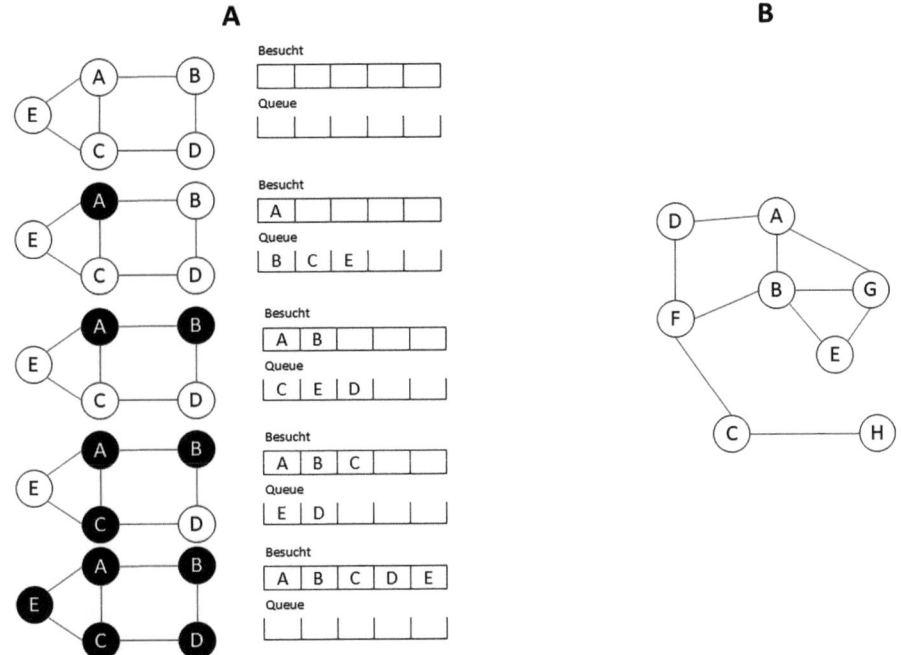

Abb. 26.5 Panel A: Beispiel BFS für Aufgabe 26.2.1 . Panel B: Graph für die Aufgabe 26.2.2

26.3 Depth-First-Search (DFS)

Depth-First Search (DFS) priorisiert die Tiefe und sucht entlang eines Zweiges, so weit wie möglich bis zum Ende dieses Zweiges. Dort angekommen, kehrt er zur ersten möglichen Abweichung von diesem Zweig zurück und sucht für den nächsten Zweig bis zum Ende des Zweigs durch usw. Genauer, besuche rekursiv alle ausgehenden Nachbarn eines Knotens, jedoch niemals einen bereits besuchten Knoten. Verfolge einen Pfad, bis keine weiteren Nachbarn mehr besucht werden können, und kehre dann schrittweise zurück (Backtracking), um andere unentdeckte Pfade zu erkunden.

DFS wird als Teil vieler anderer Algorithmen zur Lösung von Graphenproblemen verwendet. Die Beliebtheit des DFS-Algorithmus liegt in seiner Einfachheit und leichten rekursiven Implementierung. Der DFS-Algorithmus besteht aus den folgenden Schritten, wenn man den Stapel mit einfügt:

```
1. Funktion dfs(graph, startknoten):
2.     Erstelle leeren Stapel
3.     Füge Startknoten zum Stapel hinzu
4.     Solange der Stapel nicht leer ist:
   // Nehme den obersten Knoten vom Stapel
5.         AktuellerKnoten = Pop(Stack)
6.         Wenn AktuellerKnoten noch nicht besucht wurde:
7.             Markiere AktuellerKnoten als besucht
8.             Gib AktuellerKnoten aus
9.             Für jeden Nachbarn des AktuellerKnoten:
10.                 Wenn Nachbar nicht besucht wurde:
11.                     Füge Nachbarn zum Stapel hinzu
12.     Ende Solange
13. Ende Funktion
```

Jetzt betrachten wir den Algorithmus mit den Mengendatenstruktur eines Elternpfades $P(s)$ und der Rekursion ohne den Stapel zu betrachten. Der Startknoten s hat keine Eltern, somit ist $P(s) = None$. Jetzt beginnen wir alle Nachbarknoten von s rekursiv zu besuchen. Sei u ein solcher Knoten und mit besuche(u) bezeichnen wir alle Nachbarknoten v, welche noch nicht im Elternpfad vorkommen, d. h. noch nicht besucht wurden. Dann setzen wir für einen solchen Knoten v seinen Elternknoten gleich u, d. h. $P(v) = u$. Der nächste Schritt ist rekursiv die Prozedur für v durchzuführen.

```
1. Initialisiere P(s)=None (Elternzeiger des Startknotens).
2. besuche(u):
3.     Für jedes v Element in Adj(u):
4.         Falls P(v)=None: d
5.             Setze P(v)=u
6.             Rufe besuche(v) auf
```

Wir zeigen, dass der Algorithmus korrekt ist:

Theorem 26.3.1 *DFS besucht jeden Knoten v, der von s aus erreichbar ist, und setzt $P(v)$ korrekt.*

Beweis Wir führen eine Induktion über die Entfernung k vom Startknoten s. Für den Basisfall $(k = 0)$ wird der Startknoten s korrekt besucht und $P(s) = None$ wird korrekt gesetzt. Im Induktionsschritt nehmen wir an, die Behauptung gilt für alle Knoten mit Abstand k_n von s. Betrachte nun einen Knoten v mit einem Abstand einen Schritt weiter weg, d. h. $\delta(s, v) = k_n + 1$:

26.3 Depth-First-Search (DFS)

- Es existiert ein Knoten u, der auf dem kürzesten Pfad von s nach v unmittelbar vor v liegt ($\delta(s, u) = k_n$).
- Nach der Induktionsannahme wird u von DFS besucht und $P(u)$ wird korrekt gesetzt.
- Während des Besuchs von u wird $v \in \text{Adj}(u)$ berücksichtigt:
  - Entweder v wurde bereits besucht oder v wird während des Besuchs von u besucht.
- In beiden Fällen wird v von DFS besucht und $P(v)$ wird korrekt gesetzt. □

Der DFS besucht jeden Knoten u höchstens einmal. Für jeden Nachbarn $v \in \text{Adj}(u)$ wird eine konstante Zeit $O(1)$ aufgewendet für den Besuch. Die Gesamtkosten summieren sich zu dieser konstanten Zeit mal die Anzahl der Besuche, d. h. die Anzahl der Kanten oder den Grad des Knoten u. Als obere Schranke erhalten wir:

$$O(1) \cdot \sum_{u \in V} deg(u) = O(|E|),$$

wobei die Summe über alle Knoten $u \in V$ gebildet wird. DFS hat daher eine Laufzeit von $O(|E|)$, im Gegensatz zu BFS, das zusätzlich Abstände berechnet.

Vergleiche BFS und DFS in Python:

- BFS ist knotenbasiert; DFS ist kantenbasiert.
- BFS verwendet eine FIFO Warteschlangen-Datenstruktur. DFS verwendet die Datenstruktur Stack, die dem Prinzip LIFO folgt.
- Bei BFS wird jeweils ein Knoten ausgewählt, wenn er besucht und markiert wird. Dann werden seine Nachbarn besucht und in der Warteschlange gespeichert.
- Beim DFS erfolgt dies in zwei Schritten. Erstens werden die besuchten Knoten in den Stapel geschoben und zweitens, wenn es keine Knoten gibt, werden die besuchten Knoten herausgenommen.
- BFS ist im Vergleich zu DFS etwas langsamer.

27 Greedy-Algorithmen und Dynamische Programmierung

Inhaltsverzeichnis

27.1 Planungsproblem 631
27.2 Dynamische Programmierung 636
27.3 Fibonacci-Zahlen 638

Greedy-Algorithmen und Dynamische Programmierung sind zwei Ansätze zur Lösung von **Optimierungsproblemen**, die sich durch unterschiedliche Herangehensweisen auszeichnen. Greedy-Algorithmen treffen in jedem Schritt die lokal optimale Wahl in der Hoffnung, dadurch eine global optimale Lösung zu finden. Diese Strategie ist effizient, wenn das Problem die sogenannte Greedy-Eigenschaft erfüllt, bei der lokale Entscheidungen auch global optimal sind. Dynamische Programmierung hingegen zerlegt ein Problem in überlappende Teilprobleme, speichert deren Lösungen (Memoization), und kombiniert diese, um die optimale Gesamtlösung zu ermitteln. Dieser Ansatz eignet sich besonders für Probleme mit optimaler Substruktur, bei denen die Lösung des Gesamtproblems aus den Lösungen seiner Teilprobleme aufgebaut werden kann. Während Greedy-Algorithmen auf Einfachheit und Effizienz setzen, bietet die Dynamische Programmierung eine systematischere Methode für komplexere Problemstellungen, ist jedoch oft rechenintensiver.

27.1 Planungsproblem

In diesem Teil betrachten wir einfache Probleme, um ein Gefühl für Greedy-Algorithmen und dynamische Programmierung zu erhalten. Gegeben ist eine Menge $A = \{a_1, \ldots, a_n\}$ von Aktivitäten, wobei jede Aktivität $i = 1, \ldots, n$ einen Anfangs- und Endzeitpunkt besitzt: $a_i = [s_i, e_i]$. Die Aktivitäten benötigen die gleichen Ressourcen. Somit dürfen sich die

Aktivitäten bei der Planung nicht überschneiden, um ein Ressourcenproblem zu erzeugen. Gesucht ist die größtmögliche Menge paarweise kompatibler Aktivitäten:

Definition 27.1.1 *Alle Aktivitäten für die gilt*

$$a_i \cap a_j = \emptyset, \ \forall i \neq j$$

sind kompatibel.

Ein Greedy-Algorithmus wählt **immer** die Aktivität mit der frühesten Endzeit aus, die mit den bereits ausgewählten Aktivitäten kompatibel ist. Diese Wahl garantiert, dass möglichst viel Platz für zukünftige Aktivitäten bleibt. Dies funktioniert, weil:

- Die frühere Beendigung einer Aktivität mehr Raum für folgende Aktivitäten schafft.
- Durch die Sortierung nach Endzeiten sichergestellt wird, dass keine andere Aktivität diese Strategie übertrifft, siehe Abb. 27.1.

Wir können die optimale Lösung wie folgt charakterisieren. Sei L eine optimale Lösung für A. Welche Aktivität hat gute Chancen, das erste Element von L zu sein? Die Aktivität a_1 mit frühester Endzeit e_1, weil a_1 die gemeinsame Ressource am wenigsten einschränkt. Jetzt definieren wie eine Zustandsgröße. Sei $A_k = \{a_i \in A : s_i \geq e_k\}$ die Menge der Aktivitäten, die nach Ablauf von a_k beginnen. Sei L_k eine optimale Lösung von A_k, d. h., die A_k sind optimal. Dann ist das Gesamtproblem in optimale Teilprobleme zerlegt worden: $\{a_1\} \cup L_1$ ist dann optimal, woraus folgt, dass $\{a_1\} \cup \{a_2^*\} \cup L_2$ optimal ist mit a_2^* der optimalen Wahl

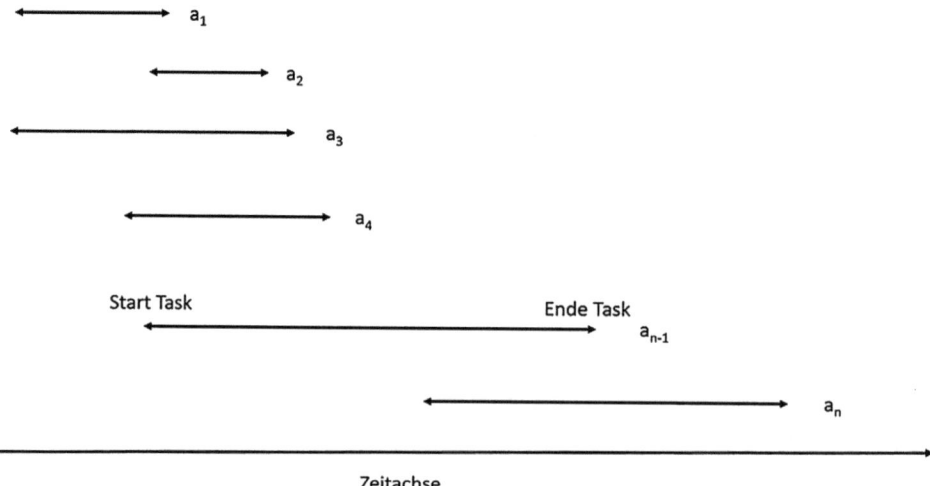

Abb. 27.1 Darstellung der zeitlich geordneten Tasks

im Schritt 2 usw. Dabei ist a_2^* im Allgemeinen nicht gleich a_2, sondern das Element in A_2 mit dem kürzesten Endzeitpunkt in A_2. Am Ende haben wir eine Folge von Entscheidungen $a_1, a_2^*, \ldots, a_k^*$ und $L_k = \emptyset$, welche ein globales Optimum definieren. Es ist notwendig für die Optimalität des globalen Problem, dass alle Teilprobleme optimal sind. Dies stellt bei allen Algorithmen in diesem Abschnitt die größte Herausforderung dar.

Theorem 27.1.1 *Sei $A_k \neq \emptyset$. Sei a_m die Aktivität mit der frühesten Endzeit in A_k. Dann gilt:*

$$\Rightarrow \text{Es gibt eine optimale Lösung von } A_k, \text{ die } a_m \text{ enthält.}$$

Wir haben den Beweis in Worten fast vollständig geführt.

Beweis Initialisierung:
Der Greedy-Algorithmus wählt die Aktivität a_1 mit der frühesten Endzeit. Sei a_i die erste Aktivität in der optimalen Lösung O. Da a_i und a_1 dieselben Startbedingungen erfüllen, können wir $a_i = a_1 \in O$ setzen.

Induktionsannahme:
Angenommen, für die ersten k Aktivitäten, die vom Greedy-Algorithmus ausgewählt werden, gilt:

- Sie sind Teil einer optimalen Lösung, d.h. $A_k = \{a_1, a_2, \ldots, a_k\} \subseteq O$.
- Jede Aktivität in A_k hat die früheste mögliche Endzeit unter den kompatiblen Aktivitäten.

Induktionsschritt:
Betrachte die nächste Aktivität a_{k+1}, die gewählt wird. Dies ist die Aktivität mit der frühesten Endzeit, die nach der Endzeit von a_k beginnt, also $s_{k+1} \geq e_k$.

- Sei $a_j \in O$ die nächste Aktivität in der optimalen Lösung, die nach a_k beginnt. Da a_{k+1} die früheste Endzeit unter allen kompatiblen Aktivitäten hat, gilt $e_{k+1} \leq e_j$.
- Ersetze a_j durch a_{k+1} in O. Dadurch bleibt O eine gültige Menge von paarweise kompatiblen Aktivitäten, und ihre Größe bleibt unverändert.

Somit ist $A_{k+1} = A_k \cup \{a_{k+1}\}$ als Teil einer optimalen Lösung. $\square$

Zusammengefasst, die optimale Lösung des Problems $A[1 \ldots n]$ enthält immer eine optimale Lösung für das Teilproblem der Aktivitäten $A[i \ldots n]$, die nach der ersten gewählten Aktivität beginnen. Die Wahl der Aktivität mit der frühesten Endzeit ist lokal optimal und lässt die restlichen Aktivitäten unberührt. Diese lokale Optimierung führt zur globalen Optimierung. Somit funktioniert ein Greedy-Algorithmen nicht optimal, wenn lokale Teilprobleme nicht optimal sind oder wenn ein globales Problem nicht in lokale Probleme zerlegt werden kann. Das sogenannte Longest-Path-Problem ist ein Beispiel für Letzteres.

Als Beispiel bestehen die Aktivitäten aus:

$$A = \{(1, 4), (3, 5), (0, 6), (5, 7), (3, 8), (5, 9), (6, 10), (8, 11), (8, 12), (2, 13), (12, 14)\}$$

mit der Greedy-Lösung:

$$A' = \{(1, 4), (5, 7), (8, 11), (12, 14)\}.$$

Diese ist gleich der optimalen Lösung, Jede andere Kombination von Aktivitäten verletzt entweder die Kompatibilität oder besitzt weniger Aktivitäten.

Betrachten wir eine Variante des Beispiels, in welchem Greedy nicht mehr optimal ist. Sei wiederum die Menge A der Aktivitäten gegeben. Gesucht ist jetzt die Menge $A' \subseteq A$ paarweise kompatibler Intervalle, deren Gesamtlänge $\ell(A')$ maximal ist.

Der Greedy-Ansatz wählt in jedem Schritt eine Aktivität mit einer bestimmten Eigenschaft. Hier das längste Intervall. Dies kann aber suboptimal sein, wenn längere Intervalle kleinere, aber insgesamt besser kombinierbare Intervalle verunmöglichen. Es sei

$$A = \{[1, 5), [1, 4), [4, 6), [6, 9)\}.$$

Die Greedy-Strategie wählt jeweils das „erste und längste" Intervall. Dann folgt $[1, 5)$ und $[6, 9)$ mit Gesamtlänge 7. Eine optimale Lösung wählt $[1, 4), [4, 6), [6, 9)$ mit Gesamtlänge 8. Die Greedy-Strategie hat das Intervall $[1, 4)$ negiert, welches im ersten Schritt kürzer ist, aber bessere nachfolgende Entscheidungen ermöglicht.

Die dynamische Programmierung garantiert eine optimale Lösung. In diesem Beispiel funktioniert es wie folgt:

1. Gegeben ist wiederum die Menge von Intervallen $A = \{a_1, a_2, \ldots, a_n\}$ mit Start- und Endpunkten und das Ziel ist die Gesamtlänge der Intervalle zu maximieren.
2. Annahme: Die Intervalle in A sind nach ihren Endzeiten sortiert. Dies erlaubt eine effiziente Suche mit Binary Search.
3. Rekursion. Die Rekursion lautet:

$$J(i) = \max\{J(i - 1), \ell(a_i) + J(j)\},$$

wobei:

- $J(i)$: Der maximale Wert der Gesamtlänge für die Teilmenge der Intervalle $\{a_1, a_2, \ldots, a_i\}$.
- $J(i - 1)$: Der maximale Wert, wenn a_i **nicht** ausgewählt wird.
- $\ell(a_i) + J(j)$: Der maximale Wert, wenn a_i **ausgewählt** wird. Hier ist j das letzte Intervall, das mit a_i kompatibel ist (d. h. $e_j \leq s_i$).

27.1 Planungsproblem

- $j = 0$, falls es kein solches j gibt (dann ist $J(j) = 0$).

Die Maximierung erfolgt also über zwei Fälle:

a. a_i wird nicht gewählt ($J(i-1)$).
b. a_i wird gewählt ($\ell(a_i) + J(j)$).

Die Rekursion berücksichtigt explizit, dass j das größte $k < i$ ist, für das $e_k \leq s_i$.

Dynamische Optimierung besteht bis jetzt aus einer Rekursion. Diese zerlegt das Gesamtproblem in Teilprobleme. Jedes Teilproblem wird optimal gelöst. Diese Maximierung erfolgt über zwei Alternativen: $J(i-1)$ (ohne a_i) oder $\ell(a_i) + J(j)$ mit a_i, ergänzt durch kompatible Intervalle bis j. Der Teil $\ell(a_i) + J(j)$ besteht aus einem kurzfristigen Teil $\ell(a_i)$ und dem langfristigen $J(j)$: Es kann global optimal sein, auf dem Teilproblem ein a_i auszuwählen, welches nicht die größte Länge $\ell(a_i)$ liefert, aber einen größeren Wert $J(j)$ erlaubt. Diese Abwägung ist nicht „Greedy" in ihrer Natur.

Wir behaupten, dass die gegebene Rekursion korrekt ist für das Problem der Maximierung der Gesamtlänge nicht überlappender Intervalle. Dies folgt erstens aus dem Optimalitätsprinzip für jedes Teilproblem: Jede globale optimale Lösung für $\{a_1, \ldots, a_i\}$ besteht entweder:

- aus einer optimalen Lösung für $\{a_1, \ldots, a_{i-1}\}$ (ohne a_i) oder
- aus einer optimalen Lösung für die Intervalle bis j, ergänzt durch a_i.

Dies deckt die beiden Fälle in der Maximierung ab.

$J(i)$ wird aus den Werten $J(i-1)$ und $J(j)$ aufgebaut. Beide sind optimale Teilprobleme, die bereits gelöst wurden. Die Einhaltung der Kompatibilität ist sichergestellt. Die Wahl von j stellt sicher, dass die ausgewählten Intervalle nicht überlappen, da j das letzte Intervall ist, das mit a_i kompatibel ist ($e_j \leq s_i$).

Das Prinzip der optimalen Teilprobleme als notwendige Bedingung für die Existenz eines globalen Optimums ist ein Ausdruck aus der Informatik. Es ist gleichbedeutend zum Optimalitätsprinzip von Bellman. Dieses Prinzip wurde von Bellman in den 1950er-Jahren eingeführt, um mathematische Optimierungsprobleme zu lösen. Wenn ich mich richtig erinnere, hat uns ein Professor vor Jahren gesagt, dass Bellman den Namen Dynamische Programmierung gewählt hat, damit die Methode die besten Chancen hat, publiziert zu werden. Also, nur Marketing und hat nichts mit dem Wort Programmierung zu tun gehabt.

Mathematiker würden die oben besprochene Rekursion Bellman-Gleichung nennen. Dies ist in der Informatik nicht üblich.

27.2 Dynamische Programmierung

Das Prinzip der dynamischen Programmierung lässt sich mathematisch präzise durch das Konzept der optimalen Unterstruktur ausdrücken. Es lautet wie folgt:

Prinzip der dynamischen Programmierung nach Bellman: Wenn ein Problem eine optimale Lösung besitzt, dann gilt für jedes Teilproblem, das Teil dieser optimalen Lösung ist, dass die Lösung des Teilproblems selbst optimal ist.

Wir haben dieses Prinzip mehrfach angetroffen. Zum Beispiel bei kürzesten Verbindungen in einem Graphen. Wenn der kürzeste Weg von Knoten a zum Knoten z über die Knoten f und g führt, dann führt auch der kürzeste Weg von f nach z über den Knoten g. Formal lautet das Prinzip:

Gegeben

- Ein Optimierungsproblem P mit einer Menge von Zuständen S ist gegeben.
- Eine Entscheidungsfolge $\{d_1, d_2, \ldots, d_n\}$, die eine Lösung definiert.
- Eine Zielfunktion J, die bewertet, wie gut eine Lösung ist, mit $J^*(s)$ als dem optimalen Wert, der vom Zustand s aus erreichbar ist.

Die optimale Lösung $J^*(s)$ für einen Zustand $s \in S$ erfüllt:

$$J^*(s) = \max_{d \in D(s)} \{R(s, d) + J^*(T(s, d))\},$$

wobei:

- $D(s)$ die Menge der zulässigen Entscheidungen (Aktionen) im Zustand s ist.
- $R(s, d)$ der unmittelbare Ertrag (Reward) bei Wahl der Entscheidung d im Zustand s ist.
- $T(s, d)$ der Nachfolgezustand nach Anwendung der Entscheidung d auf s ist.
- $J^*(T(s, d))$ der optimale Wert des Problems vom Nachfolgezustand $T(s, d)$ aus ist.

Die optimale Lösung des Problems in einem Zustand s ergibt sich aus:

- Der unmittelbaren Belohnung $R(s, d)$, die sich aus der aktuellen Entscheidung d ergibt.
- Der optimalen Lösung für das Teilproblem, das durch den Nachfolgezustand $T(s, d)$ definiert ist.

Diese Formulierung zeigt, dass Bellman Probleme aus den Naturwissenschaften und der Ökonomie im Sinne hatte. Bei diesen war die Ordnung durch die zeitliche Abfolge von Entscheidungen gegeben. In der Informatik, wie bei Planungsproblem besprochen, geht es oft nicht darum, zeitlich optimale Entscheidungen zu treffen. Anstelle der zeitlichen Ordnung kann jede Totalordnung oder partielle Ordnung gewählt werden. Somit ist die Existenz

27.2 Dynamische Programmierung

einer Ordnungsstruktur eine notwendige Bedingung für die Existenz eines Optimums in der dynamischen Programmierung.

Wie passt das Beispiel der gesuchten maximalen Länge der Aktivitäten in diesem Formalismus? Dazu müssen wir die Zustände exakt definieren. Ein Zustand s beschreibt die aktuelle Situation im Entscheidungsprozess. Insbesondere enthält er die folgenden Informationen:

- Die Menge der verbleibenden Aktivitäten: Die Aktivitäten, die noch ausgewählt werden können, weil sie nicht mit den bisher gewählten Aktivitäten überlappen.
- Die zuletzt ausgewählte Aktivität: Um sicherzustellen, dass keine überlappenden Aktivitäten gewählt werden, muss bekannt sein, welche Aktivität zuletzt ausgewählt wurde.

Ein Zustand s wird durch ein Paar dargestellt:

$$s = (\text{letzte Aktivität } a, \text{ verbleibende Aktivitäten } A'),$$

wobei:

- a die zuletzt ausgewählte Aktivität ist (oder $a = \emptyset$, falls noch keine Aktivität gewählt wurde).
- $A' \subseteq A$ die Menge der Aktivitäten, die noch für die Auswahl verfügbar sind.

Zu Beginn, bevor eine Aktivität gewählt wurde, ist

$$s = (\emptyset, A),$$

wobei A die vollständige Menge aller Aktivitäten ist. Nach Auswahl der Aktivität a_1 gilt:

$$s = (a_1, \{a \in A \mid s_a \geq e_1\}) = (a_1, A_1).$$

Die optimale Lösung $J(s)$ für einen Zustand $s = (a, A')$, mit A' den Aktivitätenmengen nach der Wahl von a, ist die maximale Gesamtlänge, die von diesem Zustand aus erreicht werden kann. Die Rekursionsbeziehung lautet:

$$J(s) = \max_{a' \in A'} (\ell(a') + J(a', A')),$$

wobei $\ell(a') = e_{a'} - s_{a'}$ die Länge der Aktivität a' ist. Wir wählen im Zustand s die beste Aktivität a' in den verbleibenden Aktivitäten A'. Dabei ist die beste Wahl entweder die Entscheidung a' mit der entsprechenden Länge oder Entscheidungen, welche optimal im nächsten Schritt sind.

Die folgenden Annahmen und Eigenschaften gelten in der dynamischen Programmierung:

- Optimalitätsunterstruktur: Die optimale Lösung des Gesamtproblems enthält die optimalen Lösungen aller Teilprobleme.
- Überlappende Teilprobleme: Viele Teilprobleme werden mehrfach benötigt, sodass Zwischenergebnisse gespeichert (Memoisierung) oder iterativ berechnet werden können.
- Rekursionsbeziehung: Die Lösung des Problems ergibt sich durch das wiederholte Anwenden der Rekursionsgleichung für $J^*(s)$.

Bis anhin bestand die Diskussion der dynamischen Programmierung aus der Diskussion der Optimalität durch die Rekursion oder Bellman-Gleichung. Für die Informatik ist aber eine zweite Eigenschaft der Memoisierung dieser Methode wesentlich: Das Speichern von berechneten Größen, welche in der Bottom-up-Lösung des Problems wiederverwendet werden und somit die Laufzeiteneffizienz der Algorithmen beeinflussen. Betrachten wir zur Illustration konkrete Beispiele.

27.3 Fibonacci-Zahlen

Wenden wir dies auf die Fibonacci-Zahlen an. Diese sind durch die Rekursion $f_n = f_{n-1} + f_{n-2}, f(0) = 1, f(1) = 1$ gegeben. Die Teilprobleme sind $f(i) = f_i$ für $i = 1, \ldots n$, die unterschiedlichen Fibonacci-Zahlen, und die algorithmische Beziehung ist mit $f(i) = f(i-1) + f(i-2)$ die Zahlen rekursiv zu berechnen. Dies zeigt, dass die Datenstruktur einer Tabelle oder eines Array, rekursiv definiert über einem Indexbereich, mathematisch äquivalent ist zu einer Funktion mit der gleichen Rekursion. Dies ist wiederum der Leitgedanke dynamischer Programmierung als Familie von Rekursionen über einen Indexbereich zu definieren.

Der Base Case sind die beiden Startbedingungen und gesucht ist $f(n)$. Wir wissen, dass $f_n \sim \Phi^n$ mit dem goldenen Schnitt $\Phi > 1$ exponentiell wächst. Somit ist die Laufzeit $T(n) \sim \Phi^n$. Wir können diesen Algorithmus mit Memoisierung leicht ändern und eine dynamische Programmierung erhalten, welche in potenzieller Zeit die Fibonacci-Zahlen löst. Die Idee der Memoisierung ist in Abb. 27.2 dargestellt.

Die Abbildung zeigt, dass mit der Memoisierung ein Vielzahl der Knoten bereits berechnet worden sind, wenn wir von unten nach oben aufsteigen und somit die Anzahl der zu berechnenden Knoten mit Memoisierung deutlich kleiner ist als im Ursprungsproblem. Es verbleibt nur die Berechnung der linken Seite des Baumes. Der rechte Teil ist in Memoisierungstabellen gespeichert. Die Laufzeit der Fibonacci-Zahlen-Berechnung mit Memoisierung folgt der Rekursionsgleichung

$$T(n) = T(n-1) + c,$$

da nach dem Aufrufen von $f(n-1)$ die Zahl $f(n-2)$ bereits berechnet wurde und die Konstante c für die Addition der Zahlen steht. Diese lineare Rekursion erster Ordnung hat die Lösung $O(n)$. Dieses Problem besitzt somit Teilprobleme der Ordnung $O(n)$.

27.3 Fibonacci-Zahlen

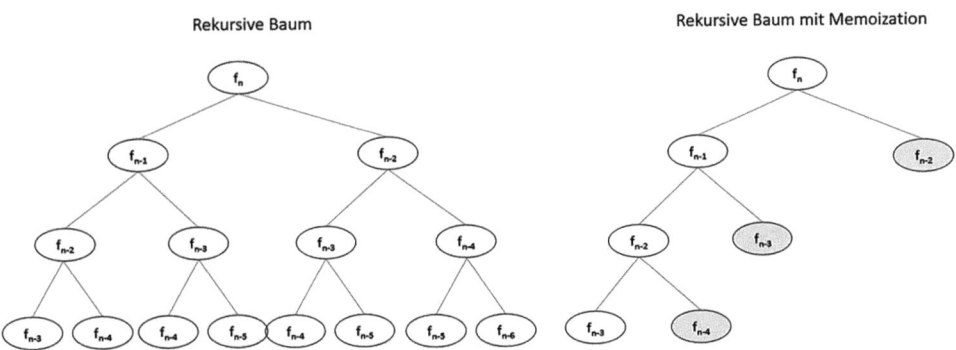

Abb. 27.2 Baumdarstellung der Berechnung der Fibonacci-Zahlen rekursiv mit und ohne Memoisierung

Die generelle Struktur der Algorithmen zur Lösung der dynamischen Programmierung bestehend aus dem Memoisierung und der rekursiven Beziehung kann wie folgt beschrieben werden:

```
1.    memo ={} #start mit der leeren Menge an gespeicherten Daten.
2.    definieren f(subproblem):
3.        if subproblem ist in memo table
4.            return memo(subproblem)
5.        setze memo(subcase)= base case oder
4.                           = die Rekursion mit der rekursiven
                                Beziehung
```

Wo ist die Bellman-Gleichung oder die optimale Teilproblemstruktur in diesem Beispiel? Wir benötigen diese Gleichung nicht, da die Rekursion der Fibonacci-Zahlen keine Optimierung benötigt. Sie sind fix als optimale Struktur gegeben. Somit zeigt das Problem ausschließlich die Bedeutung der Memoisierung auf. Dies ist ein Spezialfall. In den meisten Beispielen ist eine Optimierung der rekursiv definierten Teilprobleme zu lösen und die Memoisierung zu implementieren.

27.3.1 Azyklische Graphen

Betrachten wir einen gerichteten, azyklischen Graphen G (GAG), d.h. ein Graph ohne Zyklen. Gesucht ist das minimale Gewicht aller Pfade $d(s, v)$ von s zu einem Knoten $v \in V$ für alle v. Das Teilproblem sind alle $d(s, v)$. Davon gibt es $|V|$ Stück. Die Rekursion oder Bellman-Gleichung ist:

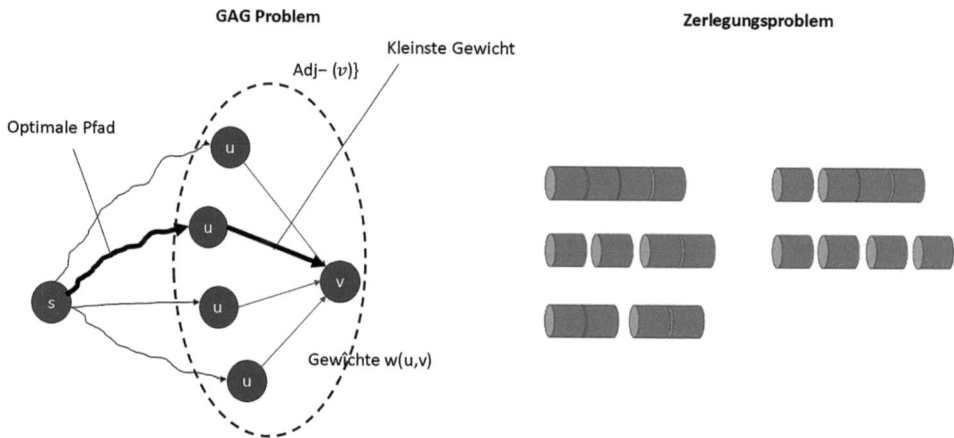

Abb. 27.3 (a) Bestimmung des optimalen Pfades im GAG-Problem. (b) Möglichkeiten einen Stab der Länge 4 zu zerlegen

$$d(s, v) = \min\{d(s, u) + w(u, v) : u \in \text{Adj}^-(v)\} \cup \{\infty\}$$

wobei $w(u, v)$ das Gewicht von u nach v ist und $\text{Adj}^-(v)$ die Menge aller Vorgängerknoten von v sind, d. h. diejenigen Knoten u, welche eine Kante nach v haben, siehe Abb. 27.3.

Weshalb ist dies eine optimale Struktur? Wenn wir den Pfad mit dem minimalen Gewicht von s nach v suchen, dann muss dieser Pfad irgendeinen der Vorgängerknoten u von v enthalten. Somit ist der optimale Pfad bestehend aus dem optimalen Pfad von s nach u und dem Gewicht der Kante von u nach v. Die Menge $\{\infty\}$ drückt aus, dass es keinen Weg geben kann. Dies definiert die Teilprobleme und der Base Case ist $d(s, s) = 0$. Die Laufzeit ist die Zeit, alle $\text{Adj}^-(v)\}$ zu berechnen plus einen Schritt für die Berechnung von $\{\infty\}$, d. h.

$$\sum_{v \in V} O(1 + |\text{Adj}^-(v)|\}) = O(|V| + |E|).$$

27.3.2 Zerlegungsproblem

Jetzt betrachten wir einen Zerlegungsproblem für Stäbe. Wir kennen die Preise $p_1, p_2, \ldots, p_n$ für die Stäbe der Längen l_1 bis l_n, siehe Abb. 27.3. Wie können wir den Stab zerlegen, sodass der Ertrag maximal ist? Wir wollen somit das folgende Problem lösen:

$$\sum_{i=1}^{n} p_{l_i} \to \text{maximal!}, \text{ unter Nebenbedingung: } \sum_{i=1}^{n} l_i = n.$$

Ein erster Versuch könnte ein Greedy-Algorithmus sein, welcher wie folgt funktioniert:

27.3 Fibonacci-Zahlen

- Berechnen für die Längen l_i die Preise pro Meter $q_i = p_i/l_i$.
- Zerlegen den Stab in möglichst viele Stücke der Länge i mit q_i dem maximalen Einheitslängenpreis.
- Streichen aller Stablängen, welcher länger als l_i sind, aus der Tabelle und wiederhole den Prozess mit dem Stabsrest, falls ein solcher existiert.

Der Algorithmus führt aber nicht zu einer optimalen Lösung. Dazu genügt ein Gegenbeispiel. Dieses zeigt, dass es nicht optimal ist, immer die Länge mit dem höchsten Einheitslängenpreis q_i auszuwählen. Angenommen, wir haben einen Stab der Länge $n = 4$ und die folgenden Preise pro Länge und Einheitslängenpreise $q_i = \frac{p_i}{l_i}$:

- Länge l_i : 1 2 3 4
- Preis p_i : 2 5 8 9
- Einheitslängenpreis q_i : 2 2.5 2.67 2.25

Der Greedy-Ansatz wählt:

1. Wähle die Länge mit dem höchsten q_i, also $l_3 = 3$ mit $q_3 = 2.67$.
2. Zerlege den Stab der Länge $n = 4$ in ein Stück der Länge $l_3 = 3$ und einen Rest von $n - l_3 = 1$.
3. Für den Rest ($n = 1$), wähle $l_1 = 1$ mit $q_1 = 2$.

Die Lösung des Greedy-Algorithmus ist:

$$p_3 + p_1 = 8 + 2 = 10.$$

Die optimale Zerlegung besteht darin, den Stab in zwei Stücke der Länge $l_2 = 2$ zu zerlegen. Der Preis ist:

$$p_2 + p_2 = 5 + 5 = 10.$$

In diesem speziellen Fall ist das Ergebnis des Greedy-Algorithmus zufällig optimal. Dies verdeutlicht jedoch, dass der Algorithmus in anderen Fällen suboptimal sein kann, insbesondere, wenn die Preise nicht proportional zur Länge steigen.

Wenn wir die Aufgabe Brute Force lösen wollen, dann müssen wir alle Möglichkeiten bestimmen, wie man einen Stab der Länge n zerschneiden kann. Es gibt $n - 1$ Möglichkeiten zu schneiden oder nicht zu schneiden. Somit existieren 2^{n-1} Zerlegungen des Stabes, d.h. $O(2^n)$-Wachstum – unbrauchbar.

Jetzt setzen wir die dynamische Programmierung um. Gesucht ist r_n, der maximale Ertrag des zerlegten oder ganzen Stabes mit Länge n. Als Erstes bestimmen wir die Teilprobleme: Finde den maximalen Wert r_k für jede Länge k, wobei $0 \leq k < n$. Die Rekursion oder Bellman-Gleichung lautet dann:

$$r_k = \max\{p_i + r_{k-i} : 0 < i \le k\}, \quad k > 0$$

$$r_0 = 0 \text{ Base Case,}$$

wobei wir p_i anstelle von p_{l_i} schreiben. Der Wert r_k hängt nur von den Preisen p_i ($1 \le i \le k$) und den optimalen Zerlegungen r_i ($i < k$) ab. Der maximale Wert für die Länge n ergibt sich aus r_n. Der Algorithmus lautet:

```
Algorithm Zerlegung Z(v,n)
Input: n >= 0, Preisliste v
Output: Maximaler Wert r_n
q <- 0
if n > 0 then
    for i <-1 to n do
        q <- max(q, v[i]+Z(v,n-i))
    end for
end if
return q
```

Die Laufzeit $T(n)$ des Algorithmus kann wie folgt analysiert werden. Die Gesamtlaufzeit ist gleich der Summe der Laufzeiten für die n Teilprobleme plus eine Konstante für den Start und den Return:

$$T(n) = \sum_{i=0}^{n-1} T(i) + c.$$

Daraus folgt durch Differenzenbildung:

$$T(n) = T(n-1) + \sum_{i=0}^{n-2} T(i) + c = T(n-1) + (T(n-1) - c) + c = 2T(n)$$

und somit

$$\implies T(n) \in \Theta(2^n).$$

Das heißt wiederum eine exponentielle Laufzeit, aber wenigstens erhalten wir das Optimum. Wir haben aber noch nicht die Möglichkeit der Memoisierung ausgenutzt, d.h., wir haben eine Rekursion für die optimale Entscheidung gelöst, ohne die Effizienzgewinne durch die Speicherung und Wiederverwertung von berechneten Größen zu verwenden. Die Eingaben sind:

- n: Die Länge des Stabs, für den der maximale Wert berechnet werden soll.
- v: Eine Liste der Preise $v[i]$, wobei $v[i]$ der Preis für einen Stab der Länge i ist.

27.3 Fibonacci-Zahlen

- m: Eine Memoisierungstabelle, in der bereits berechnete Ergebnisse für bestimmte Längen n gespeichert werden.

Gesucht ist der maximale Wert q, der für den Stab der Länge n durch optimale Zerlegung (oder als Ganzes) erreicht werden kann.

```
Definitonn Zerlegungsfunktion mit Memoisierung ZM(m, v, n):
m={}
q <- 0
if n > 0 then
    if m[n] exists then
        q <- m[n]
    else
        for i <- 1 to n do
            q <- max(q, v[i]+ZM(m, v, n-i))
        end for
        m[n] <- q
    end if
end if
return q
```

Der Ablauf ist wie folgt:

1. Initialisierung: Setze q auf 0, um den maximalen Wert zu speichern.
2. Basisfall ($n = 0$): Wenn $n = 0$, gibt es keinen Stab, daher ist der maximale Wert $q = 0$.
3. Memoisierungsüberprüfung: Überprüfe, ob $m[n]$ bereits berechnet wurde:

   - Wenn ja: Weise den gespeicherten Wert $m[n]$ direkt q zu. Dadurch wird vermieden, dass das Teilproblem erneut berechnet wird.

4. Berechnung des maximalen Werts:

   - Wenn nein: Iteriere über alle möglichen ersten Schnittlängen i ($1 \leq i \leq n$):

   $$q \leftarrow \max(q, v[i] + \text{ZM}(m, v, n - i)).$$

   Dabei ist $v[i]$ der Preis des ersten Stabstücks und $\text{ZM}(m, v, n - i)$ der maximale Wert für den Rest des Stabs.

5. Speichern des Ergebnisses: Speichere das berechnete q in $m[n]$, um zukünftige Wiederholungen zu vermeiden.
6. Rückgabe: Gib den maximalen Wert q zurück.

Als Beispiel seien:

- $n = 4$
- Preise: $v = [0, 1, 5, 8, 9]$ (Preis für Länge 0, 1, 2, 3, 4)
- m: Leere Tabelle

Der Ablauf lautet:

- Für $n = 4$: Der Algorithmus testet alle möglichen ersten Schnittlängen $i = 1, 2, 3, 4$.
- Für $i = 1$:
$$q = \max(0, v[1] + \text{ZM}(m, v, 3)).$$
- Für $i = 2$:
$$q = \max(q, v[2] + \text{ZM}(m, v, 2))$$
  usw.
- Diese rekursiven Aufrufe werden fortgesetzt, bis alle Teilprobleme gelöst sind.

Der maximale Wert q für $n = 4$ wird berechnet, indem die optimale Zerlegung gefunden wird. Dadurch wir die von $\Theta(2^n)$ (rekursiv) auf $\Theta(n^2)$ (mit Memoisierung) reduziert, welches aus folgenden Überlegungen folgt:

- Für jede Länge n werden höchstens n rekursive Aufrufe durchgeführt.
- Die Gesamtzahl der Berechnungen ist proportional zu $\sum_{k=1}^{n} k = \frac{n(n+1)}{2}$, was $\Theta(n^2)$ ergibt.

Im Python-Kap. 26 sind die folgenden Probleme als Beispiele besprochen:

1. Greedy-Algorithmen

    a. Aktivitätsauswahlalgorithmus
    b. Wechselgeldproblem
    c. Huffman-Codierung
    d. Kruskal-Algorithmus zur Bestimmung des minimalen Spannbaums (MST)
    e. Dijkstra-Algorithmus zur Berechnung der kürzesten Pfade

2. Dynamische Programmierung

    a. Fibonacci mit Memoisierung
    b. 0/1 Rucksackproblem mit Dynamischer Programmierung
    c. Minimum-Cost-Path-Problem

27.3 Fibonacci-Zahlen

Bei Teile und Herrsche wird auch ein Problem in Teilprobleme zerlegt. Wie unterscheidet es sich von der dynamischen Programmierung? Die Grundideen sind:

- Teile und Herrsche: Problem wird in kleinere, unabhängige Teilprobleme zerlegt, deren Lösungen kombiniert werden.
- Dynamische Programmierung: Problem wird in überlappende Teilprobleme zerlegt, deren Lösungen gespeichert und wiederverwendet werden.

Somit sind bei Teile und Herrsche die Teilprobleme unabhängig voneinander. Bei der dynamische Programmierung überlappen die Teilprobleme und bauen aufeinander auf. Die Effizienz bei Teile und Herrsche hängt von der Struktur der Zerlegung ab. Die dynamische Programmierung verwendet Teillösungen wieder und vermeidet Redundanz. Teile und Herrsche ist geeignet für unabhängige Teilprobleme (z. B. Sortieren, Matrixmultiplikation). Die dynamische Programmierung eignet sich für Probleme mit überlappenden Teilproblemen (z. B. kürzeste Pfade, Rucksackproblem). Teile und Herrsche ist ein Top-down-Ansatz während die dynamische Programmierung meistens Bottom-up definiert ist.

Beide Methoden nutzen die Eigenschaft, dass die Lösung eines Problems aus den Lösungen der Teilprobleme konstruiert werden kann, beide beruhen auf rekursiven Beziehungen, die das Problem beschreiben und beide sind algorithmische Paradigmen zur Lösung komplexer Probleme.

Weiterführende Literatur

- Goldwasser, S., and Bellare, M. (2009). Lecture notes on cryptography. Summer course "Cryptography and computer security" at MIT, 2001.
  Diese Vorlesungen stellen die Kryptographie formal rigoros vor und sind geeinget für fortgeschrittene Leser.
- Rudolf Berghammer, Mathematik für die Informatik. Grundlegende Begriffe, Strukturen und ihre Anwendung, 3. Auflage, Springer Vieweg, 2019.
  Das Buch deckt die Themen der diskreten Mathematik für Informatiker ab. Die Mathematik wird sehr präzise dargestellt. Dies hilft den Studierenden zu Beginn ihres Studiums. Im Vergleich zu vielen Büchern mit ähnlichen Ausbildungszielen, zeichnet sich das Buch durch Betonung der Mengenlehre, Logik und der Beweistechniken aus. Zu den Übungen existieren Lösungen.
- Thomas H. Cormen, Charles E. Leiserson, Ronald L. Rivest und Clifford Stein, Introduction to Algorithms, Fourth Edition, The MIT Press, 2017
  Dies ist zum Standardwerk über Algorithmen und eine mögliche weiterführende Literatur. Das Buch behandelt die Algorithmen und Datenstrukturen sowohl in der Tiefe als auch in der Breite. Teile aus der Laufzeitenanalyse dienten als pädagogische Vorlage, insbesondere die Diskussion zu Insertionsort.
- Erik Demaine und Charles Leiserson, Introduction to Algorithms (SMA 5503), MIT OpenCourseWare, 2005, und Erik Demaine, Jason Ku und Justin Solomon, Introduction to Algorithms, MIT OpenCourseWare, 2020.
  Diese Vorlesungen am MIT für Undergraduates zeichnen sich durch den Hands-on-Ansatz der Vorlesenden aus. Sie erklären in den Videos die wesentlichen Aspekte und man merkt ihnen die Freude am Thema an. Sie verzichten auf theoretischen Ballast und kommen auf den Punkt. Die Übungen sind anspruchsvoll. Die Vorlesungen über Binärbäume und dynamische Programmierung wurden als Grundlage für die eigene Darstellung gewählt. Weiter wurden drei Übungen überarbeitet übernommen im Kapitel zu den Datenstrukturen.

- Stephan Goebbels und Jochen Rethmann, Mathematik für Informatiker, Springer Vieweg, 2014.

  Die Autoren haben aus den Fächern einer Informatikausbildung die wesentlichen Teile der dafür benötigten Mathematik zusammengestellt. Die Mathematik wird erklärt und dann angewandt. Die Autoren beweisen die mathematischen Aussagen. Dabei wird, wo möglich, eine verbale Beschreibung einer abstrakten Notation vorgezogen. Dies macht die entsprechenden Beweislogiken transparent. Codebeispiele sind in C gegeben.

- Ali Grami, Discrete Mathematics Essentials and Applications, Academic Press London (Elsevier), 2023.

  Dies ist ein Aufgabenbuch zu den Themen der diskreten Mathematik. Jedes Thema wird kurz mit Beispielen erklärt. Dann werden Aufgaben gelöst. Diese unterscheiden sich in ihrem Schwierigkeitsgrad und die Lösungen der Aufgaben sind in Kurzform angegeben.

- Peter Hartmann, Mathematik für Informatiker. Ein praxisbezogenes Lehrbuch, Springer Vieweg, 2019.

  Das Buch ist für Bachelorstudiengänge als Begleittext zu den Vorlesungen oder auch zum Selbststudium geeignet. Die Darstellung ist praxisorientiert und Wert wird auf die Motivation der Ergebnisse und die Herleitungen der mathematischen Resultate gelegt. Das Buch deckt neben der diskreten Mathematik auch die Analysis und die Statistik ab.

- Dirk W. Hoffmann, Einführung in die Informations- und Codierungstheorie, Springer Vieweg, 2017.

  Dieses Buch eignet sich als Einführung in die Informations- und Codierungstheorie, da es außergewöhnlich aufwendig mit vielen Grafiken und Tabellen die abstrakte Theorie visualisiert. Weiter wird zu Beginn die notwendige Mathematik besprochen und mit vielen Beispielen illustriert. Somit eignet sich das Buch für Studierende mit Interesse am formalen Verständnis als weiterführende Literatur zur Codierungstheorie. Das Kapitel zur Kanalcodierung diente als pädagogische Grundlage.

- Bern Klein, Einführung in Pyhton 3, 4. Auflage, Hanser Fachbuchverlag, München, 2021.

  Dieses Buch ist eine gute Einführung in Pyhton, welches keine Voraussetzungen an die Leserschaft stellt.

- Jeffrey Hoffstein, Jill Pipher und Joseph H. Silverman, An Introduction to Mathematical Cryptography, Second Edition, Undergraduate Texts Mathematics, Springer, 2014.

  Dieses Buch ist ein ausgezeichnetes, weiterführendes Werk für Informatikstudierende, welche die mathematische Theorie zur Kryptografie vertieft lernen möchten. Die Mathematik wird nicht zum Selbstzweck dargestellt, sondern an konkreten kryptografischen Aufgaben im Detail diskutiert.

- Stasys Jukna, Mathematische Grundlagen für Informatiker Eine Einführung für Studienanfänger, Vorlesungsskript Johan Wolfgang Goethe Universität Frankfurt am Main, 2003.

  Dieses Skript ist für Anfänger im Informatikstudium geschrieben. Es deckt die wesentlichen Themen der Mathematik für das Informatikstudium ab und wendet die mathematische Theorie an. Mehrere Beispiele aus der Wahrscheinlichkeitstheorie und dem linearen Codeabschnitt dienten als Basis für Beispiele in diesem Buch.

- Narasimha Karumanchi, Data Structures And Algorithmic Thinking With Python, CareerMink.com, Hyderabad India, 2020.

  Das Buch behandelt fast alle erdenklichen Probleme in der Python-Programmierung. Es erklärt kurz die Konzepte und löst dann eine Vielzahl von Aufgaben. Diese unterscheiden sich im Schwierigkeitsgrad und sind auch aus Vorstellungsgesprächen entnommen.

- Harry Lewis and Rachel Zax, Essential Discrete Mathematics for Computer Science, Princeton University Press, 2018.

  Dieses Buch führt in die diskrete Mathematik für Informatikstudierende ein. An einigen Stellen werden Vorkenntnisse aus der Analysis angenommen. Die Autoren legen besonderes Gewicht auf Beweise, da sie der Ansicht sind, dass dies das formale und präzise Denken fördert. Der Text ist mit vielen Grafiken illustriert. Das Buch besitzt sorgfältig gewählte Übungen und kann als auch Einstieg für fortgeschrittene Gymnasiastinnen und Gymnasiasten benutzt werden.

- Thomas Ottmann und Peter Widmayer, Algorithmen und Datenstrukturen, 6. Auflage, Springer Vieweg, 2017.

  Dieses Buch ist zu einem Standardwerk im deutschsprachigem Raum geworden. Es wird als weiterführende Literatur zu Algorithmen und Datenstrukturen empfohlen. Teile der Abschnitte und Beispiele zum Hashing, den Greedy-Algorithmen und zur dynamischen Programmierung dienten als Vorlage in diesem Buch.

- Kenneth H. Rosen, Discrete Mathematics and Its Applications, 8th edition, McGraw Hill Education, 2019.

  Dieses Buch bietet eine breite und tiefe Einführung in die diskrete Mathematik. Es wird viel Wert auf sorgfältige Motivationen, viele Beispiele und Illustrationen gelegt. Die Aussagen werden in einer verständlichen Art und Weise für Anfänger bewiesen. Das Buch wendet die mathematische Theorie auf Algorithmen an. Der Aufgabenteil ist sehr ausführlich gestaltet. Neben mathematischen Aufgaben werden auch kleinere Projekte beschrieben, in welchen die Theorie codiert werden soll. Das Werk umfasst mehr als 1100 Seiten. Ein selektives Studium der einzelnen Themen ist möglich.

- Uwe Schöning, Algorithmik, 8th edition, Spektrum Akademischer Verlag Heidelberg, 2011.

  Dieses Lehrbuch der Algorithmik stellt die grundlegenden Algorithmen dar und vermittelt die Prinzipien von Algorithmusanalyse und -entwurf. Es werden die benötigten Grundbegriffe aus der Theoretischen Informatik, der Stochastik und der Komplexitätsanalyse bereitgestellt. Es werden dann die klassischen Algorithmen in einer lebendigen und gut verständlichen Sprache besprochen. Das Buch ist als weiterführende Literatur sehr gut geeignet.

- Angelika Steger, Diskrete Strukturen. Band 1: Kombinatorik, Graphentheorie, Algebra. 2. Auflage, Springer, 2007.

Dieser Band dient als Einführung für Informatikstudierende in die relevanten mathematischen Themen der diskreten Mathematik. Das Buch zeichnet sich durch mathematischen Exaktheit und intuitive Erklärungen aus. Den Aufgaben und der Bereitstellung der Lösungen wurde große Sorgfalt beigemessen.

- Joseph H. Silverman, A Friendly Introduction to Number Theory, Fourth Edition, Pearson, 2012.

  Silverman ist Mathematiker und hat ein für Nichtmathematiker lesbares Buch zur Zahlentheorie geschrieben. Er verzichtet auf ein trockenes und abstraktes Satz-Beweis-Vorgehen. Die Theorie wird motiviert und mit Beispielen unterlegt. Die Beweise werden nicht mit einem minimalistischen mathematischen Formalismus geführt, sondern mit Worten transparent gemacht. Dieses Buch stellt ein ausgezeichnetes Werk für die weiterführende Literatur zur Zahlentheorie dar.

- Karsten Waiker und Nicole Waiker, Algorithmen und Datenstrukturen, Springer Vieweg, 2013.

  Das Buch orientiert sich konsequent an algorithmischen Ideen, sodass die Ideen hinter den Algorithmen oder den verwendeten Datenstrukturen transparent werden. Themen wie das Suchen in Daten werden wiederholt aufgegriffen, wenn neue Algorithmentypen eingeführt werden. Neben der Algorithmentheorie wird für die Lesenden ein Anwendungsbezug hergestellt.

- Edmund Weitz, Konkrete Mathematik (nicht nur) für Informatiker. Mit vielen Grafiken und Algorithmen in Python, Springer Spektrum, 2018.

  Das Buch ist geeignet als Einstieg in die diskrete Mathematik. Die Sichtweise wird von der Informatik bestimmt. Es werden Aufgabenstellungen aus der Informatik in Python umgesetzt und in den Kapiteln weiterentwickelt. Die mathematischen Strukturen und Synthesen spielen keine wesentliche Rolle. Hingegen bestehen zu den Aufgaben und Beispielen Zugänge zu den Codes mit QR-Codes.

Stichwortverzeichnis

Symbols
$\mathbb{Z}_2$, 216
$\mathbb{Z}_3$, 196
q-Binomialkoeffizient, 539
3-SAT-Problem, 150

A
Abbildung, 158
Abel'sche Gruppe, 295
Abstract Data Type (ADT), 567
Addition binärer Zahlen, 151
Additionsformel Binomialkoeffizient, 88
Adjacency-Matrix, 40
Adjazenzliste, 40
Adjazenzmatrix, 197
Affine Funktion, 159
Algorithmen
    Ägyptische Multiplikation, 415
    0/1 Rucksackproblem, 644
    Backtracking-Algorithmus, 272
    Binary Search, 586
    Breadth-First Search (BFS), 624
    Brute-Force-ggT, 257
    Brute-Force-Permutationen, 612
    Definition, 358
    Depth-First Search (DFS), 624
    Diffie-Hellman-Schlüsseltausch, 349
    Dijkstra, 236, 644
    Divisionsalgorithmus, 254
    DLX-Algorithmus, 272
    Dynamische Programmierung, 631
    Erweiterte Euklid'scher Algorithmus, 258
    Euklid'scher Algorithmus, 255, 403
    Euklid'scher Algorithmus, iterativ, 255
    Gauß-Algorithmus, 492
    Gauß-Jordan-Algorithmus, 495
    Gradientenabstieg, 551
    Greedy-Algorithmen, 631
    Insertionsort, 382
    Kruskal, 644
    Laufzeiten von Algorithmen, 381
    Lernalgorithmus, 547
    Matrixmultiplikation Teile und Herrsche, 520
    Mergesort, 400, 586
    Multiplikationsalgorithmus, 519
    PageRank, 552
    Peak Finder, 406
    RSA-Algorithmus, 346
    Selectionsort, 614
    Siamesischer Algorithmus, 47
    Strassen-Algorithmus, 521
    Türme von Hanoi, 399
    Teile und Herrsche, 519
    Wechselgeldproblem, 644
    X-Algorithmus, 274
Alphabet, 8, 119
AND, 127
Äquivalente Aussagen, 130
Äquivalenz, 35
Äquivalenzrelation, 18, 194

Äquivalenzrelation für Programme, 19
Äquivalenzzeichen, 211
Assoziativgesetz, 52, 129
Asymmetrische Verschlüsselung, 346
Asymptotische Analysis, 386
Ausgeglichener Binärbaum, 588
Aussage, 5, 112
Aussagenlogik, 125
Average Case, 384
Axiom, 41, 126

B
Bahn, 334
Bahn-Stabilisator-Satz, 334
Balancierte Binärbäume, 597
Base Case, 379
Basis, 526
Basisfunktionen, 364
Baum, 61
Bedingte Zufallsvariable, 448
Benachbart (Adjazent), 33
Best Case, 384
Betrag, 66
Bijektiv, 26, 166
Bild lineare Abbildung, 534
Binärbaum, 114
Binäre Boole'sche Funktionen, 145
Binäre Relation, 187
Binäre Suchbäume, 589
Binärer Entscheidungsbaum, 61
Binärer Suchbaum (BST), 205
Binärbäume, 377
Binomialkoeffizient, 87
Bisection Search der Intervallhalbierung, 64
Bit, Byte, 105
Blätter, 221
Blatt, 588
Blatt, Endknoten, 84
Blockcode, 228
Blockcodedistanz, 230
Boole'sche Algebra, 137, 139
Boole'sche Funktion, 136, 144
Brute Force, 44
Burnside-Lemma, 336

C
Cäsar-Verschlüsselung, 344
Catalan-Zahlen, 376

Charakteristische Gleichung, 370
Chinesischer Restsatz, 284
Chinesisches Postbotenproblem, 37
Codewörter, 221
Codierung, 221
Collatz-Problem, 363

D
Dancing Links, 279
Datenstrukturen (DS), 567
De Morgan, 7, 129
Depth Suchbaum, 590
Depth-First Search, DFS, 276
Determinante, 492
Determiniertheit Algorithmen, 358
Dichtefunktion, 447
Differenz, 6
Differenzengleichung, 370
Digitale Signaturen, 343
Dijkstra-Algorithmus, 38
Dimension Vektorraum, 528
Direkter Beweis, 16
Direktes Produkt von Gruppen, 331
Disjunkte Mengen, 21
Disjunkte Permutation, 304
Disjunktive Normalform (DNF), 147
Diskreter Logarithmus, 330
Diskretes-Logarithmus-Problem (DLP), 353
Distanzfunktion, 181
Distributivgesetz, 52, 129
Dreiecksungleichung, 67
Duale Form, 139
Durchschnitt, 6

E
Eindeutigkeit Algorithmen, 358
Eindimensionaler Peak Finder, 406
Einfach verkettete Liste, 282
Einwegfunktionen (ohne Falltür), 352
Elementare Operationen, 492
Elementare Zeilenoperationen, 498
Elemente, 4
Eltern, 587
Endlichkeit Algorithmen, 358
Entscheidungsbaum, 113
Erstes Diagonalargument von Cantor, 27
Erweiterte Matrix, 498

Stichwortverzeichnis

Erweiterter Euklid'scher Algorithmus, 247
Erzeugendensystem, 526
Erzeugung Vektorraum, 526
Euklid'scher Abstand, 236
Euler Phi-Funktion, 320
Euler'scher Graph, 34
Eulerkreis, 34
Eulerweg, 34
Existenz und Eindeutigkeit Rekursionsgleichungen, 369
Existenzaussage, 247
Exponentialgleichung, 56

F
Für-alle-Quantor, 132
Fakultät, 42
Fakultätsfunktion, 158
Features, 548
Fehlererkennend, 222, 224
Fehlerkorrigierend, 222
Fehlstand, 613
Fibonacci, dynamische Programmierung, 638

Fibonacci-Zahlen, 518
Finden Teilbaum, 593
Folge, 42, 112
Formeln, 369
Funktion, 19, 25, 158

G
Ganze Zahlen, 4
Gatter, 137, 140
Gauß-Jordan-Elimination, 503
Gauß-Klammern, 161
Generator, 309
Genetische Codierung, 222
Geometrische Summenformel, 82
Gerichteter Graph, 188
Gleitkommazahl, 107
Globale Optima, 632
Größter gemeinsamer Teiler (ggT), 184, 246
Größtes Element, 200
Grad eines Knotens, 33
Grad Rekursion, 368
Gradient, 550
Graph einer Funktion, 160
Gruppe, 295, 298
Gruppenhomomorphismus, 313

H
Höhe eines Binärbaumes, 588
Höhenbalancierte Suchbäume, 597
Halbaddierer, 151
Halbordnung, 199
Halskettenproblem, 339
Halteproblem, 361, 362
Hamming-Code, 234
Hamming-Distanz, 227, 556
Hamming-Gewicht, 229
Hasse-Diagramm, 202
Height Suchbaum, 590
Heron-Approximation, 182
Hilberts Hotel, 31
Homogene lineare Systeme, 525
Homogenes lineares Gleichungssystem, 497
Hypothese, 548

I
i. i. d., 450
Identitätsmatrix, 507
Implikation, 35, 127
In-Order-Traversierung, 206
Index einer Untergruppe, 314
Indikatorfunktion, 336, 449
Infimum, 200
Injektiv, 26, 166
Innerer Knoten, 221
Inorder-Traversierung, 589
Instanz, 190
Integer, 107
Intervall, 10
Invariante, 94
Inversionszahl, 613
Inzidenzmatrix, 275
Irrationale Zahlen, 4
Isolierter Knoten, 33
Isomorphie, 167
Isomorphismus, 313
Iteration, 112

K
Körper, 537
Kanten, 114
Kartesisches Produkt, 29
Kern lineare Abbildung, 534
Kinder, 588

Kinder im Binomialbaum, 114
Klammerregeln, 52
Klasse von Zahlen, 17
Kleiner Satz von Fermat, 318
Kleinstes Element, 200
Kleinstes gemeinsames Vielfache (kgV), 249, 284
Knoten, 114
Koeffizientenfunktion, 146
Kollision, 219
Kombinatorik, 20
Kommutativgesetz, 52, 129
Komplement einer Menge, 7
Komplexitätstheorie, 115
Kongruenz, 211
Konjunktive Normalform (KNF), 147
Konstante Koeffizienten Rekursion, 368
Koordinaten, 531
Korrekter Algorithmus, 48
Korrektheit Algorithmen, 369
Korrektheit Divisionsalgorithmus, 414
Korrektheit Insertionsort, 414
Kritische Punkte, 550

L
Länge eines Vektors, 542
Labels, 548
Landau-Symbole, 386
Laplace-Experiment, 424
Laufzeit des Algorithmus, 85
Laufzeit Euklid'scher Algorithmus, 403
Laufzeitenanalyse, 115
Laufzeitenanalyse Gauß-Jordan-Algorithmus, 523
Laufzeitenanalyse Matrixmultiplikation, 519
Leere Menge, 6, 7
Lemma von Bézout, 247
Lineare Funktion, 159, 160
Lineare Kongruenzen, 265
Lineare Ordnung, 199
Lineare Unabhängigkeit, 527
Linearität Erwartungswert, 448
Linearität Summe, 82
Linearkombination, 371, 493
Linked List, 575
Linksnebenklassen, 306

Logische Äquivalenz, 18
Logistische Gleichung, 378
Lokale Optima, 634
Lokaler Peak in 2d, 408

M
Magisches Quadrat, 42
Manhattan-Metrik, 236
Master-Theorem, 393
Matrix, 40
Matrixaddition, 505
Matrixsubtraktion, 505
Max-Terme, 146
Maximales Element, 201
Menge aller linearen Abbildungen, 529
Mergesort, 391
Methode der Variation der Konstanten, 374
Min-Terme, 146
Minimales Element, 200, 203
Modell der Wahrscheinlichkeitstheorie, 425
Multiplikative Inverse Restklassen, 263

N
Nachfolgerknoten, 593
Natürliche Sprache, 8
Natürliche Zahlen, 4
Neutrales Element, 53
Nicht konstruktiv, 247
Nichtlineare Rekursionen, 368
Niveaulinien, 550
NOT, 127
Nullteiler, 265
Nutzen der Schaltalgebra, 142

O
Obere Dreiecksmatrix, 514
Operationen, 567
Operationen von Gruppen auf Mengen, 334
Optimaler Pfad ohne Zyklen, 640
OR, 127
Ordnung, 199
Ordnung der Gruppe, 296, 302
Ordnungsrelation, 194, 198
Orthogonale Gruppe $O(2)$, 561
Orthogonalität, 541
Orthonormalbasis, 542

Stichwortverzeichnis

P
Parallelogrammidentität, 542
Parallelschaltung, 138
Paritätscode, 222
Parität, 96
Partielle Korrektheit, 412
Partition, 194
Pascal'sches Dreieck, 55
Peano-Axiome natürliche Zahlen, 92
Perfekte Überdeckung, 275
Perfekter Binärbaum, 588
Periode, 4
Permutation, 44
Pivot, 498
Postorder-Traversierung, 589
Potenzgleichung, 56
Potenzmenge, 30, 112
Prädikatenlogik, 132
Präfixfrei, 222
Prüfziffercode, 222, 223
Preorder-Traversierung, 589
Primitiv rekursive Funktionen, 364
Primzahl, 53
Private Key, 346
Produktionsproblem, Diophant'sche Gleichung, 269
Produktzeichen, 373
Public Key, 346
Python
    Sets, 13
    Dictionary Menge, 13

Q
Quadratur-Multiplikation-Algorithmus, 242
Quantor, 132
Quellcodierung, 220

R
Ramsey-Theorem, 172
Random Access Machine (RAM), 571
Rang lineare Abbildung, 535
Rationale Zahlen, 4
Raumkomplexität, 115
Realisierungen, 445
Reduzierte Zeilenstufenform, 498
Reelle Zahlen, 4
Regeln Bruchrechnen, 55
Rekursion, 112
Relationale Algebra, 189
Relationale Datenbank, 133, 189
Relationaler Calculus, 190
Repräsentanten, 195
Restklasse, 196
RSA-Algorithmus, 346
Russells Paradox, 41

S
SAT-Solver, 150
Satz von Euler, 321
Satz von Lagrange, 297
Schaltkreis, 136
Schema, 189
Schiefsymmetrische Matrix, 506
Schleifeninvariante, 412, 413
Schubfachprinzip, 167
Selectionsort, 399
Sequenz-ADT, 571
Serienschaltung, 138
Set-ADT, 571
Siamesische Methode, 44
Signed Integer, 107
Signum, 66
Skalare Matrixmultiplikation, 506
Skalarmultiplikation, 524
Spezielle Lösung, 266
Spezielle Orthogonale Gruppe $SO(2)$, 561
Sprache, 8
Stabilisator, 334
Standardbasis, 526
Starke Induktion, 93
Stern-Operator, 9
Stirling-Formel, 612
Strikt monoton, 60
Strings von Bits, 119
Strukturelle Induktidasson, 93
Strukturelle Induktion, 77
Substitutionsmethode, 391
Subtree Suchbaum, 590
Supremum, 200
Surjektiv, 26, 166
Symmetrische Matrix, 506
Symmetrische Verschlüsselung, 346

T
Tautologie, 130
Teilbarkeitsrelation, 196

Teile und Herrsche, 61
Teilerfremd, 15, 245
Teilmenge, 5
Term, 52
Tiefe eines Binärbaumes, 588
Totale Ordnung, 199
Transponierte Matrix, 506
Transposition, 304
Traversierung, 589
Traversierung Binärbäume, 589
Tupel, 29, 117, 187
Turing-Maschine, 359
Türme von Hanoi, 399

U
Überabzählbar, 26
Umkehrfunktion, 159
Umrechnung rationale Zahlen, 104
Umrechnung Zahlensysteme, 102
Unsigned Integer, 107
Untere Dreiecksmatrix, 514
Untergruppen, 302
Untervektorraum, 525

V
Varianz, 449
Vektoraddition, 524
Vektorraum, 524
Venn-Diagramme, 7
Verband, 203, 205
Verbandsmodell Informationsfluss, 205
Vereinigung, 6
Verkettung von Funktionen, 163
Verteilungsfunktion, 447
Volladdierer, 151
Vollständige Induktion, 17
Vollständiger Binärbaum, 588
Vollständige Induktion, 77

W
Wörter, 8, 119
Wahrheitstabellen, 126
Wahrscheinlichkeit
    Bedingte Wahrscheinlichkeit, 432
    Beobachtbare Ereignisse, 425
Binärbaum, 437
Binomialverteilung, 450
Dichtefunktion, 446
Ereignis, 426
Ereignismenge, 425, 426
Erwartungswert, 448
Gambler Ruin, 443
Gesetz der totalen Wahrscheinlichkeit, 432

Hashing und Collusion, 440
Kolmogorov-Axiome, 426
Mit Zurücklegen, 429
Monty Hall, 441
Multiplikationssatz, 432
Objektive Wahrscheinlichkeit, 424
Ohne Zurücklegen, 429
Pseudozufallsgrößen, 425
Relative Häufigkeit, 424
Serie- und Parallelschaltung, 439
Stochastisch unabhängig, 433
Varianz, 449
Zufallsvariable, 445
Weg, 33
Wert einer Zahl, 17
Widerspruchsbeweis, 16
Worst Case, 384
Wurzelgesetze, 57

X
XOR-Gatter, 216

Z
Zeilenstufenform, 497, 498
Zeitkomplexität, 115
Ziffer, 3
Zufallsexperiment, 423
Zufallsvariable, 445
Zusammenhang lineare Abbildung und Matrizen, 530
Zweidimensionaler Peak Finder, 408
Zweites Diagonalargument von Cantor, 28
Zyklen einer Permutation, 304
Zyklennotation, 303
Zyklische Reihenfolge, 294

MIX
Papier aus verantwortungsvollen Quellen
Paper from responsible sources
FSC® C105338

If you have any concerns about our products,
you can contact us on
ProductSafety@springernature.com

In case Publisher is established outside the EU,
the EU authorized representative is:
**Springer Nature Customer Service Center GmbH
Europaplatz 3, 69115 Heidelberg, Germany**

Printed by Libri Plureos GmbH
in Hamburg, Germany